中药饲料添加剂

褚秀玲·主编 刘文强·副主编

胡元亮·主审

化学工业出版社

·北京·

内容简介

《中药饲料添加剂》包括绪论、中药饲料添加剂的基础理论、中药饲料添加剂的试验研究方法、中药饲料添加剂的制备、中药饲料添加剂常用单味中药、中药饲料添加剂常用中药复方。每章均有学习目的及复习思考题。

本书以追求科学性、先进性、实践性、启发性和适用性为目标，内容全面系统、新颖翔实，可作为农业院校、综合性大学动物科学、动物医学等专业学生用教材，也可作为从事畜牧、兽医、兽医公共卫生等专业人员的参考书籍。

图书在版编目（CIP）数据

中药饲料添加剂 / 褚秀玲主编；刘文强副主编. —
北京：化学工业出版社，2022. 6
ISBN 978-7-122-40878-5

Ⅰ. ①中… Ⅱ. ①褚… ②刘… Ⅲ. ①中药材-饲料
添加剂-研究 Ⅳ. ①S816. 7

中国版本图书馆 CIP 数据核字（2022）第 034894 号

责任编辑：邵桂林
文字编辑：何金荣
责任校对：田睿涵
装帧设计：关 飞

出版发行：化学工业出版社
（北京市东城区青年湖南街 13 号 邮政编码 100011）
印 装：中煤（北京）印务有限公司
787mm×1092mm 1/16 印张 28 字数 715 千字
2023 年 4 月北京第 1 版第 1 次印刷

购书咨询：010-64518888
售后服务：010-64518899
网 址：http: //www. cip. com. cn
凡购买本书，如有缺损质量问题，本社销售中心负责调换。

定 价：149. 00 元 版权所有 违者必究

本书编写人员名单

主　　编　　褚秀玲

副 主 编　　刘文强

编写人员（按照姓名汉语拼音排列）

褚秀玲　聊城大学

郭　洋　沈阳农业大学

侯冉冉　青岛农业大学

李玉保　聊城大学

刘　成　聊城大学

刘文强　聊城大学

刘学彬　河北征宇制药有限公司

潘学建　蒙阴县国有林场总场

裴兰英　聊城大学

秦　霞　沈阳农业大学

史书军　河北农业大学

苏建青　聊城大学

王春元　青岛农业大学

王　丹　邹平市黛溪街道畜牧兽医站

王桂英　聊城大学

王帅玉　中国农业大学

肖传刚　山东省海阳市综合行政执法局

伊鹏霏　吉林大学

于红梅　海阳市动物疫病预防与控制中心

张洪德　河北农业大学

张晓云　河北征宇制药有限公司

朱明霞　聊城大学

前言

中药是我国的"天然医药宝库"，具有多成分、多靶点、不易产生耐药性的优势，几千年来，为保障我国畜牧业的健康发展做出了巨大贡献。我国应用中药作为饲料添加剂具有悠久的历史，早在两千多年前就开始用来促进动物生长、增重和防治疾病。绿色无公害、生态高效养殖是未来动物现代化养殖发展的主要方向，使用中药替代畜牧业中的饲料添加剂和抗生素，不仅可以预防和治疗动物疾病，而且还可以改善肉、蛋、乳等动物源性食品的性状和风味。

中药饲料添加剂，系指以动物饲料为载体，按照中兽医"药食同源"理论，将中药适量加入动物饲料中，用以改善动物机体营养代谢水平、增加动物适口性、调节机体免疫力、提高动物生产性能，从而达到提高动物生产数量、改良动物产品品质、预防疾病、减少动物源性食品污染的目的。

近年来，随着我国加入 WTO、兽药生产 GMP 的实施和人们对于食品安全的关注，中药饲料添加剂的研究和应用掀起了高潮。但是，目前仍没有关于中药饲料添加剂的学生教学用教材，为满足动物科学、动物医学等专业教育事业的发展需求，并依据畜牧业人才的培养目标要求，2018 年，山东省聊城大学批准《中药饲料添加剂》为本年度校级规划教材建设项目，由聊城大学农学院部分相关专业教师组织编写，并邀请了中国农业大学、沈阳农业大学、青岛农业大学、河北农业大学、河北征宇制药有限公司等高校和企事业单位的工作人员共同整理编写了本部聊城大学校级规划教材《中药饲料添加剂》。

在本教材编写过程中，参考了胡元亮教授主编的《中药饲料添加剂的开发与应用》，郑继方教授、刘汉儒教授主编的《中草药饲料添加剂的配制与应用》，谢仲权、牛树琦、刘凤华教授主编的《天然物中草药饲料添加剂研究方法》《天然物中草药饲料添加剂大全》，李呈敏教授主编的《中药饲料添加剂》等著作，在此就不一一列举，一并表示感谢。本书包括六章：第一章绪论主要介绍了中药饲料添加剂的概念、起源和发展、特点优势等；第二章主要介绍中药的采集、加工、性能、成分及其作用、配伍原理；第三章主要介绍中药饲料添加剂的试验研究方法；第四章主要介绍中药饲料添加剂的制备方法；第五章介绍了 209 种中药饲料添加剂的常用单味中药；第六章介绍了 149 个中药饲料添加剂的常用中药复方。

本书第一章由中国农业大学王帅玉编写，第二章由青岛农业大学王春元、侯冉冉编写，第三章由沈阳农业大学郭洋、秦霞编写；第四章由河北农业大学张洪德、史书军编写；第五章由聊城大学褚秀玲、刘文强、李玉保、苏建青、朱明霞及吉林大学伊鹏霏编写；第六章由聊城大学褚秀玲、苏建青、王桂英和河北征宇制药有限公司刘学彬、张晓云编写；附录由山东省海阳市动物疫病预防与控制中心于红梅和海阳市综合行政执法局肖传刚整理编写。

感谢胡元亮教授和韦旭斌教授的指导，感谢各位编者的积极配合，感谢聊城大学 2016 级和 2017 级动物医学专业、动物科学专业学生协助查阅资料。对于书中引用文献的作者再次表示诚挚的感谢。

在编写的过程中，虽然多次讨论、修改和审校，但书中仍难避免有疏漏和不妥之处，恳切希望读者、同行给予批评指正，感谢！

编著者

2023 年 1 月

目录

第三章　中药饲料添加剂的试验研究方法 —————— 035

第四章　中药饲料添加剂的制备 —————— 089

第五章　中药饲料添加剂常用单味中药 —————— 107

第六章　中药饲料添加剂常用中药复方　　　327

附录 391

参考文献 433

第一章

绪论

学习目的：

① 了解中药饲料添加剂的概念、起源与发展。
② 掌握中药饲料添加剂的特点与优势。
③ 学习中药饲料添加剂的常用资源、组方原则。

第一节　中药饲料添加剂的概念及其与治疗药物的异同

一、中药饲料添加剂的概念

1. 饲料添加剂

饲料添加剂是指在饲料加工、贮存、调配和使用过程中，为满足动物某些特殊需要而添加的特殊物质的总称，是配合饲料的重要组成部分。

2. 中药饲料添加剂

中药饲料添加剂，系指以畜禽饲料为载体，按照中兽医"医食同源"理论，将少量中药加入饲料中，用以改善畜禽机体营养代谢、改变动物适口性、增强畜禽机体免疫力、提高畜禽生产性能，从而达到提高畜禽生产数量、改良畜禽产品品质、预防疾病、减少动物源性食品污染的目的。

二、中药作为饲料添加剂与治疗药物的异同

中药既可作为治疗药物以治疗畜禽疾病，又可作为饲料添加剂以提高动物的生产性能，中药的这种一物两用，既有区别，也有联系，其间仍然有其自身的相同点和不同点。

1. 相同点

既可用作治疗药物，又可用作饲料添加剂的中药，大多来自自然界的某些植物，或是源于某一区域的岩矿，或是某一特定的动物类药。它们在用作治疗药物或作为饲料添加剂前，

其本身的理化性质与药效学作用并没有发生任何变化，这就是它们的相同点。

2. 不同点

中药虽然既可作为治疗药物，又可作为饲料添加剂，但在用作治疗药物与饲料添加剂时，也存在着某些差异，主要表现在以下几个方面：

（1）选材不同　中药在作为治疗药物时，往往重视产地，讲究药材地道，严格按照入药部位用药，将不符合这一规则的药物统统视为假冒伪劣之品。而在作为中药饲料添加剂时，本意也是严格按照入药原则要求，但是随着现代集约化养殖技术的发展，市场对中药饲料添加剂的需求与日俱增，饲料添加剂所作用的对象是有经济价值的动物，为了不至于发生与人争药，在选材上较治疗药物也就更加宽泛。例如，中药党参，作为治疗药物采用根部入药，作为饲料添加剂采用地上的茎、叶即可。再如，杜仲治疗疾病入药部位是其树皮，若用作添加剂时，则可采用其叶。

（2）制作不同　中药用作治疗药物时，根据中兽医的药性理论，一般要经过严格的炮制，使其增效减毒，从而达到所期望的药效。不论煎、散剂型，都要求将一定大小的药材饮片去除泥沙、碎末等杂物，水剂煎煮时间与次数、散剂粉碎的粒度与大小都有严格的考究。而作为饲料添加剂时虽也有一定的要求，但往往宽泛得多。在去除泥沙之后，猪用中药饲料添加剂散剂，其粒度要细，鸡可稍粗，牛羊更为粗大，以便采食。

（3）配伍不同　中药作为治疗药物的配伍，是中兽医临床用药的特点和疗效的优势所在。2000多年来，数千味中药按照中兽医"辨证施治"理论，组合成无穷多的配伍，形成了君、臣、佐、使的配伍原则，产生了相须、相使、相恶等作用规律。中药配伍后的多成分、多作用、多环节、多因素整合调节，或产生多靶点生物效应的累加，或提升多环节、多靶点的有机连锁效应，或促进药效物质对靶点的直接作用，或催化药效物质改变化学环境影响了靶点的生物性能，从而达到合群之妙用。而中药作为饲料添加剂时，往往依据某一类药物的作用特点，将同类药物配伍较多，参照传统意义上的君、臣、佐、使配伍原则很少，遵循相须、相使、相恶的作用规律的也并不多见。

（4）用药方式不同　中药作为治疗药物，多以单个畜禽机体为治疗单元来进行辨证施治。作为混饲剂或饲料添加剂，往往采用群体用药的方式，而群体应用饲料添加剂的前提则是群体辨证。中兽医学历来都是个体辨证，群体辨证对中兽医学意味着发展创新。在现代集约化养殖的情况下，畜禽群发性疾病往往具有相同的病因性质和类似的疾病表现，其共性大于个性。一个畜禽群体，往往处在相同的饲料、饮水、环境气候和饲养管理条件下，所接触致病因素和发生疾病谱系的概率均等，外因对畜禽的影响几近一致。在规模化饲养的畜禽群体中，都是采用全进全出的方式，所饲养的品种、性别、年龄往往无异，个体差别甚微，使得每个畜禽机体在群发疫病时，所反映出来的总体病证的功能状态有很大的一致性。这些既为群体辨证提供了可能性，也为中药饲料添加剂搭建了一个应用的平台。

（5）用量不同　中药作为治疗药物时，较饲料添加剂用量要大，使机体病变部位的药物含量达到一定的治疗浓度，才能产生生物学效应，起到治疗作用。而用于饲料添加剂时，则所用剂量相对较小，使之在畜禽机体内缓慢作用于靶细胞，慢慢催化畜禽机体内环境中的生物化学反应，起到防治疾病、提高生产性能、改善畜禽产品品质的效果。

（6）给药时程不同　中药作为治疗药物时，只能是在畜禽机体患病时使用，由于其用药量大，所以用药时程比较短，一般中病即止，不宜久服，以免发生毒副作用而变生他症。

　　作为饲料添加剂时，主要在畜禽健康状态下应用，由于其剂量较之治疗时小，添加时程比较长。如肉鸡的中药饲料添加剂可以伴随整个生长周期，旨在提高其生产性能。一般短时可持续添加 5～30 天，中程添加多为 2～4 个月，长者可持续添加 4 个月以上，甚或伴随饲养全程。有时还可采用添加 3 天、停止 2 天，或添加 5 天、停止 3 天和添加 7 天、停止 4 天等给药方式。

第二节　中药饲料添加剂的起源与发展

一、中药饲料添加剂的起源

　　我国应用中药作为饲料添加剂具有悠久的历史，早在两千多年前就开始用中药来促进动物生长、增重和防治疾病。西汉刘安著《淮南子·万毕术》载有麻盐肥豚法："取麻子三升，捣千余杵，煮为羹，以盐一升，著中，和以糠三斛，饲豚，则肥也。"

　　东汉的人畜通用中药专著《神农本草经》载有"桐叶饲猪，肥大三倍，且易养"和"桐花，饲猪肥大三倍"。东晋葛洪撰《肘后备急方》记载用大麻子饲马"治喹及毛焦大效"。

　　后魏贾思勰撰《齐民要术》记载"取麦蘖末三升，和谷饲马"治马中谷证（料伤）。唐代李石撰《司牧安骥集药方》记载马料伤时在饲草中添加"麦蘖（微妙）"。

　　宋代王愈撰《蕃牧纂验方》记载"四时喂马法"："贯众、皂角，以上二味入料内，同煮熟喂饲。"

　　明代李时珍著《本草纲目》记载："钩藤，入数寸于小麦中，蒸熟，喂马易肥""谷精草，可喂马令肥""乌药，治猫、犬百病，并可磨服""蛤蚧，可为杂药及兽医方中之用""郁金，马用之，活血而补"等。喻仁、喻杰兄弟撰《牛经大全》载有牛的补药方："红豆、白矾飞过。"

　　清代赵学敏撰《串雅》载有："鸡瘦，土硫黄研细，拌食，则肥。"张宗法撰《三农纪》载有鸡、猪催肥法："以油合面，捻成指尖大块，日饲数十枚；或造便饭，用土硫黄，每次半钱许，喂数日即肥"。"麻子和谷炒熟饲鸡，日日生蛋不伏。""一法，猪须得火麻子二升，炒捣为末，食盐一斤同煮，槽内和糠饲之，易肥。又法，买贯众三斤，苍术四两，芝麻一升，黄豆一升，炒熟，共末，和糟糠饲，饮以新汲水。如食不快，萝卜叶饲之。"

　　傅述凤撰《养耕集》载有治疗牛瘦弱的混饲剂："乌豆炒熟，磨末、入盐，每日拌食。"李南晖撰《活兽慈舟》载有猪的"壮膘添肉法"："豕性虽贪食，多有肉少膘欠者，皆因所食糟糠未能醒脾，故肉少膘欠，豢养者遇此，先以酒醋、酒曲、童便合糠糟而饲之，大能醒脾益胃，免致择食无膘。又：麻仁一升、酒曲四两、食盐半斤、陈皮一斤、砂仁一两，共为末，常与糟糠和匀喂饲。若能如此喂之，不十日而胃开膘起。""芝麻一升、炒黄豆三升、炒蓖麻一合去壳，同末，常与糟糠和匀喂饲，不一月而膘肥肉满矣。"

　　从上述记载可以看出，古代应用中药饲料添加剂多是些原始的零散经验，尚未形成体系；应用的对象以猪最多，鸡次之，其他畜禽较少；中药种类以植物药最多，动物药和矿物药相对较少；方剂类型以单方为多，复方相对较少。尽管这些应用主要来自民间经验，缺乏试验数据等，但为近代研究奠定了基础。迄今为止，已有大量的土方、单验方被现代科学试验所证实，并广泛应用于畜牧生产中。

二、中药饲料添加剂的发展

中药饲料添加剂研究和应用的广泛开展，始于20世纪70年代。特别是近年来，随着我国加入WTO、兽药生产GMP的实施和人们对于食品安全的关注，中药饲料添加剂的研究和应用再度掀起高潮。据不完全统计，迄今用于饲料添加剂的单味中药超过200种；应用对象也大为拓宽，除用于鸡、猪、牛、马、羊、犬、猫、兔等家养畜禽外，还扩大应用到水产动物及特种经济动物等。应用目的由防病保健逐步发展到补充营养成分、提高饲料利用率、增加动物产品产量、改善动物产品质量、改善饲料品质以及某些特殊需求等方面。同时，各地还因地制宜地不断开发新的配方和产品，逐步形成产业化。随着动物营养学、动物生理学、饲养学、生物化学、生物工程、药物学、微生物学以及计算机等多门学科的进步发展，中药饲料添加剂的研究将融合多门学科和多种技术，取得更大的发展。

随着抗生素残留问题的日趋显现，研究者们意识到必须限制抗生素的滥用并且需要开发新的饲料添加剂来代替抗生素型添加剂。中药作为代替抗生素的首选，其优势在于中药来源于大自然中的药用植物、药用菌物、药用矿物等广博资源，以无抗药性、低残留、不会对环境造成污染为特点。我国在20世纪70年代开始研发中药在饲料添加剂中的应用，但由于理论知识和科研技术的不完善，研制的添加剂的剂型、效果及应用对象单一，以畜禽为主。袁福汉等[1]研究表明，将桐叶制成粉末添加在猪、鸡的日常饲料中，可以提高猪、鸡的增重，饲料报酬提高22.29%；田贵泉[2]用麦芽、苍术等组成饲料复方添加剂，猪的增重及生长性能提高较为明显。90年代以后，中药复方的使用使得添加剂的功能更加多样化，并且应用对象也不仅仅只是畜禽，还扩展到经济动物。王建寿等[3]用党参、当归、淫羊藿等中药添加在马鹿的日常饲料中作增茸剂，经过90天的试验，发现可提高茸产量35%～39%。庞劲松等[4]在法国肉用鹌鹑的饲料中尝试添加不同组合的党参、黄芪、艾叶，经过代谢试验和对肌肉的pH及嫩度测验发现，其不仅能够使鹌鹑增重明显，而且对鹌鹑的肉质及免疫能力也有所改善。薛会明等[5]将麦芽、赤小豆、芒硝、鸡内金组合添加在新西兰幼兔的日粮中，有很好的增重及节约饲料的作用。

进入21世纪，食品安全问题的出现以及抗生素引发的越来越多的问题，促进了中药饲料添加剂的研发。中药添加剂发展之初，以动物营养学为理论基础，发展至今已经涉及包括药理学、动物营养学、中兽医学、分析化学等多个学科。原材料方面，中药药渣的利用使得中药饲料添加剂的成本降低，提高了中药材在饲料添加剂中的利用率。研发剂型方面也有所突破，通常多为散剂。近几年，对剂型不断尝试革新，基于微胶囊技术以及材料的不断发展，成功将微胶囊应用在中药饲料添加剂中，可降低养殖成本、提高药物的稳定性，也可掩盖药物的不良气味；另外也有将中药传统剂型加以利用，如糖浆剂、颗粒剂等。由现代中药饲料添加剂的发展可明显看出，中药作为抗生素替代品在促生长、提高动物机体免疫力等动物保健方面具有显著效果，随着中药饲料添加剂研发的不断进步，对其使用将越来越广泛、简便而有效。

第三节 中药饲料添加剂的特点与优势

一、中药饲料添加剂的特点

1. 来源天然性

中药来源于动物、植物、矿物及其产品，本身就是地球和生物机体的组成部分，保持了各种成分结构的自然状态和生物活性，同时又经过长期实践检验对人和动物有益无害，并且在应用之前经过科学炮制去除有害部分，保持纯净的天然性。这一特点也为中药饲料添加剂的来源广泛性、经济简便性和安全可靠性奠定了基础。

2. 功能多样性

中药均具有营养和药物的双重作用。现代研究表明，中药含有多种成分，包括多糖、生物碱、苷类等，少则数种、数十种，多则上百种，按现代"构效关系"理论，其多能性就显而易见了。中药除含有机体所需的营养成分之外，作为饲料添加剂应用时，按照中国传统医药理论进行合理组合，使物质作用相协同，并使之产生全方位的协调作用和对动物机体有利因子的整体调动作用，最终达到提高动物生产的效果。这是化学合成物所不可比拟的。

3. 安全可靠性

长期以来，化学药品、抗生素和激素的毒副作用与耐药性使医学专家们伤透了脑筋，尤其是容易引起动物产品药物残留，这已成为一个全社会关注的问题。中药的毒副作用小，无耐药性，不易在肉、蛋、奶等畜产品中产生有害残留，是中药饲料添加剂的一个独特优势。这一优势，顺应了时代潮流，满足了人们回归自然、追求绿色食品的愿望。

4. 经济环保性

抗生素及化学合成类药物添加剂的生产工艺相对复杂，有些生产成本很高，并可能带来"三废"污染问题。中药除少数人工种植外，大多数为野生，来源广泛，成本低廉。中药饲料添加剂的制备工艺相对简单，生产不污染环境，而且产品本身就是天然有机物，各种化学结构和生物活性稳定，储运方便，不易变质。

二、中药饲料添加剂的优势

1. 无抗药性和有害残留，毒副作用小

长期临床用药实践发现，中药本身对人畜使用安全，几乎无毒副作用。中药饲料添加剂内发挥药效的诸多成分往往是各种常见的生物活性物质，如多糖类、各种苷类、生物碱类、黄酮类化合物、苦味物质等，也是主要的抑菌、抗菌药物，通过调整与刺激动物机体的抗病因子，提高动物机体免疫力，不对动物体产生负面影响。中药少毒和无毒的原因是原材料取自动物、植物、微生物、矿物，这些物质本身和动物机体就有很多相似的活性结构，人们在使用过程中，又通过长期的筛选尽量保持了药物的天然本质，这些药物的毒性在特殊炮制工

艺过程中都已经消除或减少。

2. 中兽药添加剂作用的广泛性和多样性

在中药的生产实践当中，很少单独使用一味中药，很多药方都由两种及以上的药材配伍而成。不仅仅使该中药具有两者或多者的复合功能，而且多味药组合可以相得益彰，大大提升药效的发挥，具有作用效果的广泛性和多样性。

第四节　中药饲料添加剂的常用资源

中药饲料添加剂资源，在使用之初，由于需求量较少，一直采用纯正地道的中药材来制作畜禽的饲料添加剂，在生产实践中应用效果很好。但随着近年畜禽现代养殖规模的扩大，人工化学添加剂的毒副作用、残留弊端的愈发显现，中药饲料添加剂的绿色环保优势更加彰显，中药饲料添加剂的用量与日俱增，这就加剧了对中药材资源的需求，出现与人争药的局面。因而业界不得不拓展中药饲料添加剂的资源空间，采用许多代用品材料，以满足日益增长的产业需求。

一、野生资源的采集和保存

天然中药资源的采集和保存是否合理，直接影响药材质量和疗效。采收适时、贮存恰当，则药性强、疗效好，反之则药效弱、疗效差。古人早有"凡诸草木昆虫产之有地，根叶花实采之有时，失其地则性味少异，失其时则性味不全"的说法，足见中药的产地与采集时间是何等的重要。所以，合理采收中药，对保证药材质量、保护和扩大药源具有重要意义。由于中药在不同生长发育阶段其有效成分的含量不同，同时也受气候、产地、土壤等多种因素的影响，因此，有效成分含量或有效成分总量是指导中药采收的首要原则。但是，很多中药的有效成分目前尚不清楚，利用传统的采药经验及根据各种药用部分的生长特点，分别掌握合理的采收季节，仍是十分重要的。如果对中药保存不善，则药物又易遭受虫蚀霉败、气味走失、疗效降低。有计划、较合理地采集与科学地贮藏中药，是保证药材质量、保护药源、提高药材资源利用率的主要环节。

1. 资源的采集

中药大都是生药，而且大多是植物性生药。植物在其生长发育的各个时期，由于所含有效成分的量各不相同，药性的强弱也往往有很大的差异。因此，生药的采集，应该在其含有效成分最多的时候进行。若失去最佳采集时期，不但影响生药的产量和质量，而且也直接影响到疗效。古人早有"夫药采取，不以阴干暴干，虽有药名，终无药实，故不依时采取，与朽木不殊，虚费人工，卒无裨益"的说法。同时由于入药部位不同，采集的时间也不一样。《名医别录》记载："其根二月八月采者，谓春初津润始萌，未充枝叶，势力淳浓也。至秋枝叶干枯，津润归流于下。大抵春宁宜早，秋宁宜晚。花实茎叶，乃各随其成熟尔。"除根以外，明代陈嘉谟《本草蒙筌》记载："茎叶花实，四季随宜，采未老枝茎，汁正充溢；摘将开花蕊，气尚包藏；实收已熟，味纯；叶采新生，力倍。入药诚妙，治病方灵。"所以古人非常重视药材的产地及采药的时间。

（1）植物类资源　植物类药材在中药资源中占有很大部分，由于药材生产习性、入药部位、所含药学组分和药效学作用不同，对其采集的时间和方式也不一样。

地下部分（即根类和根茎类）的采集，一般在早春植物开始生长发芽前，或在秋季该植物地上部分开始枯萎之后，如苍术、桔梗、天麻、山药或菅茎等。但也有例外，如柴胡、明党参在春天采集较好，太子参在夏季采集较佳，延胡索多在谷雨和立夏之间待地上部分枯萎采挖，甘草和白及的根茎应在开花前采集，因为这个时期所含的精华最多。

树皮和根皮，多在春季或四五月间的春夏之交采收，因此时树干中所含汁液较多，不仅皮部与木部容易分离，而且药效更足。如黄柏、厚朴和杜仲等，在有雨季的地区可在雨季中采集，但根皮应在秋后到冬至时采集，如苦楝皮、地骨皮、桑白皮、牡丹皮与合欢皮等。采收树皮和根皮，容易损害植物生长，应注意采收方法，特别是不宜环剥，有些干皮的采收还可结合林木采伐进行。

茎叶一般应在植株生长茂盛阶段或花期将放或正放的时期采集，即在花未开或正在开花而果实和种子尚未成熟时采集。因为这时植株已经完全长成，叶系也最健壮，如大青叶、紫苏叶、枇杷叶等。但茶叶应在幼嫩时采集，桑叶应在深秋经霜冻以后采集，银杏叶须落地后收集。

花及花粉一般是采收未放的花蕾或采集刚开放的花朵，以免香气散失或花瓣脱落。如金银花、槐米、菊花、洋金花、丁香、款冬花、芫花、辛夷花等。但是旋覆花应在正开花时采集，红花则要在花冠由黄变红时采集，松花粉、蒲黄等应在花盛开时采集，虫菊宜在花头半开放时采集。同时，采集花类时宜择干燥的晴天，采收后必须松放，防止挤压损坏。

果实除少数采用未成熟的及果皮外，一般都是在完全成熟的时候采集。如青皮、枳实和乌梅等在未成熟时采集，而茴香、鹤虱、栀子、苍耳子、连翘等均应在成熟时采集。如果是同一果序的果实成熟期相仿，可以割取整个果序扎成小束，悬挂在干燥的室内，以待果实全部成熟，然后进行脱粒。有的果序不在同一时期成熟，则只好分别割取。茴香等果实成熟后很快脱落，豆蔻、花椒和牵牛子等果实成熟后即裂开而散失种子，这些果实最好在将成熟时采集。还有多汁的浆果容易损坏，应在清晨或傍晚时进行采集，如女贞子和枸杞子等。

种子和核仁一般应在完全成熟时采集，如桃仁、柏子仁、芥子、莱菔子等。

全草花盛割，茵陈三月幼苗采。也就是说全草的采集，大多是待植株充分长成、枝叶茂盛或花盛开之时进行。如益母草、荆芥、薄荷、盐茴香等，可靠近地面的茎部割下，车前草、紫花地丁、蒲公英等可连根拔起。但也有例外，如茵陈蒿，古有"三月茵陈四月蒿，五月六月当柴烧"之说，所以茵陈应在未开花前采集其幼嫩的地上部分。

树脂及脂质一般应选择秋季气候比较干燥时或在雨季后采集，并须尽力避免泥沙和植物的细屑污染，如松香、没药、乳香等。

菌、藻、孢粉采收情况不一，如麦角在寄主收割前采收其生物碱含量较高，茯苓在立秋后采收质量较好，马勃应在子实体刚成熟期采收，过迟则孢子飞散，疗效降低。

植物类药材原料采集后，首先应进行药用部分的整理如刷洗、修切等工序，然后迅速利用阳光晒干或通风阴干，必要时也可用人工干燥法进行烘干，然后妥善保存。

（2）动物类资源　采集昆虫类中药材，必须掌握其孵化、发育、活动季节。一般潜藏在地下的如蚯蚓、蜈蚣、蝼蛄、全蝎等虫类可在夏、秋季捕捉或挖掘，而僵蚕则应在四眠之后的尸体僵硬时收采；以成虫入药的均宜在活动期捕捉，而以卵鞘入药的如桑螵蛸等，则应在冬春两季采收，过时则虫卵孵化为成虫影响药效；两栖动物如蛤士蟆，则于秋末当其进入冬眠期时捕捉；鹿茸一般是在清明之后2个月内，待公鹿的幼骨尚未骨化时采集，而鹿角则须待幼角完全骨化而且成熟时采集；驴皮一般是在秋后或冬季采集。如果是人工养殖的虫类药和兽类药，可不受时间的限制，随时均可采集，如土鳖虫、蛇胆等。

（3）矿物类资源　矿物类中药的采集，一般不受时间、季节的限制，大多在农闲和秋后庄稼收割后开采，也可配合开矿时期同时收集。

2. 资源的保护

合理地采集药材是药源保护的原则。绝不可以只顾一时的方便，无计划地滥采。这不仅损害了药材资源，同时还破坏了生态平衡。保护好中药资源，应该遵循以下几条原则。

（1）计划采集　既要做到满足当前的需要，又要考虑到长远利益，做到用什么采什么，用多少采多少，不要积压浪费。

（2）留根保种　凡地上部分可作药用或可代根或代皮用的就不必连根拔起，必须用根茎或全草入药的，采集时应注意留根或留下部分块茎，或留下生长旺盛的植株，以利于繁殖。尤其是稀有奇缺、产量低下的贵重药材，更应注意留种。凡用根茎的药物，若花、叶、枝的药效基本相同时即可代用，不必一定采根，以保种繁殖。

（3）充分利用　充分利用中药材，做到一药多用。中药材一药多用古已有之。如橘树产品，就有陈皮、青皮、橘核、橘红、橘白、橘刺、橘叶等几个部位入药。又如马兜铃的果、藤、根的不同部位分别以马兜铃、天仙藤、青木香3种名称入药，对其3个内在成分进行分离，虽然其他内在成分各有所异，但其共性成分均为马兜铃碱，药理实验作用与本草所载基本相同。从国家经营的千余个中药品种中，一物多用的品种还不到2%，大部分只用了其中的某一个部位。如果千余个品种中有20%的药物能一药两用或多用，那么将有400个以上的新药源出现。

（4）提倡培育和驯化　某些野生药材，适当进行家种，对进口的外来药材，可以引种驯化。尤其是本地区难以采集的稀有药材，无论动物还是植物，都应当进行培育和驯化。这不仅保留和发展了稀有的药物品种，而且还扩大了药物资源，以满足对中药饲料添加剂日益剧增的需求。

3. 资源的保存

一般中药经过采集、整理后，除供新鲜使用外，都必须进行干燥处理，妥善贮藏，以保证药材质量。干燥是中药贮藏前的重要措施，植物药还应除去泥土杂质和非药用部分，按不同的特性，采用晒干、阴干、风干或人工加温干燥等方法。

（1）晒干法　就是利用直射阳光的热力以及流动的空气进行干燥，方便经济，常用于初步干燥茎类、根茎，以及种子类药物，如桔梗、桑枝、牛蒡子等。但必须注意的是，绿色植物的叶、色彩鲜艳的花、气味芳香的药物，不宜阳光干燥，因经阳光暴晒后，绿色植物变黄，鲜艳花瓣褪色，芳香药物丧失芳香气味，以致降低质量。容易受日光影响的药材还有茯苓、骨碎补等，因而不宜用此法干燥。

（2）烘干法　就是用火烘干或火力干燥的方法，这种方法可以任意调控温度，而且不受天气的影响。如在雨季或不能用阳光晒干的药材，如大黄、番红花、红花及其他各种花类，用阳光晒干时容易变色，因此，必须采用火炕或烘箱（柜）来进行干燥。对于皮类及根类的干燥，可用烫手的温度；全草及花类，可用微温手的温度；含有香味的药材，温度不可烫手；而叶类应采用微火烘干；多汁的浆果如枸杞，多汁的块茎如黄精、玉竹、山药、泽泻等应迅速干燥，温度分别可达70℃、90℃；具有挥发性的芳香药、动物药以及脏器组织如川芎、乌梢蛇、胎盘等须缓缓干燥，温度可以控制在20~30℃。在加热时，温度须慢慢升高，以免药材的精华受到损害。

（3）阴干法　也就是通风阴干法，就是将药材用绳捆扎成束，悬于室内或置于架上阴凉处，在室温下任其通风，使水分自然蒸发的一种方法。凡含有香味的药材、花瓣、绿叶植物及全草药物的干燥一般多用此法。

（4）石灰干燥法　就是把药材放入盛有生石灰的密闭容器内，然后放置于阴凉而干燥的地方。这种方法适用于人参、鹿茸、枸杞、动物脏器以及虫类等的贮存。对于多肉性的根茎类如半夏、贝母等，可混放一些石灰粉使其干燥，以保持它们的白色。

（5）中药的贮藏　中药的贮藏主要避免虫蛀、发霉、鼠耗、遗失和盗窃等，以保药效和留备较长时间的应用。"凡药，皆不欲数数暴晒，多见风日，气力即薄歇，宜熟知之。诸药未即用者，候天大晴时，于烈日中曝，令大干，以新瓦器贮之，泥头密封，须用开取，即急封之，勿令中风湿之气，虽经年也如新也。其丸散以瓷器贮蜜蜡封之，勿令泄气，三十年不坏。诸杏仁及子等药，瓦器贮之，则鼠不能得之也。"由此可见，古人在保存药物方面积累了大量而丰富的经验，即使在今天仍然值得我们好好借鉴，使之古为今用。通常药材在干燥后进行贮藏时，对于叶类及细根类药材，用阳光晒干或加热干燥后，应放置室内过夜，使其稍柔软后，再进行包装贮藏。另外，还须注意贮存地是否适当，以及外界条件如潮湿、日光、温度、空气、害虫和药材本身的耐贮年限等问题。为了防止受潮湿、日光、温度的影响，药材必须保存于通风、干燥、阴凉的仓库内。对于遇空气变质的药材，应密闭于瓷瓶、瓦器或铝罐中，必要时可装于玻璃瓶中蜡封。此外，也可采取纸匣装、箱装、袋装的办法。防止药材被害虫的蛀蚀，也是一种特别重要的工作，一般可采取下述措施：

①注重防潮　药物受了潮湿很容易霉变。药物受潮，除药物本身所含水分外，室内通风不好、地面潮湿，或室温太高，都能使室内湿度增高，导致药材变坏。但温度过高也能使药材过度干燥，影响药物原有的质量，能使一些芳香药物如薄荷、桂皮等的挥发性成分加速消失。所以贮藏的处所必须打扫干净、消毒，地面应该没有裂缝，而且要有通风设备，并且要经常晾晒和定期检查，注意防潮。对于在雨季中容易霉蛀的药材，可置于烘房中或火炕上干燥。至于少量的药材，也可用铁器装后放在灶房的炉台上干燥，但须注意温度不可过高，以免将药材炕焦。

②特殊处理　对于像人参、枸杞子、杭菊花、党参等比较贵重的药材还可采用冷藏法。对于不同的药材或不同时间存入的药材，须留有相当的间隔，以免害虫迅速蔓延。除有特殊香味的药材外，可用硫黄在密闭的室内燃烧熏之，以防虫害。

③对抗贮藏防虫蛀　防止药材被害虫蛀蚀还可采取对抗性方法。如牡丹皮与泽泻同贮，白花蛇中放花椒，三七内放樟脑，柏子仁内放明矾，土鳖虫、蜈蚣、蚯蚓内放大蒜头，当归、瓜蒌内放酒等，都可以防止虫蛀。人参须和细辛，冰片必同灯草，麝香宜用蛇皮裹，硼砂共用绿豆收，生姜择老沙藏，山药候干灰窖，沉香和檀香甚烈包纸须重。

总之，对不同的药材资源，应采取不同的贮藏方法，才能避免药材发霉、虫蛀、变色、变味、变质，才能保持疗效，防止不应有的损失。此外，对于毒药、剧药，应按国家规定保存于上锁的柜中，注意保管。所以中药保存的总体原则是：干燥勿受潮，贮藏防鼠耗，有毒应另放，名贵莫遗了，加强责任制，防损保疗效。

二、资源的开发

中药饲料添加剂所产生的效益，本质上就是一种资源经济。面对世界市场的巨大诱惑，面对生态资源安全的忧思，急需一种新的思维理念来认证中药饲料添加剂的资源标准，以促使资源的合理外延；用创新补缺的生态意识来架构中药饲料添加剂资源的监控方法，以拓展资源的持续利用空间；用贮量与需求的互动机制来构建我国中药饲料添加剂资源合理利用的评价体系，为预警资源态势搭建决策性平台。由于中药饲料添加剂应用的对象，既是具有经济价值的动物，又是人类赖以生存的食品来源，较之人用中药，应具有价格低廉、无毒副作用或少残留的特点，因而中药饲料添加剂应具有自身的资源优势，人畜共用的中药物亟待分离，中药饲料添加剂资源的专属特性亟待建立。所以中药资源的合理利用，彰显了绿色生态理念，增强全民环保意识，引导农牧民退耕还药、指导中药饲料添加剂资源持续有效的开发利用，公益性效益凸显。已有资源的拓展在现有中药资源的利用上，无论是理论研究，还是生产实践，都未做到物尽其用，还有很大的利用空间。对传统认定的废弃资源方面还有许多潜力可挖，尤其是将这些资源挖掘出来用于畜禽的饲料添加剂，既是对资源概念的外延，又为原有资源的自身挖潜赋予了新的含义。

1. 加大药用部位的外延

我国现有天然中药资源 12807 种，而常用的仅为其中的 10% 左右，尤其是植物类中药的利用，至今只是停留在植株根、花、叶、皮、果的某个部位，余者弃之。然弃之物，就有巨大的药用开发潜力。如杜仲的传统药用部位是其树皮，其叶被认为是非药用部分而弃之。实验研究发现，杜仲叶既能防病，又有改善肉质风味的作用；又如党参的传统入药部位是其根，大量的茎叶被弃，但研究表明，其茎叶对畜禽有防病增重的效果；再如白果树叶被认为有毒而常常被付之一炬，现证明它有促进畜禽生长的功效。

2. 提倡一物多药的理念

古人在实践中认识到的一物多药，而今也从药物的有效化学成分中得到了证实。如人参起治疗作用的有效成分是皂苷，经研究发现，人参的各个部位都含有皂苷，人参花含 26.4%、人参种子含 2.30%、人参叶含 10.20%、人参果含 21.83%、人参芽孢含 20.92%、人参须含 11.52%、人参根含 4.47%；又如鹿，鹿全身都是宝，除鹿茸以外，尚有鹿角、鹿角胶、鹿角霜、鹿肾、鹿筋、鹿尾、鹿胎、鹿心和鹿血等。所以我们必须认真加以发掘，以更好地为畜禽养殖业服务。

3. 拓展废物利用空间

随着人用中药资源的不断深化和完善，原有的售药方式已经不能满足客户需要，代之以规范的饮片形式走向市场。许多中药饮片加工厂，将原药材洗净泥沙、除去杂质，加工成一定规格的饮片。在这一加工过程中伴随着一些粒度太小、不符合饮片要求的药渣的产生，将这些药渣作为饲料添加剂的原料，不仅物美价廉、加工省时省力，而且降低了饲料添加剂的成本，提高了畜禽养殖的效益，同时还盘活了这一部分废弃资源，符合节约型社会的时代要求。由此可见，在已有资源的基础上，最大限度地提高其利用率，尤其对已有药源传统认定为废弃部分加大有效的利用，已经成为我国资源经济与生态环境安全的前瞻性的战略选择。

4. 新资源的开发

我国幅员辽阔，植物种类繁多，贮量极为丰富，具有潜在开发价值的中药饲料添加剂的植物数量巨大。由于用药的经验与药物的区域性差异，在各地民间蕴藏着大量亟待开发的中药饲料添加剂资源，人们从无数付之一炬的野草中反复确认和验证其药性药效，加大这部分资源的回顾性搜集、采风性整理和前瞻性应用，不仅盘活了废弃资源，而且拓展了绿色资源的合理外延，有效地增加了饲料添加剂市场的资源供给，扩增了中药饲料添加剂资源的库容，达到了节本增效的目的，生态效益突显。如我国有香料植物500余种，仅170种已被利用，可开发用于畜禽香味剂的还有白兰花、柏木、苍术、菖蒲、春兰、滇白术、杜松、榧树、枫香、格蓬、红松、华北冷杉、华山松、黄花草木樨、黄葵、黄栌、红茴香、九里香、蜡梅、灵香草、马尾松、玫瑰、茉莉、牡荆、草珊瑚、沙地柏、沙枣、水仙、山苍子、湿地松、树兰、五加、香附子、香桦、缬草、岩精、野菊、云杉、云南铁杉、云南松、栀子、珠兰、紫杉等。又如用于畜禽甜味剂的有奇异果、神秘果、水槟榔、西非竹芋果实等植物；用于酸味剂的有存在于蔓越橘、李子等水果中的苯甲酸，存在于植物红果中的苹果酸，存在于菠萝、葡萄中的酒石酸，存在于柑橘、浆果等水果中的柠檬酸，存在于草莓等莓类浆果中的水杨酸，存在于未成熟水果中的琥珀酸和延胡索酸。如果对这一部分农副产品资源能够加以充分利用，开发成饲料添加剂的原料，既养分丰富，又纯天然，同时还可增加农民或果农的收入。由此可见，在市场需求总量一定的前提下，加大已有资源的有效利用度，也就拓展了现有资源的贮量，减少了人类对绿色资源的依赖，减缓了对生态植被的掠夺，从而有效地保护了生态环境。这既符合资源的持续利用，又保护了人居环境的生态安全，同时还促进了人与自然的和谐发展。

第五节　中药饲料添加剂的组方和应用

一、中药饲料添加剂的组方原则

中药饲料添加剂可以是单味中药，也可以是由若干味中药组成的复方。复方添加剂的组成，除应遵从中药的组方和配伍原则之外，还有其自身的特点。

1. 以法统方

"法"是组方的基本原则，在复方中药饲料添加剂的组方时，首先应根据其应用目的确立相应的法则，然后在立法的基础上进行组方，也就是"方从法立，以法统方"。用于促进动物生长、增加畜产品产量的添加剂，多以健脾开胃、补气养血为法则；用于防病治病的添加剂，则往往以调整阴阳、祛邪逐疫为原则。有的中药饲料添加剂组成复杂，具有多方面的综合作用。

2. 扬长避短

与常规西药饲料添加剂相比，中药饲料添加剂具有经验优势、辨证优势和无害优势。经验优势，是指中药在我国应用的历史悠久，经验丰富，对其进行发掘和研究往往可以取得很好的实际应用效果。辨证优势，是指辨证论治的优势，即根据动物发病过程中所表现出的症状来进行防治用药，主要体现在扶正固本和协调整体两个方面。无害优势，是指中药毒副作用小，不易在食用畜产品中形成有害残留物。当然，中药也有理论比较抽象、特异性差、用量较大、药效比较缓慢等缺点，组方时应尽量发挥其优势，克服和改进其不足。

3. 中西结合

中西结合包括两个方面的含义：一是结合传统中医药和现代西医药两方面的理论进行立

法组方，例如在组方时既采用补养气血、健脾开胃的中兽医法则，又参照补充营养物质的现代兽医学观点；二是在一个处方中既有中药又有西药，二者组合配伍，取长补短，以完善或增强方剂的某些功能。

有研究表明，中西药结合饲料添加剂组方，可以发挥二者之长，产生更好的协同效应。如喹乙醇、抗菌增效剂TMP与具有清热解毒等作用的中药合用，不仅能够增强抗菌效果，而且可以降低喹乙醇的用量，大大减少中毒的可能性。此外，中西驱虫药合用、中西止咳化痰平喘药合方、安神中药与镇静西药合方、催肥增产中药与营养素合方等，均能够产生良好的协同效应。当然，也要注意中西药合方可能产生的毒性增强、药效降低等负面效应，如红霉素能够抑制穿心莲促进白细胞吞噬功能的作用；乌梅、山楂可使尿液酸化，致使磺胺代谢产物的溶解度降低，加剧对泌尿系统的损害。

4. 因畜制宜

由于动物的种类不同，其生理特点差异很大，用药配方应当有所区别，以适应不同品种动物的需要。如鸡的基础代谢高，对饲料的消化吸收和排泄快，添加平补消导类的中药往往可以取得较好的效果；犬、猫、马对药物的异味比较敏感，应考虑使用微量化的提取物或加矫味剂。

二、中药饲料添加剂的剂型和应用

1. 剂型

目前生产和使用的中药饲料添加剂，绝大多数为散剂。也有采用预混剂形式的，即将中药或其提取物预先与某种载体均匀混合制成添加剂，如将松针提取物和载体松针粉混合制成饲料添加剂。除散剂之外，还有颗粒剂和饮水剂等剂型，以供饲料或饮水添加剂使用。

2. 应用

中药饲料添加剂，主要采用群体用药的方式。为了达到促进生产、防病治病等目的，饲料添加剂或混饲剂的运用要做到适时、适量、适度。适时，就是要抓住时机及时应用；适量就是添加的量不可多，也不可少，应在剂量允许的范围之内；适度，是指添加剂投药日程的长短要适当。

添加日程的长短要根据添加剂或混饲剂的作用以及生产需要而定，大体可分为长程添加法、中程添加法和短程添加法三种。长程添加法持续添加时间一般在4个月以上，甚至终生；中程添加法持续添加时间一般为1～4个月；短程添加法持续添加时间一般是2～30天。有时还可以采用间歇式添加法，如三二式添加法（添加3天，停止2天）、五三式添加法（添加5天，停止3天）等。

━━━━━ 复习思考题 ━━━━━

1. 什么是中药饲料添加剂？
2. 中药作为饲料添加剂与治疗药物的不同点是什么？
3. 中药饲料添加剂的特点与优势有哪些？
4. 中药饲料添加剂的常用资源有哪些？
5. 中药饲料添加剂的组方原则是什么？

第二章

中药饲料添加剂的基础理论

学习目的：

① 了解中药的采集、保存。
② 掌握中药的性能。
③ 学习中药主要成分及其药理作用。
④ 熟悉中药的配伍原理。

第一节　中药的采集与资源保护

一、采集与保存

（一）采集

中药的采集是指对植物、动物和矿物的药用部分进行采摘、挖掘和收集。

中药的采收季节、时间和方法与药材的品质优劣有着密切的关系。除了矿物类药材受季节影响不大，多可随时采集之外，动植物药材都有各自的采收季节。动植物在生长过程的不同阶段，其药用部位所含有效成分的质和量有所不同，因而药性的强弱、疗效的好坏也往往会有很大的差异。尤其是植物药材，其根、茎、叶、花、果实等各种器官的生长成熟期具有明显的季节性，故适宜的采收时间和采集方法，依据植物的种类和入药部位而有所不同。历代医药家对中草药的采收季节十分重视，孙思邈在《千金翼方》中写道："夫药采取，不知时节……虽有药名，终无药实，故不依时采收，与朽木无殊……"《千金要方》序中有云："早则药势未成，晚则盛势已歇。"北方药农有谚语："春采茵陈夏采蒿，知母黄芩全年刨，九月中旬摘菊花，十月上山采连翘。"南方夏季来早，故有"正月茵陈二月蒿，三月蒿子当柴烧"的经验。一般的原则是：药材的采收应在有效成分含量最多的时候进行。根据长期的实践经验，通常以入药部位的成熟程度作为依据。

中药现代研究表明，中药的疗效与其药效成分含量的多少相关。目前已逐步使用植物化学的方法测定不同时期入药部位主要药效成分含量的高低，以确定中药采收时间。

1. 全草类药材

全草类药材通常在植株充分成长、地上部分生长最茂盛的花前期或花期，果实尚未成熟时采收。多年生草本常割取地上部分，如泽兰、佩兰、益母草、青蒿、仙鹤草、穿心莲等，此时是植物生长的旺盛时期，有效成分含量最丰富，以保持茎叶鲜艳和芬芳气味，如荆芥、薄荷、藿香、紫苏、香薷等。一些矮小茎枝柔弱的植物或带根用的全草，则连根拔起全株，如细辛、蒲公英、车前草、大蓟、小蓟、紫花地丁等。茎叶同时入药的木本藤类药材，其采收原则与全草类相同，也是生长旺盛时割取，如忍冬藤、夜交藤。个别须用嫩苗入药的全草类药材，如茵陈等，亦应适时采收。此外，藻蕨类药材大多药用全植株，亦应在其生长旺盛时采收。菌类药材以药用部位成熟时采收为宜。

2. 叶类药材

药用部位为叶类的药材以植物体生长盛期到花蕾将开或正当花盛期采收最好，此时植物叶片生长茂盛、性味充足、药力雄厚，最适于采收，如大青叶、荷叶、艾叶、枇杷叶等。臭梧桐叶在 5 月开花前采摘，对动物的降压作用强，开花后所采的叶降压作用弱；荷叶在荷花含苞欲放或盛开时采收者，色泽翠绿，质厚气香，质量最好；罗布麻在夏季开花前摘叶，其疗效优于秋季采摘者；有些特定的品种，如霜桑叶须在深秋或初冬经霜后采收，银杏叶、枇杷叶在深秋落叶后采收，而番泻叶则须采生长 90 天的嫩叶为好，泻下作用较好，超过 90 天后，有效成分的含量就逐渐下降。

3. 花类药材

大多数花类药材宜在花含苞待放时采收，不宜在花完全盛开时采收，更不能在花衰欲落时采收。药效成分的含量往往会随着花朵的开放、凋谢而显著减少。有些花要求在含苞欲放时采摘花蕾，如金银花、槐米、辛夷、丁香、款冬花等，菊花、旋覆花、槐花等需要在花盛开时采收，由于同株花朵次第开放，所以要分次采摘。若采收过早花朵尚未长成，气味俱浅，采收过迟花朵盛开之后，则易变色脱瓣，气味散失，均影响药材质量。红花在花冠由黄变红时采收最佳，色泽鲜艳，微有香气，质量最好，过早采收花嫩色淡，过晚采收花带黑色而不鲜，而且宜在晴天露水未干时进行。至于蒲黄之类以花粉入药的药材，亦须在花盛开时采收。这些花均有清热凉血止血的功效。

4. 果实、种子类药材

果实类药材多在果实成熟或接近成熟时采摘，如瓜蒌、栀子、山楂、马兜铃、杏仁、五味子等。少数药材要在幼果未成熟时采摘，如枳实、青皮、乌梅、覆盆子、藏青果等。有的果实须待成熟后经霜变色时采收，如川楝子、山茱萸。容易变质的浆果，如枸杞子、女贞子，在略熟时于清晨或傍晚采收为好。如若果实成熟期不一致，应该随熟随采，过早采收则肉薄，过迟则可能已经果肉松泡，均会影响药材质量与产量。种子类药材一般在完全成熟时采收，如苍耳子、女贞子和枸杞子等。但成熟后易散落的种子，应在果实尚未完全成熟时采集，以免成熟后果实开裂，种子散失，如茴香、豆蔻、牵牛子、青葙子、白芥子、决明子等。

5. 根、根茎类药材

根、根茎多数属于宿根性草本，也有一些是一二年生草本或半灌木。根为植物养料的贮藏器官。当植株开始生长时往往会消耗根中贮藏的养料，所以根及根茎类药材多在其休眠期采收，即秋末或冬季地上部分枯萎时及春初发芽前或刚露芽时采收。例如地黄在秋末或冬季采收，此时质地坚实，干燥后粉性也足；到了春天，地上部分长出后，采收的地黄质地松泡，干燥后性状干瘪如柴，没有粉质，不能入药。天麻在冬季至翌年清明前茎苗未出时采收者名"冬麻"，体坚色亮，质量较佳；春季茎苗出土再采者名"春麻"，体轻色暗，质量较差。在秋末或冬季，根或根茎中贮藏的各种营养物质最丰富，有效成分含量亦较高，如天麻、苍术、葛根、桔梗、大黄、玉竹、丹参、天南星等。少数根类药材例外，如明党参应在春天采收，半夏、延胡索、太子参等则以夏季采挖为宜。采收根类药材要注意挖大留小，以利来年生长。

6. 树皮、根皮类药材

树皮药材通常在春末夏初采收，此时植物生长旺盛，树皮养分液汁充沛，药力较强，药效较好。此时形成层细胞分裂较快，皮部与木质部容易剥离，且伤口较易愈合，如黄柏、厚朴、杜仲、秦皮等。少数树皮类药材应于秋、冬两季采收。如肉桂、川楝皮等，此时皮中有效成分较高。木本植物生长周期长，应避免伐树取皮或环剥树皮，以保护药源。根皮药材则多以秋后采剥，如牡丹皮、苦楝根皮、五加皮、桑白皮，或春秋两季采剥，如白鲜皮、地骨皮、香加皮。

7. 藤茎、木质类药材

藤茎类药材，大多宜在秋、冬两季采收，如关木通、忍冬藤、首乌藤、大血藤、钩藤等。如与叶同用，则在植物生长最旺盛的花前盛叶期或盛花期采收，如鸡血藤、钩藤等。此时植物从根部吸收的养料或制造的特殊物质通过茎的输导组织向上输送，叶光合作用制造的营养物质由茎向下运送积累贮存，在秋冬季节或植株生长最旺盛时采收，植物藤茎所含的营养物质最丰富。如关木通，以10月至翌年2月采收的品质为好。木质类药材大多全年可采，如苏木、沉香、降香。

8. 动物昆虫类药材

动物类药材的采收，主要根据动物的种类、药用部位、生活习性和活动规律而定。一般动物及虫类药材大多在春、夏、秋三季，动物活动期中捕捉，如蟾酥、斑蝥、全蝎等。土鳖虫、地龙、蕲蛇等宜在夏、秋季采收；鹿茸一般在春夏季5月中旬至7月下旬锯取，过时则骨化为角；桑螵蛸为卵鞘，应在深秋至翌年春初时节采收，过时则孵化为虫；蝉蜕是羽化脱落的皮壳，蝉花则是没有羽化而死亡的虫体；驴皮应在冬至后剥取，其皮厚质佳；鹿茸在清明后45～60天，即5月中旬至7月上旬立秋前后锯取，过时则角化不成茸；牛黄、马宝等结石类药材应在屠宰时注意收取。也有的没有一定的采收时间，如兽类的皮、骨、脏器等。

9. 菌、藻、孢子类药材

此类药材也需要合理掌握采收时间，如麦角，应在寄主（黑麦）收割前采收，此时生物碱含量最高。茯苓在立秋后采收，收后不要用水洗或高温烘烤，否则质变差，甚至霉烂或干裂少泽。马勃在7～9月当担子果刚成熟时采收，过早不成熟，过迟则孢子飞散，只剩下孢体及残存的包被，影响质量。海金沙则宜在8～9月间孢子成熟时采收。

10. 矿物类药物的采收

矿物类药材的采收一般不受时间限制，大多可随时采收。

（二）保存

中药如果贮藏不当，则会发生虫蛀、霉变、变色、变味、泛油、泛糖、形态变化、熔化、潮解、风化等败坏现象，使药物变质，影响药效，并造成经济损失。影响中药品质的贮藏因素主要有贮存时间的长短，贮存环境的温度、湿度、光线、密封性、微生物因素、生物污染、空气质量，包装等，因此贮藏药物的库房必须具备一定的条件。第一，必须保持干燥。水分的降低，使得许多化学反应不容易发生，微生物也不容易生长。第二，应保持凉爽通风。低温不仅可以防止药材有效成分变化或散失，还可以防止菌类孢子和虫卵的生长繁殖。一般当温度低于10℃时，霉菌和虫卵不易生长，也可采用冷库、冷窖等设施干燥冷藏。第三，要注意避光。凡易受光线作用而引起变化的药物，应贮藏在陶瓷容器或有色玻璃瓶中于暗处。第四，有些药物易氧化变质，应存放在密闭的容器中。对于剧毒药材，应按国家规定，设置专人、专柜妥善保管。第五，对抗保存法。如泽泻与丹皮同贮，泽泻不生虫，丹皮不变色，鹿茸中放樟脑，瓜蒌中放酒等均不生虫。

此外，对于每次新到的药材应加以检查。4~9月间为害虫最易活动的时期，更应勤于检查，并注意经常翻晒。

二、资源保护

中药资源具有有限性、可解体性和地域性，其蕴藏量是有限的。由于人们的需求量日趋增大，开发利用的手段不尽科学和合理，缺少必要的保护和科学的管理，致使许多重要资源迅速减少，有些种类甚至到了濒临灭绝的地步，一些优良种质正在逐步消失。

重要资源开发与资源保护是矛盾的两个方面，正确处理好开发与保护的关系，对中药资源的可持续发展起着重要的作用。改革开放以来，党和政府十分重视中药资源的保护，及时出台了一系列中药资源保护政策法规，建立了全国生药检测系统和国家生药种质资源保护体系等以保护现有生药主要物种，对我国中药资源的保护及合理利用起到了重要作用。但由于利益驱使，一些不法分子滥采、滥伐、滥猎，甚至导致某些野生资源消失。因此，中药资源保护及可持续利用工作形势严峻、任重道远。

采全草及茎类用其地上部分时不要连根拔起，在离地面一寸处割取或留主茎剪取侧枝，并做到采大留小，保护幼苗。叶子类药，不能一次摘光，应留一部分，以利于生长。采根及根茎时，应当留一部分以便来年再长。树皮类药最好趁伐木时剥皮，果实种子类应在果实成熟或种子即将脱落时采收，有些需要留一部分种子和果实，不可过度采摘。要注意保护水土，采药时不能为了方便，而对其他植物乱砍滥伐，有些地区不注意保护植被，造成水土流失严重，一到雨季，甚至发生泥石流，严重影响人民群众生命财产安全，因此保护水土在采药时更应注意。

第二节　中药的性能

中药的性能，是指与疗效有关的中药性质与功能。它包括药效的物质基础和治疗作用。中药性能研究的内容就是中药的性质、作用和临床应用的基本理论，主要包括四气、五味、升降浮沉、归经、毒性等内容。中医与中药是一个完整的理论体系，中药是中医防治疾病的主要工具。一切疾病的发生及其发展变化，都意味着病邪的侵入引起人体脏腑功能的失调，邪正的互相消长，阴阳气血的偏盛、偏衰状态。而中药治病的基本作用就在于祛除病因，扶助正气，恢复脏腑功能的协调，消除偏盛、偏衰的病理状况。各种药物具有不同的特性，因而能达到各种治疗目的。

人们对药物特性的认识，是通过长期的医疗实践，不断总结积累经验，逐步上升为理论的，并用以指导临床使用。四气、五味、升降浮沉、归经、毒性等具体内容，均是从病人服药后机体的反应情况中归纳、推导出来的。熟悉和掌握中药性能，对指导临床用药具有重要的实际意义。

一、四气

中药的四气是指药物效果所反映出来的寒、热、温、凉四种药性，又称"四性"。四气的寒凉与温热，从阴阳来分，属于两类不同的性质，寒凉为阴，温热属阳，二者作用相反。而温与热、寒与凉之间具有共性；温次于热，凉次于寒，即在共性之中的程度差异。在寒、热、温、凉之外，还有"平性"药物。"平性"的含义是指药性平和，作用和缓，寒热之性不甚明显，或微有偏温、偏凉，故仍称"四性"。

四气的寒、热、温、凉是从药物作用于机体后所发生的反应概括出来的，是与所治疾病的寒热性质相对而言的。《素问·至真要大论》云"寒者热之，热者寒之"，《神农本草经·序例》曰"疗寒以热药，疗热以寒药"，即热证用寒凉药，寒证用温热药。这是中医治疗疾病的基本法则，也是中药四气的使用原则。具有清热泻火、凉血解毒、清热利尿和泻热通便等作用，能够减轻或消除热证的药物，属于寒性或凉性药物，如对于发热、口渴、咽痛等热证有清解作用的黄芩、板蓝根属于寒凉性。反之，具有温里散寒、补火助阳、温经通络、回阳救逆等作用，能够减轻或消除寒证的药物，属于温性或热性药物，如对腹中冷痛、脉沉无力等寒证有温散作用的附子、干姜属于温热性。

此外，临床上有些疾病，表现为"真寒假热""真热假寒"证，当避开"假寒""假热"之象，而针对其"真热""真寒"相应地采用寒药或热药治疗。即所谓"寒因寒用""热因热用"之反治法，这实际上也是"热者寒之，寒者热之"治疗原则的体现。对其假象，必要时可以加用药性相反的药物，起反佐作用，以利受纳。

二、五味

五味是指中药所具有的辛、甘、酸、苦、咸等五种不同的味道，代表药物不同的性质和功效。除此之外还有淡味和涩味，但辛、甘、酸、苦、咸是与五行、五脏相配属的主要药味，所以一般称为五味。本草著作中所记载的药味，其含义有二。一是反映了部分药物的真实滋味，是通过口尝而得来的感性认识，与实际滋味相符，如甘草的甘味、黄连的苦味、酸枣仁的酸味、鱼腥草的辛味、芒硝的咸味。二是代表着药物的某种作用，是在大量临床实践经验积累之上推导而得来的关于药物作用的理性认识，是中药作用规律的高度概括和标志，并非味觉所能感知的真实味道，如知母的甘味、板蓝根的苦味、白芍药的酸味、桔梗的辛味、玄参的咸味。由于药味有上述两种含义，所以药味与实际所尝味道往往并不完全相符。这是在中药学发展的历史过程中，古人首先发现了药物的味与疗效有密切关系，因此以味来标记药物的作用。但随着中药知识的积累，发现某些药的功效不能用口尝之味来解释，为了便于学习与掌握，即以其实际功效反推其"味"。这种依照药物实际功效确定的味，自然与口尝味不符。如葛根、石膏均能透热解肌，即云其辛，但实际口尝并无辛味；罂粟壳、禹余粮均能涩肠止泻，即云其涩，但口尝并无涩味。

关于五味的作用，历代医家在《黄帝内经》"辛散、酸收、甘缓、苦坚、咸软、淡渗泄"等理论的基础上不断补充发挥，到清代汪昂《本草备要·药性总义》中概括为："凡药酸者能涩能收，苦者能泻能燥能坚，甘者能补能和能缓，辛者能散能润能行，咸者能下能软坚，淡者能利窍能渗泄，此五味之用也。"现据前人的论述，结合临床实践，将五味所代表药物的作用及主治病证分述如下。

1. 辛味

"能散、能行"，即具有发散、行气、行血等作用。一般解表药、行气药、活血药多具有辛味。因此辛味药多用于治疗表证及气血阻滞之证。如用于治疗表证的麻黄、薄荷，治疗气滞血瘀证的木香、红花、麻黄、陈皮、川芎等都有辛味。此外一些具有芳香气味的药物也被标以"辛"味，这些药物除具有行散作用外，还具有芳香化湿、芳香开窍等作用，如藿香、麝香等。

2. 甘味

"能补、能和、能缓"，即具有补益、和中、调和药性、缓急等作用。一般滋养补虚、调和药性及制止疼痛的药物多具有甘味。甘味药多用于治疗正气虚弱、身体诸痛及调和药性、中毒解救等几个方面。如补气的党参、补血的熟地黄、缓和拘急疼痛或调和药性的甘草、大枣等，皆有甘味。

3. 酸味

"能收、能涩"，即具有收敛、固涩作用。一般固表止汗、敛肺止咳、涩肠止泻、固精缩尿、固崩止带的药物多具有酸味。多用于治疗体虚多汗、肺虚久咳、久泻肠滑、遗精滑精、遗尿尿频、崩带不止等证，如五味子固表止汗、乌梅敛肺止咳、五倍子涩肠止泻、山茱萸涩精止遗、赤石脂固崩止带等。

4. 苦味

"能泄、能燥、能坚"，即具有清泻火热、泄降气逆、通泄大便、燥湿、坚阴（泻火存阴）的作用。一般清热泻火、下气平喘、降逆止呕、通利大便、清热燥湿、苦温燥湿、泻火存阴的药物多具有苦味。多用于治疗热证、火证、喘咳、呕恶、便秘、湿证、阴虚火旺等证。如黄芩、栀子清热泻火；杏仁、葶苈子降气平喘；半夏、陈皮降逆止呕；大黄、枳实泻热通便；龙胆草、黄连清热燥湿；苍术、厚朴苦温燥湿；黄柏、知母坚阴，多用于肾阴虚亏、相火亢盛，具有泻火存阴的作用。

5. 咸味

"能下、能软"，即具有软坚、散结和泻下等作用，一般泻下或润下通便及软化坚硬、消散结块的药物多具有咸味，咸味药多用于热结便秘、痰咳、瘰疬、痞块等证。如泻下通便的芒硝，软坚散结的昆布、海藻等都有咸味。

淡："能渗、能利"，即具有渗湿利小便的作用，故有些利水渗湿的药物具有淡味。淡味药多用于治水肿、脚气、小便不利之证。如薏苡仁、通草、灯心草、茯苓、猪苓、泽泻等。由于《神农本草经》未提淡味，后世医家主张"淡附于甘"，故只言五味，不称六味。

涩：与酸味药的作用相似，多用于治疗虚汗、泄泻、尿频、遗精、滑精、出血等证。如莲子固精止带、禹余粮涩肠止泻、乌贼骨收涩止血等。故本草文献常以酸味代表涩味功效，或与酸味并列，标明药性。

有关五味的阴阳五行属性，《黄帝内经·素问·至真要大论》曰："辛甘发散为阳，酸苦涌泄为阴，咸味涌泄为阴，淡味渗泄为阳。"五味的五行属性，《黄帝内经·素问·宣明五气篇》曰"酸属肝（木），苦属心（火），甘属脾（土），辛属肺（金），咸属肾（水）"，即把五味与五行、五脏相联属，为药物作用的定位提出了初步依据，也是中药归经的基础。

药物的性能是气和味的综合，二者不可分割。一般来讲，性味相同，作用相近，如性味辛温的麻黄、桂枝都具有发散风寒的作用，性味甘温的鹿茸、肉苁蓉都具有温肾助阳的作用。性味不同，作用相异，如黄连苦寒能清热燥湿，党参甘温能补中益气，两者作用差别很大；性同味异、味同性异者代表药物的作用则各有不同，如麻黄、杏仁同属温性，而麻黄辛温散寒解表、杏仁苦温降气止咳，又如附子、石膏均为辛味，而附子辛热补火助阳、石膏辛寒清热降火。

三、升降浮沉

升降浮沉是指药物作用与动物体的四种趋向。由于各种疾病在病机和证候上，常有向上（如呕吐、喘咳）、向下（如泻痢、崩漏、脱肛）、向外（如自汗、盗汗）、向内（如表证不解、麻疹内陷）等病势趋向，以及在上、在下、在表、在里等病位的不同，因此能够针对病情，改善或消除这些病证的药物，相对来说也就分别具有升降浮沉的作用。药物作用的趋势，向上、向外为升浮；向下、向内为沉降。这种趋向与所疗疾患的病势趋向相反，与所疗疾患的病位相同。药物的这种性能，可以纠正机体功能的失常，使之恢复正常，或因势利导，有助于祛邪外出。

升是指向上升提，浮是指向外发散，降是指下行降逆，沉是指泄利或收敛。升与浮、沉与降的趋向类似，不易严格区别，故通常以"升浮""沉降"合称。一般具有升举阳气、发汗解表、祛风、散寒、开窍醒脑、涌吐等功效的药物，都能上行向外，药性是升浮的；而具有清热、泻下、利水、平肝潜阳、息风止痉、镇心安神、降逆止呕、止咳平喘、消积导滞、收敛固涩等功效的药物，则下行向内，药性都是沉降的。但有少数药物，升降浮沉的性能不明显，或存在着既升浮又沉降的"双向性"，如川芎能"上行头目"（升浮）以祛风止痛，又可"下行血海"（沉降）以活血调经。

升浮药宜用于病位在上在表的疾病，如麻黄、薄荷、防风用于表证、头痛，或者用于病势下陷的疾病，如黄芪、升麻、柴胡用于中气下陷久泻、脱肛。沉降药宜用于病位在下在里的疾病，如便秘、小便不利，或者用于病势上逆的疾病，如呕吐、喘咳。临床使用的基本原则是，依据病势选药，选择与疾病的上、下、内、外趋势相反的药；依据病位选药，选择与疾病的高、低、深、浅位置相同的药。

确定中药升降浮沉之性的主要依据，是药物的临床疗效。能够针对病情，改善或消除向下、向上、向内、向外等病势趋向的药物，就分别确定为具有升降浮沉的作用。但通常与药物本身的天然因素有关，并可以通过人为的手段使其转化。

1. 药物的四气

药物的寒热温凉属性影响着药物的作用趋向。凡药性温热，其作用趋向多升浮；凡药性寒凉，其作用趋向多沉降。李时珍在《本草纲目·序例·升降浮沉》中也说："寒无浮，热无沉。"

2. 药物的五味

药物的五味及其阴阳属性也是影响药物作用趋向的重要因素。凡辛甘淡的药物，其属性为阳，其作用趋向多升浮；凡酸苦咸的药物，其属性为阴，其作用趋向多沉降。李时珍在《本草纲目·序例·升降浮沉》中也说："酸咸无升，辛甘无降。"

3. 药物的气味厚薄

所谓气味厚薄是指药物气质的醇厚浓烈或轻清淡薄而言。例如薄荷、桑叶等气味淡薄而升浮，大黄、熟地黄等气味醇厚浓烈而沉降。

4. 药物的质地轻重

一般来说，花叶及质轻的药物大多能升浮，如辛夷、荷叶、升麻等。相反，子实及质重的药物，大都能沉降，如苏子、枳实、牡蛎、磁石等。但上述情况也不是绝对的，如旋覆花不升浮反而降气、降逆，槐花也为治疗肠风下血之品，具不升散之性等。

5. 药物的效用

药物的临床疗效是确定其升降浮沉的主要依据。病势趋向常表现为向上、向下、向外、向内，病位常表现为在上、在下、在外、在里，能够针对病情，改善或消除这些病证的药物，相对也具有向上、向下、向外、向里的不同作用趋向。如白前能祛痰降气，善治肺实咳喘、痰多气逆，故性属沉降；桔梗能开提肺气、宣肺利咽，善治咳嗽痰多、咽痛声哑，故性属升浮。但是一药之中，有气有味，气味又有厚薄的不同，质地也有轻重的差异，其中极为错综复杂，因此药物的升降浮沉便不能只取一途而论了。例如柴胡苦辛微寒，气味俱薄，主升浮而不主沉降；苏子辛温，沉香辛微温，一是果实，一是质重，主沉降不主升浮。这就可以看出药性的升降浮沉当根据上述各项因素，并结合临床实际疗效，进行全面分析，才能得出正确的结论。

6. 升降浮沉的转化条件

中药的升降浮沉并不是一成不变的，在一定条件下是可以相互转化的，其转化的条件主要有二，即炮制和配伍。

（1）炮制 药性的升降浮沉，可以随炮制而改变。有的药物"生升熟降"，如生麻黄发汗解表效良，而炙麻黄平喘效佳。酒制可增强药物升散作用，如大黄、黄连酒制后上行头面，清上部之热的力量增强。盐水制后则下行肝肾，如杜仲、巴戟天、补骨脂等经盐制后可增强补肝肾作用，小茴香、橘核、荔枝核等盐制后可增强疗疝止痛功效。又如姜汁炒则散，醋炒则收敛等。

（2）配伍 药性的升降浮沉，还可以随配伍而转化。如黄芪，性味甘温，益气升阳，本性升浮。黄芪配党参、柴胡、升麻则升提中气；配白术、防风则收敛固表止汗；配白术、防己则沉降利水渗湿。在复方中，个别升浮药在大队沉降药中，其沉降之性受到制约，个别沉降药在大队升浮药中，其沉降之性亦受到制约。某些药物则有引导药物趋向的作用，如桔梗能"载药上行"，引药升浮；牛膝可"引药下行"，引药沉降。

四、归经

所谓归经，"归"是指药物作用部位的归属，"经"是指人体的脏腑经络。因此归经就是中药作用的定位，就是把药物的作用与人体的脏腑经络联系起来，说明药物作用的范围。归某经的药物主要对该脏腑及其经络起治疗作用，对其他脏腑经络作用较少或没有作用。

归经学说，是历代医家在长期的医疗实践中，通过观察药物的作用效果，逐渐归纳、总结而形成的，是建立在药物本身性能与机体脏腑经络等理论基础之上的。经络内属于脏腑，外络于肢节，是沟通机体内外的通道。古人的"六经辨证""十二经辨证"就是建立在经络辨证基础之上的。经络既是疾病部位的所在，也是药物作用的所在。凡能治疗某经疾病的药物，就归入某经，因此经络系统就成了药物归经的重要依据之一。脏腑是机体的功能单位，脏腑学说不但是认识人体生理功能的核心理论，同时也是辨别疾病的重要依据。中药的治疗作用是通过对脏腑生理功能与病理变化的影响或改善而被认识的。因此对药物作用的归纳，往往以脏腑名称作为标志，诸如清心、润肺、平肝、滋肾等。

归经学说的产生和发展，解决了药物作用定位问题。由此，气味的定性，升降浮沉的定向，以及归经的定位，构成了中药的药性理论体系，这对于完整地解释药物的作用原理有着重要意义。归经理论提示人们，即使是同类药物甚至功效相同的药物，由于归经的不同，而分别具有不同的治疗效果。如同是苦寒清泄的黄连、黄芩、黄柏，因其归经不同而功效有别，黄连主归心与胃经，善清心与胃火；黄芩主归肺与大肠经，善清肺与大肠火；龙胆草主归肝经，善清肝火。另外，即使归同一经的药物，由于其气味不同，其作用也体现出温、清、补、泻的差异。如虽然黄芩、干姜、百合、葶苈子都能归肺经，可治肺病咳嗽，但是在具体应用时，却因各药性味不同而有区别：黄芩主要清肺热，用于肺热喘咳；干姜则能温肺寒，用于肺寒痰饮；百合补肺虚，用于肺虚久咳；葶苈子则泻肺实，用于水饮犯肺。又如同归肝经的药，香附味辛能疏肝理气，龙胆草味苦能泻肝清火，山茱萸味酸能收敛补肝，阿胶味甘能补养肝血，鳖甲味咸能散结消癥等。由此可见，归经与四气五味、升降浮沉等中药性能理论结合起来，能更加完整地说明药物功能特点。

药物归经，产生于实践，反过来又用于指导临床用药。临床上只有按照药物归经择善用之，才能有的放矢。例如喘证，除了分辨其寒热虚实之外，还需要察知病之在肺，还是在肾，即辨清疾病部位。在肺属肺气不宣者，宜用归肺经之麻黄、杏仁之属以宣降肺气而平喘；在肾属肾不纳气者，则当用蛤蚧、补骨脂等补肾纳气而定喘。又如，皆为治头痛药，但由于归经的不同，临床上当区别选用。治太阳经头痛当选用羌活，治阳明经头痛当选用白芷，治少阳经头痛当选用川芎，治厥阴经头痛当选用吴茱萸，治少阴经头痛当选用细辛。

此外，由于脏腑经络的病变是互相兼见或复杂多变的，所以在治病用药时，往往不是单纯使用一经的药物。例如肺病而常见脾虚，可以选用脾经药以"补脾益肺"；肝阳上亢而源于肾阴不足，可以选用肾经药以"滋肾养肝"等。因此，我们既要掌握药物的归经，又要了解脏腑经络之间的关系，才能更好地指导临床用药。

中药炮制的重要目的，是为了增强或改变药物的某些功能，从而提高临床疗效。炮制加工方法的理论根据之一，就是归经学说。如盐味咸，能入肾，所以用盐炒黄柏、知母可增强其入肾泻火的作用；酸能入肝，醋制柴胡，既可缓和其升散之性，又可增强其疏肝止痛的作用。

五、毒性

中药的毒性，是指中药对机体产生的毒害作用。凡有毒的药物，常用治疗量幅度较小或极小，安全性低，用之不当，药量稍有超过常用治疗量，即可对人体产生毒害，轻者损伤人体，重者使人毙命。如《类经·卷四·脉象类》云："毒药，谓药之峻利者。"《诸病源候论·卷二十六·解诸药毒候》云，"凡药物云有毒及大毒者，皆能变乱，于人为害，亦能杀人"，如砒石、芫花、千金子、乌头等。相反，凡无毒的药物，性质比较平和，常用治疗量幅度较大，安全性高，一般对人体无明显损害，其中一部分药常量或稍大于常量应用，不会毒害人体或出现较大的副作用，而大量或超大量应用则会对人体造成伤害，如大黄、人参等；另一部分药甚至大量或超大量食用，亦不会损害人体，如山药、粳米、薏苡仁等，此即实实在在的无毒药。在古代医药文献中，对药物有毒的认识，除上述"毒"即药物毒性和副作用的狭义认识外，还有一种广义认识，即认为药物之所以能祛邪疗疾，是因其具有某种偏性，这种偏性就是它的"毒"。凡药均有偏性，"毒"即药，药即"毒"，"毒药"即为药物的总称。如《儒门事亲·卷二·推原补法利害非轻说》云："凡药有毒也，非止大毒小毒谓之毒，甘草苦参不可不谓之毒，久取必有偏胜。"在古代医药文献中，所云某药有毒或无毒，除指常量应用该药时对人体有无毒害外，还包含药物的作用有强弱不同的意思。如《普济方·卷五·药性总论》云："有无毒治病之缓方，盖药性无毒，则攻自缓。""有药有毒之急方者，如上涌下泄，其病之大势者是也。"一般说来，在常规剂量下应用，有毒特别是有大毒的药物，如马钱子、巴豆、砒石等，对人体作用强烈；而无毒或毒性极小的药物，加麦芽、龙眼肉、花椒等，对人体作用较缓。

中药毒性分级情况随临床用药经验的积累而不同，如《素问·五常政大论》把药物毒性分为"大毒""常毒""小毒""无毒"四类；《神农本草经》将毒性分为"有毒""无毒"两类；《本草纲目》将毒性分为"大毒""有毒""小毒""微毒"四类。2020年版《中华人民共和国药典》采用大毒、有毒、小毒三类分类方法，是目前通行的分类方法。国务院《医疗用毒性药品管理办法》的有毒中药品种有砒石、砒霜、水银、生马钱子、生川乌、生草乌、生白附子、生附子、生半夏、生南星、生巴豆、斑蝥、青娘虫、红娘虫、生甘遂、生狼毒、生藤黄、生千金子、生天仙子、闹羊花、雪上一枝蒿、红升丹、白降丹、蟾酥、洋金花、红粉、轻粉、雄黄等。

毒性反应是临床用药时应当尽量避免的。由于毒性反应的产生与中药贮存、加工炮制、配伍、剂型、给药途径、用量、使用时间的长短以及动物的体质、年龄、证候性质等都有密切关系，因此使用有毒药物时，应该从各个环节进行控制，避免中毒。

第三节　中药主要成分及其药理作用

一、生物碱

生物碱是一类存在于生物体内的碱性含氮化合物，能与酸结合成盐，是中药成分中生物活性最强的一类成分。它们的种类繁多，广泛存在于生物界，大多存在于植物体的根皮、树皮及种子中。如双子叶植物的毛茛科、木兰科、茄科、豆科、防己科、茜草科、芸香科、马兜铃科等；单子叶植物如百合科、百部科、石蒜科等；裸子植物中只有麻黄科麻黄属、三尖杉科三尖杉属、松柏科松属及云杉属中含有生物碱。但也存在于少数动物体内，如蟾蜍中的蟾蜍碱。目前结构清晰的生物碱已达几千种。化学结构类似的生物碱往往不仅存在科属上的亲缘关联，在药理效用上亦有一定关系。

生物碱在植物中是以与各种酸类结合成盐的形式存在的，少数弱碱呈游离状态，也有的以和糖结合成苷的形式而存在。在植物中生物碱的含量高低差别也很大，有的高达 15%，如金鸡纳树皮中的生物碱，有的很低，如长春花中的长春新碱只有 1/100 万左右。生物碱的含量还受植物生长季节和环境的影响。因此药材的采集时间和采集地不同，生物碱的含量可能是不同的。如麻黄所含的麻黄碱，春季时含量较低，到了夏季含量突然升高，至 8～9 月份含量最高，其后含量又迅速降低。通常情况下一种生物体含数种或数十种结构相似的生物碱。通常把中药中所提取的多种生物碱的混合物称为总生物碱。如苦参中提取得到的生物碱的混合物称为苦参总碱。

大多数生物碱味苦，为无色无臭的结晶形态，只有少数在常温下为液体，有强烈的臭味，如烟碱，或有颜色，如黄连素。大多数生物碱都有复杂的环状结构，氮原子在环内，但亦有少数例外，如麻黄碱的氮原子则在侧链上而不在环内。天然生物碱多数为左旋体，个别为消旋体。游离生物碱大部分不溶或难溶于水，能溶于乙醇、乙醚、氯仿等有机溶剂。利用这些性质可以从中药中提取和分离生物碱。但也有例外，有些分子量较低或含有较多亲水性基团的生物碱，在水中溶解度较大，如麻黄碱、烟碱等。弱碱性生物碱，如小檗碱大多能溶于水。

多数生物碱具有显著的生物活性，如扩张冠状动脉血管、抑制血小板聚集、抗心律失常、抗心肌缺血及脑缺血、镇痛、镇静、镇咳、解痉、防治阿尔茨海默病、抗肝损伤、抗癌、抗菌、抗病毒、驱虫等。

生物碱的分类方法有多种，如按植物来源（如苦参生物碱、麦角生物碱等）、化学结构（如异喹啉生物碱、甾体生物碱等）分类，现在多以生源途径进行分类，具体如下。

1. 鸟氨酸或脯氨酸系生物碱

来源于鸟氨酸或脯氨酸衍生的生物碱主要包括吡咯烷类、莨菪烷类、吡咯里西啶类生物碱。

（1）吡咯烷类生物碱 该类生物碱由鸟氨酸经中间体 N-甲基吡咯亚胺盐合成。常见的如益母草中的水苏碱、山莨菪中的额红古豆碱等。

（2）莨菪烷类生物碱 此类生物碱是由莨菪烷衍生的氨基醇类与不同有机酸缩合成的酯，主要存在于茄科的颠茄属、曼陀罗属、莨菪属和天仙子属中，经典的化合物如莨菪碱、可卡因。

（3）吡咯里西啶类生物碱 吡咯里西啶类生物碱由两个吡咯烷共用一个氮原子稠合而成，大多数由氨基醇和不同的有机酸两部分缩合而成，生理活性强，但毒性大。主要分布于菊科千里光属中，如党参碱、大叶千里光碱。

2. 赖氨酸系生物碱

赖氨酸系生物碱有蒎啶类生物碱、喹诺里西啶类生物碱、吲哚里西啶类生物碱。

（1）蒎啶类生物碱 代表性化合物如胡椒中的胡椒碱、槟榔碱、槟榔次碱等。

（2）喹诺里西啶类生物碱 主要分布于豆科、石松科和千屈菜科。代表性化合物如野决明中的金雀儿碱和苦参中的苦参碱等。

（3）吲哚里西啶类生物碱 本类生物碱主要分布于大戟科一叶萩属植物中。本类化合物有较强的生物活性，如存在于一叶萩中的一叶萩碱对中枢神经系统有兴奋作用。

3. 苯丙氨酸和酪氨酸系生物碱

本类生物碱是由苯丙氨酸和酪氨酸为前体物生物合成的一大类数量多、类型复杂、分布广泛、具有较高药用价值的生物碱。

（1）有机胺类生物碱　包括苯丙胺类生物碱、秋水仙碱类生物碱。苯丙胺类生物碱如麻黄中的麻黄碱，秋水仙碱类生物碱如秋水仙碱，能抑制癌细胞的生长，但毒性大。

（2）异喹啉类生物碱　异喹啉类生物碱在药用植物中分布较为广泛，主要分布于防己科、毛茛科、小檗科、木兰科、罂粟科、番荔枝科、樟科、芸香科、使君子科、睡莲科等植物中。可分为简单异喹啉类、苄基异喹啉类、苯酞异喹啉类、双苄基异喹啉类、阿朴菲类和异阿朴菲类、原阿朴菲类、原小檗碱类、普托品类、吗啡烷类生物碱等。

4. 萜类生物碱

该类生物碱可分为单萜生物碱、倍半萜生物碱、二萜类生物碱及三萜类生物碱。

（1）单萜生物碱　主要为环烯醚萜衍生的生物碱，如龙胆碱。

（2）倍半萜生物碱　主要分布于兰科石斛属植物中，如石斛中的石斛碱。

（3）二萜类生物碱　主要存在于毛茛科乌头属、翠雀属、飞燕草属、红豆杉属植物中。

（4）三萜类生物碱　主要分布于交让木科交让木属植物。

5. 色氨酸系生物碱

色氨酸系生物碱也称为吲哚类生物碱。主要存在于马钱科、夹竹桃科、茜草科等几十个科中。按生源关系可分为简单吲哚类、色胺吲哚类、半萜吲哚类、单萜吲哚类生物碱。

此外还有邻氨基苯甲酸系生物碱与鸟氨酸或赖氨酸衍生的生物碱、甾体类生物碱等。

二、苷类

苷，又名甙、配糖体，是一类由糖和非糖部分组成的化合物。苷类是中药中分布非常广泛的一大类结构复杂的有机化合物。苷受到稀酸或酶的作用时，容易分解成糖和非糖两部分，非糖部分称为苷元或配糖体，糖的部分一般是单糖或低分子多聚糖。苷元部分通常是芳香族的醇、酚、酮、蒽醌、黄酮类、甾醇类、三萜类等化合物的衍生物。苷类物质存在于不同植物的不同部位，如根、茎、叶、花和果实中，尤以果实、树皮和根含量最多。苷类的生物活性仅次于生物碱，因此它也是中药所含的一类重要化学成分。

苷类大多数是无色、无臭、味苦的中性晶体。不同苷元所组成的苷类有不同的物理、化学性质，但由于它们都含有糖，故又有共性，易溶于乙醇、甲醇和水，有些苷如毛地黄苷类易溶于氯仿、乙酸乙酯，但都难溶于醚和苯。苷键容易被酸和酶水解而破坏，所以在采集、保存和加工中药时须注意先杀酶，以加温烘烤或曝晒来处理苷类药物（60℃即可破坏酶）。天然苷类通常呈左旋性，无还原作用。但水解后产生的单糖具有较强的还原性，其溶液也由左旋性变为右旋性，这是识别苷类常用的简便方法。

按苷元的种类可分为黄酮苷、蒽醌苷、皂苷、强心苷、香豆精苷等。

1. 黄酮苷

黄酮苷的苷元为黄酮类化合物，是 2-苯基色原酮衍生物，大部分以与葡萄糖和鼠李糖结合成苷的形式存在，也有呈游离状态的。因分子含有一个碱性的氧原子，它的羟基衍生物呈黄色，故称黄酮或黄碱素，是一类天然色素。目前黄酮类化合物已远远超出这个范围，有些不是黄色，而是白色或红色、紫色、蓝色等，分子结构也有较显著的差异。大多数黄酮类化合物为淡黄色结晶粉末，熔点较高，极难溶于冷水，可溶于热水或热乙醇，易溶于碱性溶液而颜色加深，加酸后又析出沉淀。黄酮苷常有显著的抗菌消炎、抗病毒、利尿、抗辐射、抗氧化、增强肾上腺素、维持血管正常的渗透压、防止毛细血管变脆和出血、祛痰、镇咳、平喘等作用。

2. 蒽醌苷

蒽醌苷是蒽醌类和葡萄糖、鼠李糖等缩合而成的一类苷。一般呈深浅程度不同的黄色，由于其苷元具有酚性羟基，故呈弱酸性，能溶于水、碱、乙醇以及碳酸氢钠溶液，但在氯仿、醚等有机溶剂中溶解度较小；游离的苷元则较易溶于有机溶剂而不溶于水。可利用此性质从药材中提取分离羟基蒽醌衍生物。蒽醌苷类成分主要具有泻下和苦味健脾作用。水解后泻下作用大大减弱。此外如大黄酸、大黄素具有广谱抗菌作用及抗肿瘤、利尿作用。某些蒽醌苷还有止血、镇咳、松弛肌肉作用。作为饲料添加剂时，既要认识到其有健胃的积极作用，又要注意到其有致泻作用的不利影响。

3. 皂苷

皂苷是皂苷元和糖结合而成的一类化合物，目前所知苷元有甾体化合物和三萜类化合物。由于其水溶性在振摇时能产生持久性蜂窝状的泡沫，且这些泡沫不因加热而消失，与肥皂相似，故名皂苷。皂苷多为白色或类白色的不定性粉末，味苦而辛辣，不易提纯，易溶于水及乙醇，不溶于醚、苯及氯仿等有机溶剂。皂苷元常易溶于乙醇、丙酮、氯仿、醚。皂苷有产生泡沫的性质和具有乳化剂的作用，内服对消化道黏膜有一定的刺激性，能反射性地引起呼吸道、消化道黏液腺的分泌，具有祛痰止咳作用，大量使用则可引起呕吐。多数含皂苷的药物能增加肠黏膜的吸收能力和增加食欲。皂苷与血液接触时，因表面张力降低，能引起红细胞的破裂而产生溶血现象，故不能制成注射剂，内服则无此毒性。皂苷具有多方面的生物活性，有祛风湿、解热、镇痛、止咳、抗菌消炎、止痛、促肾上腺皮质激素样作用；还具有明显的促进血清、肝脏、骨髓、睾丸等的核糖核酸、去氧核糖核酸、蛋白质、脂质和糖等的生物合成作用并能提高机体的免疫力。因此，含皂苷的某些药物可以作为添加剂中的免疫增强剂。

4. 强心苷

强心苷是自然界存在的一类对心脏具有显著作用的甾体苷类，由苷元与各种不同的糖结合而成。苷元是由一个甾核和一个不饱和内酯环所构成。强心苷多为白色结晶，或为无定形粉末，有旋光性，具有苷的通性。强心苷都溶于水、醇、丙酮等极性溶剂，略溶于乙酸乙酯、含水氯仿，不溶于乙醚、苯等非极性溶剂。其溶解度随分子中所结合糖的多少以及苷元部分所含羟基的多少而有所不同。糖体多，含羟基多，可增加在极性溶剂中的溶解度；反之，则增加在非极性溶剂中的溶解度。强心苷对心脏有强烈的作用，剂量适当，能使衰弱的心脏功能改善，多用于治疗心脏功能不全以及原发性心动过速等病。剂量过大，容易发生中毒；剂量过小，则不起作用。因此应对含强心苷的中药制剂进行生物测定，严格控制剂量，以保证安全有效。

5. 香豆精苷

香豆精是一类邻位羟基桂皮酸分子内部失水而成的内酯。香豆精类与糖结合成的苷叫香豆精苷。游离的香豆精大多具有香气，能随水蒸气挥发，亦能升华，不溶或难溶于水，可溶于乙醇、醚等有机溶剂，具有内酯的通性。香豆精苷类可溶于乙醇和沸水中，具有苷类的性质。香豆精苷有多重不同的生物活性作用，如利尿、利胆、平喘、镇咳、防御紫外线烧伤、抗菌、抗病毒、抗真菌、抗凝血等。

6. 其他苷类

含氰苷，水解后产生微量的氢氰酸，小量有镇咳作用，对呼吸中枢亦有抑制作用，用量过大则使呼吸中枢麻痹而中毒死亡。酚苷中水杨苷有解热、抗风湿作用，丹皮酚有抗菌、止痛、解痉、降压作用。含硫苷外用有发泡引赤作用，内服可促进消化液的分泌，并有一定祛炎作用。生物碱苷有一定的抗霉菌和抗癌作用。

苷类根据苷键原子的不同可以分为氧苷、硫苷、氮苷、碳苷。

（1）氧苷 苷元通过氧原子和糖连接而成。氧苷是数量最多、最常见的苷类。根据形成苷键的苷元羟基类型不同，分为醇苷、酚类和酯苷，其中以醇苷和酚苷居多。

酚苷如毛茛所含的毛茛苷具有抗菌作用，天麻所含的天麻苷能安神镇静；酯苷如山慈菇所含的山慈菇苷 A 能抗霉菌。

（2）硫苷 主要存在于十字花科植物中，几乎均以钾盐的形式得到。如存在于黑芥子中的黑芥子苷。

（3）氮苷 氮苷是生物化学领域的重要物质，在生物化学中又称为苷。如巴豆中含有的氮苷、巴豆苷。

（4）碳苷 碳苷数量少，不常见，主要有一些黄酮及蒽衍生物的碳苷。如异牡荆素、芦荟苷等。

三、挥发油

挥发油又称精油，是一类具有芳香气味、可随水蒸气蒸馏出来而又与水不相混溶的挥发性油状成分的总称，广泛分布于中药材中，凡是有香味的中药，几乎都有挥发油存在，其中芳香植物有 56 科 136 属，如菊科（如艾蒿、苍术、白术等）、芸香科（如橙皮、橘皮、降香等）、伞形科（如小茴香、柴胡等）、桃金娘科（如丁香等）、唇形科、樟科、木兰科等。中药挥发油多以油滴形态存在于植物表皮的腺毛、油室、油细胞或油管中，或与树脂共存于树脂道内（如松茎），少数以苷形式存在（如冬绿苷）。挥发油为混合物，其组分较为复杂，常常由数十种到数百种化学成分组成，主要有萜类化合物、芳香族化合物和脂肪族化合物。其中萜类化合物在挥发油中所占比例最大，主要由单萜、倍半萜及其含氧衍生物组成。

植物挥发油具有广泛的药理作用，例如止咳、平喘、发汗、解表、祛痰、祛风、镇痛、杀虫、杀菌、利尿、降压和强心等作用，如芸香油、满山红油和从小叶枇杷中提取的挥发油都在止咳、平喘、祛痰和消炎方面有显著疗效；莪术油具有抗癌活性；小茴香油、豆蔻油、木香油有强心作用；桂皮油、蒿本油有抑制真菌作用；土荆芥油具有驱蛔虫、钩虫等活性；柴胡挥发油有较好的退热效果；丁香油有局部麻醉止痛作用等。挥发油不仅在医药上具有重要作用，在香料工业、日用食品工业及化学工业上也是重要的原料。挥发油在医药方面的作用主要表现在以下几个方面。

1. 芳香解表

外感初期，肺部受邪，症状由外邪侵犯肌表所引起，与现代医学的上呼吸道感染及传染病初期相似，因其邪未入内、病未入里，故宜采用辛散轻宣的芳香中药与解表药配伍使用，味辛，主发散，达到芳香解表之功效。现代药理实验结果表明，解表药不仅对细菌、真菌、螺旋体、病毒、原虫等各种病原体有不同程度的抑制作用，且具有抗毒素、解热、抗炎、调节免疫等作用。常用芳香解表药有生姜、广藿香、山腊梅、荆芥、桉叶、芸香草、桂枝、牛至、紫苏叶、肉桂叶、黄荆子、藿香、防风、雪上一枝蒿、柴胡、牡荆叶、蛇百子、黄荆叶、麻黄、细香葱、留兰香、菩提树花、芸香草、辛夷、香茅、香薷、紫苏叶等。

2. 芳香化湿

以芳香辟浊、化湿醒脾为主要功效，具有化湿运脾作用的药物，称为芳香化湿药。脾喜燥恶湿，此类药辛香温燥，促进脾胃运化、和胃解表、舒畅气机、宣化湿浊。广藿香为芳香化湿之要药，在芳香化湿剂中多处被应用。如《和局方剂》中，利用藿香、厚朴、陈皮、大腹皮、桔梗、半夏、白芷、茯苓、紫苏叶、甘草，以治外感不正之气、内伤饮食之证症见头痛发热等。藿香与佩兰常相须为用，如《湿温大论》记载的"辛苦香淡汤"，治疗湿温证，具有升清降浊、健脾运湿之功效。常用芳香化湿药有：藿香、山腊梅、佩兰、山佩兰、云朴、大麻叶佩兰、白豆蔻、砂仁、土香薷、石菖蒲、白兰花、黄花香薷、藿香、姜味草、水蓼、牡荆叶、黄荆叶、牡荆子、鸭脚艾、苍术、阴香皮、松香等。

3. 芳香行气

肝主疏泄、脾主运化，气机失调，则宣降疏泄失常。芳香药物多味辛，能散、能行，具有行气散结、消除气滞之功效。芳香行气代表药：枳实破气除痞、陈皮理气健脾、厚朴行气消积、木香行气止痛、香附行气解郁、川芎行气开郁等，它们适于气机不利之气滞、气逆等证。常用芳香行气药有肉豆蔻、乳香、檀香、荜澄茄、猴樟、木姜子、山奈、澄茄子、橙皮、土木香、莪术、厚朴、云朴、苏合香、大高良姜、白豆蔻、姜黄、木姜子茎、黄樟、砂仁、小茴香、臭樟、石菖蒲、柴桂、木香、川木香、山胡椒、白兰花、铜钱细辛、福建柏、紫苏叶、灵香草、山蒟、乌药、沉香、柚叶、草豆蔻、青木香、茴香根、木姜子叶、橘叶、蛇百子、三棱、蒟酱叶、金橘根、柚花、川芎、香附、青皮等。

4. 芳香开窍

芳香药行散走窜、芳香上达。明清温病学家的温病三宝：至宝丹、紫雪丹、安宫牛黄丸，方中使用大量辛凉药挽救心阳，多取其芳香开窍之功效。芳香易挥发，多被制成丹丸剂服用，如安宫牛黄丸、至宝丹、紫雪丹、苏合香丸等。常用芳香开窍药有水菖蒲、石菖蒲、龙脑、麝香、安息香、冰片、苏合香等。

此外还有芳香活血药（乳香、没药、川芎、泽兰、降香），芳香祛风药（罗勒、零陵香、杜衡、黄荆子、荆芥），芳香止血药（仙鹤草）与芳香和胃药（豆蔻、砂仁、迷迭香）等。

现代药理学研究结果表明，挥发油有：①抑菌及抗耐药活性。挥发油的抑菌机制可能与影响细菌代谢、破坏菌体结构、影响菌体蛋白质表达与核酸合成等有关，或可通过消除耐药质粒，逆转细菌耐药性，从而发挥抗耐药性的优势。前者如牛至中的麝香草酚和香芹酚可作用于细菌的细胞膜，改变其通透性，紫茎泽兰挥发油影响金黄色葡萄球菌细胞膜完整性、可溶性蛋白表达和核酸合成；后者如大叶桉挥发油可消除质粒，明显抑制耐甲氧西林金黄色葡萄球菌的生长。②抗病毒活性。荆芥挥发油能显著降低病毒感染小鼠肺组织滴度，表现出体内抗病毒作用；桂枝挥发油对流感病毒 H1N1 的增殖有显著的抑制作用。③抗炎活性。艾叶挥发油对二甲苯致炎的小鼠耳肿胀有抑制作用，铁筷子挥发油可降低模型动物局部组织肿胀，减少毛细血管通透性，抑制模型小鼠的肉芽肿增生。④调节心血管活性。中药挥发油能扩张外周血管，改善微循环，如桂枝、薄荷、荆芥等辛温解表药。此外，还可通过调节自律神经系统使血管膨胀或者收缩，调节血压，或通过刺激心脏、收缩血管、升高血压，起到调节心血管活性的作用。⑤调节消化系统活性。中药挥发油具有芳香气味，可以刺激嗅觉、味觉，促进消化液的分泌，增加胃黏膜血流量，减缓胃痉挛、平滑肌痉挛和兴奋肠管蠕动，消除胃肠胀气，从而调节肠胃功能。如砂仁挥发油具有抗消化性溃疡作用。在动物饲料中添加中药挥发油能刺激畜禽胃肠道黏膜，提高消化酶的活性，促进营养物质的消化和吸收。如在猪饲料中添加不同剂量的红花油，随着日粮红花油剂量的增加，各组育肥猪的平均日增重和饲料利用率均有显著提高。⑥调节中枢神经系统活性。中药挥发油还可作用于中枢神经系统。如益智仁挥发油能调节神经递质含量及上调大脑皮质及海马部位的表达；川芎挥发油能通过提高体外培养的大脑皮层神经细胞存活率，增加脑缺血再灌注模型大鼠超氧化物歧化酶（SOD）、谷胱甘肽过氧化物酶（GSH-Px）、一氧化氮合酶（NOS）活性，降低丙二醛（MDA）含量，降低大鼠脑梗死比率等途径发挥脑缺血保护作用。⑦其他。中药挥发油还有抗过敏、抗氧化、抗衰老作用。

挥发油大多为无色或微黄色透明油状液体，所有挥发油都有特殊的气味。多数挥发油的相对密度一般在 0.85～1.065 之间，沸点在 70～300℃ 之间，挥发油有光学活性，比旋度在 +97°～117° 之间，还有强烈的折光性，折射率在 1.43～1.61。折射率是挥发油质量鉴定的重要依据之一。挥发油难溶于水而易溶于有机溶剂，如石油醚、乙醚、油脂等，在高浓度的乙醇中全溶，在低浓度乙醇中只能溶解一定数量。将挥发油的温度降到一定程度可能有固体物析出，这种析出物称"脑"，如樟脑、薄荷脑等，滤除析出物后的挥发油称"脱脑油"或"素油"，如薄荷油的脱脑油，习称"薄荷素油"，但其中仍含有约 50% 的薄荷醇（薄荷脑）。挥发油经常与空气、光线接触会逐渐氧化变质（树脂化），使挥发油密度增加、黏度增大、颜色变深，因此挥发油应装入棕色瓶内密闭低温保存。

四、糖类

糖类在植物中存在最广泛，主要存在于菌类、藻类、根茎类药材中，常占植物干重的 80%～90%。从化学结构上看，糖类化合物是多羟基醛或多羟基酮以及它们的缩聚物和衍生物。糖的分子中含有碳、氢、氧三种元素，大多数糖分子中氢和氧的比例是 2:1，因此具有 $C_x(H_2O)_y$ 的通式，所以糖又称为碳水化合物，但有的糖分子组成并不符合这个通式，如鼠李糖为 $C_6H_{12}O_5$。糖类化合物根据能否被水解及分子量的大小分为单糖、低聚糖和多糖。下面分别叙述。

1. 单糖

单糖分子都是带有多个羟基的醛类或酮类，是不能被水解的糖类化合物的最小单位，广泛存在于自然界，有游离状态也有结合状态，根据其碳原子的数目分为戊糖（五碳糖）、己糖（六碳糖）和庚糖（七碳糖）等，其中以己糖最常见。单糖为无色晶体，味甜，有吸湿性，极易溶于水，难溶于乙醇，不溶于乙醚等有机溶剂；常见的单糖有葡萄糖、半乳糖、鼠李糖、木糖、阿拉伯糖等。

2. 低聚糖

低聚糖又称寡糖，指含有 2～9 个单糖分子脱水缩合而成的直糖链或支糖链的聚糖，根据单糖个数分为二糖、三糖、四糖等。还可根据有无游离的半缩醛羟基分为还原糖和非还原糖，如芸香糖、新陈皮糖、樱草糖。若两个单糖都以半缩醛羟基脱水缩合，形成的二糖则无还原性，如海藻糖、蔗糖都是非还原糖。低聚糖易溶于水，难溶于乙醚等有机溶剂。

3. 多糖

多聚糖又称多糖，是由 10 个以上的单糖基通过苷键连接而成的一类化合物，分子量较大。一般多糖常由几百甚至几万个单糖组成，已失去一半单糖的性质，一般无甜味，也无还原性。多糖大致分为两类，一类为水不溶物，在动物、植物体内主要起支持组织的作用，如动植物体内储藏的营养物质淀粉、菊糖（菊淀粉）、黏液质、果胶、树胶等。再如植物体内的初生代谢产物人参多糖、黄芪多糖等。由一种单糖组成的多糖称为均多糖，由两种以上的单糖组成的多糖称为杂多糖。多糖一般不溶于水，有的能溶于热水，生成胶体溶液，如纤维素、淀粉、菊糖、茯苓多糖、树胶、黏液质等。

（1）淀粉　广泛存在于植物体中，尤以果实或根、茎及种子中含量较高。淀粉通常为白色粉末，是葡萄糖的高聚物，大约由 80％的胶淀粉（支链淀粉）和 20％的糖淀粉（直链淀粉）所组成。淀粉溶于热水，不溶于有机溶剂，在含淀粉的水溶液中加入乙醇，淀粉可被析出，加碱式醋酸铅也能生成白色沉淀。淀粉虽无显著的疗效，但其作为营养物质具有一定价值，同时其在药物制剂中常作为赋形剂被使用，在工业上常作为生产葡萄糖的原料。

（2）纤维素　是由 3000～5000 分子的 D-葡萄糖通过 $1\beta\rightarrow4$ 苷键以反向连接聚合而成的直链葡聚糖，分子结构为直线状，不易被稀酸或碱水解。高等动物体内没有可水解它的酶存在，因此纤维素不能被人类或食肉动物消化利用。纤维素的衍生物可以用在多种制剂中，如羧甲基纤维素钠可作为医药品的混悬剂、黏合剂或食品的糊料。

（3）菊淀粉　多存在于菊科、桔梗科某些植物的根中。菊淀粉由 35 个 D-果糖以 $1\text{-}2\beta$ 连接，最后接 D-葡萄糖基组成。菊淀粉难溶于冷水，易溶于温水形成糊状，不溶于乙醇及其他有机溶剂。

（4）树胶　是植物体的裂口或破伤处所分泌的一种保护性的黏稠液体，在空气中逐渐干燥，形成无定形、质脆、透明或半透明的固体，遇水能膨胀或胶溶成黏稠状的胶体溶液，在乙醇或大多数有机溶剂中均不溶解。很多植物可产生树胶，如豆科、蔷薇科、芸香科、漆树科、使君子科和梧桐科植物。中药乳香、没药、阿魏中含有大量树胶。树胶在医药工业中常用作乳化剂、混悬剂，常用的有阿拉伯胶、西黄芪胶等，梧桐胶、桃胶亦可用。

（5）黏液质　黏液质是与树脂结构相似的多糖类物质，多存在于植物种子、果实、根、茎和海藻的薄壁组织的黏液细胞内，是此种植物细胞的正常产物。例如，果胶多存在于植物的果实和根中，为黄白色粉末，其主要成分是高聚 D-半乳糖醛酸的甲酯，平均分子量为15000～300000，分子中平均每四个半乳糖醛酸核中有一个羧基与甲醇酯化，多与钙或镁结合为盐而存在于植物体中。国内已制成褐藻酸钠注射液，国外称 Alginon、Glyco-Algin 等，用于增加血容和维持血压。

（6）鞣质　鞣质又称单宁或鞣酸，是存在于植物体内的一类结构比较复杂的多元酚类化合物，能与蛋白质结合形成不溶于水的沉淀。鞣质广泛存在于植物界，许多中药都含有鞣质类化合物。

鞣质可分为可水解鞣质、缩合鞣质和复合鞣质三大类。水解鞣质由于分子中具有酯键和苷键，在酸、碱、酶的作用下，可水解成小分子酚酸类化合物和糖或多元醇；缩合鞣质由黄烷-3-醇或黄烷-3,4-二醇类通过 4,8-或 4,6-位以碳-碳键缩合而成；复合鞣质则是由可水解鞣质部分与黄烷醇缩合而成的一类鞣质。鞣质大多为无定形粉末，能溶于水、乙醇、丙酮、乙酸乙酯等极性溶剂中，不溶于乙醚、三氯甲烷等有机溶剂，可溶于乙醚和乙醇的混合溶液。

五、蛋白质、氨基酸和酶

1. 氨基酸

分子中含有氨基和羧基的化合物称为氨基酸，构成生物有机体蛋白质的氨基酸大多是α-氨基酸。中药中普遍含有氨基酸，有些氨基酸有特殊的生物活性，如中药使君子中的使君子氨酸和鹧鸪菜中的红藻氨酸都有驱虫作用，天冬、玄参中的天门冬素有镇咳和平喘作用。氨基酸一般易溶于水，难溶于有机溶剂。氨基酸在等电点时，在水中的溶解度最小，因此，可利用调节等电点的方法对氨基酸类化合物进行分离。

2. 蛋白质和酶

蛋白质是由α-氨基酸通过肽键结合而成的一类高分子化合物，由于组成氨基酸的种类和空间构型的不同形成多种蛋白质。如天花粉蛋白质具有引产作用以及较好的抗病毒作用，对艾滋病毒也具有抑制作用。蛋白质大多能溶于水形成胶体溶液。高温、强酸和浓醇等因素可导致蛋白质变性。

酶是生物体内具有催化能力的蛋白质，它的催化作用具有专一性，通常一种酶只能催化某一种特定的反应，如蛋白酶只能催化蛋白质分解成氨基酸，脂肪酶只能水解脂肪为脂肪酸和甘油。

六、油脂和蜡

油脂和蜡统称为脂类，动物油脂多存在于脂肪组织中，植物油脂主要存在于种子中，约88%以上高等植物的种子含有油脂。通常将常温下呈液态的油脂称为脂肪油，呈固态或半固态的油脂称为脂肪。油脂大多为高级脂肪酸的甘油酯。

高级脂肪酸大部分为直链结构，脂肪中多为饱和脂肪酸，如月桂酸、棕榈酸等；而脂肪油中多为不饱和脂肪酸，如亚油酸、亚麻酸、花生四烯酸、二十碳五烯酸（EPA）和二十二碳六烯酸（DHA）等，这些不饱和脂肪酸为人体必需脂肪酸。油脂比水轻，易被皂化，不溶于水，容易溶于石油醚、苯、氯仿、乙醚、丙酮和热乙醇中。

蜡为高级脂肪酸与高级一元醇（C_{24}～C_{36}）结合成的脂类。植物蜡多存在于茎、叶、果实的表面。药用蜡多为动物蜡，如蜂蜡、虫白蜡、鲸蜡等。蜡常温下为固体，性质较脂肪稳定，不溶于水，也不易被碱水皂化。

七、无机成分

植物中的无机成分主要是钾盐、钙盐及镁盐。明代李时珍《本草纲目》中矿物药已有355种，如朱砂、铅丹、代赭石、铜青、石膏、滑石等，它们以无机盐或者与有机物结合形式存在，也有的以特殊的结晶形式存在，如草酸钙结晶等。在一些中药中，无机离子与生物活性和疗效有一定关系。

八、色素

植物色素是指普遍分布于植物界的有色物质，如叶绿素类、叶黄素类、胡萝卜素类、黄酮类、醌类化合物等。

叶绿素是绿色植物进行光合作用的色素。由植物中分离的叶绿素约有 10 种，叶绿素的基本骨架是由 4 个吡咯以 4 个次甲基连接成环状的卟啉类型结构。叶绿素中有 2 个羧基，其中一个是和甲醇酯化，而另一个是和植物醇酯化。叶绿素分子量较大，极性较小，不溶于水，难溶于甲醇，可溶于石油醚，易溶于乙醚、氯仿、热乙醇等。通常情况下叶绿素是要作为杂质被除去的。

第四节　中药的配伍原理

一、中药的配伍

动物疾病是复杂多变的，往往数病相兼，或表里同病，或虚实互见，或寒热错杂，所以在治疗时，就必须适当选用多种药物配合起来应用，才能适应复杂多变的病情，取得很好的治疗效果。配伍就是根据动物病情的需要和药物的性能，有目的地将两种以上的药物配合在一起应用，有的可以增进原有的疗效，有的可以相互抵消或削弱原有的功效，有的可以降低或消除毒副作用，也有的合用可以产生毒副作用。

二、配伍禁忌

在临床用药处方时，为了安全起见，有些药物配伍应当慎用或禁止使用。在长期的医疗实践中，古人积累了许多有关配伍禁忌的经验，如下。

（1）十八反　配伍应用可能对动物产生毒害作用的药物有十八种，名曰"十八反"。即：甘草反甘遂、大戟、海藻、芫花；乌头反贝母、瓜蒌、半夏、白蔹、白及；藜芦反人参、沙参、丹参、玄参、细辛、芍药。《元亨疗马集》中有十八反歌诀："本草明言十八反，逐目从头说与君。人参芍药与沙参，细辛玄参与紫参，苦参丹参并前药，一见藜芦便杀人；白及白蔹并半夏，瓜蒌贝母五般真，莫见乌头怕乌啄；逢之一反疾如神；大戟芫花并海藻，甘遂以上反甘草，若还吐逆及翻肠，寻常犯之都不好；蜜蜡莫与丛相睹，石决明休见云母，藜芦莫使酒来浸，人若犯之都是死。"

（2）十九畏　药物配合在一起应用时，一种药物能抑制另一种药物的毒性或烈性，或降低另一种药物的功效，历来认为相畏的药物有十九种，名曰"十九畏"。即：硫黄畏朴硝、水银畏砒霜、狼毒畏密陀僧、巴豆畏牵牛子、丁香畏郁金、川乌、草乌畏犀角、牙硝畏荆三棱、官桂畏赤石脂、人参畏五灵脂。《元亨疗马集》十九畏歌："硫黄原是火中精，朴硝一见便相争；水银莫与砒霜见；狼毒最怕密陀僧；巴豆性烈最为上，偏与千牛不顺情；丁香莫与郁金见；牙硝难合荆三棱；川乌草乌不顺犀；人参又忌五灵脂；官桂善能调冷气，石脂相见便蹊跷。大凡修合看顺逆，炮爁炙煨要精微。"

（3）妊娠禁忌　动物妊娠期间，为了保护胎儿的正常发育和母畜的健康，应当禁用或慎用具有堕胎作用或对胎儿有损害的药物。属于禁用的多为毒性较大或药性峻烈的药物，如巴豆、水银、大戟、芫花、商陆、牵牛子、斑蝥、三棱、莪术、虻虫、水蛭、蜈蚣、麝香等。属于慎用的药物主要包括祛瘀通经、行气破滞、辛热、滑利等方面的中药，如桃仁、红花、牛膝、丹皮、附子、乌头、干姜、肉桂、瞿麦、芒硝、天南星等。禁用的药物一般不可配入处方，慎用的药物有时可根据病情需要谨慎应用。《元亨疗马集》中妊娠禁忌歌："蚖斑水蛭及虻虫，乌头附子配天雄，野葛水银并巴豆，牛膝薏苡与蜈蚣，三棱代赭芫花麝，大戟蛇蜕黄雌雄，牙硝芒硝牡丹桂，槐花牵牛皂角同，半夏南星与通草，瞿麦干姜桃仁通，硇砂干漆蟹甲爪，地胆茅根都不中。"

三、中药配伍原则

两味或两味以上的药配在一个方剂中，互相之间会产生一定的配伍效应。这种效应有的对动物体有益，有的则有害。《神农本草经·序例》将各种药物的配伍关系归纳为"有单行者，有相须者，有相使者，有相畏者，有相恶者，有相反者，有相杀者，凡此七情，合和视之"。这"七情"中除单行者外，都是谈药物配伍关系，具体如下：

（1）单行　指用单味药治病。病情比较简单，选用一种针对性较强的药物即可获得疗效，如清金散单用一味黄芩治肺热咳喘，独用蒲公英治疗疮疡肿毒；独参汤，单用一味人参治疗大失血所引起延期虚脱的危重病证；柴胡针剂发汗解热；丹参片剂治疗胸痹绞痛等。

（2）相须　指将性能功效相似的同类药物配合应用，以起到协同作用，增强药物的疗效。如麻黄配桂枝，能增强发汗解表、祛风散寒的作用；知母配贝母，以增强养阴润肺、化痰止咳的功效；附子、干姜配伍，增强温阳守中、回阳救逆的功效；大黄与芒硝配合应用，能明显增强泻下通便的作用；石膏与知母配合使用，能明显增强清热泻火的作用。这类相须配伍应用的情况很多，构成了复方用药的配伍核心，是中药配伍应用的主要形式之一。

（3）相使　指将性能有某种共性的不同类药物配合应用，以一种药物为主，另一种药物为辅，有功效相近药物相使配伍和功效不同药物相使配伍之分，一主一辅，相辅相成，辅药能提高主药的疗效，即是相使的配伍。功效相近药物相使配伍，如补气利水的黄芪与利水健脾的茯苓配合应用，茯苓能提高黄芪补气利水的作用；清热泻火的黄芩与攻下泻热的大黄配合应用，大黄能提高黄芩清热泻火的作用。功效不同药物相使配伍，如石膏配牛膝治胃火牙痛，石膏为清胃降火、消肿止痛的主药，牛膝引火下行，可增强石膏清火止痛的作用；白芍配甘草治血虚失养、筋挛作痛，白芍滋阴养血、柔筋止痛为主药，甘草缓急止痛，增强白芍柔筋止痛的作用；黄连配木香治湿热泻痢、腹痛里急，黄连为清热燥湿、解毒止痢的主药，木香调中宣滞、行气止痛，可增强黄连清热燥湿、行气化滞的功效。

（4）相畏　指一种药物的毒性或副作用能被另一种药物减轻或消除。如生半夏、生南星的毒性能被生姜减轻或消除，因此生半夏、生南星畏生姜；甘遂畏大枣，大枣可抑制甘遂峻下逐水、减伤正气的毒副作用；常山畏陈皮，陈皮可以缓和常山截疟而引起恶心呕吐的胃肠反应。

（5）相杀　指一种药物能减轻或消除另一种药物的毒性或副作用。如防风能解砒霜毒，绿豆能减轻巴豆毒性，因此防风杀砒霜，绿豆杀巴豆；生姜能减轻或消除生半夏、生南星的毒性或副作用，因此生姜杀生半夏、生南星的毒。由此可知，相畏、相杀实际上是同一配伍关系的两种不同提法。

（6）相恶　指两种药配合应用，能相互牵制而使作用降低甚至丧失药效。如黄芩能降低生姜的温性，莱菔子能削弱人参（或党参）的补气功能，黄芩能削弱生姜的温胃止呕的作用，甘草能使吴茱萸的降压作用消失。

（7）相反　指两种药物配合应用，能产生毒性反应或副作用，如甘草反甘遂、乌头反半夏。

药物"七情"除了单行外，其余六类都是药物的配伍关系，用药时需要加以注意。其中相须、相使是产生协同作用而增进疗效，在临床用药时要充分利用，以便使药物更好地发挥疗效；相畏、相杀是有些药物由于相互作用而能减轻或消除原有的毒性或副作用，在应用毒性药或剧烈药时，必须考虑选用；相恶就是有些药物可能相互拮抗而抵消或削弱原有功效，用药时应加以注意；相反是一些本来无毒的药物，却因相互作用而产生毒性反应或强烈的副作用，则属于配伍禁忌，原则上应避免配用。

四、方解

除单方外，方剂一般均由若干味药物组成。组成一个方剂，不是把药物进行简单的堆砌，也不是单纯地将药效相加，而是根据病情需要，在辨证立法的基础上，按照一定的组织原则，选择适当的药物组合而成。构成方剂的药物组分一般包括君、臣、佐、使四个部分，它概括了方剂的结构和药物配伍的主从关系。《黄帝内经·素问》中云："主病之谓君，佐君之谓臣，应臣之谓使。"

（1）君药　针对病因或主证起主要治疗作用的药物，又称主药，如麻黄汤中的麻黄。

（2）臣药　辅助君药，以加强治疗作用或针对兼病或兼证的药物，又称辅药，如补中益气汤的人参、炙甘草、白术。

（3）佐药　有三个作用，一是用于治疗兼证或次要证候的佐助药，如桂枝汤中的生姜、大枣；二是制约君药的毒性或烈性的佐制药，如白虎汤中的粳米、炙甘草；三是与君臣药相反相成的反佐药，用于因病势拒药须加以从治者，如在温热剂中加入少量寒凉药，或于寒凉剂中加入少许温热药，以消除病势拒药"格拒不纳"的现象，如左金丸中的吴茱萸。

（4）使药　方中的引经药，或协调、缓和药性的药物，如八珍汤中的炙甘草。

以主治风寒表实证的麻黄汤为例，方中麻黄辛温发汗，解表散寒，为君药；桂枝辛温通阳以助麻黄发汗散寒，为臣药；杏仁降泄肺气以助麻黄平喘，为佐药；甘草调和诸药，为使药。

方剂中君、臣、佐、使的药味划分，是为了使医生在组方时注意药物的配伍和主次关系，并非死板格式。有些方剂，药味很少，其中的君药或臣药本身就兼有佐使作用，则不需再另配伍佐使药物。有些方剂，根据病情需要，只需区分药味的主次即可，不必都按照君、臣、佐、使的结构排列，如二妙散（苍术、黄柏）只有两味药，独参汤只有一味药。

1. 根据入药部位的不同，叙述中药最适宜的采集时间。
2. 中药的性能包括哪些内容？
3. 中药的主要有效成分有哪些？其主要药理作用是什么？
4. 什么是中药的配伍？简述中药的配伍原则。
5. 在长期的医疗实践中，古人主要积累了哪些配伍禁忌的经验？

第三章

中药饲料添加剂的试验研究方法

学习目的:

① 了解中药饲料添加剂的研究设计、方法依据以及选题原则、范围和方法。
② 熟悉中药饲料添加剂处方筛选的方法及步骤、剂型与剂量确定的依据。
③ 学习中药饲料添加剂的生产工艺研究、质量控制研究和药物稳定性研究。
④ 学习中药饲料添加剂的药效学研究、安全药理学研究、急性毒性试验及亚慢性毒性试验等方法。
⑤ 领会中药饲料添加剂临床研究的基本内容、试验设计原则、靶动物安全性试验、实验性临床试验、扩大临床试验等方法。
⑥ 认识中药饲料添加剂质量标准的制定原则和方法。

第一节　研究设计与方法依据

研究人员应采用严密的科学方法和试验设备,本着实事求是的态度,去验证或解释中药饲料添加剂的效果,设计完整的研究方案,创制新的中药饲料添加剂。研究方案总体上应包括以下两项内容:纵观全局的研究设计以及严密谨慎的方法依据。其中,研究设计包括明确清晰的研究思路和条理分明的技术路线;方法依据则以相关法规规范为准则,在其框架内进行相关试验研究。

一、研究设计

(一)研究思路

研究思路的全面性与合理性直接决定了研究方案是否能够经受得住时间和实践的双重检验。其中,最为主要的内容包括研究项目的科学依据和预期目标。

1. 立项的科学依据

阐述项目的科学依据应从两方面内容入手:一是该项目研究的必要性;二是该研究的

理论依据。应该说明本研究领域现状、以往研究情况、已达到的水平及尚存在的问题等，提出本研究目的及将采用什么理论和方法，说明该理论和方法的新颖性、先进性和可行性。

2. 预期目标

预期目标是指预期项目完成后可以达到的水平、预期产生的社会效益和经济效益。项目的科学依据和预期目标显示了课题设计者对前期文献资料的查阅、整理和综合利用情况，既能简要综述本研究项目的以往进展情况、前沿研究水平，又能够提出足够的科学论据，证明继续研究的必要性，提出研究方向和目标。

就防病保健类中药饲料的研究而言，应该论述国内外对该"证"或"症"的研究现状、水平及存在的问题，如尚无立项的防治药物，则立题新颖，有创新意义。另外，还应阐明本研究的学术水平，如具有兽医中药特点、组方合理有效、研究内容明确并有突破点，在某学科领域属领先地位等。

（二）技术路线

新中药饲料添加剂的研究设计技术路线，是以中药方剂为中心，首先进行方剂的处方筛选，确定处方后进行主药筛选，在此基础上进行剂型筛选，随后进行方剂的剂量研究和药理研究，上述框架性工作完成后，再进行方剂的安全性、稳定性和质量标准研究。经过上述研究试验之后，将筛选获得较为理想的中药方剂作为饲料添加剂。

二、方法依据

我国饲料添加剂管理的主要依据是《饲料和饲料添加剂管理条例》。该条例将饲料添加剂分为营养性饲料添加剂和药物饲料添加剂。其中，前者是指用于补充饲料营养成分的少量或者微量物质，包括饲料级氨或者改善饲料品质、提高饲料利用率而掺入饲料中的物质，后者则是指为预防、治疗动物疾病而掺入载体或者稀释剂的兽药的预混物，包括抗球虫药类、驱虫剂类、抑菌促生长类等三大类预混物。《饲料和饲料添加剂管理条例》明确规定：药物饲料添加剂的管理，依照《兽药管理条例》的规定执行。

如前所述，中药饲料添加剂尽管具有广泛的用途，然而按照目前的规定仍属于药物饲料添加剂，因此应遵循兽药管理的相关法规。此外，研究设计时相关试验研究思路、技术路线以及试验操作也必须遵循相关法规与规范。

《兽药研究技术指导原则汇编》是由农业农村部畜牧兽医局委托兽药评审中心进行组织，将已经农业农村部批准实施的兽用化学药品、中药相关研究技术指导原则进行整理汇编而成的。该汇编可有效指导兽药研发单位科学、规范地开展兽药研发工作，全面提高我国兽药研发水平，保障动物用药和公共卫生安全，同时也可促进兽药行业健康发展，并对中药饲料添加剂的研究设计提供相关的依据。该《兽药研究技术指导原则汇编》可用于指导中药饲料添加剂研究设计的相关内容有：兽用中药、天然药物原料前处理技术指导原则，兽用中药、天然药物提取纯化工艺研究的技术指导原则，兽用中药、天然药物制剂研究技术指导原则，兽用中药、天然药物中试研究技术指导原则，兽用中药、天然药物稳定性试验技术指导原则，兽用中药、天然药物质量标准分析方法验证指导原则，兽用中药、天然药物临床试验技术指导原则，兽用中药、天然药物临床试验报告的撰写原则，兽用中药、天然药物安全药理学研究技术指导原则，兽用中药、天然药物通用名称命名指导原则，兽用中药、天然药物质量控制研究技术指导原则等。

《兽药非临床研究质量管理规范》是农业部于 2015 年 12 月 9 日公布施行的相关管理规范，其目的在于进一步加强兽药安全性评价工作，提高兽药非临床研究质量，确保实验资料的真实性、完整性和可靠性，确保兽药安全有效。《兽药非临床研究质量管理规范》规定了兽药非临床研究相关的组织机构和人员、试验设施、仪器设备和试验材料、标准操作规程、研究工作的实施以及资料档案等项目的相关规范，为中药饲料添加剂的相关研究设计工作提供了相关依据。

《兽药临床试验质量管理规范》也是农业部于 2015 年 12 月 9 日公布施行的相关管理规范，其目的在于进一步加强兽药质量评价工作，确保兽药安全有效。《兽药临床试验质量管理规范》规定了兽药临床试验相关的兽药临床试验机构与人员、试验者、申请人、协查员、临床试验前的准备与必要条件、试验方案、记录与报告、数据管理与统计分析、试验用兽药的管理、试验动物的选择与管理、质量保证与质量控制以及多点试验等项目的相关规范，为中药饲料添加剂的相关研究设计工作提供了相关依据。

第二节　选题与处方筛选

一、选题

（一）选题原则

中药饲料添加剂的试验研究，应根据生产需要，从增进动物的健康、提高动物产品的产量和质量，以及改善饲料品质等方面选题，须坚持科学性、创新性、可行性和效益性的原则。

1. 科学性

选题必须有科学依据，首先应以中兽医药理论为指导，即以中兽医药理论指导组方、设计剂型和工艺、拟订质量标准、判定药效、进行临床研究等过程。例如，在研究防病保健类中药饲料添加剂时，应根据中兽医整体观念和辨证论治的理论，从某些主证入手，兼顾兼证。因为中兽医的"证"往往包括西兽医的一种或几种"病"，组方时根据方剂的组方原则，以君、臣、佐、使配伍用药，方能有效防治疾病。

中兽医的许多传统经典方剂为中药饲料添加剂的研究奠定了良好基础，因为这些方剂经过长期的临床实践检验证明有效，药物的配伍比较合理。可以此为基础，结合现代药理研究结果，进一步确认方剂的有效成分或组分，并与现代兽医学的"病""症"对照观察，研制出更高效合理的组方。研究过程中既不固守原方，又可兼顾剂型特点。

适宜的剂型和制备工艺是发挥方剂效果的关键。应根据临床需要和药物性质选择适宜的剂型，确定合理的制剂工艺，去粗取精。现代药理实验研究除了研究药物作用的机制外，同时以客观指标确定某种成分（或组分）的药效，虽然与中兽医的"证"不能完全吻合，但可以借鉴。例如，大黄的清热泻火、行瘀解毒功效与大黄蒽醌苷的泻下、抗菌、抗肿瘤等作用有关；黄芩的清热燥湿、泻火解毒功效与黄芩苷的抗炎、解毒、利尿等药理作用有关。若取组方中大黄、黄芩的解毒、泻下功效，则应注意保留大黄中蒽醌苷和黄芩中黄芩苷。

组方和工艺确定之后，还应对制剂的有效成分含量进行监测，才能保证制剂安全有效。质量控制应在原料药、半成品和成品三个环节进行。确定有效成分，制定和完善质量标准，也是在中兽医药理论指导下研制的重要环节。随着现代医学实验进一步深入，中药药理学研究将为研究新的中药饲料添加剂和制定实用可靠的定性定量标准，提供更多的实验依据。目前，中药饲料添加剂的质量标准还不尽完善，尤其在未能确认有效成分的制剂中仍以指标成分为质量控制指标，并且不十分强调以主要有效成分为定量标准，而只需对方中主药的某一成分进行含量测定，都是限于现代研究水平和分析手段而已。

2. 创新性

中药新饲料添加剂的研究应该有所创新、有所发明。在组方、剂型、工艺、质量标准、药效等方面有明显的创新性，研究的结果应该是前人未曾获得过的成就。中药新饲料添加剂的组方要有特色，不应抄袭仿制或对现有方药加加减减，低水平重复。应临床有效，既强调以中兽医药理论为指导，又注意结合古今临床经验，使处方合理新颖。中药新饲料添加剂的创制，除在组方、剂型工艺、质量标准等制备过程中注意创新外，还应在新技术、新设备或新辅料的引用等方面开拓发展、有所创新。

3. 可行性

选择课题时，还应考虑实际情况，如人力、物力（设备、经费等方面）、资料等是否可保证科研的按期进行。一般科学研究的结果可以是正的，也可以是负的，科研完成后可以发表论文或申报科研成果。但这里所讨论的中药新饲料添加剂的研究与一般科研课题比较有其特殊点：

（1）规范化研究　研究者应根据《新兽药及兽药新制剂管理办法》的要求以及农业农村部有关兽医中药研究的新规定，设计研究内容和步骤，对于要求提供的有关研究资料缺一不可。

（2）研究结果必须是正的　研制的制剂必须是一个安全、有效、适用的产品。

4. 效益性

科研投资与预期成果的综合效益是否相当，对中药新饲料添加剂的研制开发而言，其衡量标准是在动物生产上有无使用价值、社会效益和经济效益。选题时应注意选择动物生产上出现的主要问题，如增强动物的体质、提高生产性能、提高产品质量、改善饲料品质等方面，并善于因势利导、因地制宜，能够充分利用现有条件（人力、物力、地理环境等），以便取得较快进展。

总之，选题应注意科学性、创新性、可行性和效益性，还应加强信息追寻和捕捉，对用药对象的需求率、市场前景等均要进行大量的调查，才能确立一个好的课题。

（二）选题范围

中药饲料添加剂的研究，要有明确的目的。应根据养殖业生产上迫切需要解决的问题，充分发挥中兽药的优势，主要从以下几方面选题。

1. 免疫调节

许多中药能够提高机体的特异性和非特异性免疫，进而增强机体的抗病能力，提高生产性能，从而达到抗病促生长的目的。已有许多成功的报道，如将黄芪、蟾蜍、金银花等中药经水浸、煎煮，制成浓缩液给小鼠灌服，连用 5 天，小鼠脾淋巴细胞中白细胞介素-2 活性较对照组有显著提高；以中药黄芪、绞股蓝、蒲公英、苦参、秦皮经水煎、过滤、浓缩制成口服液给接受鸡新城疫疫苗的鸡饮用，可以使鸡新城疫血凝抑制抗体效价、脾脏系数、法氏囊系数显著提高，并可以拮抗地塞米松对鸡免疫功能的抑制作用。中药或其活性成分对机体免疫功能具有双重作用。例如，雷公藤、淫羊藿、白芍、绞股蓝、黄芪、蒲黄、香菇、枸杞等中药对免疫系统的作用具有剂量依赖性，即小剂量或低浓度时可以促进机体的免疫功能，而大剂量或高浓度时则抑制机体的免疫功能；人参、白芍、蚂蚁、鸡血藤、女贞子、地骨皮、杜仲、旱莲草、淫羊藿、香菇、黄芪等中药具有功能性双向免疫调节作用，即可使机体紊乱的免疫功能状态恢复正常。

2. 抗菌抗病毒

除了可以调节机体的免疫功能来达到抗菌和抗病毒的目的外，有很多报道证明中药还对病原微生物具有直接作用。例如，连翘的水提物及醇提物、苦参的醇提物、白头翁的水提物对鸡白痢沙门氏杆菌、鼠伤寒沙门氏杆菌均有较强的抑制作用；将千里光、杜仲、蒲公英、鱼腥草、皱叶酸模、凤尾草、松针、野菊花、苦参、大蒜 10 种中药单用或其中 2 种配伍使用，对金黄色葡萄球菌、大肠埃希菌、痢疾杆菌都有一定的抗菌活性，其中以千里光、杜仲、蒲公英、鱼腥草的抗菌活性最高。在抗病毒方面，用板蓝根、连翘、麻黄、桔梗、甘草等中药经提取、浓缩制成的口服液，对感染传支病毒的鸡胚进行抑制试验，鸡胚保护率达100%；由鱼腥草、大青叶、板蓝根等药物制成的中药复方制剂在胚外（将药液与 33IBV-M41 或 IBV-H52 病毒液混合作用后接种鸡胚）、胚内（在接种 IBV-M41 或 IBV-H52 病毒前或同时给予药物）均能显著提高鸡胚的存活率；黄芪多糖、淫羊藿多糖、淫羊藿总黄酮可以显著抑制鸡新城疫病毒和鸡传染性法氏囊炎病毒对鸡胚成纤维细胞的感染。此外，一些中药方剂如银翘散、小柴胡汤、玉屏风散等具有较强的抗病毒作用。

3. 驱虫

一些单味中药或复方具有很好的驱虫效果。例如，槟榔、贯众、使君子、百部、硫黄、鹤虱、川楝子、雷丸、常山、鹤草芽、苦楝皮、鸦胆子、青蒿、南瓜子等中药均具有较强的驱虫作用。其中，使君子、鹤虱、槟榔、贯众、川楝子、雷丸等具有显著的驱蛔虫作用；雷丸、鹤草芽、槟榔、南瓜子等具有显著的驱绦虫作用；使君子、槟榔等具有明显的驱蛲虫作用；苦楝根皮煎剂、槟榔片煎剂等具有驱钩虫作用；槟榔煎剂具有驱鞭虫、姜片虫作用；南瓜子具有驱血吸虫作用；常山、鹤草芽、鸦胆子等具有显著的驱球虫作用；常山、青蒿、鹤草芽等具有显著的抗疟原虫作用。据报道，在 21 日龄雏鸡饲料中添加常山粉，可以抵御艾美尔球虫属的不同球虫卵囊混合感染；常山对柔嫩艾美尔球虫、巨型艾美尔球虫、堆型艾美尔球虫、变位艾美尔球虫等均具有较强的抑制作用，常山组雏鸡存活率、增重率和抗球虫指数均显著高于感染不投药组。

4. 抗应激

应激是机体受到不同致病因素的刺激时所表现的非特异性全身反应，其特征是肾上腺皮质功能改变。动物处在应激状态时，免疫功能下降，容易感染疾病。有研究表明，许多中药具有抗应激作用。如人参、西洋参、刺五加、黄芪、绞股蓝、白术、甘草等补气类，冬虫夏草、杜仲、鹿茸、锁阳等壮阳类，天麻、酸枣仁等安神类及复方中药均具有抗应激作用。采用黄芪、白花蛇舌草、生地黄等组成的中药饲料添加剂具有良好的抗蛋鸡热应激作用；以枸杞子、菟丝子、五味子、覆盆子、黄芪、益母草、车前子、当归、川芎等组成的中药饲料添加剂可以延长小鼠游泳时间和耐压缺氧时间，增强耐寒性和耐热性。

5. 健胃助消化

中药饲料添加剂能够促进动物消化液的分泌，提高消化酶活性，增进食欲，促进消化吸收，增强物质代谢，从而能促进动物生长，提高动物生产性能。如山楂、神曲、麦芽、砂仁、肉桂、厚朴、枳壳等中药能健脾开胃，增进食欲，促进消化吸收；人参、黄芪、白术、枸杞、刺五加、补骨脂等中药能增强合成代谢，促进动物生长，提高动物生产性能。山楂中含有酒石酸、柠檬酸、山楂酸等，能促进胃中酶的分泌，提高酶的活性，从而促进饲料的消化吸收。麦芽中含有淀粉酶、转化糖酶、蛋白酶等酶类，可以促进饲料的消化吸收。刺五加枝浸剂能使鸡肠液分泌增加 21%，并提高肠液中碱性磷酸酶活性 27%、脂肪酶活性 85%、肽酶活性 93%，从而能大大提高饲料营养物质的消化率。

6. 调节内分泌

许多植物含激素样物质，饲喂动物后产生激素样作用，可促进动物生长发育，进而提高生产性能。花粉提取液中含孕酮、雌二醇 E_2、睾酮等重要性激素，将花粉提取液加工成复合饲料喂养甲鱼，能明显促进甲鱼生长，效果与使用睾酮、雌二醇静脉注射相同。由补骨脂、淫羊藿、黄芪、益母草等中药组成的补肾中药复方对成熟小鼠和非成熟小鼠子宫均有明显的增重作用。人参有明显的促性腺激素样作用，可以使垂体前叶促性腺激素（LRH）、卵泡刺激素（FSH）和黄体生成素（LH）的释放明显增加；女贞子有机溶剂提取物中含睾丸酮、雌二醇；菟丝子通过提高垂体对 LRH 的反应性及卵巢对 LH 的反应性而增强下丘脑-垂体-卵巢的促黄体功能；此外，淫羊藿、补骨脂、肉苁蓉、枸杞子、甘草等中药均有雌激素样作用。中药饲料添加剂可以使热应激蛋鸡血浆 T3 含量显著升高，甲状腺重量增加，血浆皮质醇含量显著降低，肾上腺重量显著减轻，血浆 LH、雌二醇含量显著提高。

7. 增加饲料营养

许多中药富含蛋白质、氨基酸、糖、脂肪、淀粉、维生素和一些微量元素等营养物质，加入饲料中可以改善饲料的营养物质含量或使各营养成分的比例更加合理，从而能够满足机体的营养需要，提高饲料利用率。如当归中含蔗糖 4%、铁 400 毫克/千克、铜 6 毫克/千克、锌 17 毫克/千克及脂肪和维生素；泡桐叶中含粗蛋白 19%、粗脂肪 6%、钙 2%、铁 417 毫克/千克、钴 12 毫克/千克，氨基酸含量达 9%以上；松针粉含氨基酸 6%、维生素 C 52 毫克/千克、维生素 B_1 38 毫克/千克、维生素 B_2 17 毫克/千克、胡萝卜素 121 毫克/千克；党参茎叶中含 18 种氨基酸，氨基酸总含量达 5%；麦芽中含有丰富的糊精、麦芽糖、葡萄糖、蛋白质、维生素，特别是胡萝卜素、维生素 B_2。

8. 改善动物产品质量

某些芳香类中药能够改善肉的风味，含色素的中药能够增加蛋的色泽，含碘、硒类中药能够增加鸡蛋中碘和硒的含量，某些补养类中药能够提高乳的乳脂率。

9. 矫味诱食

有些中药饲料添加剂具有特殊的香味，能够矫正饲料的味道，改善饲料的适口性，起到调味诱食、促进畜禽生长的作用。

（三）选题方法

1. 调查研究

在借鉴和综合前人发明创造的过程中，确定研究方向和内容，并从现实条件出发，选择难度大小适宜的科研课题。选题首先要进行调查研究，包括文献调研、市场调研等。

（1）文献调研　查阅文献是贯穿整个研究过程的一项十分重要的工作，尤其在选题时，必须集中一段时间进行文献检索，准确、及时地掌握与研究领域理论、实验技术有关的科技成果现状及研究动态。中药饲料添加剂的研究文献大致有以下几类。

科技图书：古代、现代中医药著作都积累了无数科研成果、生产技术的知识和经验。在浩如烟海的群书中，应有针对性地查阅，特别是要学会从最新图书中查阅，一般可以得到高度浓缩的精华，然后从"参考文献"栏有目的地查阅原始文献。有关现代中医药文献著作，已陆续出版了不少检索工具书，可供参考。

期刊杂志：这类文献报道及时反映了国内外最新科技动态和信息，内容新颖，代表了各国最新研究动态和水平。国内有关中医药、中兽医药学方面的期刊杂志应是我们研究者首选的检索对象，因为无文字障碍，便于快速阅读，从而能及时掌握国内（外）研究信息。常用的国内文献如《中兽医学杂志》《中兽医医药杂志》《中国兽药杂志》《中国饲料》《饲料研究》《兽药与饲料添加剂》《中草药》《中国天然药物》等。国外文献，如美国化学文摘（*Chemical Abstracts*，CA）收载了世界98%的化学化工文献，在生物化学类、有机化学类、应用化学与化工类等栏，均能检索到有关药学方面的研究动态，并可以从文摘中追溯查阅到有关的原始文献。随着现代计算机技术的发展，直接从电子计算机储库中检索文献，是最快速、准确的检索方法。由于该方法存储密度高、存取速度快，故常被现代研究者采用。现在国内很多大学和研究所图书馆都有计算机数据库系统，如维普全文期刊数据库、美国专利数据库、欧洲专利网、中国国家知识产权局网站等都是常用的数据库。目前，有的科研课题申报书上设有计算机检索栏，要求经认可的检索单位提供科技查新报告，以表明项目具有创新性、创造性等。

（2）市场调研　中药饲料添加剂的研制，还应该进行市场前景调查，收集、汇总各方面信息，了解市场需求。

2. 选择课题

调查研究是选择课题的前期工作，研究者通过调查研究掌握大量的参考资料，并从中筛选出可以利用的信息。中药饲料添加剂的课题选择大致从以下几个方面着手。

（1）从现有方剂中选题　从经过临床实践证明是有效的方剂中筛选出具有市场前景的方剂，作为研究基础，按《新兽药及兽药新制剂管理办法》研制成新的中药饲料添加剂，这是较为省力的方法之一。处方有以下几种：

① 法定处方　主要是指药典、部颁标准收载的处方。从这类处方中可以筛选临床疗效好、有改变剂型必要、增加新适应证的方剂，从而为研制中药饲料添加剂提供线索。

② 单方、验方、秘方　单方、验方和秘方中蕴藏着不少有效方，应该注意发掘、整理，但必须经过文献考证，同时抓住临床效果这一关键。

（2）从生产实践中选题　为研制防病保健中药饲料添加剂，除了从现有方剂中选题外，还应注意从常见病、多发病的有效方剂着手，设立课题，因为这类制剂一般具有较好的市场效益和前景。虽然这类中药饲料添加剂的研究难度大，但如果选题得当、组方合理、工艺先进、剂型适宜，也会达到预期效果。

（3）从中成药中选题　中成药立方年代较久，经受了时间考验，有确切的临床疗效。对中成药的研究可以从以下两方面进行：

① 质量标准化研究　传统中成药质量标准多不完善，也可以设计出合理的质量控制方法，完善质量标准。例如，对主要药物有效成分的定性、定量分析，制定制剂稳定性检查项目等。

② 增加适应证　从有效的中成药中，选择增加适应证的品种，研制成五类新药，也是科研课题之一。

（4）从研究方法中选题　药理、药效学试验研究是以中西兽医理论来观察、分析动物体生理、病理的方法和手段，大部分中药制剂或中药饲料添加剂往往缺乏这方面的试验指标，因此也可以从效果较好的中药饲料添加剂中，深入研究其药效学、药理学指标。新中药饲料添加剂的研究，应该遵循中医药理论，结合现代科学实验方法，制订有中兽医特色的试验计划和内容，使新制剂的有效性具备科学的评价方法。

（5）从生产工艺中选题　传统中药饲料添加剂的加工工艺一般比较落后，如何将近年来出现的新材料、新工艺应用于生产以提高产品的质量是中药饲料添加剂研究的选题之一。例如，超临界萃取技术应用于提取工艺，大孔吸附树脂分离技术应用于除杂，环糊精包合技术应用于处理挥发油等。此外，还可以在挖掘新的药用资源、新的辅料等方面，开拓思路，设立课题。

选题时应注意发掘、整理和提高兽医中药学的内涵。

（四）课题来源

课题立项大体上可以分为指令性课题、基金课题和自选课题三类。

1. 指令性课题

国家、省、市、自治区或部门根据事业发展的规划要求，以行政命令方式下达的研究任务。例如国家科技攻关计划课题、省科技攻关计划课题、国家"星火计划"课题等，现在以招标、中标的形式进行。根据各地区、各部门的人员、设备等研究条件，下达计划任务。这类课题主要解决国民经济和社会发展中难度较大的技术问题，对国家和地区主要产业的技术发展和结构调整起到重要的先导作用，同时通过计划的实施，造就一批科技人才，增强科研能力和技术基础，提高我国科技工作的整体水平。

2. 基金课题

科学基金是国家对科学事业的拨款方式，其基本做法是设立专门的研究经费，按研究项目采取同行专家评议、择优支持的制度，目前，主要有国家自然科学基金项目、国家青年科学基金项目等。国家自然科学基金面向全国，主要资助自然科学基础研究和部分应用基础研究，重点支持具有良好研究条件和研究实力的国内高等院校和科研机构中的研究人员，由国家自然科学基金委员会负责实施与管理。为了指导广大科技工作者了解自然科学基金会的资助战略，正确选择项目研究领域和资助类别，申请科学基金的资助，开展创新性的研究工作，国家自然科学基金会每年均有招标课题项目指南，中标后需签订合同书，同时得到经费资助。此外，各地区、单位也逐渐建立了科学研究基金会，以调动科技人员的积极性，激励广大科技工作者进行科学探索、奋力开拓、积极进取和发明创造。

3. 自选课题

研究人员在教学和科研实践中自行选定的研究课题。由于商品经济的发展，出现了一些跨地区、跨部门、跨学科的合作研究项目，这种教学、科研与生产部门联合进行的课题，也称"横向联合课题"。自选课题的发展方向一般有两个途径：一是为申报课题（指令性、指导性课题）打好基础；二是与生产部门合作，研制成新的中药饲料添加剂，中药饲料添加剂以这种形式研制有利于加速成果产出、尽快开发出新的品种。

二、处方筛选

按照中兽医理论组成中药饲料添加方剂后，还需要采用现代科技手段，经过特殊加工，制成具有一定形态和内涵的制剂，才能应用于生产。中药饲料添加剂的工艺研究是一个对有效物质（包括成分的种类、数量、存在形式等）选择和富集的过程，通过特殊的造型来控制给药方法和发挥药效，在这个过程中需要选择恰当的剂型、合理的工艺、适宜的辅料和科学的包装。工艺研究应对剂型、工艺路线、工艺条件进行全面、系统的筛选，即采用试验方法取得实测数据，再经统计处理，择优选定。筛选试验结果受到筛选方法、被考查因素水平、评价指标、结果判断方法等多种因素的影响。

（一）药味选择

根据选题，选择某些指标（如抗感染添加剂，可选择抑菌、抗病毒、抗寄生虫、增强免疫等指标）对同类单味药进行比较。一般用体外试验，也可用体内试验。

（二）组方和筛选

1. 组方

先根据选题确定组方的基本原则，即"立法""方从法立，以法统方"。例如促进生长类添加剂，多以健脾开胃、补气养血为法则；防病保健类添加剂，多以调整阴阳、祛邪逐疫为原则。然后根据方剂的组成和中药配伍理论组成方剂。

（1）方剂的组成

① 君药　又称主药，起主要作用的药物。

② 臣药　又称辅药，辅助君药以加强君药作用的药物。

③ 佐药　起次要作用或制约君药的毒性或烈性的药物。

④ 使药　引经药，或协调、缓和药性的药物。

（2）中药配伍理论（药性七情）

① 单行　就是单味药组成方剂。

② 相须　将性能功效相似的同类药物合用，以互相协同、增强功效。

③ 相使　将功效有某种共性的不同类药物合用，以一种药物为主，另一种药物为辅，增强功效。

④ 相畏　一种药物的毒性或副作用，能被另一种药物减轻或消除。

⑤ 相杀　一种药物能减轻或消除另一种药物的毒性或副作用。

⑥ 相恶　两种药物合用后相互牵制而使药效降低甚至丧失。

⑦ 相反　两种药物合用后产生毒副作用。如甘草反甘遂、乌头反半夏。

2. 处方筛选

可按相似原则组成多个复方，通过添加试验比较效果，结合药材来源、成本等综合评价，选出最理想的处方。

3. 剂型筛选

剂型的选择应以临床需要、药物性质、用药对象和剂量等为依据，并结合工厂的技术水平和生产条件。总原则是：方便生产、应用，有利于充分发挥药效，制剂稳定。

4. 剂量研究（药效研究，临床试验）

试验组一般选择高、中（推荐剂量）、低 3 个剂量组，另设空白对照组（饲料中不含药物添加剂）、药物对照组。

试验动物数量：每组大家畜不少于 20 头，中家畜不少于 40 头，小家畜及家禽不少于 100 只。

试验周期：生长肥育家畜 2～4 个月，肉鸡 49～56 天。

结果评价：饲料报酬、经济效益等。

5. 药理研究试验项目

根据药效确定。也为验证药效和修正处方提供依据。

6. 安全性研究

分为一般毒性试验（急性毒性试验、亚慢性毒性试验）和特殊毒性试验（三致试验）。三致试验一般只进行致突变试验和致畸试验。在致畸试验中，传统致畸试验必做，饲料药物添加剂还应增做喂养致畸试验、喂养繁殖毒性试验。喂养繁殖毒性试验一般只做第一代繁殖毒性，第一代为阳性时应再做第二代繁殖毒性。特殊毒性试验需农业农村部指定单位完成。

7. 稳定性研究

分为长期试验法（留样观察法）和加速试验法两类。

8. 质量标准研究内容

包括名称、处方、制法、性状、鉴别、检查、含量测定、功能与主治、用法与用量、注意事项、不良反应、规格、贮藏方法、有效期等。

第三节　剂型与剂量的筛选

一、剂型选择

目前试用和生产的中药饲料添加剂大多数为散剂，也有颗粒剂型和液体剂型。剂型选择是研究中药饲料添加剂的重要内容之一，因为剂型是影响中药制剂质量稳定性、给药途径、有效成分溶出和吸收、药物显效快慢与强弱的主要因素，与饲料添加剂的效果直接相关。剂型的选择应以临床需要、药物性质、用药对象和剂量为依据，可参考以下几个方面来确定剂型。

（一）依据有效成分

中药饲料添加剂大多由多味中药组成，每味中药所含成分众多，相当于一个小复方，复方的成分更是多而复杂，而各类成分如生物碱、黄酮、挥发油、甾体、皂苷、氨基酸、蛋白质、鞣质等，其性各异。尤其是溶解性，化学稳定性，在体内运转过程及吸收、代谢、分解、排泄情况皆不相同，剂型对复方制剂的上述特性又有直接的影响。所以，不同处方、不同药物、不同有效成分应做成各自相宜的剂型。这是中兽医药学在长期实践中总结出来的。

《神农本草经》中记载："药有宜丸者、宜散者、宜水煎者、宜酒渍者、宜煎膏者，亦有一物兼宜者，亦有不可入汤酒者，并随药性，不得违越。"例如，雷丸主要的有效成分雷丸素为蛋白水解酶，有绦虫及蛔虫的病畜服用雷丸粉后，其蛋白水解酶被虫体吸收，虫体蛋白质渐渐被水解而破坏，使虫的头吻不能附着于肠壁而被排出体外。0.06 微克蛋白水解酶在 10 毫升水中仍有水解蛋白的作用，所以杀虫作用很强。但雷丸素因系蛋白质类物质，60℃加热 10 分钟，其作用大多被破坏，加热至 1 小时则作用完全消失；该酶在碱性溶液中作用最强，在酸性溶液中作用消失。若将雷丸做成汤剂、合剂、液体剂型、浓缩丸、冲剂等，皆需经水煎提取，所含蛋白水解酶会被热破坏，而直接打粉做成散剂或丸、片剂，经口服至胃时也会被胃酸破坏，真正的有效成分皆到不了肠中，因而最好将雷丸制成肠溶剂（如肠溶丸、片剂），虽经口服到胃中，但不崩解，只到肠中崩解，在碱性条件下发挥药效。

汤剂是中兽医临床使用最多的剂型之一，液体剂型是在汤剂基础上发展起来的，由于使用方便，深受基层喜欢。但若仅仅采用一般的制备工艺，许多方药是不宜做成液体剂型的。大体归纳起来有以下几个方面的原因：

（1）难溶性药物　方中若含石膏、寒水石、滑石、磁石、朱砂等矿物药物，由于它们在水中溶解度小，做成液体剂型时有效成分损失很大，且难于保证产品的澄清度和疗效，也给制订质量标准带来极大麻烦。

（2）含挥发油较多的方药　如川芎、白芷、羌活、细辛、防风、薄荷等含挥发性成分的药物。蒸馏所得挥发油量高，配液时若要将全部挥发油加入，需用大量增溶剂（通常为吐温-80），同时又需增加防腐剂和矫味剂的用量。另外，大量的挥发油（尤其是川芎、白芷、羌活的挥发油）使药液非常难闻，动物不喜欢饮药，给矫臭工作带来很大困难；再加上一般挥发油对光都较敏感，易于氧化、聚合，影响药液的质量稳定性。

（3）含油脂较多的方药　若油脂为其主要有效成分，则不宜制成液体剂型。如麻仁丸［火麻仁 100 克、苦杏仁 100 克、大黄 200 克、枳实（炒）200 克、厚朴（姜制）100 克、白芍（炒）200 克］，火麻仁系方中主药，为润肠通便之良药，它是桑科大麻属植物大麻的果实或除去果皮的种仁，脂肪油含量达 31%，这样多的脂肪油是无法分散在液体剂型中的，若减去则影响疗效，若乳化则成乳浊液。

（4）有效成分在水中不稳定的方药　如含有易水解、易聚合、易氧化成分的药物，也不宜做成液体剂型。制备液体剂型常常采取水煎煮来提取有效成分，有些药物水煎时所含有效成分之间会发生反应，甚至产生沉淀，在其后的分离工序中，这些沉淀会被除去，直接影响制剂的疗效。如方中黄连或黄柏所含的小檗碱与黄芩所含黄芩苷在煎煮时就会发生沉淀反应。

因此，剂型对药物有效成分的提取、稳定及药剂使用有很大影响。在研制新制剂或改变剂型时，首先应分析处方，查阅每味药的成分，选择可能的剂型，拟定设计方案，再进行预实验，最后确定适宜的剂型。切忌先主观决定剂型，后进行工艺研究。

（二）依据生产条件

剂型不同，所采取工艺路线及条件、所用设备和所处生产环境皆不相同，不是所有兽药厂、制剂室皆能满足这些条件。固体制剂虽比液体制剂要求低一点，但也必须要有一定的条件，如颗粒剂的制备，必须解决两个最关键的问题。一是提取、分离、浓缩的问题。现在的工厂一般都配备有多功能提取罐，但其油水分离部分的结构不合理，只能提取出一些芳香水（油水混合），挥发油未充分收集，而大量的芳香水又无法妥善加入固体制剂中。目前，分离部分的设备多不配套，上工序用多功能提取罐，下工序用一般浓缩器，中间既无离心机又无板框压滤机，仅用筛网过滤，所得浓缩液又多又黏，制备颗粒剂十分困难。二是干燥问题。制备颗粒剂，若无喷雾干燥器或一步制粒机或真空干燥器，仅用一般的烘房、烘箱，所得浸膏板结、带焦糊味，严重影响效果。因此，在设计中药饲料添加剂研究方案之前，应对工厂的生产条件进行考察，而工厂购买新品种时应了解其剂型与技术要求，能够满足者方可购买。

二、剂量筛选

剂量是指使动物产生预期用药效果的一日平均量，也常用添加于饲料的比例来表示。理想的剂量应该达到最好的效果、最小的不良反应。在处方药物确定后，剂量是药性和药效的基础。如果少于这个量，一般就不能产生好的效果；如果加大用量到某一程度，则可能引起中毒现象，这个用量称为"中毒量"；如再加大到足以致命时称为"致死量"。通常说"极量"就是指剂量的最大限度，已接近中毒量。虽然有一些中药属毒剧药物，但绝大多数中药毒副作用较低，安全系数较高，有效剂量至中毒量距离较大，剂量选择灵活性较大。

（一）动物的临床用量筛选方法

动物的种类和体型大小不同，剂量大小差异悬殊。表 3-1 为不同种类动物用药剂量的比值，供参考。

表 3-1　不同种类动物用药剂量比值

动物种类	用药剂量比值	动物种类	用药剂量比值
马(体重 300 千克左右)	1	猫(体重 4 千克左右)	1/32～1/20
黄牛(体重 300 千克左右)	1～1.25	鸡(体重 1.5 千克左右)	1/40～1/20
水牛(体重 500 千克左右)	1～1.5	龟(每 1 千克体重)	1/30～1/10
驴(体重 150 千克左右)	1/3～1/2	虾蟹(每 1 千克体重)	1/300～1/200
羊(体重 40 千克左右)	1/6～1/5	蚕(5% 熟蚕时,10000 只)	1/20～1/10
猪(体重 60 千克左右)	1/8～1/5	蜂(每 1 标准群)	1/100～1/50
犬(体重 15 千克左右)	1/16～1/10		

（二）影响因素

中药复方一般作用较缓和，毒副作用较小，可以不研究其最小治疗量、常用量、极量、中毒量等，但应着眼于能够适应不同地区、不同动物种类和不同大小体型使用的安全有效剂量。以下诸因素均可以对我们研究剂量时产生影响：

（1）药材的质量　目前，一般以药材外观性状判定其规格和等级，而并未直接与有效成分的含量挂钩。药材有效成分的含量常常与其基原、产地、采收季节、加工方法等密切相关。如槐米中芦丁的含量，河南、陕西产的最高可达23%，一般也有15%～17%，而四川产的只含10%左右；广藿香，广东石牌产的气香纯，挥发油含量较少（茎含0.1%～0.15%，叶含4%），但广藿香酮的含量却较高，而海南产的气较辛浊，挥发油含量虽高（茎含0.5%～0.7%，叶含3%～6%），但广藿香酮的含量却甚微；又如麻黄所含生物碱，春天采收的很低，夏天采收的却高。

（2）炮制方法　中药讲究炮制，且炮制品质量关系着饮片有效成分的种类、含量及存在形式。中药饮片讲究生熟、色泽、片张规格，这都与成分有关。如有人测得马钱子中士的宁的含量：生品为1.18%，水制品为0.79%，油炸品为0.58%，砂炮制品为0.89%。又如黄芩，它的主要有效成分之一是黄芩苷，经抑菌试验证明，生黄芩（原生药）、冷水浸黄芩对白喉杆菌、铜绿假单胞菌、溶血性链球菌、大肠杆菌等的抑制作用比"蒸"或"煮"过的黄芩或酒炒黄芩弱。研究表明，当用冷水浸泡时黄芩苷和水解酶相遇，黄芩苷和汉黄芩苷被酶水解，产生葡萄糖醛酸和两种苷元，其中黄芩苷元是一种邻位三羟基黄酮，本身不稳定，容易被氧化而变绿（所以呈绿色的黄芩饮片疗效差），蒸、煮时由于高温先使酶失活，使苷不被水解而保留在饮片中；另外，因为酒炒后黄芩苷脱附作用强，易于溶出，所以含量测定时酒黄芩、蒸黄芩、煮（沸水下）黄芩中黄芩苷含量都比生品及冷水浸者高。

（3）制剂加工　中药材中所含成分众多，作用各异，有效活性成分的相对含量都偏低或甚微；再加上复方配伍，尤其是复方共煎，互相作用影响更大。因而在某一剂量时，不可能呈现全部成分的生物活性，含量多或生物活性强、生物活性阈值低的成分，可能在小剂量时就表现作用；含量少或生物活性较弱、生物活性阈值高的成分，也许只有在大剂量时才显示其特有作用。再加上某些作用有量变到质变的情况，即使同一成分，不同剂量档次也有可能显示不同药效。制剂加工对有效成分的种类、数量、存在形式以及释放、吸收、显效，都起着直接控制作用。

第四节　药学研究

一、生产工艺研究

（一）提取工艺研究

将用于提取的药材先处理成0.5～1.0厘米大小，将其放入预热水中浸润30分钟，随后在95～98℃下搅拌提取1小时，再进行离心过滤、压榨、合并滤液、浓缩。中药动态提取技术可使提取质量明显提高。如在动态提取中，由于预处理后的药材规格较小，可使提取充分、提取时间缩短（仅为传统提取工艺的44%），从而使生产效率大大提高。由于整个提取过程保持恒定温度，使物料受热均匀，药液质量得到提高。在动态提取中，药液经过多级分离，可获得高品质的提取液，为后续浓缩、醇沉、干燥奠定了良好的基础；药渣经过离心机压榨，药渣内含水量小于15%，从而可比多功能提取罐多得药液15%～20%（多功能罐内药渣含水量30%～35%），因此能提高收膏率。药学研究提取方法包括以下几种。

1. 溶剂提取法

（1）溶剂提取法的原理　溶剂提取法是根据中草药中各种成分在溶剂中的溶解性质，选用对活性成分溶解度大、对不需要溶出成分溶解度小的溶剂，而将有效成分从药材组织内溶解出来的方法。当溶剂加到中草药原料（需适当粉碎）中时，溶剂由于扩散、渗透作用逐渐通过细胞壁透入细胞内，溶解可溶性物质，而造成细胞内外的浓度差，于是细胞内的浓溶液不断向外扩散，溶剂又不断进入药材组织细胞中，如此多次往返，直至细胞内外溶液浓度达到动态平衡，将此饱和溶液滤出，继续多次加入新溶剂，就可以把所需要的成分近于完全溶出或大部分溶出。中药成分在溶剂中的溶解度与溶剂性质直接相关。溶剂可分为水、亲水性有机溶剂及亲脂性有机溶剂，被溶解物质也有亲水性及亲脂性的不同。

有机化合物分子结构中有的亲水性基团多，其极性大而疏于油；有的亲水性基团少，其极性小而疏于水。这种亲水性、亲脂性及其程度的大小是和化合物的分子结构直接相关的。一般来说，两种基本母核相同的成分，其分子中功能基的极性越大，或极性功能基数量越多，则整个分子的极性越大、亲水性越强，而亲脂性就越弱；其分子非极性部分越大，或碳键越长，则极性越小、亲脂性越强，而亲水性就越弱。各类溶剂的性质同样也与其分子结构有关。例如甲醇、乙醇是亲水性比较强的溶剂，它们的分子比较小，有羟基存在，与水的结构很相似，所以能够和水任意混合。丁醇和戊醇分子中虽都有羟基，和水有相似处，但分子逐渐地变大，与水的性质差异也就逐渐变大。所以它们能彼此部分互溶，在它们互溶达到饱和状态后，丁醇或戊醇都能与水分层。氯仿、苯和石油醚是烃类或氯烃衍生物，分子中没有氧，属于亲脂性强的溶剂。

这样，我们就可以通过对中草药成分结构分析，去估计它们的此类性质和选用的溶剂。例如葡萄糖、蔗糖等分子比较小的多羟基化合物，具有强亲水性、极易溶于水的特点，但是在亲水性比较强的乙醇中难于溶解。淀粉虽然羟基数目多，但分子大，所以难溶于水。蛋白质和氨基酸都是酸碱两性化合物，有一定的极性，所以能溶于水，不溶于或难溶于有机溶剂。苷类都比其苷元的亲水性强，特别是皂苷，由于它们的分子中往往结合有多数糖分子，羟基数目多，能表现出较强的亲水性，而皂苷元则属于亲脂性强的化合物。多数游离的生物碱是亲脂性化合物，与酸结合成盐后，能够离子化，加强了极性，就具有亲水的性质，这些生物碱可称为半极性化合物。所以，生物碱的盐类易溶于水，不溶或难溶于有机溶剂；而多数游离的生物碱不溶或难溶于水，易溶于亲脂性溶剂，一般以在氯仿中溶解度最大。鞣质是多羟基的化合物，为亲水性的物质。油脂、挥发油、蜡、脂溶性色素都是强亲脂性的成分。

总的说来，只要中草药成分的亲水性和亲脂性与溶剂性质相当，就会在其中有较大的溶解度，即所谓"相似相溶"的规律。这是选择适当溶剂自中草药中提取所需要成分的依据之一。

（2）溶剂的选择　运用溶剂提取法的关键，是选择适当的溶剂。溶剂选择适当，就可以比较顺利地将需要的成分提取出来。选择溶剂要注意以下三点：①溶剂对有效成分溶解度大，对杂质溶解度小；②溶剂不能与中药的成分起化学反应；③溶剂要经济、易得、使用安全等。

常见的提取溶剂可分为以下三类：

① 水　　水是一种强的极性溶剂。中草药中亲水性的成分，如无机盐、糖类、分子不太大的多糖类、鞣质、氨基酸、蛋白质、有机酸盐、生物碱盐及苷类等都能被水溶出。为了增加某些成分的溶解度，也常采用酸水及碱水作为提取溶剂。酸水提取，可使生物碱与酸生成盐类而溶出，碱水提取可使有机酸、黄酮、蒽醌、内酯、香豆素以及酚类成分溶出。

② 亲水性的有机溶剂　　也就是一般所说的与水能混溶的有机溶剂，如乙醇（酒精）、甲醇（木精）、丙酮等，以乙醇最常用。乙醇的溶解性能比较好，对中草药细胞的穿透能力较强。亲水性的成分除蛋白质、黏液质、果胶、淀粉和部分多糖等外，大多能在乙醇中溶解。难溶于水的亲脂性成分，在乙醇中的溶解度也较大。还可以根据被提取物质的性质，采用不同浓度的乙醇进行提取。用乙醇提取比用水的量少、提取时间短，溶解出的水溶性杂质也少。乙醇为有机溶剂，虽易燃，但毒性小，价格便宜，来源方便，有一定设备即可回收反复使用，而且乙醇的提取液不易发霉变质。由于这些原因，用乙醇提取的方法是历来最常用的方法之一。甲醇的性质和乙醇相似，沸点较低（64℃），但有毒性，使用时应注意。

③ 亲脂性的有机溶剂　　也就是一般所说的与水不能混溶的有机溶剂，如石油醚、苯、氯仿、乙醚、乙酸乙酯、二氯乙烷等。这些溶剂的选择性能强，不能或不容易提出亲水性杂质。但这类溶剂挥发性大，多易燃（氯仿除外），一般有毒，价格较贵，设备要求较高，且它们透入植物组织的能力较弱，往往需要长时间反复提取才能提取完全。如果药材中含有较多的水分，用这类溶剂就很难浸出其有效成分，因此，大量提取中草药原料时，直接应用这类溶剂有一定的局限性。

（3）提取方法　　用溶剂提取中草药成分，常用浸渍法、渗漉法、煎煮法、回流提取法及连续提取法等。同时，原料的粉碎度、提取时间、提取温度、设备条件等因素也都能影响提取效率，必须加以考虑。

① 浸渍法　　浸渍法是将中草药粉末或碎块装入适当的容器中，加入适宜的溶剂（如乙醇、稀醇或水），浸渍药材以溶出其中成分的方法。本法比较简单易行，但浸出率较低，且如用水为溶剂，其提取液易发霉变质，须注意加入适当的防腐剂。

② 渗漉法　　渗漉法是将中草药粉末装在渗漉器中，不断添加新溶剂，使其渗透过药材，自上而下从渗漉器下部流出浸出液的一种浸出方法。当溶剂渗进药粉溶出成分比重加大而向下移动时，上层的溶液或稀浸液便置换其位置，造成良好的浓度差，使扩散能较好地进行，故浸出效果优于浸渍法。但应控制流速，在渗漉过程中随时自药面上补充新溶剂，至药材中有效成分充分浸出为止。或当渗滴液颜色极浅或渗涌液的体积相当于原药材重的10倍时，便可认为基本上已提取完全。在大量生产中常将收集的稀渗漉液作为另一批新原料的溶剂使用。

③ 煎煮法　　煎煮法是我国最早使用的传统的浸出方法。所用容器一般为陶器、砂罐或铜制、搪瓷器皿，不宜用铁锅，以免药液变色。直火加热时最好时常搅拌，以免局部药材受热温度太高，容易焦糊。有蒸汽加热设备的药厂，多采用大反应锅、大铜锅、大木桶，或水泥砌的池子中通入蒸汽加热。还可将数个煎煮器通过管道互相连接，进行连续煎浸。

④ 回流提取法　　应用有机溶剂加热提取，需采用回流加热装置，以免溶剂挥发损失。将药材饮片或粗粉装入圆底烧瓶内，加溶剂浸没药材表面，浸泡一定时间后，于瓶口上安装冷凝管，并接通冷凝水，再将烧瓶用水浴加热，回流浸提至规定时间，将回流液滤出后，再添加新溶剂回流，合并各次回流液，用蒸馏法回收溶剂，即得浓缩液。此法提取效率较冷浸法高，大量生产中多采用连续提取法。

⑤ 连续提取法　应用挥发性有机溶剂提取中草药有效成分，不论小型实验或大型生产，均以连续提取法为好，而且需用溶剂量较少，提取成分也较完全。实验室常用脂肪提取器或称索氏提取器。连续提取法，一般需数小时才能提取完全。提取成分受热时间较长，遇热不稳定易变化的成分不宜采用此法。

2. 水蒸气蒸馏法

水蒸气蒸馏法，适用于能随水蒸气蒸馏而不被破坏的中草药成分的提取。此类成分的沸点多在 100℃ 以上，与水不相混溶或仅微溶，且在约 100℃ 时存在一定的蒸气压。当与水在一起加热时，其蒸气压和水的蒸气压总和为一个大气压时，液体就开始沸腾，水蒸气将挥发性物质一并带出。例如中草药中的挥发油、某些小分子生物碱——麻黄碱、槟榔碱，以及某些小分子的酚性物质，如牡丹酚等，都可应用本法提取。有些挥发性成分在水中的溶解度稍大些，常将蒸馏液重新蒸馏，在最先蒸馏出的部分，分出挥发油层，或在蒸馏液水层经盐析法并用低沸点溶剂将成分提取出来。例如玫瑰油、原白头翁素等的制备多采用此法。

3. 升华法

固体物质受热直接气化，遇冷后又凝固为固体化合物的方法，称为升华法。中草药中有一些成分具有升华的性质，故可利用升华法直接自中草药中提取出来。例如樟木中升华的樟脑，在《本草纲目》中已有详细的记载，为世界上最早应用升华法制取药材有效成分的记述。茶叶中的咖啡碱在 178℃ 以上就能升华而不被分解。游离羟基蒽醌类成分，一些香豆素类、有机酸类成分，有些也具有升华的性质，例如七叶内酯及苯甲酸等。

升华法虽然简单易行，但中草药炭化后，往往产生挥发性的焦油状物，黏附在升华物上，不易精制除去；升华不完全，产率低，有时还伴随分解现象。

（二）粉碎工艺研究

粉碎是中药制剂的基础，中药材在制剂前大都要经过粉碎。适宜的粉碎方法是保证制剂质量的前提之一。现介绍传统中药粉碎的几种方法。

1. 干法粉碎

干法粉碎，也称常规粉碎，系指药物经过适当干燥处理后再进行粉碎。例如用铁研船、球磨机、榔头机、万能粉碎机等进行粉碎，此法优点是操作简单，一次成粉，缺点是连续作业易产生热量而致燃。在实际操作中据药物质地不同又分以下 4 种方法。

（1）单独粉碎　系指将一味药单独进行粉碎。此法适用于树脂、胶质、贵重药、毒剧药及体积小的种子类中药的粉碎。

（2）混合粉碎　系指将处方中全部或部分药料掺合在一起进行粉碎。适用于处方中质地相似的群药粉碎，此法可以避免这些药物由于黏性或油性给粉碎过程所带来的困难。如熟地黄、当归、杏仁等药的粉碎。

（3）掺碾法　又称串油，即将处方小"油性"大的药料先留下，将其他药物粉碎成粉，然后用此混合药粉陆续掺入"油性"药料再粉碎一次。这样先粉碎的药物可及时将油性药吸收，不黏着粉碎机与筛孔，如火麻仁、杏仁、瓜蒌仁、郁李仁等。

（4）串碾法　又称串料，即将处方中"黏性"大的药料留下，先将其他药料混合粉碎成粗粉，然后用此混合药料陆续掺入"黏性"药料，再进行粉碎一次。其"黏性"物质在粉碎过程中及时被先粉碎的药粉分散并吸附，使粉碎和过筛得以顺利进行，例如生地黄、玄参、党参、龙眼肉等。

2. 湿法粉碎

某些药物粉碎研磨时会黏结器具或再次聚结成块（如冰片），如在药物中加入适量水或其他液体进行粉碎则更易成细粉。常用有研磨水飞法、湿法研磨法和共溶研磨法三种。

（1）研磨水飞法　即利用药物的粗细粉末在水中悬浮性的不同来分离和提纯细粉，此法主要适用于某些不溶于水的矿物药及毒剧药，如雄黄、朱砂、滑石、珍珠等药物。

（2）湿法研磨法　又称加液研磨法，是将药物置于被湿润的粉碎容器中，或在药物上洒少许清水、乙醇或香油等再进行研磨粉碎，此法主要适用于一些干法粉碎易黏结成块的药物，如冰片、樟脑等。

（3）共溶研磨法　两种及以上药物在混合研磨成细粉的过程中出现湿润或液化现象，称这种研磨成细粉的方法为共溶研磨法。常见的有薄荷脑和樟脑、薄荷脑和冰片等。

（三）制粒工艺研究

1. 中药制颗粒目的

中药制颗粒目的有以下几个方面：

（1）增加细粉流动性　细粉流动性差，影响定量流入片剂模孔或胶囊，从而影响片重差异或胶囊装量。

（2）减少细粉中空气　细粉表面大，可吸大量空气，压片时不能及时逸出，易产生裂片、松片等现象。

（3）降低细粉黏附性　细粉表面大，易黏附在冲头上，造成黏冲。

（4）避免细粉分层　片剂或胶囊剂中各种药物比重不同，压片时受到震动→混合细粉分层→各药含量比例失调。除少数晶形药物可直接压片外，其余均需制粒改变药物物理性状以符合压片要求。

2. 中药制颗粒过程

中药制颗粒过程可以分为原辅料处理、制粒、干燥、整粒和总混工序。

（1）原料处理

① 提取　中药材一般多用水提或醇提，提取后回收乙醇，浓缩至一定浓度时移放冷处静置一定时间，使沉淀完全，过滤，将滤液低温浓缩至稠膏，相对密度 1.30～1.35（50～60℃）。

② 粉碎　含有较低量芳香挥发性成分的药材如广木香、化橘红，热敏性药材如六神曲、杏仁霜，贵重药材如人参、麝香，含淀粉多的药材如山药等，可以细粉兑入，并可减少辅料用量。

（2）辅料处理

① 糖粉　为蔗糖细粉，一般在粉碎前先低温（60℃）干燥，粉碎，过筛（80～100 目）。糖粉易吸潮结块，应密封保存；若保存时间较长，临用前最好重新干燥、过筛，以提高吸水性和颗粒质量。可用乳糖粉代替糖粉。

② 糊精　一般用可溶性糊精，作用是使颗粒易于成型；在使用前应低温干燥、过筛。

③ β-CD　与挥发油制成包合物，再混匀于其他药物制成的颗粒中，可使液体药物粉末化，且可增加油性药物的溶解度和颗粒的稳定性。

④ 其他辅料　可溶性淀粉、甘露醇、微晶纤维素、微粉硅胶、羟丙基淀粉等，因来源、价格等，目前使用不多，但因具有不吸湿、性质稳定等优点，应用前景广阔。

（3）制粒

① 稠浸膏制粒　将干燥的糖粉、糊精置于适当容器中，再加入稠浸膏搅拌混匀，必要时加适量 50%～90% 乙醇，调整干湿度及黏性，制成"手捏成团、轻压则散"的软材，然后将软材加入摇摆式制粒机料斗中，借钝六角形棱状转轴做往复转动，软材挤压通过筛网（10～14 目）制成湿粒。湿粒标准以置于掌中簸动应有沉重感、细粉少、湿粒大小整齐、无长条为宜。糖粉、糊精与稠浸膏（1.35～1.40，50～60℃）比例一般为 3：1：1，根据稠浸膏的相对密度、性质及用药目的可适当调整，有的颗粒糖粉可至 2～5 倍，有的颗粒糊精可至 1～1.5 倍，有的颗粒单用糖粉而不用糊精，辅料总用量不应超过稠浸膏量的 5 倍。此法制得的颗粒极易吸潮，应控制干颗粒含水量 ≤6.0%。

② 干浸膏制粒　将稠浸膏真空干燥（或其他方法）制成干浸膏，或稠浸膏加适量干燥的糖粉、糊精制成块状物，于 60～70℃ 干燥得干浸膏，再粉碎成细粉，加适量糖粉、糊精、混匀，加乙醇制软材、制粒、干燥、整粒即得，此法制粒费工时，但颗粒质量较好、色泽均匀；或将干浸膏直接粉碎成 40～50 目颗粒，此法制得的颗粒呈粉末状，吸湿性较强，包装要严密。

③ 稠浸膏与药材细粉混合制粒　药材细粉（100 目）与适量干燥的糖粉混匀，再加入稠浸膏搅拌混匀，制软材、制粒、干燥、整粒即得，此法可节省辅料、降低成本。

④ 手工制粒筛　适用于少量制备颗粒。湿颗粒由筛孔落下时应无长条状、块状物及细粉，而以均匀的颗粒为佳。若软材黏附在筛网中很多，或挤出不呈粒状而是条状，表示软材过软，应加入适当辅料或药物细粉调整湿度；若软材呈团块不易压过筛网表示软材过黏，可适当加入高浓度乙醇调整并迅速过筛；若通过筛网后呈疏松的粉粒或细粉多，表示软材太干、黏性不足，可适当加入黏合剂（如低浓度淀粉浆等）增加黏度。

⑤ 摇摆式颗粒机　适用于大量生产颗粒。软材加入加料斗中的量与筛网松紧影响湿颗粒的松紧和粗细。如调节软材加入加料斗中的量与筛网松紧不能适宜湿颗粒时，应调节稠浸膏与辅料用量，或通过增加过筛次数来解决。

（4）干燥　湿颗粒应及时干燥以免结块或受压变形，干燥温度 60～80℃，加热温度应逐渐升高，否则颗粒表面形成一层干硬膜而影响内部水分蒸发；颗粒中糖粉骤遇高温时熔化，使颗粒坚硬；糖粉与酸共存时，温度稍高即结成黏块。含挥发油的干燥温度低于 60℃，热稳定药物可提高至 80～100℃，厚不过 2 厘米，七成干时上下翻动。干颗粒水分应为 2% 以内，生产经验是手紧握颗粒，放松后颗粒不应黏结成团，手掌不应有细粉黏附。干燥设备常用烘箱或烘房。

（5）整粒　湿颗粒干燥后可能有部分结块、粘连。干颗粒冷却后须再过筛，一般用 12～14 目筛除去粗大颗粒（磨碎再过），再用 60～80 目筛去细粉，使颗粒均匀。细粉可重新制粒或并入下次同批号药粉中，混匀制粒。

（6）总混　目的是使干颗粒中各种成分均匀一致（三维运动混合机）。总混前应加入挥发油或香精，溶于 95% 乙醇中，雾化均匀喷入，混匀后置密封容器中一定时间，使其闷透均匀，或制成 β-环糊精包合物后混入。干颗粒因含较多浸膏和糖粉，极易吸潮软化，应及时密封包装，置干燥处贮藏。

二、质量控制研究

目前，影响中医药发展的中药因素是中药质量问题。由于中医发挥疗效的物质基础是中药的有效成分，而一味中药中的有效成分可能是几种，也可能是几十种甚至更多。因此，目前中药质量的评价和质量控制只有先解决复杂样品的组分分析，才能建立其质量标准。

（一）质量控制指标及检验方法

可利用现代药物分析技术、生物活性测定、细胞膜生物色谱法等进行质量控制。近年来分子生物学技术的快速发展，为药用植物的品质评价和质量标准的制定提供了新的方法和手段，检测方法如下。

1. 中药指纹图谱技术

（1）色谱指纹图谱　包括薄层色谱（TLC）、气相色谱（GC）、高效液相色谱（HPLC）和高效毛细管电泳色谱（HPCE）等指纹图谱。目前，色谱指纹图谱在中药研究领域中应用广泛。随着科学技术的迅速发展，HPCE指纹图谱日益广泛地应用于中药化学成分的分离、鉴别和含量测定。

（2）光谱指纹图谱　包括紫外、红外、荧光光谱等。根据不同中药材所含成分不同，相对应的光谱性质也会有所差别。红外光谱（IR）指纹图谱是对整个化合物分子的鉴别，中药中若各种化学成分的质和量相对稳定，且样品处理方法按要求进行，则其IR也应相对稳定。

（3）核磁共振氢谱　核磁共振氢谱（^{1}H-NMR）对有机化合物所提供的结构信息具有高度的特征性，通过化学成分分离纯化后各化合物的结构鉴定和核磁共振氢谱研究，可实现植物类中药^{1}H-NMR指纹图谱的解析。

（4）X射线衍射法　其原理是当某一物质受到X射线照射时会产生不同程度的衍射现象。该物质产生的特有的衍射图谱反映了物质的组成、晶型、分子内成键方式及分子的构型等特征。

（5）分子生物学法　其理论基础是基因的多态性，而基因多态性可在分子水平上进行检测，检测方法包括电泳技术、免疫技术和DNA分子遗传标志技术。随着分子生物学的发展，已有文献报道用DNA指纹图谱作为药材鉴定方法，预示DNA指纹技术逐渐成为中药鉴定的一种新方法。近年来随机扩增多态性DNA（RAPD）标记得到广泛应用，可在特异DNA序列不是很清楚的情况下检测DNA的多态性，有效地用于中药材的分类和鉴别。

2. 化学计量学方法

（1）主成分分析法（principal component analysis，PCA）　PCA是对多变量数据进行统计处理的一种线性投影判别方法，是在不明显减少有用信息的前提下，将高维空间压缩到低维空间，通过对原特征（经标准化后的）变量进行线性组合，形成若干个新的特征矢量，要求它们之间相互正交，并能最大限度地保留原样本集所含的原始信息，这些矢量即称为主成分。

（2）聚类分析法　聚类分析的目标是在模式空间中找到客观存在的类别，"物以类聚"是聚类分析的基本出发点。该法不但用于中药品种的鉴别，还用于中药真伪的鉴别、成分分析、质量优劣的评价、新旧工艺的比较等方面。

（3）判别分析法　判别分析是类别明确的一种分类技术，其根据观测到的某些指标对所研究的对象进行分类。在中药质量控制实验中，判别分析是指在已知研究对象分成若干类型并取得各种类型的一批已知样品的观测数据的基础上建立判别式，然后对未知类型的样品进行判别分类。

（4）人工神经网络（artificial neural network，ANN）　ANN 又称神经网络，起源于20 世纪 40 年代，是由大量简单的处理单元广泛连接构成的复杂网络系统，反映了人脑的基本功能，是对人脑所作的某种简化、抽象和模拟。有研究运用人工神经网络和非线性映射技术对戊己丸进行了定性识别研究，试验数据为药材浸出物的红外光谱，结果表明人工神经网络能对多种情况进行识别，正确识别率为 85%，明显优于非线性映射技术。

（5）模糊数学与灰色系统理论　模糊数学主要是为解决自然界及人类思维中普遍存在的模糊性现象而提出和建立的。而模糊技术则是在模糊数学理论基础上发展起来的一种高新技术，是模糊数学与计算机、信息、自动控制技术相结合的产物。采用模糊数学方法处理黄芩的微量元素数据，对 10 个不同产地的黄芩样品可以进行分类。灰色系统理论主要通过对部分已知信息的生成、开发，提取有价值的信息，实现对系统运行行为、演化规律的正确描述和有效监控。

3. 一测多评法

利用中药有效成分内在的函数关系、比例关系，测定一个成分含量，从而实现多个成分的含量同步测定；近年，"一测多评"法已在某些中药材多指标性成分含量测定中得到应用。

4. 生物效价检测方法

利用生物效价来检测药物的方法通常有生物实验法及同位素示踪法，利用该检测方法来对中药的抗病毒性及活性等要素进行测验。经过具体实践得知：这种检测方法虽然能够弥补传统质量评价方法的不足，但同时也存在着一定的缺陷，它一般来说有具体的指向性，不能完全适用于任何药种，也有一定的实验前提，操作过程相对而言比较复杂，且不能满足复杂混合药剂的检测。另外，以研究生物体内部能量及热量转移的变化来对药物质量进行评价的方法能够作为有效的生物效价评价方法。评价中药药物的有效性及安全性实际上是对药物在具体生物体的新陈代谢过程中的作用进行评价。生物体内的药物作用在一定程度上会引起该生物体内的能量变化，因此，通过此种方法能够有效评价药物质量，进而对其实施控制。

（二）分析方法验证

以中药无菌检查分析方法验证为例。

为了保证药物无菌检查方法的检验质量，确保检验结果的准确性和可靠性，根据 2020年版《中华人民共和国药典》（以下简称《中国药典》）要求，对无菌检查进行的方法学验证考察包括以下步骤。

（1）菌种　菌种来源描述，菌种所用菌株传代次数均未超过 5 代才符合验证试验要求。

（2）材料和仪器　描述供试品、培养基、稀释剂等的生产批号和制备方法等。

（3）菌液制备　描述菌种预试验活菌计数、稀释等级等。

（4）培养基灵敏度检查　制备不同培养基，逐日观察每种菌株在不同培养基灵敏度下的检查结果。结果判定依据：空白对照管无菌生长，加试验菌的培养基管均生长良好，该培养基的灵敏度检查符合规定。

（5）检验方法验证　通过预试验和正式试验，描述有菌、无菌生长状况。结果判定与阳性对照组比较，样品验证组中的试验菌均生长良好，供试品可采用该方法进行无菌检查。

（6）验证结论　按照 2020 年版《中国药典》无菌检查法的方法验证，供试品的无菌检查法为：取待测品规定量，每瓶取 0.5 克，分别加 0.9% 无菌氯化钠溶液 50 毫升，用无菌滤纸过滤，再用0.9%无菌氯化钠溶液50毫升洗涤，合并滤液，将全部滤液按照薄膜过滤法处理，采用0.9%无菌氯化钠溶液300毫升分次冲洗（每次100毫升）的方法检查，应符合规定。

（7）样品测定 测定采用高压灭菌和辐照灭菌处理的两批样品，无菌检查检验需符合药典规定。

三、药物稳定性研究

药物稳定性试验的目的是考察中药在温度、湿度、光线、微生物的影响下随时间变化的规律。为中药的生产、包装、贮存、运输条件提供科学依据，同时根据试验结果建立药品的有效期。

稳定性试验的基本要求有以下几个方面。

① 稳定性试验包括加速试验与长期试验。加速试验与长期试验要求用三批供试品进行。

② 中药制剂的供试品应是放大试验的产品，其处方和工艺应与大生产一致。每批放大试验的规模：丸剂应在10000克或10000丸左右、片剂在10000片左右、胶囊剂在10000粒左右，大体积包装的制剂（如静脉输液、口服液等）每批放大规模的数量至少应为各项试验所需总量的10倍。特殊品种、特殊剂型所需数量，根据情况灵活控制。

③ 供试品的质量标准应与各项基础研究及临床验证所使用的供试品质量标准一致。

④ 加速试验与长期试验所用供试品的容器和包装材料及包装方式应与上市产品一致。

⑤ 研究中药稳定性，要采用专属性强、准确、精密、灵敏的分析方法，并对方法进行验证，以保证中药稳定性试验结果的可靠性。在稳定性试验中，应重视降解产物的检查。

⑥ 由于放大试验比大规模生产的数量要小，故申报者应在获得批准后，从放大试验转入大规模生产时，对最初通过生产验证的三批大规模生产的产品仍需进行加速试验和长期试验。

a. 加速试验。此项试验是在超常的条件下进行的，其目的是通过加速中药的化学或物理变化，探讨中药的稳定性，为中药审评、工艺改进、包装、运输及贮存提供必要的资料。供试品要求3批，按市售包装，在温度（40±2）℃、相对湿度75%±5%的条件下放置6个月。所用设备应能控制温度±2℃，相对湿度±5%，并能对真实温度与湿度进行监测。在试验期间第1个月、2个月、3个月、6个月末各取样一次，按稳定性重点考察项目检测。在上述条件下，如6个月内供试品经检测不符合制定的质量标准，则应在中间条件下即温度（30±2）℃、相对湿度60%±5%的情况下进行加速试验，时间仍为6个月。合剂、糖浆剂、搽剂、酒剂、流浸膏剂、注射液等含水性介质的制剂可不要求相对湿度。加速试验，建议采用隔水式电热恒温培养箱（20～60℃）。箱内放置具有一定相对湿度饱和盐溶液的干燥器，设备应能控制所需的温度，且设备内各部分温度应该均匀，并适合长期使用。也可采用恒湿恒温箱或其他适宜设备。

对温度特别敏感的中药制剂，预计只能在冰箱（4～8℃）内保存使用，此类中药制剂的加速试验，可在温度（25±2）℃、相对湿度60%±10%的条件下进行，时间为6个月。

合剂、糖浆剂、搽剂、酒剂、酊剂、浸膏剂、流浸膏剂、软膏、眼膏、膏药剂、栓剂、气雾剂、露剂、橡胶膏剂、巴布膏剂、洗剂、泡腾片及泡腾颗粒宜直接采用温度（30±2）℃、相对湿度60%±5%的条件进行试验，其他要求与上述相同。

对于包装在半透性容器中的中药制剂，如塑料袋装溶液、塑料瓶装滴眼剂、滴鼻剂等，则应在相对湿度 20％±2％的条件下（可用 $CH_3COOK \cdot 1.5H_2O$ 饱和溶液，温度 25℃，相对湿度 22.5％）进行试验。

b. 长期试验。长期试验是在接近中药的实际贮存条件下进行的，其目的是为制定中药的有效期提供依据。供试品三批，市售包装，在温度（25±2）℃、相对湿度 60％±10％的条件下放置 12 个月。每 3 个月取样一次，分别于 0 个月、3 个月、6 个月、9 个月、12 个月，按稳定性重点考察项目进行检测。12 个月以后，仍需继续考察，分别于 18 个月、24 个月、36 个月取样进行检测。将结果与 0 个月比较以确定药品的有效期。由于实测数据的分散性，一般应按 95％可信限进行统计分析，得出合理的有效期。如三批统计分析结果差别较小，则取其平均值为有效期限；若差别较大，则取其最短的为有效期。数据表明很稳定的药品，不作统计分析。

对温度特别敏感的中药制剂，长期试验可在温度（6±2）℃的条件下放置 12 个月，按上述时间要求进行检测，12 个月以后，仍需按规定继续考察，制定在低温贮存条件下的有效期。

此外，有些中药制剂还应考察使用过程中的稳定性。

考察项目见表 3-2。

表 3-2　药物稳定性重点考察项目

剂型	药物稳定性重点考察项目
药材提取物	性状、鉴别、含量、吸湿性
丸剂、滴丸剂	性状、鉴别、含量、水分(丸剂)、溶散时限、微生物限度
散剂	性状、鉴别、含量、外观均匀度、水分、微生物限度
颗粒剂	性状、鉴别、含量、粒度、水分、溶化性、微生物限度
片剂	性状、鉴别、含量、崩解时限、融变时限(阴道片)、发泡量(阴道片、泡腾片)、微生物限度
锭剂	性状、鉴别、含量、微生物限度
煎膏剂	性状、鉴别、含量、相对密度、不溶物、微生物限度
胶剂	性状、鉴别、含量、水分、溶化性、异物、微生物限度
糖浆剂、合剂	性状、鉴别、含量、相对密度、pH 值、微生物限度
贴膏剂	性状、鉴别、含量、含膏量(贴剂不做)、黏附力、耐热试验(橡胶膏剂)、赋形性试验(巴布膏剂)
胶囊剂	性状、鉴别、含量、水分、崩解时限、微生物限度
酒剂	性状、鉴别、含量、总固体、甲醇量、微生物限度
酊剂	性状、鉴别、含量、乙醇量、微生物限度
流浸膏剂、浸膏剂	性状、鉴别、含量、相对密度、乙醇量(流浸膏剂)、微生物限度
膏药	性状、鉴别、含量、软化点
凝胶剂	性状、鉴别、含量、微生物限度
软膏剂	性状、鉴别、含量、粒度、微生物限度
露剂	性状、鉴别、含量、pH 值、微生物限度
茶剂	性状、鉴别、含量、水分、溶化性、微生物限度
注射剂	性状、鉴别、含量、可见异物、有关物质、pH 值、不溶性微粒、无菌

剂型	药物稳定性重点考察项目
搽剂	性状、鉴别、含量、pH 值、相对密度及折射率(油剂)、微生物限度
鼻用制剂、眼用制剂	如为溶液,应考察性状、鉴别、含量、可见异物(滴眼剂)、pH 值、微生物限度等;如为半固体,应考察性状、鉴别、含量、粒度、微生物限度等
气雾剂、喷雾剂	性状、鉴别、每揿主药含量、微生物限度
洗剂、涂膜剂	性状、鉴别、含量、pH 值、相对密度、乙醇量、微生物限度

第五节　药理毒理研究

为解决临床现实问题,以药效学为核心的创新性及探究性的科研实验是基础,药效学实验在药效获得确认后还需做进一步设计试验(深入及拓展),探讨药物的作用机制、药动学等药理学范畴的科研内容。一般而言,新药研发应先做毒理学试验,如 LD_{50}、最小致死量、最大耐受量、最大给药量等。总之,药物最终作为医疗手段用以解决临床问题,但用药必须同时满足安全(毒理学)和有效(药效学)。

一、主要药效学研究

(一)抗微生物中药饲料添加剂试验

主要是抗细菌和抗病毒等新中药饲料添加剂。在进行体外抑菌(MIC)试验或蚀斑数(PFU)试验的基础上进行临床试验。

1. 试验动物

应采用人工感染发病的方式获得试验动物。如采用自然感染动物,则必须进行病原鉴定,确诊为阳性者,方可用于试验。人工感染用的菌种、毒种应为国家鉴定的标准菌种、毒种,攻毒量应为敏感动物的最小致死量。

2. 试验分组

(1)药物试验组　一般设高、中(推荐剂量)、低 3 个剂量组。

(2)空白对照组　即不感染不给药组。

(3)阳性对照组　即感染不给药组(自然感染动物不设此组)。

(4)药物对照组选择　与试验药物具有可比性的同类药物或同效药物,按常规剂量给药。

试验动物数量必须达到规定的要求,每组动物数量:大家畜(牛、马、骡、骆驼等)不少于 100 头,中家畜(猪、羊、犬、鹿、貂、狐、獭等)不少于 200 头,小家畜或家禽(兔、鸡、鸭、鸽等)不少于 500 头(羽)。

3. 给药途径与方式

按推荐的临床给药途径给药，一般为拌饲或饮水。

4. 试验方法与评价

（1）方法　给药后观察动物生理状况与发病情况，记录死亡动物数、增重情况，必要时进行生理、生化指标检查（化验），或免疫学（如抗体滴度）检查。

（2）评价　分治愈、显效、有效、无效进行统计，计算有效率（保护率），与对照组进行比较。

（二）防病保健用中药饲料添加剂试验

除抗微生物药、抗寄生虫药之外，以预防、治疗疾病为目的的新中药饲料添加剂的临床研究应按以下方法进行。

1. 试验动物

应采用人工发病的方式获得试验动物。如用自然发病的动物，必须经临床诊断，确定为试验药物作用范围内的病畜（禽），并应逐头（羽）记录动物病历。

2. 试验分组

（1）药物试验组　一般设高、中（推荐剂量）、低3个剂量组。

（2）阳性对照组　即发病不给药组（自然发病动物不设此组）。

（3）药物对照组　选择与试验药物具有可比性的同类药物或同效药物，按常规剂量给药。

试验动物数量必须达到规定的要求，每组动物数量：大家畜（牛、马、骡、骆驼等）不少于100头，中家畜（猪、羊、犬、鹿、貂、狐、獭等）不少于200头，小家畜或家禽（兔、鸡、鸭、鸽等）不少于500头（羽）。

3. 给药途径

按推荐的临床给药途径给药。

4. 试验方法

治疗前后分别进行临床检查，除一般临床检查外，应进行必要的生理、生化指标测定及其他检查。

5. 结果评价

分治愈、显效、有效、无效进行统计，与对照组进行统计学比较。

（三）抗寄生虫中药饲料添加剂试验

抗寄生虫中药饲料添加剂主要有两类：抗蠕虫药，包括驱吸虫药、驱线虫药、驱绦虫药等；抗原虫药，包括抗锥虫药、抗梨形虫药、抗球虫药等。

1. 抗蠕虫试验

抗蠕虫药的发展趋势是高效、广谱、低毒、投药方便、价格低廉、无残留和不易产生耐药性等，这也是临床研究中选用抗蠕虫药的基本原则。

（1）试验动物　应采用人工感染方式，如果用自然感染动物则必须进行严格的病原鉴定，确诊为阳性者，方可用于试验。

（2）试验分组

药物试验组：一般设高、中（推荐剂量）、低3个剂量组。

阳性对照组：即感染不给药组。

药物对照组：选择与试验药物具有可比性的同类药物或同效药物，按常规剂量给药。

试验动物的数量必须达到规定的要求，各组动物的数量：大家畜（牛、马、骡、骆驼等）不少于100头，中家畜（猪、羊、犬、鹿、貂、狐、獭等）不少于200头，小家畜或家禽（兔、鸡、鸭、鸽等）不少于500头（羽）。

（3）给药途径　按推荐的临床给药途径给药。

（4）试验方法　给药前3天均进行虫卵检查，注意观察试验动物健康状况，进行必要的分类、鉴定并计数；给药后注意观察试验动物反应和健康状况，检查排出的虫体或虫卵，并分类、鉴定、计数；试验结束时，将全部试验动物剖杀，检查残留的虫体，分类、鉴定并计数。必要时，给药前和给药后分别对试验动物进行生理、生化指标检查及进行增重与饲料转化率测定。

（5）结果评价　计算药物的粗计驱虫率、精计驱虫率和驱净率，并加以统计分析。

$$粗计驱虫率 = \frac{对照组平均残留虫体数 - 试验组平均残留虫体数}{对照组平均残留虫体数} \times 100\%$$

$$精计驱虫率 = \frac{给药前虫卵数 - 给药后虫卵数}{给药前虫卵数} \times 100\%$$

$$精计驱虫率 = \frac{排出虫体数}{排出虫体数 + 残留虫体数} \times 100\%$$

$$驱净率 = \frac{驱净虫体的动物数}{全部试验动物数} \times 100\%$$

2. 抗球虫试验

危害畜禽的球虫以艾美耳属（*Eimeria*）的各种球虫为主，其次为等孢子属（*Isospora*）的球虫。畜禽球虫寄生于胆管及肠道上皮细胞，能使雏禽、幼兔和犊牛等下痢、便血、贫血、消瘦，甚至大批死亡；慢性感染者生长发育迟缓，增重减少，产蛋降低。球虫病给畜牧业造成严重危害。该病以预防为主，即将药物拌入饲料定期饲喂，预防感染。

（1）试验动物　大家畜、中家畜可以采用人工感染与自然感染相结合的方式，小家畜及家禽均采用人工感染方式。

（2）试验分组　同抗蠕虫试验。

（3）给药途径　按推荐的临床给药途径给药。

（4）试验方法　给药后7～8天记录下列项目：死亡率、增重率、盲肠病变记分、便记分、盲肠卵囊值，并计算抗球虫指数（ACI）。

$$ACI = （增重率 + 存活率） - （病变值 + 卵囊值）$$

在测定ACI的基础上，进行药物添加剂的饲喂试验。

（5）结果评价　以抗球虫指数评价药效。抗球虫指数＞180者为高效；抗球虫指数在160～180者为中效；抗球虫指数＜160者为低效；抗球虫指数＜120者为无效。

（四）促生长中药饲料添加剂饲喂试验

促生长剂系指能够促进和改善动物生长的各种添加剂，营养成分是动物生长发育的主要物质基础，尤其是提供足够的热量和优质蛋白质、维生素、常量和微量元素，因此，促进动物生长是饲料中各种养分综合作用的结果。

1. 试验动物

所用试验动物应健康无病，同批试验动物品种、日龄、初始体重、遗传性应相似。

2. 饲料

根据生长期的要求，所有试验动物均饲喂标准混合饲料，不得随意提高或降低营养成分。

3. 药物试验分组

（1）试验组　一般设高、中（推荐剂量）、低 3 个剂量组。

（2）空白对照组　饲料中不含药物饲料添加剂。

（3）药物对照组　选择与试验药物具有可比性的同类药物或同效药物，按常规剂量给药。

试验动物数量必须达到规定要求，每组动物数量：大家畜不少于 20 头，中家畜不少于 40 头，小家畜及家禽不少于 100 只。

4. 饲养管理

按常规方法饲养管理。试验开始前或预试期进行必要的防疫注射和驱虫，试验期间执行严格的防疫消毒措施。

5. 试验期

根据药物的推荐使用时期而定。

6. 给药途径

按推荐的临床给药途径给药。

7. 试验方法

饲喂试验组动物除使用试验药物外，其余各种条件均与空白对照组动物相同，中药饲料添加剂以等量递加法与饲料混合均匀，并分期分批配制。试验时记录以下内容：

（1）体重　试验开始时及开始后，定期定时称个体重量，计算增重率。称重方法可以采用早晨空腹增重；增加称重次数，试验开始和结束的体重以连续 3 天空腹结果的平均值表示；阶段称重，猪每月 1 次，肉鸡 3 周、6 周各 1 次，蛋雏鸡和生长鸡 6 周、14 周各 1 次。

（2）饲料摄食量　每天记录各组动物摄食量，根据日增重计算饲料报酬。

（3）其他观察内容　每天记录动物的健康状况、异常现象及处理方法，对死亡动物进行剖检，对淘汰动物说明原因，及时记录并立即结算饲料消耗。

8. 试验周期

肥育家畜 2～4 个月，肉鸡 49～56 天。

9. 结果评价

分别计算各组动物的阶段增重及总增重，必要时进行有关酮体指标的测定，以及饲料转化效率、经济效益的评价，进行统计学比较。

10. 饲料报酬公式

$$饲料报酬 = \frac{饲料消耗量（千克）}{增重（千克）}$$

二、安全药理学研究

安全药理学主要研究药物在治疗范围内或治疗范围以上的剂量时，潜在的不期望出现的对生理功能的不良影响，即观察药物对中枢神经系统、心血管系统和呼吸系统的影响，根据需要进行追加和/或补充的安全药理学研究。

追加的安全药理学研究：根据药物的药理作用、化学结构，预计可能出现的不良反应。如果对已有的动物和/或临床试验结果产生怀疑，可能影响人的安全性时，应进行追加的安全药理学研究，即对中枢神经系统、心血管系统和呼吸系统进行深入的研究。

补充的安全药理学研究：评价药物对中枢神经系统、心血管系统和呼吸系统以外的器官功能的影响，包括对泌尿系统、自主神经系统、胃肠道系统和其他器官组织的研究。

安全药理学的研究目的包括以下几个方面：确定药物可能关系到人安全性的非期望药理作用；评价药物在毒理学和/或临床研究中所观察到的药物不良反应和/或病理生理作用；研究所观察到的和/或推测的药物不良反应机制。

（一）试验设计

1. 生物材料

生物材料有以下几种：整体动物，离体器官及组织，体外培养的细胞、细胞片段、细胞器、受体、离子通道和酶等。整体动物常用小鼠、大鼠、豚鼠、家兔、犬、非人灵长类等。动物选择应与试验方法相匹配，同时还应注意品系、性别及年龄等因素。生物材料选择应注意敏感性、重现性和可行性，以及与人的相关性等因素。体内研究建议尽量采用清醒动物。如果使用麻醉动物，应注意麻醉药物的选择和麻醉深度的控制。

实验动物应符合国家对相应等级动物的质量规定要求，并具有实验动物质量合格证明。

2. 样本量

试验组的组数及每组动物数的设定，应以能够科学合理地解释所获得的试验结果、恰当地反映有生物学意义的作用，并符合统计学要求为原则。小动物每组一般不少于 10 只，大动物每组一般不少于 6 只。动物一般雌雄各半。

3. 剂量

体内安全药理学试验要对所观察到的不良反应的剂量反应关系进行研究，如果可能也应对时间-效应关系进行研究。一般情况下，安全药理学试验应设计 3 个剂量，产生不良反应的剂量应与动物产生主要药效学的剂量或人拟用的有效剂量进行比较。由于不同种属的动物对药效学反应的敏感性存在种属差异，因此安全药理学试验的剂量应包括或超过主要药效学的有效剂量或治疗范围。如果安全药理学研究中缺乏不良反应的结果，试验的最高剂量应设定为相似给药途径和给药时间的其他毒理试验中产生毒性反应的剂量。体外研究应确定受试物的浓度-效应关系。若无明显效应时，应对浓度选择的范围进行说明。

4. 对照

一般可选用溶剂和/或辅料进行阴性对照。如为了说明受试物的特性与已知药物的异同，也可选用阳性对照药。

5. 给药途径

整体动物试验，首先应考虑与临床拟用途径一致，可以考虑充分暴露的给药途径。对于在动物试验中难以实施的特殊的临床给药途径，可根据受试物的特点选择，并说明理由。

6. 给药次数

一般采用单次给药。但是若主要药效学研究表明该受试物在给药一段时间后才能起效，或者重复给药的非临床研究和/或临床研究结果出现令人关注的安全性问题时，应根据具体情况合理设计给药次数。

7. 观察时间

结合受试物的药效学和药代动力学特性、受试动物、临床研究方案等因素选择观察时间点和观察时间。

（二）试验方法

1. 核心组合试验

安全药理学的核心组合试验的目的是研究受试物对重要生命功能的影响。中枢神经系统、心血管系统、呼吸系统通常作为重要器官系统考虑，也就是核心组合试验要研究的内容。根据科学合理的原则，在某些情况下，可增加或减少部分试验内容，但应说明理由。

（1）中枢神经系统　定性和定量评价给药后动物的运动功能、行为改变、协调功能、感觉/运动反射和体温的变化等，以确定药物对中枢神经系统的影响。可进行动物的功能组合试验。

（2）心血管系统　测定给药前后血压（包括收缩压、舒张压和平均压等）、心电图（包括 QT 间期、PR 间期、QRS 波等）和心率等的变化。建议采用清醒动物进行心血管系统指标的测定（如遥测技术等）。

如药物从适应证、药理作用或化学结构上属于易于引起人类 QT 间期延长类的化合物，如抗精神病类药物、抗组胺类药物、抗心律失常类药物和氟喹诺酮类药物等，应进行深入的试验研究，观察药物对 QT 间期的影响。对 QT 间期的研究详见相关指导原则。

（3）呼吸系统　测定给药前后动物的各种呼吸功能指标的变化，如呼吸频率、潮气量、呼吸深度等。

2. 追加和/或补充的安全药理学试验

当核心组合试验、临床试验、流行病学、体内外试验以及文献报道提示药物存在潜在的与人体安全性有关的不良反应时，应进行追加和/或补充的安全药理学研究。追加的安全药理学试验是除了核心组合试验外，反映受试物对中枢神经系统、心血管系统和呼吸系统影响的深入研究。追加的安全药理学试验根据已有的信息，具体情况具体分析，选择追加的试验内容。补充的安全药理学试验是出于对安全性的关注，在核心组合试验或重复给药毒性试验中未观察泌尿/肾脏系统、自主神经系统、胃肠系统等相关功能时，需要进行的研究。

（1）追加的安全药理学试验

① 中枢神经系统　对行为、学习记忆、神经生化、视觉、听觉和/或电生理等指标的

检测。

②心血管系统　对心输出量、心肌收缩作用、血管阻力等指标的检测。

③呼吸系统　对气道阻力、肺动脉压力、血气分析等指标的检测。

（2）补充的安全药理学试验

①泌尿/肾脏系统　观察药物对肾功能的影响，如对尿量、相对密度、渗透压、pH、电解质平衡、蛋白质、细胞和血生化（如尿素、肌酐、蛋白质）等指标的检测。

②自主神经系统　观察药物对自主神经系统的影响，如与自主神经系统有关受体的结合、体内或体外对激动剂或拮抗剂的功能反应，对自主神经的直接刺激作用和对心血管反应、压力反射和心率等指标的检测。

③胃肠系统　观察药物对胃肠系统的影响，如胃液分泌量和pH、胃肠损伤、胆汁分泌、胃排空时间、体内转运时间、体外回肠收缩等指标的测定。

（3）其他研究　在其他相关研究中，尚未研究药物对下列器官系统的作用但怀疑有影响的可能性时，如潜在的药物依赖性、骨骼肌、免疫和内分泌功能等，则应考虑药物对这方面的作用，并作出相应的评价。

3. 结果分析与评价

根据详细的试验记录，选用合适的统计方法，对数据进行定性和定量分析。应结合药效、毒理、药代以及其他研究资料进行综合评价，为临床研究设计提出建议。

三、急性毒性试验

急性毒性试验是在24小时内给药1次或2次（间隔6～8小时），观察动物接受过量的受试药物所产生的急性中毒反应，为多次反复给药的毒性试验设计剂量、分析毒性作用的主要靶器官、分析人体过量时可能出现的毒性反应、Ⅰ期临床的剂量选择和观察指标的设计提供参考信息等。

（一）啮齿类动物单次给药的毒性试验

1. 试验设计

（1）动物品系　常用健康的小鼠、大鼠。选用其他动物应说明原因。年龄一般为7～9周龄。同批试验中，小鼠或大鼠的初始体重不应超过或低于所用动物平均体重的20%。实验前至少驯养观察1周，记录动物的行为活动、饮食、体重及精神状况。

（2）饲养管理　动物饲料应符合动物的营养标准。若用自己配制的饲料，应提供配方及营养成分含量的检测报告；若是购买的饲料，应注明生产单位。应写明动物饲养室内环境因素的控制情况。

（3）受试药物　应注明受试药物的名称、批号、来源、纯度、保存条件及配制方法。

2. 试验方法

由于受试药物的化学结构、活性成分的含量、药理毒理学特点各异，毒性也不同，有的很难观察到毒性反应，实验者可根据受试药物的特点，从下列几种实验方法中选择一种进行急性毒性试验。

①伴随测定半数致死量（LD_{50}）的急性毒性试验方法。

②最大耐受剂量（MTD）试验方法：最大耐受剂量，是引起动物出现明显的中毒反应

而不产生死亡的剂量。

③ 最大受试药物量试验方法：在合理的浓度及容量条件下，用最大的剂量给予实验动物，观察动物的反应。

④ 单次口服固定剂量方法。选择 5 毫克/千克、50 毫克/千克、500 毫克/千克和 2000 毫克/千克四个固定剂量。

实验动物首选大鼠，给药前禁食 6～12 小时，给受试药物后再禁食 3～4 小时。如无资料证明雄性动物对受试药物更敏感，首先用雌性动物进行预试。根据受试药物的有关资料，从上述四个剂量中选择一个作初始剂量，若无有关资料作参考，可用 500 毫克/千克作初始剂量进行预试，如无毒性反应，则用 2000 毫克/千克进行预试，此剂量如无死亡发生即可结束预试。如初始剂量出现严重的毒性反应，则用下一个档次的剂量进行预试，如该动物存活，就在此两个固定剂量之间选择一个中间剂量试验。每个剂量给一只动物，预试一般不超过 5 只动物。每个剂量试验之间至少应间隔 24 小时。给受试药物后的观察期至少 7 天，如动物的毒性反应到第 7 天仍然存在，尚应继续再观察 7 天。

在上述预试的基础上进行正式试验。每个剂量最少用 10 只动物，雌雄各半。根据预试的结果，从前面所述的四种剂量中选择出可能产生明显毒性但又不引起死亡的剂量；如预试结果表明，50 毫克/千克引起死亡，则降低一个剂量档次进行试验。

试验观察：给受试药物后至少应观察 2 周，根据毒性反应的具体特点可适当延长。对每只动物均应仔细观察和详细记录各种毒性反应出现和消失的时间。给受试药物当天至少应观察记录两次，以后可每天一次。观察记录的内容包括皮肤、黏膜、毛色、眼睛，以及呼吸、循环、自主及中枢神经系统行为表现等。动物死亡时间的记录要准确。给受试药物前、给受试药物后 1 周、动物死亡及试验结束时应称取动物的体重。所有动物包括死亡或处死的动物均应进行尸检，尸检异常的器官应作病理组织学检查。固定剂量试验法所获得的结果，参考表 3-3 标准进行评价。

表 3-3　单次口服固定剂量试验法结果的评价

剂量 /（毫克/千克）	存活数<100%	100%存活毒性表现明显	100%存活无明显中毒表现
5.0	高毒（very toxic）（$LD_{50} \leqslant 25$ 毫克/千克）	有毒（toxic）（$LD_{50} = 25～200$ 毫克/千克）	用 50 毫克/千克试验
50.0	有毒或高毒 用 5 毫克/千克进行试验	有害（harmful）（$LD_{50} = 200～2000$ 毫克/千克）	用 500 毫克/千克试验
500.0	有毒或有害 用 50 毫克/千克试验	$LD_{50} > 2000$ 毫克/千克	用 2000 毫克/千克试验
2000.0	用 500 毫克/千克试验	该化合物无严重急性中毒的危险性	

（二）非啮齿类动物的急性毒性试验（近似致死剂量试验）

1. 试验设计

（1）动物品系　一般用 6 只健康的 Beagle 犬和猴。选用其他种属的动物时应说明原因。年龄一般为 6～8 月龄。同批试验中，试验初始动物的体重应不超过或者低于所用动物平均体重的 20%。试验前至少驯养观察 2 周，观察记录动物的行为活动、饮食、体重、心电图及精神状况，择其正常、健康、雌性无孕者作为受试动物。

（2）饲养管理　动物饲料应符合动物的营养标准。若用自己配制的饲料，应提供配方及营养成分含量的检测报告；若是购买的饲料，应注明生产单位。注明动物饲养室内环境因素的控制情况。

（3）受试药物　应注明受试药物的名称、批号、来源、纯度、保存条件及配制方法。

2. 试验方法

（1）估计可能的毒性范围　根据小动物的毒性试验结果、受试药物的化学结构和其他有关资料，估计可能引起毒性和死亡的剂量范围。

（2）设计剂量序列表　按 50% 递增法，设计出含 $10\sim20$ 个剂量的序列表。

（3）得出近似致死剂量　根据估计，从剂量序列表中找出可能的致死剂量范围，在此范围内，每间隔一个剂量给一只动物，测出最低致死剂量和最高非致死剂量，然后用二者之间的剂量给一只动物，此剂量即为所要求的近似致死剂量。

（4）给药途径　原则上应与临床用药途径相同，如有不同，应说明理由。

（5）观察记录　给受试药物后观察 14 天，当天给受试药物后持续观察 30 分钟，第 1～4 小时再观察 1 次，以后每天观察 1 次。仔细观察、记录各动物的中毒表现及其出现和消失时间、毒性反应的特点和死亡时间。中毒死亡或中毒表现明显者，需作大体解剖检查。尸检异常的组织器官应作组织病理学检查。

（6）说明

① 创新药物应提供两种动物的急性毒性试验资料，一种为啮齿类动物，另一种为非啮齿类动物。

② 溶于水的药物，应提供啮齿类动物两种给药途径的毒性试验资料，一种为静脉注射途径，另一种为临床途径，若临床用静脉注射途径时，可只做静脉注射的急性毒性试验。

四、亚慢性毒性试验

亚慢性毒性是指试验动物连续多日接触较大剂量的外来化合物所出现的中毒效应。所谓较大剂量，是指小于急性 LD_{50} 的剂量。亚慢性毒性试验的目的，主要是探讨亚慢性毒性的阈剂量或阈浓度和在亚慢性试验期间未观察到毒效应的剂量水平，且为慢性试验寻找接触剂量及观察指标。

（一）试验设计

1. 试验动物的选择

亚慢性毒性作用研究一般要求选择两种试验动物，一种为啮齿类，另一种为非啮齿类，如大鼠和狗，以便全面了解受试药物的毒性特征。

因为亚慢性毒性试验期较长，所以被选择动物的体重（年龄）应较小，如小鼠应为 15 克左右，大鼠 100 克左右。

2. 染毒途径

亚慢性毒性试验接触外来化合物途径的选择，应考虑两点：一是尽量模拟实际环境中接触该化合物的途径或方式，二是应与预期进行慢性毒性试验的接触途径相一致。具体接触途径主要有经口、经呼吸道和经皮肤 3 种。

（二）试验方法

1. 动物的选择

（1）动物品系　一般用两种动物，一种是啮齿类动物，另一种是非啮齿类动物。常用SD 或 Wistar 大鼠和 Beagle 犬或者猴。如果选用其他动物，应说明原因。

（2）年龄　根据试验期限的长短而定。大鼠一般 6～9 周龄。Beagle 犬一般 6～12 月龄。试验开始时体重差异不应超过或者低于该次试验动物平均体重的 20%。

（3）实验前至少驯养观察 2 周　观察记录动物的行为活动、饮食、体重、精神状况、心电图、血液学及血液生化学等功能指标。选择正常、健康、雌性无孕动物作为受试动物。

2. 动物的饲养管理

（1）饲料　所用饲料应符合动物的营养标准。若用自己配制的饲料，应提供配方及营养成分含量的检测报告；若是购买的饲料，应提供生产单位。

（2）实验的环境条件　应写明动物饲养室内环境因素的控制情况。

（3）受试药物　应写明受试物的名称、批号、来源、纯度、保存条件及配制方法。

3. 剂量和试验分组

一般设三个剂量组和一个对照组。必要时还需设溶剂对照组。低剂量组原则上应高于同种动物药效有效剂量，在此剂量下，动物不出现毒性反应；高剂量组原则上应使动物产生明显或严重的毒性反应，甚至引起少数动物死亡；为观察毒性反应的剂量关系，在高、低剂量组之间应再设 1 个中剂量组。

4. 动物数

每组动物的数量应根据给药周期的长短确定。大鼠一般为雌、雄各 10～30 只；Beagle犬或者猴，一般雌、雄各 3～4 只。

5. 给药途径

原则上应与临床用药途径相同。若用其他途径应说明原因。

口服给药一般采用灌胃给予受试药物。如采用将受试药物混入饲料中服用，应提供受试药物与饲料混合的均匀性、受试物的稳定性、受试物质量检查及说明动物食入规定受试药物的量等方面的资料，以确保获得准确可靠的试验结果。

临床用药途径为静脉注射时，由于给药周期长，大鼠静脉注射有困难时，可用其他适宜的途径如肌内注射代替。

受试药物最好是每周 7 天连续给予，如试验周期在 90 天以上，可考虑每周给药 6 天，每天定时给药。每周可根据体重情况调整给药量，按等容量不等浓度配制药物。

口服每天于喂食前定时给予。若将受试物混在饲料、水中给予，每只动物应分笼饲养，并采取严格有效的措施，以保证每只动物按量在一定时限内服完。

6. 试验周期

长期毒性试验的给药时间为临床试验用药期的 2～3 倍，最长半年。

三、四类新药均符合法定标准；可先做大鼠长期毒性试验。如无明显毒性反应可免做大动物如 Beagle 犬与猴类等的长期毒性试验。

7. 观测项目

原则上应根据受试药物的特点选择其相应的观测指标。一般共性的观测指标最少应包括以下内容：

（1）一般观察　外观体征、行为活动、腺体分泌、呼吸、粪便性状、食量、体重、给药局部反应、狗的心电图变化等。大鼠群养时，应将出现中毒反应的动物取出单笼饲养。发现死亡或濒死动物，应及时尸检。试验期间如动物发生非药物性的疾病反应时，应及时进行隔离处理。

（2）血液学指标　红细胞、网织红细胞计数，血红蛋白，白细胞总数及其分类，血小板。

（3）血液生化指标　天冬氨酸氨基转移酶（AST）、丙氨酸氨基转移酶（ALT）、碱性磷酸酶（ALP）、尿素氮（BUN）、总蛋白（TP）、白蛋白（ALB）、血糖（GLU）、总胆红素（T-BIL）、肌酐（CR）、总胆固醇（T-CHO）。

（4）系统尸解和病理组织学检查

① 系统尸解　应全面细致，为组织病理学检查提供参考。一般应称取下列脏器和组织的重量并计算脏器系数：心、肝、脾、肺、肾、肾上腺、甲状腺、睾丸、子宫、脑、前列腺。

② 病理组织学检查　对照组和高剂量组动物及尸检异常者应详细检查，其他剂量组在高剂量组有异常时才进行检查。内容包括肾上腺、胰腺、胃、十二指肠、回肠、结肠、脑垂体、前列腺、脑、脊髓、心、脾、胸骨（骨和骨髓）、肾、肝脏、肺、淋巴结、膀胱、子宫、卵巢、甲状腺、胸腺、睾丸（连附睾）、视神经。

（5）可逆性观察　最后一次给药后 4 小时，每组活杀部分动物（1/2～2/3），检测各项指标，余下动物停药，继续观察 2～4 周。如 24 小时后的病理学检查发现有异常变化，应将余下动物活杀剖检，重点观察毒性反应器官，以了解毒性反应的可逆程度和可能出现的迟缓性毒性。

（6）观测指标的时间和次数　应根据试验期限的长短和受试药物的特点而定。原则上应尽量发现最早出现的毒性反应。一般状况和症状每天观察一次。每周记录饲料消耗和体重 1 次。试验周期在 3 个月以内的，一般在给药前进行一次全面的检查，包括心电图、血液学、血液生化学等各项指标。在给药周期结束后和可逆性观察结束后再分别进行上述各项指标的检测，并活杀动物做大体尸解和病理组织学检查。试验周期在 3 个月以上的，可在给药中期再进行 1～2 次心电图、血液学、血液生化学检查。对有异常的指标可酌情增加测定次数，但抽血量和频率以不影响动物健康为度。对濒死或死亡动物应及时检查。

8. 说明

（1）反复给药毒性试验的期限　原则上根据临床用药的疗程而定。

一般药物的给药期限，可参考表 3-4 设计。

表 3-4　一般药物反复给药的毒性试验期限

临床疗程	毒性试验期限	
	啮齿类动物	非啮齿类动物
5 天以内	2 周	2 周
2 周以内	1 个月	1 个月

临床疗程	毒性试验期限	
	啮齿类动物	非啮齿类动物
2～4 周	3 个月	3 个月
4～12 周	6 个月	6 个月
超过 12 周	6 个月	9 个月

（2）细胞毒类受试药物的用药方案　由于细胞毒类受试药物的毒性强弱差别较大，临床上的用药方案也有很大差别，有的 1 周给药 1 次，有的 2 周甚至 3 周给药 1 次，因此，很难规范为一种模式。应根据具体受试药物的特点和反复给药毒性试验的目的设计毒性试验方案。

五、特殊毒性试验

特殊毒性试验一般只包括致突变试验和致畸试验。在致突变试验中，考虑到检测终点应有原核细胞和真核细胞基因突变与染色体畸变、体内试验系统和体外试验系统、体细胞和生殖细胞之分，埃姆斯（Ames）试验和微核试验为必做试验。精子畸形、睾丸精原细胞染色体畸变、显性致死三者可以任选一项，若前二者任一项为阳性，则均必须做显性致死试验。这样，在致突变试验中必须至少做 3 项试验。在致畸试验中，应做传统致畸试验、喂养致畸试验、喂养繁殖毒性试验。喂养繁殖毒性试验一般只做一代繁殖毒性，一代为阳性时应再做第二代繁殖毒性。

1. 埃姆斯试验

埃姆斯（Ames）试验又称微生物回复突变试验，是国内外常用的筛选致突变物的试验。鼠伤寒沙门菌野生型菌株因其自身含有组氨酸合成基因，故野生型菌株在培养基中不加组氨酸就能够生长增殖，而 Ames 教授建立的 TA 菌株是组氨酸合成基因发生突变的组氨酸营养缺陷型鼠伤寒沙门菌突变株（即培养基内没有组氨酸不能生长增殖的突变株 his^-），Ames 试验的原理是利用该突变株在诱变物作用下可以使基因回复突变成野生型 his^+。现在一般都以 TA_{97a}、TA_{98}、TA_{100}、TA_{102} 作为标准测试菌株，通过在不含组氨酸的培养基中加入受试物后，检测所生长出来的回变菌落的数目，来推断受试物是否具有致突变性。Ames 试验适用于化学纯度高的药物，而不适用于中药粗制品。

（1）菌种　组氨酸营养缺陷型鼠伤寒沙门菌 TA_{97a}、TA_{98}、TA_{100}、TA_{102} 4 个标准株。

（2）菌种鉴定　以上菌种需分别作抗氨苄、抗四环素、抗紫外线、结晶紫、组氨酸需求、自发回变数的鉴定。

（3）剂量分组　每次试验要求 4～5 个剂量组，每个剂量做 3 个平行平皿。高剂量以不抑菌为原则，液态受检物的剂量在 0.05～50 微升/皿之间选择，固态受检物在 0.1～1000.0 微克/皿之间选择，最高剂量可达 5000.0 微克/皿。选定后的剂量应配制成适当浓度，使每皿加入受检物的体积为 100 微升或 200 微升。

（4）溶剂　一般以水为溶剂，选用其他溶剂需说明理由。

（5）对照物　每次检测要求同时作阳性和阴性对照；用已知的阳性物作阳性对照，用溶剂作阴性对照。加哺乳动物肝脏微粒体酶（S_9）混合液时，要同时作不加 S_9 混合液的对照平皿。

（6）S_9制备　选体重200克左右成年雄性大鼠，经诱导剂诱导后宰杀，处死前12小时禁食。在低温条件下，无菌操作取出肝脏，用氯化钾（KCl）溶液淋洗后置匀浆器中制成匀浆。低温离心后分装，保存于液氮或-80℃冰箱中。制得的S_9需作S_9活力测定。

（7）试验步骤　将经鉴定合格的TA_{97a}、TA_{98}、TA_{100}和TA_{102}菌株分别接种于增菌培养液中。37℃水浴振荡培养，每毫升活菌数不得少于$1\times10^9\sim2\times10^9$个。

受检物，包括对照物，按设计剂量配制。取受检物0.1~0.2毫升，菌液0.1毫升，S_9混合液0.5毫升或磷酸缓冲液0.5毫升，依次加入无菌小试管中，37℃水浴振荡培养20分钟后（也可采用平板掺入法），加入45℃顶层培养基2.0毫升，混匀倒入含底层培养基的平皿上，37℃培养48小时。

（8）结果评价　在计数菌落前，应先观察背景菌苔的生长情况，正常的背景菌苔应呈均匀的砂粒状。受试组与阴性对照组的背景菌苔应一致，阴性对照组的自发回变数应在正常值之内。受试组的菌落数大于2倍自发回变数，并有剂量反应关系和重现性时，判断为诱变阳性。

2. 微核试验

利用计数小鼠骨髓嗜多染红细胞（PCE）中含微核的嗜多染红细胞数（MNPCE），判断受试药物是否具有诱发遗传毒性作用，微核是染色体损伤的表现之一，它是染色体断裂遗落下来的断片，是在细胞繁殖过程中被子细胞排出而形成的小核，游离于细胞质中的1个或几个圆形结构，比普通细胞核小得多，直径相当于红细胞直径的1/20~1/5，在骨髓中嗜多染红细胞为无核的幼稚红细胞，数量充足，胞浆中微核容易辨认，且自发微核率低。

（1）动物　选择成年健康小鼠（应注明品系），将小鼠随机分为受试组和对照组。每组动物数不少于10只（雌雄各半）或至少6只雄性动物。

（2）受药试物的处理　将受试药物溶于适宜的溶剂中，以0.1~0.2mL/10g体重的给药体积配制成适当的浓度。

（3）给药方式　原则上采用与推荐临床使用相同的给药途径，内服时应用灌胃法。给药剂量以LD_{50}为依据，设3个剂量组。高剂量组应出现毒性反应，一般可采用LD_{50}的0.5~0.8倍；低剂量组的给药量为LD_{50}的0.05~0.10倍。每次试验应同时设阴性对照组和阳性对照组，阳性对照物可选用已知的能够诱发微核阳性的诱变剂。

（4）试验操作　一次给药一般在24小时、48小时、72小时取样制片，或二次给药从第二次给药后的6小时、24小时取样制片。处死小鼠取骨髓，将骨髓洗入离心管中，离心。常规涂片，吉姆萨染色，镜检。

（5）镜检　采用双盲法计数分析，每只小鼠在同一张片子上计数1000个嗜多染红细胞，同时计数嗜多染红细胞（PCE）同正染红细胞（NCE）之比。必要时，亦可采用吖啶橙染色，荧光显微镜分析计数。

（6）结果评价　将数据列表，分别列出嗜多染红细胞数、微核数及PCE/NCE值，所得结果用t检验进行数据分析，经重复试验$P<0.01$并有剂量反应关系时，判为阳性。

3. 哺乳动物培养细胞染色体畸变试验

染色体是基因的载体，每一物种均有其特定的染色体形态结构和数目，并保持相对稳定。各种有害因素（理化、生物等因素）可使染色体断裂而致数目和形态结构异常，这种现象均使染色体畸变，能够引起染色体断裂的物质叫染色体断裂原。一般认为是诱变剂作用于细胞分裂周期C_1期细胞，此时染色体尚未复制而导致染色体损伤产生畸变。

（1）细胞　采用中国仓鼠卵巢细胞系 CHO，染色体数目 21；或中国仓鼠肺细胞系 CHL，染色体数目 25。

（2）细胞培养　使用 MEM-Eagle's 培养基或 1640 培养基，配制完全培养液，加 15％灭活小牛血清、100 单位/毫升青霉素、100 微克/毫升链霉素，调至 pH＝7.2～7.4，进行常规单层细胞培养。在细胞处于指数生长期时用胰酶-EDTA 液处理，并自培养瓶表面将细胞洗脱下来，计数每毫升培养液含有的细胞数。在含有 10 毫升培养液的 25 平方厘米的培养瓶中加（2～5）×10^5 个细胞。在 37℃、湿度 95％、5％CO_2 培养箱中培养过夜。

（3）试验分组与剂量　试验分 3 个受试组，另设阴性对照组和阳性对照组。高剂量组以 50％细胞生长抑制浓度为准，否则应说明理由。低剂量组接近于阴性对照组细胞成活率。各组均需有加 S_9 和不加 S_9 试验。

（4）试验操作　向经过过夜培养的培养瓶中依次加入 S_9、受试物或对照物，培养 18～22 小时。在细胞收获前 2～4 小时，加秋水仙素，使最终浓度为每毫升培养液 0.1 微克，胰酶洗脱后加入含小牛血清的培养液终止胰蛋白酶的作用。0.075 摩尔/升氯化钾溶液低渗处理，甲醇：冰醋酸液固定，离心，取混匀沉淀物常规制片，吉姆萨染色，镜检分析。

（5）结果评价　采用双盲法镜检分析。每个剂量组的 2 个培养物至少各分析 100 个中期相细胞，将数据列表，分别列出数目畸变和结构畸变数，所得结果用 t 检验进行数据分析。经重复试验 $P＜0.01$ 并有剂量反应关系时判为染色体畸变阳性。

4. 显性致死试验

显性致死是指动物的生殖细胞受到理化因素作用后使生殖细胞多个染色体损伤，受损伤的精子或卵子与正常的卵子或精子结合后，该受精卵在整个发育过程中的任何阶段都可以发生死亡，表现为植入子宫（着床）困难、胚胎早期死亡或晚期死亡等现象。由于精子比卵子对化学诱发的损伤更敏感，故常采用待试药给予雄性小鼠进行试验。将待试药给予雄性性成熟小鼠，1 只雄性小鼠于一定时间间隔依次与未给药、未交配过的雌性小鼠交配，检测待试药对雄性动物不同阶段生殖细胞的影响，在交配一定时间后处死雌鼠，检查子宫内容物，计数着床数、活胎数、死胎数，将给药组死胎与活胎比例跟对照组死胎与活胎比例相比较，即可计算受试药对雄性小鼠的显性致死突变率。

（1）动物　一般用大白鼠，也可用小白鼠。为保证试验结果的重现性，应用近交系或近交系之间杂交的 F1 代。雌鼠、雄鼠不能来自同杂交群。所有试验动物都应达到性成熟，雌鼠应未交配过。

（2）剂量　应设 3 个剂量组、1 个阳性对照组和 1 个阴性对照组。每组用雄鼠 10 只。高剂量应导致毒性症状，明显降低繁殖率，约为 LD_{50} 的 1/10；低剂量为 LD_{50} 的 1/100。

（3）给药方式　原则上采用与推荐临床使用相同的给药途径，内服时应用灌胃法。受试药物应连续给药 5 天，每天 1 次。

（4）交配方法　在最后一次给药的当天，将雄鼠与雌鼠按 1：2 同笼，第 5 天取出雌鼠，间隔 2 天后再放入新的雌鼠。如此需要连续 8～12 周（大鼠）或 6～8 周（小鼠）。查出阴栓的当天为妊娠第 0 天，未查出者以同笼第 4 天为妊娠第 0 天。

（5）胎仔检查　雌鼠必须在妊娠后第 13 天（大鼠）或第 12 天（小鼠）处死，剖腹，检查两侧子宫角的着床数、早期死胎数、晚期死胎数及活胎数，每只雌鼠分别记录。

（6）结果评价　结果以显性致死率 DL（％）表示。

$$DL（\%）= \frac{试验组妊娠鼠的平均生存胎仔数}{阴性对照组妊娠鼠的平均生存胎仔数} \times 100\%$$

如果死亡胎仔数增加，胚胎着床数减少，未着床胚胎数增加，生存胎仔总数减少，这些结果具有统计学意义并有剂量反应关系时判为阳性显性致死反应。

5. 精子畸形试验

某些药物会引起雄性动物的精子细胞发生畸变，导致动物繁殖障碍。本试验首先对雄性小鼠给药，然后取睾丸，在显微镜下观察精子细胞形态，以检查药物是否会引起精子细胞畸变。

（1）动物　选用 8～10 周龄成年雄性小鼠，标本采集时每组动物为 5 只。

（2）剂量与分组　试验组至少设高、中、低 3 种剂量，同时设阴性对照组和阳性对照组。高剂量组的总剂量为 $2LD_{50}～4LD_{50}$；低剂量组的总剂量为 $0.5LD_{50}～1LD_{50}$。

（3）给药方式　原则上采用与推荐临床使用相同的给药途径，内服时应用灌胃法。每天给药 1 次，连续 5 天。

（4）制片　于第一次给药后 35 天，将小鼠处死，取出两侧附睾，在生理盐水中剪碎、搅拌、过滤；常规涂片，甲醇固定，伊红染色。

（5）镜检　高倍镜下每只小鼠检查完整的精子 200～500 个，每剂量组至少检查 1000 个精子。查看精子畸形数及畸形类型。

（6）结果评价　将试验组的精子畸形百分率与对照组作统计学处理，$P<0.01$，并有剂量反应关系时，判为阳性。

6. 繁殖试验

本试验观察受试药物在受孕前及妊娠早期，即动物生殖细胞形成过程中可能产生的生殖毒性。对雄性动物，给药期应包括动物的精子形成所需要的足够时间。一般认为大鼠、小鼠出生后 30～40 日睾丸中有精子，而精子形成的时间为大鼠 53 日左右（亦有认为大鼠从精原干细胞发育成精子至少需要 56 日）、小鼠 35 日左右。故比较统一地认为出生后 40 日以上的雄性动物连续给药 60 日以上后交配。性成熟的雄性动物至少在 2 个性周期（大约 14 日）连续给药后再交配。

（1）动物　一般选断乳大鼠，也可用家兔，所用动物应注明品系。

（2）剂量与分组　试验设 3 个剂量组，1 个空白对照组。高剂量应使亲代动物出现轻微中毒（不能有死亡）；低剂量应不引起可观察到的毒性作用。也可以按亚慢性试验的剂量给予受试动物。大鼠每组雌鼠 20 只，雄鼠 10 只。家兔每组雌雄各 12 只。

（3）给药方式　混饲或饮水。

（4）试验操作　大鼠断乳后开始饲喂含受试物的饲料或饮水，90 天后，各试验组大鼠按雌雄 2∶1 同笼 2 周进行交配，然后自然分娩（此间仍饲喂含受试物饲料）。每周称饲料和体重各 1 次，观察母性行为及是否出现中毒症状。亲代动物处死后可以对其生殖系统进行肉眼或病理组织学检查。

分娩后，应尽快检查每窝活仔数、外观畸形和发育情况，每窝选留 8 只（最好雌雄各半），其余淘汰。于出生后第 5 日和第 21 日称重，第 21 日断乳（此时亲代可全部处死）。仔鼠断乳后，每组随机取雌雄各 10 只，雌雄分养，用基础饲料饲喂 60～90 天，观察指标同亲代。建议本试验结合亚慢性试验进行。

（5）结果与处理　试验可得出 4 个繁殖机能指标，试验结果可用 X^2 检验进行统计处理。

$$受孕率＝\frac{妊娠雌性动物数}{交配雌性动物数}\times100\%$$

$$妊娠率 = \frac{正常分娩雌性动物数}{妊娠雌性动物数} \times 100\%$$

$$出生存活率 = \frac{出生第5天活仔数}{出生时活仔数} \times 100\%$$

$$哺乳存活率 = \frac{第21天断乳活仔数}{出生后第5天活仔数} \times 100\%$$

（6）结果评价　根据统计结果的极显著（$P < 0.01$）与否以及是否存在剂量反应关系，评价受试药物对实验动物繁殖机能的影响。

7. 喂养致畸试验

本试验观察受试药物在受孕前及妊娠早期对雄性生殖器官和雌性生殖器官的影响，以及对胎儿器官形成的毒性作用。

（1）动物　选择性成熟的动物，一般用大鼠，每组雌鼠20只以上，雄鼠10只以上，注明品系。

（2）剂量　采用3个剂量组和1个空白对照组，最高剂量应理想地诱发毒性反应，但在亲代动物中不出现死亡，中剂量应引起最小的毒性反应，而低剂量不应引起任何可以观察到的不良反应。

（3）给药时期　交配前，雄性动物连续给药60天以上，雌性动物连续给药14天以上，雌性动物在受孕后继续给药14天。

（4）给药方式　混饲或饮水。

（5）检查　同传统致畸试验，给药的雄鼠及未交配上的雌鼠均作剖检及病理组织学检查。

（6）结果评价　将数据汇总列表，用方差分析或 X^2 检验进行分析及评价。

8. 传统致畸试验

本试验检验在胚胎器官形成期，药物对胎儿器官形成的影响。

（1）动物　健康大白鼠，雌鼠日龄为70～85天，无孕、未生育，体重200～300克；雄鼠日龄不小于70天，体重250克以上。注明品系，每组12～20只孕鼠。

（2）剂量　高、中、低3种剂量，并另设阴性对照组及阳性对照组。高剂量可使母体产生中毒症状但不使母鼠的死亡率高于10%，低剂量应不引起母鼠有可以观察到的中毒症状；在高剂量组与低剂量组之间按等比级差设立中剂量组，中剂量可以引起某些母体中毒以及胚胎毒性症状。

（3）给药时期　胚胎器官形成期（6～15天）。

（4）给药方式　原则上与推荐临床应用的给药方式相同，内服时应用灌胃法。

（5）检查　将雌雄动物交配过夜后，检查交配成功与否，将已受孕的雌鼠取出标明日期，随机分配至各剂量组。各剂量组在给药后每隔3天称体重1次，根据体重变化随时调整剂量，并掌握孕鼠的妊娠和胚胎的发育情况。全部动物在分娩前1～2天剖检，观察妊娠的确立，有无死胎和吸收胎，以及子宫内活胎的发育情况。

活胎鼠的外观检查：区别性别，分别称体重，测身长、尾长，用肉眼进行外部畸形检查。分别检查头部、面部、躯干、四肢、尾部等有无畸形。

胎鼠的内脏检查：将每窝1/2的活胎鼠经鲍音氏液固定后，用徒手切片法对胎鼠内脏进行检查。

头部器官观察检查：

① 用单面刀片徒手沿口经耳作一水平切面，使上、下腭分开，主要检查有无腭裂、舌

缺失或分叉。

②上述切面切下的颅顶部沿眼球前垂直作额状切面，检查鼻道有无畸形。

③沿眼球正中垂直作第二个额状切面，检查眼球有无畸形。

④沿眼球后缘作第三个额状切面，检查脑的畸形。

胸腔、腹腔和骨盆腔器官的检查：沿胸壁、腹壁中线和肋下缘水平切开胸腔、腹腔，逐步检查各主要脏器的位置、数目、大小及形状等有无异常。

胎鼠骨骼检查：将剩余的活胎制成的骨骼透明染色标本于放大镜或解剖镜下进行检查。主要观察颅骨、枕骨、颈椎骨、胸内、肋骨、腰椎、四肢骨、尾椎骨等发育及畸形情况。

（6）结果评价　将数据汇总成表，用方差分析或 X^2 检验进行分析及评价。

9. 小鼠睾丸精原细胞染色体畸变试验

本试验为一种检验药物对雄性小鼠精原细胞染色体变化的试验。对雄性小鼠给药后，取睾丸，在显微镜下观察精原细胞染色体的畸变情况，计算精原细胞畸变率。

（1）动物　性成熟雄性小鼠，每组 5 只。

（2）剂量与分组　试验至少设 3 个剂量组，同时设阳性对照组及阴性对照组。最大剂量应不使动物出现明显毒性反应，各剂量组之间应相差 10 倍。

（3）给药方式　一般采用腹腔注射或与临床应用相同的途径。采用 5 天给药，于第 11 天、第 12 天再连续给药 2 天，第 13 天杀鼠。

（4）制片　腹腔注射秋水仙素，约 6 小时后杀鼠，取一侧睾丸，分离曲细精管，低渗、固定、软化、离心、制片、染色、镜检。

（5）结果评价　每只小鼠各计数 50 个精原细胞和初级精母细胞，进行染色体畸变分析，将分析结果用表格列出，计算染色体畸变率。用 t 检验进行显著性检验，$P < 0.01$ 并有剂量反应关系，判为染色体畸变阳性。

第六节　临床研究

临床试验是指在一定控制条件下科学地考察和评价兽药治疗或预防靶向动物特定疾病或证候的有效性和安全性的过程。充分、可靠的临床研究数据是证明所申报产品安全性和有效性的依据。

兽用中药、天然药物的研制过程，与西兽药相比，既有相同点，也有其特殊性。首先，中药新药的发现或立题，多来源于临床的直接观察及经验获得的提示；其次，中药内在成分及其相互作用的复杂性致使其药学、药效及毒理的研究面临更多的困难；再次，影响研究结论客观性和准确性的因素也相对较多。因此，临床试验对中药有效性和安全性的评价具有更加特殊的意义。

为了保证兽用中药、天然药物临床试验结论的确实可靠，规范临床研究行为，根据《兽药注册办法》和《新兽药研制管理办法》制定指导原则，旨在阐述兽用中药、天然药物临床试验设计和实施过程中应把握的一般性原则及关键性问题，为兽用中药、天然药物新产品研发提供技术指导。

一、基本内容

根据试验目的的不同，兽用中药、天然药物的临床试验一般包括靶向动物安全性试验、实验性临床试验和扩大临床试验。申请注册新兽药时，应根据注册分类的要求和具体情况的需要，进行一项或多项临床试验。

1. 靶向动物安全性试验

靶向动物安全性试验是观察不同剂量受试兽药作用于靶向动物后从有效作用到毒性作用，甚至到致死作用的动态变化过程。该试验旨在考察受试兽药作用于靶向动物的安全性及安全剂量范围，为进一步临床试验给药方案的制定提供依据。

2. 实验性临床试验

实验性临床试验是以符合目标适应证的自然病例或人工发病的试验动物为研究对象，确证受试兽药对靶动物目标适应证的有效性及安全性，同时为扩大临床试验合理给药剂量及给药方案的确定提供依据。实验性临床试验的目的在于对新兽药临床疗效进行确证，保证研究结论的客观性和准确性。

3. 扩大临床试验

扩大临床试验是对受试兽药临床疗效和安全性的进一步验证，一般应以自然发病的动物作为研究对象。

二、共性要求

1. 以中兽医学理论为指导

中药用于防治动物疾病及提高生产性能有着悠久的历史，并已形成了一套完整的理论体系。基于对生命活动规律和疾病发生学的整体观，中兽医学对疾病的治疗通常立足于通过调节脏腑、经络、气血等机能建立机体内环境的稳态，维持机体气机出入升降、功能活动的有序性，提高机体对外环境的适应能力。因此，中药的特点和优势在于"整体调节"，这与化学药品"对抗疗法"有着本质的不同。

兽用中药、天然药物临床试验中评定治疗结局指标的确立，不应只从单纯生物医学模式出发，仅着眼于外来致病因子，或生物学发病机理的微观改变和局部征象，而应从整体水平上选择与功能状态、证候相关的多维结局指标。在中药临床试验设计时，将治疗效能定位于对病因或某一疾病环节的直接对抗，或仅对用药后短期内的死亡率等极少指标的考察，显然是不合理的。

对适应证疗效的定位，除了治疗或预防作用外，已完全可定位于配合使用层面，如辅助治疗、缓解病情或对某类药物的增效作用等。

2. 试验设计原则

兽用中药药物临床试验的设计应遵循随机、对照和重复的原则。

（1）随机原则　随机是指将每个受试动物以机会均等的原则随机地分配到试验组和对照组，目的在于使各组非实验因素的条件均衡一致，以消除非实验因素对试验结果的影响。

（2）对照原则　对照是比较的基础，为了评价受试兽药的安全性和有效性，就必须有可供比较的对照。合理设置对照可消除或减少试验误差，直观地判断出受试动物治疗前后的变化（如体征、症状、检测指标的改变以及死亡、复发、不良反应等）是由受试兽药，而不是由其他因素（如病情的自然发展或机体内环境的变化）引起的。

试验组和对照组动物应来自同一个受试群体，二者的基本情况应当相近。试验组与对照组的唯一区别是：试验组接受受试兽药治疗，而对照组接受对照兽药治疗或不给药。

（3）重复原则　试验组与对照组应有适当的样本含量，过小或过大都有其弊端。样本含量过小，检验效能偏低，导致总体本来具有的差异无法检验出来，但也并非样本愈大愈好。如果无限地增加样本含量，无疑将加大试验规模、延长试验时间、浪费人力物力，还有可能引入更多的混杂因素。

决定样本含量（病例数）的因素不外乎几个方面。首先，与样本所包含个体的差异程度有关。个体之间差异越大，所需观察的病例数越多；反之，若个体之间差异越小，所需观察的病例数就越少。其次，与组间效应差异的程度有关。组间效应差异越大，所需观察病例数就越少；反之，则所需观察的病例数越多。再次，还与统计资料的性质有关。以计数资料或等级资料作组间效应比较时，所需的样本含量较以计量资料要大。除此之外，统计推断的严格程度（即以显著性检验为基础所进行的统计推断，所得出的结论与真实性相符合的程度）也影响样本含量的大小。

一般来说，临床试验的样本含量至少应达到最低临床试验病例数规定（表 3-5～表 3-7），而实际情况下，应根据统计学的要求科学而灵活地确定样本含量。

表 3-5　靶向动物安全性试验每组最低动物数

受试动物种类	动物数
马、牛等大动物	5
羊、猪等中动物	8
兔、貂、狐等小动物	10
犬、猫等宠物	8
家禽	15

表 3-6　实验性临床试验每组最低动物数

受试动物种类	动物数	
	自然病例	病例模型
马、牛等大动物	10	5
羊、猪等中动物	20	10
兔、貂、狐等小动物	20	15
犬、猫等宠物	15	10
家禽	30	15

表 3-7　扩大临床试验每组最低动物数

受试动物种类	动物数	
	自然病例	病例模型
马、牛等大动物	20	30
羊、猪等中动物	30	50

受试动物种类	动物数	
	自然病例	病例模型
兔、貂、狐等小动物	30	50
犬、猫等宠物	20	30
家禽	50	300

3. 试验方案

（1）试验方案制定与审批　临床试验应制定切实可行的试验方案。试验方案应由申请人和临床试验承担单位共同协商制定并盖章、签字，报申请人所在地省级兽医行政主管部门审批后实施。需要使用一类病原微生物的，根据《病原微生物实验室生物安全管理条例》和《高致病性动物病原微生物实验室生物安全管理审批办法》等有关规定，向农业农村部履行审批手续。临床试验批准后，应当在有效的批准时限内完成。临床试验应当按照批准的临床试验方案进行。

一般情况下，临床试验方案应包括以下内容：临床试验的题目和目的；临床试验承担单位和主要负责人；进行试验的场所；试验预期的进度和完成时间；临床试验用兽药和对照用兽药；病例选择或人工发病的依据和方法；试验设计；主要观测指标的选择；数据处理与统计；疗效评定标准；病例记录表。

（2）受试兽药　一般情况下，受试兽药包括临床试验用兽药和对照用兽药。

临床试验用兽药应为中试或已上市产品，其含量、规格、试制批号、试制日期、有效期、中试或生产企业名称等信息应明确，且应注明"供临床试验用"字样。

对照用兽药应采用合法产品，选择时应遵循同类可比、公认有效的原则。在试验方案及报告中应阐明对照兽药选择的依据，对二者在功能以及适应证上的可比性进行分析，并明确其通用名称、含量、规格、批号、生产企业、有效期及质量标准推荐的用法用量等。对照用兽药使用的途径、用法、用量应与质量标准规定的内容一致。

临床试验用兽药和对照用兽药均需经省级以上兽药检验机构检验，检验合格的方可用于临床试验。

（3）菌（毒、虫）种　人工发病使用的菌（毒、虫）种应明确，一般需采用已被认可的标准株。采用其他来源的菌（毒、虫）种，应提供详尽的背景资料，包括来源、权威部门鉴定报告和主要生物学特性等。

（4）效应指标的选择　正确选择效应指标是观察并做出判断的基础，对保证研究结论的客观、准确至关重要。主要效应指标一般应具有关联性、客观性、精确性、灵敏性和特异性。

① 关联性　所选指标与研究目的有本质的联系，应与疗效和安全性密切相关，并能确切反映受试兽药引起的效应。

② 客观性　临床试验应选择具有较强客观性的指标，或建立对定性指标或软指标观测的量化体系，以减少或克服观测过程中因研究者主观因素造成的偏倚。客观性包括两个方面的含义：一是指标本身应具有客观特性，能通过适当的手段和方法被客观地度量和检测，并以一定的量值表述其观测结果；二是指度量、观测的客观性，即度量、观测的结果应能恰当、真实地反映其状态及程度。

③ 精确性　包括准确性和可靠性，前者反映观测值与真实值接近的程度，后者表示观

测同一现象时，多次结果取得一致或接近一致的程度。

④ 灵敏性　灵敏性高可以提高观测结果的阳性率，但需注意灵敏性过高所导致的假阳性结果。

⑤ 特异性　选择的指标应能反映效应的专属性，且不易受其他因素干扰。

除此之外，应该看到许多疾病往往表现为机体功能、代谢、组织结构等多方面的综合改变，对所使用兽药的反应也可能是多方面的，因而评价药物效应的指标也必须是综合性的。一般来说，如果有必要而且可能，应从临床症状、体征指标、功能或代谢指标、病原学和血清学等多方面设置观测指标，以便能对疗效做出全面综合的判定。

（5）疗效判定　对疗效的判定必须有客观、明确、操作性强的标准。疗效等级通常划分为痊愈、显效、有效和无效。应该注意的是，不同的疾病有不同的临床过程，对治疗药物的反应也不尽相同，因而疗效的等级划分也不是一概而论的。

4. 试验记录

临床试验承担单位应对所有数据和整个试验过程作详尽的记录，并按规定保存及管理，以备审核人员进行检查。

5. 统计方法

对试验数据的分析处理，一般要借助适宜的统计方法。选用的统计方法是否正确，直接关系到统计推断的合理性及结论的科学性。

临床研究统计资料一般可分为计量资料和计数资料。不同类型的数据资料，需采用不同的统计分析方法，不可混淆。

6. 结论推导

结论的外推是建立在对资料、数据的分析，统计学显著性检验的基础上，由样本的信息推及总体的过程。结论外推时需以研究样本的同质性为基础。

结论的推导应兼顾差异的统计学意义和实际临床意义。如果某种新的防治措施，既具有临床意义，又具有统计学意义，这将是我们所期望的。若疗效的比较时，其差异具有临床意义，但达不到统计学显著水平，此时应考虑试验样本是否足够大。

7. 临床试验报告

临床试验报告是反映兽药临床试验研究设计、实施过程，并对试验结果作出分析、评价的总结性文件，是正确评价兽药是否具有临床应用价值的重要依据。

临床试验单位应对其出具的临床试验报告盖章确认，并对试验报告的真实性负责。临床试验负责人和主要参与人员需在临床试验报告上签字，并负有职业道义和法律责任。

临床试验承担单位应符合农业农村部规定的相关资质要求。负责新兽药临床试验的研究者应具有兽医师以上资格和相关试验所要求的专业知识和工作背景。

三、靶动物安全性试验

应选用健康的靶动物进行试验，一般采用与临床应用相同的给药途径、间隔时间和疗程。

以推荐的临床用药剂量为基础设置不少于三个剂量组，一般为 1 倍、3 倍、5 倍剂量组，必要时设置 10 倍剂量组。

观察指标一般应包括临床体征、血液学指标、血液生化指标、二便等，有条件或必要时可进行剖检和组织病理学检查。

四、实验性临床试验

1. 一般性原则

在试验设计和具体实施过程中，应严格控制试验条件，将可能影响试验结果准确性的因素降低至最低限度。保证试验各组处于相同的试验环境下，并有可靠的隔离措施。试验各组的处置方法应明确，包括给药剂量、给药途径及方式、给药时间及间隔、给药周期、观察时间和动物的处置等。给药剂量的选择、单次给药剂量的设定、给药周期的确定等都应以药效学试验和安全性试验的数据为依据。要做到剂量科学准确，对不同试验个体应做到给药确实平均等。

2. 人工发病或复制病症模型

（1）受试动物　一般采用健康动物。对动物的饲养管理应达到一级或一级以上实验动物的管理要求。受试动物来源、品种、日龄、性别、体重、健康状况、免疫接种、日粮组成及饲养管理等背景资料应清楚，同一试验应尽可能使用背景相对一致的动物。

（2）发病或造模方法　人工发病或造模，一般应采用被广泛认可的方法。采用新方法时，应说明新方法的优势及其建立的依据，包括菌（毒、虫）种、药物、人工环境等致病因素的选择，染毒或给药途径的选择，剂量筛选过程，染毒后的生物学效应，应附研究数据和必要的文献资料。

应清晰、详尽地描述发病的方法和过程，并对发病是否成功做出评价。

（3）试验分组　试验各组的设置取决于所考察兽药的特性，也与是否要进行有效剂量的筛选有关。一般应设置不少于三个剂量的组（即高、中、低剂量组，中剂量为拟推荐剂量）和三个对照组（即兽药对照组、阳性对照三个剂量的试验组和阴性对照组）。

3. 自然病例的临床试验

以自然发病的动物作为受试对象时，病例选择的准确性至关重要。为此，研究者应制定病例选择的诊断标准、纳入标准、排除标准以及病例剔除和脱落的条件。在确定合格受试动物时，诊断标准、纳入标准和排除标准互为补充、不可分割，以避免产生选择性偏倚。

（1）诊断标准　诊断标准是指能够准确诊断一个疾病或证候的标准。选择或制定的诊断标准应符合特异性、科学性、客观性和可操作性原则，一般可考虑采用：①国家统一标准，由政府主管部门、全国性学术组织制定的诊断标准；②高等农业院校教科书记载的有关诊断标准；③地方性学术组织制定的诊断标准。采纳诊断标准时应说明标准来源或出处。没有现行标准或现行标准存在缺陷时，应自行制定或完善相关诊断标准。诊断标准的内容不仅包括临床诊断或辨证，还应有必要的病理剖检，生理生化指标检测，血清学、病原学诊断等数据作为佐证，保证病例纳入的准确性。

主治病症定位为中兽医证候的，除了以中兽医理论进行辨证、制定病例诊断的证候标准外，一般还应在对病症实质进行分析的基础上，尽可能采用适当的现代兽医学诊断指标（生理生化、病理变化、血清学、病原学等）。某些疾病临床有不同分型或分期，且不同型、期有其明显的临床特征者，应明确分型或分期。

（2）病例纳入标准　纳入标准是指合格受试动物所应具备的条件。在一项具体的研究中，被纳入研究的对象，除应符合诊断标准外，研究者还必须根据具体的研究目的及实施的可行性，对研究对象的其他条件同时做出规定，一般包括病型、病期、病程、品种、年龄、性别、体质、胎次以及其他情况。选择的病例可以来自不同养殖场或兽医诊疗单位，但各动物个体不能有过大的差异。

（3）病例排除标准　排除标准指不应该被纳入研究的条件，如同时患有其他病症或合并症者，已接受有关治疗可能影响对效应指标观测者，伴有影响效应指标观测及结果判断的其他生理或病理状况（如生殖周期），以及其他偶然性因素。

（4）病例记录表　病例记录表是收集、记录第一手临床数据的表格。病例记录表的设计非常重要，蹩脚的表格可能导致填写的内容不可靠、收集的数据不完整。在设计病例记录表时，应仔细对照试验设计中的观测指标，力求周密细致、简明清晰。

研究者应确保将任何观测结果和发现准确而完整地记录在病例记录表上，记录者应在表上签名并加注日期。

（5）试验分组　一般设置高、中、低三个剂量组和阳性药物对照组，预防试验还应设置阴性对照组。

五、扩大临床试验

1. 一般性原则

一般采用健康动物或自然发病的病例，对病例的选择应有确切的诊断标准和恰当的纳入标准，以降低品种、体格、性别等因素对试验结果的影响。

2. 试验设计

（1）试验分组　治疗试验一般设置推荐剂量组和药物对照组，预防试验设置推荐剂量组、兽药对照组和不处理对照组。推荐剂量应有试验依据。

（2）给药方案　推荐剂量、给药方法和疗程等应与标准、说明书草案中的推荐用法相一致。

六、临床试验报告

兽药临床试验报告是反映兽药临床试验研究设计、实施过程，并对试验结果做出分析、评价的总结性文件，是正确评价兽药是否具有临床实用价值的重要依据，是兽药注册所需的重要技术资料。报告撰写者负有职业道义，报告出具单位负有法律责任。

临床试验报告不仅要对试验结果进行分析，还需重视对临床试验设计、试验管理、试验过程进行完整表达，能对兽药的临床效应做出合理评价，以阐明试验结论的科学基础。一个设计科学、管理规范的试验只有通过科学、清晰地表达，它的结论才易于被接受。兽药临床试验报告的撰写表达方法、方式直接影响着受试兽药的安全性、有效性评价。因此，试验报告的撰写方法和方式十分重要。

真实、完整地描述事实，科学、准确地分析数据，客观、全面地评价结局，是撰写试验报告的基本准则。只有可靠真实的试验结论才能经得起重复检验，而经得起重复检验是科学品格的基本特征。

以下临床试验报告的结构和内容适用于兽用中药和天然药物的临床试验报告的撰写。中药的临床试验报告应该分析和重视描述受试兽药在适应证、靶动物、使用方法等方面的中医中药特色。

以下临床试验报告的结构和内容仅对一般临床试验报告的结构框架和内容要点进行了说明。由于临床试验的复杂性，报告结构和内容需根据研究的具体情况进行适当的调整，而且随着临床试验研究水平的不断提高，临床试验报告撰写的方法也将不断改进与完善。

临床试验报告的结构与内容如下。

（1）报告封面或扉页

① 报告题目。

② 临床试验单位盖章及日期。声明已阅读了该报告，并对报告的真实性负责。

③ 主要研究者签名和日期。

④ 临床试验实施单位盖章及日期。

⑤ 主要研究者对研究试验报告的声明。声明已阅读了该报告，确认该报告准确描述了试验过程和结果。

⑥ 执笔者签名和日期。

（2）报告目录　包括每个章节、附件、附表及所在起始页码。

（3）缩略语　正文中首次出现的缩略语应规范拼写，并在括号内注明中文全称。应以列表形式提供在报告中所使用的缩略语、特殊或不常用的术语定义及度量单位。

（4）报告摘要　报告摘要应当简洁、清晰地说明以下要点，通常不超过 600 字。

① 试验题目。

② 试验目的及设计方法。

③ 研究结果。

④ 有效性和安全性结论。

（5）报告正文

① 试验题目。

② 前言。一般包括：受试兽药研究背景；研究单位和研究者；目标适应证和试验动物或病例、治疗措施；受试动物样本量；试验的起止日期；临床试验审批；制定试验方案时所遵循的原则、设计依据；申请人与临床试验单位之间有关特定试验的协议或会议等应予以说明或描述。简要说明临床试验经过及结果。

③ 试验目的。应提供对具体试验目的的陈述（包括主要、次要目的）。具体说明本项试验的受试因素、受试对象、研究效应，明确试验要回答的主要问题。

④ 试验方法。

试验设计：概括描述总体研究设计和方案。如试验过程中方案有修正，应说明原因、更改内容及依据。对试验总体设计的依据、合理性进行适当讨论，具体内容应视设计特点进行有针对性的阐述。提供样本含量的具体计算方法、计算过程以及计算过程中所用到的统计量的估计值及其来源依据。

随机化设计：详细描述随机化分组的方法和操作，包括随机分配方案如何随机隐藏，并说明分组方法，如中心分配法、各试验单位内部分配法等。

研究对象：应描述受试动物的选择标准，包括所使用的诊断标准及其依据，所采用的纳入标准和排除标准、剔除标准。注意描述方案规定的疾病特定条件，描述特定检验、分级或体格检查结果；描述临床病史的具体特征，如既往治疗的失败或成功等；选择研究对象还应考虑其他潜在的预后因素和年龄、性别或品种因素。应对受试动物是否适合试验目的加以讨论。

以疾病与病症结合方式进行研究的，既要明确疾病诊断标准，又要列出中兽医证的诊断标准。

人工发病或人工复制模型的临床试验，应描述试验动物的来源、种类、品种或品系、日龄、体重、性别分布、健康及免疫接种状况等。同样也应对受试动物是否适合试验目的加以讨论。

对照方法及其依据：应描述对照的类型和对照的方法，并说明合理性。应说明对照用兽药与临床试验用兽药在功能和适应证方面的可比性。

试验过程：应描述受试兽药的名称、来源、规格、批号、包装和标签。提供对照用兽药的说明书。如果涉及菌、毒、虫种，应说明来源、毒力大小、染毒途径、染毒剂量以及染毒后发病的情况等。

具体说明用药方法（即给药途经、剂量、给药次数、用药持续时间、间隔时间），应说明确定使用剂量的依据。

疗效评价指标与方法：应明确主要疗效指标和次要疗效指标。

对于主要指标，应注意说明选择的依据。应描述需进行的实验室检查项目、时间表（测定日、测定时间、时间窗及其与用药的关系）及测定方法。

适应证为中兽医证候的，应注意描述对相关证候疗效的评价方法和标准。

安全性评价指标与方法：应明确用以评价安全性的指标，包括症状、体征、实验室检查项目及其时间表、测定方法、评价标准。

明确预期的不良反应：描述临床试验对不良反应观察、记录、处理、报告的规定。说明对试验用药与不良事件因果关系、不良事件严重程度的判定方法和标准。

质量控制与保证：临床试验必须有全过程的质量控制，应就质量控制情况做出简要描述。在不同的试验中，易发生偏倚、误差的环节与因素可能各不相同，应重点陈述针对上述环节与因素所采取的质控措施。

数据管理：临床试验报告必须明确说明为保证数据质量所采取的措施，包括采集、核查、录入、盲态审核、数据锁定等措施。

统计学分析：描述统计分析计划和获得最终结果的统计方法。

重点阐述如何分析、比较和统计检验以及离群值和缺失值的处理，包括描述性分析、参数估计（点估计、区间估计）、假设检验以及协变量分析（包括多中心研究时中心间效应的处理）。应当说明要检验的假设和待估计的处理效应、统计分析方法以及所涉及的统计模型。处理效应的估计应同时给出可信区间，并说明计算方法。假设检验应明确说明所采用的是单侧检验还是双侧检验。如果采用单侧检验，应说明理由。

⑤ 试验结果。建议尽可能采用全数据集和符合方案数据集分别进行疗效分析。对使用过受试兽药但未归入有效性分析数据集的受试动物情况应加以详细说明。

应对所有重要的疗效指标（分主要和次要疗效指标、证的指标学）进行治疗前后的组内比较，以及试验组与对照组之间的比较。多中心研究的各中心应提供多中心临床试验的各中心小结表。该中心小结表由该中心的主要研究者负责，须有该单位的盖章及填写人的签名。内容应包括该中心受试动物的入选情况、试验过程管理情况、发生的严重和重要不良事件的情况及处理、各中心主要研究者对所参加临床试验真实性的承诺等。

临床试验报告需要进行中心效应分析。

应描述严重的不良事件和其他重要的不良事件。应注意描述因不良事件（不论其是否被否定与药物有关）而提前退出研究的受试动物或死亡动物的情况。严重不良事件和主要研究者认为需要报告的重要不良事件应单列进行总结和分析。应提供每个发生严重不良事件和重要不良事件的受试动物的病例报告，内容包括病例编号、发生的不良事件情况（发生时间、持续时间、严重度、处理措施、结局）和因果关系判断等。

⑥ 讨论。在对试验方法、试验质量控制、统计分析方法进行评价的基础上，综合试验结果的统计学意义和临床意义。对受试药物的疗效和安全性结果以及风险和受益之间的关系做出讨论和评价。其内容既不应是结果的简单重复，也不应引入新的结果。

围绕受试兽药的治疗特点，提出可能的结论、开发价值，讨论试验过程中存在的问题及对试验结果的影响。鼓励探讨中兽医理论对临床疗效和安全用药的指导作用，提倡通过病证结合进行疗效分析。

⑦ 结论。说明本临床试验的最终结论，重点在于安全性、有效性最终的综合评价，明确是否推荐申报注册或继续研究。

⑧ 参考文献。列出有关的参考文献目录。

（6）附件

① 所在省兽医行政管理部门出具的临床研究批件。

② 最终的病例记录表（样张）。

③ 农业农村部对涉及一类病原微生物临床试验的批件。

④ 对照用兽药的说明书、质量标准，临床试验用兽药（如为已上市药品）的说明书。

⑤ 严重不良事件及主要研究者认为需要报告的重要不良事件的病例报告。

⑥ 多中心临床试验的各中心小结表。

第七节　质量标准的制定

自 1984 年《药品管理法》颁布实施以来，药品的质量标准成为生产中必须遵循的法定依据。制定药物质量标准必须坚持质量第一，遵循"安全有效、技术先进、经济合理"的原则，药品标准应起到促进药品质量提高和择优发展的作用。所有正式批准生产的药品包括中药材饮片及制剂、辅料和基质都要制定质量标准。目前中药质量标准的研究对象主要是药材和成方制剂。药材质量标准的制定包括名称、基源、药用部位、采收加工、性别、鉴别、检查、浸出物、含量测定、炮制、性味与归经、功能与主治、用法与用量、注意、贮藏等。成方制剂质量标准的制定包括名称、处方、制法、性状、鉴别、检查、含量测定、功能与主治、用法及用量、注意、规格、贮藏等。以上质量标准的内容并不是每味中药材或中成药都具备的项目，不同的剂型是不相同的。根据《兽药管理条例》和《兽药注册管理办法》的相关规定，兽用中药、天然药物质量标准是中药研究与评价的重要依据。对于兽用中药、天然药物制剂，拟定了质量控制的指导原则。

中药的质量控制要从中药的生产中多方面进行研究：原料、工艺、质量标准、稳定性、包装等，进行系统的质量控制。

一、 制定质量标准的原则

1. 基本原则

必须坚持质量第一，充分体现安全有效、技术先进、经济合理的原则，并尽可能采用先进标准，以达到提高药品质量、保证择优发展和促进对外贸易的目的。

要从生产、流通、使用等各个环节去考察影响药品质量的种种因素，针对性地规定检测项目，从而加强药品内在质量的控制。

检验方法的选择应根据"准确、灵敏、简便、快速"的原则，强调方法的实用性，采纳国内外科研成果及先进经验，考虑国内实际条件，反映新技术的应用及发展，持续完善并提高检测水平。标准中的限度规定要密切结合实际，保证药品在生产、贮存、销售和使用过程中的质量。

2. 处方及原料

① 处方中的药材应符合法定药材标准的要求。无法定标准的药材，应研究建立相应的药材标准，并附带鉴定报告。

② 处方中的提取物应符合法定标准的要求。制备方法、工艺参数等均应与法定标准一致，保留原提取物标准中的含量测定方法。

③ 中西复方制剂处方中的化学药品应符合法定标准，并有合法的来源。

④ 处方中含有毒性药材时，应将处方量和制成量，用量与毒性药材法定标准中规定的日用剂量进行比较，确认其安全性。

⑤ 和国家标准要求相一致的剂型，其处方药味、剂量比例应与已上市标准相一致。

⑥ 所有的药材要明确种类和来源。

3. 制备工艺

① 应按照《兽用中药、天然药物提取纯化工艺研究技术指导原则》，明确工艺路线、提取溶剂、提取次数、纯化条件、浓缩干燥时间等工艺控制参数。

② 应进行至少 3 批、1000 个制剂单位的 10 倍以上的中试试验，以考察中试放大后工艺的稳定性和可操作性。

③ 所用辅料应符合药用辅料标准要求，以确保安全性和有效性。

④ 工艺无质的改变的产品，生产工艺应与已上市标准基本一致。

制定药品质量标准是为了用药安全有效合理、质量稳定均一达到用药要求、控制监督管理药品质量。药品标准包括国家药品标准和企业药品标准，国家药品标准包括 2020 年版《中华人民共和国药典》、药品注册标准、临床试验用药标准和监测期药品标准，而企业药品标准包括使用非成熟、非法定方法和标准规格高于国家法定标准。其制定原则要求保证以下四点：

① 科学性：考虑来源、生产、流通及使用等环节影响药品质量的因素。设置科学检测项目；建立可靠的检测方法；规定合理判断标准、限度。

② 先进性：质量标准反映现阶段国内外药品质量控制的先进水平。注重新技术和新方法的应用；采用国际药品标准的先进方法；促进我国药品标准的国际化。

③ 规范性：按照药监部门法律、规范和指导原则要求，药品标准的体制格式、文字术语、计量单位、数字符号及通用检测方法等应统一规范。

④ 权威性：国家药品标准具有法律效力，体现科学监管理念。文献资料的查阅及整理和全面分析药物的研制、开发和生产结果是药品质量标准制定的基础，文献资料包括：全新创新药物以结构相似化合物的资料作参考；仿制药物要系统查阅有关文献资料。药物的研制、开发及生产要考虑药物结构、理化性质、杂质、纯度及内外稳定性；影响药品质量的生产工艺过程、贮存运输条件；药物生物学特性（药理、毒理和药代动力学）。一个科学、完整的新药质量标准应能全面地反映新药评价的各个方面。

"安全""有效"是药品质量标准制定的前提，必须是研究成熟后的处方、原辅料和制备工艺所制备的中药试剂产品，并进行质量研究和制定标准。即以下三个先决条件。

① 处方固定：在制定质量标准之前，必须要求处方固定，各原料的数量准确无误方可进行质量标准的研究和实验设计。

② 原料及辅料的稳定：除药用部位、产地、采收加工和加工的质量优劣外，还有药材的真伪及地区习惯用药品种的鉴别与应用。

③ 制备工艺稳定：生产工艺过程、贮存环境和运输条件。

二、质量标准的起草

中兽药品标准系根据药物来源、生产工艺及贮运过程中的各个环节所制定的，用以检测药品质量是否达到用药要求并衡量其质量是否稳定均一的技术规定。药品标准是药品技术监督的依据。

（一）国家标准

由国家制定并颁布的药品标准即为国家药品标准，系国家站在公众立场为保证药品质量而规定的药品所必须达到的最基本的技术要求。国家药品标准包括《中华人民共和国药典》和由国家卫健委颁布的其他药品标准（以下简称部颁标准）。部颁标准是现行药典内容的补充，若部颁标准与下一版药典有相同品种而记载内容不相符，执行时以药典为准。国家药品标准均由国家药典委员会负责制定和修订，由国家卫健委颁布，在全国实施。国家药品标准属于强制性标准。不能达到国家药品标准要求的药品，不得作为药品销售或使用，全国药品（包括药材）生产、经营、使用和检验单位都必须遵照执行。

（二）地方标准

地方标准指各省、自治区、直辖市使用的中药材，除《中华人民共和国药典》与部颁标准已收载的品种外另行颁布的标准，如《四川省中药材标准》《江苏省中药材标准》《贵州省中药材标准》《黑龙江省中药材标准》等。

省、自治区、直辖市卫生厅（局）对本地区内确有历史习用的药材品种（不包括国家标准收载的药材品种），应制定地方药材标准。地方药材标准收载的药材称"地区性民间习用药材"，只准在本地区内销售使用。调往外省（自治区、直辖市）销售使用的，必须经调入省（自治区、直辖市）卫生厅（局）批准，否则外省（区、市）可按"假药"处理。

（三）中药材质量标准的内容

《中华人民共和国药品管理法》规定："药品必须符合国家药品标准或者省、自治区、直辖市药品标准。"

名称：系指中药材的名称。

基源：系指中药材的来源。

性状：为中药材的宏观特征。

鉴别：经验鉴别、显微鉴别、一般理化鉴别、色谱鉴别、光谱鉴别。

检查：包括杂质、水分、灰分、酸不溶性灰分、重金属、砷盐、农药残留量、有关的毒性成分及其他必要的检查项目。

浸出物：主要针对目前尚无成熟的含量测定方法或所测成分含量低于万分之一的品种，常用的有醚浸出物、醇浸出物和水浸出物的测定。

含量测定：系指药材中某类成分或某一成分的含量测定。

1. 质量标准制定的一般原则

质量标准主要由检测项目、分析方法和限度三方面内容组成。

在全面、有针对性的质量研究基础上，充分考虑药物的安全性和有效性，以及生产、流通、使用各个环节的影响，确定控制产品质量的项目和限度，制定出合理、可行的并能反映产品特征和质量变化情况的质量标准，有效地控制产品批间质量的一致性及验证生产工艺的稳定性。质量标准中所用的分析方法应经过方法学验证，应符合"准确、灵敏、简便、快速"的原则，而且要有一定的适用性和重现性，同时还应考虑原料药和其制剂质量标准的关联性。

2. 质量标准项目和限度的确定

（1）质量标准项目确定的一般原则　质量标准项目的设置既要有通用性，又要有针对性（针对产品自身的特点），并能灵敏地反映产品质量的变化情况。

（2）质量标准限度确定的一般原则　质量标准限度的确定首先基于对兽药安全性和有效性的考虑，并应考虑分析方法的误差。在保证安全有效的前提下，可以考虑生产工艺的实际情况，以及兼顾流通和使用过程的影响。研发者必须注意工业化生产规模产品与进行安全性、有效性研究样品质量的一致性，也就是说，实际生产的质量不能低于进行安全性和有效性试验样品的质量，否则要重新进行安全性和有效性评价。

（3）质量标准的格式和用语　质量标准应按照现行版中国兽药典和《兽药质量标准编写细则》的格式和用语进行规范，注意用词准确、语言简练、逻辑严谨，避免产生误解或歧义。

三、质量标准的起草说明

中药质量标准起草说明是说明标准起草过程中，制定各项目的理由及规定各项指标和检测方法的依据；也是对该药品从历史考证、药材的原植（动、矿）物品种、生药形态鉴别、成方制剂的处方及制作方法，到它们的理化鉴别、质量控制、临床应用、贮藏等方面资料的汇总。

1. 编写原则

① 起草说明不属于药品法规，也不是药典的注释，而是制定各项目的说明。内容和文字，特别是名词、术语要力求与药典相一致。计量单位等统一按照药典"凡例"中的规定要求进行编写。

② 起草说明包括理论性解释和实践工作中的经验总结。尤其是对中药的真伪鉴定和质量控制方面的经验及试验研究，即使不够成熟，若有实用意义也可编写在内。

③ 每篇起草说明都应写明作者、审核人的单位、姓名、职称或职务以及日期。

2. 起草说明内容

（1）中药材及中药制剂

① 来源（历史沿革）。扼要说明始载于何种本草，历来本草的考证及历代本草记载中有无品种改变情况，目前使用和生产的药材品种情况，以及历版药典的收载、修订情况。

② 名称。对正名选定的说明，历史名称、别名或国外药典收载名。

原植（动）物：原植（动）物形态按常规描写。突出重点，同属两种以上的可以前种为主描述，其他仅写主要区别点，学名有变动的应说明依据。

生境：野生或栽培（有无 GAP 基地）。

主产地：主产的省、市、自治区名称，按产量大小次序排列。地道药材产地明确的可写出县名。

采收时间：采收时间与药材质量有密切关系的，采收时间应进行考察，并在起草说明中列入考察资料。

采收加工：产地加工的方法，包括与主产地不同的方法或有关这方面的科研结果。

③ 性状。正文描述性状的药材标本来源及彩色照片。增修订性状的理由，由于栽培发生性状变异，应附详细的质量研究资料。未列入正文的某些性状特点及缘由。各药材标本间的差异，多品种来源药材的合写或分写的缘由。曾发现过的伪品、类似品与本品性状的区别点。性状描述中其他需要说明的有关问题。

④ 成分。摘引文献已报道的化学成分。注意核对其原植（动、矿）物品种的拉丁学名，应与标准收载的品种一致。化学成分的中文名称后用括号注明外文名称，外文名用小写，以免混淆。有些试验研究结果，应注明是起草时的试验结果还是引自文献资料。

⑤ 鉴别。收载各项鉴别的理由，包括修订上版药典鉴别内容的理由。老药工对本品经验鉴别的方法。理化鉴别反应原理。起草过程中曾做过的试验，但未列入正文的显微鉴别及理化试验方法。薄层色谱法实验条件选择的说明。多来源品种各个种的鉴别试验情况。伪品、类似品与正品鉴别试验的比较，并进一步说明选定方法的专属性。显微鉴别组织或粉末特征应提供彩色照片，照片应标注各个特征，并附标尺或放大倍数，薄层色谱应附彩色照片，光谱鉴别应附光谱图。所有附图附在最后。

⑥ 检查。正文规定各检查项目的理由。实验数据（包括历版药典起草中曾做过的实验数据及修订本版药典时所做的实验数据），规定各检查项限度的理由。

⑦ 含量测定。选定测定成分和测定方法的理由，测定条件确定的研究资料。测定方法的原理及其研究资料（方法学验证如重现性、精密度、稳定性、回收率等研究资料）。实验数据以及规定限度的理由。液相色谱、气相色谱等。

⑧ 炮制。简述历代本草对本品的炮制记载。本品的炮制研究情况（包括文献资料及起草时研究情况）。简述全国主要省份炮制规范收载的方法，说明正文收载炮制方法的理由。正文炮制品性状、鉴别及规定炮制品质量标准的理由和实验数据。

⑨ 药理。叙述本品的文献报道及实际所做的药理实验研究结果（如抑菌、毒性、药理作用等的结果）。

⑩ 性味与归经；功能与主治；用法与用量；注意；贮藏。

此外，需特殊贮存条件的应说明理由；综合文献报道及工作中曾碰到的伪品、类似品的情况，能知道学名的写明学名；起草说明中涉及的问题，如系从书刊中查到的应用脚注表示，参考文献书写按《药物分析杂志》的格式，次序按脚注号依次排列；如附说明与伪品、类似品的区别，尽可能附正品与伪品、类似品的药材照片。显微特征（组织与粉末）及色谱鉴别、含量测定均应附照片或图。

（2）植物油脂和提取物

① 历史沿革。说明标准收载、修订情况，若为分列或合并的请注明理由。

② 来源。提取物的来源，扼要说明其以何种原植（动）物及部位加工制得，目前的使用和生产现状。

③ 名称。说明命名的依据，挥发油和油脂应突出所用原植物名称，粗提物应加上提取溶剂名称，有效部位提取物应突出有效部位名称，有效成分提取物应以有效成分名称命名。

④ 制法。粗提物和有效部位提取物应列出详细的制备工艺，应说明关键的各项技术指标和要求的含义，以及确定最终制备工艺及主要参数的理由。对药材的前处理方法进行说明，包括粉碎、切制等。已有国家标准的提取物制法原则上应统一工艺；如制法有重大差异，应予以说明并进行必要的区分，并说明工艺过程中需注意的事项。

⑤ 性状。挥发油和油脂应规定外观颜色、气味、溶解度、相对密度和折射率等。粗提物和有效部位提取物应规定外观颜色、气味等。有效成分提取物应规定外观颜色、溶解度、熔点、比旋度等。其他需要说明的有关问题。

⑥ 鉴别。收载各项鉴别的理由，操作中应注意事项；包括修订上版药典鉴别的理由。理化鉴别反应原理。色谱法实验条件选择的说明，并说明其专属性和可行性。应建立中药色谱特征图谱。包括色谱条件的选择、供试品溶液的制备、特征图谱的建立和辨识、中药提取物和原药材之间的相关性分析、方法学验证、数据处理等。特征图谱应满足专属性、重现性和可操作性的要求。中药色谱特征图谱应附图，要求清晰真实，附在起草说明的最后一项中，按《药物分析杂志》的格式要求绘制。

⑦ 检查。正文规定各检查项目的制定理由，对药典附录与通则规定以外的检查项目除说明制定理由，还要说明其限度制定的理由。试验数据，规定各检查项限度的理由。作为注射剂原料的提取物还应对其安全性等检查项进行研究，并按照相应注射剂品种项下的规定选择检查项目，列出控制限度及列入质量标准的理由。

⑧ 含量测定。规定含量测定的理由。测定方法的原理及其研究资料（包括各项实验条件确定的依据及方法学验证如重现性、精密度、稳定性、回收率等研究资料）。实验数据以及规定限度的理由。

⑨ 稳定性研究。应提供光照、温度、湿度（包括含水量）等因素对提取物稳定性影响的实验数据，确定使用期、有效期的建议或说明。列表附在最后页。需特殊贮存条件的应说明理由。

⑩ 本标准尚存在的问题，今后的改进意见。

此外，起草说明中涉及的问题，如系从书刊中查到的应用脚注表示，参考文献书写按《药物分析杂志》的格式，次序按脚注号依次排列。附图与附表按顺序依次排列。

复习思考题

1. 简述中药饲料添加剂的试验研究思路及技术路线。
2. 简述中药饲料添加剂的试验研究选题原则。
3. 结合养殖业生产上迫切需要解决的问题，中药饲料添加剂的研究范围如何选择？

4. 简述中药饲料添加剂研究的选题方法。

5. 中药饲料添加剂的处方筛选应该注意哪些因素？

6. 剂型的选择应该考虑哪几个方面的问题？

7. 剂量的筛选应该注意哪些影响因素？

8. 药学研究提取方法包括哪几种？

9. 简述传统中药粉碎的方法。

10. 中药制颗粒的目的是什么？

11. 简述中药制颗粒的方法。

12. 叙述稳定性试验研究的基本要求和考察项目。

13. 简述抗微生物中药饲料添加剂试验、防病保健用中药饲料添加剂试验、抗寄生虫中药饲料添加剂试验、促生长中药饲料添加剂饲喂试验的方法。

14. 叙述急性毒性试验、亚慢性毒性试验、特殊毒性试验的方法。

15. 临床研究的基本内容是什么？

16. 简述实验性临床试验的原则和方法。

17. 简述扩大临床试验的原则和方法。

18. 制定质量标准的原则是什么？

第四章

中药饲料添加剂的制备

学习目的：

① 了解中药饲料添加剂原料的炮制目的和方法。

② 掌握中药饲料添加剂制作的基本技术。

③ 学习中药饲料添加剂常用的加工方法。

中药饲料添加剂原料药材必须净制后方可进行切制或进一步炮制等处理，其成品统称为饮片。药材经过炮制后制得的饮片是可直接用于临床或制剂生产使用的处方药品，是供临床调剂及添加剂生产的配方原料。

炮制是制备中药饮片的一门传统制药技术，也是中医药学特定的专用制药术语，历史上又称"炮炙""修治""修事"。南北朝刘宋时代雷教的《雷公炮炙论》以炮炙作书名，而在正文中多用"修事"；明代李时珍在《本草纲目》药物正文中设"修治"专项；清代张仲岩的炮制专著《修事指南》，用"修事"作书名而正文中用"炮制"。从历代有关资料来看，虽然名称不同，但记载的内容都是一致的，而且多用"炮制"和"炮炙"两词。从字义上来看，"炮"和"炙"都离不开火，而这两字仅代表中药炮制技术中的两种火处理方法。随着社会生产力的发展，以及人们对医药知识的积累，对药材炮制加工的技术超出了用火处理的范围，"炮炙"两字已不能确切反映和概括药材加工处理的全貌，现代多用"炮制"一词。其中，"炮"代表各种与火有关的加工处理技术，而"制"则代表各种更广泛的加工处理方法。

第一节　中药饲料添加剂原料的炮制

一、炮制的目的

中药来源于自然界的植物、动物和矿物等，有野生也有家种（养殖）。这些原药材在采收后，经过产地加工而成为中药材，它们或个体粗大，或质地坚硬，或含有泥沙杂质及非药用部位，或具有较大的毒副作用等，一般不可直接用于临床，需要经过加工炮制，使之成为饮片后方能使用。中药所含化学成分复杂，疗效多样，因此中药炮制的方法也是多方面的。由于炮制方法不同，一种药物往往可同时具有多种作用，这些作用虽有主次之分，但彼此之间又有密切的联系。一般认为，中药炮制的目的有以下几个方面。

（1）降低或消除药物的毒性及副作用　毒性中药是中药的重要组成部分，也是中医用药的一大特色，这类药物虽有较好的疗效，但直接应用于临床毒性或副作用较大，而通过炮制后，可以降低其毒性或副作用。历代医家对毒性中药的炮制都很重视，如川乌、草乌、附子、半夏、天南星、甘遂、大戟、马钱子、斑蝥等中药的炮制，各代都有许多解毒的方法；或浸渍，或漂洗，或清蒸，或单煮，或加入辅料共同浸渍、蒸、煮、炒等。研究表明，乌头中的乌头类生物碱及其降解产物具有较强的强心、解热、镇痛、镇静等作用，炮制后既可保证其临床疗效，又可明显降低毒性。又如苍耳子、蓖麻子、相思子等一类含有毒性蛋白质的中药，经过加热炮制后，其中所含毒性蛋白质因受热变性而达到降低毒性的目的。炮制也可除去或降低药物的副作用。如汉代张仲景在《金匮玉函经》中明确指出，麻黄"生则令人烦，汗出不可止"。说明麻黄生用有"烦"和"出汗不止"的副作用，用时"皆先煮数沸"和"去上沫"，便可除去其副作用。明代李时珍在《本草纲目》中指出"干漆要炒熟，不尔损人伤胃"，以示干漆要通过炒或煅等制法除去副作用。苍术中的挥发油具有"燥性"，通过麸炒，可以除去苍术中的部分挥发油，缓和"燥性"。

（2）改变或缓和药物的性味　中药的性味主要是以寒、热、温、凉（即"四气"）和辛、甘、酸、苦、咸（即"五味"）来表示的。性味偏盛的药物，临床应用时往往会给患者带来一定的副作用。如太寒伤阳、太热伤阴、过辛耗气、过甘生湿、过酸损齿、过苦伤胃等。药物经过炮制，可以改变或缓和药物偏盛的性味，以达到改变药物作用的目的。如生甘草，性味甘凉，具有清热解毒、清肺化痰的功效，常用于喉肿、痰热咳嗽、疮疡肿毒。炙甘草性味甘温，善于补脾益气、缓急止痛，常入温补剂中使用，如"四君子汤""甘草汤"中的甘草就使用炙甘草，取其甘温益气之作用，以达补脾益气之目的。由此可见，甘草经炮制后，其药性由凉转温，功能由清泻转为温补，改变了原有的药性。又如生地黄，性寒，具清热、凉血、生津之功，常用于血热妄行引起的吐衄、斑疹、热病、口渴等症。经蒸制成熟的地黄，其药性变温，能补血滋阴、养肝益肾，凡血虚阴亏、肝肾不足所致的眩晕者，均可应用。

（3）增强药物疗效　炮制是增强药物疗效的有效途径和重要手段。药物的药效成分能否较好地从饮片组织细胞内溶解释放出来，将直接关系到药效成分的溶出，从而影响疗效。许多中药经炮制以后，其药效成分溶出率往往高于原药材，这与药材在切制过程中产生变化有关，如细胞破损、表面积增大等，可加快药效成分浸润与渗透、解吸与溶解、扩散等过程的速率。此外，经过炮制中的蒸、煮、炒、煅等热处理后，药材质地和组织结构发生改变，亦可增加某些药效成分的溶出率。如黄连经炮制后，其所含小檗碱在水中的溶出率明显提高。药物在炮制过程中可能产生新成分或者增加有效成分的含量，从而增强疗效。如槐米炒炭后鞣质含量增加，从而增强了止血作用。炉甘石煅制后，碳酸锌转化为氧化锌，增强了解毒明目退翳、收湿敛疮等作用。炮制过程中加入的辅料也可与药物起协同作用，从而增强疗效。如胆汁制南星能增强南星的镇痉作用，甘草制黄连可使黄连的抑菌效力提高数倍，由此可见，药物经炮制后可以从不同方面增强其疗效，改变或增强药物的作用趋向。中药的作用趋向是以升、降、浮、沉来表示的。中药通过炮制，可以改变其升、降、浮、沉的特性。如生莱菔子，升多于降，用于涌吐风痰；炒莱菔子，降多于升，用于降气化痰、消食除胀。炮制辅料对药物作用趋向的影响至关重要。酒能升能散，宣行药势，是炮制中最常用的液体辅料之一，古人对其作用概括为"酒制升提"。"大黄苦寒"为纯阴之品，其性沉而不浮，其用走而不守，经酒制后能引药上行，先升后降。黄柏禀性至阴，气薄味厚，主降，生品多用于下焦湿热；酒制可减其苦寒之性，并借助酒的引导作用以清上焦之热，如上清丸中用酒制黄柏，转降为升。

（4）改变药物作用的部位或增强对某部位的作用　中药的作用部位常以归经来表示。归经以脏腑、经络为基础，所谓某药归某经，即表示该药对某些脏腑和经络有明显的选择性。如杏仁可以止咳平喘，故入肺经；可润肠通便，故入大肠经。临床上有时因一药入多经，会使其作用分散，而通过炮制进行调整，可使其作用专一。如柴胡、香附、莪术等经醋制后有助于引药入肝经，利于更好地治疗肝经疾病。

（5）便于调剂和制剂　调剂过程需要按处方分称剂量，中药制剂过程一般也要先进行前处理。因此，来源于植物的根、茎、藤、木、花、果、叶等植物类药材，经水制软化，切制成一定规格的片、丝、段、块后，可便于调剂时分剂量、配药方。质地坚硬的矿物类、甲壳类及动物化石类药材，一般不易粉碎和煎出其药效成分，不便于制剂和调剂，因此必须通过加热等处理，使其质地酥脆而便于粉碎。如煅寒水石、煅淬代赭石、自然铜等药材在质坚变为酥脆的同时，也可增加其药效成分溶出，有利于药物在体内的吸收。

（6）洁净药物，利于贮藏保管　药材在采收时常混有泥沙等杂质，并有残留的非药用部位，另外在仓储、运输过程中也可能混入杂质和产生霉变，因此必须经过严格的分离和清洗，使其达到所规定的洁净度，以保证临床用药的卫生和剂量准确。随着技术进步，中药饮片的洁净度受到重视，饮片标准规定了洁净度的限量要求，对于直饮饮片更是规定了控制级的生产环境，如直接口服饮片生产要求达到十万级。先进的灭菌和仓储技术（如辐射灭菌、气体灭菌、微波灭菌等技术）逐渐在行业内推广应用，同时生产环境得到了相应的改进。

（7）矫味矫臭，利于服用　中药一般具有特殊的气味，某些动物类药材（僵蚕、乌贼骨等）、树脂类药材（乳香、没药等）以及其他具有特殊不良气味的药物，往往服后有恶心、呕吐等不良反应。为了便于服用，常用酒制、蜜制、水漂、麸炒、炒黄等方法进行炮制，以起到矫臭、矫味的效果，利于服用。如地龙、乌梢蛇生品具有腥臭气，经酒制后可矫臭、矫味。乳香、没药生品的气味浓烈，通过清炒或醋制可以除去部分挥发油，从而缓和刺激性气味，达到利于服用的目的。

（8）产生新的药物，扩大药用品种　炮制可产生新的药物，满足临床的需要。通过发芽、制霜、发酵、干馏等炮制方法可以将某些原来不入药的物质转变为新的药物，或者使药物通过炮制加工产生新的功用。例如，麦芽是由大麦通过发芽炮制而成的，从而使其具有行气消食、健脾开胃、回乳消胀的功效；红曲是以大米为原料，经发酵而成的曲，发酵后使其具有活血化瘀、消食健胃的功效。

二、炮制的方法

中药炮制的方法很多，有古代炮制分类法和现代炮制分类法。

古代中药炮制的分类多见于历代本草著作的凡例、序论、专篇中。明代缪希雍在《炮炙大法》卷首把当时的炮制方法进行了归纳，这就是后世所说的"雷公炮炙十七法"。

（1）炮　即将药物包裹后烧熟或直接置高温下短时间加热至发泡鼓起，药物表面变焦黑或焦黄色的一种火制方法。现代的"炮"即用炒法将药物炒至微黑，如炮姜；或以高温砂炒至发泡，去砂取药，如炮甲珠等。

（2）爁　是对药物进行焚烧烘烤之意。如《局方》云："骨碎补，爁去毛。"

（3）煿　《玉篇》云："爆，落也，灼也，热也。"《说文》云："灼也，暴声。"《广韵》云："迫于火也。"徐铉云："火裂也。是以火烧物，使之干燥爆裂。"此法常用于具有硬壳果实类药材的炮制。

（4）炙　《说文》云："炮肉也，从肉在火上"，是将药物置火上烤黄、炒黄或用液体辅料拌润翻炒至一定程度的炮制方法。现已基本统一，"炙"即药物加液体辅料后，用文火炒干，或边炒边加液体辅料，直至炒干。

（5）煨　陶弘景谓为"糖灰炮"，即将药物埋在有余烬的灰火中缓慢令熟的意思。

（6）炒　汉代以前"炒"法少见，多为"熬"法，只是使用的工具有所不同，但均是将药放入容器内置于火上加热，使之达到所需的程度。雷敩时代已有麸炒、米炒、醋炒、酒炒等加辅料炒法，宋代《局方》中记述的炒法更多，现在炒法已成为炮制操作中的一类主要方法。

（7）煅　古代又称为"燔""烧""炼"等，是将药物在火上煅烧的方法。多应用于矿物药与贝壳类药物的炮制。

（8）炼　是指将药物长时间用火烧制，其含义比较广泛，如炼丹、炼蜜等。

（9）制　为制药物之偏性，使之就范的泛称。通过制，能改变某些药物固有的性能，汉代即已应用姜制厚朴、蜜制乌头、酒制大黄等。可见制的方法较多，并随辅料、用量、温度、操作方法等不同而变化，常对不同药物做不同的处理。

（10）度　指度量药物大小、长短、厚薄、范围等。随着历史的发展，后来逐步改用重量来计量。现在"度"多指衡量事物的发展过程及标准程度。如乌头、附子水漂至微有麻舌感为度；种子类药材炒至种皮爆裂、香气逸出为度；蜜炙药物炒至辅料渗入药材内部不粘手为度等。

（11）飞　指"研飞"或"水飞"，研飞为干磨，使成细粉；水飞为加水研磨，取其混悬液，干燥后可得极细粉末，如水飞朱砂、水飞炉甘石等。

（12）伏　一般指的是"伏火"，即药物按一定程序于火中处理，经过一定时间的烧制，达到一定的要求。药物不同，伏火的要求亦不同，如伏龙肝系指灶下黄土经长时间持续加热而成，其中氧化物较多，呈弱碱性，已非一般黄土。

（13）镑　是利用一种多刃的刀具，将坚韧的药物刮削成极薄的片，以利调剂和制剂，如镑檀香、镑牛角等，现代多用其他工具代替。

（14）㪣　打击、切割之意，使药材破碎。

（15）晱　即晒。如白居易诗中有"其西晱药台"的记载。

（16）曝　是指在强烈的阳光下暴晒。

（17）露　指药物不加遮盖地日夜暴露，即所谓"日晒夜露"，如露乌贼骨、露胆南星。

上述十七法因历史的变迁，其内涵有的较难准确表述，但可窥见明代以前中药炮制的大概状况。随着医药的发展，炮制方法不断增多并日趋完善，已远远超出了十七法的范围，但其对中药炮制的基本操作至今仍有一定的影响。

历版《中华人民共和国药典》（以下简称《中国药典》）一部附录收载的"中药材炮炙通则""中草药炮制通则""药材炮制通则""炮制通则"中多采用以净制、切制、炮炙划分中药炮制方法，各类项下有更具体的分类方法。2020 年版《中国药典》四部收载的"炮制通则"依据中药炮制工艺的全过程将其分为净制、切制、炮炙和其他四大类，其中净制包括挑选、筛选、风选、水选、剪、切、刮、削、剔除、酶法、剥离、挤压、㸆、刷、擦、火燎、烫、撞、碾串等方法；切制项下明确指出，除鲜切和干切外，均需进行软化处理，其方法有喷淋、抢水洗、浸泡、润、漂、蒸、煮等；炮炙包括炒、炙法、制炭、煅、蒸、煮、炖、煨；其他包括㸆、制霜、水飞、发芽、发酵等。

具体方法如下：

（1）修制法

① 纯净处理　采用挑、拣、簸、筛、刮和刷等方法，去掉原料药材的杂质、泥土和非药用部分，使药物清洁纯净。

② 粉碎处理　采用捣、碾、锉等方法，将药物外形改变，使之压碎或碾成粉末，便于进一步炮制、制剂和服用。

③ 切制处理　根据原料药材的性质和不同用药要求，采用手工或机械切、铡的方法，将原料药材切成片、段、块、丝等许多规格，既保持片形，又不致破碎，便于其他炮制、调剂或服用，使有效成分容易煎出。

（2）水制法

① 洗　用水洗去药材表面的泥土、杂质或淘去杂质等。

② 泡　将药物放在水中浸泡，使其软化，便于切片。有毒原料药材尚需常换浸泡液，以去除毒性。浸泡时间须根据药材的大小、粗细、质地分别确定。

③ 润　用少量清水反复淋洒药物，并覆盖湿物，或将原料药材放于适合的容器中，使清水或其他辅料徐徐入内，在不损失或少损失药效的前提下，用麻袋等物盖严，使水分不致蒸发而均匀地渗入全药，使药材软化以便于切制。操作时应勤检查，防止发霉变质。浸润时间依据原料药材而定。

④ 漂　将原料药材放入清水或长流水中浸渍，经常换水，以漂去其臭味、腥味或毒性成分，便于制剂和应用。

⑤ 水飞　是将不溶于水的原料药材，利用粗细不同的粉末在水中沉降的速度不一致的原理选取极细粉末的方法。取药物粉碎成粗粒，入容器内加水同研，倾出混悬液，再加水反复研磨至无沉渣，将混悬液澄清，去上清液晒干。经水飞后药物纯洁细腻，易于吸收，刺激性小，加工中又能减少药物的损失。

三、火制

（1）烘　将原料药材放在近火的地方或特制的烘箱中，使其干燥，便于粉碎或贮藏。

（2）焙　将原料药材放在锅、瓦片或铁丝网上，用文火使其干燥，以利于粉碎，还能去除腥臭味。

（3）煨　少量可用面皮将药材包好后，埋在火灰里，至面熟，去掉面皮用。可去除某些挥发性物质或刺激性物质。如果量多时，可以用面皮将原料药材包好后直接在锅中炒，或放在炒热的沙或滑石粉中烫至面皮变黄，取出剥去面皮即可。

（4）炒　药物经炒后，可以破坏或清除其中的某种成分，适当改变其性能，减低药物的刺激性或副作用，缓和过寒、过燥的偏性，有矫臭、矫味、健脾等作用，且便于粉碎、贮藏和有效成分的煎出。根据是否加辅料分为清炒和辅料炒两种。

① 清炒　不加任何辅料，将药物炒至所需程度，有炒黄、炒焦、炒爆和炒炭4种方法。

a. 炒黄：即微炒，就是将药物放在锅内，以微火短时间加热，炒至药材表面微带黄色或鼓起，内部保持原色。即以能看出炒过的痕迹，能嗅到原药材有气味放出为度。药物炒黄，能减轻寒性并能矫味，如炒山药、炒神曲、炒麦芽等。

b. 炒焦：是将药物表面炒至焦黄或焦褐色、内部黄色，并有焦香气味。药物炒焦后，有增强健脾、消食作用，如焦山楂等。

c. 炒爆：将种子类原料药材入锅内炒至大部分爆炸或出白花即可，如炒莱菔子、炒王不留行、炒紫苏子、炒白芥子、炒牵牛子等，有逢子必炒之说。

d. 炒炭：将原料药材放入锅内炒至冒烟，使药物表面炒至焦黑、内部焦黄，即外部炭化、内部存性为度。然后喷水止住火星，再微炒去掉水分取出，凉至完全冷透待用。药物制炭后，止血作用增强，如地榆炭、侧柏叶炭、大蓟炭等。

② 辅料炒　根据不同需要，将药物加一定量的固体辅料同炒至所需程度。常用的辅料有灶心土、麦麸、大米、滑石、盐和蛤粉等，如盐炒益智仁、补骨脂、杜仲、巴戟天等。也可采用液体炒，就是将原料药材放入锅内，炒热后，取出放入其他容器，再将液体喷洒在药物上，同时搅拌混匀，如酒炒知母、黄柏、大黄，醋炒香附、延胡索、吴茱萸、莪术等。

（5）炙　与炒在操作意义上基本相同，不过炙的方法是先加入一定量的液体辅料在锅中加热煮沸后，再加入药物同炒，使其渗入药物内部，能起到改变药性、增强疗效或减低毒副作用和使药物容易粉碎等作用。常用的辅料有蜂蜜、酒、醋、盐水、姜汁等，其方法分别称为蜜炙、酒炙、醋炙、盐水炙、姜汁炙等。生产实践中以蜜炙者居多，操作时将蜜入锅加热，再加一倍水化开至沸，立即将切好的饮片加入搅拌均匀稍闷，然后炒至水分去净，药材以不粘手为度。

（6）炮　传统的做法是将原料药材埋在热炭中，炮至药材爆裂。现代有用高热铁锅将药材入锅急炒，炒至药材外黑色内焦褐色、体胀膨裂即可。也有将药材放入已炒热的细砂或滑石粉、蛤粉等辅料中烫炮，如骨碎补、阿胶和龟板等。

（7）煅　将药物直接或间接用火煅烧，使药物纯净、松脆、易于粉碎，如石膏、龙骨、牡蛎、代赭石和紫石英等。或便于有效成分煎出或改变药物性能，加强疗效。一般矿物类药物直接火上煅烧至红透，或立即放入醋或清水内，后者称为煅淬。某些需制炭的药物，如血余炭、棕榈炭等，应在耐火容器中密闭煅烧。

（8）燎　将原料药材放在无烟的火焰上燎到表面起泡变黄的方法，对有些动物药材有消毒作用。

四、水火共制

既用火又用水，或加入其他液体辅料加工处理的方法。常用的有蒸、煮、焯、淬、露5种方法。

（1）蒸　将原料药材放在蒸笼里蒸，即用蒸汽或隔水加热来改变药性的方法。可分为清蒸、拌蒸、直接蒸和间接蒸等。

① 清蒸　将经过加工处理清洁的原料药材，不加任何辅料进行蒸的方法，如山萸肉、女贞子等。

② 拌蒸　将原料药材拌上酒、姜汁等辅料同蒸，如酒大黄、酒拌蒸生地变熟地、砂仁拌蒸地黄等。

③ 直接蒸　将原料药材直接放在蒸笼内蒸熟，如狗脊、薤白等。

④ 间接蒸　将原料药材置入铜罐、瓦罐或铅罐内隔水蒸透，如制黄精、制大黄等。

（2）煮　将原料药材加水同煮，由于目的不同方法也异。若降低药物毒性煮后要去水，如川乌、草乌、南星、半夏用甘草、生姜同煮，硫黄与豆腐同煮；去除杂质者，如制玄明粉，取芒硝与萝卜同煮；增强疗效者，如醋煮延胡索、何首乌与黑豆同煮，厚朴与生姜同煮等均不去水。

（3）焯　是将原料药材快速放入沸水短暂煮过，然后快速取出的方法。多用于种子类药材的去皮和肉质多汁类药材的处理，如焯杏仁、桃仁、白扁豆、马齿苋、天门冬等。

（4）淬　本法是将原料药材煅红后迅速投入冷水或液体辅料中，使其松碎的方法，如醋淬自然铜、鳖甲，黄连煮汁淬炉甘石等。

（5）露　用蒸馏的方法来制造药液，如银花露、薄荷露等。此法用于含挥发油的紫苏、薄荷、桂皮、桉叶、败酱草，含液状生物碱的槟榔、苦参、秦艽、石榴皮等。药物通过以上处理，可以增强疗效、减低毒性、改变性能、便于贮藏。

五、其他制法

根据药物的不同要求进行的一些特殊加工方法，如发芽、发酵、制霜和药拌等。

（1）发芽　即将种子类药物发芽至一定长度，然后干燥药用，如谷芽、麦芽、玉米芽等。

（2）发酵　即将药物置于一定温度下发酵，如神曲、酒曲、淡豆豉等。

（3）制霜　即将种子类药物去掉部分油脂，或将芒硝放入西瓜中置于通风处，使表面析出白霜。如巴豆去油为巴豆霜，千金子去油为千金霜等。

（4）药拌　将被拌的原料药材制成饮片洒水翻动，同时撒上辅料，使浸湿的药材浸透拌上辅料，如朱砂拌麦冬、茯苓、灯心草等。

第二节　中药饲料添加剂制作的基本技术

一、粉碎

粉碎是指借机械力将大块固体物质粉碎成适用程度的碎块、粗粉、细粉或微粉的过程，是中药制剂生产中常用的工艺之一，散剂（包括超微粉）可以经粉碎后直接制成制剂。

1. 粉碎技术

常用的粉碎技术有干法粉碎、湿法粉碎、低温粉碎、超微粉碎等。

（1）干法粉碎　将药物适当干燥，使药物中的水分降低到一定程度（一般少于5%）再进行粉碎的方法，包括单独粉碎、混合粉碎和特殊粉碎。

① 单独粉碎　俗称单研，即将一种药物单独粉碎，常用于易发生氧化还原的药物（如硫黄、雄黄等）、细料贵重药物（如牛黄、羚羊角、麝香、人参等）、刺激性药物、毒剧药物（如红粉、轻粉、马钱子等）、黏性较大的树脂类药物（如乳香、没药、安息香等）、挥发性药物（如冰片、薄荷脑等）以及作为包衣材料和特殊用途的药物的粉碎。

② 混合粉碎　将两种以上药物同时进行粉碎的方法。混合粉碎中的药料硬度、密度、粉性等性质应相近。混合粉碎可避免一些黏性药物或热塑性药物单独粉碎时的困难，又可使粉碎与混合操作同时进行，是目前中药添加剂生产中常用的粉碎方法。

③ 特殊粉碎　当处方中含有大量油脂性药材（如桃仁、杏仁、紫苏子、牛蒡子）时，不易直接粉碎，且易黏附筛网，可采用串油法粉碎。即先将其他药材混合粉碎成粗粉，再与油性药材混合进行粉碎。当处方中有大量含黏液质、糖类、胶类或树脂等黏性较大的药材（如天冬、麦冬、熟地黄）时，直接粉碎常发生黏结，过筛困难，可采用串料法粉碎，即先将其他药材混合粉碎成粗粉，然后与黏性药材混合，在 60℃ 左右使其充分干燥，再进行粉碎。当处方中含有难以粉碎的动物类药材及滋补药材时，可先将这些药材蒸煮，将其他药材粉碎成粗粉，与蒸后药材混匀，低温干燥后再粉碎。

（2）湿法粉碎　将药料加入适量水或其他液体进行研磨粉碎的方法。选用的液体一般是以药物不溶解、不膨胀、不影响药效为原则。对于某些刺激性较强或有毒药物，用本法粉碎可避免粉尘飞扬。

（3）低温粉碎　在粉碎前或粉碎过程中，将药料进行冷却的粉碎方法。低温粉碎常用于常温下粉碎困难的物料，如软化点低、熔点低及热可塑性物料（如树脂、树胶、干浸膏等），挥发性及热敏性物料的粉碎。

（4）超微粉碎　是指利用机械或流体动力的方法将物料粉碎至微米甚至纳米级微粉的过程。微粉具有一般颗粒不具有的一些特殊理化性质，如良好的流动性、吸附性、分散性及化学反应活性等。

2. 粉末细度

粉末细度主要通过过筛控制，筛孔的大小决定了粉末的粗细。《中国兽药典》依据国家标准（R40/3 系列）列出 9 种筛号分等和 6 种粉末分等。加工时根据添加剂对粉末细度的要求，考察粉碎方式、温度、筛孔规格等参数，筛选出最佳条件。

二、煎煮法

煎药是中药汤剂在使用前的最后一道工序，液体饲料添加剂多采用此法。中药煎煮对药物的疗效有重要的影响，直接关系到临床效果。

1. 基本原则

（1）煎药人员的要求　煎药人员应具备一定的中药专业知识，严格遵守煎药操作规程。

（2）煎药器具的选择　中药汤剂的质量与选用的煎药器具有着十分密切的关系。一般选用陶器砂锅、不锈钢或搪瓷器皿，避免直接接触铁、铅和有害塑料制品等，以免发生化学反应，影响疗效或污染药液。

（3）煎药用水　煎药用水目前常用的是自来水、井水或洁净的河水。加水量根据中药的吸水性大小、煎药时间长短、水分蒸发的多少以及所需药液的多少来具体掌握。

（4）煎煮次数　一般药物煎煮 2 次，补益药或质地坚硬的药物可煎 3 次。

（5）煎煮火候和时间　根据各类药剂的不同特点应用不同的火候和时间，可最大程度地煎出有效成分和保留有效成分。一般药应先用武火煮沸，再用文武火交叉煎煮。头煎煮沸后 20～25 分钟，二煎煮沸后 15～20 分钟。

2. 注意事项

（1）浸泡　煎药前中药饮片一定要浸泡，因为中药大多数是植物类干品，有一定的体积和厚度。因此，在煎煮前必须用冷水在室温下浸泡，使中药饮片湿润变软、细胞膨胀，产生一定的渗透压，使有效成分渗透扩散到细胞组织外部的水中，有利于有效成分的溶出。浸泡时间应根据药材的性质而定，一般花、茎、全草为主的药材浸泡 30 分钟，根、根茎、种子、果实等为主的药材可浸泡 1 小时。但浸泡时间不宜过长，以免引起药物有效成分酶解或药品的腐败。

（2）煎药前是否要清洗　根据具体情况而定。因为中药中有很多药是粉末的，如滑石粉等，会被洗掉。还有中药饮片中的水溶性成分在洗的过程中会与水一起流失掉。蜜炙、麸炒的中药饮片也会被洗掉。

（3）药渣是否挤压　药煎好后即将药液滤出，末煎应将药渣挤压，使药渣内药液残留量减至最少。

（4）浓缩　头煎、二煎药液合并静置澄清，取上清液再加热浓缩至合适量。

（5）外用药的煎煮　外用熏洗药一般用药量大，且多含药性猛烈或毒性的中药，煎煮时加水量要适当增加，采用武火、文火交替煎煮，煎出液要比内服药多 2～3 倍。外搽药要少而浓，加水量适当减少。凡外用药一般均要趁热使用，以利有效成分透皮吸收。

3. 特殊药物的煎煮

需特殊处理的药物按常规煎煮法难于煎煮、煎透，必须采用特殊的煎法，以保证汤剂的质量。矿石、贝壳、角甲类、有毒药均需先煎，以增加药物有效成分的溶出或降低药物的毒性，增加安全性和有效性；气味芳香、含挥发性成分的药物或久煎易破坏有效成分的中药饮片需后下；花粉类、细小种子类、中药粉散剂、霜散剂不易与水完全接触而易漂浮于水面，要用布袋包煎；含淀粉、黏液质较多的种子类药物，易粘锅、糊化、粘底的亦要包煎；附生绒毛的药剂，为避免绒毛脱落混入药液刺激咽喉引起咳嗽也要包煎。

4. 含大剂量草药或剂量特别大的中药的煎煮

某些处方中有大剂量的草药，或者每剂的用药量特别大，如按常规煎煮，煎出的药液量很多，患者无法服用；如加水太少，药材无法浸透，大部分有效成分不能煎出，达不到应有的治疗效果。对这类中药应采用的煎煮方法有煎汁代水法、分煎合汁法、多汁浓缩法，目的是能最大程度地煎出有效成分，保证中药质量，发挥最佳疗效。

5. 毒性、烈性中药的煎煮

毒性、烈性中药除了先煎外，煎药器具使用后应反复擦洗，必要时煮过后再用，以免毒性、串味、串色而影响药物疗效和煎剂质量。

6. 煎药机煎煮的优缺点

目前大多数医院使用煎药机煎药。煎药机煎药有很多优点，如煎煮效率高、药汁均匀、灭菌不易变质、携带方便、可根据药量和类别设定煎煮温度和时间、药渣经过压榨可使药液残留量减少、自动过滤、分装省时省力等。但也存在一些问题：多数煎药机的煎药装置是密封系统，呈压力锅状态，在较高压力下，温度为 100℃时水不易呈沸腾流动状态，不利于有效成分溶出；超过 100℃有效成分易破坏，且由于密封，煎煮过程中水分没有蒸发或较少蒸发，按常规加水量，煎煮完毕后药液得量较多，如果不加浓缩，药液清淡量多。

三、浸提

1. 浸渍法

浸渍法是既简便又最常用的一种浸出方法。除特别规定外,浸渍法在常温下进行,如此制得的产品,在不低于浸渍温度条件下能较好地保持其澄明度。浸渍法尤其适用于有效成分遇热易挥发和易破坏的药材,但操作时间较长,且往往不易完全浸出有效成分。

(1) 传统浸渍法 可在常温或适当加温条件下进行,常温浸渍可长达数月,加温浸渍也需数日。浸出溶剂用量可以采用定量浸出,也可用适量浸提溶剂浸取,然后稀释至一定量。习惯上大多结合添加剂配方药材的性质、当地气温条件和长期生产实践的经验,对具体品种采用略有不同的浸出条件和方法。

(2) 药典浸渍法 取适当粉碎的药材,置于有盖容器中,加入规定量的溶剂密盖,搅拌或振摇,浸渍 3~5 天或规定的时间,使有效成分浸出。倾取上清液、过滤、压榨残渣,收集压榨液与滤液合并,静置 24 小时,过滤即得。本法的浸出是用定量的浸出溶剂进行的,所以浸出液的浓度代表着一定量的药材。制备的关键在于掌握浸出溶剂的量,对浸液不应进行稀释或浓缩。

(3) 多次浸渍法 药材吸液引起的成分损失,是浸渍法的一个缺点。为了提高浸提效果,减少成分损失,可采用多次浸渍的方法。浸渍法中药渣所吸收的药液浓度是与浸液相同的,浸出液的浓度愈高,由药渣吸液所引起的损失就愈大,多次浸渍法则能大大地降低浸出成分的损失量。

2. 渗漉法

渗漉法是往药材粗粉中不断添加浸出溶剂使其渗过药粉,从下端出口流出浸出液的一种浸出方法。渗漉时,溶剂渗入药材细胞中溶解大量的可溶性物质之后,浓度增高,相对密度增大而向下移动,上层的浸出溶剂或稀浸液置换其位置,造成良好的浓度差,使扩散较好地自然进行,故浸出效果优于浸渍法,提取也较完全,而且省去了分离浸出液的时间和操作。除乳香、松香、芦荟等非组织药材因遇溶剂易软化成团,会堵塞孔隙使溶剂无法均匀地通过药材,而不宜用渗漉法外,其他药材都可用此法浸出。

(1) 单渗漉法 将药材粗粉放在有盖容器内,再加入药材粗粉量 60%~70% 的浸出溶剂均匀湿润后,密闭,放置 15 分钟至数小时,使药材充分膨胀后备用。另取脱脂棉一团,用浸出液湿润后,轻轻垫铺在渗漉筒的底部,然后将已湿润膨胀的药粉分次装入渗漉筒中,每次投入后,均要压平。松紧程度视药材及浸出溶剂而定,若为含醇量高的溶剂则可压紧些,含水较多者宜压松些。装完后,用滤纸或纱布将上面覆盖,并加一些玻璃珠或瓷块之类的重物,以防加溶剂时药粉冲浮起来。向渗漉筒中缓缓加入溶剂时,应先打开渗漉筒浸液出口的活塞,以排除筒内剩余空气,待溶液自出口流出时,关闭活塞,将流出的溶剂再倒入筒内,并继续添加溶剂至高出药粉数厘米,加盖放置 24~48 小时,使溶剂充分渗透扩散。渗漉时,浸液流出速度,除个别制剂另有规定外,一般以 1000 克药材计算,每分钟流出速度为 1~3 毫升或 3~5 毫升。渗漉过程中需随时补充溶剂,使药材中有效成分充分浸出。浸出溶剂的用量,一般药材粉末与浸出溶剂之比为 1:(4~8)。

(2) 重渗漉法 重渗漉法是将浸出液重复用作新药粉的溶剂,进行多次渗漉以提高浸出液浓度的方法。由于多次渗漉,溶剂通过的粉柱长度为各次渗漉粉柱高度的总和,故能提高浸出效率。具体方法是将 1000 克药粉分为 500 克、300 克、200 克 3 份，分别装于 3 个渗漉筒内，先用溶剂渗漉 500 克装的药粉。渗漉时先收集最初流出的浓浸液 200 毫升，另器保存；然后继续渗漉，并依次收集漉液 5 份，每份 300 毫升分别贮存。应用这 5 份漉液，按先后次序渗漉 300 克装的药粉，又收集最初漉液 300 毫升，另器保存，继之又依次收集 5 份漉液，每份 200 毫升，分别保存。再用这 5 份漉液，按先后次序渗漉 200 克装的药粉，收集最初漉液 500 毫升，另器保存；然后再将其剩余漉液依次渗漉，收集在一起供以后渗漉新药粉之用，并将收集的 3 份保存漉液合并，并得 1000 毫升浸出液。由于重渗漉法中一份溶剂能多次利用，故溶剂用量较单渗漉法为少；同时浸出液中有效成分浓度高，可不必再加热浓缩，因而可避免有效成分受热分解或挥发损失，成品质量较好。但在生产中操作较麻烦，费时也较长。

（3）逆流渗漉法　为利用液柱静压，使溶剂自底向上流，由上口流出渗漉液的方法。由于溶剂是借助于毛细管力和液柱静压由下向上移动的，因此，对药材粉末浸润渗透比较彻底，浸出效果好。

（4）加压渗漉法　增加粉柱长度虽能提高渗漉效果，但也增加溶剂通过的阻力，要克服此种阻力，必须加压，故称为加压渗漉法。加压后可使溶剂及浸出液通过粉柱，浓浸液从下口流出。

3. 水蒸气蒸馏法

此法适用于具有挥发性，能随水蒸气蒸馏而不被破坏，与水不发生反应，又难溶或不溶于水的化学成分的提取、分离，如挥发油的提取。本法是将药材的粗粉或碎片浸泡湿润后，直火加热蒸馏或通入水蒸气蒸馏，也可在多能式中药提取罐中对药材边煎煮边蒸馏，药材中的挥发性成分随水蒸气蒸馏而带出，经冷凝后收集馏出液，一般需再蒸馏 1 次，以提高馏出液的纯度或浓度，最后收集一定体积的蒸馏液。但蒸馏次数不宜过多，以免挥发油中某些成分氧化或分解。

四、精制

1. 水提醇沉法（水醇法）

（1）基本原理　利用多数中药有效成分既可以溶解在水中，也可以溶解在适当浓度乙醇中的特性，在中药水提浓缩液中加乙醇使其达到适当的浓度，高分子杂质沉淀析出，经固液分离达到精制目的。

（2）操作要点　药液浓缩；药液冷却；加醇方式；密闭冷藏；洗涤沉淀。

2. 醇提水沉法（醇水法）

（1）基本原理　与水提醇沉法相同。

（2）应用　含黏液质、蛋白质、糖类等水溶性杂质较多药材的提取。

3. 盐析法

（1）基本原理　无机盐的加入导致蛋白质类成分的水化层脱水、溶解度降低而沉淀。

（2）应用　主要用于蛋白质类成分的精制，也常用于芳香水剂中挥发油的分离。

（3）操作要点　盐的浓度；离子强度；pH 值；温度；挥发油的提取与分离；脱盐。

4. 透析法

（1）基本原理　利用小分子可以透过半透膜，而大分子不能透过的特性，对分子量不同的物质进行分离。

（2）操作要点　预处理；加温；保持浓度差。

5. 吸附澄清法

（1）基本原理　在中药水提浓缩液中加入澄清剂，促使微粒絮凝沉降后经分离去除而达到精制的目的。

（2）操作要点　药液浓度；澄清剂加入量；成分的性质；温度。

6. 大孔树脂吸附法

（1）基本原理　利用大孔树脂具有的良好的网状结构和极高的比表面积，可从中药提取液中选择性地吸附药效成分而达到分离与纯化的目的。

（2）操作要点　洗脱溶剂；大孔吸附树脂的极性。

第三节　常用的加工方法

中药饲料添加剂的加工方法很多，可以根据生产实践中所做添加剂剂型而选用。基于我国养殖业现状，在目前生产实践中所用中药饲料添加剂剂型不外乎液体剂型和固体剂型两类。

一、中药液体添加剂的制作

中药添加剂的液体剂型因制作的原料药材不同，所获得剂型也略有差异。采用中药原料药材直接进行煎煮，所获得的最为常见的剂型就是汤剂，煮剂、煎剂、沸水泡剂等都涵盖其中。以人工提取物配制的液体制剂又有合剂、芳香剂、口服液等。

1. 以生药饮片制作的汤剂

本剂型又称汤液，系指将药物用煎煮或浸泡去渣取汁的方法制成的液体剂型。中药饲料添加水剂多为复方，所含成分相当复杂，有水溶性成分，可呈分子态分散在溶剂中，有些呈胶体粒子存在。而脂溶性成分与水共煎时由于天然乳化剂的存在可呈乳化状态，一些难溶性物质又以微粒状态共存于水剂中，因此汤剂是真溶液、胶体、混悬液和乳浊液的混合液。汤剂除具有制备简单易行、溶剂来源广、无刺激性及无副作用等特点外，口服后不存在崩解和溶出过程，进入胃肠道后可直接被吸收，所以还具有吸收快、显效迅速的优点。但也由于溶剂的限制，有些脂溶性和难溶性成分煎出不完全，使用和携带不便，且易霉败，口服体积大和适口性差等。汤剂制备首先根据制作设备情况，选择不同的制作方法。

（1）煎煮　个体规模较小的养殖用户，可采用传统的砂锅、铜锅、不锈钢锅等煎煮器，将经过处理的添加剂原料药材，加水适量煮沸2～3次，使其有效成分煎出从而获得煎煮滤液，这是制剂中常用的浸出方法之一。生产规模较大时，通常采用钢板镀搪玻璃、不锈钢和木制煎煮器等敞口倾斜式夹层锅煎煮。如属水提，将水和中药装入提取罐后，开始向罐内通入蒸汽进行直接加热。当温度达到提取工艺的温度后，停止向罐内通入蒸汽而改向夹层通蒸汽，进行间接加热，以将罐内温度稳定在规定范围内。如属醇提，则全部用夹层通蒸汽的方式进行间接加热。提取完毕后，将提取好的药液从罐体下部放液口放出，经管道过滤器过滤，然后用泵将药液输送到浓缩工段进行浓缩。

（2）浓缩　采用文火将所获得煎煮滤液进一步浓缩，根据添加配方药材性质，确定浓缩液的浓度，通常浓缩至每毫升浓缩液含生药 1 克为宜。

（3）醇沉　将浓缩液冷置放凉后，加入适当的乙醇，静置或离心，反复数次沉淀，除去其不溶解的物质，最后制得澄明的液体。在加入乙醇时，应使药液含醇量逐步提高，防止一次加入过量的乙醇，使其有效成分一起被沉出。浓缩液中含醇量要根据制作剂型的用途而定。通常当含醇量达到 50％～60％时即可除去淀粉等杂质，含醇量达 75％时可除去蛋白质等杂质，当含醇量达 80％时几乎可除去全部蛋白质和多糖、矿物质类杂质，从而保留了既溶于水又溶于醇的生物碱、苷、氨基酸、有机酸等有效成分。一般而言，口服液制剂采用 75％的乙醇沉降 1～2 次即可。若沉降次数太多，有效物质损失很大，添加效应全无，所以适当掌握沉降次数，是制作口服液剂型的关键。

（4）回收乙醇　在药物沉淀后，将其上清液与药渣分离、过滤，于旋转蒸发仪或其他减压蒸馏设备中，利用乙醇与水的沸点的不同，于约 70℃条件下，将乙醇减压蒸馏回收，以便再用。

（5）抑菌防腐　为了抑制或杀灭细菌而达到防止药物霉变、延长添加药物的保存时间和使用寿命的目的，必须要给药物中加入既能抑制细菌生长，又对畜禽机体无毒无害无不良反应，同时还不影响药物的疗效和检测的抑菌防腐剂。生产实践中常用的抑菌防腐剂有无水乙醇、苯甲酸钠、山梨酸钾、尼泊金酯、洗必泰、苯扎溴铵、碘液、三氯叔丁醇和乳酸等。而尼泊金酯用量为每 100 毫升药液加 0.05 克、苯甲酸钠用量为每 100 毫升药液加 0.3 克、山梨酸钾用量为每 100 毫升药液加 0.5 克。

2. 以人工提取物制作的液体剂型

随着现代制药技术的发展，药物提取工艺的不断提高，许多中药的提取物不断面市，催生了直接用人工提取物制作的液体制剂。方法如下：

（1）称取药物　称取药物前，首先应将天平放置在光洁平稳又无振动的台面上，检查天平的稳定性和灵敏性，称量未知药物重量时，砝码放在天平的右盘，药物放在天平的左盘；称量固定重量时，则正好相反；称重液体时，应将液体置于烧杯中；称重加热药物时，应冷却后再称重；称重时动作要轻，不要突然大幅度增减砝码或药品；称重后，将砝码放归原处，使刀口休止，减少玛瑙等三棱体的磨损。

（2）液体的量取　量器分为化学用量器和普通用量器两类。化学用量器有容量瓶、移液管、滴定管和吸量管等。普通用量器有量筒和量杯两种。准确性高低为移液管＞吸量管＞滴定管＞量筒＞量杯。量管系统是改进了的量器，其特点是准确性增高、量取方便。在量取液体时，要按照要量取液体的多少及精确度，选择适宜的量器，现行的量器刻度是在 20℃时标注的，所以要注意量取药液的温度变化。量取时量器应保持垂直，取眼睛与液体凹液面的最低点在同一水平线上时的读数，不透明液体取表面读数。同一量器只能量取同一种液体，若量取另一种液体时，应洗净后再用。已量取的液体，不得再倒回原容器中。

（3）药液的相对密度　系指物体的重量和同体积 4℃纯水的重量比。每一种药物均有一定的相对密度，根据药物的不同相对密度，可鉴别药物的品种和浓度，还可用于重量与容量的换算。在液体制剂工作中，常用重表、轻表、酒精表测定液体的相对密度，测定时在规定温度下进行，药品一般在25℃，酒精在20℃。测定相对密度应注意以下问题：根据比重计的长短，选择高度合适的容器，将液体倒入容器中，对温度做适当调整，使达到20℃或25℃；将比重计轻轻放入液体中，以防比重计迅速沉到容器底部而碰破；比重计稳定后，以凹液面最低处读数，即为该液体的相对密度，如调整相对密度或含量时，必须先取出比重计，后加溶剂或溶质，搅拌均匀后，再测定。

（4）药物溶质的溶解　是指使溶质均匀分布在溶剂中的操作过程。溶解的方法有冷溶法、热溶法、撒布法、助溶法等。冷溶法适用于溶解度大的药物的溶解；热溶法适用于随着温度升高而溶解度增大的药物的溶解；撒布法适用于胶体药物的调配；助溶法是借助一种助溶剂的作用，使某些溶解度小的药物溶解。溶质在溶剂中溶解难易，由药品本身的理化性质而定。药品分为电解质和非电解质，溶剂分为极性溶剂、半极性溶剂、非极性溶剂。极性溶质溶解在极性溶剂中，非极性溶质溶解在非极性溶剂中。水为极性溶剂，溶解电解质、极性溶质以及与水形成氢键的物质。半极性溶剂为醇、醛、酮、醚，对非极性溶质产生诱导作用，使之具有某种程度的极性，可作中间溶剂，使极性液体与非极性液体容易混合。非极性溶剂能溶解具有相同内聚力的非极性溶质。

（5）溶质溶解过程中的搅拌　搅拌是指用机械力量，使溶液饱和层加速扩散，从而使溶质快速溶解在溶剂中的操作。搅拌可加快药物的溶解、混合均匀，是溶解不可缺少的操作。搅拌通常采用机械搅拌或人工搅拌，人工搅拌因其容易带入污物、微生物，使药液受到污染，故一般多采用直棒式、平桨式、旋桨式、锚式、耙式、带式、涡轮式等机械搅拌，在制剂工作中根据实际情况选用。

（6）液体制剂的过滤　过滤是指用多孔滤材使液体与固体分离的操作，沉降法和虹吸法仅能使液体与固体初步分离，而过滤法则能使液体与固体彻底分离。按照生产实践需要，将颗粒类、编织物类、多孔滤材类、滤纸、棉花、微孔滤膜等过滤用滤材，安放在普通漏斗、布氏漏斗、搪瓷漏斗、滤框、垂熔玻璃滤斗（球）等滤器上，采用常压过滤、减压过滤、加压过滤和离心过滤等方法，对所配制的药液进行过滤。

（7）灭菌　是指在制剂工作中，彻底杀灭或除去繁殖型和芽孢型致病菌和非致病菌的方法，俗称消毒。灭菌方法有物理灭菌法、化学灭菌法等。

（8）用提取物配制液体剂型的方法　以生产实践所需，特介绍以下几种。

① 合剂　是指含有一种或数种可溶性或不溶性药物的澄明或混悬的水溶液，一般以水为溶剂，专供畜禽添加内服。合剂的配制应注意以下几个方面：

a. 易霉败的合剂应加苯甲酸类、山梨酸类、尼泊金类等抑菌防腐剂。

b. 有恶臭异味的合剂应加各种食用香精、糖浆类等芳香剂和矫味剂，以减少刺激味。

c. 有不溶性药物合剂可事先研细，然后加入吐温-80、羧甲基纤维素钠等表面活性剂助溶或助悬。

d. 合剂中如含有醇或流浸膏等则必须在不断搅拌的条件下逐渐加入水中。

e. 合剂中如含有易氧化的药物可加入焦亚硫酸钠、硫脲等抗氧化剂。

f. 某些遇热易分解或挥发性药物不能用热水或加热的方法来配制，挥发性药物应在最后加入。

g. 合剂性质不稳定，故应以临用新制为宜，应放置在避光冷暗处保存。

② 芳香水剂　是指含有挥发油或其他挥发性芳香药物的饱和或近饱和澄明的水溶液。

芳香水剂应具有原药物的气味，但不得有异臭、沉淀和杂质。芳香水剂应临用新制，不宜长期存放。其制法主要有以下 3 种方法。

a. 溶解法。振摇溶解法：即取挥发油 2 毫升或其他挥发性药物细粉 2 克，放置在容器内，加蒸馏水 1000 毫升，用力振摇约 15 分钟，静置。用湿润滤纸过滤，并由滤纸上添加蒸馏水至 1000 毫升，摇匀即得。加分散剂助溶法：即取挥发油 2 毫升或其他挥发性药物细粉 2 克，加滑石粉 15 克或滤纸浆适量研匀，加蒸馏水 1000 毫升，转移至容器内，振摇约 10 分钟，静置后过滤，滤液不清显浑浊时，应反复过滤，直至澄明为止，再由滤纸上添加蒸馏水至 1000 毫升，摇匀即得。增溶法：即一般采用非离子型表面活性剂吐温-80 等作增溶剂，再加蒸馏水至全量，摇匀即得。

b. 稀释法。取 40 倍浓芳香水剂 1 份，加蒸馏水 39 份，稀释后就制成了一般芳香水剂。

c. 蒸馏法。取一定量芳香性药材，放置在蒸馏器中，加蒸馏水为药材量的 20 倍，加热进行蒸馏，使达所需量，静置过滤，至滤液澄明即得。

③ 溶液剂　溶液剂是指非挥发性药物的澄明水溶液，供内服添加用。如需长时间贮存，则应酌加抑菌防腐剂，防止溶液发霉变质。其制备步骤如下：

a. 粉碎。溶质的颗粒越细，与溶剂接触的面积越大，则溶解越迅速，故药物应先粉碎后再称量、溶解。

b. 搅拌。溶质在溶剂中溶解时，其溶质周围先形成饱和溶液，故应不断地搅拌，加速饱和层的扩散，从而使溶解加速、浓度均匀。

c. 加热。一般加热使药物溶解度增大，溶解加速。但受热后溶解度降低或受热不稳定的药物，均应禁止加热。

d. 加助溶剂。某些药物在水中不溶解或微溶，可酌加吐温-80 等助溶剂，以增加溶质的溶解度。

e. 制备胶体溶液。应按分散法配制，即将溶质分次撒布于水面上，形成均匀的薄层，使其与水接触膨胀，产生胶溶作用，配成溶液。

注意事项：化学性质稳定而又是常用的溶液，可配制成高浓度的储备液，供临用时稀释；某些易氧化的药物水溶液，可加入适量抗氧化剂；挥发性或不耐热的药物，应在冷水中加入；溶液剂中可加入对畜禽无害的矫味剂、芳香剂、着色剂、抑菌防腐剂，溶液剂贮存时，需密闭、避光，以临用新制为宜。

二、中药固体添加剂的制作

中药固体添加剂，是指由一种或数种添加药物经粉碎、混匀而制成的粉状药剂。它是古老的剂型之一，生产实践中至今应用颇多。其表面积较大，因而易分散、奏效快，能产生一定的机械性保护作用，且制法简便，剂量可随症增减，便于贮存运输。但由于药物粉碎后表面积大，故其臭味、刺激性、吸湿性及化学活性等也相应增加，使部分药物易发生变化，挥发性成分易散失。故一些腐蚀性强及吸潮变质的药物，不宜配成散剂。

（一）中药添加散剂的制作

中药添加散剂的加工一般应通过粉碎、过筛、混合、分量、质量检查以及包装等程序。首先应按添加配方将原料药材粉碎过筛后，使药粉细度符合制剂要求。由于粉碎、过筛已在前面基本技术中涉及，不再赘述，此处仅就混合、分量和质量要求做一介绍。

1. 混合

混合是让多种固体粉末相互交叉分散的过程，因饲料添加散剂要达到药物均匀分散状态，故混合操作是制备散剂的关键工序。在添加散剂制备过程中，目前常用的混合方法有打底套色法、等量递增法与倍增套色法等。

（1）打底套色法　此系中药饲料添加散剂对药粉进行混合的一种经验方法。所谓"打底"，系指将量少、质重、色深的药粉先放入容器或乳钵中作为基础，然后将量多、质轻、色浅的药粉逐渐分次加入容器或乳钵中搅拌和轻研，使之混匀，即"套色"，可将牛黄、麝香、雄黄和朱砂等色深的药粉套研，混合后的散剂药粉的外观色泽十分凸显。

（2）等量递增法　若药粉等量混合时，一般容易混合均匀。若药物比例量相差悬殊时，则不易混合均匀，这种情况应采用"等量递增法"混合。其方法是取量小的药粉及等量的量大药粉，同时置于混合器中混合均匀，然后加入与混合物等量的量大药粉稀释均匀，如此倍量增加直至加完全部量大的药粉为止，混匀过筛。

（3）倍增套色法　鉴于以上两种混合方法各有利弊，我们吸取各法所长，改进为"倍增套色法"。即以"打底套色法"为基础，仅在套研时注意 $1+1=2$，$2+2=4$，$4+4=8$……的倍增混合操作，其混合结果明显优于原有两法。

（4）混合注意事项　药物粉末混合的均匀程度与各成分的相对密度、比例量和混合时间有关。相对密度相近而比例量大致相差不多的药物，可直接研匀；相对密度悬殊，但比例量相近的药物，因较重的颗粒容易下沉，故应先分别研细，将轻的粉末放入乳钵内，再加入较重粉末。有毒药品或用量较少的药物，应按等量递加稀释法，混合均匀即得。由于有毒药品剂量较小，取用不便，故一般配成倍散，调剂时方便，剂量准确。所配制的倍散，必须着色，以示应警惕。在配制倍散时，应使用二级工业天平，其相对误差在 $\pm2.5\%$。含有非挥发性的液体药物，应先置水浴中蒸干，研细后再与其他粉末状药物混合均匀即得。含有挥发性液体药物，应先加少量吸收剂，如白陶土、磷酸氢钙或散剂中某一粉末药物，吸收后，再与其他药物混合均匀即得。

2. 分量

散剂的分量可依据添加剂量而定。如添加剂量为 1%，100 千克饲料添加量为 1 千克，则以每袋 1 千克包装为好。如添加剂量为 0.5%，100 千克饲料添加量为 500 克，则以每袋 500 克包装为宜。这种以添加剂量为标准、以单位饲料为考量进行分量的方法，方便计量，便于生产实践应用。

3. 质量要求

合格的散剂药粉应干燥、疏松、混合均匀。可取供试品适量，放在光滑纸上，平铺约 5 平方厘米，将其压平，在亮处观察，色泽应均匀一致，无花纹和色斑。

（二）中药预混料的配制

中药预混料是由同类中药饲料添加剂与多种不同类的其他添加剂按一定配方加工而成的匀质混合物。其特点是既要强化其添加功能的实效性，又要遵循绿色环保的安全性，同时还要凸显价廉物美的经济性。选用的添加原料药材不能发霉、腐败变质，必须严格遵守添加产品禁止使用及停药期等法令，严格掌握各种原料的添加剂量、最大安全用量和中毒剂量阈值，在满足使用目的的前提下，尽可能降低成本。根据畜禽不同生长阶段、不同生产性能和不同代谢能而呈现出不同的营养需求和疾病谱系，利用多种添加成分的精确含量和饲料的营养成分及其相互转化率，精确地计算出所配饲料的各种添加成分的重量。为方便生产实践中的应用，常以1％和5％的中药预混料居多，其组合成分是中药粉末、多种维生素、微量元素、常量矿物元素、部分蛋白质饲料、非营养性添加剂和载体等。

1. 制作材料

制作中药预混料的材料很多，通常有载体、稀释剂、吸附剂、中药粉、维生素、微量元素等。

（1）载体 就是一种能够承载吸附中药活性添加成分的物粒。微量的添加成分被载体承载后，其本身若干物理特性发生改变而不再表现出来，而所得"混合物"的有关物理特性基本取决于或表现为载体的特性。一般用于中药预混料的制作，应注意载体本身所含的矿物质、微量元素含量及利用率。常见载体有玉米淀粉、玉米芯粉、麦麸、脱脂米糠、碳酸钙、食盐、二氧化硅、硅酸钙、硅酸铝、蛭石、沸石、海泡石等。在这些载体中，脱脂米糠优于麸皮，其粒度细、密度大，可作为各种预混料的载体。中药饲料添加预混料在配合饲料中所占的比例很小，载体的使用量应恰到好处，过多则增大了预混料在配合饲料中的比例，过少则承载能力不够，影响预混料的质量。一般认为载体的承载能力不会超过载体的自重。即载体重量＝预混料添加比例×配合饲料重量－（中药添加量＋其他添加剂用量）。

（2）稀释剂 稀释剂是混合于微量活性成分中的物质，不具备承载的性能，只是将活性微量成分的浓度降低，并把它们的颗粒完全分开，减少活性成分之间的反应，有利于活性成分的稳定，本身不能被活性成分吸收，也不能被固定或结块。稀释剂必须是动物可食并且无害的物质，不能由于使用稀释剂而导致全价配合饲料或浓缩料的营养价值降低。常用的稀释剂有去胚玉米粉、葡萄糖、蔗糖、烘烤大豆粉、带有麸皮的粗小麦粉、石灰石粉、贝壳粉、白陶土、食盐和硫酸钠等。

（3）吸附剂 吸附剂又叫吸收剂，作用是将活性成分附着在其表面，使液态微量成分变成固态化合物，从而有利于均匀混合。常用的吸附剂有脱脂小麦胚粉、脱脂玉米胚粉、玉米芯碎片、粗麸皮、大豆细粉、谷物、二氧化硅、蛭石和硅酸钙等。

（4）中药饲料添加量 根据添加目的和生产实践中的添加剂量，将具有相应添加功能的中药添加剂加入其中。如有一种中药饲料添加剂，按0.5％添加于饲料中混饲即可。若要将其做成预混料，首先就要知道该预混料在饲料中的比例，然后反推出这种中药饲料添加剂的用量。

（5）常用的维生素 有维生素 A、维生素 B_1、维生素 B_2、维生素 B_3、维生素 B_{12}、维生素 H、维生素 PP、维生素 C、维生素 D、维生素 E 等。

（6）常用的微量元素 有硫酸锰、硫酸铜、硫酸锌、硫酸亚铁、亚硒酸钠、碘化钾、氯化钴、氨基酸锌、氨基酸铜、蛋白精（锌、锰、铜、钴等的氨基酸络合物的混合物）。

2. 制作方法

中药预混料的制作方法很简单，在做好原料预处理的基础上，按照制作流程配制即可。

（1）原料成分的预处理 由于维生素的添加量很少，配制前一般先用少量载体将维生素进行稀释，再与大量原料混合，碘化钾和氯化钴在预混料中用量极微，为便于混合均匀，通常将二者准确称量后，多以1∶（15～20）的比例溶解于水中，再分别按1∶500的比例喷洒在石粉等载体、吸收剂上进行预混合。有些矿物质易吸水结块，所以用时须先行粉碎处理。

（2）制作流程 在选择和准确计算各物的精确用量之后，先行对相应的原料预处理。按照预处理维生素—部分动物蛋白—矿物质—预处理微量元素—中药粉—抗氧化剂—防结块剂—防霉剂等程序进行加工制作。

复习思考题

1. 简述中药饲料添加剂原料的炮制目的。
2. 中药炮制方法主要有哪些？
3. 中药常用的粉碎技术有哪些？
4. 简述中药煎煮的注意事项。
5. 简述中药浸提的方法。
6. 中药精制的主要方法有哪些？
7. 简述中药液体添加剂的制作方法。
8. 中药固体添加剂的制作应该注意哪些影响因素？

第五章

中药饲料添加剂常用单味中药

学习目的：

① 了解各单味中药的异名、用药部位、形态和产地。
② 掌握各单味中药的性味、归经与功效。
③ 学习各单味中药所含的主要有效成分。
④ 熟悉每味中药的药理作用。
⑤ 了解各单味中药的临床应用。

第一节　植物类中药饲料添加剂

艾叶（1）

［异名］艾蒿、家艾。

［用药部位］菊科植物艾的干燥叶。

［形态］多年生草本，高 50～120 厘米。全株密被白色茸毛，中部以上或仅上部有开展及斜升的花序枝，花期 7～10 月。

［产地］生于荒地林缘。分布于全国大部分地区。

［性味与归经］味辛、苦，性温。归肝、脾、肾经。

［主要成分］含挥发油 0.45%～1.00%；含 2-甲基丁醇、2-己烯醛、顺式-3-己烯-1-醇、三环烯等约 60 种成分；含 5,7-二羟基-6,3,4-三甲氧基黄酮、5-羟基-6,7,3,4-四甲氧基黄酮等黄酮类成分；还含镍、钴、铝、铬、硒、铜、锌、铁、锰、钙、镁等元素。

［功效］温经止血，散寒止痛，祛湿止痒。主治吐血、衄血、便血、胎动不安、心腹冷痛、泄泻久痢等病症。

［药理作用］

（1）抗菌作用　艾叶在体外对炭疽杆菌、甲型溶血性链球菌、乙型溶血性链球菌、肺炎双球菌、金黄色葡萄球菌等革兰氏阳性好氧菌皆有抗菌作用。

（2）抗真菌作用　艾叶煎液在 30% 浓度时，可显著抑制许兰氏黄癣菌、许兰氏黄癣菌蒙古变种、狗山芽孢癣菌、同心性毛癣菌、红色毛癣菌、铁锈色毛癣菌、堇色毛癣菌等的生长繁殖。

（3）平喘作用　艾叶油能直接松弛豚鼠气管平滑肌，也能对抗乙酰胆碱、氯化钡和组胺引起的气管收缩现象；野艾浸剂对豚鼠支气管有舒张作用。

（4）利胆作用　艾叶油混悬液0.8毫升/100克使正常大鼠胆汁流量增加91.5%，研究证实，与给药前比较有极显著差异。

（5）抑制血小板聚集作用　艾叶中β-谷甾醇和5,7-二羟基-6,3′,4′-三甲氧基黄酮对抑制血小板聚集有显著作用。

（6）止血作用　艾叶水浸液给兔灌胃有促进血液凝固作用，艾叶制炭后止血作用增强，为临床上常用止血药。

（7）对胃肠道及子宫的作用　野艾煎剂可兴奋家兔离体子宫，产生强直性收缩。粗制浸膏对豚鼠离体子宫亦有明显兴奋作用。

（8）对心血管系统作用　野艾水浸液对离体蛙心有抑制作用。

（9）抗过敏作用　艾叶油0.5毫升/千克灌胃，对卵白蛋白引起的豚鼠过敏性休克有对抗作用，可降低死亡率。

[临床应用]

① 怀孕牛每头每天添加0.4千克艾叶，有保胎作用，有利于胎儿生长，可提高繁殖率。奶牛每头每天添加1.5千克，产奶量提高15.6%。

② 肉兔饲草中添加1/6的艾叶，可以使肉兔增重率提高12.3%，且兔肉细嫩、肉质品味提高。毛兔经常饲喂艾叶，可提高产毛量8%～10%，而且毛质地优良。

③ 肉鸡饲料中添加1.5%～2.5%艾粉，可提高增重10.49%～22.69%；种鸡日粮中添加3.0%的艾叶粉，不仅产蛋量增加明显，而且种蛋的孵化率提高30.5%；产蛋鸡添加1.5%～2%的艾叶粉，产蛋量提高4%～5%。饲喂艾叶的鸡蛋壳色加深，蛋黄呈深黄色或深红色，鸡肉品质得到改善。肉鹅饲喂艾叶粉可改善肉品质。产蛋鹅饲料中添加2%～3%艾叶粉，可提高产蛋量5%～11%，幼鹅成活率提高4%以上。

④ 用鲜嫩艾叶切碎喂草鱼，可增重5%～8%。在精料中添加1%～2%艾叶粉饲喂其他鱼种，生长率也有不同程度的提高。在鲤鱼饲料中添加0.5%的艾叶，可使一龄鲤鱼增重率提高15.4%～22.4%，同池鲢鱼、鳙鱼的生长速率也有显著提高；使网箱养一龄鲤鱼增重率提高14.5%，而且能防治肠出血、烂鳃病等。

艾叶原植物

艾叶

⑤ 艾叶 100 克、黄芪 50 克、肉桂 100 克、钩吻 100 克、五加皮 100 克、小茴香 50 克，共研细末，每只鸡每天 1～1.5 克拌料饲喂，从 10 日龄开始，连喂 40 天，用于鸡增重。

白术（2）

[异名] 山蓟、杨枹蓟、术等。

[用药部位] 菊科植物的干燥根茎。

[形态] 多年生草本。根茎肥厚，块状。茎高 50～80 厘米，上部分枝，基部木质化。茎下部叶有长柄，叶片 3 裂或羽状 5 深裂，裂片卵状披针形至披针形，长 5～8 厘米，宽 1.5～3 厘米，先端长渐尖，基部渐狭，边缘有长或短针刺状缘毛或贴伏的细刺齿，先端裂片较大；茎上部叶柄渐短，狭披针形，分裂或不分裂，长 4～10 厘米，宽 1.5～4 厘米。头状花序单生于枝顶，长约 2.5 厘米，总苞片 5～8 层，膜质，覆瓦状排列，外面略有微柔毛，外层短，卵形，先端钝，最内层多列，先端钝，伸长；花多数，全为管状花，花冠紫红色。花期 9～10 月，果期 10～12 月。

[产地] 现各地多有栽培，以浙江栽培的数量最大。原野生于山区、丘陵地带，野生种产地已绝迹。

[性味与归经] 味苦、甘，性温。归脾、胃经。

[主要成分]

（1）根茎含挥发油，内有 α-葎草烯和 β-葎草烯、β-榄香醇、α-姜黄烯、苍术酮、3β-乙酰氧基苍术酮、芹子二烯酮等。

（2）含倍半萜内酯化合物：苍术内酯-Ⅰ、苍术内酯-Ⅱ、苍术内酯-Ⅲ 及 8β-乙氧基苍术内酯-Ⅱ。

（3）含多炔类化合物：14-乙酰基-12-千里光酰基-8-顺式白术三醇，14-乙酰基千里光酰基-8-反式白术三醇等。

（4）含东莨菪素、果糖、菊糖、具免疫活性的甘露聚糖，以及天冬氨酸、丝氨酸、谷氨酸等。

[功效] 健脾益气，燥湿利水，止汗，安胎。主治脾气虚弱，神疲乏力，食少腹胀，大便溏薄；水饮内停，小便不利，水肿；痰饮眩晕；湿痹酸痛；气虚自汗；胎动不安。

[药理作用]

（1）利尿作用　具有明显而持久的利尿作用，对各种动物如大鼠、兔、狗都有作用。白术不仅可增加水的排泄，也可促进电解质特别是钠的排出，并且钠的排泄还胜于水的排泄。

（2）降血糖作用　家兔灌胃煎剂或浸膏，血糖稍有降低。大鼠灌胃煎剂有加速体内葡萄糖的同化作用因而降低血糖。小鼠内服煎剂有保护肝脏、防止四氯化碳引起的肝糖原减少作用。

（3）强壮作用　能增强网状内皮系统的吞噬功能，对小鼠网状内皮系统呈活化作用，促进小鼠腹腔巨噬细胞的吞噬功能，使巨噬细胞的吞噬百分率、吞噬指数及其溶酶体消化率平均较对照组显著增加。

（4）抗凝血作用　对血小板聚集有明显的抑制作用，煎剂 0.5 克/千克灌胃 1～4 周，能显著延长大鼠凝血酶原的时间。

（5）对心血管系统的作用　有扩张血管作用。对心脏呈抑制作用，剂量过大时可致心脏停搏，麻醉犬静脉注射煎剂 0.1 克/千克，血压轻度下降，注射 0.25 克/千克时，血压急剧下降。

（6）抗肿瘤作用　体外实验表明，白术挥发油对食管癌细胞有明显抑制作用。对 MethA 肿瘤的活性比对照组明显增加，并显著增强 MethA 肿瘤的迟发性超敏反应，还促进植物血细胞凝集素-P 和脂多糖诱导的幼若化反应。

（7）对胃肠平滑肌的作用　能增强兔离体小肠自发性收缩活动，使其收缩幅度加大，抑制肠管的自发运动。

（8）抗菌作用　水浸液在试管内对絮状表皮癣菌、星形奴卡氏菌有抑制作用。煎剂对脑膜炎球菌亦有抑制作用。

（9）促进造血功能　白术煎剂 1 克/千克，0.2 毫升/只皮下注射能促进小鼠骨髓红系造血祖细胞（CFU-E）的生长。对于用化学疗法或放射疗法引起的白细胞下降，有使其升高的作用。

（10）促进蛋白质合成　白术煎剂 10 克/千克灌胃，连续 7 天，明显促进小鼠小肠蛋白质的合成。

［临床应用］

① 白术粉为细末，过 80 目筛，按 0.5％～1％的比例拌于饲料中投喂，可显著增强动物食欲，提高免疫功能。

② 白术 60 克、生姜 30 克，水煎取汁，加红糖 100 克喂服，治疗猪胃肠炎。

③ 白术、干姜、党参、山药各 10 克，加水取汁，候温灌服，治疗猪腹泻。

④ 白术、黄芪、当归、党参、茯苓、陈皮、神曲组成的"猪泻灵"方剂，水煎内服，对防治猪流行性腹泻效果显著。

白术原植物

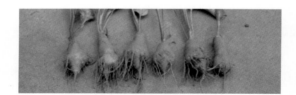

白术根茎

白芍（3）

［异名］白芍药、金芍药。

［用药部位］毛茛科植物芍药的干燥根。

［形态］多年生草本，高 40～70 厘米，无毛。根肥大，纺锤形或圆柱形，黑褐色。茎直立，上部分枝，基部有数枚鞘状膜质鳞片。叶互生；叶柄长达 9 厘米，位于茎顶部者叶柄较短；茎下部叶为二回三出复叶，上部叶为三出复叶；小叶狭卵形、椭圆形或披针形，长

7.5～12厘米，宽2～4厘米，先端渐尖，基部楔形或偏斜，边缘具白色软骨质细齿，两面无毛，下面沿叶脉疏生短柔毛，近革质。花两性，数朵生茎顶和叶腋。花期5～6月，果期6～8月。

[产地] 分布于东北、华北、陕西及甘肃。

[性味与归经] 味苦、酸，性微寒。归肝、脾经。

[主要成分] 根含芍药苷、氧化芍药苷、苯甲酰芍药苷、白芍苷、芍药苷元酮、没食子酰芍药苷、β-蒎-10-烯基-β-巢菜苷、芍药新苷、芍药内酯A、芍药内酯B、芍药内酯C、β-谷甾醇、胡萝卜苷。

[功效] 养血和营，缓急止痛，敛阴平肝。主治自汗、盗汗、月经不调、崩漏、胁肋脘腹疼痛、四肢挛痛、头痛、眩晕等症。

[药理作用]

（1）中枢抑制作用　白芍有明显镇痛作用，有较弱的抗戊四氮致惊厥的作用。芍药苷有较弱的降温和解热作用。

（2）解痉作用　对平滑肌有抑制或解痉作用，能抑制豚鼠离体小肠的自发性收缩，使其张力降低。

（3）抗炎、抗溃疡作用　对酵母性、角叉菜胶性和右旋糖酐性足跖肿胀有不同程度的抑制作用；芍药也有抗炎作用。

（4）对机体免疫功能的影响　能促进巨噬细胞的吞噬功能。

（5）对心血管系统的影响和耐缺氧作用　有扩张血管、增加器官血流量的作用。

（6）对血液系统的影响　白芍提取物凝聚素能改善急性失血所致家兔贫血。苯甲酰芍药苷也有抑制血小板聚集的作用。

（7）抗菌作用　白芍的抗菌作用较强，抗菌谱较广。

（8）保肝和解毒作用　白芍提取物对D-半乳糖胺和黄曲霉毒素B_1所致大鼠肝损伤与ALT升高均有明显抑制作用。

（9）抗诱变与抗肿瘤作用　白芍提取物能干扰S_9混合液的酶活性，并能使苯并（a）芘（BAP）的代谢物失活而抑制BAP的诱变作用。

[临床应用]

① 广泛应用于各种内脏痛症的治疗中。刘建和教授用桂枝加芍药汤加减治疗以腹痛为主要特征的肠道疾病、慢性消耗性疾病、全身性疾病，具有显著的治疗效果[6]。

白芍原植物

白芍饮片

② 白芍能够改善肠胃功能。林寿宁等[7] 临床运用安胃汤，本方由百合汤、丹参饮、半夏泻心汤及芍药甘草汤四方化裁组合而成，结果显示，能够有效改善肠胃临床症状，对胃炎具有显著的治疗效果。

③ 白芍能够有效改善患者肝功能。许菊香等[8] 应用柴胡桂枝干姜汤和当归芍药散加减联合恩替卡韦分散片和五酯片治疗肝郁气滞兼中焦湿阻型肝炎，结果显示，能保护肝功能，减轻临床症状，效果稳定。

④ 治疗 RA。RA 是一种常见的自身免疫性关节疾病，临床用药显示，白芍的有效成分白芍总苷具有抗炎效果，主要通过抑制基质金属蛋白酶（MMPs）的表达及 PGE_2 等炎性因子的产生达到减少炎性介质表达的目的。

白花蛇舌草（4）

[异名] 蛇舌草、蛇舌癀、蛇针草、蛇总管、二叶葎、白花十字草、尖刀草、甲猛草、龙舌草、蛇脷草、鹤舌草。

[用药部位] 全草入药。

[形态] 一年生草本，高 15～50 厘米。茎纤弱，略带方形或圆柱形，秃净无毛。叶对生，具短柄或无柄；叶片线形至线状披针形，长 1～3.5 厘米，宽 1～3 毫米，革质；托叶膜质，基部合生成鞘状，长 1～2 毫米，顶端有细齿。花单生或 2 朵生于叶腋，无柄或近于无柄；花萼筒状，4 裂，裂片边缘具短刺毛；花冠漏斗形，长约 3 毫米。纯白色。蒴果，扁球形，直径 2～3 毫米，室背开裂，花萼宿存。种子棕黄色，极细小。花期 7～9 月，果期 8～10 月。

[产地] 分布于云南、广东、广西、福建、浙江、江苏、安徽等地。

[性味与归经] 味甘、淡，性凉。归心、肝、脾经。

[主要成分] 含有三十一烷、豆甾醇、熊果酸、齐墩果酸、β-谷甾醇、β-谷甾醇-D-葡萄糖苷、对香豆酸等成分。

[功效] 清热解毒，利尿消肿，活血止痛。用于肠痈（阑尾炎）、疮疖肿毒、湿热黄疸、小便不利等病症；外用治疮疖痈肿、毒蛇咬伤。

[药理作用]

（1）抗肿瘤作用　在体外（相当生药 6 克/毫升）对急性淋巴细胞型、粒细胞型、单核细胞型以及慢性粒细胞型的肿瘤细胞有较强抑制作用。

白花蛇舌草原植物

白花蛇舌饮片

（2）抗菌、消炎作用　对金黄色葡萄球菌和痢疾杆菌有抑制作用。其抗炎作用是刺激网状内皮系统增生和增强吞噬细胞活力等因素。

（3）增强免疫系统功能　具有增强机体特异性免疫功能和非特异性免疫功能的作用，诱导脾细胞的增殖反应。

[临床应用]

① 研究证实，使用白花蛇舌草配伍大黄、黄连、黄芩、连翘、薏苡仁等，可使脓性分泌物明显减少；用白花蛇舌配伍黄柏、玄参、生地、连翘、荔枝等能够清热、消炎、消肿。

② 研究表明，白花蛇舌草对肿瘤细胞增殖具有抑制作用，可以促进肿瘤细胞凋亡。

白头翁（5）

[异名] 奈何草、粉乳草、粉草、白头草、老和尚头等。

[用药部位] 毛茛科植物白头翁的干燥根。

[形态] 多年生草本，高10～40厘米，全株密被白色长柔毛。主根较肥大。叶根出，丛生，花期时较小，果期后增大；叶柄长，基部较宽或成鞘状；花先叶开放，单一，顶生；花茎根出，高10余厘米；花直径3～4厘米，紫色，瓣状，卵状长圆形或圆形，外被白色柔毛；雄蕊多数，长约为花被的1/2；雌蕊多数，花柱丝状，密被白色长毛。瘦果多数，密集成头状，花柱宿存，长羽毛状。花期3～5月，果期5～6月。

[产地] 主产于内蒙古、辽宁、河北。此外，河南、山东、吉林、江苏、安徽、陕西、山西、黑龙江等地亦产。

[性味与归经] 味苦，性寒。归大肠经。

[主要成分] 白头翁根含白头翁皂苷、3-O-α-L-吡喃鼠李糖-（1→2）-α-L-吡喃阿拉伯糖-3β，2,3-二羟基-Δ20（29）-羽扇豆烯-28-酸、白头翁皂苷、皂苷、白桦脂酸-3-O-α-L阿拉伯吡喃糖苷、白桦脂酸、3-氧代白桦脂酸、胡萝卜苷、白头翁素、原白头翁素。

[功效] 清热解毒，凉血止痢，燥湿杀虫。主治赤白痢疾、鼻衄、崩漏、血痔、寒热温疟、带下、阴痒、湿疹、瘰疬、痈疮、眼目赤痛。

[药理作用]

（1）抗阿米巴原虫　白头翁煎剂及其皂苷在体外和体内都能抑制溶组织阿米巴原虫生长。

（2）抗阴道滴虫　白头翁在体外实验中，60％的浸膏或水溶液于5％浓度时5分钟即可杀灭滴虫。

（3）抗菌作用　白头翁新鲜茎叶榨取的汁液在体外对金黄色葡萄球菌、铜绿假单胞菌、志贺氏菌、痢疾杆菌有抑制作用。

（4）抗病毒作用　白头翁水浸液能延长患流感病毒PR8小白鼠的存活日期，对其肺部损伤亦有轻度减轻作用。

（5）其他作用　白头翁乙醇提取物具有镇静、镇痛及抗痉挛作用，并能降压，使心率变慢、心收缩增强，增进胃肠运动。

[临床应用]

① 治疗消化系统疾病。胃炎可由情志不畅、肝气横逆犯脾、脾失健运、内生湿热、湿热阻于中焦脾胃所致。故治法应以清肝化湿、和胃降逆为主。刘治安使用白头翁汤加味治疗胃炎，效果显著。

② 泌尿系统疾病。急性肾炎多为湿热菌毒之邪注入下焦，蕴结肾与膀胱所致。治宜清

热利湿解毒。白头翁、黄连善清下焦湿热，临床多用于治疗本病。刘金芝等用加味白头翁汤治疗急性肾炎，效果显著。

③ 治疗呼吸系统疾病。慢性支气管炎急性发作多因外感邪气入里而化热、灼津化痰、阻滞肺络、肺失宣肃所致。白头翁汤清热化湿于下，以绝肺中痰热之源。刘治安曾用白头翁汤加味治疗慢性支气管炎，效果显著。

白头翁原植物

白头翁根

白药子（6）

[**异名**] 白药脂、盘花地不容、山乌龟、金线吊乌龟、金线吊葫芦、金丝吊鳖。

[**用药部位**] 白药子为防己科千金藤属植物，以块根入药。

[**形态**] 多年生缠绕性落叶藤本，全株平滑无毛，具椭圆形块根。老茎下部木质化，小枝纤弱，具纵直而扭旋的细沟纹。叶互生，纸质，三角状近圆形，长5～9厘米，宽与长相等或较宽，先端钝圆，具小突尖，全缘或微呈波状，基部近于截切或微向内凹，上面深绿色，下面粉白色。花单性，雌雄异株；花序腋生；雄花序为头状聚伞花序，扁圆形，有花18～20朵；花淡绿色；雌花花萼3～5片，花瓣3～5片，形状与雄花同。核果球形，成熟后呈紫红色。花期6～7月，果期8～9月。

[**产地**] 产于湖南、湖北、浙江、安徽、江西等地。分布于四川、贵州、广东、广西、台湾、湖南、湖北、江西、安徽、江苏、浙江、福建等地。

[**性味与归经**] 味苦，性寒。归肺、脾、肝经。

[**主要成分**] 根含金线吊乌龟碱、异汉防己碱、轮环藤宁碱、小檗胺、高阿莫灵碱、金线吊乌龟胺、金线吊乌龟醇灵碱、木防己碱、汉防己碱、奎宁、罂粟碱、可待因、吗啡、小檗碱。果实含类胡萝卜素、番茄烃，还含脂肪酸，水溶性部分有酪氨酸和甘油。

[**功效**] 清热解毒，凉血止血，散瘀消肿。用于急性肝炎、细菌性痢疾、急性阑尾炎、胃痛、内出血、跌打损伤、毒蛇咬伤；外用治疗流行性腮腺炎、淋巴结炎、神经性皮炎。

[**药理作用**]

① 白药子主要成分金线吊乌龟碱在试管内有中度抑制结核杆菌的作用，但对小白鼠的实验性结核无确实疗效报道。

② 对酒精中毒有良好的解毒作用。

③ 对南美洲所产的毒蛇蛇毒有保护作用。

④ 对破伤风、白喉、肉毒杆菌的外毒素及河豚毒素对小鼠或豚鼠的致死作用也有某些保护作用。

⑤ 对某些过敏性休克有一定的抑制作用。

[临床应用]

常用于治疗炎症及各种内出血。

白药子原植物

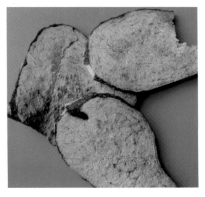

白药子饮片

白果（7）

[异名]银杏、鸭脚子、公孙树。

[用药部位]银杏科银杏属植物银杏的种子。银杏为中国特产的单科单属单种植物。10～11月采收成熟种子，堆放在地上或浸入水中，使肉质外种皮腐烂，或捣去外种皮，洗净，晒干。

[形态]落叶乔木，高可达40米。枝有长枝与短枝。叶在长枝上螺旋状散生，在短枝上簇生；叶片扇形有长柄，淡绿色，无毛，柄长3～10厘米，有多数2叉状并列的细脉，上缘宽5～8厘米，中央呈2浅裂或深裂，有时为浅波状。花单性，雌雄异株，稀同株。球花生于短枝顶端的鳞片状叶的腋内，雄球花成柔荑花序状，下垂，雄蕊多数，排列疏松，各有2花药；雌球花有花梗，梗端常分2叉，每叉顶生一盘状珠座，每珠座生1胚珠，仅1个发育成种子。种子核果状，椭圆形至近球形，长2.5～3.5厘米，直径约2厘米；外种皮肉质，有白粉，熟时淡黄色或橙黄色。花期3～4月，种子9～10月成熟。

[产地]生于海拔500～1000米酸性土壤、排水良好地带的天然林中，为喜光树种。中国北自沈阳，南达广州，东起华东，西南至贵州、云南都有栽培。

[性味与归经]味甘、苦、涩，性平。有毒。归心、肺、肾、胃经。

[主要成分]种子含少量氰苷、赤霉素和动力精样物质，内胚乳中还分离出两种核糖核酸酶。每100克白果（干）含有：蛋白质13.2克、脂肪1.3克、糖类72.6克、Ca 54克、P 23毫克、Fe 0.2毫克、维生素 B_2 0.1毫克，以及多种氨基酸。外种皮含有毒成分白果酸、氢化白果酸、氢化白果亚酸、白果酚和白果醇以及天门冬素、甲酸、丙酸、丁酸、辛酸、二十九烷醇-10等。

[功效]敛肺，定喘，止带浊，缩小便，疗疮癣。主治久病或肺虚引起的咳喘，湿热尿浊等。

[药理作用]

（1）抗菌作用　白果肉、白果汁、白果酚，尤其是白果酸，体外实验对人型结核杆菌和牛型结核杆菌有抑制作用；白果提取物对感染人型结核杆菌的豚鼠有明显的治疗作用；油浸白果之果浆含有的抗菌成分对革兰氏阳性及阴性细菌均有作用，对结核杆菌作用极显著。

（2）对呼吸系统的作用　给予小鼠白果乙醇提取物，可使其呼吸道酚红排泌增加，似有祛痰作用，对离体豚鼠气管平滑肌表现有松弛作用。

（3）对循环系统的作用　白果二酚500毫克/千克对兔有短暂的降压作用。

（4）其他作用　新鲜白果中所含白果二酚对离体兔肠有麻痹作用，能使离体子宫收缩；白果肉尚有收敛作用。

[临床应用]

白果性平和，能敛肺气、平喘咳、消痰涎，常与其他止咳平喘药配伍，用于治疗痰多喘咳。如白果配伍麻黄、甘草治疗寒痰咳嗽兼风寒；炒白果与黄芩、半夏、麻黄等配伍治疗外感风寒且肺有蕴热、喘咳痰多；白果与川贝母、麻黄、五味子配伍治疗久咳气喘、咳痰不爽。

银杏原植物

银杏种子

白芥子（8）

[异名]　蜀芥、胡芥，白芥，芥子。

[用药部位]　十字花科白芥属植物白芥子的干燥种子。白芥属全世界约10种，中国只有1个栽培种。夏末、秋初果实成熟变黄时，割取全株，晒干，打下种子，除去杂质。

[形态]　一年生或二年生粗壮草本。茎直立，被散生白毛，高50～120厘米，具纵棱，上部多分枝。单叶互生，质薄；具叶柄，长3～10毫米；茎基部叶大，呈羽状分裂或近全裂，宽椭圆形或卵圆形，长5～15厘米，宽2～4厘米，顶裂片大，具侧裂片1～8对，边缘具疏齿，基生叶具短柄，较少，基上部叶裂片数渐减少。总状花序顶生或腋生，萼片4，绿色，披针形或长圆形无毛或稍有毛，边缘膜质，直立，长4～5毫米，宽1.5～1.8毫米，花瓣4，乳黄色，宽卵形，长8～10毫米，宽2.5～3毫米。种子淡黄色，近球形，直径2～

2.5 毫米。花期 4～6 月，果期 6～7 月。

[**产地**] 原产于欧洲。辽宁、山西、山东、安徽、新疆、四川、云南均有栽培。

[**性味与归经**] 味辛，性温。微毒。归肝、脾、肺、胃、心经。

[**主要成分**] 含白芥子苷（约 2.5%），并含脂肪油 20%～26%、芥子碱、芥子酶等。此外，还含有氨基酸、蛋白质、糖、多糖、黄酮苷、植物甾醇。

[**功效**] 温肺豁痰，利气散结，暖胃散寒，通络止痛。主治咳嗽痰多、胸满胁痛、肢体麻木、关节肿痛、湿痰流注、阴疽肿毒。

[**药理作用**]

（1）刺激作用　白芥子苷本身无刺激作用，遇水后经芥子酶的水解作用，生成挥发性油，具有强的局部刺激作用，引起皮肤或黏膜局部炎症并发红发热，甚至发生水疱或肿瘤，过去曾用其轻度刺激来缓解神经痛、风湿痛、关节炎等。芥末为一调味剂，小剂量能促使唾液、胃液及胰液的分泌；量大可引起呕吐以及强烈的胃肠道刺激。

（2）抗真菌作用　白芥子水浸液，在试管内对红色毛癣菌、许兰氏黄癣菌等有不同程度的抑制作用。

（3）其他作用　曾报道白芥子在小鼠酚红排泌法试验中有祛痰作用，可能与其含刺激性挥发油有关。早年曾发现给豚鼠长期饲以本属植物，可使其甲状腺肿大、甲状腺摄碘的能力降低。

[**临床应用**]

① 配白术，治胸胁痰饮。

② 配紫苏子，治高年咳嗽、气逆痰痞。

③ 配甘遂、大戟，治痰饮气逆、胸胁积水。

④ 配杏仁，治咳嗽。

白芥子原植物

白芥子

白前（9）

[**异名**] 石蓝、嗽药。

[**用药部位**] 萝藦科鹅绒藤属植物柳叶白前和芫花叶白前的根茎及根。8 月采收，拔起全株，割去地上部分，洗净泥土，晒干。

[**形态**] 柳叶白前根茎细长圆柱形，有分枝，稍弯曲，长 4～5 厘米，直径 1.5～4 毫米，

表面黄白色或黄棕色，具细纵皱纹，节明显，节间长 1.5～4.5 厘米，节上密生毛须状细根，上端残留灰绿色地上茎；质脆，断面白色，中空或有膜质的髓，习称"鹅管白前"；根纤细弯曲，长可达 10 厘米，直径 0.3～1 毫米，有多数分枝呈毛须状，常盘曲成团，表面红棕色，有皱缩纹理。芫花叶白前根茎短小或略呈块状，表面灰绿色或灰黄色，节间长 1～2 厘米；质较硬；根稍弯曲，直径约 1 毫米；分枝少。均以根茎粗者为佳。

[**产地**] 生于低海拔的山谷湿地、水旁。分布于甘肃、江苏、安徽、浙江、江西、福建、湖南、广东、广西、贵州。

[**性味与归经**] 味辛、苦，微温。归肝、肺经。

[**主要成分**] 白前根中含有大量的 C_{21} 甾体皂苷类成分，其苷元具有新型的 13,14:14,15-双裂环孕甾烷型骨架。这类成分有 10 余种，有芫花叶白前苷 A（1）、白前苷 B、白前苷 C、白前苷 D、白前苷 E、白前苷 F、白前苷 G、白前苷 H、白前苷 U、白前苷 K 和芫花叶白前苷元 A、白前苷元 B、白前苷元 C、白前苷元 D，以及新芫花叶白前苷元。

[**功效**] 降气，消痰，止咳。主治肺气壅实、咳嗽痰多、胸满喘急。

[**药理作用**] 所含皂苷有祛痰作用。对咳嗽痰多、胸满气喘有治疗作用。

[**临床应用**]

① 配荆芥、桔梗，治外感风寒咳嗽。

② 配紫菀、款冬花，治咳喘痰鸣。

③ 配苍术，治风湿水肿。

④ 配桔梗、桑皮，治久嗽吐血。

⑤ 配半夏、大戟，治久咳上气。

白前原植物

白前饮片

白扁豆（10）

[**异名**] 藊豆、白藊豆、南扁豆、沿篱豆、蛾眉豆、羊眼豆、凉衍豆、白藊豆子、膨皮豆、茶豆、小刀豆、树豆、藤豆、火镰扁豆、眉豆。

[**形态**] 种子扁椭圆形或扁卵形，长 0.8～1.3 厘米，宽 6～9 毫米，厚约 7 毫米，表面淡黄白色或淡黄色，平滑，稍有光泽，有的可见棕褐色斑点，一侧边缘有隆起的白色半月形种阜，长 7～10 毫米，剥去后可见凹陷的种脐，紧接种阜的一端有珠孔，另一端有种脊。质坚硬，种皮薄而脆，子叶 2 片，肥厚，黄白色。

[产地] 全国各地均有栽培。主要分布于辽宁、河北、山西、陕西、山东、江苏、安徽、浙江、江西、福建、台湾、河南、湖北、湖南、广东、海南、广西、四川、贵州、云南等地。

[性味与归经] 味甘、淡，性平。归脾、胃经。

[主要成分] 种子含油0.62%，内有棕榈酸8.33%、亚油酸57.95%、反油酸15.05%、油酸5.65%、硬脂酸11.26%、花生酸0.58%、山嵛酸10.40%。又含葫芦巴碱、蛋氨酸、亮氨酸、苏氨酸、维生素 B_1 及维生素 C、胡萝卜素、蔗糖、葡萄糖、水苏糖、麦芽糖、棉子糖、L-2-哌啶酸和具有毒性的植物凝集素。

[功效] 健脾，化湿，消暑。主治脾虚生湿、食少便溏、白带过多、暑湿吐泻、烦渴胸闷。

[药理作用]

（1）抗菌、抗病毒作用　100%白扁豆煎剂用平板纸片法进行药理研究，发现其对痢疾杆菌有抑制作用；白扁豆水提物对小鼠 Columbia SK 病毒有抑制作用；白扁豆对食物中毒引起的呕吐、急性胃肠炎等也有解毒作用。从一种白扁豆种子纯化出一种命名为 Dolichin 的抗菌蛋白，对镰刀霉菌、丝核菌具有抗菌活性，并对人类 HIV 的反转录及 HIV 侵染过程中涉及的甘油水解酶、α-葡萄糖苷酶和 β-葡萄糖苷酶有抑制作用。

（2）提高免疫功能　白扁豆对降低的机体防御功能有促进其恢复的作用。白扁豆多糖可显著提高正常小鼠腹腔巨噬细胞的吞噬百分率和吞噬指数，可促进溶血素形成。20%白扁豆冷盐浸液0.3毫升，对活性 E-玫瑰花结的形成有促进作用，即增强 T 淋巴细胞的活性，提高细胞的免疫功能。

（3）抗肿瘤作用　在白扁豆中可分出2种不同的植物凝集素（凝集素甲和凝集素乙）。凝集素甲不溶于水，有抗胰蛋白酶活性，可抑制实验动物生长，属于有毒成分；凝集素乙可溶于水，可非竞争性抑制胰蛋白酶的活性，加热可降低其活性。白扁豆所含的植物血细胞凝集素通过体外实验证明，具有使恶性肿瘤细胞发生凝集、肿瘤细胞表面结构发生变化的作用；植物血细胞凝集素可促进淋巴细胞的转化，从而增强对肿瘤的免疫能力。

（4）抗氧化作用　白扁豆的多糖对超氧阴离子自由基和羟基自由基有不同程度的清除作用。对正常小鼠进行体内抗氧化和免疫试验研究，结果表明白扁豆多糖可使 SOD（超氧化物歧化酶）、GSH-Px（谷胱甘肽过氧化物酶）活力提高，提高小鼠抗氧化能力。

（5）对神经细胞缺氧性凋亡坏死的保护研究　白扁豆多糖可通过减少 Bax、Caspase-3 的表达，相对提高 Bel-2 的表达及 Bel-2/Bax 的比例，从而阻断由缺氧诱导的神经细胞凋亡和保护神经细胞。对胚鼠大脑皮质神经细胞缺氧性坏死和凋亡进行研究，发现白扁豆多糖具有促进胚鼠神经细胞生长、阻断由缺氧引起的神经细胞生长抑制，以及显著抵抗神经细胞缺氧性凋亡的功效。

[临床应用]

① 白扁豆可以用于脾虚湿盛诸证。此药甘温补脾而不滋腻，芳香化湿而不燥烈，是临床上健脾化湿的良药。在治疗食少便溏或者泄泻的动物时，可以配伍党参、白术等药物一同使用。

② 白扁豆可以和中消暑。在治疗感受暑湿所致的呕吐、腹泻患病动物时，可以单独使用生白扁豆煎服，或者是配伍香薷、厚朴等药物一同使用。

白扁豆原植物　　　　　　　　　　　　　　白扁豆

百合（11）

[异名] 韭番、重迈、百合蒜。

[用药部位] 百合科百合属植物部分种类的鳞茎。

[形态] 百合鳞叶呈长椭圆形，顶端尖，基部较宽，微波状，向内卷曲，长1.5～3厘米，宽0.5～1厘米，厚约4毫米，有脉纹3～5条，有的不明显。表面白色或淡黄色，光滑半透明。质硬而脆，易折断，断面平坦，角质样。无臭，味微苦。

[产地] 分布于河北、山西、陕西、安徽、浙江、江西、河南、湖北、湖南等地。

[性味与归经] 味甘、微苦，性微寒，归心、肺经。

[主要成分] 皂苷类：根据苷元结构的不同，可将百合甾体皂苷类的成分归纳为4大类，分别为螺甾皂苷、异螺甾皂苷、变形螺甾烷皂苷、呋甾皂苷。多糖类：从新鲜的百合肉质鳞叶中分离得到了2种百合多糖，即百合多糖1（LP1）、百合多糖2（LP2）。生物碱：百合中的生物碱主要有秋水仙碱，其分子式为$C_{22}H_{25}NO_6$。此外，还含有脑磷脂、卵磷脂、β-谷甾醇、豆甾醇、大黄素、氨基酸以及钙、磷、铁、多种维生素等成分。

[功效] 养阴润肺，清心安神。主治阴虚久咳，痰中带血；热病后期，余热未清；或情志不遂所致的虚烦惊悸、失眠多梦、精神恍惚；痈肿；湿疮。

[药理作用]

（1）平喘、止咳作用　用"二氧化硫引咳法"制作小鼠咳嗽模型，给小鼠服用百合水提液（20克/千克）后，可使引咳的潜伏期明显延长，减少小鼠咳嗽的次数，增加小鼠肺活量；百合可增强气管、支气管的排泌功能，起到镇咳、祛痰的作用。

（2）安神镇静作用　百合有安神镇静、催眠的作用。服用百合能缩短入睡时间，改善、提高睡眠质量。实验表明灌服百合水提液的小鼠，戊巴比妥钠睡眠实验显示睡眠时间及阈下剂量的睡眠率显著增加，具有明显的镇静作用。

（3）免疫调节作用　给免疫抑制封闭群小鼠应用百合多糖后，能增强其特异性和非特异性免疫功能。百合多糖可辅助免疫细胞产生抗体，增加白介素-1、白介素-6和肿瘤坏死因子的分泌，使巨噬细胞的吞噬能力增强。动物实验表明，百合多糖可显著促进正常的或由环磷酰胺导致免疫抑制小鼠巨噬细胞的吞噬能力，可提高小鼠血清特异性抗体水平，亦可显著促进淋巴细胞的增殖。

（4）抗肿瘤作用　对 H22 移植瘤的模型小鼠，纯化百合多糖可明显抑制其瘤组织的生长，并能使荷瘤小鼠的胸腺指数、脾指数显著增强，增加小鼠血清溶血素的含量，使巨噬细胞吞噬能力增强。

（5）降血糖作用　由"四氧嘧啶"引起的糖尿病模型小鼠，服用经过分离纯化的 LP1、LP2 两种百合多糖后，降血糖效果显著。百合多糖降低血糖的可能机制为修复胰岛 B 细胞及增强其分泌功能、降低肾上腺皮质的激素分泌、在肝脏内促进葡萄糖转化为糖原及其联合作用，促进外周组织和靶器官对糖的利用，使血糖降低，对治疗糖尿病有显著的效果。

[临床应用]

① 平喘、止咳作用。用"二氧化硫引咳法"制作小鼠咳嗽模型，给小鼠服用百合水提液（20 克/千克）后，可使引咳的潜伏期明显延长，减少小鼠咳嗽的次数，增加小鼠肺活量；百合可增强气管、支气管的排泌功能，起到镇咳、祛痰的作用。对由氨水引起的小鼠咳嗽，百合水煎剂也有止咳作用。百合可对抗由组胺引起的蟾蜍哮喘。中药"百合固金汤"有显著的止咳、祛痰、消炎的效果。

② 安神镇静作用。百合有安神镇静、催眠的作用。服用百合能缩短入睡时间，改善、提高睡眠质量。实验表明，灌服百合水提液的小鼠，戊巴比妥钠睡眠时间及阈下剂量的睡眠率显著增加，具有明显的镇静作用。

③ 免疫调节作用。药理学认为，多糖具有调节机体免疫功能的作用，能激活免疫细胞，增加免疫细胞分泌各种淋巴因子，促进免疫细胞的增殖、分化，参与调节神经-内分泌-免疫系统网络平衡等，多层面、多靶点、多途径地提高机体免疫功能。给免疫抑制封闭群小鼠应用百合多糖后，能增强其特异性和非特异性免疫功能。百合多糖可辅助免疫细胞产生抗体，增加白介素-1、白介素-6 和肿瘤坏死因子的分泌，使巨噬细胞的吞噬能力增强。动物实验表明，百合多糖可显著促进正常的或由环磷酰胺导致免疫抑制小鼠巨噬细胞的吞噬能力，可提高小鼠血清特异性抗体水平，亦显著促进淋巴细胞的增殖。

④ 抗肿瘤作用。对 H22 移植瘤的模型小鼠，纯化百合多糖可明显抑制其瘤组织的生长，并能使荷瘤小鼠的胸腺指数、脾指数显著增强，小鼠血清溶血素的含量增加，使巨噬细胞吞噬能力增强。中性百合多糖对 H22 小鼠肝癌生长有抑制作用，同时对荷瘤小鼠的免疫功能亦有增强作用。

百合原植物

百合

百部（12）

[异名] 嗽药、百条根、野天门冬、百奶、九重根、九虫根，牛虱鬼、药虱药。

[用药部位] 百部科百部属植物部分种类的块根。百部属全世界约 10 种；中国约 8 种，药用的有 5 种。3～4 月或 9～11 月均可采收，一般在新芽出土时及苗枯后挖取，洗净，蒸或浸烫至无白心，取出晒干。

[形态] 直立百部：块根纺锤形，上端较细长，下端有的呈长尾状弯曲，长 5～17 厘米，直径 0.5～1 厘米。表面黄白色或淡土黄色，有不规则深纵沟，间或有横皱纹。质脆，受潮后韧软，断面平坦，角质样，淡黄棕色或黄白色，皮部宽广，中柱扁小。蔓生百部：两端较狭细，表面淡灰白色，多不规则皱褶及横皱纹。对叶百部：长纺锤形或长条形，长 8～24 厘米，直径 0.8～2 厘米。表面淡黄棕色至灰棕色，具浅纵皱纹或不规则纵槽，质坚实，断面黄白色至暗棕色，中柱较大，髓部类白色。

[产地] 主产于浙江，江苏、安徽也有出产。直立百部主产于安徽、江苏、湖北、浙江、山东；对叶百部生产于湖南、广东、福建、四川、贵州、湖北恩施和宜昌各地；蔓生百部产于广东、海南；狭叶百部产于云南西北部至东北部。

[性味与归经] 味甘、苦，性微温。归心、肺经。

[主要成分] 含百部碱、原百部次碱、左旋丁香树脂、酚葡萄糖苷；百部定碱、异百部定碱、异百部碱；蔓生百部碱、异蔓生百部碱、对叶百部碱、异对叶百部碱、百部次碱、次对叶百部碱等。

[功效] 润肺下气，止咳，杀虫。主治咳嗽、肺痨、百日咳、蛲虫病、体虱、癣疥。

[药理作用]

① 对分枝杆菌、炭疽芽孢杆菌、金黄色葡萄球菌、白色葡萄球菌、肺炎克雷伯菌等有抑制作用。

② 所含生物碱能降低呼吸中枢的兴奋性，有助于抑制咳嗽，而起镇咳作用。

③ 对猪蛔虫、蛲虫、虱有杀灭作用。

④ 过量可引起中毒，重者导致呼吸中枢麻痹。

[临床应用]

① 治疗风寒犯肺证。百部善治久嗽，长于润肺止咳，紫菀可温肺下气、消痰止咳，二者共同润肺化痰、止咳平喘。

百部原植物

百部饮片

② 治疗深脓疱病。百部杀虫，雄黄清热解毒、消肿、燥湿、止痒，二者共同清热、祛湿、杀虫。

③ 治疗螨虫病。采用浸杀方式分别测定 4 种中药单体对兔疥螨幼虫的杀灭活性，结果表明，4 种单体都具有一定的体外杀螨活性，依次为苦参碱＞对叶百部碱＞瑞香素＞青蒿素。

薄荷（13）

[异名] 苏薄荷、冰薄荷、鱼香草、人丹草、蕃荷菜、南薄荷、野薄荷、升阳菜、薄苛、蔢荷、夜息花、仁丹草、见肿消、水益母、接骨草、土薄荷、香薷草。

[用药部位] 唇形科多年生草本植物的干燥地上部位，茎、叶入药。

[形态] 具有茎方形、色紫、对生分枝、叶片尖长、轮伞花序腋生、花萼钟状等形态特征。

[产地] 薄荷在全国各地均有分布，在我国主要产于江苏、河南、安徽、浙江和江西等地，江苏苏州太仓及其周边地区为薄荷药材的道地产区。

[性味与归经] 性凉，味辛。归肝、肺经。

[主要成分] 新鲜薄荷含挥发油 $0.8\% \sim 1\%$，干茎叶含 $1.3\% \sim 2\%$，主要为薄荷醇、薄荷酮、莰烯、柠檬烯、蒎烯等。

[功效] 疏风散热、清头目、透疹等。主治风热感冒、风温初起、头痛、目赤、喉痹、口疮、麻疹、风疹、胸胁胀闷。

[药理作用]
① 具有发汗解热作用。
② 可促使咽喉部发炎的黏膜局部血管收缩，减轻肿胀和疼痛。
③ 具有良好的抗癌、抑菌、抗病毒、抗氧化和抗辐射作用。
④ 具有抗炎镇痛、抗肿瘤、促进透皮吸收作用。
⑤ 外用能麻痹神经末梢，具有清凉、消炎、麻痹和止痒作用。
⑥ 具有促进呼吸道腺体分泌、持续性利胆作用。
⑦ 具有健胃、防腐作用。
⑧ 酚类部位具有抗炎作用。
⑨ 薄荷醇具有祛痰止咳作用。
⑩ 薄荷脑可用于萎缩性鼻炎，薄荷醇及少量薄荷酮可用于阴道炎的治疗。

[临床应用]
① 用于感冒风热、温病初起有表证者。薄荷为疏散风热要药，有发汗作用，主要用于风热表证，身不出汗、头痛目赤等症，常与荆芥、桑叶、菊花、牛蒡子等配合应用；如果风寒感冒、身不出汗，也可配合紫苏、羌活等同用。

② 用于咽喉红肿疼痛。薄荷清利咽喉作用显著，主要用于风热咽痛，兼有疏散风热作用，常配合牛蒡子、马勃、甘草等应用。也可研末吹喉，治咽喉红肿热痛病症。

③ 用于麻疹透发不畅。薄荷有透发作用，能助麻疹透发，可配合荆芥、牛蒡子、蝉蜕等同用。

薄荷原植物　　　　　　　　　　　　　薄荷叶

槟榔（14）

[异名] 榔玉、宾门、青仔、仁频、宾门药饯、白槟榔、橄榄子、洗瘴丹、大腹槟榔、槟榔子、青仔、槟榔玉、榔禾。

[用药部位] 果实的外皮入药。

[形态] 棕榈科植物槟榔的成熟种子。种子扁球形或圆锥形，顶端钝圆，基部平宽，表面淡黄棕色至暗棕色，有稍凹下的淡色网状纹理，偶附有银白色内果皮斑片或果皮纤维，基部中央有凹窝，旁有瘢痕状淡色种脐。

[产地] 原产于马来西亚，中国主要分布在云南、海南及台湾等热带地区。

[性味与归经] 性辛、温，味苦。归胃、大肠经。

[主要成分] 含有多种氨基酸、多聚糖、矿物质、粗纤维、维生素、生物碱和酚类物质。槟榔果中含生物碱，其中主要为槟榔碱，其余有槟榔次碱、去甲基槟榔次碱、去甲基槟榔碱、槟榔副碱、高槟榔碱、异去甲基槟榔次碱等，此外尚含多酚、脂肪油，还有甘露糖、半乳糖、α-儿茶素、无色花青素、红色素槟榔红及皂苷。

[功效] 具有杀虫消积、降气、行水、利湿通便等功效；具有抗氧化、缓解疲劳、改善胃肠功能、治疗糖尿病、修复神经系统以及预防癌症等许多生理活性。

[药理作用]

① 能驱杀肠内寄生虫，并有轻泻作用，有助于虫体的排出。

② 预防癌症，槟榔多酚、黄酮抗氧化、缓解疲劳。

③ 槟榔生物碱（槟榔碱、槟榔次碱等）改善胃肠功能、治疗糖尿病、促进神经兴奋、保护血管。

④ 槟榔多糖抗氧化。

⑤ 水浸液对皮肤真菌、流感病毒甲型某些株有一定的抑制作用。

⑥ 消积导滞，兼有轻泻之功。

⑦ 行气利水，常与吴茱萸、木瓜、紫苏叶、陈皮等同用。

[临床应用]

① 治疗便秘。治疗便秘时，以槟榔破滞坠下、枳实消痞行气，两药合用行气通便、槟榔用量 10 克，枳实用量多在 10 克。

② 治疗肠道疾病。槟榔可消痞除满，配伍枳实健脾和胃，两药合用运脾导滞、通下和胃。

槟榔原植物

槟榔

八角茴香（15）

[异名] 俗称大料，又称大茴香、八角、大茴、舶上茴香、舶茴香、八角珠、八角香、八角大茴、原油茴、五香八角。

[用药部位] 植物的干燥成熟果实。

[形态] 木兰科植物八角茴香的果实，果实多为8瓣，瓣形较整齐，顶端呈较钝的鸟喙状；果皮较厚，果柄较长、弯曲。

[产地] 果树多分布在热带和亚热带地区，如我国的福建、云南、广西、广东、贵州等地。

[性味与归经] 性温，味辛、甘。归脾、肾、肝、胃经。

[主要成分] 主要成分为茴香醚，还含有少量甲基胡椒酚、茴香醛、茴香脑、茴香酸、茴香酮、蒎烯、水芹烯、柠檬烯、黄樟醚等成分。挥发性成分有萜类化合物和苯丙素类化合物，此外挥发油中还含有烷酮、烷醇、萜烯醛、酯、醚类等化合物。非挥发性成分有有机酸类、黄酮类、苯丙素类、萜类与甾体类等。

[功效] 具有温阳、散寒、理气、健胃止呕、祛风、祛痰、镇痛之功效。主治寒疝腹痛、腰膝冷痛、胃寒呕吐、脘腹疼痛。

[药理作用]

① 八角茴香的提取物，对金黄色葡萄球菌、肺炎球菌、白喉杆菌等革兰氏阳性菌有抑菌作用。

② 茴香脑有升高白细胞作用。

③ 茴香脑具有雌激素活性。

④ 可促进肠胃蠕动，可缓解腹部疼痛。

⑤ 黄樟醚对大鼠和犬可诱发肝癌。

⑥ 对呼吸道有刺激作用，促进分泌，具有祛痰作用。

[临床应用]

① 胃寒呕吐用八角茴香、生姜、丁香等份，水煎服，效果显著。

② 腹痛用八角茴香、杏仁、葱白等份，水煎服，效果显著。

八角茴香原植物

八角茴香

板蓝根（16）

[**异名**] 大蓝根、大青根、靛青根、靛根、蓝靛根。

[**用药部位**] 十字花科植物菘蓝的干燥根。

[**形态**] 二年生草本，主根深长，灰黄色。茎直立，无毛，或稍有柔毛，分枝微带白粉状。药材呈圆柱形，稍扭曲，长 10～20 厘米，直径 0.5～1 厘米。表面淡灰黄色或淡棕黄色，有纵皱纹及横长皮孔，并有支根或支根痕。根头稍膨大，可见暗绿色或暗棕色轮状排列的叶柄残基和密集的疣状突起。体实，质略软，断面皮部黄白色，木部黄色。气微，味微甜后苦涩。

[**产地**] 主产于江苏、河北、安徽、河南等地。

[**性味与归经**] 味苦，性寒、凉，无毒。归心、胃经。

[**主要成分**] 含靛蓝、靛玉红、β-谷甾醇、次黄嘌呤、尿嘧啶和胡萝卜苷等。

[**功效**] 清热解毒，凉血利咽。主治风热感冒或温病初起、热毒斑疹、丹毒、血痢、肠黄等。

[**药理作用**]

① 抗菌、抗病毒作用。

板蓝根原植物

板蓝根

② 抗钩端螺旋体作用。

③ 解毒作用。

④ 增强免疫功能。

⑤ 解热作用。

[临床应用]

① 板蓝根具有清热解毒、消除早期炎性改变，使邪热外达的功效。早期应用，同时配合对症处理，可大大提高治疗效果。

② 用于治疗感冒。

萹蓄（17）

[异名] 扁竹、竹节草、乌蓼、蚂蚁草。

[用药部位] 蓼科植物萹蓄的干燥地上部分。以质嫩、叶多、色灰绿者为佳。7～8月份生长旺盛时采收，齐地割取地上部分，除去杂草、泥沙，捆成把，晒干或鲜用。

[形态] 一年生草本，高达50厘米，茎平卧或上升，自基部分枝，有纵棱。叶有极短柄或近无柄；叶片狭椭圆形或披针形，顶端钝或急尖，基部楔形，全缘；托叶鞘膜质，下部褐色，上部白色透明，有不明显脉纹。花腋生，1～5朵簇生叶腋，遍布于全植株；花梗细而短，顶部有关节。瘦果卵形，有3棱，黑色或褐色，生不明显小点。

[产地] 产于山东、安徽、江苏、吉林等。

[性味与归经] 味苦，性微寒。归膀胱经。

[主要成分] 含有苷类、蒽醌类和鞣酸质等。

[功效] 利尿通淋，杀虫，止痒。用于热淋涩痛、小便短赤、虫积腹痛、皮肤湿疹、阴痒带下。

[药理作用]

① 实验证明，萹蓄有利尿作用。其煎剂20克/千克给予盐水负荷的大白鼠后，尿量、钠、钾排出均增加。

② 萹蓄的水及醇提取物静脉注射，对猫、兔、狗有降压作用。

③ 有止血作用，萹蓄水及醇提取物能加速血液凝固，使子宫张力增高，可用作流产及分娩后子宫出血的止血剂。

④ 1∶10的萹蓄浸出液，对试管内某些真菌有抑制作用，对细菌的抑制作用较弱。

⑤ 能增强呼吸运动的幅度及肺换气量，有轻度收敛作用，可作创伤用药。萹蓄苷对大鼠、犬有利胆作用。给犬静脉注射半数有效量（2.57～4.26毫克/千克），可使胆盐的排出增加。

[临床应用]

① 可以用来治疗湿热导致的热淋、血淋的症状。此药苦寒清降，专于除膀胱湿热，可以利尿通淋。在使用此药时，对于热淋导致的小便淋漓涩痛的症状，可以配伍车前子、瞿麦一同使用，如八正散。对于血淋的症状，可以配伍小蓟、白茅根一同使用。

② 可以用来治疗湿疹、带下、虫积腹痛等症状。在用于治疗皮肤湿疹、湿疮、带下的症状时，可以单独使用此药，或者是配伍蛇床子、地肤子一同煎汤外洗使用。此药善"杀三虫"，即对于蛔虫病、蛲虫病、钩虫病都有独特功效。

萹蓄原植物　　　　　　　　　　　萹蓄

白芷（18）

[**异名**] 芷、芳香、苻蓠、白臣、泽芬。

[**用药部位**] 伞形科植物的干燥根。

[**形态**] 杭白芷：多年生高大草本；根长圆锥形，上部近方形，表面灰棕色，有多数较大的皮孔样横向突起，略排列成数纵行；质硬，较重，断面白色，粉性大；茎及叶鞘多为黄绿色。祁白芷：本种的植物形态与杭白芷基本一致，区别点在于祁白芷根圆锥形，表面灰黄色至黄棕色，皮孔样的横向突起散生；断面灰白色，粉性略差，油性较大。

[**产地**] 产于江苏、安徽、浙江、江西、湖北、湖南、四川、河南、河北等地。

[**性味与归经**] 味辛，性温。归肺、脾、胃经。

[**主要成分**] 杭白芷：根含欧前胡内酯、异欧前胡内酯、氧化前胡素、水合氧化前胡素、白当归脑、珊瑚菜素、香柑内酯、5-甲氧基-8-羟基补骨脂素、8-甲氧基-4-氧-(3-甲基-2-丁烯基) 补骨脂素、栓翅芹烯醇、棕榈酸及钙、铜、铁、锌、锰、钠、磷、镍、镁、钴、铬、钼等多种元素，而钠、镁、钙、铁、磷的含量较高。祁白芷：根含香豆精类，如欧前胡内酯、异欧前胡内酯、氧化前胡内酯、水合氧化前胡内酯、珊瑚菜素；香豆精葡萄糖苷类，如紫花前胡苷、白当归素、东莨菪碱、茵芋苷、花椒毒酚等。

[**功效**] 祛风，燥湿，消肿，止痛。用于治疗头痛、眉棱骨痛、齿痛、鼻渊、寒湿腹痛、肠风痔漏、赤白带下、痈疽疮疡、皮肤燥痒、疥癣等症。

[**药理作用**]

（1）抗炎作用　小鼠灌胃白芷或杭白芷煎剂（1克相当生药1克）4克/千克，可明显抑制二甲苯所致小鼠耳部的炎症（$P < 0.01$）。

（2）解热镇痛作用　用蛋白胨皮下注射于大白兔背部造成高热动物模型，1克白芷或杭白芷煎剂15克/千克，有明显的解热作用。

（3）解痉作用　本品所含的佛手柑内酯、花椒毒素、异欧前胡素乙对兔回肠具有明显的解痉作用。

（4）对心血管的作用　本品所含的异欧前胡素和印度榅桲素对猫有降血压的作用。

（5）抗菌作用　白芷煎剂对大肠杆菌、痢疾杆菌、变形杆菌、伤寒杆菌、副伤寒杆菌、铜绿假单胞菌、霍乱弧菌、人型结核杆菌等均有抑制作用。

（6）光敏作用　本品所含的香柑内酯、花椒毒素、异欧前胡素乙等呋喃香豆素类化合物为光活性物质，当它们进入机体后，一旦受到日光或紫外线照射，则可使受照射处皮肤发生日光性皮炎，发生红肿、色素增加、表皮增厚等。

（7）抗癌作用　异欧前胡素和白当归素具有对 Hela 细胞的细胞毒作用。

（8）抗辐射作用　白芷甲醇提取物 1 克/千克于 X 射线照射前 5 分钟腹腔注射，对小鼠皮肤损害有防护作用。

［临床应用］

① 用于感冒风寒、头痛、鼻塞等症。白芷发散风寒，且有止痛、通鼻窍等作用，故主要用治风寒表证兼有头痛鼻塞的病症。如头痛剧者加羌活、细辛；鼻塞者配藿香（主要为理脾肺之气）、薄荷等。

② 用于疮疡肿痛。白芷治疮疡，初起能消散，溃后能排脓，为外科常用的辅助药物。如乳痈初起可配蒲公英、瓜蒌同用；脓出不畅配金银花、天花粉同用。在消散疮疡方面还可以研末外敷。

③ 白芷又为治鼻炎的要药，有化湿通鼻窍之功，多配合辛夷、鹅不食草等同用，既可内服，又可外用。还可用于毒蛇咬伤，有解蛇毒作用，古代有单用煎汤内服、用渣外敷的记载。

白芷原植物

白芷饮片

白茅根（19）

［异名］茅根、兰根、茹根。

［用药部位］禾本科植物白茅的干燥根茎。

［形态］多年生草本。根茎白色，匍匐横走，密被鳞片。秆丛生，直立，圆柱形，光滑无毛，基部被多数老叶及残留的叶鞘。叶线形或线状披针形；根出叶长几与植株相等；茎生叶较短，叶鞘褐色，无毛，或上部及边缘和鞘口具纤毛，具短叶舌。圆锥花序紧缩呈穗状，顶生，圆筒；小穗披针形或长圆形，成对排列在花序轴上，颖果椭圆形，暗褐色，成熟的果序被白色长柔毛。

［产地］产于东北、华北、华东、中南、西南及陕西、甘肃等地。

［**性味与归经**］味甘，性寒，无毒。归心、肺、胃、小肠、脾、膀胱经。

［**主要成分**］根茎含芦竹素、印白茅素、羊齿烯醇、西米杜鹃醇、白头翁素、谷甾醇、蔗糖、葡萄糖、木糖、枸橼酸及苹果酸。

［**功效**］凉血止血，清热生津，利尿通淋。主治血热出血，瘀血、血闭，热病烦渴，肠胃热，肺热喘咳，小便淋沥涩痛，水肿，黄疸等。

［**药理作用**］

（1）显著利尿作用　与含大量钾盐有关。

（2）促凝血作用　白茅根粉能显著缩短兔血浆复钙时间。

（3）对心肌 Rb 摄取量的影响　白茅根水醇提取物 40 克/千克腹腔注射，小鼠心肌 Rb 的摄取量比生理盐水组增加 47.4%。

（4）抑菌作用　对金黄色葡萄球菌、志贺菌有抑制作用。

（5）增强免疫功能　白茅根水煎剂 5.0 克/千克、10.0 克/千克给小鼠灌胃，连续 20 天，能显著提高小鼠腹腔巨噬细胞的吞噬功能，明显增加吞噬率和吞噬指数、辅助性 T 细胞数目并促进白细胞介素-2（IL-2）的产生，而对小鼠体液免疫功能及抑制性 T 细胞数目无明显影响。

［**临床应用**］

① 白茅根可以用于血热出血的病症，尤其善于治疗上部火热出血证。在治疗鼻衄时，可以将新鲜的白茅根捣成汁来服用；在治疗咯血时，可以配伍藕一起煮汁服用；在治疗尿血、血淋的患者时，可以单独使用大量的白茅根进行煎服，或者是配伍大蓟、小蓟等药物一同使用，如十灰散。

② 白茅根也可以用于水肿、小便不利以及湿热黄疸的病症。在治疗水肿、小便不利时，常配伍车前子、赤小豆等药物一同使用；在治疗湿热黄疸时，多配伍茵陈、栀子等药物。

③ 白茅根还可以用于胃热呕吐、肺热咳嗽以及热病烦渴的病症。在治疗胃热呕吐时，常配伍葛根来使用，如茅根汤；在治疗肺热咳嗽时，常配伍桑白皮来使用，如如神汤。

白茅根原植物

白茅根

白鲜皮（20）

［**异名**］白藓皮、八股牛、山牡丹、羊鲜草。

［用药部位］芸香科多年生草本植物白鲜和狭叶白鲜的根皮。

［形态］多年生草本，全株有特异的刺激味。根木质化，数条丛生，外皮淡黄白色。茎直立。单数羽状复叶互生；有叶柄；叶轴有狭翼，小叶无柄，卵形至长椭圆形，先端锐尖，边缘具细锯齿，表面密布腺点，叶两面沿脉有柔毛，尤以背面较多，至果期脱落，近光滑。总状花序；花轴及花梗混生白色柔毛及黑色腺毛。

［产地］分布于东北及河北、山东、河南、安徽、江苏、江西、四川、贵州、陕西、甘肃、内蒙古等地。主产于辽宁、河北、四川、江苏、浙江、安徽等地。

［性味与归经］味苦、咸，性寒。归脾、胃、肺、大肠经。

［主要成分］根含白鲜碱、白鲜内酯、谷甾醇、黄柏酮酸、胡芦巴碱、胆碱、梣皮酮。尚含菜油甾醇、茵芋碱、γ-崖椒碱、白鲜明碱。地上部分含有补骨脂素和花椒毒素。

［功效］祛风，燥湿，清热，解毒。治风热疮毒、疥癣、皮肤痒疹、风湿痹痛、黄疸。

［药理作用］

（1）抗菌作用　其多种生物碱对多种细菌和真菌有抑制作用。

（2）对心血管系统及血液的影响　白鲜碱于小量时对离体蛙心有兴奋作用，对离体兔耳血管有明显的收缩作用。花椒毒素有抗心律失常作用，茵芋碱有麻黄碱样作用。

（3）对子宫及肠平滑肌的影响　白鲜碱对家兔和豚鼠子宫平滑肌有强力的收缩作用。

（4）抗癌作用　本品有抗癌作用，能抑制肿瘤细胞的核酸代谢，使动物肿瘤细胞明显坏死，瘤体缩小，有大量淋巴细胞和巨噬细胞包围肿瘤细胞。

［临床应用］

① 治疗皮肤湿疹、瘙痒、癣疮、黄水疮，取白鲜皮（鲜品更好）适量，煎水外洗，效果显著。取以白鲜皮、黄柏、百部等药材组成的白鲜皮洗剂外洗，治疗黄水疮有显著效果。

② 治疗湿热性疮疡，取白鲜皮、苦参、青连翘等药材组成的白鲜皮汤内服，每日1剂，效果显著。

③ 治疗黄疸型肝炎，用白鲜皮15克，茵陈30克，水煎服，每日1剂，分2次服，退黄效果较好。

白鲜皮原植物

白鲜皮

巴戟天（21）

［异名］巴戟、鸡肠风、兔子肠。

[用药部位] 双子叶植物茜草科巴戟天的干燥根。

[形态] 干燥的根呈弯曲扁圆柱形或圆柱形。表面灰黄色。有粗而不深的纵皱纹及深陷的横纹，甚至皮部断裂而露出木部，形成长约1～3厘米的节，形如鸡肠。折断面不平，横切面多裂纹；皮部呈鲜明的淡紫色，木部黄棕色，皮部宽度为木部的两倍。

[产地] 主产于广东、广西、福建、江西、四川等地。

[性味与归经] 味甘、辛，性微温。归肝、肾经。

[主要成分]

（1）糖类化合物　巴戟天发挥药效的重要物质基础之一。蔗果三糖、1F-果糖基蔗果三糖、蔗果五糖等低聚寡糖可以作为巴戟天药材质量控制的依据。

（2）蒽醌类化合物　多以单蒽醌为母核，取代基主要包括甲基、乙基、羟基、甲氧基、羧基等。

（3）环烯醚萜类化合物　多以糖苷的形式存在，目前从巴戟天中分离得到的有水晶兰苷、车叶草苷、四乙酰车叶草苷、车叶草酸、去乙酰车叶草苷等。

（4）氨基酸和微量元素　目前发现14种游离氨基酸，其中人体所必需的氨基酸共6种，包括苏氨酸、缬氨酸、异亮氨酸、亮氨酸、苯丙氨酸和赖氨酸。对巴戟天中的微量元素进行分析，发现了共计13种微量元素，其中含人体必需的微量元素10种，分别为铬（Cr）、锰（Mn）、铁（Fe）、钴（Co）、镍（Ni）、铜（Cu）、锌（Zn）、硒（Se）、钼（Mo）、锡（Sn）。

（5）挥发性成分　多存在于其根皮中，主要包括正十七烷、正十八烷、支链二十烷、左旋龙脑。

[功效] 补肾阳，壮筋骨，祛风湿。主治阳痿，少腹冷痛，小便不禁，子宫虚冷，风寒湿痹，腰膝酸痛。

[药理作用]

（1）增强机体免疫功能　巴戟天具有增强机体免疫功能的作用。巴戟天醇提物能够降低D-半乳糖致衰老大鼠的胸腺指数、脾脏指数，T、B淋巴细胞转化能力和CD28阳性淋巴细胞数量，并能下调白细胞介素-2水平，从而增强D-半乳糖致衰老大鼠的免疫功能。巴戟天多糖具有提高经环磷酰胺诱导的免疫功能低下小鼠的免疫器官指数、巨噬细胞吞噬率及外周血淋巴细胞转化率，提高免疫作用。

（2）改善心肌缺血　巴戟天提取物具有明显的抗缺氧/复氧及保护缺血/再灌注损伤心肌作用，能够减轻心肌缺血再灌注损伤后的心肌细胞凋亡，其作用机制可能与降低心肌组织中的白介素 1β、肿瘤坏死因子 α 水平表达有关。

（3）改善生殖作用　巴戟天对过氧化氢损伤的精子具有保护作用。巴戟天水提取物能显著改善精子运动功能，对精子功能有保护作用，巴戟天寡糖能促进雄性小鼠的生精能力。

（4）抗肿瘤　巴戟天水提取物能显著抑制EAC和肝癌荷瘤瘤株的生长，促进肿瘤细胞的凋亡，提高细胞免疫功能，说明巴戟天具有抗肿瘤的作用。

[临床应用]

①由巴戟天45克，牛膝（去苗）90克，羌活、桂心、五加皮各45克，杜仲（去粗皮，炙微黄）60克，干姜45克配伍组成的巴戟丸具有强筋骨、祛风湿的功效。

②巴戟汤治冷痹，脚膝疼痛，行履艰难。由巴戟天（去心）90克，附子（炮，去皮脐）、五加皮各60克，牛膝（酒浸，焙）、石斛（去根）、甘草（炙）、萆薢各45克，白茯苓（去皮）、防风（去叉）各31克配伍组成的巴戟汤具有治腰膝疼痛的功效。

巴戟天原植物　　　　　　　　　　　　巴戟天干燥根

柏子仁（22）

[异名] 柏子、柏仁、柏实。

[用药部位] 柏科植物侧柏的干燥成熟种仁。

[形态] 种仁长卵圆形至长椭圆形。新鲜品淡黄色或黄白色，久置则颜色变深而呈黄棕色，显油性。外包膜质内种皮，先端略光，圆三棱形，有深褐色的小点，基部钝圆，颜色较浅。断面乳白色至黄白色，胚乳较发达，子叶2枚或更多，富油性。以颗粒饱满、黄白色、油性大而不泛油、无皮壳杂质者为佳。

[产地] 全国各地均产，主要产于山东、河北、河南、江苏等地。

[性味与归经] 味甘，性平。归心、肾、大肠经。

[主要成分] 柏子仁含柏木醇、谷甾醇和双萜类成分。又含脂肪油约14%，并含少量挥发油、皂苷、维生素A和蛋白质等。脂肪油的主要成分为不饱和脂肪酸，含量为总脂肪酸的62.39%。

[功效] 养心安神，敛汗，润肠通便。主治惊悸、怔忡、失眠健忘、盗汗、肠燥便秘。

[药理作用]

（1）镇静、改善睡眠　柏子仁脂肪油、挥发油以及柏子仁苷均有改善动物睡眠的作用。

（2）益智　柏子仁水及其醇提取物对东莨菪碱所致的学习记忆获得、巩固障碍，电惊厥所致的记忆巩固障碍，乙醇导致的学习再现障碍等均有改善作用。灌服给予柏子仁醇提取物对基底节破坏小鼠记忆再现障碍有改善作用，柏子仁能改善小鼠扁桃体损伤所致的记忆获得障碍。

（3）神经保护作用　柏子仁醇提取物的石油醚萃取部分能促进鸡胚背根神经节的生长。

[临床应用]

① 用于产后血虚所致便秘。由柏子仁、粳米组成的方剂具有养血安神、润肠通便之功效。

② 由柏子仁、党参、白术、制半夏、五味子、牡蛎、麻黄根、浮小麦、大枣组成柏子仁汤可以治疗阴虚盗汗。

③ 用香油、柏子仁油等量混匀，治疗黄水疮。

侧柏原植物

柏子仁

补骨脂（23）

[异名] 胡韭子、婆固脂、破故纸等。

[用药部位] 豆科植物补骨脂的干燥成熟果实。

[形态] 干燥果实呈扁椭圆形或略似肾形，长 3～5 毫米，直径 2～4 毫米，厚约 1.5 毫米，中央微凹，表面黑棕色；粗糙，具细微网状皱纹及细密腺点，少数果实外有淡灰棕色的宿萼。

[产地] 主产于四川、云南、河南、陕西、安徽等地。

[性味与归经] 味辛、苦，性温。归肾、脾经。

[主要成分] 以香豆素及苯并呋喃类、黄酮类、单萜酚类等为主。

[功效] 补肾助阳，纳气平喘，温脾止泻。主治肾虚阳痿、腰膝酸软冷痛、肾虚遗精、脾肾阳虚引起的五更泄泻，肾不纳气之虚寒咳喘。

[药理作用]

（1）雌激素样作用　此作用的物质基础主要为香豆素类成分补骨脂素和异补骨脂素，是通过影响雌激素受体实现的。

（2）抗肿瘤作用　特别是在胃癌、乳腺癌、前列腺癌、肝癌、皮肤癌等方面。

（3）抗氧化作用　补骨脂中不同类别化学成分均有良好的抗氧化作用。

（4）抗菌作用　对多种微生物有较好的抗菌活性，且可以有效抑制皮肤真菌的增长。

（5）抗抑郁作用　主要是香豆素类，抗抑郁机制尚不明确。

（6）促进骨生长作用　补骨脂醇提取物有改善骨细胞生成的作用。

（7）心血管保护作用　补骨脂中香豆素类成分对心血管系统具有保护作用，可降低血栓形成的风险。

[临床应用]

① 补骨脂温补肾阳，用于肾阳不足，阳痿遗泄、尿频、遗尿等症，常配合淫羊藿、菟丝子等同用。

② 用于虚冷泄泻。补骨脂能补命门火而温运脾阳，治虚冷泄泻，常与肉豆蔻等同用。

③ 用于虚喘。肾气不足，摄纳无权，易引起喘促。补骨脂温肾而纳气平喘，多与胡桃肉配伍以治虚寒气喘。

补骨脂原植物

补骨脂干燥成熟果实

赤芍（24）

[异名] 木芍药。本品乃芍药之赤色者，故名。又名芍药、赤芍药、红芍药、臭牡丹根。

[用药部位] 毛茛科植物芍药或川赤芍的干燥根。

[形态] 多年生草本，高 50～80 厘米。根肥大，通常呈圆柱形或略呈纺锤形。茎直立，光滑无毛。赤芍药材呈圆柱形，稍弯曲，长 5～40 厘米，直径 0.5～3 厘米。表面棕褐色，粗糙，有纵沟和皱纹，并有须根痕和横长的皮孔样突起，有的外皮易脱落。

[产地] 主产于内蒙古额尔古纳、牙克石、鄂伦春旗、扎兰屯、巴林左旗、多伦、突尔等地。川赤芍主产于四川阿坝、色达、木里，云南维西、兰坪、剑川，贵州赫章、印江，青海湟源等地。

[性味与归经] 味苦，性微寒。归肝经。

[主要成分] 主要含芍药苷、芍药内酯苷、氧化芍药苷、苯甲酰芍药苷、芍药新苷等。尚含有没食子鞣质、挥发油、蛋白质等。

[功效] 清热凉血。用于热入营血、温毒发斑、血热吐衄等病证的防治。

[药理作用]

① 防止血栓的形成作用。

② 抗血小板聚集作用。

③ 降血脂和抗动脉硬化作用。

④ 对心血管系统的影响：赤芍注射液 1 克/千克肌内注射，对实验性肺动脉高压兔有治疗和预防作用，使肺血管扩张、血流改善、动脉压降低、心输出量增加、心功能改善。

⑤ 抗肿瘤作用。

⑥ 保肝作用。

[临床应用]

① 用于治疗因血热瘀滞而致的腹部、腰背疼痛。

② 配伍乳香、没药、桃仁、归尾等用于治疗跌打瘀肿、疼痛。

赤芍原植物   赤芍根

川楝子（25）

[异名] 金铃子、川楝实、仁枣、苦楝子、楝子、石茱萸、楝树果、川楝树子、楝实。

[用药部位] 楝科植物川楝的干燥成熟果实。

[形态] 落叶乔木，高可达 10 米。干燥果实呈球形或椭圆形，表面金黄色至棕黄色，微有光泽，少数凹陷或皱缩，具深棕色小点，顶端有花柱残痕，基部凹陷，有果梗痕。

[产地] 生于海拔 500～2100 米的杂木林和疏林内或平坝、丘陵地带湿润处，常栽培于村旁附近或公路边。分布于甘肃、河南、湖北、湖南、广西、四川、贵州、云南等地。

[性味与归经] 味苦，性寒，有小毒。归肝、心、胃、小肠、膀胱经。

[主要成分] 果实含驱蛔有效成分川楝素，以及多种苦味的三萜成分，苦楝子酮，苦楝子醇，21-O-乙酰川楝子三醇，21-O-甲基川楝子五醇，生物碱，山奈醇，树脂，鞣质，挥发性脂肪酸。

[功效] 除湿热，清肝火，行气，止痛，杀虫，疗癣。用于热厥心痛，胸胁、脘腹胀痛，疝痛，虫积腹痛，头癣，秃疮等症。

[药理作用]

（1）驱虫作用　本品有驱蛔虫作用，有效成分为川楝素，它的乙醇提取物作用强、缓慢而持久。

（2）抑制呼吸中枢作用　大剂量川楝素（2 毫克/支，静脉注射或肌内注射）引起的呼吸衰竭，主要是由于它对中枢的抑制作用。中枢兴奋药尼可刹米对川楝素引起的呼吸抑制有轻微的对抗作用。

（3）阻断神经肌肉接头间的传递作用　川楝素 10 克/毫升，对小鼠离体膈神经肌肉标本有选择性阻断神经肌肉接头间传递的作用，毒扁豆碱对其产生的肌肉麻痹无对抗作用。

（4）抑菌作用　川楝子对金黄色葡萄球菌有抑菌作用，但对大肠杆菌、鸡胚中培养的病毒皆无效。

[临床应用]

① 用于胸胁疼痛、脘腹胀痛及疝痛等症。川楝子可行气，归肝经，善治肝气犯胃疼痛

以及胸胁疼痛、经行腹痛；又入胃经，治疗脾胃气滞、脘腹胀痛，常与延胡索等配伍同用。

② 用于虫积腹痛。川楝子有杀虫的功效，又能止痛，用于虫积腹痛，常配合槟榔、使君子等同用。

川楝子原植物

川楝子成熟果实

柴胡（26）

[异名] 红柴胡、南柴胡、北柴胡、竹叶柴胡、蚂蚱腿、地熏、山菜、茹草、柴草、茈胡。

[用药部位] 伞形科植物柴胡或狭叶柴胡的干燥根。

[形态] 多年生草本，高 40～70 厘米。主根较粗，坚硬，有少数侧根，黑褐色。茎直立，2～3 枝丛生，稀、单一，上部分枝略呈"之"字形弯曲。叶互生；基生叶线状披针形或倒披针形，基部渐窄成长柄，先端具突尖；茎生叶长圆状披针形至倒披针形，两端狭窄，近无柄，长 5～12 厘米，宽 0.5～1.6 厘米，最宽处常在中部，先端渐尖，基部渐窄，上部叶短小，有时呈镰刀状弯曲，表面绿色，背面粉绿色，具平行脉 5～9 条。花期 7～9 月，果期 9～11 月。

[产地] 生于向阳旱荒山坡、路边、林缘灌丛或草丛中。分布于东北、华北、西北、华中、华东等地。

[性味与归经] 味苦、辛，性微寒。归肝、心包、三焦、胆经。

[主要成分] 柴胡根含挥发油 0.15%，内有戊酸、己酸、庚酸、2-庚烯酸、辛酸、2-辛烯酸、壬酸、2-壬烯酸、苯酚、邻甲氧基苯酚、γ-庚内醇、γ-辛内酯、γ-癸内酯、丁香油酚、γ-烷酸内酯、甲基苯酚、乙基苯酚、百里香酚、玛索依内酯、乙酸香苯醛酯、2-甲基环戊酮、柠檬烯、月桂烯、右旋香荆芥酮、反式香苇醇等。又含柴胡皂苷 a、柴胡皂苷 c、柴胡皂苷 d、柴胡皂苷 S_1；还含侧金盏花醇、α-菠菜甾醇。另含多糖，命名为柴-亚-5311，系酸性多糖，分子量约 8000，由半乳糖、葡萄糖、阿拉伯糖、木糖、核糖、鼠李糖及一未知成分组成，其中葡萄糖和核糖的含量较少。茎叶含黄酮类成分：山奈酚，山奈酚-7-鼠李糖苷，山奈苷，山奈酚-3-O-α-L-呋喃阿拉伯糖苷-7-O-α-L-吡喃鼠李糖苷。

[功效] 发表和里，升阳，疏肝。主治肝气郁滞，胸胁胀痛，脱肛，子宫脱落。

[药理作用]

(1) 抗炎作用　柴胡皂苷 478 毫克/千克和柴胡挥发油 400 毫克/千克腹腔注射对角叉菜

胶所致大鼠足肿胀均有明显的抑制作用。

（2）解热作用　家兔静脉注射大肠杆菌引起发热后，皮下注射柴胡醇浸膏的5%水溶液2.42克（生药）/千克，具有明显的解热作用。

（3）镇静及抗惊厥作用　柴胡皂苷和柴胡皂苷元A等均有明显的镇静作用。口服柴胡粗皂苷200～800毫克/千克即能使小鼠出现镇静作用。

（4）镇痛作用　小鼠压尾法或醋酸扭体法均证明了口服柴胡粗皂苷有明显的镇痛作用。电击鼠尾法试验证实柴胡皂苷478毫克/千克（1/4LD$_{50}$）能使痛阈明显增高。

（5）镇咳作用　柴胡总皂苷及柴胡皂苷元A有较强的镇咳作用。机械刺激致咳法证明，豚鼠腹腔注射总皂苷镇咳的ED$_{50}$为9.1毫克/千克，其效果与磷酸可待因7.6毫克/千克相近。

（6）对免疫功能的影响　小鼠腹腔注射柴胡多糖100毫克/千克，可显著增加脾脏系数、腹腔巨噬细胞吞噬百分率及吞噬指数和流感病毒血清中和抗体滴度，但不影响脾细胞分泌溶血素。柴胡多糖对正常小鼠迟发超敏反应无作用，但可以完全及部分恢复环磷酰胺或流感病毒对小鼠迟发超敏反应的抑制。

（7）抗菌、抗病毒的作用　柴胡煎剂（1：1）在体外对结核杆菌生长有抑制作用，对金黄色葡萄球菌有轻度的抑菌作用，对疟原虫、钩端螺旋体及牛痘病毒也有抑制作用。柴胡水煎液有较好的抑制流感病毒A3的能力。柴胡注射液12.0克/千克腹腔注射乳鼠，对抑制流行性出血热病毒有一定作用。柴胡皂苷a和柴胡皂苷d体外试验对流感病毒有抑制作用。

（8）抗肿瘤作用　柴胡皂苷d腹腔注射或口服对小鼠移植肉瘤S180、P388及艾氏腹水癌细胞均呈明显的抑制作用，且能延长动物的生命。

[临床应用]

① 柴胡轻清，能使清阳敷布，中气得振，与升麻相须为用可起升阳举陷的作用，不论是中气下陷之脱肛、子宫脱出、滑泄不止，还是宗气下陷之气短喘促，柴胡为必用之品。如：一头7岁骡子，久病后，气短难续、动则益甚，口唇发绀，舌质淡，苔白，脉细弱，辨证为中气下陷，以升陷汤加味：黄芪50克，柴胡30克，升麻20克，太子参30克，桔梗30克，知母25克，山茱萸30克，贝母30克，共3剂后，研末开水泡，凉后胃管投服，诸症皆平。

②《神农本草经》云，柴胡"主心腹肠胃中结气，饮食积聚，寒热邪气，推陈致新"。可见柴胡具有疏通胃肠之功，在临床中每遇气机郁滞而致的胃腹胀满，而不大便者，大剂量应用柴胡根常收佳效。如一头8岁驴，平素无病，粪便2～4次/天，稍干，1周前开始胃腑胀满，厌食，粪便5日未行，急给以柴胡根200克，研末加500毫升胃管投服，服后粪便得通，下燥粪数枚，腹胀减轻，第2天柴胡根100克，投服后诸症消失，粪便正常。

③《滇南本草》云柴胡"除肝家邪热，痨热，行肝经逆结之气"。柴胡可升可散，上能散郁火，中能散郁结，笔者运用柴胡于各种发热病中，无论外感、内伤其效皆佳。如一头黑白花奶牛，泌乳高峰期反复发热10余天，体温最高39.2℃，尤以每天上午为甚，畏寒肢冷，喜饮，产奶量下降，舌质淡，苔薄白，脉沉细略数，经检查未发现异常。辨证为阳虚热邪，给以升阳散火汤加减：柴胡50克，葛根5克，升麻15克，党参30克，白芍30克，防风20克，羌活25克，桂枝25克，生甘草、炙甘草各10克，生姜10克，大枣10枚，开水泡，待凉后灌服，一剂后诸症悉解，体温正常。

④ 柴胡的和解之功主要体现在少阳证的治疗上，一般与黄芩相须为用，共奏和解少阳，散热清里之功。如一头6岁的黑白花奶牛，产后第5天，忽发寒热，体温高达39.3℃，曾

用抗生素 3 天无效，每天太阳刚出或落山时烦躁不安，发热较甚，症见恶露未净而量少色暗，舌质淡、苔白厚，脉象弦数，以和解少阳治之，药用小柴胡汤加减：柴胡 50 克，黄芩 30 克，太子参 60 克，半夏 25 克，党参 60 克，益母草 60 克，桃仁 30 克，红花 30 克，炙甘草 20 克，生姜 10 克，大枣 10 枚。连服 2 剂热止而愈。[9]

柴胡原植物

柴胡干燥根

常山（27）

[异名] 黄常山、鸡骨常山、鸡骨风、风骨木、茗叶常山、上常山、白常山、大金刀、互草、恒山、七叶、翻胃木、土常山、大常山、树盘根、一枝蓝、摆子药。

[用药部位] 虎耳草科植物常山的干燥根。

[形态] 落叶灌木，高可达 2 米。茎枝圆形，有节，幼时被棕黄色短毛。叶对生，椭圆形，广披针形或长方状倒卵形，长 5～17 厘米，宽 2～6 厘米，先端渐尖，基部楔形，边缘有锯齿，幼时两面均疏被棕黄色短毛；叶柄长 1～2 厘米。伞房花序，着生于枝顶或上部的叶腋；花浅蓝色；苞片线状披针形，早落；花萼管状，淡蓝色，长约 4 毫米，先端 5～6 齿，三角形，管外密被棕色短毛；花瓣 5～6，蓝色，长圆状披针形或卵形，长约 8 毫米。花期 6～7 月，果期 8～10 月。

[产地] 生于海拔 800～1200 米的林缘、沟边、湿润的山地。分布于江西、云南、广东、福建、西藏、甘肃、陕西、四川、贵州、湖南、湖北、广西等地。

[性味与归经] 味辛、苦，性寒；有小毒。归肺、心、脾、肝、胃经。

[主要成分] 常山根含总生物碱约 0.1%，其中含黄常山碱甲、黄常山碱乙、黄常山碱丙，它们是互变异构体。黄常山碱甲在加热时变为黄常山碱乙，黄常山碱乙和黄常山碱丙在有机溶剂中可互变。另含黄常山定碱、4-喹唑酮、伞形花内酯和常山素 B。从常山中还分得草酸钙晶体和 3β-羟基-5-豆甾烯-7-酮、香草酸、八仙花酚、7-羟基-8-甲氧基香豆精、4-羟基八仙花酚。

[功效] 涌吐痰涎，截疟，解热。用于痰饮停聚、胸膈痞塞、疟疾等症。

[药理作用]

（1）抗疟作用　常山水提液和醇提液对疟疾有显著疗效。

（2）抗阿米巴原虫作用　盐酸常山碱乙无论体外或体内试验均有强大抗阿米巴原虫

作用。

（3）解热作用　在常山所含单体成分中，已发现常山碱丙有解热作用。给大鼠口服常山碱丙，其退热作用强于阿司匹林。

（4）对心血管的作用　常山碱甲、常山碱乙、常山碱丙对麻醉狗都有明显降压作用，同它们抗疟作用强弱悬殊不同，常山碱甲、常山碱乙、常山碱丙降压作用强度并无显著差异。常山碱在降压的同时，心收缩振幅减小和脾、肾容积增加。离体兔心灌注时，从导管侧支内注入 0.2～2.0 毫克常山碱，可引起兔心收缩的明显抑制。由此认为，常山碱的降压作用是由心脏抑制和内脏血管扩张所致。

（5）催吐作用　静脉注射常山碱甲、常山碱乙、常山碱丙，能引起大部分鸽子呕吐，多数在 30 分钟内出现，氯丙嗪可使其催吐潜伏期延长。

［临床应用］

① 常山提取物常山酮主要用于驯养类动物如家禽、家畜抗球虫病，抗疟疾的预防和治疗，具有广谱高效、不可逆、停药后无复发、无交叉耐药性、毒性小、安全等优点。混饲：每 1000 千克饲料，禽 3 克。

② 常山提取物常山酮也用于牛泰勒梨形虫病治疗。

常山原植物

常山干燥根

穿心莲（28）

［异名］春莲秋柳、一见喜、榄核莲、苦胆草、金香草、金耳钩、印度草、苦草等。

［用药部位］爵床科植物穿心莲的干燥地上部分。

［形态］茎高 50～80 厘米，4 棱，下部多分枝，节膨大。叶卵状矩圆形至矩圆状披针形，长 4～8 厘米，宽 1～2.5 厘米，顶端略钝。花序轴上叶较小，总状花序顶生和腋生，集成大型圆锥花序；苞片和小苞片微小，长约 1 毫米；花萼裂片三角状披针形，长约 3 毫米，有腺毛和微毛；花冠白色而小，下唇带紫色斑纹，长约 12 毫米，外有腺毛和短柔毛，2 唇形，上唇微 2 裂，下唇 3 深裂，花冠筒与唇瓣等长。

［产地］福建、广东、海南、广西、云南、江苏、陕西等地都有栽培。

［性味与归经］味苦，性寒。归肺、胃、大肠、小肠经。

［主要成分］叶含二萜内酯化合物：穿心莲甲素即去氧穿心莲内酯 0.1％ 以上，穿心莲乙素即穿心莲内酯 1.5％ 以上，穿心莲丙素即新穿心莲内酯 0.2％ 以上，以及高穿心莲内酯、潘尼内酯。还含穿心莲烷、穿心莲酮、穿心莲甾醇、β-谷甾醇-D-葡萄糖苷等。根除含穿心莲内酯外，还含 5-羟基-7,8,2′,3′-四甲氧基黄酮、5-羟基-7,8,2′-三甲氧基黄酮、5,2′-二羟基-7,8-二甲氧基黄酮、芹菜素-7,4′-二甲醚、α-谷甾醇等。全草尚含 14-去氧-11-氧化穿心莲内酯、14-去氧-11,12-二去氢穿心莲内酯，另据初步分析，还含甾醇皂苷、糖类及缩合鞣质等酚类物质。又从叶、嫩枝、胚轴、根和胚芽所得的愈合组织，经培养分离，得三种倍半萜内酯化合物：穿心莲内酯 A、穿心莲内酯 B 和穿心莲内酯 C。

［功效］清热消炎，抗菌，保肝利胆。主治感冒发热、咽喉肿痛、口舌生疮、顿咳劳嗽、泄泻痢疾、热淋涩痛、疮疡肿痛。

［药理作用］

（1）解热抗炎　研究表明，穿心莲内酯具有抑制和延缓肺炎双球菌、溶血性乙型链球菌所引起的体温升高，同时其还具有抗炎的效果，因而对于发热、咽喉炎症等方面有治疗作用。

（2）增强免疫力　研究显示，穿心莲内酯对于人体内的免疫活性细胞还具有促进作用，可以增强巨噬细胞的吞噬作用，进而提高机体的免疫力。

（3）保护心血管　穿心莲内酯对于心血管还具有保护作用，研究表明其具有抗心肌缺血和保护血管内皮细胞、抗血小板聚集等方面的作用，因而能对于心脑血管疾病方面起到预防的作用。

（4）抗肿瘤　研究还发现，穿心莲对于肿瘤细胞有一定的抑制作用，因而能起到抗肿瘤的作用。

［临床应用］

① 将穿心莲作为饲料添加剂，按照科学比例饲养鸡，可以提高饲料的营养成分，增加肉鸡体重，降低饲养中的死亡率，具备一定的保健效果。利用复方穿心莲能够提高肉鸡的饲料报酬以及生长速度，进而提高生产效益。同时，利用鱼腥草、党参、黄芪以及穿心莲等中药，按照一定比例作为饲料添加剂，可以提高鸭、鸡等家禽的生长率以及成活率，提高种禽的出壳率、产蛋率以及育成率。

② 穿心莲可以提高肉鸡的免疫力水平，并且对剂量具有一定的依赖性，这种依赖性随着剂量的提高而加强。同时，穿心莲还可以提高动物的抗体效价，起到延缓免疫器官衰老的效果，促进家禽胸腺以及淋巴细胞的发育，进而提高家禽的免疫力。

③ 以穿心莲为成分的药物注射液具有解毒清热功能，对仔猪白痢、肺炎以及肠炎具有较好的效果，将穿心莲针剂与抗生素结合对仔猪下痢进行治疗也同样具有良好的效果。穿心莲注射液还对仔猪黄白痢具有显著的治疗效果，其治愈率高达 94％。

④ 以金银花、马齿苋、黄芩、黄连以及穿心莲制作而成的痢速康口服液，对治疗大型家禽腹泻具有无副作用、速效、疗效确实等特点。

⑤ 穿心莲片可以治疗兔子的胃肠臌气病，在没有任何副作用的同时，其治愈率高达 77％，同时对胃肠积气进行治疗也具有良好的效果。

⑥ 复方穿心莲可以有效治疗肉鸡的大肠杆菌病，而且穿心莲粉可以对肉鸡的喉气管炎进行有效治疗，治愈率高达 78％，且无任何副作用。穿心莲片主要由广防己、白矾、雄黄、十大功劳以及穿心莲等中药制作而成，具有较强的解毒止痢、清热祛湿的功效，对治疗雏鸡

所患的白痢具有良好的效果。

⑦ 由穿心莲、苦参、草珊瑚、博落回、十大功劳以及三颗针为主要成分制作而成的禽痢净口服液，对家禽常见的伤寒下痢、鸡白痢、禽霍乱等疾病具有显著的预防和治疗效果，治愈率高达95.9％。

⑧ 由穿心莲、白头翁、栀子、黄芩等中药成分制作而成的鸡痢灵，将其掺加到饲料中，可以有效预防大肠杆菌病，治愈率高达91.8％。[10]

穿心莲原植物

穿心莲干燥地上部分

苍术（29）

[异名] 赤术、枪头等。

[用药部位] 菊科植物茅苍术的干燥根茎。

[形态] 根状茎平卧或斜升，粗长或通常呈疙瘩状，生多数等粗等长或近等长的不定根。茎直立，单生或少数茎成簇生，下部或中部以下常为紫红色，不分枝或上部分枝，但少有自下部分枝的，全部茎枝被稀疏的蛛丝状毛或无毛。头状花序单生茎枝顶端，但不形成明显的花序式排列，植株有多数或少数（2～5个）头状花序。花果期6～10月。

[产地] 主产于江苏、河南、河北、山西、陕西，以产于江苏茅山一带者质量最好。

[性味与归经] 味辛、苦，性温。归脾、胃、肝经。

[主要成分] 根茎含挥发油3.25％～6.92％，内含花柏烯、丁香烯、榄香烯、葎草烯、芹子烯、广藿香烯、1,9-马兜铃二烯等。又含色氨酸、3,5-二甲氧基-4-葡萄糖氧基苯基烯丙醇等。

[功效] 燥湿健脾，祛风散寒，明目。主治脘腹胀痛、泄泻、水肿、风湿痹痛、风寒感冒、雀目。

[药理作用]

① 与苍术燥湿健脾功效相关的药理作用有调整胃肠运动功能、抗溃疡、保肝等。

② 现代药理学研究证实，其具有降血糖、抑菌、抗缺氧、中枢抑制、抗肿瘤、促进骨骼钙化及对心血管系统有影响等作用。

[临床应用]

① 苍术8克，配伍白鲜皮10克，清热解毒、健脾，治疗脾虚失运所致的中气下陷。

② 苍术20克，配伍黄柏15克，清热燥湿、利尿通淋，治疗湿热蕴结中下焦型淋证。[11]

苍术原植物

苍术干燥根

陈皮（30）

[**异名**] 陈橘皮、新会皮、红皮、贵老、橘皮。

[**用药部位**] 芸香科植物橘及其栽培变种的干燥成熟果皮。

[**形态**] 常剥成数瓣，基部相连。外表面橙红色或红棕色，有细皱纹及凹下的点状油室，内表面浅黄白色，粗糙。

[**产地**] 主产于福建、浙江、广东、广西、江西、湖南、贵州、云南、四川等地。

[**性味与归经**] 味苦、辛，性温。归肺、脾经。

[**主要成分**] 陈皮含挥发油，其中主要为柠檬烯；此外，尚含橙皮苷、新橙皮苷、柑橘素、黄酮化合物、枸橼醛、对羟福林等。

[**功效**] 理气降逆，调中开胃，燥湿化痰。主治脾胃气滞湿阻，胸膈满闷，脘腹胀痛；肺气阻滞，咳嗽痰多等。

[**药理作用**]

（1）对心血管和平滑肌的作用　陈皮煎剂静脉注射可使肾血管收缩，动脉压上升，并能引起平滑肌收缩，作用与肾上腺素相似，且无耐受性。

（2）抗炎、抗溃疡、利胆作用　橙皮苷中顺式香豆素有抗炎作用。甲基橙皮苷有明显的抗溃疡作用，与维生素 C 及维生素 K 合用能增强其效力；动物腹腔注射，迅速表现出利胆作用。

[**临床应用**]

① 陈皮具有燥湿化痰、温化寒痰的功效；同时陈皮还具有辛散苦泄的功效，有利于发挥润肺止咳的功效，将其与半夏、茯苓等配伍应用于咳嗽痰多。

② 陈皮味苦，具有燥湿健脾行气的功效，将其与苍术、厚朴等相配伍可发挥燥湿健脾的功效。

③ 陈皮的主要作用为行脾胃之气，脾胃之气行则可达祛湿、化痰、健脾的功效。且陈皮辛散温通，能行能散，能入脾肺，可发挥行散肺气、行气宽中的效果，对改善脾胃气滞、脘腹胀满等症状有显著效果。[12]

陈皮原植物

陈皮干燥皮

侧柏叶（31）

[异名] 香柏、扁柏、柏树。

[用药部位] 柏科植物侧柏的干燥枝梢和叶。

[形态] 本品多分枝，小枝扁平。叶细小鳞片状，交互对生，贴伏于枝上，深绿色或黄绿色。质脆，易折断。气清香，味苦涩、微辛。

[产地] 全国大部分地区均有分布。

[性味与归经] 味苦、涩，性寒。归肺、肝、脾经。

[主要成分] 含挥发油，油中主要为茴香酮、樟脑、乙酸龙脑酯、萜醇；并含桧酸、槲皮素、杨梅黄酮、山奈素、扁柏双黄酮、蜡质等。侧柏叶中含挥发油 0.26%，其中主要成分为 α-侧柏酮、侧柏烯、小茴香酮等；其他尚含黄酮类成分，如香橙素、槲皮素、杨梅树皮素、扁柏双黄酮等；叶中还含钾、钠、氮、磷、钙、镁、锰和锌等微量元素。

[功效] 凉血止血，化痰止咳，补益肝肾。主治吐血、衄血、便血、咯血、崩漏下血、肺热咳嗽。

[药理作用] 侧柏叶煎剂能明显缩短出血时间及凝血时间，其止血有效成分为槲皮素和鞣质。此外，尚有镇咳、祛痰、平喘、镇静等作用。体外试验表明，该品对金黄色葡萄球菌、卡他球菌、痢疾杆菌、伤寒杆菌、白喉杆菌等均有抑制作用。

侧柏叶原植物

侧柏叶的枝梢和叶

[临床应用]

① 侧柏叶清血分湿热，蒲黄活血化瘀，两药相伍清热活血，可以治疗肠胃炎。

② 侧柏叶清热凉血，浙贝母清热散结，合用有增强清热宣肺之效，治疗肺胃湿热、瘀血阻滞证。

③ 侧柏叶凉血止血，地榆炭收敛止血，合用有增强收敛固摄之效，治疗肠炎。[13]

车前草（32）

[异名] 车前菜、车轮草、牛甜菜、猪耳草等。

[用药部位] 车前科植物车前或平车前的干燥全草。

[形态] 根茎短，稍粗。叶片薄纸质或纸质，宽卵形至宽椭圆形。花具短梗，萼片先端钝圆或钝尖。花冠白色，无毛，雄蕊着生于冠筒内面近基部，花药卵状椭圆形。

[产地] 分布于全国大部分省区。生于草地、沟边、河岸湿地。

[性味与归经] 味甘，性寒。归肝、肾、肺、小肠经。

[主要成分] 含车前苷及高车前苷、桃叶珊瑚苷，另含熊果酸、β-谷甾醇、豆甾醇、车前黄酮苷、洋丁香酚苷、车前草苷、大车前苷等成分。

[功效] 利尿，清热，明目，祛痰。主治金疮、血衄、瘀血血瘕、下血、小便赤。

[药理作用] 有利尿作用；有镇咳、平喘、祛痰作用；有抗病原微生物作用；对胃液分泌有双向调节作用；还可暂时性增加肠液分泌，可降低家兔离体肠管收缩幅度，并对抗氯化钡和组胺的收缩作用；抗炎。

[临床应用] 羊 10～30 克，猪 20～60 克，牛 40～60 克。水煎服或捣汁服，用于治疗小便不利、带下、尿血、黄疸、水肿、热淋涩痛、暑湿泻痢、痰热咳嗽、吐血衄血、痈肿疮毒等病症。

外用鲜品适量，捣敷。

车前草原植物

车前草干燥全草

车前子（33）

[异名] 牛舌草子、车轱辘草子、车前仁。

［用药部位］车前科植物车前或平车前的干燥种子。

［形态］车前子呈椭圆形、不规则长圆形或三角状长圆形，略扁，长约2毫米，宽约1毫米，表面黄棕色至黑褐色，有细皱纹，一面有灰白色凹点状种脐，质硬、气微、味淡。

［产地］主产于黑龙江、辽宁、河北等地。喜温暖湿润气候，耐寒，在山区平地均可生长，对土壤要求不严。

［性味与归经］味甘，性寒。归肾、膀胱经。

［主要成分］车前子含多量黏液、车前子酸、车前子苷、车前烯醇酸、琥珀酸、腺嘌呤、胆碱、梓醇、蛋白质及各种脂肪酸（棕榈酸、硬脂酸、花生酸、油酸、亚油酸、亚麻酸等），黏液中含酸性黏多糖如车前聚糖，尚含维生素A、维生素B_1。

［功效］利水利尿，渗湿通淋，明目。主治目赤肿痛、黄疸等。

［药理作用］

① 利尿作用。正常人内服车前子煎剂10克，有利尿作用。动物试验表明，车前子能使水分、氯化钠、尿素及尿酸排出增多而有利尿作用。但亦有报告指出，正常人及家兔服车前子煎剂无明显利尿作用。平车前种子亦无利尿作用。

② 其他作用。车前子水煎剂对大鼠及狗有缓泻作用。对喂饲胆甾醇使之血清中含量升高的家兔，卵叶车前子油能使其胆固醇含量迅速下降；但该油对正常家兔无降低血清胆固醇水平的作用。试验表明，5％车前子液0.05～0.2毫升给家兔膝关节腔内注射（连续2～4次，每次间隔3～14天），有促使家兔关节囊滑膜结缔组织增生作用，从而使松弛了的关节囊恢复原有的紧张度。有报道认为，车前子酒精提取物有拟胆碱作用，可降低麻醉犬、猫的血压，抑制离体兔心、蛙心，兴奋兔、大鼠及豚鼠的肠管，并能被阿托品所抑制。

③ 具有祛痰和镇咳的作用。

［临床应用］

① 若骡子症见体瘦毛焦，精神倦怠，泻粪粗糙带水，肠鸣如雷，尿少，口色青黄，脉象细。药用车前子40克，山药30克，甘草15克，碾末冲服，连服2剂痊愈。

② 诊为肝热传眼，药用车前子4克，龙胆草30克，柴胡20克，研末冲服，日服1剂，3剂而愈。

③ 黄牛若表现为排尿时拱腰努责，淋漓不畅，表现疼痛，尿量少而频，尿色赤黄或色红，脉滑数。药用车前子50克，茯苓40克，生甘草20克，碾末冲1剂即愈。[14]

车前草原植物

车前子

刺五加（34）

[**异名**] 刺拐棒、老虎镣子、刺木棒等。

[**用药部位**] 五加科植物刺五加的干燥根和根茎或茎。

[**形态**] 落叶灌木，高达 2 米。茎通常密生细长倒刺。掌状复叶，互生；基柄长 3.5～12 厘米，有细刺或无刺，被褐色毛。

[**产地**] 主产于东北及河北、山西等地。

[**性味与归经**] 味辛、微苦，性温。归脾、肾、心经。

[**主要成分**] 根含刺五加苷 A、刺五加苷 B、刺五加苷 B_1、刺五加苷 C、刺五加苷 D、刺五加苷 E。刺五加苷 A 即胡萝卜苷，刺五加苷 B 即丁香苷。根还含芥子醛葡萄糖苷、松柏醛葡萄糖苷、松柏苷、鹅掌楸苷、苦杏仁苷等。

[**功效**] 补肾强腰，益气安神，活血通络。主治脾肺气虚，四肢乏力，腰膝酸痛，躁动不安。

[**药理作用**]

（1）对中枢神经系统的作用　减弱水合氯醛、巴比妥钠和氯丙嗪的抑制作用。

（2）对非特异性刺激的作用　抗疲劳作用，耐缺氧作用，抗高低温、抗离心及抗放射作用，抗应激作用，解毒作用。

（3）对免疫功能的影响　引起单核-巨噬细胞系统吞噬功能下降，引起淋巴细胞功能下降，促进抗体生成，刺五加多糖可显著提高细胞产生干扰素的能力，还有升白细胞作用。

（4）对代谢及组织再生的影响　提高能量代谢和糖代谢，促进蛋白质和核酸合成，提高脂质代谢，稍微提高钙、钾的新陈代谢。

（5）抗炎作用　给大鼠灌胃刺五加醇浸水溶液 25 克（生药）/千克，对大鼠蛋清性足肿胀有明显抑制作用。给小鼠腹腔注射刺五加茎浸膏 9 克（生药）/千克或灌胃 90 克（生药）/千克，可明显抑制二甲苯所致耳部炎症。

（6）其他作用　抗肿瘤、抗菌、抗病毒作用。改善心脏功能、抑制血小板聚集、调节内分泌功能紊乱。

刺五加原植物

刺五加干燥根

[临床应用]

① 仔猪日粮每天添加 0.1% 的刺五加提取物，可促进断奶仔猪蛋白质的消化，增加仔猪小肠吸收氨基酸的能力，有助于仔猪的生长发育。

② 奶牛饲添加有刺五加提取物 250 毫克/千克、1250 毫克/千克的日粮，能够缓解热应激对奶牛的影响，提高奶牛的生产性能。[15]

川芎（35）

[异名] 山鞠穷、香果、胡䓖、芎䓖、雀脑芎、京芎、贯芎、生川军。

[用药部位] 伞形科植物川芎的干燥根茎。

[形态] 多年生草本，高 40～60 厘米。根茎发达，形成不规则的结节状拳形团块，具浓烈香气。茎直立，圆柱形，具纵条纹，上部多分枝，下部茎节膨大呈盘状（苓子）。茎下部叶具柄，柄长 3～10 厘米，基部扩大成鞘；叶片轮廓卵状三角形，长 12～15 厘米，宽 10～15 厘米，3～4 回三出式羽状全裂；羽片 4～5 对，卵状披针形，长 6～7 厘米，宽 5～6 厘米；末回裂片线状披针形至长卵形，长 2～5 毫米，宽 1～2 毫米，具小尖头；茎上部叶渐简化。

[产地] 主产于四川（彭县，今彭州市，现道地产区有所转移），在云南、贵州、广西、湖北、江西、浙江、江苏、陕西、甘肃、内蒙古、河北等省区均有栽培。

[性味与归经] 味辛，性温。归肝、胆经。

[主要成分] 含川芎嗪，黑麦草碱或川咪，藁本内酯，川芎萘呋内酯，3-亚丁基苯酞，3-亚丁基-7-羟基苯酞，丁基苯酞，3-正丁基-3,6,7-三羟基-4,5,6,7-四氢苯酞，新川芎内酯，洋川芎内酯 B、C、D、E、F、G、H，洋川芎醌，大黄酚，川芎酚，尿嘧啶，盐酸三甲胺，氯化胆碱，棕榈酸，香草醛，β-谷甾醇，亚油酸，二亚油酸棕榈酸甘油酯及蔗糖等。

[功效] 行气开郁，祛风燥湿，活血止痛。主治风冷头痛眩晕，胁痛腹痛，寒痹筋挛，经闭，难产，产后瘀阻块痛，痈疽疮疡。

[药理作用]

（1）对中枢神经系统的作用　川芎有明显的镇静作用。川芎挥发油少量时对动物大脑的活动具有抑制作用，而对延髓呼吸中枢、血管运动中枢及脊髓反射中枢具有兴奋作用。

（2）对心血管系统的作用　川芎煎剂对离体蟾蜍和蛙心脏，浓度在 10^{-5}～10^{-4} 时使收缩振幅增大、心率稍慢；川芎水提液及其生物碱能扩张冠状动脉和血管，增加冠脉血流量，改善心肌缺氧状况；川芎酚、川芎总生物碱和川芎嗪能使麻醉犬血管阻力下降，使脑、股动脉及下肢血流量增加；川芎嗪能延长在体外 ADP 诱导的血小板凝聚时间，对已聚集的血小板有解聚作用。

（3）抗菌作用　川芎对大肠杆菌、痢疾（宋内氏）杆菌、变形杆菌、铜绿假单胞菌、伤寒杆菌、副伤寒杆菌及霍乱弧菌等有抑制作用。川芎水浸剂（1:3）在试管内对某些致病性皮肤真菌也有抑制作用。

[临床应用]

① 用于胸胁疼痛、风湿痹痛、癥瘕结块、疮疡肿痛、跌仆伤痛、月经不调、经闭痛经、产后瘀痛等病症。

② 用于感冒的辅助治疗。

川芎原植物　　　　　　　　　　　　　　　川芎干燥根

川贝母（36）

[异名] 又名京川贝、西贝母、西贝、新疆贝、伊贝、伊贝母，松贝、青贝、炉贝、岷贝、川贝、尖贝、平贝。

[用药部位] 百合科植物川贝母、暗紫贝母、甘肃贝母或梭砂贝母的干燥鳞茎。

[形态] 松贝：呈类圆锥形或近球形，高 0.3～0.8 厘米，直径 0.3～0.9 厘米。表面类白色。外层鳞叶 2 瓣，大小悬殊，大瓣紧抱小瓣，未抱部分呈新月形，习称"怀中抱月"；顶部闭合，内有类圆柱形、顶端稍尖的心芽和小鳞叶 1～2 枚；先端钝圆或稍尖，底部平，微凹入，中心有 1 灰褐色的鳞茎盘，偶有残存须根。质硬而脆，断面白色，富粉性。气微，味微苦。

青贝：呈类扁球形，高 0.4～1.4 厘米，直径 0.4～1.6 厘米。外层鳞叶 2 瓣，大小相近，相对抱合，顶部开裂，内有心芽和小鳞叶 2～3 枚及细圆柱形的残茎。

炉贝：呈长圆锥形，高 0.7～2.5 厘米，直径 0.5～2.5 厘米。表面类白色或浅棕黄色，有的具棕色斑点。外层鳞叶 2 瓣，大小相近，顶部开裂而略尖，基部稍尖或较钝。

栽培品：呈类扁球形或短圆柱形，高 0.5～2 厘米，直径 1～2.5 厘米。表面类白色或浅棕黄色，稍粗糙，有的具浅黄色斑点。外层鳞叶 2 瓣，大小相近，顶部多开裂而较平。

[产地] 主产于江苏、河南、河北、山西、陕西，以产于江苏茅山一带者质量最好。

[性味与归经] 味苦、甘，性微寒。归肺、心经。

[主要成分] 暗紫贝母鳞茎含生物碱：松贝辛，松贝甲素。还含蔗糖、硬脂酸、棕榈酸、β-谷甾醇。卷叶贝母鳞茎含生物碱：川贝碱，西贝素。梭砂贝母鳞茎含生物碱：梭砂贝母碱，梭砂贝母酮碱，川贝酮碱，梭砂贝母芬碱等。

[功效] 清热润肺，化痰止咳，散结消痈。主治肺热燥咳、干咳少痰，阴虚劳嗽、痰中带血，瘰疬，乳痈，肺痈。

[药理作用]

（1）对呼吸系统的作用　小鼠氨水引咳法证明，川贝母总生物碱及非生物碱部分均有镇咳作用。

（2）抗溃疡作用　对大鼠结扎幽门性溃疡的影响：大鼠断食 48 小时后麻醉、开腹，结扎胃幽门，缝合腹壁后，开始给药即总生物碱，对照组用等体积生理盐水。给药 9 小时后断头处死，收集胃液，同时测定胃液量、游离酸、总酸及胃蛋白酶活性，并用肉眼观察溃疡形成情况。结果两种剂量对胃蛋白酶均有显著的抑制作用，与对照组比较差异极显著（$P<0.01$），且溃疡指数亦极显著低于对照组（$P<0.01$）。

[临床应用]

① 麦冬20克、天冬18克、川贝母10克、知母18克、沙参20克、冬桑叶25克。本方具有化痰止咳，润肺养阴，壮水生津的功效，为治疗干咳无痰的良方，效果明显。

② 由川贝母、枇杷叶、桔梗、薄荷脑组成（川贝母112.5克、枇杷叶750克、桔梗112.5克、薄荷脑0.85克，制成片1000片），主要功能为清热宣肺、化痰止咳。

③ 川贝母60克、炙桑皮120克、百部120克、连翘120克、炒杏仁90克、桔梗90克、炒葶苈子90克、炒莱菔子90克、清半夏90克、黄芩90克、枳壳90克、蝉蜕90克、单糖浆200毫升、苯甲酸钠2克、水适量，共制1000毫升，具有明显的止咳作用。[16]

川贝母原植物

川贝母干燥鳞茎

大黄（37）

[异名] 将军、黄良、火参、肤如、蜀、牛舌、锦纹。

[用药部位] 蓼科植物大黄的干燥根茎。

[形态] 多年生草本，高1～2米，根粗壮，茎直立，光滑无毛，中空。根生叶大，有肉质粗壮长柄，与叶片等长，叶片宽心形或近圆形，径达40厘米以上，掌状中裂，裂片3～7，裂片全缘或有齿，或浅裂，基部略呈心形，有3～7条主脉，上面无毛或稀具小乳突，下面被白毛，多分布叶脉及叶缘，茎生叶较小，互生，叶鞘大，淡褐色，膜质。

[产地] 分布于陕西、甘肃东南部、青海、四川西部、云南及西藏东部。

[性味与归经] 味苦，性寒。归脾、胃、大肠、肝、心包经。

[主要成分] 掌叶大黄、大黄及鸡爪大黄的根状茎和根中含有蒽醌类化合物约3%，包括游离和结合状态的大黄酚、大黄酸、芦荟大黄素、大黄素、蜈蚣苔素、大黄素甲醚，其主要的泻下成分为结合性大黄酸蒽酮、番泻苷A、番泻苷B、番泻苷C，其中番泻苷A为主要有效成分。此外，尚含鞣质约5%以及游离没食子酸、桂皮酸及其酯类等。叶含槲皮苷，只有掌叶大黄的叶以金丝桃苷含量最多。

[**功效**] 泻下攻积，清热泻火，凉血解毒，逐瘀通经，利湿退黄。用于实热积滞便秘，血热吐衄，目赤咽肿，痈肿疔疮，肠痈腹痛，瘀血经闭，产后瘀阻，跌打损伤，湿热痢疾，黄疸尿赤，淋证，水肿；外治烧烫伤。另外，酒大黄善清上焦血分热毒，用于目赤咽肿，齿龈肿痛。熟大黄泻下力缓，泻火解毒，用于火毒疮疡。大黄炭凉血化瘀止血，用于血热有瘀出血证。

[**药理作用**]

（1）泻下作用　本品因含鞣质及没食子酸等，具收敛作用，故大剂量使用大黄时先泻后便秘。

（2）对病原微生物的作用　在试管内，大黄对革兰氏阳性细菌和某些革兰氏阴性细菌均有抑菌作用。大黄对葡萄球菌、溶血性链球菌、白喉杆菌、枯草杆菌、布氏杆菌、鼠疫杆菌、伤寒杆菌、副伤寒杆菌、痢疾杆菌、蕈状杆菌、淋病双球菌均有不同程度的抑制作用，尤其对葡萄球菌、淋病双球菌的抑菌作用较强。大黄水煎剂、水浸剂、醇浸剂、醚浸剂在试管内对一些常见的致病性真菌如许兰黄癣菌、同心性毛癣菌、堇色毛癣菌、星形诺卡菌、絮状表皮癣菌、石膏样毛癣菌等均有一定程度的抑制作用。大黄煎剂对流感病毒有较强的抑制作用。大黄浸出物可抑制和杀灭溶组织变形原虫，也可杀灭人毛滴虫，但对人肠滴虫及万氏唇形鞭虫的抑制作用较弱。大黄对阴道滴虫亦有一定的抑制作用。

[**临床应用**]

① 用于止泻、泻下以及保护胃肠黏膜。胃肠是大黄的主要效应器官，多用来治疗积滞不下。研究者们认为大黄治疗便秘机制为调节 M 胆碱受体，兴奋肠道平滑肌，刺激胃肠蠕动，抑制钠钾泵，阻止 Na^+ 重吸收，使肠内水分增多，促进 5-羟色胺分泌，刺激胃肠黏膜神经，引起泻下。

大黄原植物

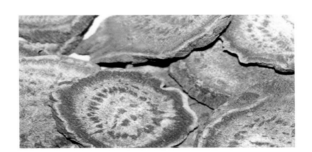

大黄干燥根

② 常用大黄治疗代谢系统类疾病，其机制主要在于：一方面可以促进肠蠕动，减少脂类的吸收；另一方面可以通过影响内质网和线粒体的功能，吞噬异常分化的脂肪细胞，使脂肪细胞的增殖作用受到抑制，减少体内积累的白色脂肪，并激活过氧化物酶体增殖物激活受体 γ 和 AMPK 信号通路，加快新陈代谢，增加胰岛素敏感度，发挥降血糖、降血脂等作用[17]。

大青叶（38）

[异名] 大青、蓝腚叶。

[用药部位] 十字花科植物菘蓝的干燥叶。

[形态] 本品多皱缩卷曲，有的破碎。完整叶片展平后呈长椭圆形至长圆状倒披针形，长 5～20 厘米，宽 2～6 厘米；上表面暗灰绿色，有的可见色较深稍突起的小点；先端钝，全缘或微波状，基部狭窄下延至叶柄，呈翼状；叶柄长 4～10 厘米，淡棕黄色。

[产地] 原产于我国，现各地均有栽培。

[性味与归经] 味苦，性寒。归心、胃经。

[主要成分] 叶含靛蓝、菘蓝苷 B、靛玉红。还含铁、钛、锰、锌、铜以及钴、镍、硒、铬、砷等无机元素。菘蓝苷水解可变为靛蓝和呋喃木糖甜酸。

[功效] 清热凉血，解毒。主治流行性乙型脑炎、流行性感冒、流行性腮腺炎、上呼吸道感染、肺炎、急性肝炎、热病发斑、丹毒、疔疮肿毒、蛇咬伤。

[药理作用]

① 对金黄色葡萄球菌、溶血性链球菌均有一定抑制作用。

② 对乙肝表面抗原及流感病毒亚甲型有抑抗作用。

③ 抗癌作用，对治疗慢性粒细胞白血病有良好的作用。

④ 促进血小板凝聚作用。

⑤ 解热作用。

[临床应用]

① 以大青叶配合蒲公英、金银花、射干、黄芩，治疗急性上呼吸道感染。

② 用大青叶配合丹参、郁金、贯众、大枣组成方药治疗肝炎，其有效率达 94％。[18]

大青叶原植物

大青叶的干燥叶

大蒜（39）

[异名] 蒜、蒜头、胡蒜、葫、独蒜、独头蒜。

[用药部位] 百合科植物大蒜的鳞茎。

[形态] 鳞茎呈扁球形或短圆锥形，外有灰白色或淡棕色膜质鳞被；剥去鳞叶，内有 6～10 个蒜瓣，轮生于花茎的周围；茎基部盘状，生有多数须根。

[产地] 全国各地均有栽培。

［性味与归经］味辛，性温。归脾、胃、肺经。

［主要成分］鳞茎含挥发油约2%，其中主要成分为大蒜辣素，为一种植物杀菌素。此外尚含有微量的碘等。大蒜辣素为无色油状液体，具有特有的刺激性强臭，气味与大蒜相同，性质不稳定，其溶液遇热或遇碱均能失效，但不受稀酸影响。新鲜大蒜中无大蒜辣素，而有一种无色无臭的含硫氨基酸，称为大蒜氨酸，此酸经大蒜中的大蒜酶分解产生大蒜辣素及二丙烯基二硫化物。

［功效］行滞气，暖脾胃，消症积，解毒，杀虫。主治饮食积滞、脘腹冷痛、水肿胀满、泄泻、痢疾、疟疾、百日咳、痈疽肿毒、白秃癣疮、蛇虫咬伤。

［药理作用］

① 抑菌。生大蒜在试管内对化脓性球菌、结核杆菌、痢疾杆菌、伤寒杆菌、副伤寒杆菌、霍乱弧菌等均有抑制作用。

② 大蒜中的植物杀菌素对家兔大鼠感染性及无菌性创伤均有治疗作用。

③ 在家兔右下腹局部涂敷大蒜、芒硝研成的糊剂，则皮肤发红甚至起泡，阑尾及结肠运动反射性加强。

④ 口服大蒜，可直接刺激胃黏膜并反射性地引起胃液中的胃酸量增加。

⑤ 大蒜中的二丙烯基二硫化物，对蚊虫、家蝇、马铃薯块茎蛾、红棉虫及红棕榈象鼻虫的幼虫有杀灭作用。

⑥ 大蒜中的含硫有机物等功能成分不仅能抑制致癌物质亚硝胺类在体内的合成，而且对肿瘤细胞有直接杀伤作用。大蒜能刺激机体产生一氧化氮合酶，该酶是雄性动物勃起的必需酶。

［临床应用］

① 治胃肠炎，猪、羊喂大蒜2～3个/次；牛、马喂10～15个/次，用新鲜大蒜去皮捣烂后，拌料喂服。

大蒜原植物

大蒜的鳞茎

② 增进畜禽食欲，在家畜日粮中加入0.5%～1%的大蒜粉，或常给畜禽饮5%的大蒜水溶液，具有助消化、提高食欲、增强抗病力的作用。

③ 治耕牛中暑。大蒜150～200克（去皮），明矾50～100克，共同捣烂，冷开水1000毫升冲匀，1次灌服。或大蒜100克（去皮），菖蒲50克，生姜、樟树叶各40克，食盐10克共同捣烂，冷开水1000毫升冲匀，1次灌服。[19]

地榆（40）

[**异名**] 酸赭、豚榆系、白地榆、鼠尾地榆、西地榆、玉豉、红绣球、上儿红、一枝箭、紫朵苗子、马猴枣、鞭枣胡子、地芽、野升麻、马连鞍、花椒地榆、水橄榄根、线形地榆、水槟榔、山枣参、蕨苗参、红地榆、岩地苽、血箭草、黄瓜香。

[**用药部位**] 蔷薇科植物地榆或长叶地榆的干燥根。春季将发芽时或秋季植株枯萎后采挖，除去须根，洗净，干燥，或趁鲜切片，干燥。

[**形态**] 高 0.5～1.5 米，茎直立，粗，木质化，无毛或基部有稀疏腺毛。花期 7～10 月，果期 9～11 月。长叶地榆，其基生叶小叶带状长圆形至带状披针形，基部微心形、圆心形至宽楔形；根富纤维性，折断面呈细毛状。花、果期 8～11 月。

[**产地**] 生于山坡草地、林缘灌丛以及田边等处。全国绝大部分地区有分布。

[**性味与归经**] 味苦、酸、涩，性微寒。归肝、大肠经。

[**主要成分**] 含大量鞣质、地榆皂苷以及维生素 A 等。

[**功效**] 凉血止血，清热解毒，消肿敛疮。主治吐血、咯血、衄血、尿血、便血、痔血、血痢、崩漏、赤白带下、疮痈肿痛、湿疹、阴痒、水火烫伤、蛇虫咬伤、慢性胃肠炎、功能性子宫出血。

[**药理作用**]

① 收敛作用。地榆粉对二、三度烧伤创面有显著的治疗效果，在去神经组织上的疗效比没有去神经组织上的疗效差些。

② 地榆所含的鞣质有止血、止泻作用。

③ 地榆所含的羧基化合物有降压作用。

④ 研究证实，地榆对大肠杆菌、痢疾杆菌、伤寒杆菌、铜绿假单胞菌、霍乱弧菌及钩端螺旋体均有抑制作用。

⑤ 止吐作用。

⑥ 抗炎作用。

⑦ 抗氧化作用。

[**临床应用**]

① 地榆提取物对大肠埃希氏菌、痢疾志贺菌、沙门氏菌等有明显的抑菌、杀菌效果，而这类细菌也是引起畜禽黄痢、白痢、痢疾以及伤寒、副伤寒等消化系统疾病的主要病原体。

② 地榆提取物对白色葡萄球菌、金黄色葡萄球菌、枯草杆菌等有显著的抑菌、杀菌作用，这类细菌是引起畜禽外伤发炎、化脓、坏死、腐败的主要病原体，可将地榆提取物制作成治疗畜禽外伤继发化脓性感染的膏剂。

③ 地榆提取物对变形链球菌、黏性放线菌和血链球菌有突出的抑菌、杀菌作用，这类细菌会引起家畜牙质易碎，继发根尖周炎和牙髓炎，这会影响畜禽进食导致畜禽生长发育迟缓，可将地榆提取物用于防治畜禽口腔牙齿龋病。

④ 地榆的孕激素功能和凝血、止血功能，可将其研制为调节母畜生殖周期、改善母畜生殖机能、母畜发情和预防母畜产后大出血的保健药。

⑤ 地榆中含有的锰、锌、钙、镁、铁、铜等微量元素，可将其研制为增强畜禽食欲、促进肠胃消化的畜禽促生长剂和饲料添加剂。[20]

地榆原植物 地榆干燥根

丹参（41）

[异名] 郄蝉草、赤参、木羊乳、逐马、奔马草、山参、紫丹参、红根、山红萝卜、活血根、靠山红、红参、烧酒壶根、野苏子根、山苏子根、大红袍、蜜罐头、血参根、朵朵花根、蜂糖罐、红丹参。

[用药部位] 唇形科植物丹参的干燥根和根茎。春、秋二季采挖，除去泥沙，干燥。

[形态] 多年生草本，高 30～100 厘米。全株密被淡黄色柔毛及腺毛。花期 5～9 月，果期 8～10 月。

[产地] 主产于四川、安徽、江苏、山西、河北等地。生于海拔 120～1300 米向阳山坡草丛、沟边、路旁或林边。

[性味与归经] 味苦，性微寒。归心、肝经。

[主要成分] 含多种结晶形色素，包括丹参酮甲、丹参酮乙、丹参酮丙及结晶形酚类（丹参酚甲、丹参酚乙）、鼠尾草酚和 B 族维生素等。

[功效] 活血祛瘀，调经止痛，养血安神，凉血消痈。主治妇女月经不调、痛经、经闭、产后瘀滞腹痛；心腹疼痛，癥瘕积聚；热痹肿痛，跌打损伤；热入营血，烦躁不安，心烦失眠；痈疮肿毒，关节疼痛。

[药理作用]

① 有镇静安神作用。

② 丹参对下丘脑垂体后叶素引起的心肌缺血，有扩张冠状动脉增加血流量的作用。

③ 在体外对葡萄球菌、霍乱弧菌、结核杆菌、大肠杆菌、变形杆菌、伤寒杆菌、福氏痢疾杆菌均有抑菌作用。

④ 具有降血压、降血糖的作用。

[临床应用]

① 活血祛痕。本品善走血分，能活血化痕、行血止痛，可用于产后腹痛、恶露不尽、跌打损伤等。配当归、川芎、红花、炮姜、桃仁和益母草，对母畜产后痕血腹痛、恶露不尽用之效好。配滑石、大戟、桃仁和皂荚对母畜难产或胎死腹中用之效佳。

② 凉血消痈。本品能去痕生新、凉血消痈，对痕血所致积块用之效好。配蒲公英、金

银花、独活、紫花地丁、瓜蒌、连翘和知母对治疗母畜乳痈效果极好。配赤芍、皂角刺、金银花、连翘和乳香，治疗牛肩痈红肿发热效佳。

③ 养血安神。丹参凉血清心、除烦安神，对躁动不安、疮毒痈肿用之效好。配赤芍、玄参、黄连、水牛角、麦冬、生地黄和侧柏叶，治疗动物热入营血、狂躁不安用之效果显著。[21]

丹参原植物

丹参干燥根

地骨皮（42）

[**异名**] 杞根、地骨、地辅、地节等。

[**用药部位**] 茄科植物枸杞或宁夏枸杞的干燥根皮。

[**形态**] 枝条细弱，弓状弯曲或俯垂，淡灰色，有纵条纹，棘刺长 0.5～2 厘米，生叶和花的棘刺较长，小枝顶端锐尖呈棘刺状。

[**产地**] 分布于全国大部分地区。以山西、河南产量大，江苏、浙江的质量佳。生于山坡、田埂或丘陵地带。

[**性味与归经**] 味甘，性寒。归肺、肝、肾经。

[**主要成分**] 枸杞根皮含生物碱、甜菜碱、枸杞酰胺。

[**功效**] 清热，凉血。主治虚劳潮热盗汗、肺热咳喘、吐血、衄血、血淋、消渴、高血压、痈肿、恶疮。

[**药理作用**] 研究表明，地骨皮具有以下药理作用：

① 地骨皮对结核病引起的低热有解热作用。

② 本品酊剂给麻醉犬静脉注射或肌内注射均有持久、稳定的降压作用，同时伴有心率减慢、呼吸增快现象。

③ 有镇静作用。

④ 具有降血糖作用。

⑤ 对动物离体子宫有显著的兴奋作用。

⑥ 对金黄色葡萄球菌、伤寒杆菌及福氏痢疾杆菌等均有较强的抑制作用。

⑦ 地骨皮对四氧嘧啶性糖尿病小鼠胰岛 B 细胞的形态结构损害有一定的减轻作用。

[**临床应用**]

① 地骨皮、苏子、苏梗、桑白皮、生甘草、桔梗等配伍使用，具有清肺化痰、下气平

喘止咳之功效。

② 地骨皮 50 克、徐长卿 15 克煎服治疗慢性荨麻疹、接触性皮炎等。

③ 银柴胡、地骨皮、胡黄连、鳖甲、生地等药配伍，治疗外科术后持续性发热。[22]

地骨皮原植物

地骨皮干燥根

党参（43）

[**异名**] 东党参、台党参、潞党参等。

[**用药部位**] 桔梗科植物党参、素花党参或川党参的干燥根。

[**形态**] 多年生缠绕草本，长 1～2 米，幼嫩部分有细白毛，折断有乳汁。根为长圆锥状柱形，直径 1～1.7 厘米，顶端有一膨大的根头，习称"狮子盘头"，具多数瘤状茎痕，下端分枝或不分枝，外皮灰黄色至灰棕色。

[**产地**] 主产于辽宁、吉林、黑龙江、山西、陕西、甘肃、宁夏、四川等省区。生境分布于山地灌木丛间及林缘、林下。

[**性味与归经**] 味甘，性平。归脾、肺经。

[**主要成分**] 根含皂苷、菊糖及微量生物碱。党参还含苷类，例如有正己基-β-D-葡萄糖苷、α-D-果糖乙醇苷、β-D-果糖正丁醇苷等。

[**功效**] 补脾，益气，生津。主治脾虚，食少便溏，四肢无力，心悸。

[**药理作用**] 研究表明，党参具有以下药理作用：

① 可使红细胞增加，而使白细胞减少；使白细胞中的中性细胞比例增多，而淋巴细胞减少。

② 对于因化学疗法及放射线疗法引起的白细胞下降，有使其升高的作用。

③ 有轻微升高血糖的作用。

④ 能使家兔血浆再钙化时间显著缩短，可促进凝血。

⑤ 有抑制离体蟾蜍心脏的作用，但不使其停跳。

⑥ 能引起大白鼠离体子宫明显收缩。

⑦ 加强对血液及造血系统的作用。

⑧ 抑制中枢神经系统。

⑨ 预防、治疗和保护消化系统。

⑩ 升高血浆皮质酮水平。

[临床应用]

① 由黄芪、党参、白术、当归、陈皮、炙草、升麻、柴胡组成补中益气汤可治疗母畜产后气虚不能收敛、子宫复原不好等疾病。

② 由党参、白术、茯苓、甘草组成的四君子汤，在畜禽饲料中添加可提高脾胃功能、增强食欲、增膘复壮。

③ 由黄芪、党参、当归、通草、川芎、白术、续断、木通、甘草、王不留行、路路通组成的生乳散，可使母畜乳量增加，起到通乳的作用。[23]

党参原植物

党参干燥根

丹皮（44）

[异名] 牡丹皮、粉丹皮、木芍药、条丹皮、洛阳花。

[用药部位] 毛茛科植物牡丹的干燥根皮。秋季采挖根部，除去细根和泥沙，剥取根皮，晒干或刮去粗皮，除去木心，晒干。前者称为连丹皮，后者称为刮丹皮。

[形态] 落叶灌木，高1～2米。树皮黑灰色，分枝短而粗。叶纸质，通常为二回三出复叶；顶生小叶长达10厘米，3裂近中部，裂片上部3浅裂或不裂，侧生小叶较小，斜卵形，不等2浅裂或不裂，上面绿色，无毛，下面有白粉，只在中脉上有疏毛或近无毛。

[产地] 主产于湖南、湖北、安徽、四川、甘肃、陕西、山东、贵州等地。此外，云南、浙江亦产。以湖南、安徽产量最大。安徽铜陵凤凰山所产的质量最佳，称为凤丹皮；安徽南陵所产称瑶丹皮；重庆垫江、四川灌县所产称川丹皮；甘肃、陕西及四川康定、泸定所产称西丹皮；四川西昌所产的称西昌丹皮，质量较次。

[性味与归经] 味辛、苦，性微寒。归心、肝、肾经。

[主要成分] 含牡丹酚原苷、牡丹皮酚、挥发油、甾醇、生物碱等。

[功效] 清热凉血，活血行瘀。主治温热病吐血、衄血、血热斑疹、急性阑尾炎、血瘀痛经、经闭腹痛、跌打瘀血作痛、高血压、神经性皮炎、过敏性鼻炎。

[药理作用]

① 有降低血压的作用。

② 牡丹皮酚有镇静、镇痛、抗惊、解热、抗过敏等作用。

③ 能减少毛细血管的通透性。

④ 能使子宫内膜充血。

⑤ 对志贺菌、伤寒沙门菌、副伤寒沙门菌、大肠埃希菌、变形杆菌、铜绿假单胞菌及葡萄球菌、肺炎链球菌等有抑制作用。

[临床应用]

① 用牡丹皮、胡黄连、紫菀、川贝母、黄芩、芒硝、甘草各 20～30 克。共为细末，开水冲服，连服 2 剂，治疗马鼻伤后流脓涕，治愈效果良好。

② 用牡丹皮、桑白皮、天花粉、瓜蒌子、马兜铃、栀子、枇杷叶、广郁金、柴胡、黄芩、知母、桔梗、甘草各 10～20 克，共为细末，开水冲服，连服 2 剂，治疗马肝火咳嗽效佳。

③ 牡丹皮散，由牡丹皮、赤芍、川芎、当归、生地黄、桃仁、乳香、没药、骨碎补、续断组成。功能活血散瘀，消肿止痛。治跌打损伤，瘀血作痛。

④ 清瘟败毒饮。赤芍、牡丹皮、甘草、黄连、黄芩、连翘、桔梗、生石膏、犀角、生地黄、玄参、知母、栀子、淡竹叶。泻火解毒，凉血救阴。治一切热毒炽盛、表里俱热、气血双燔，症见高热、狂躁不安、渴饮汗出、热甚发癍或口糜咽痛等。[24]

丹皮原植物

丹皮干燥根

当归（45）

[异名] 干归、秦哪、秦归等。

[用药部位] 伞形科植物当归的干燥根。

[形态] 多年生草本，高 30～100 厘米，全株有特异香气。主根粗短，肥大肉质，下面分为多数粗长支根，外皮黄棕色，有香气。茎直立，带紫色，表面有纵沟。

[产地] 主产于甘肃、宁夏、云南、四川等地，以甘肃所产最好。

[性味与归经] 味甘、辛，性温。归肝、心、脾经。

[主要成分] 根含挥发油 0.2%～0.4%，其中主要成分为正丁烯酞内酯。此外，尚含有脂肪油、棕榈酸、β-谷甾醇及其棕榈酸酯、维生素 B$_3$（0.25～0.4 微克/100 克）、维生素 E 等。挥发油是当归的重要组成成分，含量约为 0.4%，包括中性油、酚性油和酸性油三种。其他成分如尿嘧啶、腺嘌呤、胆碱、蔗糖、果糖、葡萄糖、维生素 A、维生素 B$_{12}$、维生素

E、17 种氨基酸及 20 余种微量元素。

[**功效**] 补血活血，润燥滑肠。主治大便不通，产后腹中疼痛、腹中寒疝、虚劳不足、妊娠胎动不安、腰腹疼痛，汤泼火烧疮。

[**药理作用**]
① 抗血栓的作用。
② 改善血液循环的作用。
③ 抗炎作用。
④ 降血脂。
⑤ 抗心肌缺血、心律失常。
⑥ 调节子宫平滑肌作用。
⑦ 增强免疫功能。
⑧ 抗损伤，保肝。

[**临床应用**]
① 母畜妊娠期由于饲料单纯，营养缺乏，气血虚损，胎儿过大，致使正气耗损，胞宫弛缓，无力排出胎衣。用当归、川芎、牛膝和益母草配伍肌内注射，一般在 18 小时内胎衣自行脱落排出。经百会穴配合交巢穴注射 5% 的当归注射液对胎衣的排出具有很好的效果，同时对奶牛的发情和受孕也有一定的作用。用归芪益母汤治疗母牛不孕症，可生新血、祛瘀血，气血双补，促母牛发情、排卵，恢复生殖机能，可达受胎之目的。

② 牛前胃弛缓是由于脾胃虚弱、运化无力，导致脾胃气滞、食积不消。用当归导滞汤以补脾养胃、促进胃肠蠕动、消积导滞、润肠通便为主，兼顾消炎、中和酸中毒辅助疗法，具有良好的效果。

③ 以当归、大黄、瓜蒌对瓣胃阻塞的牛进行润燥通便、消导泻下，同样具有良好的效果。用当归导滞汤以补脾养胃、促进胃肠蠕动、消积导滞、润肠通便为主，兼顾消炎、中和酸中毒辅助疗法，具有良好的效果。

当归原植物

当归干燥根

④ 在治疗奶牛产后瘫痪及机械性损伤瘫痪时，采取传统的中医中药活血化瘀、舒筋止痛、强骨兴奋以活通血脉的治疗规律，以当归、红花、生筋草等为组方的当归红花散具有中医的续筋骨、接骨之功能，从而收到较好的疗效。[25]

丁香（46）

[异名] 公丁香、丁子香、雄丁香、支解香。

[用药部位] 桃金娘科植物丁香的干燥花蕾。当花蕾由绿色转红色时采摘，晒干。

[形态] 常绿乔木，高达 10 米。叶对生；叶柄明显；叶片长方卵形或长方倒卵形，先端渐尖或急尖，基部狭窄常下展成柄，全缘。花芳香，成顶生聚伞圆锥花序，花径约为 6 毫米；花萼肥厚，种子长方形。

[产地] 广东、广西等地有栽培。原产于南太平洋的摩鹿加群岛。

[性味与归经] 味辛，性温。归脾、胃、肺、肾经。

[主要成分] 花蕾含挥发油 16%～19%，其中主含丁香酚 80%～87%、β-丁香烯 9.12%、乙酰丁香酚 7.33%，其他微量成分有 2-庚酮、水杨酸甲酯、α-丁香烯、苯甲醛、苯甲醇、乙酸苯甲酯、间甲氧基苯甲醛、衣兰烯等。花中含有齐墩果酸、山奈酚、鼠李素、苯并吡酮类化合物番樱桃素、番樱桃素亭、异番樱桃素亭、异番樱桃酚。丁香还含丁香子酚、丁香子酚乙酸酯。

[功效] 温脾胃，降逆气，益肾助阳。主治脾胃虚寒，呃逆呕吐，食少吐泻，心腹冷痛，肾虚阳痿。

[药理作用]

（1）抗菌作用　研究表明，在（1∶8000）～（1∶16000）浓度时，丁香油及丁香油酚对致病性真菌有抑制作用；在（1∶2000）～（1∶8000）浓度时，对金黄色葡萄球菌及大肠结核杆菌等均有抑制作用。

（2）健胃作用　丁香为芳香健胃剂，可缓解腹部胀气，增强消化能力，减轻恶心、呕吐症状。5%丁香油酚乳剂可使胃黏液分泌量增加，而酸度则不增强；丁香油之作用稍差，连续应用，可使黏液耗竭，而恢复分泌需较长时间，也有报道称丁香浸出液能刺激犬的胃酸分泌。

（3）止痛作用　丁香油（少量滴入）可消毒龋齿腔，破坏其神经，从而减轻牙痛。

丁香原植物

丁香花蕾

[临床应用]

① 丁香有抗胃溃疡、止泻、利胆、镇痛、抗缺氧、抗凝血、抗突变、抑菌杀虫的功效与作用。

② 丁香还具健胃的功效与作用，浸出液具有明显的刺激胃液分泌作用，并能缓解腹胀、恶心、呕吐等。

③ 丁香对多种致病性真菌、球菌、链球菌及肺炎杆菌、痢疾杆菌、大肠杆菌、伤寒杆菌等杆菌以及流感病毒有抑制作用。

杜仲（47）

[异名] 木棉、思仙、思仲、丝连皮、扯丝皮、丝棉皮。

[用药部位] 杜仲科植物杜仲的干燥树皮。4～6月剥取，刮去粗皮，堆置发汗至内皮呈紫褐色，晒干。

[形态] 落叶乔木，高8～20米，胸径可达50厘米，树皮粗糙，灰褐色，皮、枝及叶均含胶质，折断可拉出多数白色细丝。花期4～5月。果期9月。

[产地] 生于海拔350米的低山谷地、低坡。分布于陕西、江苏、浙江、河南、四川、贵州、云南。现中国各地广泛栽培。

[性味与归经] 味甘、微辛，性温。归肾、肝经。

[主要成分] 杜仲含杜仲胶、桃叶珊瑚苷、松脂醇二-β-D 葡萄糖苷（减压成分）、β-谷甾醇、白桦脂醇等。

[功效] 补肝肾，强筋骨，安胎。主治腰脊酸痛、足膝痿弱，小便余沥，阴下湿痒、胎漏欲堕、胎动不安、高血压。

[药理作用]

（1）降压作用　杜仲具有降低血脂和胆固醇，促进冠状动脉血液循环，治疗心、脑血管疾病的作用。

（2）提高免疫力　杜仲叶能显著改善机体免疫系统的免疫力，防御疾病，抑制病原体入侵机体，还具有抗免疫缺陷病毒的作用，并且具有双向调节细胞免疫功能的作用，使机体的免疫功能处于良好状态。这对维持机体的健康是十分有利的。

（3）降血糖作用　杜仲也是一种潜在的良好的抗糖尿病药物，用杜仲叶制作的功能食品抗氧化效果比维生素 E 好得多，另外杜仲对受伤组织也有很好的抗氧化效果。杜仲可促进人体皮肤、骨骼和肌肉中蛋白质胶原的合成和分解，促进代谢，预防衰老。

（4）抗炎抗病毒作用　杜仲叶中的绿原酸有较强的抗菌作用；桃叶珊瑚苷具有明显的保肝作用，它与葡萄糖苷酶一起预培养后会产生明显的抗病毒作用，抑制乙型肝炎病毒 DNA 的复制。

（5）抗肿瘤作用　杜仲叶中许多木脂素成分在抗肿瘤方面具有较高的活性；杜仲叶中的有效成分京尼平苷、京尼平苷酸也有抗肿瘤活性。抗疲劳应激试验表明，杜仲叶具有明显的解除人体疲劳、恢复机体损伤的作用。

[临床应用]

① 配石决明、夏枯草，治肝阳上亢之目眩头晕。

② 配牡蛎，治疗病后虚汗。

③ 配桑寄生、牛膝、续断治疗肝肾不足、气血瘀阻。

④ 配伍淫羊藿治疗脾肾两虚、瘀毒内留等证。[26]

杜仲原植物　　　　　　　　　　　　杜仲干燥树皮

大枣（48）

[异名] 干枣、美枣、良枣、红枣、枣子、乌枣。

[用药部位] 鼠李科植物枣的干燥成熟果实。秋季果实成熟时采收，晒干。

[形态] 枣为落叶灌木或乔木，高 10～15 米。树皮褐色，有长枝、短枝和新枝，多呈紫红色或灰褐色。核果卵形、长卵圆形，长 2～3.5 厘米，直径 1.5～2 厘米，成熟时红色，后变紫红色，中果皮肉质，味甜。花期 5～7 月，果期 8～10 月，生境与分布和枣相同。

[产地] 多生于海拔 1700 米以下山区、丘陵和平原，广为栽培。分布于中国西南及吉林、辽宁、河北、山西、陕西、甘肃、宁夏、新疆、山东、江苏、安徽、浙江、江西、福建、河南、湖北、湖南、广东、海南、广西。原产于中国，现在亚洲、欧洲和美洲多有栽培。

[性味与归经] 味甘，性温。归脾、胃经。

[主要成分] 含异喹啉生物碱，有光千金藤碱、N-去甲基荷叶碱、阿西米洛宾。五环三萜类皂苷，有大枣皂苷Ⅰ、大枣皂苷Ⅱ、酸枣仁皂苷 B。还含糖类、蛋白质、维生素 B_2、维生素 C、胡萝卜素等。水浸出物中并含 D-果糖、D-葡萄糖、蔗糖、果糖、葡萄低聚糖和少量阿拉伯聚糖、半乳糖醛酸聚糖、苹果酸树脂、香豆素衍生物、鞣质、多种氨基酸黏液质，还含环磷酸腺苷 cAMP 100～500 毫克/克，以及枣碱和枣宁碱。另含桦木酸、桦木酮酸。

[功效] 补中益气，养血安神，缓和药性。主治脾胃虚弱，气血不足，食少便溏，倦怠乏力，心悸失眠，营卫不和等。

[药理作用]

① 具有明显的镇定、催眠和降压作用。

② 能降低大脑的兴奋度，减少对外界刺激的反应。

③ 调节血清总蛋白与白蛋白水平，提高机体抵抗力和免疫能力。

④ 可使白细胞内 cAMP 与 cGMP 的比值增高，提高抗过敏性，抑制白三烯释放及变态反应。

[临床应用]

① 配党参，治脾胃虚弱。

② 配生姜，治脾胃虚寒，并能调和营卫。

③ 配葶苈子，治咳喘或胸腹积饮。

大枣原植物

大枣

大蓟（49）

[异名] 马蓟，虎蓟，刺蓟，山牛蒡，鸡项草。

[用药部位] 菊科植物蓟的干燥地上部分。夏、秋二季开花时采割地上部分晒干。

[形态] 多年生直立草本，高 50～100 厘米。根纺锤形或圆锥形，肉质，棕褐色，断面黄白色。茎粗壮直立，被白色绵毛。叶互生或基生。有柄，倒披针形，羽状深裂，裂片有齿和针刺，背面披白色长绵毛；茎生叶无柄，向上逐渐变小，基部抱茎。

[产地] 我国大部分省区均有分布。多生长于山野、向阳路旁边。

[性味与归经] 味甘、微苦，性凉。归心、肝经。

[主要成分] 含挥发油、三萜、黄酮及其多糖。

[功效] 凉血止血，行瘀消肿。主治吐血、咯血、衄血、便血、尿血、妇女崩漏、外伤出血、疮疡肿痛、瘰疬、湿疹、肝炎、肾炎。

[药理作用]

（1）止血作用　大蓟水煎液灌胃，以玻片法测定小鼠凝血时间，结果给药组凝血时间显著缩短。

（2）降压作用　大蓟水浸剂、乙醇水浸出液和乙醇浸出液，应用于狗、猫、兔等均有降低血压的作用。

（3）抗菌作用　体外试验，大蓟水提物对单纯疱疹病毒有明显抑制作用。

（4）对平滑肌的作用　大蓟水煎剂或醇浸剂对家兔子宫，无论离体、在位、已孕、未孕，或慢性子宫萎缩试验，均显现明显兴奋作用，使子宫张力增加、收缩幅度加大，逐渐发生痉挛性收缩，但大蓟煎剂或酊剂对离体大白鼠子宫（无论已孕、未孕）以及在位猫子宫均呈抑制作用，使子宫松弛、节律性收缩消失。大蓟对豚鼠子宫作用不恒定。大蓟对离体兔十二指肠肠管呈抑制作用，使张力降低、振幅减小。

[临床应用] 常用于治疗出血证。大蓟性属寒凉，具凉血止血之功效，能治血热妄行之证，用于疮疡肿痛。大蓟既能凉血止血，又具行瘀消肿之功，无论内外痈疽皆可用之。用治热毒疮疡，初起肿痛，常单用鲜品，捣烂敷于患处。

大蓟原植物

大蓟全草

淡竹叶（50）

[**异名**] 竹叶门冬青，迷身草，山鸡米，金竹叶，长竹叶，山冬地竹，淡竹米，林下竹。

[**用药部位**] 禾本科植物淡竹叶的干燥茎叶。夏季末抽花穗前采割，晒干。

[**形态**] 多年生草本，高 40～90 厘米。根状茎粗短，坚硬。须根稀疏，其近顶端或中部常肥厚呈纺锤状的块根。秆纤弱，多数木质化。叶互生，广披针形，长 5～20 厘米，宽1.5～3 厘米，先端渐尖或短尖，全缘，基部近圆形或楔形而渐狭缩成柄状或无柄，平行脉多条，并有明显横脉，呈小长方格状，两面光滑或有小刺毛；叶鞘边缘光滑或具纤毛；叶舌短小，质硬，长 0.5～1 毫米，有缘毛。

[**产地**] 野生于山坡林下或沟边阴湿处，分布于长江流域以南和西南等地。主产于浙江、安徽、湖南、四川、湖北、广东、江西等地，以浙江产量大、质量优，称杭竹叶。

[**性味与归经**] 味甘、淡，性寒。归心、胃、小肠经。

[**主要成分**] 茎、叶含三萜化合物：芦竹素，印白茅素，蒲公英赛醇，无羁萜。

[**功效**] 清热，除烦，利尿。主治烦热口渴、口舌生疮、牙龈肿痛、小儿惊啼、小便赤涩、淋浊。

[**药理作用**]

（1）解热作用　淡竹叶水浸膏 1 克/千克或 2 克/千克给注射酵母混悬液引起发热的大鼠灌胃，有解热作用，解热的有效成分能溶于水及稀盐酸，但不易溶于醇及醚。对大肠杆菌所致发热的猫和兔，2 克/千克淡竹叶的解热效价约为 33 毫克/千克，是非那西丁的 0.83 倍。

（2）利尿作用　正常人试以淡竹叶 10 克煎服，利尿作用弱，但能增加尿中氯化物的排泄量。

（3）其他作用　体外试验显示，淡竹叶水煎剂对金黄色葡萄球菌、溶血性链球菌有抑制作用，最小抑制浓度（MIC）为 1：10。粗提取物每日 100 克（生药）/千克，连用 14～20天，对小鼠肉瘤 S80 的抑制率为 43.1%～45.6%，但对宫颈癌 U14 和淋巴肉瘤腹水型均无抑制作用。另外还具有升高血糖的作用。

[**临床应用**]

① 竹叶石膏汤。治伤寒、温病、暑病之后，余热未清、气精两伤证。症见身热多汗，

心胸烦闷，气逆欲呕，口干喜饮，或虚烦不寐，舌红苔少，脉细数。

②竹叶汤治眼赤。淡竹叶10克，黄连4枚，青钱20文，大枣（去皮核）20枚，栀子7枚，车前草10克。上六味，以水4升，煮取1升以洗眼，每日6～7遍。

淡竹叶原植物

淡竹叶干燥叶

淡豆豉（51）

[异名] 香豉、豉、淡豉、大豆豉。

[用药部位] 豆科植物大豆的成熟种子发酵加工品。

[形态] 淡豆豉粒呈椭圆形，略扁，长0.6～1厘米，直径0.5～0.7厘米。表面黑色，皱缩不平，一侧有棕色的条状种脐。质柔软，断面棕黑色，子叶2片，肥厚。气香，味微甘。以粒大、饱满、色黑者为佳。

[产地] 全国大部分地区均产，主产于东北。

[性味与归经] 味苦、辛，性平。归肺、胃经。

[主要成分] 含有蛋白质、脂肪和糖类、胡萝卜素、B族维生素等，并含异黄酮类和皂苷类物质。

[功效] 解肌发表，宣郁除烦。主治外感表证，寒热头痛，胸闷，懊憹不眠。治伤寒温毒发痘，呕逆。还可安胎孕。

[药理作用]

（1）降脂、抗动脉粥样硬化及减肥作用 本品所含皂苷、磷脂有降血脂、抑制体重增加、抗动脉粥样硬化的作用。

（2）保肝及抗脂肪肝作用 大豆总皂苷可抑制过氧化脂质所致肝损伤，磷脂可使肝内脂肪减少。

（3）对心血管系统的影响 总黄酮能够扩张冠脉，有利于血管阻力降低，增加心、脑血流量，提高耐缺氧能力。大豆苷元有抗心律失常、促进纤溶活性的作用。

（4）抗氧化及抗衰老作用 大豆皂苷可抑制心肌过氧化脂质的升高，磷脂可以增加心肌色素氧化酶活力。

（5）抗肿瘤作用 大豆皂苷元抑制瘤细胞增殖，降低克隆形成能力及体内成瘤能力；增加黑色素的生成，改变肿瘤细胞或SK-N-BE（2）（人神经母细胞瘤细胞）形态。

（6）其他作用 能抑制病毒的复制。大豆磷脂可使神经细胞结构改变、着色加深，并可使脊神经节细胞中高尔基体数量恢复。药物于肠道吸收较快，大豆苷元在血中可与血浆蛋白疏松结合，在体内多数被代谢，在肝脏形成结合物，以此形式从体内排出。

（7）毒性作用　大豆总黄酮静注可致死小鼠，胃内灌注无明显毒性。

［临床应用］

① 与葱白同用，可用于风寒感冒初起，恶寒发热、无汗、头痛、鼻塞等症。

② 与栀子同用，可用于外感热病，邪热内郁胸中，心中懊恼，烦热不眠等症。

淡豆豉原植物

淡豆豉

鹅不食草（52）

［异名］石胡荽、野芫荽、鸡肠草、地胡椒、二郎箭、通天窍、疟疾草。

［用药部位］本品为菊科植物石胡荽的干燥全草。

［形态］小草本。药材相互缠成团，灰绿色或棕褐色。茎细多分枝，色较深，质脆，断面黄白色，中央白色髓形成空洞。叶小，多皱缩，破碎；完整叶呈匙形，边缘 3～5 个锯齿，叶脉不显。头状花序小，球形，黄褐色。

［产地］分布于东北、华北、华中、华东、华南、西南。

［性味与归经］味辛，性温。归肺、肝、大肠经。

［主要成分］含石胡荽酸，蒲公英赛醇，蒲公英甾醇，棕榈酸，乙酸酯，羽扇豆醇及其乙酸酯，豆甾醇，黄酮类和挥发油等。

［功效］发散风寒，通鼻窍，止咳。主治风寒感冒，鼻塞不通，寒痰咳喘，疮疡肿毒。

［药理作用］

（1）抗菌作用　将鹅不食草煎水，浓度控制在 50%～100% 即可对白色葡萄球菌、白喉杆菌、甲型链球菌、宋氏痢疾杆菌等有抑制作用，浓度在 25%～50% 时对结核杆菌有抑制作用。

（2）抗炎作用　鹅不食草对于炎症有不错的抑制作用，主要是含有与抑制炎性介质组胺和 5-羟色胺的释放有关的机制，对于急慢性的炎症都有不错的抑制作用。

（3）化痰止咳和平喘作用　研究表明鹅不食草中含有的挥发油和乙醇有止咳平喘和祛痰的效果。

（4）抗肿瘤作用　鹅不食草用来煎水有抗细胞病变的作用，其中的提取物对于抗白血病也有效果。

（5）抗过敏作用　本品所含乙醇和乙醚都有很强的抗过敏能力，经常过敏的人可以适量地喝鹅不食草煎的水。

（6）抗变态反应活性　鹅不食草的热水提取物经被动皮肤过敏试验表现出显著的抗变态反应活性。

[临床应用]

鹅不食草含多糖、黄酮、挥发油等各种成分，其中挥发油含量较高，是其药理作用的主要有效物质。其临床应用中，以抗超敏反应为主，对鼻炎具有较好的治疗作用。

鹅不食草原植物

鹅不食草的干燥全草

儿茶（53）

[异名]　乌垒泥、乌丁泥、孩儿茶、乌爹泥、粉口儿茶、西谢、儿茶膏。

[用药部位]　豆科植物儿茶去皮枝、树干的干燥煎膏。冬季采收、晒干，除去外皮，砍成大块，加水煎煮，浓缩，干燥。

[形态]　落叶小乔木，高6～13米。树皮棕色，常呈条状薄片开裂，但不脱落；小枝被短柔毛。二回羽状复叶，互生，长6～12厘米；托叶下常有一对扁平、棕色的钩状刺或无；总叶柄近基部及叶轴顶部数对羽片间有腺体；叶轴被长柔毛；羽片10～30对；小叶20～50对，线形，长2～8毫米，宽1～1.5毫米，叶缘被疏毛。花期4～8月，果期9月至翌年1月。

[产地]　分布在印度、缅甸、非洲以及中国的台湾、广东、云南、浙江、广西等地。

[性味与归经]　味苦涩，性微寒，无毒。归肺、大肠、心、小肠经。

[主要成分]　本品含儿茶鞣酸、左旋及消旋儿茶精、左旋及消旋表儿茶精、鞣红鞣质、非瑟素、槲皮素、槲皮万寿菊素、黄酮醇等。儿茶钩藤的叶和根茎中含生物碱（儿茶钩藤碱、异钩藤碱）和鞣质（黑儿茶荧光素、槲皮素、没食子酸、焦性儿茶酚、儿茶红）。

[功效]　清热化痰，用于痰热咳嗽、牙疳、口疮、喉痹、湿疮；止血消食，用于吐血、衄血、尿血、血痢、血崩、消化不良；生肌定痛，用于一切痈疽、诸疮溃烂不敛、宫颈炎、龟头糜烂、痔疮肿痛。

[药理作用]

（1）抑菌作用　其水煎剂对金黄色葡萄球菌及铜绿假单胞菌、白喉杆菌、变形杆菌、痢疾杆菌、伤寒杆菌均有一定的抑制作用。

（2）对心血管的作用　右旋儿茶精可使血管收缩，对离体蟾蜍心振幅先抑制后兴奋；它能降低体内肾上腺素含量，能增进毛细血管的抵抗力。

（3）毒性作用　给猫与大鼠口服焦性儿茶酚50毫克/千克可引起惊厥并使之麻痹，48小时内死于呼吸及循环衰竭；口服30毫克/千克则引起贫血、黄疸、肾实质损害，数周内死亡，并有明显的高血糖。

[临床应用]

① 治疗口腔炎：儿茶散局涂，儿茶水涂洗等。

② 可以用来治疗跌仆损伤等疾病，可以配伍血竭、自然铜、乳香、没药等一同使用。

③ 治疗外伤出血、吐血衄血等疾病。对于外伤出血的症状，可以配伍血竭、白及、龙骨等一同使用，如止血散。

儿茶原植物

儿茶干燥煎膏

茯苓（54）

[异名] 茯菟、松腴、松苓等。

[用药部位] 多孔菌科真菌茯苓的干燥菌核。

[形态] 菌核体为不规则块状，球形、扁形、长圆形或长椭圆形不等，大小不一。表面浅灰棕色或黑棕色，呈瘤体样皱缩，内部白色稍带粉红色，由无数菌丝组成。子实体伞形，口缘稍有齿，蜂窝状，通常附菌核的外皮而生，初为白色，后转为淡棕色；担子棒状，担孢子椭圆形至圆柱形，平滑，无色。

[产地] 主产于安徽、湖北、河南、云南。此外，贵州、四川、广西、福建、湖南、浙江、河北等地亦产。以云南所产品质较佳，安徽、湖北产量较大。

[性味与归经] 味甘、淡，性平。归心、肺、脾、肾经。

[主要成分] 含茯苓酸、茯苓酸甲酯、多茯苓聚糖、茯苓次聚糖、脂肪酸、树胶、麦角甾醇、辛酸、十一烷酸、月桂酸、蛋白质、脂肪、胆碱、少量的无机成分及蛋白酶。

[功效] 利水渗湿，健脾，宁心。主治水肿尿少、痰饮眩悸、脾虚食少、便溏泄泻、心神不安、惊悸失眠。

[药理作用]

（1）利尿作用　茯苓的利水渗湿功效与其对机体水盐代谢的调节有关。茯苓素是利尿作用的有效成分，具有和醛固酮及其拮抗药相似的结构。

（2）增强免疫功能　茯苓多糖体具有增强机体免疫功能的作用。①对非特异性免疫功能的影响：能使免疫器官——胸腺、脾脏及淋巴结重量增加。②增强细胞免疫反应：茯苓煎剂内服可增强小鼠脾脏抗体分泌细胞数和特异的抗原结合细胞数；增强 T 淋巴细胞的细胞毒性作用。

（3）对胃肠功能的影响　茯苓浸剂能抑制胃液分泌；对离体肠肌有直接松弛作用，使肠肌收缩振幅减小、张力下降。

［临床应用］

① 茯苓、干姜、高良姜各 5 克，苍术 4 克，小茴香、桂皮各 3.5 克，共研细，混饲或用开水冲服，每天 3 次，连用 2～3 天，可治愈小猪寒湿泄泻。

② 茯苓、荆芥、防风、桔梗、党参、川芎、柴胡、前胡各 5 克，枳壳、羌活、独活各 3克，甘草 2 克，生姜、薄荷为引，可预防兔流感。

③ 茯苓、柴胡、荆芥、半夏、甘草、贝母、桔梗、杏仁、玄参、赤芍、厚朴、陈皮各30 克，细辛 6 克，制粗粉，过筛混匀，药粉加沸水焖 30 分钟，取上清液加水适量饮用，也可直接拌料，用于鸡呼吸道传染病，包括慢性呼吸道疾病、传支、传喉等。

茯苓原植物

茯苓

佛手（55）

［异名］五指柑、福寿柑、蜜罗柑、香圆、佛手橘、佛手柑、佛手香橼。

［用药部位］本品为芸香科植物佛手的干燥果实。

［形态］果实常纵切成类椭圆形或卵圆形的薄片，常皱缩或卷曲。长 6～10 厘米，宽3～7 厘米，厚 0.2～0.4 厘米。顶端稍宽，常有 3～5 个手指状的裂瓣，基部略窄，有的可见果梗痕。外皮黄绿色或橙黄色，有皱纹及油点。果肉浅黄白色，散有凹凸不平的筋脉线纹或筋脉点。质硬而脆，受潮后柔韧。气香，味微甜。

［产地］分布于广东、广西、福建、云南、四川、浙江、安徽等地。

［性味与归经］味辛、苦、酸，性温。归肺、脾、肝经。

［主要成分］含挥发油、黄酮及香豆素等多酚类成分，氨基酸，多糖等。

［功效］疏肝理气，健脾消食，和胃止痛，祛痰镇咳。用于肝胃气滞，胸胁胀痛，胃脘痞满，食少呕吐。

［药理作用］

① 醇提物对离体的大鼠肠管有明显抑制作用。对兔、猫在体肠管亦有同样效果，对乙

酰胆碱引起兔十二指肠痉挛有显著的解痉作用，而对氯化钡引起者效力较差，故认为其抑制作用与胆碱能神经有关。猫静脉注射，还有抑制心脏和降压作用。

② 高浓度醇浸物静脉注 15 毫升/千克，能迅速缓解氨甲酰胆碱所致胃和胆囊的张力增加。抑制平滑肌之成分并非挥发油。

[临床应用]

（1）治猪呕吐方　佛手果（切片）90 克，藿香 24 克。煎水喂服。（《福建中兽医草药图说》）

（2）治牛食积臌气方　①佛手果、石菖蒲各 250～500 克，陈艾叶、龙胆草各 60～90 克。煎水喂服（《福建中兽医草药图说》）。②佛手根或叶、松白皮、枣树皮各 90～150 克，煎水取汁，分 3 次服。（韶关《诊疗牛病经验汇编》）

（3）治牛肺寒咳嗽方　佛手（或根）250 克，黄皮核 150 克，麻黄（蜜炙）50 克，柚子皮 2 个等。煎水灌服。（《中兽医疗牛集》）

（4）治咳嗽痰多方　佛手果、通肠香、麻黄、前胡。煎水内服。（《浙江民间兽医草药集》、编者经验）

（5）治乳牛痢疾方　浙江省金华农业学校麻庆南介绍：他曾用佛手片 30～50 克，海螵蛸 40～90 克，白芍药 30～60 克，陈皮 15～30 克。如久病加醋元胡 45 克。煎水喂服，连服 3～5 剂即愈。1983 年以来共试治 5 例，全部治愈，疗效满意（《全国兽医中草药学术讨论会资料》1998 年 11 月 8 日）。金华市新狮街道陆顺根家有乳牛 1 头，已怀孕 8 个月，因多喂棉籽饼中毒，7 天前发现排松馏油样黑便，食欲废绝，反刍停止，蠕动音弱，心音较低，鼻镜汗少，口色偏白，喜舐泥土。诊断为棉籽饼中毒引起胃溃疡出血。经用佛手片、海螵蛸、白芍药、半夏曲、旱莲草、地榆根、生地黄、白头翁、醋延胡索、白茯苓、广陈皮、乌梅各 30～90 克。煎水灌服，仅服 1 剂开始进食，2 剂食欲大增，3 剂基本好转，5 剂痊愈。

佛手原植物

佛手干燥果实

榧子（56）

[异名] 香榧、榧食、玉榧、野杉子、玉山果、赤果。

[用药部位] 红豆杉科植物榧的干燥成熟种子。

[形态] 种子椭圆形、倒卵圆形或卵圆形，长 2～4 厘米，直径 1.5～2.5 厘米。外表面棕黄色至深棕色，微具纵棱，一端钝圆，具一椭圆形种脐，色稍淡，较平滑，另一端略尖。种皮尖而脆，破开后可见种仁一枚，卵圆形，外胚乳质膜，灰褐色，极皱缩，内胚乳肥大，

黄白色，质坚实，富油性。

[**产地**] 生长在凉爽多雾、潮湿的环境，主要分布于江苏、安徽、浙江、江西、福建、湖北、湖南及四川东部。

[**性味与归经**] 味甘、涩，性平，归肺、胃、大肠经。

[**主要成分**] 本品含脂肪油，其中主要成分为亚油酸、硬脂酸、油酸等；并含有麸朊、甾醇、草酸、葡萄糖、多糖、挥发油和鞣质等。

[**功效**] 杀虫消积，润肠通便，润肺止咳。主治钩虫病、丝虫病。

[**药理作用**]

① 榧子能驱除猫的绦虫。

② 榧子对钩虫有抑制、杀灭作用，临床也证明有驱钩虫作用，其效果较四氯乙烯好。

[**临床应用**]

① 治十二指肠虫、蛔虫、蛲虫等。

② 单用炒熟嚼服，治痔疮便秘；亦可与大麻仁、郁李仁、瓜蒌仁等同用，治肠燥便秘。

榧子原植物

榧子

枸杞子（57）

[**异名**] 地骨子、红耳坠、甜菜子。

[**用药部位**] 茄科植物宁夏枸杞的干燥成熟果实。夏、秋二季果实呈红色时采收，热风烘干，除去果梗；或晾至皮皱后，晒干，除去果梗。

[**形态**] 宁夏枸杞（西枸杞）：灌木，高 50～150 厘米，树冠圆形，直径约 2 米。主茎数条，粗壮，漏斗状，管部长约 8 毫米，较裂片长，管之中下部变分枝细长，先端通常弯曲下垂，常成刺状，外皮淡灰黄色，先端 5 裂，裂片卵形，长约 5 毫米，先端圆，下部黄色，全缘，无毛。浆果味甜，呈卵圆形或椭圆形，长 1～2 厘米，红色或橘红色，干品有呈土黄色者。种子多数，棕黄色。

枸杞（津枸杞）：与西枸杞之主要区别为植株较矮小，茎干较细。花冠管部和裂片等长，管之下部急缩，然后向上扩大成漏斗状，管部及裂片均较宽，花紫色，浆果长 1～1.5 厘米。

[**产地**] 分布于宁夏、山西、内蒙古、陕西、甘肃、青海、新疆等省区。野生和栽培均有。

[**性味与归经**] 味甘，性平。归肝、肾经。

[**主要成分**] 果实含甜菜碱，化学成分约 0.1%。果皮含酸浆红素、玉蜀黍黄素、隐黄质。另据报道，果实含微量胡萝卜素、硫胺素、核黄素、烟酸及维生素 C。

[**功效**] 滋补肝肾，益精明目。主治虚劳精亏、腰膝酸痛、眩晕耳鸣、内热消渴、血虚萎黄、目昏不明。

[**药理作用**]

① 有降低血糖的作用。

② 大白鼠口服甜菜碱，能显著增加血清及肝之磷脂含量。

③ 枸杞子水提取物对家兔可有中枢性及末梢性的副交感神经兴奋作用，使心脏抑制、血压下降。甜菜碱可扩张血管，对豚鼠离体肠管有收缩作用。

④ 有降胆固醇作用，有轻微抗拒家兔实验性动脉粥样硬化形成的作用。

[**临床应用**]

① 治疗小儿肝炎综合征，枸杞子滋阴补血，熟地黄滋阴清热，两药合用可益阴清热。

② 治疗血虚营弱之证，枸杞子滋阴生津，当归补血，两药合用益阴补血。

③ 治疗口舌干燥症，枸杞子与山药合用滋阴生津。

④ 枸杞子善补肝肾，龙眼肉专补心脾、养营和血，两者合用，滋阴养血、宁心安神。[27]

枸杞原植物

枸杞子

葛根（58）

[**异名**] 干葛、甘葛、粉葛等。

[**用药部位**] 豆科植物野葛的干燥根。秋、冬二季采挖，趁鲜切成厚片或小块，干燥。

[**形态**] 全株被黄褐色长硬毛，纺锤形或长圆柱形，与地面垂直生长，外皮淡黄白色，切断面白色，粉质，纤维性强。11～12 月结果，果为荚果，扁平，长 5～9 厘米，宽 8～11 毫米。

[**产地**] 主产于山坡草丛中或路旁及较阴湿的地方。分布于华北、华东、华中、西南及辽宁、甘肃等地。

[**性味与归经**] 味甘、辛，性凉。归脾、胃、肺经。

[**主要成分**] 含异黄酮成分葛根素、葛根素木糖苷、大豆黄酮、大豆黄酮苷及 β-谷甾醇、花生酸，又含多量淀粉。

[功效]　解肌退热，生津，透疹，升阳止泻。主治表证发热，项背强痛，麻疹不透，热病口渴，阴虚消渴，热泻热痢，脾虚泄泻。

[药理作用]

（1）营养心肌　葛根含有的总黄酮和葛根素可以有效改善心肌的氧代谢，还可以扩张血管，改善微循环坏，从而有效降低血管的阻力，让血流量有所增加。

（2）益智作用　现代研究发现，葛根具有益智的作用，可以提升记忆力。

（3）升举阳气　葛根具有轻清升散，药性升发，升举阳气，鼓舞机体正气上升，津液布散的作用。

（4）解肌发表　葛根丙酮提取物可以起到令人体体温恢复正常的作用。

（5）降糖降脂　葛根素可以有效降低血糖，其所含有的黄酮类化合物能够起到降血脂的作用，同时，还可以降低血清胆固醇、甘油三酯。

（6）其他　葛根的提取物黄酮可以起到增加脑及冠状血管血流量的作用。解痉成分可以起到对抗组胺及乙酰胆碱的作用。

[临床应用]

① 葛根配伍黄芪，益气化瘀标本兼治，亦可理气止痛，健脾止泻。

② 葛根配伍降香、石菖蒲可升清降浊，宣化痰瘀，用以治痰瘀痹阻胸中所致胸痹心痛。

③ 葛根配伍丹参升阳化瘀、协同增效，用于消渴累及肝肾等。

④ 葛根配伍天花粉，养阴清热润燥，治疗气虚血瘀，肝阴不足。[28]

葛根原植物

葛根

骨碎补（59）

[异名]　毛姜、树蜈蚣、地蜈蚣等。

[用药部位]　水龙骨科植物槲蕨、中华槲蕨的干燥根茎。全年均可采挖，除去泥沙，干燥。

[形态]　槲蕨：多年生附生草本，高 20～60 厘米。根状茎粗壮，肉质，长而横走，密被棕黄色钻状披针形有睫毛的鳞片。叶二型：营养叶多数，无柄，红棕色或灰褐色，无绿色素，革质，叶片广卵形，长 5～7 厘米，宽 3～6 厘米，先端急尖，基部心形，上部羽状浅裂，裂片三角形，很像槲树叶。中华槲蕨：与槲蕨相似，其主要区别为营养叶稀少，椭圆状

披针形，长达 10 厘米，先端渐尖，羽状深裂而非浅裂，裂片三角状披针形，急尖，下部裂片极缩短，下面无毛，上面被毛。

[产地] 槲蕨生于石壁、墙或树干上，分布于西南、中南及浙江、江西、福建、台湾等省区。中华槲蕨生于岩壁或树上，分布于陕西、甘肃、青海、宁夏、四川、云南及西藏等省区。

[性味与归经] 味苦、微甘，性凉。归肾、肝经。

[主要成分] 槲蕨的根状茎含橙皮苷，并含淀粉 25%～34% 及葡萄糖。根茎含柚皮苷、环木菠萝甾醇乙酸酯、四环三萜类。

[功效] ①活血续伤，补肾强骨。骨碎补能激活肝药酶，减轻或解除药物对肝脏的损害，有保肝解毒的作用。②清热解毒，止血，愈伤。主治肉食中毒，配制毒中毒，肾热，创伤。

[药理作用]

（1）补肾固齿止痛　用于肾虚腰痛；用于肾虚耳鸣耳聋；用于阳浮而齿动齿痛，可单用炒黑研末擦齿。如齿龈红肿疼痛，可与地骨皮、石斛、甘草同用；如齿槽脓肿形成甚至溢脓者，可与玄参、蜂房同用。

（2）活血续筋疗伤　用于筋骨折伤（如肌肉韧带损伤、闭合性骨折等），可配活血祛瘀药内服，亦可单用或配血竭、硼砂、乳香、没药、土鳖虫、自然铜研末外敷；亦可用于鸡眼。

（3）对骨骼的影响　用骨碎补水煎剂灌胃，能改善骨性关节炎。骨碎补具有促进对钙吸收的作用，同时提高血钙和血磷的水平，有利于骨钙化和骨质的形成。能显著抑制醋酸可的松引起的骨丢失，防治激素引起的大鼠骨质疏松。

（4）降血脂作用　骨碎补注射液肌内注射，可预防和治疗高脂血症家兔血清胆固醇和三酰甘油的升高，并能防治主动脉壁的动脉硬化斑块形成。

骨碎补原植物

骨碎补干燥根

（5）抗损伤作用　给豚鼠肌内注射骨碎补注射液可对抗和抑制链霉素引起的耳蜗毛细胞损伤。

（6）抑菌作用　骨碎补在试管内对金黄色葡萄球菌、溶血性链球菌、炭疽杆菌、白喉杆菌、福氏痢疾杆菌、大肠杆菌、铜绿假单胞菌有较强的抑制作用，对伤寒杆菌也有抑制作用。

（7）其他作用　骨碎补柚皮苷有明显的镇静、镇痛作用。骨碎补双氢黄酮苷能增强家兔心肌收缩力。

［临床应用］

① 防治链霉素毒性及过敏反应。

② 骨碎补 15 克，补骨脂 10 克，牛膝 10 克，桑寄生 10 克。有补肾健骨之功。

③ 骨碎补 30 克。打碎煎服，或泡开水含噙漱口，有良好的止痛效果。

甘草（60）

［异名］蜜甘、甜草、蜜草等。

［用药部位］豆科植物甘草、胀果甘草或光果甘草的干燥根和根茎。春、秋二季采挖，除去须根，晒干。

［形态］多年生草本，高 30～70 厘米，罕达 1 米。根茎圆柱状；主根甚长，粗大，外皮红褐色至暗褐色。茎直立，稍带木质，被白色短毛及腺鳞或腺状毛。种子 2～8，扁圆形或肾形，黑色光滑。花期 6～7 月，果期 7～9 月。

［产地］黑龙江、吉林、辽宁、河北、河南、山西、内蒙古、陕西、甘肃、宁夏、青海、新疆等省区有出产。

［性味与归经］味甘，性平。归心、肺、脾、胃经。

［主要成分］甘草根及根状茎含甘草甜素 6%～14%、少量甘草黄苷、二羟基甘草次酸、甘草西定、甘草醇、5-O-甲基甘草醇、异甘草醇。此外，尚含甘露醇、葡萄糖 3.8%、蔗糖 2.4%～6.5%、苹果酸、桦木酸、天冬酰胺、烟酸、生物素、微量挥发油及淀粉等。

［功效］补脾益气，清热解毒，祛咳止痰，缓急止痛，调和诸药。主治脾胃虚弱，倦怠乏力，心悸气短，咳嗽痰多，脘腹、四肢挛急疼痛，痈肿疮毒，缓解药物毒性、烈性。

［药理作用］甘草具有一定的抗心律失常作用，包括抗胃溃疡及镇痛的作用；同时，它还可以促进胰液分泌；有明显的镇咳、祛痰、平喘作用；有抗菌、抗病毒、抗炎、抗过敏作用；有抗利尿、降脂、保肝、解毒等作用。

（1）抗酸、镇咳作用　甘草对组胺所引起的胃酸太多有非常好的抑制功效；同时，还有抗酸和缓解胃肠平滑肌痉挛的作用。其中所含的甘草黄酮、甘草浸膏及甘草次酸都有非常明显的镇咳作用；对于祛痰的效果也很显著。

（2）抗炎、抗过敏作用　甘草所含营养物质丰富，具有抗炎、抗过敏的作用，能够有效保护发炎的咽喉、气管黏膜。另外，甘草浸膏以及甘草酸和某些毒物都具有类似葡萄糖醛酸的解毒作用。

［临床应用］

① 甘草制剂对于动物实验性肝损伤，可使其肝脏变性和坏死明显减轻，肝细胞内蓄积的肝糖原及核糖核酸含量大部恢复或接近正常，血清谷丙转氨酶活力显著下降，表明甘草具有抗肝损伤的作用。

② 甘草制品能使多种动物的尿量及钠的排出减少，钾排出增加，使血钠上升、血钙降低、肾上腺皮质球状带萎缩。

甘草原植物　　　　　　　　　　　　　甘草干燥根

高良姜（61）

[**异名**] 蛮姜、风姜、小良姜。

[**用药部位**] 姜科植物高良姜的干燥根茎。夏末秋初采挖，除去须根和残留的鳞片，洗净，切段，晒干。

[**形态**] 干燥根茎为圆柱形，弯曲，多分枝，长 4～6 厘米，直径 1～1.5 厘米，表面暗红棕色。质坚硬，不易折断。

[**产地**] 产于广东、广西、台湾等地。

[**性味与归经**] 味辛，性温。归脾、胃经。

[**主要成分**] 根茎含挥发油 0.5%～1.5%，其中主要成分是 1,8-桉叶素和桂皮酸甲酯，尚有丁香油酚、蒎烯、毕澄茄烯等。根茎尚含黄酮类高良姜素、山柰素、山柰酚、槲皮素、异鼠李素和高良姜酚（辛辣）等。

[**功效**] 温胃散寒，消食止痛。用于治疗脘腹冷痛、胃寒呕吐、嗳气吞酸。

[**药理作用**]

（1）温中止痛作用　高良姜水提物和醚提物能显著对抗小鼠水浸应激型溃疡和大鼠盐酸损伤性溃疡；水提物对小鼠胃肠道推进有明显抑制，两种提取物都能显著对抗蓖麻油引起的腹泻，其水提物还对番泻叶引起的腹泻有效。水提物有协同转氨酶升高的作用。两种提取物对麻醉大鼠均有明显利胆作用，醚提物作用较强。在热极法和乙酸扭体试验中，两种提取物都有明显镇痛作用。

（2）对微循环的影响　高良姜为芳香温痛类中药，对心绞痛具有快速止痛作用，对轻度肾上腺素引起的微动脉血流停止或减慢有推迟作用。对管径收缩时间有推迟作用，还有对微动脉轻度收缩的作用。

[**临床应用**]

用于胃寒作痛及呕吐等症。本品善散脾胃寒邪，且有温中止痛之功，故适用于脘腹冷痛等病症。如治胃疼痛，常与香附配伍同用；治腹部疼痛，可配肉桂、厚朴等同用。因为它温中散寒作用较好，所以还可用于胃寒呕吐，常与半夏、生姜等配用。

高良姜原植物　　　　　　　　　　　　　高良姜

干姜（62）

[**异名**] 白姜、均姜、干生姜。

[**用药部位**] 姜科植物姜的干燥根茎。

[**形态**] 多年生草本，高 40～100 厘米。叶 2 列，线状披针形，长 15～30 厘米，宽约 2 厘米，光滑无毛。花茎自根茎生出，高约 20 厘米；穗状花序卵形至椭圆形；苞片淡绿色，卵圆形；花冠黄绿色，裂片披针形；唇瓣中央裂片长圆状倒卵形，较花冠裂片短，有淡紫色条纹及淡黄色斑点；雄蕊微紫色。本品栽培时很少开花。

[**产地**] 全国大部分地区有产，主产于四川、贵州等地。

[**性味与归经**] 味辛，性热。归脾、胃、肾、心、肺经。

[**主要成分**] 干姜油含挥发性成分：α-姜烯，牻牛儿醇，β-甜没药烯，橙花醇等 70 多种；辛辣成分：6-姜辣醇，6-姜辣酮，8-姜辣烯酮等；二芳基庚烷类成分：姜烯酮 A、姜烯酮 B、姜烯酮 C，异姜烯酮 B，六氢姜黄素。

[**功效**] 温中散寒，回阳通脉，温肺化饮。主治脘腹冷痛、呕吐泄泻、肢冷脉微、寒饮喘咳。

[**药理作用**]

（1）对消化系统的作用　研究证实，干姜对胃黏膜细胞及肝脏具有保护作用。

（2）对循环系统的作用　姜烯酚具有兴奋迷走神经作用和升压作用，有升压作用部分是由于姜烯酚抑制了心脏引起的降压作用、末梢血管收缩作用、交感神经兴奋作用。其醇提物对血管运动中枢及呼吸中枢有兴奋作用。对心脏也有直接兴奋作用，还能使血管扩张，促进血液循环。

（3）对中枢神经的作用　研究表明，生姜精油有非常显著的抑制鼠自发活动作用；延长戊巴比妥钠的睡眠时间；能明显对抗戊四氮引起的惊厥，但对印防己毒素和士的宁引起的惊厥无对抗作用。

（4）对血小板聚集作用的影响　试验研究显示，6-姜醇可明显抑制血小板聚集作用，抑制效果强于消炎痛对照品。干姜水提物能强烈抑制血小板聚集作用，甚至用最小容量的水提物也能消除由 AA 诱导的聚集作用。姜水提物又能轻度抑制 PG12 的合成。

（5）其他作用　抗炎作用、抗菌作用、抗原虫作用、镇痛作用。生姜中含的姜醇可使神经末梢某些活性物质释放，如使神经元释放出 P 物质、生长抑素、肠促酶肽、血管活性肠肽等。

① 干姜辛热燥烈，可以达到通凝滞、散寒邪、回阳通脉、温中散寒、温肺化饮的治疗效果；黄连大苦大寒，味苦性燥，主要具有清热燥湿、泻火解毒的治疗功效。两种药物在实际疾病治疗过程中配伍应用，可以达到一温一寒，寒温并施，一辛一苦，辛开苦降的效果。

② 干姜主要具有辛热燥烈、守而不走的特性，可以发挥温中回阳、通脉化饮的治疗作用；而附子辛甘大热，具有气性燥烈、走而不守的特性，其斩关夺将之气相助，是通行十二经的一种要药。二者配伍对亡阳证具有良好的治疗效果。[29]

 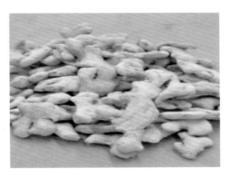

干姜原植物　　　　　　　　　　　　　　　　　干姜

贯众（63）

[异名] 贯节、贯渠、百头、草头、两色耳蕨。

[用药部位] 鳞毛蕨科植物粗茎鳞毛蕨的干燥根茎和叶柄残基。

[形态] 本品为棒状圆柱形，微弯曲，长 15～30 厘米，直径 5～8 厘米。表面布满中空的叶柄残基，其间密生棕褐色鳞毛及棕黑色须根。叶柄残基扁圆形，坚硬，空洞直径 1 厘米左右。质坚硬，难折断。斩成块片者切面不平坦，外层见叶柄残基、鳞毛和残留须根，中间灰黄棕色，略带粉质。气微，味微涩。以条块均匀、叶柄和须根少、质坚者为佳。

[性味与归经] 味苦、涩，性寒。归肝、胃经。

[主要成分] 根茎含绿三叉蕨素 BP. PP、绵马酸、白三叉蕨素、黄三叉蕨酸等。

[功效] 杀虫，清热，解毒，凉血止血。主治风热感冒，温热斑疹，吐血，咳血，衄血，便血，崩漏，血痢，带下，钩、蛔、绦虫病等肠道寄生虫病。

[药理作用]

（1）驱虫作用　国内报道，贯众在体外对猪蛔虫有效。粗茎鳞毛蕨还能驱除牛肝蛭。其复方煎剂对牛片形吸虫病及阔盘吸虫病有治疗功效。

（2）抗病毒作用　研究表明，贯众对流感病毒（甲型流感 PR8 株、亚洲甲型病毒）在鸡胚试验上有强烈抑制作用，在小鼠（滴鼻法）试验上也有效，但作用较弱。此抗病毒作用与其所含鞣酸有关（含 14.5%）。陕西亦报道，贯众对流感病毒的甲型（PR8）、亚洲甲型（57-4）、乙型（Lee）、丙型（1233）、丁型（仙台）均有抑制作用。在用人胚肾原代单层细胞的组织培养上，也证明贯众对 479 号腺病毒 3 型、72 号脊髓灰质炎 Ⅱ 型、44 号爱可 9 型、柯萨奇 A9 型、柯萨奇 B5 型、乙型脑炎（京卫研 1 株）、140 号单纯疱疹等七种有代表性病毒株有较强的抗病毒作用。

（3）抗菌作用　江西、湖南、广东报道，当地贯众有某些抑菌作用，但效力不强，农村中用于饮水消毒或预防流行性脑脊髓膜炎。据称，贯众对皮肤真菌也有些抑制作用。

（4）对子宫的作用　煎剂及精制后的有效成分对家兔的离体及在位子宫有显著的兴奋作用，使子宫收缩增强、张力提高。蛾眉蕨贯众对子宫作用不甚明显。

[临床应用]

① 黄芪 60 克、党参 60 克、肉桂 20 克、槟榔 60 克、贯众 60 克、何首乌 60 克、山楂 60 克，粉碎过筛或水煎取汁，用于 100 只鸡防治鸡痘。

② 何首乌、贯众、苍术、黄芪、艾叶、五加皮、穿心莲、大黄、神曲、麦芽、茴香、甘草等 12 味组成"僵猪散"，每天在饲料中添加 15～20 克，连续饲喂 30 天，试验组猪平均每头增重 6.13 千克，对照组不添加仅增重 3.27 千克。

贯众原植物　　　　　　　　　　　　　贯众干燥根茎

黄柏（64）

[异名] 川黄柏。

[用药部位] 芸香科植物黄皮树的干燥树皮。

[形态] 呈板片状或浅槽状，长宽不一，厚 1～6 毫米。外表面黄褐色或黄棕色，平坦或具纵沟纹，有的可见皮孔痕及残存的灰褐色粗皮；内表面暗黄色或淡棕色，具细密的纵棱纹。体轻，质硬，断面纤维性，呈裂片状分层，深黄色。气微，味极苦，嚼之有黏性。

[产地] 产于内蒙古南部、吉林、辽宁、河北、山西、山东、江苏、浙江、福建、安徽、江西、河南、陕西、甘肃、四川、云南、贵州、湖北、湖南、广东北部及广西北部等省区。西藏德庆、达孜等地亦有栽培。

[性味与归经] 味苦，性寒。归肾、膀胱经。

[主要成分] 含小檗碱约 1.4%～4%，并含少量掌叶防己碱、黄柏碱、棕榈碱等多种生物碱，以及无氮结晶物质及脂肪油、黏液质、甾醇类等。

[功效] 清热燥湿，泻火解毒。主湿热痢疾、泄泻、黄疸；梦遗、淋浊、带下、骨蒸劳热，以及口舌生疮、目赤肿痛、痈疽疮毒、皮肤湿疹。

[药理作用]

① 抗菌作用。

② 镇咳作用。

③ 降压作用。

④ 抗滴虫作用。

⑤ 抗肝炎作用。

⑥ 有较强的免疫抑制作用。

⑦ 抗溃疡作用。

[临床应用]

① 黄柏和苍术相伍使燥湿之力大增，黄柏又可清热，苍术入脾、胃经，有健脾之功，故二者相配可共去中焦湿热。治疗眩晕（气虚湿热型）、泄泻（气虚湿热型）。

② 黄柏泻相火而补肾水，合龟板滋阴潜阳，又能益肾养血补心，清中有补。治疗肝火旺盛。

黄柏原植物

黄柏

黄连（65）

[异名] 味连、川连、鸡爪连。

[用药部位] 毛茛科植物黄连、三角叶黄连或云连的干燥根茎。

[形态] 根茎多簇状分枝，弯曲巨抱，形似倒鸡爪状，习称鸡爪黄连；单枝类圆柱形，长 3～6 厘米，直径 2～8 毫米。表面灰黄色或黄棕色，外皮剥落处显红棕色，粗糙，有不规则结节状隆起、须根及须根残基，有的节间表面平滑如茎秆，习称过桥；上部多残留褐色鳞叶，顶端常留有残余的茎或叶柄。质坚硬，折断面不整齐，皮部橙红色或暗棕色，木部鲜黄色或橙黄色，髓部红棕色，有时中空。气微，味极苦。

［产地］分布于陕西、湖北、湖南、四川、贵州、云南西北部及西藏东南部等地；在四川东部、湖北西部和陕西南部有较大量栽培。

［性味与归经］味苦，性寒。归心、脾、胃、肝、胆、大肠经。

［主要成分］含小檗碱及黄连碱、甲基黄连碱、棕榈碱等多种生物碱，其中以小檗碱为主，为5%～8%。

［功效］清热燥湿，泻火解毒。主治湿热痞满、呕吐吞酸、湿热泻痢、高热神昏、心烦不寐、血热吐衄、痈肿疔疮、目赤牙痛、消渴；外治湿疹、湿疮、耳道流脓。

［药理作用］

① 对心血管系统的作用。黄连含有小檗碱，能够抗心律失常、竞争性阻断 α-受体、降低外周阻力、减慢心率、降压，有正性肌力作用。

② 解毒作用。对抗细菌毒素，降低金黄色葡萄球菌凝固酶、溶血素效价，降低大肠杆菌的毒力。

③ 抗炎作用。抑制多种实验性炎症，有效成分为小檗碱，抗炎机理与刺激促皮质激素释放有关。

④ 解热作用。与抑制中枢 PO/AH 区神经元 cAMP 的生成有关。

⑤ 抗溃疡、抑制胃酸分泌、保护胃黏膜作用。

［临床应用］

① 加味黄连解毒散基础成分为黄连、黄芩、黄柏、栀子，根据临床诊断，依据动物的症状可以调整用药。例如羊便秘，临床症状为精神萎靡、食欲降低或消失、肠蠕动减弱或消失、口腔干燥，出现频频弯腰、努责而不见粪便排出，粪便干硬，且常附有黏液。通过加味黄连解毒散（处方：黄连、黄芩、黄柏、栀子、大黄、木通、厚朴、车前子），视病情可服一剂或两剂，加强护理。不同动物症状不同，对加味黄连解毒散做调整使用。

② 黄连大黄汤合麦草炭治疗肉狗痢疾。用黄连 60 克，加大黄 30 克，另外再加麦草炭 50 克，给狗灌服。发挥黄连的清热燥湿作用，促使病狗痊愈。

黄连原植物

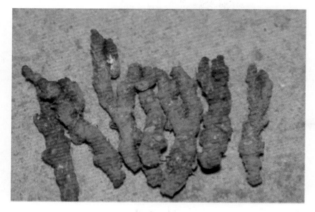

黄连干燥根茎

③ 黄连治疗猪无名高热。猪无名高热病是指猪的高热难退，发病率高而且致死率高，疾病传播迅速，耳朵与身体多处皮肤都会发红，甚至出现发蓝的急性败血性传染病，高致病型蓝耳病可以说是猪"非典"。从致病成因上来看，是较为复杂的，包括病毒类、病菌类和寄生虫类等，其中病毒是诱发该病且致死率高的一个主要因素。[30]

藿香（66）

[异名] 合香、苍告、山茴香等。

[用药部位] 唇形科植物广藿香的干燥地上部分。

[形态] 地上部分长 30～90 厘米，常对折或切断扎成束。茎方柱形，多分枝，直径 0.2～1 厘米，四角有棱脊，四面平坦或凹入呈宽沟状。

[产地] 分布于黑龙江、吉林、辽宁、河北、河南、山东、陕西、安徽、江苏、浙江、广东、福建、湖北、湖南、江西、四川、贵州、云南等地，生长于山坡或路旁。

[性味与归经] 味辛，性微温。归脾、胃、肺经。

[主要成分] 广藿香含挥发油约 1.5%，其中主成分为广藿香醇，约占 52%～57%；其他成分有苯甲醛、丁香油酚、桂皮醛、广藿香醇、广藿香吡啶、表愈创吡啶；另有多种其他倍半萜如石竹烯、β-榄香烯、别香橙烯、γ-广藿香烯、β-古芸烯、α-愈创木烯、瓦伦烯、α-古芸烯、γ-毕澄茄烯、δ-愈创木烯、α-广藿香烯、二氢白菖考烯等。

[功效] 芳香化浊，和中止呕，发表解暑。用于湿浊中阻，脘痞呕吐，暑湿表证，湿温初起，发热倦怠，胸闷不舒，寒湿闭暑，腹痛吐泻，鼻渊头痛。

[药理作用]

① 所含挥发油有促进胃液分泌、增强消化功能的作用。

② 对于胃肠有解痉作用。

③ 防腐作用。

④ 抗菌作用。

⑤ 收敛止泻作用。

⑥ 扩张微血管的作用。

[临床应用]

① 治疗脾虚湿盛型慢性溃疡性结肠炎，藿香、紫苏各 10 克。

② 治疗急性胃肠炎之饮食积滞、湿浊内阻证，藿香叶、紫苏叶各 10 克。

③ 治疗眩晕之湿浊中阻证、风湿头痛、妊娠恶阻、胃脘痛之脾虚湿盛证，藿香 10～15 克，紫苏 5～10 克。

藿香原植物

藿香

④ 藿香芳香化浊、和中止呕、发表解暑，配伍陈皮解表化湿、健脾燥湿，理气和中。治疗脾胃湿热证、发热之暑温夹湿证。

⑤ 藿香化湿和中、调和脾胃、升清降浊，与白术配伍化湿和胃、升清降浊。

合欢皮（67）

[**异名**] 合昏皮、夜台皮、合欢木皮。

[**用药部位**] 豆科植物合欢的干燥树皮。

[**形态**] 合欢皮呈卷曲筒状或半筒状，长 40～80 厘米，厚 0.1～0.3 厘米。外表面灰棕色至灰褐色，稍有纵皱纹，有的成浅裂纹，密生明显的椭圆形横向皮孔，棕色或棕红色，偶有突起的横棱或较大的圆形枝痕，常附有地衣斑；内表面淡黄棕色或黄白色，平滑，有细密纵纹。质硬而脆，易折断，断面呈纤维性片状，淡黄棕色或黄白色。气微香，味淡、微涩、稍刺舌，而后喉头有不适感。

[**产地**] 分布于东北、华东、中南及西南各地。

[**性味与归经**] 味甘，性平。归心、肝经。

[**主要成分**] 合欢干皮中含木脂体糖苷，此外，干皮中还含 21-[4-(亚基)-2-四氢呋喃异丁烯酰] 剑叶莎酸。

[**功效**] 宁心安神，活血化瘀。主治心神不安，忧郁失眠，肺痈，痈肿，瘰疬，筋骨折伤。

[**药理作用**]

（1）抗生育作用　合欢皮冷水提取物具有显著的抗生育作用，羊膜腔内给药可使中孕大鼠胎仔萎缩、色泽苍白而中止妊娠。

（2）抗过敏作用　合欢皮煎剂给大鼠灌胃，可抑制其腹膜肥大细胞脱颗粒，体外试验也有类似作用。合欢皮煎剂可明显抑制抗原（马血清）对大鼠的致敏过程和抗体产生过程。

（3）抗肿瘤作用　合欢皮所含多糖对小鼠移植性肿瘤 S180 抑制率为 73％。

合欢原植物

合欢皮

[**临床应用**]

① 本品有活血止痛作用，适用于跌打损伤、骨折疼痛等症，可配当归、川芎、赤芍、桃仁等同用。

② 用于肺痈、疮肿等症。本品配合鱼腥草、冬瓜子、桃仁等同用。

诃子（68）

[异名] 诃黎勒、诃黎、诃梨、随风子。

[用药部位] 使君子科植物诃子或绒毛诃子的干燥成熟果实。

[形态] 长圆形或卵圆形，长2～4厘米，直径2～2.5厘米。表面黄棕色或暗棕色，略具光泽，有5～6条纵棱线和不规则的皱纹，基部有圆形果梗痕。质坚实。果肉厚0.2～0.4厘米，黄棕色或黄褐色。果核长1.5～2.5厘米，直径1～1.5厘米，浅黄色，粗糙，坚硬。种子狭长呈纺锤形，长约1厘米，直径0.2～0.4厘米，种皮黄棕色，子叶2，白色，相互重叠卷旋。味酸涩后甜。

[产地] 分布于云南西部和西南部，广东、广西也有栽培。

[性味与归经] 味苦、酸、涩，性平。归肺、大肠经。

[主要成分] 含鞣质，主要为诃子酸、没食子酸、诃黎勒酸、鞣云实素、鞣花酸等。

[功效] 涩肠止泻，敛肺止咳，降火利咽。治久咳失音、久泻、久痢、脱肛、便血、崩漏、带下、遗精、尿频。

[药理作用]

（1）抗菌作用　体外试验证明，对4～5种痢疾杆菌都有效，尤以诃子壳为佳。

（2）抗肿瘤实验　将经诃子水煎液处理之小鼠恶性肿瘤（腹水癌、梭形细胞肉瘤）细胞接种于小鼠体内，肿瘤细胞将失去生活能力。

[临床应用]

① 诃子配伍侧柏叶炭可脾肾双补，固摄冲任，治疗脾肾两虚，冲任不固。

② 用诃子配伍栀子治疗肝气郁滞，下焦湿热之证。

诃子原植物

诃子

黄芪（69）

[异名] 绵芪。

[用药部位] 豆科植物内蒙古黄芪或膜荚黄芪的干燥根。

[形态] 多年生草本，株高50～80厘米。主根深长，棒状，稍带木质，浅棕黄色。茎直立，上部多分枝。奇数羽状复叶互生；小叶6～13对，小叶片椭圆形或长卵圆形，先端钝尖，楔形或具短尖头，全缘，下面被白色长柔毛；托叶披针形或三角形。花期5～6月，果

期 7～8 月。

[产地] 主产于中国东北、华北及西北。生于林缘、灌丛或疏林下，中国各地多有栽培，为常用中药材之一。

[性味与归经] 味甘，性微温。归肺、脾经。

[主要成分] 含皂苷、黄酮、氨基酸、多糖、微量元素、胆碱、生物碱等。

[功效] 补气升阳，利水消肿。主治气虚乏力、久泻脱肛、自汗、水肿、子宫脱垂、慢性肾炎蛋白尿、糖尿病、疮口久不愈合。

[药理作用] 提高人体免疫力、抗病毒、抗衰老、防治糖尿病及其并发症、改善心功能、降压、保肝、调节血糖。

[临床应用]

① 黄芪 120 克，白术、防风、党参各 50 克，麦冬、五味子、炙甘草各 30 克，共为细末，以开水冲调，候温灌服，每天 1 剂，连用 3 剂。治疗各种家畜汗证，治愈率为 95%。

② 黄芪 50 克，附子、半夏、陈皮、竹茹、大黄、柴胡、白芍、桃仁、枳实、茯苓、青皮各 30 克，桔梗、甘草各 20 克，共为末，以开水冲调，候温灌服，连服 3 剂。治疗奶牛便秘有良效。

黄芪原植物

黄芪干燥根

黄精（70）

[异名] 鸡头黄精、黄鸡菜、笔管菜、爪子参、老虎姜、鸡爪参。

[用药部位] 百合科植物滇黄精、黄精或多花黄精的干燥根茎。

[形态] 多年生草本，根茎横走，肉质，淡黄色，先端有时突出似鸡头状，茎直立。叶轮生，每轮 4～6 枚，线状披针形，先端卷曲。花腋生，常 2～4 朵小花，下垂；花被筒状，白色至淡黄色，先端 6 浅裂，雄蕊 6 枚，花丝较短，花柱长为子房的 1.5～2 倍，浆果球形，成熟时黑色。花期 5～6 月，果期 7～9 月。

[产地] 产于黑龙江、吉林、辽宁、河北、山西、陕西、内蒙古、宁夏、甘肃（东部）、河南、山东、安徽（东部）、浙江（西北部）。生于林下、灌丛或山坡阴处，海拔 800～2800 米。朝鲜、蒙古和西伯利亚东部地区也有。

[性味与归经] 味甘，性平。归脾、肺、肾经。

［主要成分］含糖类、甾体、皂苷、黄酮、木脂素、强心苷、含氮类化合物、挥发油。

［功效］补气升阳，利水消肿。主治脾胃气虚，体倦乏力，胃阴不足，口干食少，肺虚燥咳，劳嗽咳血，精血不足，腰膝酸软，须发早白，内热消渴。

［药理作用］降血糖、降血脂、延缓衰老、调节免疫力、抗病毒、抗肿瘤、改善记忆力、改善心血管功能。

［临床应用］

① 荆芥、防风、桂枝、当归、川芎、栀子、葛根、黄柏、木通各50克，羌活、独活、薏苡仁、防己、石菖蒲、黄精、续断各60克，木瓜、桑寄生、钩藤各80克，川牛膝、白芷各70克，苍术40克，补骨脂30克，红花20克，伸筋草300克，石南藤200克，茅草根为引，煎服。连服1～2剂，治疗耕牛跛行，行走困难，甚至不能行走，获得良效。

② 黄芪、白术、防风、煅牡蛎、麻黄根、浮小麦等，血虚者加当归、熟地黄、白芍，阴虚者加党参、麦冬、五味子、玉竹、黄精，恶露不尽者加当归、川芎、桃仁、益母草、炮姜、炙甘草，有热者加生地黄、黄芪、黄柏、胡黄连，每天1剂，水煎2次合并待温后灌服，治疗奶牛产后盗汗，效果良好。

黄精原植物

黄精根茎

黄芩（71）

［异名］腐肠、黄文、妒妇、虹胜、经芩、印头、内虚、空肠、子芩、宿芩、条芩、元芩、土金茶根、山茶根、黄金条根。

［用药部位］唇形科植物黄芩的干燥根。

［形态］多年生草本。主根粗壮，略呈圆锥形，外皮褐色，断面鲜黄色。茎方形，基部木质化。叶交互对生，具短柄；叶片披针形，全缘，上面深绿色，光滑或被短毛，下面淡绿色、有腺点，总状花序顶生，花排列紧密，偏生于花序的一边；具叶状苞片，形似圆锥，先端5裂；花冠唇形，蓝紫色；雄蕊4，2强；雌蕊1，子房4深裂，花柱基底着生。小坚果4枚，三棱状椭圆形，黑褐色，表面粗糙，无毛，着生于宿存花萼中。花期6～8月，果期7～10月。

［产地］产于黑龙江、辽宁、内蒙古、河北、河南、甘肃、陕西、山西、山东、四川等地，江苏有栽培；东西伯利亚、蒙古、朝鲜、日本均有分布。

［性味与归经］味苦，性寒。归肺、胆、脾、大肠、小肠经。

［主要成分］含黄芩苷、黄芩素、汉黄芩苷、汉黄芩素、7-甲氧基黄芩素、7-甲氧基去

甲基汉黄芩素、黄芩黄酮Ⅰ、黄芩黄酮Ⅱ。

[**功效**] 清热燥湿，泻火解毒。主治湿温、暑湿，胸闷呕恶，湿热痞满，泻痢，黄疸，肺热咳嗽，高热烦渴，血热吐衄，痈肿疮毒，胎动不安。

[**药理作用**] 抗菌、抗病毒、消炎、抗肿瘤、改善免疫调节、抗氧化、保护肝脏、提高中枢神经系统活性等。

[**临床应用**]

① 黄芩在畜禽中添加可以促进畜禽生长，还能抑制病原菌，增强动物免疫功能，提高抗病力，其有营养与药用价值双重效应。

② 对禽大肠杆菌具有抑制作用。

③ 可以通过增强动物机体细胞免疫功能，以及体液免疫功能来增强动物机体免疫能力和抵抗疾病的能力。

④ 在机体发生炎症过程中，可通过对下丘脑-垂体-肾上腺轴的影响和对炎症介质的抑制来发挥中药抗炎作用，抑制炎症的发生。

⑤ 白芷 25 克、防风 15 克、苍耳子 15 克、苍术 15 克、甘草 8 克、金银花 10 克、板蓝根 6 克、黄芩 6 克，添加在鸡饲料中可治疗鸡传染性鼻炎。

⑥ 黄芩 24 克、柴胡 15 克、半夏 15 克、生姜 9 克、甘草 9 克、大枣 5 克，添加在猪饲料中可治疗猪外感症。

⑦ 黄芪 30 克，当归、通草各 15 克，白芷 10 克。研末混饲，可治疗母猪气血不足引起的产后无乳、少乳。

⑧ 蒲公英 1000 克，鱼腥草 1000 克，大青叶 1000 克，黄芩 600 克，板蓝根 500 克，荆芥 500 克，防风 500 克，麦芽 250 克，神曲 250 克，甘草 250 克。具有清热解毒、清解肺胃蓄热、开胃消食、提高免疫力之功效。

黄芩原植物

黄芩干燥根

黄药子（72）

[**异名**] 红药子、朱砂七、朱砂莲、血三七、毛葫芦、雄黄连、莽馒头、散血蛋、鸡血莲、点血、血茜。

[**用药部位**] 薯蓣科植物黄独的干燥块茎。

[**形态**] 根茎膨大成块状、木质。茎细长，中空，先端分支。叶互生；下面具黏质乳头状突起或具小纤毛；托叶鞘膜质，褐色，近乎透明；叶片长圆状椭圆形。圆锥花序腋生或顶

生；花梗明显；花被 5 裂。白色或淡紫色，外侧裂片主脉具翅；雄蕊 8；柱头 3，盾状。小坚果二棱形，黑紫色，为扩大的膜质翅的花被所包，花期夏季。

[产地] 主产于陕西秦岭和大巴山；湖北、四川、贵州也有少量生产。

[性味与归经] 味苦、性平。归心、肺经。

[主要成分] 毛脉蓼块根中含有大黄素、大黄素甲醚、大黄素-8-β-D-葡萄糖苷（蒽苷 B）和大黄素甲醚-8-β-D-吡喃葡萄糖苷（蒽苷 A），还含有鞣质。

[功效] 清热解毒，凉血，活血。主治上呼吸道感染、扁桃体炎、急性菌痢、急性肠炎、泌尿系感染、多种出血、跌打损伤、月经不调、风湿痹痛、热毒疮疡、烧伤。

[药理作用]

（1）抗菌作用　本品煎剂在试管内对金黄色葡萄球菌、白色葡萄球菌、大肠杆菌、铜绿假单胞菌、变形杆菌、伤寒杆菌、副伤寒杆菌、痢疾杆菌、肺炎杆菌、卡他奈氏球菌和乙型链球菌等有不同程度的抑制作用。

（2）抗病毒作用　本品水浸液对多种呼吸道及肠道病毒有广谱抗病毒作用。

（3）其他作用　有报道大黄素甲醚对沙门菌 TA1537 有致突变现象。

[临床应用]

① 治扭伤。黄药子根、七叶一枝花（均鲜用）各等量。捣烤外敷。

② 治咯血。黄药子、汉防己各 30 克，为末，温服。

③ 治鼻衄不止。

④ 治腹泻。

⑤ 治咳嗽气喘。

黄药子原植物

黄药子

胡芦巴（73）

[异名] 苦豆、芦芭、胡巴、季豆、香豆子、小木夏、苦豆子、秀香草子、芦巴子。

[用药部位] 豆科植物胡芦巴的干燥成熟种子。

[形态] 一年生草本。全株有香气。茎、枝被疏毛。一出复叶，互生；叶柄长 1～4 厘米；小叶 3。顶生小叶片倒卵形或倒披针形，先端钝圆，上部边缘有锯齿。两面均被疏柔毛，侧生小叶略小；托叶与叶柄连合，宽三角形，全缘，有毛。

[产地] 分布于东北、西南及河北、陕西、甘肃、新疆、山东、安徽、浙江、河南、湖北、广西。

［性味与归经］味苦，性温。归肝、肾经。

［主要成分］种子含胡芦巴肽酯，（2S，3R，4R）-4-羟基异亮氨酸，以及多种黄酮：6-C-木糖基-8-C-葡萄糖基芹菜素，6,8-二葡萄糖基芹菜素，肥皂草素，合模荭草苷，牡荆素，牡荆素-7-葡萄糖苷，槲皮素和木犀草素，还含有薯蓣皂苷元、芰脱皂苷元、替告皂苷元、新替告皂苷元、雅姆皂苷元、丝兰皂苷元。又含胡芦巴皂苷 H、胡芦巴皂苷 I、胡芦巴皂苷 J、胡芦巴皂苷 K、胡芦巴皂苷 L、胡芦巴皂苷 M、胡芦巴皂苷 N 和胡芦巴素 B，其苷元都是薯蓣皂苷元。还含生物碱：胡芦巴碱，胆碱，蛋木瓜碱。叶中分得胡芦巴皂苷 A、B、C、D、E、G。

［功效］温肾阳，逐寒湿。主治寒疝、腹胁胀满、寒湿脚气、肾虚腰痛、阳痿遗精、腹泻。

［药理作用］

（1）抗生育和抗雄激素作用 给雄性大鼠每日灌服胡芦巴种子提取物 100 毫克，精液量和精子能动力明显下降，导致不育。

（2）抗肿瘤作用 番木瓜碱对淋巴样白血病 L1210 有显著抗癌活性。

（3）对心血管系统作用 番木瓜碱可引起家兔血压下降，使兔心停止于舒张期，使蛙后肢血管收缩，使兔耳壳、肾脏、小肠及冠状动脉血管舒张。

（4）对平滑肌的作用 番木瓜碱能抑制猫、兔及豚鼠的肠管和豚鼠的平滑肌。

［临床应用］

① 胡芦巴为治疗下焦虚冷之常用药，凡肾阳不足，寒湿内盛之证，皆可以之温肾阳、逐寒湿。配伍吴茱萸、小茴香、炮川乌等，可温肾散寒止痛。

② 可用于脾肾虚寒之泄泻，常配补骨脂、人参、白术等以温补脾虚。

胡芦巴原植物

胡芦巴

胡萝卜（74）

［异名］黄萝卜、胡芦菔、红芦菔、香萝卜、金笋、红萝卜、伞形楼菜。

［形态］二年生草本。根肉质，长圆锥形，粗肥，呈橙红色或黄色。茎单生，全株被白色粗硬毛；叶片长圆形，二至三回羽状全裂，末回裂片线形或披针形，先端尖锐，有小尖头；茎生叶近无柄。有叶鞘，末回裂片小或细长。复伞形花序，有糙硬毛；总苞片多数，呈叶状，羽状分裂，裂片线形；伞辐多数，结果期外缘的伞轻向内弯曲；小总苞片 5～7，不分裂或 2～3 裂；花通常白色，有时带淡红色；花柄不等长。果实圆卵形，棱上有白色刺毛。

花期 5～7 月。

[产地] 我国各地广泛栽培。

[性味与归经] 味甘、辛，性平。归脾、肝、肺经。

[主要成分] 根含 α-胡萝卜素、β-胡萝卜素、γ-胡萝卜素和 δ-胡萝卜素，番茄烃。六氢番茄烃等多种类胡萝卜素；维生素 B_1（0.1mg%）、维生素 B_2（0.3mg%）和花色素。还含糖 3%～15%、脂肪油 0.1%～0.7%、挥发油 0.014%、伞形花内酯等，根中挥发油的含量随生长而减少，胡萝卜含量则随生长而增多。挥发油中含 α-蒎烯、莰烯、月桂烯、α-水芹烯、甜没药烯等。

[药理作用] 在胡萝卜石油醚提取部分分离出的无定形黄色成分，溶于杏仁油，注射于兔或狗均有明显降血糖作用。

[临床应用]

① 长期服食可将肿瘤细胞逆转为正常细胞，大大减少肿瘤性疾病的概率。

② 胡萝卜素有直接抑制肿瘤细胞生长的作用。

③ 胡萝卜素有保护胃肠黏膜的作用，加用本药后，胃肠疾病的治愈率显著提高。

胡萝卜原植物

胡萝卜

胡麻子（75）

[异名] 黑芝麻、油麻、巨胜、脂麻、藤苰、鸿藏、乌麻子等。

[用药部位] 亚麻科植物亚麻的种子。果实成熟时割取全草，捆成小把，晒干，打取种子，除净杂质，晒干。

[形态] 一年生草本植物，高 80～180 厘米。茎直立，四棱形，棱角突出，基部稍木质化，不分枝，具短柔毛。种子多数，卵形，两侧扁平，黑色、白色或淡黄色。

[产地] 产于山东、河南、安徽、湖北、贵州、云南、广西、四川、江西等地。

[性味与归经] 味甘，性平。归肺、肝、大肠经。

[主要成分] 含脂肪油，主要成分为油酸、亚油酸、亚麻酸，以及棕榈酸、硬脂酸、花生酸等的甘油酯；含蛋白质、脂质、糖分、有机酸及维生素 A。此外，尚含有少量亚麻苦苷以及芝麻素、芝麻林酚素、芝麻酚、胡麻苷、车前糖、芝麻糖等。

[功效] 养血祛风，滋补肝肾，益血润肠，润肺泽毛，通便，通乳。主治麻风、皮肤瘙痒、大便干燥。

[药理作用]

① 降低血糖，增加肝脏及肌糖原含量，并可降低血中胆固醇含量，可预防高脂血症及

动脉粥样硬化。

② 调节小肠的分泌和运动功能。

③ 推迟衰老现象发生。

④ 对离体豚鼠子宫有兴奋作用。

⑤ 抑制肾上腺皮质功能。

⑥ 新鲜灭菌的胡麻子油涂布皮肤，有减轻刺激、促进炎症恢复的作用。

⑦ 所含营养成分能补充营养，脂肪油能润燥滑肠。

⑧ 抑制不饱和脂肪酶。

[临床应用]

① 用量：马、牛 60～120 克；猪、羊 30～60 克；犬、猫 15～30 克。水煎服或入丸散。用于改善皮肤及被毛代谢，润肤泽毛，提高毛皮动物产品品质，促进血液循环，提高畜体免疫功能。

② 对畜禽早衰、肠燥便秘、风痹、瘫痪具有一定的治疗作用，也可用于母畜乳少。

胡麻子原植物

胡麻子

胡椒（76）

[异名] 昧履支、火伤叶、披垒、石蝉草、三叶稔、散血丹、豆瓣绿。

[用药部位] 胡椒科植物胡椒的种子。

[形态] 一年生肉质草本，高 20～40 厘米，茎直立或基部有时平卧，粗 1～2 毫米，分枝，无毛，下部节上常生不定根。叶互生。浆果球形，极小，先端尖，直径不超过 0.5 毫米。

[产地] 产于福建、广西、云南、广东等地。

[性味与归经] 味辛、甘，性凉。归胃、大肠经。

[主要成分] 含胡椒碱、胡椒酰胺、次胡椒酰胺、胡椒亭碱、二氢胡椒酰胺、二氢胡椒碱、胡椒油碱 B、环己烷、3-甲基己烷、1,3-二甲基环戊烷、1,2-二甲基环戊烷、β-石竹烯、柠檬烯、β-蒎烯、α-萜品烯、β-水芹烯、δ-3-莰烯、桧烯、β-红没药烯、α-蒎烯、丁子香酚、萜品烯-4-醇、耳草莕烷醇、β-桉叶醇、石竹烯、N-反式阿魏酰哌啶、类阿魏酰哌啶、二氢类阿魏酰哌啶、墙草碱、N-异丁基二十碳-2E,4E,8Z-三烯酰胺、N-异丁基十八碳-2E,4E-二烯酰胺、N-反式阿魏酰酪胺、类对香豆酰哌啶、N-异丁基碳-反-2-反-2-二烯酰胺。

[功效] 清热解毒，化瘀散结，利水消肿。主治肺热咳喘、风湿麻痹、跌打损伤、痈肿疮毒。

[药理作用]

① 胡椒具有广谱抑菌作用。

② 胡椒具有抗氧化作用。

③ 胡椒具有抗肿瘤活性作用。

④ 胡椒具有抗惊厥、抗抑郁、抗肥胖作用。

[临床应用]

① 可用于胃寒呕吐、腹痛泄泻等症，常配合高良姜同用。

② 可增进食欲。

胡椒原植物

胡椒

鹤虱（77）

[异名] 鹄虱、北鹤虱、南鹤虱、鬼虱。

[用药部位] 菊科植物天名精的干燥成熟果实。

[形态] 圆柱状，细小，长3～4毫米，直径不及1毫米。表面黄褐色或暗褐色，具多数纵棱。顶端收缩呈细喙状，先端扩展成灰白色圆环；基部稍尖，有着生痕迹。果皮薄，纤维性，种皮菲薄透明，子叶2，类白色，稍有油性。气特异，味微苦。

[产地] 北鹤虱主产于河南、山西、贵州、陕西、甘肃、湖北等地。南鹤虱主产于江苏、浙江、安徽、湖北、湖南、四川、云南、贵州等地。

[性味与归经] 味甘，性温。归脾、胃经。

[主要成分] 含挥发油，主要成分为天名精内酯、天名精酮等内酯化合物，还含有缬草酸、正己酸油酸、亚麻酸、三十一烷、豆甾醇等。

[功效] 杀虫。主治蛔虫症、蛲虫病、绦虫病、虫积腹痛。

[药理作用]

① 有驱杀绦虫、蛲虫、蛔虫、钩虫的作用。1%鹤虱酊对犬绦虫有较强的杀灭作用；天名精煎剂在体外有杀灭鼠蛲虫的作用；给已感染蛔虫的豚鼠灌服鹤虱流浸膏有驱蛔虫作用；水煎剂驱水蛭有特效。

② 对大肠杆菌、葡萄球菌等有抑制作用。

③ 有抑制脑组织呼吸，降温、降压作用。

[临床应用] 可用于多种肠内寄生虫病，但较多用于驱杀蛔虫、蛲虫、绦虫、钩虫等，常与川楝子、槟榔同用，还可用于治疗疥癣。用量：马、牛15～30克；猪、羊3～6克；犬1.5～3克。

鹤虱原植物

鹤虱

花椒（78）

[异名] 檓、大椒、秦椒、南椒、巴椒、蓎藙、陆拨、汉椒、点椒。

[用药部位] 芸香科植物青椒或花椒的干燥成熟的种子。

[形态] 落叶灌木或小乔木，高 3～7 米。具香气。蓇葖果球形，红色或紫红色，密生粗大而凸出的腺点。种子卵圆形，直径约 3.5 毫米，有光泽。花期 4～6 月，果期 9～10 月。

[产地] 产于四川、陕西、江苏、河南、山东、江西、福建、广东等地。

[性味与归经] 味辛，性温。归脾、肾经。

[主要成分] 含挥发油（柠檬烯、枯醇等）、甾醇、不饱和有机酸。

[功效] 温中止痛，除湿止泻，杀虫止痒。主治脾胃虚寒之脘腹冷痛、蛔虫腹痛、呕吐泄泻、肺寒咳喘、龋齿牙痛、阴痒带下、湿疹皮肤瘙痒。

[药理作用]

① 麻醉止痛作用。

② 抗肿瘤作用。

③ 抗菌作用。

④ 驱虫作用。

⑤ 降血压作用。

[临床应用]

① 治疗血吸虫病。服后可增加食欲。

② 治疗蛲虫病。

花椒原植物

花椒种子

红花（79）

[**异名**] 红蓝花、刺红花、草红花。

[**用药部位**] 菊科植物红花的干燥花。

[**形态**] 一年生草本，高 50～100 厘米。茎直立，上部分枝，白色或淡白色，光滑无毛。全部苞片无毛，无腺点；小花红色、橘红色，全部为两性，花冠长 2.8 厘米，细管部长 2 厘米，花冠裂片几达檐部基部。瘦果倒卵形，长 5.5 毫米，宽 5 毫米，乳白色，有 4 棱，无冠毛。花果期 5～8 月。

[**产地**] 产于四川、云南、河南、河北等地。

[**性味与归经**] 味辛，性温。归心、肝经。

[**主要成分**] 含红花苷、红花黄色素、红花油等。

[**功效**] 活血，散瘀，止痛。主治恶露不行、癥瘕痞块、胸痹心痛、瘀滞腹痛、胸胁刺痛、跌仆损伤、疮疡肿痛。

[**药理作用**]

① 调节血液循环。

② 抗疲劳。

③ 延长常压缺氧条件下的存活时间。

④ 兴奋子宫。

⑤ 镇痛、镇静。

⑥ 抗炎。

⑦ 提高免疫功能。

[**临床应用**]

① 在肉仔鸡饲养过程中，饲料中添加 0.01％、0.03％和 0.06％的红花提取黄色素可以使肉仔鸡日均采食量分别显著提高 5.17％、7.62％和 5.01％，体重增长加快，生长速度提高。

② 在断奶仔猪饲养过程中，添加红花提取黄色素可以增加仔猪的采食量，减少出现腹泻情况，加快其生长速度，也可以使仔猪血清 SOD 活性提高、MDA 含量降低，提高其抗氧化能力，添加 0.03％红花黄色素的饲料表现出最好的促进生长效果。

③ 使用含量不低于 0.350 克/升的羟基红花提取黄色素 A，并结合添加葛根素等成分，能够治疗奶牛胎衣不下，这为治疗奶牛胎衣不下提供了新方法，有利于奶牛养殖业的发展。[31]

红花原植物

红花

海藻（80）

[**异名**] 落首、海萝等。

[**用药部位**] 马尾藻科植物羊栖菜或海蒿子的干燥藻体。

[**形态**] 羊栖菜：多年生褐藻，肉质，黄色，高 7～40 厘米。固着器纤维状似根；主轴圆柱形；分枝很短；叶状突起棍棒状。

海蒿子：多年生褐藻，暗褐色，高 30～100 厘米。固着器扁平盘状或短圆锥形；主轴圆柱形，幼时短，但逐年增长；叶状突起的形状，大小差异很大，披针形、倒披针形、倒卵形和线形均有。

[**产地**] 分布于辽宁、山东、福建、浙江、广东等沿海地区。

[**性味与归经**] 味苦、咸，性寒。归肺、胃、肾经。

[**主要成分**] 羊栖菜含褐藻酸、甘露醇、碘、氧化钾、羊栖菜多糖 A、羊栖菜多糖 B、羊栖菜多糖 C 及褐藻淀粉。海蒿子含褐藻酸、甘露醇、碘、钾、粗蛋白、马尾藻多糖，还含以脑磷脂为主的磷脂类化合物。

[**功效**] 软坚，消痰，利水，退肿。主治瘰疬、瘿瘤、积聚、水肿、脚气、睾丸肿痛、疝。

[**药理作用**] 研究表明，海藻具有以下药理作用：

① 增强巨噬细胞的吞噬功能。

② 褐藻酸钠对环磷酰胺引起的白细胞减少有对抗作用。

③ 褐藻酸钠具有增强体液免疫的功能。

④ 褐藻酸钠对辐射所致的损伤有一定的保护作用，并能降低死亡率，延长存活时间。

⑤ 降低血清胆固醇的作用。

⑥ 抗肿瘤作用。

⑦ 抗内毒素作用。

⑧ 对 I 型单纯疱疹病毒有抑制作用。

⑨ 其他作用：褐藻酸钠对大鼠红细胞凝集有明显的促进作用，海藻对枯草杆菌有一定抑制作用。

[**临床应用**]

有学者研究证实，在临床自然感染 PCV2 的 35～50 日龄的仔猪日粮中添加 200 毫克/千克海藻多糖可溶性粉，未发现与药物有关的毒副作用，表明受试药物海藻多糖可溶性粉临床使用是安全的。由以上结果可以得出，海藻多糖可溶性粉作为饲料添加剂能够提高猪的免疫功能，值得在兽医临床上做进一步推广应用。

海藻原植物

海藻

何首乌（81）

[**异名**] 夜交藤根、赤首乌、何相公等。

[**用药部位**] 蓼科植物何首乌的干燥块根。

[**形态**] 多年生缠绕藤本。根细长，末端成肥大的块根，外表红褐色至暗褐色。茎基部略呈木质，中空。花期8～10月，果期9～11月。生于草坡、路边、山坡石隙及灌木丛中。

[**产地**] 主产于广东、广西、河南、安徽、贵州等地。

[**性味与归经**] 味苦、甘、涩，性温。归肝、心、肾经。

[**主要成分**] 含卵磷脂及蒽醌类化合物，以大黄素、大黄酚为主，其次为大黄酸、大黄素甲醚、大黄蒽醌及二苯乙烯苷、氨基酸和微量元素。

[**功效**] 补肝肾，益精血，壮筋骨。常用于肝肾阴虚、血虚、久病体虚等，多与熟地黄、枸杞子、菟丝子等配伍。

[**药理作用**] 研究表明，何首乌具有以下药理作用：

① 所含卵磷脂为构成神经组织，特别是脑脊髓的主要成分，又是血细胞及其他细胞膜的重要原料，并能促进细胞的新生和发育。

② 对四氯化碳、醋酸泼尼松和硫代乙酰胺引起的小鼠肝损伤后的肝脂蓄积均有一定的保护作用。

[**临床应用**]

① 何首乌滋补肝阴，黄精偏益肝肾，二者共同弥补肝火所致的阴虚。

② 何首乌以补肾，熟地黄以填精，二者共同补肾生精。

③ 何首乌偏以补气，鸡血藤以通络，二者共同补气活血，通经活络。

④ 何首乌补肾，淫羊藿以温肾阳，共同补肾。

⑤ 何首乌养阴补益肝肾，葛根升阳生津，共奏滋阴生津、补益肝肾之功效。

⑥ 何首乌补益精血、固肾填精，墨旱莲以补肝肾之阴，共同以滋肾阴。[32]

何首乌原植物

何首乌干燥根

火麻仁（82）

[**异名**] 麻子、火麻子、黄麻仁等。

[**用药部位**] 桑科植物大麻的干燥成熟果实。

[**形态**] 一年生草本，高 1～3 米。茎直立，基部木质化。掌状叶互生或下部对生，全裂，叶柄长 4～15 厘米，被短绵毛。花单性，雌雄异株。瘦果卵圆形，长 4～5 毫米，质硬，灰褐色，有细网状纹，为宿存的黄褐色苞片所包裹。花期 5～6 月，果期 7～8 月。

[**产地**] 主产于东北、华北、西南等地。

[**性味与归经**] 味甘，性平。归肺、脾、大肠经。

[**主要成分**] 含脂肪油、蛋白质、挥发油、植物甾醇、亚麻酸、葡萄糖醛酸、卵磷脂、维生素 E 和 B 族维生素等。

[**功效**] 补中，润燥，解毒，止痛。主治血虚津亏，肠燥便秘。

[**药理作用**] 研究表明，火麻仁具有以下药理作用：

① 有祛痰和缓泻作用。

② 对创面有收敛、营养和促进愈合的作用。

③ 有杀菌作用，如志贺菌、化脓球菌置于 5% 的火麻仁蜜汁中 5 分钟后停止活动，20 分钟即被杀灭。

[**临床应用**]

① 配伍决明子治疗慢性便秘，火麻仁润肠通便，决明子通腑泻热。

② 配伍麦冬治疗温热病后便秘，火麻仁泻热通便，麦冬育阴潜阳。

③ 火麻仁泻热通便、滋阴润肠，白术健脾益气，合用健脾调气、滋阴泻热。[33]

火麻仁植物

火麻仁

荷叶（83）

[**异名**] 莲花茎、莲茎。

[**用药部位**] 睡莲科植物莲的干燥叶。

[**形态**] 叶多折成半圆形或扇形，展开后类圆盾形，直径 20～50 厘米，全缘或稍成波状。上表面深绿色或黄绿色，较粗糙；下表面淡灰棕色，较光滑，有粗脉 21～22 条，自中心向四周射出，中心有突起的叶柄残基。质脆，易破碎。微有清香气，味微苦。

[**产地**] 我国大部分省区均产。

[**性味与归经**] 味苦，性平。归肝、脾、胃经。

[**主要成分**] 含荷叶碱、莲碱、黄酮苷类、荷叶苷、斛皮黄酮苷及异斛皮黄酮苷等。

[**功效**] 解暑，升阳，止泻，凉血止血。主治暑热烦渴，暑湿泄泻，脾虚泄泻，血热吐衄，便血崩漏。荷叶炭用于出血证和产后血晕。

[**药理作用**] 研究表明，浸剂和煎剂在动物试验中能直接扩张血管而降血压。荷叶碱类对平滑肌有解痉作用。

[**临床应用**]

① 此药可以用来治疗暑热烦渴，暑湿泄泻，脾虚泄泻，暑温发汗后余热未解等疾病，可以配伍金银花、鲜竹叶、西瓜翠衣等药物一同使用，如清络饮。

② 此药可以用来治疗血热妄行导致的便血、吐血、衄血、崩漏等疾病，可以配伍生艾叶、侧柏叶、生地黄等药物一同使用。

③ 除以上治疗外，此药还可以用来治疗心悸，虚烦不眠等疾病，可以配伍麦冬、茯神、柏子仁等药物一同使用。

荷花原植物

荷叶

槐角（84）

[**异名**] 槐连灯、九连灯、天豆等。

[**用药部位**] 豆科植物槐的干燥成熟果实。

[**形态**] 干燥荚果呈圆柱形，有时弯曲，种子间缢缩成连珠状，长1～6厘米，直径0.6～1厘米。表面黄绿色、棕色至棕黑色。基部常有果柄。种子肾形，长8～10毫米，宽5～8毫米，厚约5毫米。表面光滑，棕色至棕黑色。

[**产地**] 生于山坡、平原或植于庭院。我国大部分地区有分布。

[**性味与归经**] 味苦，性寒。归肝、大肠经。

[**主要成分**] 果实含芦丁、槐实苷、槲皮素、槐酚、金雀异黄素、槐实二糖苷、槐黄酮

槐角原植物

槐角

苷，并含槐糖。叶含刺槐素。根含消旋-朝鲜槐素及右旋-朝鲜槐素-葡萄糖苷。

[功效] 清热泻火，凉血止血。主治肠热便血、痔肿出血、肝热头痛、眩晕目赤。

[药理作用] 研究表明，槐角具有以下药理作用：

① 槐角浸膏注射于家兔，能使血糖一时性增高。

② 槐角浸膏能使家兔及豚鼠的红细胞减少，尤以荚果作用为大。

[临床应用] 可用于治疗便血、结肠炎、慢性咽炎、鼻出血等病症。

厚朴（85）

[异名] 川朴、烈朴等。

[用药部位] 木兰科植物厚朴及凹叶厚朴的干燥干皮、枝皮和根皮。

[形态] 落叶乔木，高 5～15 米。树皮紫褐色。叶互生，椭圆状倒卵形，长 45～85 厘米。聚合果长椭圆状卵形，长 9～12 厘米，直径 0.5～1.5 厘米，成熟时木质，顶端有弯尖头。种子三角状倒卵形，外种皮红色。

[产地] 主产于四川、云南、福建、贵州、湖北等地。

[性味与归经] 味苦、辛，性温。归脾、胃、肺、大肠经。

[主要成分] 含挥发油（为厚朴酚、四氢厚朴酚、β-桉叶酚等）、生物碱（为木兰箭毒碱等）。

[功效] 化湿，导滞，消胀，下气。主治湿滞伤中，脘痞吐泻，食积气滞，腹胀便秘，痰饮喘咳。

[药理作用] 研究表明，厚朴具有以下药理作用：

① 煎剂对伤寒沙门菌、霍乱弧菌、葡萄球菌、链球菌、志贺菌及结核分枝杆菌均有抑制作用。

② 水煎剂可抑制动物离体心脏收缩。

③ 厚朴碱还有明显的降压作用。

[临床应用]

① 用于湿阻脾胃、脘腹胀满以及气滞胸腹胀痛、便秘腹胀、梅核气等症。厚朴既能温燥寒湿，又能行气宽中，为消胀除满之要药，常与苍术、陈皮等配合用于湿困脾胃、脘腹致胀满等症。本品行气作用较佳，用于气滞胸腹胀痛，可配木香、枳壳同用。

② 用于痰湿咳嗽等症。厚朴又能温化痰湿，下气降逆，故可用于痰湿内蕴、胸闷喘咳，常与苏子、半夏，或麻黄、杏仁等同用。

厚朴原植物

厚朴

红景天（86）

[**异名**] 蔷薇红景天、扫罗玛布尔（藏名）。

[**用药部位**] 景天科大花红景天的干燥根和根茎。

[**形态**] 多年生草本，高 10～20 厘米。根粗壮，圆锥形，肉质，褐黄色，分枝。根颈部具多数须根。根状茎短，粗壮，圆柱形，被多数覆瓦状排列的鳞片状叶，从茎顶端之腋叶抽出数条花茎，花茎上下部均有肉质的叶，叶片椭圆形，边缘具锯齿，先端锐尖，基部楔形。花序顶生，红色。

[**产地**] 生于高山岩石处，分布于黑龙江、吉林、西藏及云南西北部、宁夏、甘肃、青海、四川、西藏等地。

[**性味与归经**] 味甘、苦，性平。归肺、心经。

[**主要成分**] 含红景天苷、苷元酪醇、20 多种氨基酸（其中 8 种是人体必需而又无法合成的）、多种维生素、35 种矿物质、26 种挥发油、藏红花醛、黑蚂蚁素、香豆素、黄酮类化合物、超氧化物歧化酶（SOD）、红景天素、谷甾醇、多糖等。

[**功效**] 健脾益气，清肺止咳，活血化瘀。主治气虚血瘀，胸痹心痛，中风偏瘫，倦怠气喘。

[**药理作用**]

（1）抗衰老作用　红景天可促进蛋白质合成，降低酸性磷酸酶活性，提高过氧化物歧化酶活性和谷胱甘肽的含量，抑制过氧化脂质形成。

（2）抗有害刺激作用

① 抗缺氧作用。红景天可以增强机体对缺氧的耐受性，降低耗氧量。

② 抗疲劳作用。红景天可以增加红细胞的载氧量。

③ 抗辐射作用。红景天可以显著增强机体抗电离辐射能力。

④ 抗寒冷作用。红景天可以提高动物在高原和寒冷条件下的生存率，也可以增强低温下人体的抗寒能力。

（3）抗肿瘤作用　红景天苷能抑制体外培养肝癌细胞（772）和动物移植肝癌细胞（H-22）的生长繁殖，降低 DNA 合成，增加糖原含量，提高动物的生存质量和延长其生存期。

（4）对心血管系统的作用

① 降压作用。红景天可以增强心肌收缩力，加速心肌的收缩速度。

② 对心肌损伤的保护作用。可使心肌组织 SOD 活力增加。

③ 防治缺血性脑血管病。最近的研究发现，灌胃红景天后可抑制脑缺血。

④ 治疗冠心病。红景天可以增强心肌收缩性，改善心脏的血流动力学状况，减轻心肌缺血损伤程度。

[**临床应用**]

① 红景天可降低心肌耗氧量和耗氧指数，维持心肌对能量的需求，而并不减少冠状动脉血流量，从而提高了心脏的泵血效率。

② 红景天有润肺化痰止血的功效，具有抗菌消炎、止咳祛痰的作用。

红景天原植物　　　　　　　　　红景天干燥根

黄荆子（87）

[异名] 布荆子、黄金子、五指柑、土常山、黄荆条。

[用药部位] 马鞭草科植物黄荆的果实。

[形态] 直立灌木，植株高1～3米。小枝四棱形，叶及花序通常被灰白色短柔毛。果实外表棕褐色，较光滑，表面纵脉纹明显，果皮较厚，质较硬，不易破碎。内藏白色种子数枚。气香，味苦带涩。

[产地] 产于山东、江苏、浙江、江西、湖南、四川、广西，分布于我国各地。

[性味与归经] 味辛、苦，性温。归肺、胃、肝经。

[主要成分] 含对-羟基苯甲酸、5-氧异酞酸、3β-乙酰氧-12-齐墩果酸-27-羧酸、$2\alpha,3\alpha$-二羟基-5,12-齐墩果二烯-28-羧酸、蒿黄素、葡萄糖等；种子油非皂化成分有5β-氢-8,11,13-松香三烯-6α-醇、8,25-羊毛甾二烯-3β-醇、β-谷甾醇、正-三十三烷、正-三十一烷、正-二十九烷等烷烃，脂肪酸成分有棕榈酸、油酸、亚油酸及硬脂酸等。

[功效] 祛风解表，止咳平喘，理气消食止痛。主治伤风感冒，咳嗽，哮喘，胃痛吞酸，消化不良，食积泻痢，胆囊炎，胆结石，疝气。

[药理作用]

（1）抗微生物作用　黄荆子煎剂体外抗菌试验表明对金黄色葡萄球菌、卡他球菌有抑制作用，煎煮时间延长效果会更佳。黄荆子煎剂能杀灭疟原虫环状体。

（2）镇咳、平喘作用　黄荆子煎剂对豚鼠支气管平滑肌有扩张作用。

（3）抗炎作用　黄荆子脱脂种子的氯仿提取物500毫克/千克口服，对角叉菜胶所致大鼠足肿胀有显著抑制作用。

（4）对生殖器官的影响　从黄荆子种子中得到的富含黄酮成分以10毫克/千克给去势青春期前雄犬腹腔注射30天或给予成年健康雄犬60天，每隔1天单独给予或者与丙酸睾酮合用，发现药物能破坏精子发生过程的后一阶段，使附睾缺乏精子。

（5）其他作用　黄荆子炒后粉碎作为饲料添加剂，饲喂哺乳期母猪，可以预防仔猪白痢，使其发病率下降29.8%，同时能提高仔猪断乳窝重；饲喂雏鸡能增强其抗病力，成活率提高12.87%。黄荆挥发油以0.21毫升/（千克·天）给予正常小鼠，连续6天，对腹腔巨噬细胞活力有显著提高。

[临床应用]

① 炒黄荆子50%、地榆炭50%，研为细末，以0.1%～0.2%添加到宠物饲料中投喂，

可使粪尿等排泄物臭味大为减轻。

②黄荆子（炒）450克，何首乌250克，黄芩150克，大黄10克，乌药200克，苍术、枳壳、茴香各200克，淮山药、陈皮各250克，桂皮150克，共为细末，以0.5％添加到猪饲料中，可使其日增重提高18％。冬季应用更佳。

③黄荆子100克、松针150克、红藤30克、骨碎补30克、金樱子20克、虎杖20克、陈皮20克、苦参15克，研为细末，以0.1％添加到牛、羊饲料中，有良好的壮膘增重效果。

④黄荆子中含挥发油、蔓荆子黄素、牡荆内酯、β-谷甾醇及烷烃类化合物，对痢疾杆菌和伤寒杆菌等多种致病菌均有杀灭作用。

⑤据报道，在动物饲料中添加黄荆子，可比对照组提高日增重50.8克，每1千克增重可节省饲料0.83千克。

黄荆子原植物

黄荆子

菊花（88）

[异名] 节华、日精、女节、女华、女茎、更生、阴成、甘菊、真菊、金精、金蕊、馒头菊、簪头菊、甜菊花、药菊。

[用药部位] 菊科植物菊的干燥头状花序。

[形态] 多年生草本，高60～150厘米。茎直立，分枝或不分枝，被柔毛。叶互生，有短柄；叶片卵形至披针形，长5～15厘米，羽状浅裂或半裂，基部楔形，下面被白色短柔毛。头状花序直径2.5～20厘米，大小不一，单个或数个集生于茎枝顶端；总苞片多层，外层绿色，条形，边缘膜质，外面被柔毛；舌状花白色、红色、紫色或黄色。瘦果不发育。花期9～11月。

[产地] 以河南、安徽、浙江栽培最多。

[性味与归经] 味甘、苦，性微寒。归肺、肝经。

[主要成分] 黄酮类化合物、三萜类化合物和挥发油是其主要有效成分。从菊花中已分离得到的黄酮类化合物有香叶木素、芹菜素、木犀草素、槲皮素、葡萄糖苷、橙皮素、刺槐素、橙皮苷、刺槐苷。

[功效] 散风清热，清肝明目。主治风热感冒，头痛眩晕，目赤肿痛，眼目昏花，疮疡肿毒。

[药理作用]

①菊花对单纯疱疹病毒、脊髓灰质炎病毒、麻疹病毒都有着非常好的抑制作用。

② 菊花还能够起到一定的抗艾滋病作用。

③ 菊花可以有效增强谷胱甘肽过氧化酶的活性，从而起到抗衰老的作用。

[临床应用]

① 用于外感风热发热、恶寒等症。菊花疏风较弱，清热力佳，用于外感风热常配桑叶同用，也可配黄芩、栀子治热盛烦燥等症。

② 用于目赤肿痛。菊花治目赤肿痛，无论属于肝火或风热引起者，均可应用，因本品既能清肝火，又能散风热，常配合蝉蜕、白蒺藜等同用。如肝阴不足，眼目昏花，则多配生地、杞子等同用。

③ 用于疮疡肿痛等症。菊花清热解毒之功甚佳，为外科要药，主要用于热毒疮疡、红肿热痛之症，特别对于疔疮肿痛毒尤有良好疗效，既可内服，又可捣烂外敷。临床上常与地丁草、蒲公英等清热解毒之品配合应用。

④ 用于肝阳上亢引起的头晕、目眩、头胀、头痛等症。菊花能平降肝阳，对肝阳上亢引起的头目眩晕，往往与珍珠母、钩藤等配伍应用。

菊花原植物

菊花

鸡血藤（89）

[异名] 血节藤、血风藤、血风、山鸡血藤、血藤、三叶鸡血藤、猪血藤、大血藤、九层风。

[用药部位] 豆科植物密花豆的干燥藤茎。秋、冬二季采收，除去枝叶，切片，晒干。

[形态] 木质藤本，长达数十米。老茎砍断时可见数圈偏心环，鸡血状汁液从环处渗出。三出复叶互生；顶生小叶阔椭圆形，长 12～20 厘米，宽 7～15 厘米，先端锐尖，基部圆形或近心形，上面疏被短硬毛，背面脉间具黄色短髯毛，侧生小叶基部偏斜，小叶柄长约 6 毫米；小托叶针状。圆锥花序腋生，大型，花多而密，花序轴、花梗被黄色柔毛；花长约 10 毫米。花期 6～7 月，果期 8～12 月。

[产地] 分布于广东、广西、云南等地。

[性味与归经] 味苦、甘，性温。归肝、肾经。

[功效] 补血，活血，通络。用于月经不调、血虚萎黄、麻木瘫痪、风湿痹痛等病症的防治。

[主要成分] 主要包括黄酮、酚、木脂素、蒽醌、三萜、甾体、挥发油、脂肪酸及其衍生物等。

[药理作用]

（1）扩张血管作用　药理研究显示，鸡血藤具有扩张血管的作用，因而在补血活血方面有着一定的效果。

（2）增强免疫功能作用　研究表明，鸡血藤可提高机体中淋巴因子的活性。

（3）抗肿瘤作用　体外试验表明，鸡血藤有抗噬菌体作用，对于某些肿瘤细胞具有一定的抑制作用。

（4）对脂质代谢的调节　鸡血藤对于人体的脂质代谢起到调节的作用。

（5）抗血小板聚集作用　鸡血藤对二磷酸腺苷诱导的大鼠血小板聚集有明显抑制作用。

[临床应用]

① 鸡血藤、山楂各 150 克，竹叶、芦苇根各 100 克，何首乌、丹参各 50 克，共研为末，混入 100 千克配合饲料内饲喂，催肥效果明显。

② 鸡血藤、沙棘果渣、辣椒、香豆草组成复合添加剂饲喂蛋鸡，可提高产蛋率 10.66%。

鸡血藤原植物

鸡血藤

荆芥（90）

[异名]　香荆芥、线芥、四棱杆蒿、假苏、鼠实、姜芥。

[用药部位]　唇形科植物荆芥的干燥地上部分。

[形态]　主根系较发达，侧根较少。茎直立，四棱形，多分枝，有短绒毛，株高 60～90 厘米，有特殊香气。叶对生，茎基部叶片羽状深 5 裂，中部叶片 3 裂，裂呈线形或披针形，全缘，叶两面有绒毛，叶背有凹陷的腺点。

[产地]　产于新疆、甘肃、陕西、河南、山西、山东、湖北、贵州、四川及云南等地；人工栽培品主产于安徽、江苏、浙江、江西、湖北、河北等地。

[性味与归经]　味辛，性微温。归肺、肝经。

[主要成分]　挥发油类：消旋薄荷酮，右旋薄荷酮，α-蒎烯，莰烯，对聚伞花烯，右旋柠檬烯，胡椒酮，β-月桂烯等。荆芥穗中黄酮类：香叶素，橙皮苷，橙皮素等；其他，如荆芥二醇、荆芥苷和荆芥醇。荆芥花梗中含苯并呋喃类化合物。

[功效]　解表散风，透疹，消疮。主治感冒、头痛、麻疹、风疹、疮疡初起。

[药理作用]

（1）抗菌和抗炎作用　体外试验证明：荆芥煎剂对金黄色葡萄球菌和白喉杆菌有较强的

抗菌作用，对炭疽杆菌、乙型链球菌、伤寒杆菌、痢疾杆菌、铜绿假单胞菌和人型结核杆菌等有一定的抑制作用。

（2）解热镇痛作用　荆芥煎剂具有解热镇痛作用。

（3）止血作用　荆芥经炒炭后有止血作用。

（4）其他作用　试验表明：荆芥油能降低正常大鼠体温；亦有镇静作用，荆芥油（0.5毫升/千克）给兔灌胃，可见其活动减少，四肢肌肉略有松弛。荆芥油能明显延长乙酰胆碱和组胺混合液对豚鼠致喘的潜伏期，减少发生抽搐的动物数；亦能对抗乙酰胆碱或组胺引起的豚鼠气管平滑肌收缩；尚有祛痰作用。荆芥水煎剂对兔离体十二指肠平滑肌有较强的抑制作用。

[临床应用]

① 用于风寒感冒以及风热感冒等。荆芥有发汗解表作用，且有祛风功效。主要治疗风寒感冒，发热恶寒、无汗、头痛、身痛等症，常与防风相须为用。但也可配辛凉解表药或清热解毒药治疗风热感冒，发热恶寒、目赤咽痛等症，如薄荷、菊花、桑叶、金银花等。

② 用于麻疹透发不畅。荆芥有辛散作用，能助麻疹透发，常与薄荷、蝉蜕、牛蒡子等配合应用。

③ 用于疮疡初起、发热恶寒等。荆芥又常用于疮疡初起有表证者，可配伍防风、金银花、连翘、赤芍等同用，既退寒热，又消痈肿。

④ 用于衄血、便血、崩漏等症。荆芥炒炭应用，有入血分而止血的作用，可用于便血、崩漏等症，在临床上常配合其他止血药同用。

荆芥原植物

荆芥

桔梗（91）

[异名] 包袱花、铃铛花、僧帽花、铃哨花、道拉基。

[用药部位] 桔梗科植物桔梗的干燥根。

[形态] 干燥根呈长纺锤形或长圆柱形，下部渐细，有时分枝稍弯曲，顶端具根茎（芦头），上面有许多半月形茎痕（芦碗）。全长 6～30 厘米，直径 0.5～2 厘米。表面白色或淡棕色，皱缩，上部有横纹，通体有纵沟，下部尤多，并有类白色或淡棕色的皮孔样根痕，横向略延长。质坚脆，易折断，断面类白色至类棕色，略带颗粒状，有放射状裂隙，皮部较窄，形成层显著，淡棕色，木部类白色，中央无髓。气无，味微甘而后苦。

［**产地**］产于东北、华北、华东、华中各省以及广东、广西（北部）、贵州、云南东南部（蒙自、砚山、文山）、四川（平武、凉山以东）、陕西。

［**性味与归经**］味苦、辛，性平。归肺经。

［**主要成分**］主要含有三萜皂苷（含多种三萜多糖皂苷：桔梗皂苷 A、桔梗皂苷 C，远志皂苷 A、远志皂苷 C，此外根中还含大量由果糖组成的桔梗聚糖、甾体、α-菠菜甾醇等。另含桔梗皂苷 D、桔梗皂苷 D_2、桔梗皂苷 D_3、2-O-乙酰基远志皂苷）、黄酮类化合物、酚类化合物、聚炔类化合物、脂肪酸类、无机元素、挥发油、芹菜素、木犀草素、甲基桔梗苷酸-A 甲酯、桔梗酸 A、桔梗酸 B、桔梗酸 C 等。

［**功效**］开宣肺气，祛痰排脓。主治外感咳嗽、咽喉肿痛、肺痈吐脓、胸满胁痛、痢疾腹痛。

［**药理作用**］

（1）镇咳祛痰作用　镇咳祛痰是桔梗一个突出的作用，研究显示，桔梗当中所含有的皂苷对于咽喉黏膜以及胃黏膜有刺激作用，可以反射性地引起呼吸道黏膜分泌亢进，从而促进痰液顺利排出。

（2）降低血糖作用　药理研究显示，桔梗的醇提取物对于血糖的降低有促进作用。

（3）消炎镇痛作用　桔梗当中含有的桔梗皂苷还有一定的消炎镇痛效果，研究显示其可以抑制棉球肉芽肿的出现，临床上对于关节炎症所致的疼痛有缓解作用。

（4）抗肿瘤作用　桔梗皂苷 D 配伍抑制乳腺癌细胞增殖和对细胞的侵袭能力的效果明确。

［**临床应用**］

① 金荞麦、鱼腥草、麻黄、桔梗等 14 味中药制成"强力咳喘通"粉剂，以 1％、0.5％的比例拌料治疗鸡毒支原体及其他原因引起的咳喘症，治愈率分别为 82.6％和 78.2％，高于支原净对照组 73.9％的治愈率。

② 大青叶 150 克、金银花 150 克、野菊花 150 克、桔梗 200 克、射干 100 克、马勃 80克、蒲公英 100 克、生甘草 50 克，粉碎，每只成年鸡每天 4～5 克，中雏减半，拌料饲喂，用于鸡支气管炎。

③ 桔梗 200 克、前胡 150 克、荆芥 150 克、紫菀 150 克、陈皮 150 克、百部 200 克、甘草 100 克、金银花 250 克、罗汉果 10 只、大青叶 200 克，研末、混匀，每只鸡每次 0.5～1克拌料饲喂，治疗时每天 1 次，连喂 5 天，预防时每隔 5 天 1 次，共 5～8 次，防治鸡败血支原体病、支气管炎等。

④ 石决明 50 克、草决明 50 克、大黄 40 克、黄芩 40 克、栀子 30 克、郁金 35 克、鱼腥

桔梗原植物

桔梗的根

草 100 克、紫苏叶 60 克、紫菀 80 克、黄药子 45 克、白药子 45 克、陈皮 40 克、苦参 40 克、龙胆草 30 克、苍术 50 克、三仙各 30 克、甘草 40 克、桔梗 50 克，共研细末。每只鸡每天 2.5～3.5 克，添加在饲料中饲喂，治疗鸡传染性支气管炎。

⑤ 桔梗、葶苈子、鱼腥草、蒲公英、黄芩、苦参，煎水供鸡自饮，治疗鸡曲霉菌病。

积雪草（92）

[异名] 连钱草、地钱草、马蹄草、老公根、葵蓬菜、崩口碗。

[用药部位] 伞形科植物积雪草的全草。

[形态] 干燥全草多皱缩成团，根圆柱形，长 3～4.5 厘米，直径约 1～1.5 毫米，淡黄色或灰黄色，有纵皱纹。茎细长、弯曲、淡黄色，节处有明显的细根残迹或残留之细根。叶多皱缩，淡绿色，圆形或肾形，直径 1～4 厘米，边缘有钝齿，下面有细毛。叶柄长 1.5～7 厘米，常扭曲，基部具膜质叶鞘。

[产地] 生于海拔 200～1990 米的阴湿草地、田边、沟边。分布于西南及陕西、江苏、安徽、浙江、江西、福建、台湾、湖北、湖南、广东等地。

[性味与归经] 味苦、辛，性寒。归肝、脾、肾经。

[主要成分] 全草含多种 α-香树脂醇型的三萜成分，其中有积雪草苷、参枯尼苷、异参枯尼苷、羟基积雪草苷、玻热模苷、玻热米苷、玻热米酸和异玻热米酸、马达积雪草酸以及积雪草酸。此外，尚含有内消旋肌醇、积雪草糖、蜡、类胡萝卜素类、叶绿素，叶中还含有 3-葡萄糖基槲皮素和 3-葡萄糖基山柰酚、7-葡萄糖基山柰酚。斯里兰卡产积雪草中含斯里兰卡积雪草苷。

[功效] 清热利湿，消肿解毒。用于痧气腹痛、暑泻痢疾、湿热黄疸、砂淋、血淋、吐衄咯血、目赤喉肿、风疹疥癣、疔痈肿毒、跌打损伤等症。

[药理作用]

（1）抗病原微生物作用 （1∶16）～（1∶4）积雪草煎剂对铜绿假单胞菌、变形杆菌及金黄色葡萄球菌有抑制作用。

（2）促进创伤愈合作用 积雪草苷制成片剂及软膏剂，临床上对静脉功能不全而致的长期不能愈合的下肢溃疡及外伤病例，手术或创伤引起的肌腱粘连、灼伤等因素所致的创面恢复后的瘢痕疙瘩以及硬皮病均有一定疗效。

积雪草原植物

积雪草

［临床应用］

研究证实，积雪草是一味临床应用价值很高的中药，具有抗肿瘤、抗抑郁、修复皮肤损伤、保护脑组织、抑制炎性因子等药理活性。

蒺藜（93）

［异名］白蒺藜、刺蒺藜、硬蒺藜。

［用药部位］蒺藜科植物蒺藜的干燥成熟果实。秋季果实成熟时采割植株，晒干，打下果实，除去杂质。

［形态］一年生草本。茎平卧，无毛，被长柔毛或长硬毛。先端锐尖或钝，基部稍偏斜，被柔毛，全缘花腋生，花梗短于叶，花黄色。

［产地］生于荒丘、田间以及田边，分布于全国各地。

［性味与归经］味苦、辛，性平。归肝经。

［主要成分］果实含刺蒺藜苷即银椴苷、山奈酚、山奈酚-3-葡萄糖苷、山奈酚-3-芸香糖苷、槲皮素、维生素C，还含薯蓣皂苷元。种子含痕量哈尔满，种子油中的主要脂肪酸有棕榈酸、硬脂酸、油酸、亚油酸及亚麻酸等。

［功效］平肝解郁，活血祛风，明目，止痒。用于头痛眩晕、胸胁胀痛、乳闭乳痈、目赤翳障、风疹瘙痒。

［药理作用］

① 降压及抗心肌缺血作用。麻醉狗用蒺藜水提取物有轻度降压作用，醇提物20毫克/千克，可使血压迅速下降，生物碱部分对狗的血压无影响。蒺藜皂苷具明显的抗心肌缺血作用。

② 延缓衰老作用。

③ 性强壮作用。可促进精子形成，兴奋塞托利细胞活性，增强性反射和性欲；雌性大鼠服用后，可促进发情，提高生殖能力。

④ 其他作用。可抑制乙酰胆碱导致的细胞收缩，并有中等利尿作用；水提取部分对大鼠小肠也有抗乙酰胆碱作用，其利尿作用不显著。本品的利尿作用是由所含的钾盐和生物碱引起的，轻度腹水和水肿患者应用生物碱部分也有轻度利尿作用。

［临床应用］

（1）治牛马肝经风热，目赤肿痛方。白蒺藜、白菊花、白芍药、车前子、木贼草、大黄、黄芩、栀子、生地黄、薄荷、蝉蜕、甘草，煎水喂服，连服35剂。（《安徽省中兽医经

蒺藜原植物

蒺藜

验集》）

（2）治牛眼上翳方。刺蒺藜、密蒙花、野菊花、荆芥穗、蝉蜕、元明粉、全当归、山栀子、大黄、防风、枳壳、甘草。煎水喂服。（桐庐《牛病诊疗经验汇编》）

（3）治牛马视物不清方。蒺藜子、决明子、冬桑叶、金银花、青葙子、杭菊花、连翘、薄荷。煎水喂服。（安徽《中兽医诊疗》）

（4）治牛马小便不通方。白蒺藜、冬苋菜、螃蟹各 15～30 克。共为细末，开水冲服，分 3～5 次服完。（《藏兽医经验选编》）

金银花（94）

[异名] 忍冬花、银花、双花、金藤花、二花、二宝花。

[用药部位] 忍冬科植物忍冬的干燥花蕾或初开的花。夏初花开放前采收，干燥。

[形态] 多年生半常绿缠绕灌木，茎中空，幼枝密生短柔毛。叶对生；密被短柔毛；叶片卵圆形，或长卵形，先端短尖，罕钝圆，基部圆形或近于心形，全缘，两面和边缘均被短柔毛。花成对腋生；花梗密被短柔毛；苞片 2 枚，叶状，广卵形；花萼短小，5 裂，裂片三角形，先端急尖，合瓣花冠左右对称，唇形，上唇 4 浅裂，花冠筒细长，约与唇部等长，外面被短柔毛，花初开时为白色，2～3 日后变成金黄色；雄蕊着生在花冠管口附近，子房下位，花柱细长，和雄蕊皆伸出花冠外。浆果球形，热时黑色。花期 5～7 月，果期 7～10 月。

[产地] 分布于华北、华中、华东、西南及辽宁等地。

[性味与归经] 味甘，性寒。归肺、心、胃、大肠经。

[主要成分] 含绿原酸、异绿原酸、白果醇、豆甾醇等。另含挥发油。

[功效] 清热解毒，疏散风热。主治胀满下疾、温病发热、热毒痈疡和肿瘤等。

[药理作用]

① 抗病原微生物作用。金银花煎剂及醇浸液对金黄色葡萄球菌、白色葡萄球菌、溶血性链球菌、肺炎杆菌、脑膜炎双球菌、伤寒杆菌等多种革兰氏阳性和阴性菌均有一定的抑制作用。

② 抗毒作用。

③ 抗炎、解热作用。腹腔注射金银花提取液 0.25 克/千克，能抑制角叉菜胶所致的大鼠足肿胀，对蛋清所致的足肿胀也有抑制作用。

④ 提高机体免疫力作用。

⑤ 降血脂作用。能减少肠内胆固醇吸收，降低血浆中胆固醇的含量。体外试验表明金银花可与胆固醇相结合。

⑥ 中枢兴奋作用。

⑦ 抗生育作用。金银花经乙醇提取后，以水煎浸膏对小鼠、犬、猴进行试验，结果表明，予小鼠腹腔注射及对孕期 20～22 天的犬静滴，均有较好的抗早孕作用，且随剂量增加而增强。

[临床应用]

① 用于外感风热或温病初起，金银花甘寒，既清气分热又能清血分热，在清热之中又有轻微宣散之功。所以能治外感风热或温病初起的表证未解、里热又盛的病证。应用时常配合连翘、牛蒡子、薄荷等同用。

② 用于疮痈肿毒、咽喉肿痛。金银花清热解毒作用颇强，在外科中为常用制品，一般

用于有红肿热痛的疮痈肿毒，对辨证上属于"阳证"的病症较为适合，可合蒲公英、地丁草、连翘、丹皮、赤芍等煎汤内服，或单用新鲜者捣烂外敷。

③ 用于热毒引起的泻痢便血（粪便中夹有黏液和血液）热毒结聚肠道，入于血分，则下痢便血。金银花能凉血解毒清热，故可疗血痢便血，在临床上常以金银花炒炭，和黄芩、黄连、白芍、马齿苋等同用。

金银花原植物

金银花

金樱子（95）

[**异名**] 刺梨子、刺榆子、山石榴、糖罐子、棠球。

[**用药部位**] 蔷薇科植物金樱子的干燥成熟果实。10～11月果实成熟变红时采收，干燥，除去毛刺。

[**形态**] 常绿攀援灌木，茎红褐色，有倒钩状皮刺。三出复叶互生，小叶革质，椭圆状卵圆形至卵圆状披针形，侧生小叶较小，叶柄和小叶下面中脉上无刺或有疏刺（褐色腺点细刺）；托叶中部以下与叶柄合生，其分离部呈线状披针形。花梗粗壮，有直刺；花托膨大，有细刺；雄蕊多数，花药丁字形着生；雌蕊具多数心皮，离生，被绒毛，花柱线形，柱头圆形。成熟花托红色，球形或倒卵形，有直刺，顶端有长宿存萼，内含骨质瘦果多颗。花期5月，果期9～10月。

[**产地**] 分布于华中、华南、华东及四川、贵州等地。

[**性味与归经**] 味酸、涩，性平。归肾、膀胱、大肠经。

[**主要成分**] 含柠檬酸、苹果酸、枸橼酸、鞣质、树脂、维生素C、皂苷及丰富的还原糖、蔗糖和少量的淀粉，根皮含丰富的鞣质。

[**功效**] 固精涩肠，缩尿止泻。主治遗精滑精、遗尿尿频、崩漏带下、久泻久痢。

[**药理作用**]

① 金樱子所含鞣质具有收敛、止泻作用。

② 煎液对金黄色葡萄球菌、大肠杆菌、铜绿假单胞菌、破伤风杆菌、钩端螺旋体及流感病毒均有抑制作用。

③ 金樱子煎剂具有抗动脉粥样硬化作用。

[**临床应用**]

常用于肾阳虚损，阳痿不举，早泄精冷、肾虚遗精、带下、小便频数等症。

金樱子原植物

金樱子

绞股蓝（96）

[异名] 七叶胆、小苦药、公罗锅底、七叶参、甘茶蔓、落地生。

[用药部位] 葫芦科植物绞股蓝的全草。

[形态] 多年生草质藤本，根状茎细长横走，有分枝或不分枝，节上生须根。茎细长，节部具疏生细毛。夏季开黄绿色花，圆锥花序腋生，疏松，花单性，雌雄异株，花萼细小；花冠裂片披针形，先端尾状长尖。浆果圆形，绿黑色，上半部具一横纹。种子长椭圆形，有皱纹。花期3～11月，果期4～12月。

[产地] 分布于长江以南各省区。

[性味与归经] 味苦，性寒。归肺、脾、肾经。

[主要成分] 含80多种皂苷。地上部分还含有 TN-1 和 TN-2 等达玛烷型皂苷。又含黄酮类成分以及丙二酸、维生素C、多种氨基酸和微量元素等。

[功效] 清热解毒，止咳祛痰，益气健脾。现多用作滋补强壮药。

[药理作用]

（1）对免疫功能的影响　有学者研究证实：①对非特异性免疫的影响。小鼠灌服绞股蓝煎剂10克/千克或30克/千克，连服10天，可明显增加脾脏重量，能明显促进单核巨噬细胞系统对血中胶体碳的廓清速率，提高单核细胞的吞噬功能，30克/千克剂量亦可使胸腺重量增加。②对淋巴细胞转化和白介素-2（IL-2）分泌的影响。绞股蓝水煎醇沉水提物10微克/毫升、100微克/毫升及1000微克/毫升时，均可提高刀豆球蛋白A（Con A）及脂多糖（LPS）诱导的小鼠脾脏和淋巴细胞的增殖反应。③对体液免疫功能的影响。小鼠灌服绞股蓝煎剂10克/千克或50克/千克，连服8天，可明显提高血清对绵羊红细胞（SRBC）特异性抗体溶血素的含量。④对细胞免疫功能的影响。小鼠灌服绞股蓝煎剂10克/千克、30克/千克，连服12天，对二硝基氯苯（DNCB）引起由T细胞介导的迟发型皮肤超敏反应有明显增强作用。⑤对自然杀伤细胞（NK）的影响。GPs 100微克/毫升、200微克/毫升时对人外周血 NK 细胞活性有加强作用，但400微克/毫升时反有抑制作用。小鼠灌 GPs 400毫克/千克，连服12天，对环磷酰胺所致脾 NK 细胞活性降低有显著拮抗作用。

（2）抗肿瘤作用。研究证实，绞股蓝总皂苷（GP）能显著抑制小鼠 S180 肉瘤的生长，使 TNA 与 TTA 的比例显著增加，瘤周尤其是瘤内淋巴细胞、巨噬细胞浸润数量明显增加，荷瘤小鼠脾重增加，脾白髓数目增多，体积增大。同时证实，GP 对 K562 细胞株具有明显的生长抑制作用。

（3）延缓衰老作用　绞股蓝能明显延长细胞培养的传代代数。

（4）对脂质代谢的影响　血清中性脂肪、总胆固醇水平显著下降，肝中 LPO 的上升被抑制。

（5）调节心血管系统的作用。研究表明，静脉注射 GPs 1 毫克/千克可提高收缩压及舒张压，明显提高心肌的收缩及舒张性能，增加心肌收缩力。结扎冠脉引起急性心肌梗死大鼠，于结扎前 30 分钟及结扎后立即腹腔注射 GPs 25 毫克/千克，可使缺血 24 小时的心肌梗死范围显著缩小，并使缺血 6 小时及 10 小时大鼠血清磷酸肌酸激酶（CPK）和乳酸脱氢酶（LDH）明显降低，使缺血后 30 分钟时缺血边缘区心肌超微结构损伤明显减轻。GPs 能显著降低心肌组织 MDA、血清 CK 及血浆 ET 值，明显提高心肌 SOD，说明绞股蓝总皂苷对大鼠心肌缺血再灌注损伤有较好的影响。

（6）对血凝和血小板聚集的影响　可减慢血小板聚集的速度。

（7）对中枢神经系统的作用　绞股蓝或所含 GPs 有明显镇静作用。

［临床应用］

① 治疗虚证。

② 治疗血液循环障碍性疾病。

③ 防治肿瘤性疾病。

绞股蓝原植物

绞股蓝

姜黄（97）

［异名］郁金、宝鼎香、黄姜等。

［用药部位］姜科植物姜黄的干燥根茎。

［形态］多年生草本，高约 1 米。根状茎粗短，圆柱状。分枝块状，丛聚指状或蛹状，芳香，断面鲜黄色。根粗壮，从根状茎生出，其末端膨大形成纺锤形的块根。叶基生，2 列；叶柄约与叶片等长，下部梢状叶片长椭圆形，长 25～40 厘米，宽 10～20 厘米，先端渐尖，基部渐窄，两面无毛。秋季从营养枝的近旁抽出花莛，穗状花序直立，长 10～15 厘米，总梗长约 13 厘米，花序肉质多汁；苞片绿色，上部带淡红色渲染，卵形，长约 3～4 厘米，斜上升；花淡黄色，与苞片近等长，不外露。

［产地］分布于江西、福建、台湾、广东、四川、云南等地。

［性味与归经］味苦、辛，性温。归脾、肝经。

［主要成分］含有挥发油，主要成分为姜黄酮、芳姜黄酮、姜烯、水芹烯、香桧烯、桉油素、莪术酮、莪术醇、丁香烯龙脑、樟脑等；色素，主要为姜黄素、去甲氧基姜黄素；还含胭脂树橙、降胭脂树素和微量元素等。

［功效］活血行气，通经止痛。主治胸胁刺痛、胸痹心痛、痛经经闭、癥瘕、风湿肩臂疼痛、跌仆肿痛。

［药理作用］

（1）降血脂作用　姜黄醇或醚提取物、姜黄素和挥发油灌胃，对实验性高脂血症大鼠和兔都有明显的降血清胆固醇和 β 脂蛋白等作用，并能降低肝胆固醇，纠正 α 脂蛋白和 β 脂蛋白比例失调。

（2）利胆作用　姜黄提取物、姜黄素、挥发油、姜黄酮、姜烯、龙脑和倍半萜醇等，都有利胆作用，能增加胆汁的生成和分泌，并能促进胆囊收缩，尤以姜黄素的作用最强。姜黄煎剂和浸剂利胆效果较弱。

（3）抗炎、抗微生物作用　姜黄素和挥发油有很强的抗菌作用；试验证明姜黄素对角叉菜胶引起的大鼠和小鼠足肿胀有明显的抗炎作用。

（4）对心血管的作用　姜黄醇提取液对离体及在位蛙心呈抑制作用。注射于犬，可致血压下降、呼吸兴奋；其降压作用受阿托品和切断迷走神经所影响；较大剂量则可虚脱致死。

（5）其他作用　有抑制血小板凝集、增加纤溶活性的作用。

［临床应用］

① 姜黄素对多种肝脏损伤具有保护作用。在小鼠暴发性肝炎模型中发现，姜黄素可抑制 CD_4^+ T 细胞和炎症细胞的数量，减少多种炎症介质的释放。

② 姜黄素可通过抑制 TLR-4 受体活化、激活 PPAR-y、调节巨噬细胞和免疫细胞、抑制 p38MAPK 信号通路、抑制促炎性细胞因子的产生、抗氧化应激、抑制 N 和 iNO 等维持肠道菌群平衡。

③ 用于治疗多种肿瘤性疾病。

姜黄原植物

姜黄干燥根茎

鸡冠花（98）

［异名］鸡髻花、鸡公花、鸡角枪、鸡冠头、鸡骨子花、老来少。

［用药部位］为苋科植物鸡冠花的干燥花序。秋季花盛开时采收，晒干。

[形态] 穗状花序顶生，呈扁平肉质鸡冠状、卷冠状或羽毛状，中部以下多花；花被片淡红色至紫红色、黄白或黄色；苞片、小苞片和花被片干膜质，宿存；花被片椭圆状卵形，端尖，雄蕊；花丝下部合生成杯状。胞果卵形，长约3毫米，熟时盖裂，包于宿存花被内。花期5～8月，果期9～11月。

[产地] 原产于亚洲热带。我国南北各地区均有栽培，广布于温暖地区。

[性味与归经] 味甘、涩，性凉。归肝、肾、大肠经。

[主要成分] 花含山奈苷、苋菜红苷及松醇和多量硝酸钾。

[功效] 凉血止血，止带，止泻。主治诸出血证、带下、泄泻、痢疾。

[药理作用]

（1）引产作用　10%鸡冠花注射液宫腔内给药对已孕小鼠、豚鼠和家兔等有明显中期引产作用。

（2）抗滴虫作用　试管法证明，鸡冠花煎剂对人阴道毛滴虫有良好杀灭作用，10%煎剂加等量阴道滴虫培养液，30分钟时虫体变圆，活动力减弱，60分钟时大部分虫体消失；20%煎剂可使虫体5～10分钟内消失。

[临床应用]

① 鸡冠花与不同药物配伍可活血化瘀，消肿解毒，主治肝胆湿热之症。

② 实验证明，用鸡冠花药液饲喂母猪可治仔猪白痢。

③ 用于肿瘤性疾病的防治。

鸡冠花原植物

鸡冠花

韭菜子（99）

[异名] 扁菜子、韭子、韭菜仁。

[用药部位] 百合科植物韭菜的种子。秋季果实成熟时采收果序，晒干，搓出种子，除去杂质。

[形态] 多年生草本，高20～30厘米，有特殊的强烈气味。根茎横卧，生多数须根，上有1～3个丛生的鳞茎，鳞茎卵状圆柱形，外皮黄褐色，有网状纤维。叶基生，条形，扁平，长15～30厘米，宽1.5～7毫米，先端尖，基部狭，全缘，光滑无毛，深绿色。6～7月开花，花白色，花茎圆柱形，从叶丛抽出，高20～50厘米，伞形花序簇生状或球状，多花；花被片6片，狭卵形，长4.5～7毫米；雄蕊6枚，花丝长约为花被片的4/5。7～9月结果，果实倒心状三棱形，长4～5毫米，直径约4毫米。种子黑色，半圆形或半卵圆形，略扁，

长 2～4 毫米，宽 1.5～3 毫米，一面凸起，粗糙，有细密的网状皱纹，另一面微凹，皱纹不甚明显。

[产地] 全国各省均有生产；亚洲其他地区、欧洲和美国也有栽培。

[性味与归经] 味辛、甘，性温。归肾、肝经。

[主要成分] 含硫化物、苷类、维生素 C。经预试有生物碱、甾醇类反应。

[功效] 温补肝肾，壮阳固精，温中，行气，散瘀。主治肝阳虚亏、肾阳不足所致阳痿、腰膝冷痛以及肾虚不固所致滑精、遗尿、尿频、带下等症。

[药理作用]

① 研究表明，韭菜子水提液可使小鼠血清 SOD 值升高，而 MDA 值无显著差异。

② 韭菜子油可增强非特异性免疫力，给予籽油的果蝇，在高、低温刺激下，死亡率均低于空白组。这种保护作用性别差异不大。

[临床应用]

① 韭菜子在临床上治疗顽固性呃逆疗效好。

② 治疗肾虚阳痿、尿频、遗尿。

③ 治疗肾虚腹冷、遗精、早泄、白带过多。

韭菜原植物

韭菜子

金荞麦（100）

[异名] 苦荞麦、天荞麦、野荞麦、野南荞、苦荞头、金锁银开、贱骨头、铁拳头、接骨莲、野花麦、荞麦七、大加味菜。

[用药部位] 蓼科植物金荞麦的干燥根茎。冬季采挖，除去茎及须根，洗净，晒干。

[形态] 多年生草本，高 50～150 厘米，全体微被白色柔毛。主根粗大，呈结状，横走，红褐色。茎纤细，多分枝，具棱槽，淡绿微带红色。花期 9～10 月，果期 10～11 月。

[产地] 生于山区草坡、林边、土质疏松的阴湿处。亦常栽植于屋旁、沟边。分布于我国中部、东部以及西南部。主要产于江苏、浙江、江西、四川，野生或栽培。

[性味与归经] 味微辛、涩，性凉，归肺经。

[主要成分] 含野荞麦苷、双聚原矢车菊苷元、海柯皂苷元、β-谷甾醇及羟基蒽醌类衍生物等。

[功效] 清热解毒，排脓祛瘀，清肺化痰，健脾消食。主治肺痈、肺热咳喘、咽喉肿痛、痢疾、风湿痹证、跌打损伤、痈肿疮毒、蛇虫咬伤。

[药理作用]

① 抑菌作用。有试验研究证实，对金黄色葡萄球菌、肺炎球菌、大肠杆菌、铜绿假单胞菌均有抑制作用。

② 止血作用。

[临床应用]

① 临床用治咽喉肿痛，常配伍灯笼草、筋骨草等同用；用治肺热咳嗽，或肺痈，可单用本品50克，隔水炖汁服，也可配合鱼腥草等药同用。治疗关节不利、风湿筋骨酸痛等症，常配合桑枝、络石藤、苍术等药同用。

② 本品有清热解毒作用，用治肺脓疡（肺痈），疗效良好；治疗急性支气管炎引起的咳嗽痰多，也有疗效，可使痰液分泌减少，咳嗽逐渐减轻。

金荞麦植物

金荞麦的干燥根茎

决明子（101）

[异名] 羊明、草决明、羊角豆、还瞳子。

[用药部位] 豆科植物决明或小决明的干燥成熟种子。

[形态] 一年生半灌木状草本，上部多分枝，全体被短柔毛。双数羽状复叶互生，在下面两小叶之间的叶轴上有长形暗红色腺体，小叶片倒卵形或倒卵状短圆形，先端圆形，有小突尖，基部楔形，两侧不对称，全缘。

[产地] 主产于安徽、江苏、浙江、广东、广西、四川等地。

[性味与归经] 味甘、苦、咸，性微寒。归肝、肾、大肠经。

[主要成分] 本品主要含大黄酚、大黄酸、大黄素、芦荟大黄素、决明子素、橙黄决明素、决明素、大黄素甲醚、钝叶素、钝新素等蒽醌类物质。

[功效] 清肝，明目，通便，利水。主治目赤涩痛、羞明多泪、头痛眩晕、目暗不明、大便秘结。

[药理作用]

① 促进脂肪分解代谢，降低血清胆固醇。

② 决明子醇提取物对葡萄球菌、白喉杆菌、伤寒杆菌、副伤寒杆菌、大肠杆菌起到一定的抑制作用。

③ 决明子水浸液对麻醉动物有降低血压和利尿作用。

④ 抑制迟发型超敏反应。

[临床作用]

① 用于目赤肿痛、羞明多泪等症。目赤肿痛、羞明多泪等症，系肝火上扰，或风热上壅头目所致。决明子既能清泄肝胆郁火，又能疏散风热，为治目赤肿痛要药。风热者，常与蝉蜕、菊花等同用；肝火者，常配龙胆草、黄芩、夏枯草等同用。

② 润肠通便作用，能治疗大便燥结。

决明子原植物

决明子

橘皮（102）

[异名] 陈皮、红皮、广陈皮。

[用药部位] 芸香科植物橘及其栽培变种的干燥成熟果皮。采摘成熟果实，剥去果皮，晒干或低温干燥，切丝生用。

[形态] 柑果扁球形，直径 5～7 厘米，熟时橙黄色或者淡红黄色，果皮疏松，肉瓣易分离，果肉味甜，种子卵圆形。花期 3 月，果期 12 月。

[产地] 主产于广东、福建、四川、江苏、浙江、江西、湖南、云南、贵州等地，产于广东新会者称为新会皮、广陈皮。

[性味与归经] 味苦、辛，性温。归脾、肺经。

[主要成分] 含挥发油（为右旋柠檬烯、柠檬酮等）、黄酮类（为橙皮苷、川陈皮苷等）、肌醇、B 族维生素。

[功效] 理气健胃，燥湿化痰，行气健脾。主治胸腹胀满、不思饮食、咳嗽痰多等症。

[药理作用]

① 对于心脏、血管的作用。橘皮煎剂及醇提取液对于离体和在体蛙心均有兴奋作用；剂量过大反而有抑制现象出现。给蟾蜍全身血管灌流时，发现有血管收缩、流率减缓的现象。

② 对于血压的影响。静脉注射于狗及兔，可见血压迅速上升。经反复用药，亦无耐受性产生。

③ 橙皮苷有降胆固醇的作用。

④ 对于麻醉狗的胃运动和兔活体胃运动，均有抑制现象。

⑤ 能使狗的肾容量减小、肾血管收缩而有抑尿作用。

⑥ 具有良好的抗炎、抗溃疡、利胆作用。

⑦ 对于平滑肌有一定的调控作用。

[临床应用]

① 用于胸腹胀满等症。橘皮辛散通温，气味芳香，长于理气，能入脾肺，故既能行散肺气壅遏，又能行气宽中，用于肺气壅滞、胸膈痞满及脾胃气滞、脘腹胀满等症。常与木香、枳壳等配伍应用。

② 用于湿阻中焦、脘腹痞胀、便溏泄泻，以及痰多咳嗽等症。橘皮苦温燥湿而能健脾行气，故常用于湿阻中焦，脘腹胀闷、便溏苔腻等症，可配伍苍术、厚朴同用。又善于燥湿化痰，为治湿痰壅肺、痰多咳嗽的常用要药，每与半夏、茯苓同用。

③ 用于脾虚饮食减少、消化不良，以及恶心呕吐等症。本品燥湿而能健脾开胃，适用于脾胃虚弱，饮食减少、消化不良、大便泄泻等症，常与人参、白术、茯苓等配合应用。因其既能健脾，又能理气，故往往用作补气药之佐使，可使补而不滞，有防止壅遏作胀作用。

柑橘原植物

橘皮

苦参（103）

[异名] 亦名苦、苦骨、地槐、水槐、菟槐、骄槐、野槐、好汉枝、地骨、山槐子。

[用药部位] 豆科植物苦参的根。

[形态] 高 1～3 米。根圆柱形，外面浅棕黄色。茎直立，多分枝，有不规则的纵沟。单数羽状复叶，互生，长达 25 厘米，小叶 11～29，叶柄基部有条形托叶；小叶片卵状椭圆形，长 3～4 厘米，宽 1～2 厘米，先端稍尖或微钝，基部宽楔形。种子 3～7 粒，近球形，棕褐色。

[产地] 生于山坡、灌丛及河岸沙地等处。我国各省区均有分布。

[性味与归经] 味苦，性寒。有小毒。归心、肝、胃、大肠、膀胱经。

[主要成分] 本品含有生物碱类、黄酮类、挥发油类等化学成分。生物碱类成分：右旋苦参碱、左旋臭豆碱、苦参碱、氧化苦参碱、左旋槐度碱等。黄酮类成分：苦参酮、刺芒柄花素、苦参素、苦参新醇等。挥发油类成分：n-十六烷、n-七烷、十九烷、十八烷、2,6,10,14-四甲基-十五烷等。有机酸及酯类成分：己酸甲酯、二十四碳酸、芥子酸十六酯、己

醇、桂皮酸十六酯等。皂苷类成分：苦参皂苷Ⅰ、苦参皂苷Ⅱ、苦参皂苷Ⅲ等。

[**功效**] 清热利湿，祛风杀虫。主治热痢、便血、黄疸尿闭、赤白带下、阴肿阴痒、湿疹、湿疮、皮肤瘙痒、疥癣麻风，外治滴虫性阴道炎。

[**药理作用**]

① 利尿作用。

② 抗滴虫、抗原虫作用。

③ 抑菌作用。对结核杆菌有抑制作用。

④ 解热作用。

⑤ 抗炎作用。

⑥ 免疫抑制作用。

⑦ 止泻作用。

⑧ 抗肿瘤作用。

⑨ 抗心律失常及心肌缺血作用。

⑩ 平喘作用。

⑪ 抗胃溃疡作用。

[**临床应用**]

① 有研究证实，苦参、贯众、黄柏、白芍、当归、赤芍、苍术、香附子、桔梗、莱菔子、藿香、五味子、黄芪、茯苓，共为细末，添加在饲料中，对消化系统、呼吸系统、泌尿系统、生殖系统疾病以及球虫病等有一定的防治效果。

② 穿心莲、板蓝根、甘草、吴茱萸、苦参、白芷、大黄各等份，共研细末，按1千克体重0.6克饲喂，连用3～5天，治疗鸡传染性法氏囊病。

苦参原植物

苦参干燥根

苦楝皮（104）

[**异名**] 苦楝、楝树果、楝枣子、苦楝树、森树、翠树、紫花树、川楝皮、楝皮、楝根木皮、双白皮等。

[**用药部位**] 楝科植物川楝或楝的干燥树皮和根皮。春、秋二季剥取，晒干，或除去粗皮，晒干。

[**形态**] 落叶乔木，高约10米。树皮灰褐色，纵裂。分枝广展，小枝有叶痕。叶为2～

3回奇数羽状复叶,长20～40厘米;小叶对生,卵形、椭圆形至披针形,顶生一片通常略大。圆锥花序,花芳香;花萼5深裂,裂片卵形或长圆状卵形;花瓣淡紫色,倒卵状匙形;雄蕊管紫色,2～3齿裂的狭裂片10枚,花药10枚,着生于裂片内侧,且与裂片互生;子房近球形,5～6室。核果球形至椭圆形,内果皮木质。

[**产地**] 主产于四川、湖北、安徽、江苏、河南。

[**性味与归经**] 味苦,性寒。归肝、脾、胃经。

[**主要成分**]

① 苦楝皮含驱蛔有效成分川楝素和楝树碱、山柰酚、树脂、鞣质、香豆素的衍生物及水溶性成分(对体外猪蛔活动亦有抑制作用)。此外,尚含正卅烷、β-谷甾醇、三萜类化合物川楝酮及生物碱苦楝碱等。

② 根皮中苦楝素的含量较干皮中略高。

③ 果实含三萜类化合物苦楝子酮、苦楝子醇、苦楝子三醇及有毒生物碱苦楝毒碱。

④ 树干木材中含两种三萜类成分:宁玻林A及宁玻林B,并含楼酮及24-甲烯基环阿坦农。

⑤ 种子含脂肪油,与脂肪油共存的有多种苦味素,如楝脂苦素等。

[**功效**] 杀虫,疗癣。主治蛔蛲虫病、虫积腹痛;外治疥癣瘙痒。

[**药理作用**]

① 驱虫作用。

② 对呼吸中枢的影响:川楝素(每只大鼠静脉或肌内注射2毫克)能引起大鼠呼吸衰竭。

③ 对神经肌肉传递功能的影响:川楝素对大鼠有不可逆的阻遏间接刺激引起的肌肉收缩,但不影响神经的兴奋传导,也不降低肌肉对直接刺激的反应。

④ 抗肉毒毒素中毒作用。

[**临床应用**]

① 在兽医临床上常用苦楝皮驱蛔虫、蛲虫、绦虫、钩虫,以驱蛔虫效果最好。

② 治疗疥癣、疥螨、皮肤湿疹、恶疮。可将苦楝皮捣烂敷患处或适量水煎外洗。苦楝皮的乙醇浸液外擦患部治疗畜禽疥螨具有较好疗效,其杀虫有效成分为四环三萜类化合物苦楝素。

③ 其他应用。治疗胃痛、疝气、急性热证、膀胱炎等。

苦楝原植物

苦楝干燥皮

款冬花（105）

[异名] 冬花、款花、看灯花、艾冬花、九九花。

[用药部位] 菊科植物款冬的干燥花蕾。12月或地冻前当花尚未出土时采挖，除去花梗及泥沙，阴干。

[形态] 多年生草本。高10～25厘米。根状茎横生地下，褐色。早春花叶抽出数个花葶，高5～10厘米，密被白色茸毛，有鳞片状、互生的苞叶，苞叶淡紫色。

[产地] 主要产于华北、西北及江西、湖北、湖南等地。

[性味与归经] 味辛、微甘，性温。归肺经。

[主要成分]

① 嫩叶柄及嫩花苔含蛋白质、脂肪、糖类及多种维生素和矿物质。

② 花含款冬二醇等甾醇类、芸香苷、金丝桃苷、三萜皂苷、鞣质、石蜡、挥发油和蒲公英黄质。

③ 叶含苦味苷2.63%、没食子酸、弹性橡胶样物质、糊精、黏液、菊糖、植物甾醇、硬脂酸及棕榈酸甘油酯、酒石酸、苹果酸、转化糖、胆碱、烃类和皂苷。

④ 灰分中含锌甚多，达3.26%。

⑤ 鲜根茎含挥发油、石蜡、菊糖、鞣质。

⑥ 根含橡胶0.015%、鲍尔烯醇等。

[功效] 润肺下气，化痰止咳。主治新久咳嗽、喘咳痰多、劳嗽咳血。

[药理作用]

① 镇咳、祛痰和平喘作用。

② 呼吸兴奋作用。

③ 可对心血管系统产生作用。

④ 对动物血流动力学的影响：增加外周阻力，强烈收缩血压。

⑤ 抗血小板活化因子的作用。

[临床应用]

① 研究表明，款冬花、荆芥、百部、陈皮、甘草、杏仁、浙贝母，煎水滤液候温灌服，治疗各种类型患畜咳嗽，治愈率80%以上。

② 款冬花、莱菔子、紫菀、五味子、知母、川贝母、黄芩、百合、杏仁各25克，黄芪、桔梗、大黄、山楂、牵牛子、甘草、栀子、天花粉各20克，木通、陈皮、紫苏、木香、

款冬花原植物

款冬花干燥花蕾

茯苓、当归各 15 克，研末，水调灌服。可治疗牛因劳役过度所致的支气管、喉气管与胃卡他综合征，治疗效果显著。

芦荟（106）

[**异名**] 油葱、洋芦荟、库拉索芦荟、美国芦荟、翠叶芦荟、华芦荟。

[**用药部位**] 芦荟为百合科植物库拉索芦荟、斑纹芦荟、好望角芦荟的叶。

[**形态**] 叶簇生、大而肥厚，呈座状或生于茎顶，叶常呈披针形或叶短宽，边缘有尖齿状刺。花序为伞形、总状、穗状、圆锥形等，色呈红、黄或具赤色斑点，花被基部多连合成筒状。

[**产地**] 主要产于印度和马来西亚一带、非洲大陆和热带地区。

[**性味与归经**] 味苦，性寒。归肝、胃、大肠经。

[**主要成分**] 各种芦荟的主要成分系淡黄色结晶性苷，为芦荟大黄素苷。水解产生 d-阿拉伯胶糖、芦荟泻素蒽酚或芦荟泻素蒽酮。

[**功效**] 清热凉肝，健脾，通肠。治疗便秘，延缓衰老，调节血糖。

[**药理作用**]

① 泻下作用。

② 促进创口愈合。

③ 护肝与抗胃损伤作用。

④ 抗菌作用。特别是对厌氧菌、脆弱类杆菌有很强的抑制作用。

⑤ 抗炎作用。

⑥ 增强免疫功能。

⑦ 抗肿瘤作用。

⑧ 对皮肤的防护作用。

[**临床应用**]

小剂量芦荟常作为动物苦味健胃剂，中等剂量芦荟对马可有效致泻，常用于治疗盲肠或结肠便秘。动物内服芦荟约经 12～24 小时呈现下泄作用，并可持续 8～24 小时。本品给便秘动物服用致泻后，不会重现便秘症状，并且不影响消化功能，但是往往引发肠绞痛性疝痛及盆腔脏器充血。为了避免其引发动物肠绞痛，可配合服用姜末。在临床实践中，为了加速芦荟呈现泻下作用，患畜服药前 6～12 小时应停喂饲料，服药后给予大量饮水，并且 8～10 小时后方可投给饲料。此外，应该注意，牛、羊和猪对芦荟敏感性很低，药效不可靠。芦荟的泻下剂量为：马 20～35 克，牛 30～40 克，羊 8～15 克，猪 5～10 克，犬 1～3 克，猫 0.2～1.0 克。

芦荟原植物

芦荟饮片

芦笋（107）

[异名] 石刁柏、龙须菜、露笋。

[用药部位] 禾本科植物芦苇的嫩苗。

[形态] 直立草本，高可达1米。根粗2~3毫米。茎平滑，上部在后期常俯垂，分枝较柔弱。浆果熟时红色，有2~3颗种子。花期5~6月，果期7~8月。

[产地] 主要产于中国，特别是江苏徐州、山东菏泽。

[性味与归经] 味甘，性寒，无毒。归脾经。

[主要成分] 块根含甾体皂苷、松柏苷、天冬酰胺、天门冬糖、精氨酸及黄酮类化合物等，茎含天门冬酰胺、天冬氨酸、精氨酸、芦丁、甘露聚糖、多种甾体皂苷物质、蛋白质、脂肪、钙、磷、胡萝卜素、维生素A、B族维生素及维生素C（每100克嫩芽中含25毫克，变态茎中含252.5毫克）等。

[功效] 嫩茎（芦笋、龙须菜）为世界著名蔬菜之一，食之清香、鲜嫩、味美，尤以刚出土之嫩苗为佳。芦笋营养丰富，其中维生素A、B族维生素、维生素C等含量均比番茄高1~6倍。常食芦笋可增强人体抗病和抗癌的能力，对癌症、高血压、高血脂、动脉硬化等有较好的辅助治疗作用。

[药理作用]

① 抗肿瘤。

② 增强机体免疫功能。

③ 抗氧化。

④ 促进肠道蠕动。

[临床应用]

① 芦笋茎叶能改善动物生长性能，提高泌乳量和产蛋率。利用芦笋茎叶青贮料饲喂绵羔羊增重情况的研究发现，在同等试验条件下，比对照组提高了平均日增重。在研究芦笋茎叶粉部分取代麸皮饲喂生长肥育猪试验中，发现试验组头均毛利增加7.6%。

② 研究发现，芦笋茎叶青贮料饲喂奶牛泌乳量比对照组产乳量提高了10%。用芦笋下脚料饲喂泌乳奶山羊，发现试验组较对照组日增重高10.7%，产乳量高13.1%，经济效益高30.6%。

③ 研究表明，饲喂芦笋粉可提高产蛋率和饲料转化利用率。将芦笋和提取物添加饲喂

芦笋原植物

芦笋

产蛋期余干乌鸡，添加组产蛋率、免疫球蛋白G及免疫球蛋白M水平得到提高。研究发现，日粮补饲芦笋下脚料能提高产蛋鸡蛋重、蛋黄重、蛋清重，当添加量达到3%时，纤维消化率极显著提高。

④ 研究报道，基础日粮添加芦笋粉能提高肉仔鸡抵抗新城疫能力及体内效应B细胞、T细胞抗体水平。

罗汉果（108）

[异名] 拉汗果、假苦瓜、光果木鳖、金不换、罗汉表、裸龟巴。

[用药部位] 葫芦科罗汉果属罗汉的干燥果实。

[形态] 多年生攀援藤本。茎具棱沟，卵状心形或阔卵状心形。叶互生，先端渐尖或长渐尖，基部心形，全缘，上面被短柔毛，下面密布黑色腺鳞。卷须生于叶腋。雌雄异株。雄花5～10朵排列成总状，花萼裂片5；花冠黄色，被黑色腺点，裂片5；雄芯5。雌花多单生，比雄花大。瓠果球形，卵形或倒卵形，幼时棕红色，成熟时近青色，被茸毛。花期5～7月。果期7～9月。

[产地] 分布在中国南方的广西、广东、湖南等省区。

[性味与归经] 味甘，性凉。归肺、大肠经。

[主要成分] 果实和叶均含罗汉果苷，其苷元属三萜类，具强烈甜味，甜度为蔗糖的300倍，在果实中含量达22%。另含有大量果糖及葡萄糖、脂肪酸、黄酮等。还含有10多种氨基酸，其总含量果皮为3.51%，种子为8.47%，种仁为37.82%。

[功效] 清热解毒，润肺止咳，润肠通便。主治肺热燥咳、咽痛失音、肠燥便秘。

[药理作用]

① 止咳作用。D-甘露醇有止咳作用。

② 对肠管运动机能有双向调节作用。

[临床应用]

据报道，以罗汉果为主要成分，配以其他中药制成的复方药物已广泛应用，主要用于镇咳祛痰、治疗慢性咽喉炎等。如镇咳祛痰合剂，内含罗汉果、望江南、芒果、款冬花、甘草等，药理研究表明本药具有镇咳作用（能显著减少由喷雾氨水引起的豚鼠咳嗽次数，给药前后咳嗽次数比较 $P < 0.01$）、祛痰作用（显著促进小鼠气管排泄酚红的作用，药物组与对照组比较为显效）、抗炎及抑菌作用（抑制蛋清皮下注射引起的大鼠足跖类水肿，对金黄色葡萄球菌有较强的抑制作用）。

罗汉果原植物

罗汉果干燥果

罗布麻（109）

[异名] 红麻、茶叶花、红柳子、野麻、羊肚拉角、泽漆麻。

[用药部位] 夹竹桃科罗布麻属罗布麻的干燥全草。夏季开花前或夏季采收。

[形态] 多年生草本，高 1～2 米，全株含有黏稠的白色乳汁。主根粗壮，暗褐色。茎直立，节间长，无毛，枝条细长，向阳面通常为紫红色，茎皮强韧，为良好的野生纤维原料。叶对生，有短柄；叶片卵状披针形或长圆状披针形，先端圆钝，有短小棘尖，基部圆形，全缘，侧脉细密多在 10 对以上，下面稍有白粉。夏秋开粉红色花，聚伞花序顶生，有微短毛；花萼及花冠均 5 裂；花冠窄钟形，直径约 8 毫米，内外均有短毛；雄蕊的花药贴合成锥形体。蓇葖果长角状，长可达 20 厘米，黄褐色带紫色。种子多数，顶生一族白色细长毛。

[产地] 生境分布于河滩、草滩、多石的山沟、山坡的沙质土、盐碱地及林缘湿地。分布于东北、华北、西北及河南等地。

[性味与归经] 味甘、苦，性微寒。归肝经。

[主要成分] 根含强心苷类：罗布麻苷 A、罗布麻苷 B、罗布麻苷 C、罗布麻苷 D。罗布麻苷 A 为西麻苷；罗布麻苷 B 和罗布麻苷 C 为毒毛旋花子苷；罗布麻苷 D 未确定。叶内含有橡胶，花前含量最高可达 4%～5%。显黄酮苷、三萜类化合物、鞣质、酸性物质、多糖类、蛋白质的反应。

[功效] 清热，平肝，祛风。主治高血压病、头痛、眩晕、失眠、神经衰弱、惊病抽搐、感冒等。

[药理作用]

① 降血压。

② 强心作用。

③ 抑菌作用。对流感嗜血杆菌、金黄色葡萄球菌、卡地球菌、肺炎双球菌均有抑制作用。

[临床应用]

临床常用于心悸、水肿、抽搐等症。近年文献报道，罗布麻治疗心力衰竭有显著疗效，具有镇静安神、抗惊厥作用、抗菌消炎作用等并具有抗过敏、抗肿瘤、抗辐射等功效。

罗布麻原植物

罗布麻

螺旋藻（110）

[**异名**] 节旋藻、笔列、特脆特拉脱儿。

[**用药部位**] 颤藻科螺旋藻的干燥全藻。

[**形态**] 藻体为多细胞、圆柱形螺旋状的丝状体，单生或集群聚生，藻丝直径5～10微米，先端钝形，螺旋数2～7个。

[**产地**] 广泛分布于温暖的盐、淡水域。现在已人工培养并大面积机械化生产。主产地为中国丽江的程海湖。

[**性味与归经**] 味苦、咸，性寒。归肝、胃、肾经。

[**主要成分**] 含蛋白质（60%），主要由异亮氨酸、亮氨酸、赖氨酸、蛋氨酸、苯丙氨酸、苏氨酸、色氨酸、缬氨酸等组成。此外，还含脂肪、糖类、叶绿素、类胡萝卜素、藻青素、维生素A、维生素B_1、维生素B_2、维生素B_6、维生素B_{12}、维生素E、烟酸、肌酸、γ-亚麻酸、泛酸钙、叶酸及钙、铁、锌、镁等。

[**功效**] 补气养血，清肺化痰。促进骨髓造血，升高白细胞、红细胞、血红蛋白、血小板；降低血清胆固醇、甘油三酯；提高免疫功能。用于癌症的辅助治疗、高脂血症、缺铁性贫血、糖尿病、营养不良、病后体虚；用作保健食品。

[**药理作用**]

① 增强机体免疫力。

② 促进新陈代谢，增强造血功能。

③ 加速伤口愈合，防止皮肤角质化。

④ 抗癌作用：对癌细胞的抑制作用均随作用时间延长而加强。

⑤ 抗菌作用：钝顶螺旋藻对革兰氏阳性菌有抑制作用，对阴性菌无作用。

⑥ 光敏作用：藻蓝蛋白（藻青素）有光敏作用且无毒副反应，是一种光敏剂。

[**临床应用**]

① 用于抗辐射损伤。

② 对革兰氏阳性菌有抑制作用。

③ 抑制肿瘤细胞的繁殖。

④ 研究证明，螺旋藻多糖可使小鼠的血清溶血素提高39.5%～98.0%，腹腔巨噬细胞的吞噬率提高32.5%～51.5%，吞噬指数提高0.9～1.8倍，T淋巴细胞数提高46.8%～87.7%，脾脏白髓淋巴细胞排列密集，红髓内巨噬细胞明显增多，酸性α-乙酸萘酚酯酶（ANAE）阳性淋巴细胞增加7.3%～12.8%。

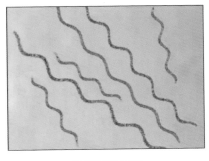

螺旋藻原植物

螺旋藻

莱菔子（111）

[**异名**] 萝卜子、萝白子、菜头子。

[**用药部位**] 十字花科植物萝卜的干燥成熟种子。

[**形态**] 莱菔，一年生或二年生直立草本，高 30～100 厘米。直根，肉质，长圆形、球形或圆锥形，外皮绿色、白色或红色。茎分枝，无毛，稍具粉霜。基生叶和下部茎生叶大头羽状半裂，长 8～30 厘米，宽 3～5 厘米，顶裂片卵形，侧裂片 4～6 对，长圆形，有钝齿，疏生粗毛；上部叶长圆形，有锯齿或近全缘。总状花序顶生或腋生；萼片长圆形。长角果圆柱形，长 3～6 厘米，在种子间处缢缩，形成海绵质横隔，先端有喙，长 1～1.5 毫米；种子 1～6 颗，卵形，微扁，长约 3 毫米，红棕色，并有细网纹。

[**产地**] 全国各地均产。

[**性味与归经**] 味辛、甘，性平。归肺、脾、胃经。

[**主要成分**] 含脂肪油，其中有芥酸甘油酯及微量挥发油。

[**功效**] 消食导滞，降气化痰。主治饮食停滞，脘腹胀痛，大便秘结，积滞泻痢，痰壅喘咳。

[**药理作用**]

（1）抗菌作用　莱菔子含抗菌物质，其有效成分为莱菔素，在 1 毫克/毫升浓度对葡萄球菌和大肠杆菌即有显著抑制作用，且可影响各种植物种子发芽。后又从莱菔子中分离出一种油，称为 "sulforaphen"，1% 浓度可对抗链球菌、化脓球菌、肺炎球菌、大肠杆菌等生长。有人认为此两者可能是同一物质。

（2）抗真菌作用　莱菔子水浸剂（1∶3）在试管内对同心性毛癣菌等六种皮肤真菌有不同程度的抑制作用。

（3）其他作用　以莱菔子提取物长期饲喂大鼠，能干扰其甲状腺素的合成。

[**临床应用**]

① 用于食积停滞、胃脘痞满、嗳气吞酸、腹痛泄泻、腹胀不舒等症。莱菔子能消食化积、行滞除胀，常配伍六神曲、山楂、麦芽等，以助其消食之力；配伍半夏、陈皮等，以增其降逆和胃之功。有湿者可加茯苓，有热者可加黄连、连翘。如果有脾虚现象，可加白术。

② 用于咳嗽痰多气喘。本品下气化痰作用甚为显著，常与白芥子、苏子等配伍应用。

萝卜原植物

莱菔子

落花生（112）

[**异名**] 花生、长生果、落地松、番豆、土露子、地果、土豆、落花参、番果。

[**用药部位**] 豆科植物落花生的种子。

[**形态**] 一年生草本。根部有很多根瘤。茎高30～70厘米，匍匐或直立；茎、枝有棱，被棕黄色长毛。双数羽状复叶互生，长圆形至倒卵圆形，长2.5～5.5厘米，宽1.4～3厘米，先端钝或有突细尖，基部渐狭，全缘；叶柄长2～5厘米，被棕色长毛；托叶大，基部与叶柄基部连生，披针形，长3～4厘米，脉纹明显。萼管细长，萼齿上面3个合生，下面一个分离成2唇形；花冠蝶形，旗瓣近圆形，宽大，翼瓣与龙骨瓣分离；花药5个矩圆形，4个近于圆形；花柱细长，枝头顶生，甚小，疏生细毛；子房内有一至数个胚珠，胚珠受精后，子房柄伸长至地下，发育为荚果。

[**产地**] 全国各地均有栽培。

[**性味与归经**] 味甘，性平。归脾、胃、肺经。

[**主要成分**] 种子含脂肪油40%～50%（其组成见落花生油），含氮物质20%～30%、淀粉8%～21%、纤维素2%～5%、水分5%～8%、灰分2%～4%、维生素等。

[**功效**] 润肺化痰，健脾和胃，养血通乳。有润肠逐虫之功效，可治疗蛔虫性肠梗阻。

[**药理作用**]

① 补充营养，改善代谢。

② 提高机体免疫力。

③ 抗氧化作用。

④ 保护心脏的作用。

[**临床应用**]

① 催乳、预防乳腺炎。

② 改善乳品质。

③ 治疗母畜产后缺乳。

花生原植物

花生果

连翘（113）

[**异名**] 落翘、黄花条、黄链条花等。

［用药部位］木犀科植物连翘的干燥果实。

［形态］落叶灌木，高2～3米。枝条细长展开或下垂，小枝浅棕色，梢4棱，节间中空无髓。单叶对生，具柄；叶片完整或3全裂，卵形至长圆卵形，长6～10厘米，宽1.5～2.5厘米，先端尖，基部宽楔形或圆形，边缘有不整齐锯齿。先叶开花，花1～3（～6）朵簇生于叶腋；花萼4深裂，裂片长椭圆形；花冠金黄色，4裂，花冠管内有橘红色条纹；雄蕊2枚，着生于花冠筒的基部，花丝极短；花柱细长，柱头2裂。蒴果木质，有明显皮孔，卵圆形，顶端尖，长约2厘米，成熟2裂。种子多数，有翅。

［产地］主产于山西、陕西、河南等地，甘肃、河北、山东、湖北亦产。

［性味与归经］味苦，性微寒。归肺、心、小肠经。

［主要成分］连翘酚、连翘苷元、右旋松脂酚、甾醇化合物、皂苷（无溶血性）、黄酮醇苷类、马苔树脂醇苷、齐墩果酸、皂苷、生物碱、右旋松脂醇葡萄糖苷、芸香苷、连翘脂苷、连翘种苷、毛柳苷、木苷、连翘环己醇、异连翘环己醇、连翘环己醇氧化物、连翘环己醇酮、连翘环己醇苷、白桦脂酸、熊果酸、β-香树脂醇乙酸酯、异降香萜烯酸乙酸酯等。

［功效］清热解毒，消肿散结。主治温热，丹毒，斑疹，痈疡肿毒，瘰疬，小便淋闭，咽喉肿痛，风疹等。

［药理作用］

（1）抗菌作用　连翘浓缩煎剂在体外有抗菌作用，可抑制伤寒杆菌、副伤寒杆菌、大肠杆菌、痢疾杆菌、白喉杆菌及霍乱弧菌、葡萄球菌、链球菌等。连翘在体外的抑菌作用与金银花大体相似，为银翘散中抗菌之主要成分。

（2）其他作用　连翘能抑制静脉注射洋地黄对鸽的催吐作用，减少呕吐次数，但不改变呕吐的潜伏期，其镇吐效果与注射氯丙嗪两小时后的作用相仿。它又能抑制犬皮下注射阿扑吗啡所引起的呕吐，故推测其镇吐作用原理可能是抑制延髓的催吐化学感受区。连翘的果皮中含齐墩果酸，故有强心、利尿作用。

［临床应用］

① 可以用来治疗痈肿疮毒、瘰疬痰核。此药消痈散结的功效较为强劲，使用时可以配伍金银花、蒲公英等一同使用。对于瘰疬痰核，可以配伍夏枯草、浙贝母等一同使用。

② 可以用来治疗风热外感、温病发热。使用时，对于热在卫分导致的疾病，可以配伍金银花等一同使用。对热入营血证，可以配伍水牛角、生地黄等一同使用。对于热陷心包，高热神昏等，可以配伍麦冬、莲子心等一同使用。

③ 可以用来治疗热淋涩痛。此药苦寒通降，能清心利尿。使用时，可以配伍车前子、木通等一同使用。

连翘原植物

连翘

龙胆草（114）

[**异名**] 地胆头、磨地胆、鹿耳草。

[**用药部位**] 龙胆科龙胆属龙胆草的全草。

[**形态**] 多年生草本，高 30～60 厘米；根黄白色，绳索状，长 20 厘米以上。茎直立，粗壮，常带紫褐色，粗糙。叶对生，卵形或卵状披针形，长 3～7 厘米，宽 1～2 厘米，有 3～5 条脉，急尖或渐尖，无柄，边缘及下面主脉粗糙。花簇生于茎端或叶腋；苞片披针形，与花萼近等长；花萼钟状，长 2.5～3 厘米，裂片条状披针形，与萼筒近等长；花冠筒状钟形，蓝紫色，长 4～5 厘米，裂片卵形，尖，褶三角形，稀二齿裂；雄蕊 5，花丝基部有宽翅；花柱短，柱头 2 裂。蒴果矩圆形，有柄；种子条形，边缘有翅。

[**产地**] 产于东北及内蒙古、河北、陕西、新疆、江苏、安徽、浙江、江西。

[**性味与归经**] 味苦，性寒。归肝、胆经。

[**主要成分**] 含黄酮类、萜类、苯丙素类、甾体类等，其中黄酮类和环烯醚萜类为其特征性化学成分。

[**功效**] 清热燥湿，泻肝胆火。主治湿热黄疸，带下，湿疹瘙痒，肝火目赤，惊风抽搐。

[**药理作用**]

① 抗炎镇痛作用。

② 利胆保肝作用。

③ 抗病毒作用。

④ 调节神经系统作用。

⑤ 利尿。

[**临床应用**]

① 用于湿热黄疸、白带、阴囊肿痛等症。龙胆草善除下焦湿热，治湿热黄疸常配茵陈、栀子同用；治下部湿热可配苦参、黄柏同用。

② 用于头痛、目赤、胸胁刺痛，以及抽搐等症。龙胆草为泻肝胆实火的要药，对肝火上炎的证候，多配合栀子、黄芩等应用；抽搐、角弓反张由肝经热盛所致者，可用龙胆草以泻实火，配钩藤、牛黄以息风定惊，火退风息，惊搐自止。

龙胆草原植物

龙胆草

麦冬（115）

[异名] 麦门冬、不死药、禹余粮。

[用药部位] 百合科植物麦冬的干燥块根。夏季采挖，洗净，晒干，除去须根。

[形态] 多年生草本，高 12～40 厘米，须根中部或先端常膨大形成肉质小块根。叶丛生；叶柄鞘状，边缘有薄膜；叶片窄长线形，基部有多数纤维状的老叶残基，叶长 15～40 厘米，宽 1.5～4 毫米，先端急尖或渐尖，基部绿白色并稍扩大。花葶较叶为短，长 7～15 厘米，总状花序穗状，顶生，长 3～8 厘米，小苞片膜质，每苞片腋生 1～3 朵花；花梗长 3～4 毫米，关节位于中倍以上或近中部；花小，淡紫色，略下垂，花被片 6，不展开，披针形，长约 5 毫米，雄蕊 6，花药三角状披针形；子房半下位，3 室，花柱长约 4 毫米，基部宽阔，略呈圆锥形。浆果球形，直径 5～7 毫米，早期绿色，成熟后暗蓝色。花期 5～8 月，果期 7～9 月。

[产地] 分布于华东地区、中南地区及河北、陕西、四川、贵州、云南等地。

[性味与归经] 味甘、微苦，性微寒。归心、肺、胃经。

[主要成分] 含多种甾体皂苷，其中麦冬皂苷 A 含量最高，麦冬皂苷 B 次之；此外含多种高异黄酮类化合物。从浙麦冬中还分离鉴定出 5 种黄酮类化合物。另外还含麦冬黄酮 A、鲁斯可皂苷元、薯蓣皂苷元、麦冬黄烷酮、α-广藿香烯、十六烷酸乙酯、齐墩果酸等。

[功效] 滋阴润肺，益胃生津，清心除烦。用于肺胃阴虚之津少口渴、干咳咯血；心阴不足之心悸易惊及热病后期热伤津液等证。

[药理作用]

① 对心肌具有保护作用。

② 具有良好的免疫增强和刺激作用。

③ 降血糖作用。

④ 清除自由基及延缓衰老作用。

⑤ 抗肿瘤及抗辐射作用。

⑥ 对胃肠运动机能的影响：麦冬水煎液灌服能明显抑制胃肠推进运动，且随药物剂量的增加，此抑制作用增强，并对溴新斯的明及乙酰胆碱或氯化钡有拮抗作用。

⑦ 抗菌作用：麦冬粉在平皿上对白色葡萄球菌、枯草杆菌、大肠杆菌及伤寒杆菌等有抑制作用。

麦冬原植物

麦冬

[**临床应用**] 常用于治疗以下病症。

① 阴虚燥咳、咯血等。

② 热病，心烦不安。

③ 萎缩性胃炎。

④ 阴虚内热，津少口渴。

马鞭草（116）

[**异名**] 燕尾草、马鞭梢、蜻蜓草、龙芽草、退血草、白马鞭。

[**用药部位**] 马鞭草科植物马鞭草的地上部分。

[**形态**] 多年生草本。高 30～120 厘米。茎方形，节及棱上被硬毛。叶对生，近无柄，叶片卵圆形至倒卵形或长圆状披针形，基生叶常有粗锯齿及缺刻，茎生叶多数 3 深裂，裂片边缘有不明显的粗锯齿，两面均被硬毛，尤以下面脉上为多。穗状花序细长，顶生或腋生；每朵花下有 1 枚卵状钻形的苞片；花萼管状，膜质，5 齿裂；花冠管状，淡紫色至蓝色，5 裂，近二唇形；雄蕊 4 枚，着生于花冠管中部，花丝短；子房上位，4 室。蒴果长圆形，外果皮薄，成熟时 4 瓣裂。花期 6～8 月，果期 7～11 月。

[**产地**] 分布于四川、贵州、云南、西藏等地。

[**性味与归经**] 味苦，性凉。归肝、脾经。

[**主要成分**] 含马鞭草苷、戟叶马鞭草苷、羽扇豆醇、β-谷甾醇、熊果酸、桃叶珊瑚苷、咖啡酸、齐墩果酸、马鞭草新苷等成分。叶中含马鞭草新苷、腺苷及 β-胡萝卜素。根茎中含水苏糖。

[**功效**] 活血散瘀，截疟，解毒，利水消肿。主治外感发热、湿热黄疸、水肿、痢疾、疟疾、白喉、喉痹、淋病、经闭、痈肿疮毒等。

[**药理作用**]

1. 杀菌作用。对金黄色葡萄球菌、大肠杆菌等有抑制作用，并能杀死钩端螺旋体。

2. 能控制疟疾症状和抑杀疟原虫。

3. 抗炎止痛作用。马鞭草的水及醇提取物对家兔结膜囊滴入芥子油而引起的炎症有消炎作用。

4. 有促进血液凝固的作用。

5. 镇咳作用。马鞭草水煎液有一定镇咳作用，其镇咳的有效成分为 β-谷甾醇和马鞭草苷。

马鞭草原植物

马鞭草

[临床应用]

① 用于跌打扭伤：鲜马鞭草，捣烂敷患处，或黄酒调匀敷患处。

② 用于湿疹、皮炎：马鞭草，煎水外洗，并涂敷患处。

③ 用于哮喘：马鞭草 50 克，豆腐 100 克。开水炖服。

马齿苋（117）

[异名] 猪母菜、瓜仁菜、长寿菜、马蛇子菜。

[用药部位] 马齿苋科植物马齿苋的干燥地上部分。

[形态] 一年生草本，茎下部匍匐，四散分枝，上部略能直立或斜上，肥厚多汁，绿色或带淡紫色，全体光滑无毛。单叶互生或近对生，柄极短；叶片肉质肥厚，长方形或匙形，或倒卵形，先端圆，稍凹下或平截，基部宽楔形，形似马齿，故名"马齿苋"。

[产地] 分布于全国各省区。生于路旁、田间、园圃等向阳处。

[性味与归经] 味酸，性寒。归肝、大肠经。

[功效] 清热利湿，凉血解毒。主治热毒血痢、痈肿疔疮、湿疹、丹毒、蛇虫咬伤、便血、痔血、崩漏下血。

[主要成分] 全草含左旋去甲肾上腺素（$C_8H_{11}O_3N$），并含有多巴明（$C_8H_{11}O_2N$）及少量多巴（$C_9H_{11}O_4N$）。还含有丰富的苹果酸、枸橼酸、氨基酸、草酸盐及微量游离的草酸。

[药理作用]

（1）抑菌作用　马齿苋对大肠杆菌、痢疾杆菌、伤寒杆菌均有抑制作用；对常见致病性皮肤真菌亦有抑制作用。

（2）收缩血管作用　马齿苋对血管有显著的收缩作用，此种收缩作用兼有中枢及末梢性。

[临床应用]

① 治疗急性肠炎和急性菌痢。

② 治疗急性、慢性尿路感染。

马齿苋原植物

马齿苋

木瓜（118）

[异名] 贴梗海棠、铁脚梨、皱皮木瓜、宣木瓜。

[用药部位] 蔷薇科木瓜属木瓜的果实。

[形态] 落叶灌木，高2～3m，枝外展，无毛，有长达2厘米的直刺。单叶互生，叶柄长约1厘米；托叶变化较大，草质，斜肾形至半圆形，长约2厘米余，边缘有齿，易于脱落；叶片卵形、长椭圆形或椭圆状倒披针形，薄革质，常带红色，长3～9厘米，宽2～5厘米，先端尖，基部楔形，边缘有尖锐重锯齿，无毛或幼时下面稍被毛。花期4月，果期9～10月。

[产地] 原产于南方，在河北、陕西、山东、江苏、安徽、浙江、江西、福建、河南、湖北、湖南、广东、四川和云南等地均有分布或栽培。

[性味与归经] 味酸、涩，性温。归肝、脾经。

[功效] 舒筋活络，和胃化湿。主治湿痹拘挛、腰膝酸痛、筋脉拘急、脚气浮肿、吐泻腹痛等病症。

[主要成分] 果实含皂苷、黄酮类、维生素C和苹果酸、酒石酸、枸橼酸等大量有机酸；此外，尚含过氧化氢酶、过氧化物酶、酚氧化酶、氧化酶、鞣质、果胶等。

[药理作用]

（1）抗菌作用　抗菌药物筛选发现，木瓜有较强抗菌作用。新鲜木瓜汁（每1毫升滤液含生药1克）和木瓜煎剂（1克/毫升）对肠道菌和葡萄球菌有较明显的抑菌作用，抑菌圈直径在18～35毫米。较敏感细菌有志贺痢疾杆菌、福氏痢疾杆菌、宋内痢疾杆菌及其变种、致病性大肠杆菌、普通大肠杆菌、变形杆菌、肠炎杆菌、白色葡萄球菌、金黄色葡萄球菌、铜绿假单胞菌、甲型溶血性链球菌等。以从木瓜水溶性部分中分离提取的木瓜酚经体外抑菌试验表明，对各型痢疾杆菌的抑菌圈为19～28.6毫米。

（2）其他作用　木瓜提取物对小鼠艾氏腹水瘤有抑制作用，该提取物为熔点177～178℃的结晶。木瓜提取液85毫克/天腹腔注射共7天，可抑制小鼠腹腔巨噬细胞的吞噬作用。

[临床应用]

① 治疗风湿性关节炎、类风湿关节炎、骨关节炎、关节肌肉劳损性酸痛。

② 治疗急慢性肝炎。

③ 治疗细菌性痢疾和肠炎。

木瓜原植物

木瓜

木香（119）

[**异名**] 蜜香、青木香、五木香、南木香。

[**用药部位**] 菊科植物木香的干燥根。

[**形态**] 多年生高大草本，主根粗壮，圆柱形，表面黄褐色，有稀疏侧根。茎直立，被有稀疏短柔毛。叶片三角状卵形或长三角形，叶缘呈不规则浅裂或波状，疏生短刺，上面深绿色，被短毛，下面浅绿带褐色，被短毛。花全部管状，暗紫色花冠，花药联合，上端稍分离。花期5～8月，果期9～10月。

[**产地**] 国外主产于印度、巴基斯坦、缅甸者，称为广木香。我国主产于云南、广西者，称为云木香；主产于四川、西藏等地者称为川木香。

[**性味与归经**] 味辛、苦，性温。归脾、胃、大肠、三焦、胆经。

[**主要成分**] 木香根含挥发油、木香碱、菊糖。挥发油的主要成分为木香内酯、二氢木香内酯、α-木香醇、α-木香酸、凤毛菊内酯、去氢木香内酯、异去氢木香内酯、异土木香内酯等。

[**功效**] 行气止痛，健脾消食。主治胸胁、脘腹胀痛，泻痢后重，食积不消，不思饮食等症。

[药理作用]

（1）调整胃肠运动　木香对胃肠运动具有双向调节作用。木香水提液、挥发油和总生物碱对小肠有轻度兴奋作用。而木香烃内酯挥发油、二氢木香内酯等7种内酯部分对小肠运动则有抑制作用。

（2）抗消化性溃疡　木香超临界提取液对急性胃黏膜损伤、醋酸损伤型胃溃疡等多种实验性胃溃疡模型均具有明显的抑制作用。

（3）促进胆囊收缩　木香烃内酯及去氢木香内酯为木香中的主要利胆成分。

[临床应用]

木香辛温通散，善于行气而止痛，为行散胸腹气滞常用要药，可与枳壳、川楝子、延胡索同用；用于胸腹胀痛，可与柴胡、郁金等品同用。又能入大肠，治疗气滞大肠，泻痢腹痛，里急后重证候，可与槟榔、枳实、大黄等同用；用于湿热泻痢、腹痛，常与黄连配伍同用。

此外，木香常用于补益剂中，以疏畅气机，使补益药补而不滞。

木香原植物

木香干燥根

玫瑰花（120）

[**异名**] 徘徊花、笔头花、湖花、刺玫花、刺玫菊。

[**用药部位**] 蔷薇科蔷薇属玫瑰的花蕾。

[**形态**] 花蕾或花略呈球形、卵形或不规则团块，直径 1.5～2 厘米，花托壶形或半球形，与花萼基部相连，花托无宿梗或有短宿梗。萼片 5 枚，披针形，黄绿色至棕绿色，伸展或向外反卷，其内表面（上表面）被细柔毛，显凸起的中脉。花瓣 5 片或重瓣，广卵圆形，多皱缩，紫红色，少数黄棕色。雄蕊多数，黄褐色，着生于花托周围。有多数花柱在花托口集成头状，体轻、质脆。香气浓郁，味微苦涩。以花朵大、完整瓣厚、色紫、色泽鲜、不露蕊、香气浓者为佳。

[**产地**] 全国各地均产，主产于浙江长兴，江苏无锡、江阴、苏州，以浙江长兴产者质量最佳。

[**性味与归经**] 味甘、微苦，性温。归肝、脾经。

[**主要成分**] 花含挥发油，内主要含芳樟醇、芳樟醇甲酸酯、β-香茅醇、香茅醇甲酸酯、香茅醇乙酸酯等。花粉的挥发成分为 6-甲基-5-庚烯-2-酮、牻牛儿醇乙酸酯、橙花醛等。花还含槲皮素、矢车菊双苷、有机酸、β-胡萝卜素、脂肪油等。花托含长梗马兜铃素等鞣质成分。叶含异槲皮素等黄酮类成分，又含多种倍半萜类成分。

[**功效**] 理气解郁，和血调经。主治肝气郁结所致膈满闷、脘胁胀痛、乳房作胀、月经不调，痢疾，泄泻，带下，跌打损伤，痈肿。

[**药理作用**]

（1）抗病毒作用　玫瑰花提取物对人免疫缺陷病病毒（艾滋病病毒）、白血病病毒和 T 细胞白血病病毒均有抑制作用。其所含长梗马兜铃素和新喷呐素 I 对感染小鼠白血病病毒细胞的逆转录酶有抑制作用。

（2）其他作用　玫瑰花水煎剂能解除小鼠口服锑剂的毒性反应，但仅对口服酒石酸锑钾有效，且同时使其抗血吸虫作用消失，故这一作用可能是玫瑰花煎剂改变了酒石酸锑钾的结构所致。玫瑰油对大鼠有促进胆汁分泌的作用。

[**临床应用**]

① 用于肝胃气滞证。治疗肝气郁滞，可与当归、香附、柴胡等同用。治肝胃气痛，胸胁胀满，食欲减退等，常与郁金、香附、佛手等同用。

玫瑰花原植物

玫瑰花

② 用于跌仆伤痛。

麦芽（121）

[**异名**] 大麦蘖、麦蘖、大麦毛、大麦芽。

[**用药部位**] 禾本科植物大麦的成熟果实经发芽干燥而得。

[**形态**] 颖果两端狭尖略呈梭形，长 8～15 毫米，直径 2.5～4.5 毫米。表面淡黄色，背面浑圆，外稃包围，具 5 枚，先端长芒已断落；腹面为内稃包围，有 1 条纵沟。除去内、外稃后，基部胚根处长出胚芽及须根，胚芽长披针状线形，黄白色，长约 5 毫米，须根数条，纤细而弯曲。质硬，断面白色，粉性。气无，味微甘。以色淡黄、有胚芽者为佳。

[**产地**] 全国均产。

[**性味与归经**] 性平，味甘。归脾、胃经。

[**主要成分**] 麦芽主要含 α 淀粉酶及 β 淀粉酶，催化酶，过氧化异构酶等。另含大麦芽碱，大麦芽弧碱 A、大麦芽弧碱 B，腺嘌呤，胆碱，蛋白质，氨基酸，维生素 B 族、维生素 D、维生素 E，细胞色素。尚含麦芽毒素，即白栝楼碱。

[**功效**] 行气消食，健脾开胃，退乳消胀。主治消化不良、脘腹饱胀、食欲不振等症。

[**药理作用**]

（1）助消化作用　淀粉是糖淀粉与胶淀粉的混合物。麦芽内主要含有 α 淀粉酶与 β 淀粉酶。β 淀粉酶能将糖淀粉完全水解成麦芽糖，α 淀粉酶则使之分解成短直链缩合葡萄糖即糊精，后者可再被 β 淀粉酶水解成麦芽糖。淀粉在上述两种淀粉酶的作用下分解成麦芽糖与糊精。麦芽煎剂对胃酸与胃蛋白酶的分泌似有轻度促进作用。

（2）降血糖作用　口服麦芽浸剂可使家兔与正常人血糖降低。麦芽渣水提醇沉精制品制成的 5％注射液，给家兔注射 200 毫克，可使血糖降低 40％或更多，作用可维持 7 小时。

（3）对哺乳期乳腺分泌的作用　从产子鼠日开始，给母鼠灌服不同炮制麦芽（生药）25～33.5 克/（千克·天），连续 10 天。试验结果显示，生麦芽组的子鼠体重比炒麦芽及对照组的增长快，有显著性差异。生麦芽组母鼠血清催乳素水平高。从组织形态学观察，生麦芽组母鼠乳腺泡扩张及乳汁充盈程度也强于其他组，表明生麦芽有催乳作用，炮制后的麦芽则作用减弱。

（4）其他作用　本品所含大麦芽碱，其药理作用类似麻黄碱。1.0 毫克/千克剂量能增强豚鼠子宫的紧张和运动，且随剂量的增加而增强。

大麦原植物

麦芽

[临床应用]

① 用于断乳及乳汁郁积引起的乳房胀痛等症。

② 用于食积不化，脘闷腹胀，脾胃虚弱，食欲不振等症。麦芽可促进食物的消化，尤能消米面食积。在临床上用于食积不化、脘闷腹胀，可与山楂、六神曲等配伍；如遇脾胃虚弱、食欲不振，宜与白术、党参等补气健脾药同用。

南瓜子（122）

[异名] 南瓜仁、白瓜子、窝瓜子、倭瓜子等。

[用药部位] 葫芦科植物南瓜的干燥种子。

[形态] 干燥成熟的种子，呈扁椭圆形，一端略尖，外表黄白色，边缘稍有棱，长约1.2～2厘米，宽约0.7～1.2厘米，表面带有茸毛，边缘较多。种皮较厚，种脐位于尖的一端；除去种皮，可见绿色菲薄的胚乳，内有2枚黄色肥厚的子叶。子叶内含脂肪油，胚根小。气香，味微甘。以干燥、粒饱满、外壳黄白色者为佳。

[产地] 全国各地普遍栽培。夏、秋季食用南瓜时，收集成熟种子，除去瓤膜，洗净，晒干。

[性味与归经] 味甘，性平。归大肠经。

[主要成分] 本品主要含亚油酸、油酸、棕榈酸、硬脂酸、三酰甘油、磷脂酰己醇胺、南瓜子氨酸等成分。

[功效] 杀虫，下乳，利水消肿。用于绦虫病、血吸虫病。

[药理研究] 有驱虫、抗血吸虫、升压、兴奋呼吸中枢、抑制回肠平滑肌收缩等作用。

[临床应用]

① 绦虫病，驱绦虫尤为适用，临床多单味生用，若配槟榔可增强疗效，先将本品60～90克研细服，或加冷开水调成乳剂空腹服，2小时后服槟榔30～90克的水煎剂，再过30分钟用开水冲服芒硝15克，促使泻下通便，以利于虫体排出。

② 蛔虫病、蛲虫病、血吸虫病可单用。

南瓜原植物

南瓜子

女贞子（123）

[异名] 女贞实、冬青子、白蜡树子。

[用药部位] 为木犀科植物女贞的果实。冬季果实成熟时采摘，除去枝叶晒干，或将果

实略熏后，晒干；或置热水中烫过后晒干。

[**形态**] 干燥果实卵形或椭圆球形。外皮蓝黑色，具皱纹；两端钝圆，底部有果柄痕。质坚，体轻，横面破开后大部分为单仁，中间有隔瓤分开。仁椭圆形，两端尖，外面紫黑色，里面灰白色。

[**产地**] 主产于浙江金华、兰溪，江苏淮阴、镇江，湖南衡阳等地。

[**性味与归经**] 味苦、甘，性平。归肝、肾经。

[**主要成分**] 果实含齐墩果酸、甘露醇、葡萄糖、棕榈酸、硬脂酸、油酸、亚油酸；果皮含齐墩果酸、乙酰齐墩果酸、熊果酸；种子含油酸、亚麻酸。

[**功效**] 补肝肾，强腰膝。主治阴虚内热，头晕，目花，耳鸣，须发早白等。

[**药理作用**]

（1）对免疫功能的影响　女贞子具有增强体液免疫功能的作用、能明显提高 T 淋巴细胞功能。

（2）对内分泌系统的作用　女贞子中既有雌激素样物质，也有雄激素样物质存在。

（3）对造血系统的影响　女贞子对红系造血有促进作用。

（4）其他作用　女贞子还具有降血糖、抗肝损伤、抗炎、抗癌等作用。

[**临床应用**] 主要用于养肝益肾、补气疏肝、强筋强力、通经和血。

① 用于补腰膝、壮筋骨、强肾阴、乌须发，配以墨旱莲。

② 女贞子、杜仲、山楂组成的方剂，按 3％添加于生长育肥猪日粮中，饲喂 60 天，平均每头猪日增重提高 110 克。

③ 柴胡 300 克、黄芪 450 克、党参 400 克、白芍 360 克、甘草 240 克、茵陈 180 克、女贞子 240 克配制成添加剂，按 0.3％添加到蛋鸡日粮中，可显著提高产蛋率，降低料蛋比和死亡率。

④ 女贞子、神曲、枸杞子、氨基酸，共研细末，按饲料量的 0.15％～0.2％添加，使蛋鸡产蛋增加。

女贞子原植物

女贞子

蒲公英（124）

[**异名**] 黄花地丁、婆婆丁。

[用药部位] 菊科植物蒲公英、碱地蒲公英或同属数种植物的干燥全草。

[形态] 呈皱缩卷曲的团块。根呈圆锥形，多弯曲，表面棕褐色，皱缩；根头部有棕褐色或黄白色的茸毛；完整叶片呈倒披针形，绿褐色或暗灰色；花茎一至数条，每条顶生头状花序，总苞片多层，内面一层较长，花冠黄褐色或淡黄白色。

[产地] 主产于东北、华北、华东、华中、西南地区及陕西、甘肃、青海等地。

[性味与归经] 味苦、甘，性寒。归肝、胃经。

[主要成分] 蒲公英含蒲公英甾醇、胆碱、菊糖和果胶等。其根中含蒲公英醇、胆碱、有机酸、果糖、蔗糖、葡萄糖等。叶含叶黄素、蝴蝶梅黄素、叶绿醌、维生素 C 和维生素 D。花中含山金车二醇、叶黄素和毛茛黄素。

[功效] 清热解毒，消肿散结。主治疗疮肿毒、乳痈、瘰疬、目赤、咽痛、肺痈、肠痈、湿热黄疸、热淋涩痛。

[药理作用]

① 抗病原微生物作用。蒲公英注射液对金黄色葡萄球菌、溶血性链球菌有较强的杀灭作用，对肺炎双球菌、白喉杆菌、铜绿假单胞菌、痢疾杆菌等亦有一定的杀灭作用。

② 蒲公英对动物有保肝利胆作用，临床上对慢性胆囊痉挛及结石症有效。

③ 抗肿瘤作用。

④ 抗胃溃疡作用。

[临床应用]

① 治疗慢性肝炎、脂肪肝、慢性胆囊炎、慢性胰腺炎。

② 治疗慢性胃炎、胃十二指肠溃疡、幽门螺杆菌（HP）阳性。

③ 治疗上呼吸道感染。

④ 治疗急性乳腺炎，皮肤、皮下化脓性感染。

蒲公英原植物

蒲公英干燥全草

枇杷叶（125）

[异名] 杷叶、卢橘叶、蜜枇杷叶、炙枇杷叶、芦桔叶。

[用药部位] 蔷薇科植物枇杷的叶。全年均可采收，多在 4～5 月采叶，晒至七八成干时扎成小把，再晒干。

[形态] 常绿小乔木，高约 10 米。小枝粗壮，黄褐色，密生锈色或灰棕色茸毛。叶片革质；叶柄短或几无柄，长 6～10 毫米，有灰棕色茸毛；托叶钻形，有毛；叶片披针形、倒披

针形、倒卵形或长椭圆形，长 12～30 厘米，宽 3～9 厘米，先端急尖或渐尖，基部楔形或渐狭成叶柄，上部边缘有疏锯齿，上面光亮、多皱，下面及叶脉密生灰棕色茸毛，侧脉 11～21 对，圆锥花序顶生，总花梗和花梗密生锈色茸毛；花直径 1.2～2 厘米；萼筒浅杯状，萼片三角卵形，外面有锈色茸毛；花瓣白色，长圆形或卵形，长 5～9 毫米，宽 4～6 毫米，基部具爪，有锈色茸毛；雄蕊 20，花柱 5，离生，柱头头状，无毛。果实球形或长圆形，直径 3～5 厘米，黄色或橘黄色；种子 1～5 颗，球形或扁球形，直径 1～1.5 厘米，褐色，光亮，种皮纸质。花期 10～12 月，果期翌年 5～6 月。

[**产地**] 多栽于村边、平地或坡地。分布于江苏、浙江、广东、陕西及长江流域以南各地。

[**性味与归经**] 味苦，性微寒。归肺、胃经。

[**主要成分**] 新鲜枇杷叶含挥发油 0.045%～0.108%，主要成分为橙花叔醇、芳樟醇及其氧化物等。三萜类化合物是以熊果酸、齐墩果酸或委陵菜酸为母体的衍生物。倍半萜类化合物枇杷苷 I 可作为定性鉴别的专属性成分。尚含单环倍半萜苷、苦杏仁苷及有机酸、金合欢醇、β-谷固醇、马斯里酸、枸橼酸等成分。

[**功效**] 清肺止咳，降逆止呕。主治肺热咳嗽、阴虚咳嗽、咳血、衄血、吐血等症。

[**药理作用**]

① 抗菌。

② 抗肿瘤。

③ 镇咳祛痰。

④ 降血糖。

⑤ 降血脂。

⑥ 调节免疫功能。

[**临床应用**]

① 用于肺热咳嗽、气逆喘息等症。枇杷叶能清泻肺热而化痰下气，用于肺热咳嗽、气逆喘息等症，可与桑白皮、杏仁、马兜铃等同用。

② 用于呕吐呃逆、口渴等症。本品有清泻苦降之功，故可和胃降逆而止呕呃，常与半夏、茅根、竹茹等配伍；用治口渴，亦取它清泻胃热之功，可与鲜芦根、麦冬、天花粉等品同用。

枇杷原植物

枇杷叶

泡桐叶（126）

[**异名**] 桐叶、白桐叶、紫花树叶、水桐叶。

［用药部位］玄参科植物泡桐或毛泡桐的叶。

［形态］泡桐：树皮灰褐色，幼枝、叶、叶柄、花序各部及幼果均被黄褐色星状茸毛，叶片长卵状心脏形，先端长渐尖或锐尖头，基部心形，全缘；花序呈圆柱形；花萼倒圆锥形，裂片卵形，果期变为狭三角形；花冠管状漏斗形，白色，内有紫斑，花期2～3月，果期8～9月。毛泡桐：叶全缘或3～5浅裂；花外面通常淡紫色，内面白色，有紫色条纹；花期4～5月，果期8～9月。

［产地］兰考泡桐分布于中国河北、河南、山西、陕西、山东、湖北、安徽和江苏。毛泡桐分布于中国辽宁南部、河北、河南、山东、江苏、安徽、湖北和江西等地。

［性味与归经］味苦，性寒。归脾、胃、膀胱经。

［主要成分］含桃叶珊瑚苷、泡桐苷、毛蕊花苷、异毛蕊花苷、熊果酸、乙酸等。

［功效］清热解毒，止血消肿。主治痈疽、疔疮肿毒、创伤出血。

［药理作用］

① 抗菌和抗病毒作用。泡桐花提取物也有较强的抑菌作用。

② 镇咳、祛痰和平喘作用。

③ 对中枢神经系统的作用：有明显的安定和降温作用。

④ 抗肿瘤作用。

⑤ 增强杀昆虫剂作用。

⑥ 其他作用：降压作用、抗炎作用、利尿和泻下作用，用于术中止血。

［临床应用］

① 泡桐叶能促进增重，并有抑菌作用。

② 泡桐花抑菌作用更强，对金黄色葡萄球菌、伤寒杆菌、痢疾杆菌、大肠杆菌、铜绿假单胞菌、布氏杆菌等均有一定抑制作用。（《中草药饲料添加剂学》）

泡桐原植物

泡桐叶

蒲黄（127）

［异名］蒲厘花粉、蒲花、蒲棒花粉、蒲草黄。

［用药部位］香蒲科植物水烛香蒲、东方香蒲或同属植物的干燥花粉。

［形态］本品为香蒲花上黄色细粉，质轻松，易飞扬，手捻之有润滑感，入水不沉。无臭，味淡。以色鲜黄、润滑感强、纯净者为佳。

［产地］狭叶香蒲生于浅水中，分布于东北、华北、西北、华东地区及河南、湖北、广

西、四川、贵州、云南等地。宽叶香蒲生于河流两岸、池沼等地水边，以及沙漠地区浅水滩中，分布于东北、华北、西南地区及陕西、新疆、河南等地。东方香蒲生于水旁或沼泽中，分布于东北、华北、华东地区及陕西、湖南、广东、贵州、云南等地。长苞香蒲生于池沼、水边。分布于东北、华北、华东及陕西、甘肃、新疆、四川等地。

[**性味与归经**] 味甘，微辛，性平。归肝、心、脾经。

[**主要成分**] 主要含黄酮及甾类成分。此外，尚含有挥发油、多糖、酸类、香蒲新苷、山柰酚、异鼠李素、柚皮素、山柰酚-3-阿拉伯糖苷、3-谷固醇和烷类等化合物。

[**功效**] 止血，祛瘀，利尿。主治吐血、咯血、衄血、血痢、便血、崩漏、外伤出血、心腹疼痛、经闭腹痛、产后瘀痛等。

[**药理作用**]

① 对心血管系统的作用：静注蒲黄制剂对家兔心肌损害有保护作用。大剂量蒲黄具有抗低压缺氧作用，提高动物对减压缺氧的耐受力。蒲黄提高心肌及脑对缺氧的耐受性或降低心、脑组织的氧耗，对心脑缺氧有保护作用，还可降低氧耗量及乳酸含量。有降低家兔血压的作用。

② 降血脂及抗动脉粥样硬化作用。蒲黄有显著降血脂的作用。蒲黄中的不饱和脂肪酸和槲皮素均对降血脂和防治动脉粥样硬化有效。

③ 凝血作用。

④ 对细胞免疫和体液免疫功能均有调节作用。

⑤ 抗炎作用。

⑥ 抑菌作用。

[**临床应用**]

① 用于呕血、咯血、尿血、便血、崩漏、创伤出血等症。蒲黄药性涩，收敛止血作用较佳，各种出血，临床上可以单用，也可配合仙鹤草、旱莲草、茜草炭、棕榈炭、侧柏叶等同用。

② 用于心腹疼痛、产后瘀痛、痛经等症。

蒲黄原植物

蒲黄干燥花粉

羌活（128）

[**异名**] 羌青、护羌使者、胡王使者、羌滑、退风使者、黑药。

[**用药部位**] 伞形科植物羌活的干燥根。

［形态］羌活为圆柱形略弯曲的根茎，长4～13厘米，直径0.6～2.5厘米。顶端具茎痕。表面棕褐色至黑褐色，外皮脱落处呈黄色。节间缩短，呈紧密隆起的环状，形似蚕；或节间延长，形如竹节状。节上有多数点状或瘤状突起的根痕及棕色破碎鳞片。断面不平整，有多数裂隙，皮部黄棕色至暗棕色，油润，有棕色油点，木部黄白色，射线明显，髓部黄色至黄棕色。气香，味微苦而辛。

［产地］羌活以四川为主产区者称川羌，主产于四川省阿坝藏族羌族自治州的小金、松潘、黑水、理县等地，云南省丽江地区的腾冲等地。川羌中多为蚕羌。以西北地区为主产区者称西羌，主产于甘肃的天祝、岷县、临夏等地，青海的海北、黄南、海南等地。西羌中多为大头羌、竹节羌和条羌。

［性味与归经］味辛、苦，性温。归膀胱、肾经。

［主要成分］羌活根茎含香豆精类化合物，羌活还含苯乙基阿魏酸酯。

［功效］散表寒，祛风湿，利关节，止痛。主治外感风寒，头痛无汗，风寒湿痹，风水浮肿，疮疡肿毒。

［药理作用］

① 解热作用。

② 镇痛作用。

③ 抗炎作用。

④ 抗过敏作用。

⑤ 抗氧化作用。

⑥ 抗菌作用。

［临床应用］

① 用于风寒感冒。本品辛温，发表力强，主散太阳经风邪及寒湿之邪，有散寒祛风、胜湿止痛之功，故善治风寒湿邪袭表，恶寒发热、肌表无汗、头痛项强等症，常与防风、细辛、苍术、川芎等药同用，如九味羌活汤；若寒湿偏重，头痛身重者，可配伍独活、藁本、川芎等药，如羌活胜湿汤。

② 用于风寒湿痹，肩臂疼痛。本品辛散祛风、味苦燥湿、性温散寒，能去除风寒湿邪，通利关节而止痛，且作用部位偏上，故善治腰以上风寒湿痹，尤以项背肢节疼痛者佳，多配伍防风、姜黄、当归等药同用。

羌活原植物

羌活干燥根

青蒿（129）

[异名] 蒿，草蒿、方溃，臭蒿，香蒿，三庚草，蒿子、草青蒿、草蒿子，细叶蒿（湖南）、香青蒿、苦蒿，臭青蒿，香丝草，酒饼草。

[用药部位] 菊科植物黄花蒿的干燥地上部分。

[形态] 茎圆柱形，上部多分枝，长 30～80 厘米，直径 0.2～0.6 厘米；表面黄绿色或棕黄色，具纵棱线；质略硬，易折断，断面中部有髓。叶互生，暗绿色或棕绿色，卷缩，易碎，完整者展平后为三回羽状深裂，裂片及小裂片矩圆形或长椭圆形，两面被短毛。气香特异，味微苦。花果期 6～9 月。

[产地] 全国各地均产。

[性味与归经] 味苦、微辛，性寒。归肝、胆经。

[主要成分] 主要含多种倍半萜内酯、黄酮类、香豆素类、挥发油等。另含青蒿素、青蒿醇、青蒿酸、青蒿酸甲酯、槲皮素、小茴香酮、蒿属香豆精等成分。

[功效] 清热，解暑，除蒸，截疟。主治暑热、暑湿、湿温、阴虚发热、疟疾、黄疸。

[药理作用]

① 抗菌抗病毒作用。

② 抗寄生虫作用、抗疟作用。

③ 对免疫系统的作用：青蒿素有促进机体细胞免疫的作用，还有促进红细胞、白细胞、血红蛋白增高的作用。

④ 解热作用。

⑤ 抗肿瘤作用。

⑥ 其他作用：青蒿素可减慢心率，抑制心肌收缩力，降低冠脉流量，降低血压，且有一定抗心律失常作用。

[临床应用]

① 退虚热：对骨蒸潮热、虚热汗出或者潮热盗汗等症状，常用青蒿配合知母、鳖甲应用。

② 抗疟疾：抗疟作用缘于从青蒿中可以提取的抗疟疾成分。

③ 利胆、杀虫作用。

④ 清热凉血、止血。

⑤ 日常生活当中比如外伤出血，用青蒿直接压榨就可以直接放在局部外敷，达到止血目的。

青蒿原植物

青蒿干燥全草

千里光（130）

[异名] 九里明、蔓黄、菀、箭草、青龙梗、木莲草、野菊花、天青红。

[用药部位] 菊科植物千里光的干燥地上部分。

[形态] 南欧千里光：常绿灌木，高30厘米，叶椭圆形，有锯齿，表面覆盖一层银白色物，黄色复合花约1厘米。本品茎细长，稍折曲，上部有分枝，基部木质，长达1米以上；表面灰绿色或紫褐色，具纵棱，密被灰白色柔毛。叶互生，多卷缩，展平后呈类三角形、卵圆形或卵状披针形，边缘有不规则锯齿、微波状或近全缘，有的深裂，两面有细柔毛。头状花序多数，排成伞房状，花黄色。气微，味苦。以叶多、色绿者为佳。

滇南千里光：攀援藤本，长达3米或更长。茎木质，牵绕，直径达8毫米，有条纹，被茸毛。叶互生；有牵绕的长柄，长达6厘米；叶片心形，长达12厘米，宽达10厘米，基部心形，有时稍戟形，先端急尖，有尖叶，边缘有波状浅齿，有5条向先端弧曲的掌状脉，上面近无毛或有糙毛，下面沿脉被茸毛；上部叶渐小。头状花序，多数，排列成腋生的复伞房花序；有细长梗及条形苞叶；总苞筒状，长约7毫米，直径约4毫米，被茸毛；总苞片约8个，条形，先端尖，边缘膜质；花管状，约8个，花冠长约为总苞的两倍，黄色。瘦果圆柱形，长约4毫米；冠毛白色，长约8毫米。

长梗千里光：多年生草本，高50～100厘米。有地下茎及须根。茎直立或斜升，上部有伞房状花序枝。下部叶在花期常枯萎，叶片长达30厘米，宽达14厘米，上部叶渐小，叶片羽状全裂或深裂，披针形或匙状披针形，基部有抱茎的圆耳，边缘有不等形的浅齿；顶裂片三角状或戟状披针形，渐尖，侧裂片4～6对，披针形、戟状披针形或条形，两面无毛。头状花序，多数密集，排列成复伞房状；梗细长，有条形苞片，被短茸毛；总苞近圆柱状，长5～6毫米，无毛，总苞片1层，8～10个，条状披针形，边缘膜质，外有数个条形苞叶；舌状花1层，3～4个，舌片黄色；管状花约8个，长达8毫米。瘦果，近圆柱形，有纵肋；冠毛白色。

[产地] 南欧千里光原产于西印度群岛，现移植在地中海一带，偶尔生长在欧洲更北部。喜生于悬崖和岩石，且作为园林植物而广泛栽培。在夏季花开时采集。滇南千里光分布于广西、贵州、云南等地。长梗千里光分布于甘肃、青海、四川等地。

[性味与归经] 南欧千里光：味苦，性寒。滇南千里光：味辛、微苦，性微温。长梗千里光：味微苦，性凉。归肺、肝经。

[主要成分] 南欧千里光含吡咯里西啶生物碱（包括夹可宾）和鞣质。长梗千里光全草含三角叶千里光碱、新三角叶千里光碱、7-千里光酰-9-瓶草酰倒千里光裂碱、新瓶草千里光碱。

[功效] 清热解毒，祛风除湿，舒筋通络，明目，止痒。主治痈肿疮毒、感冒发热、目赤肿痛、泄泻痢疾、皮肤湿疹。

[药理作用]

① 抗病毒作用。千里光水煎剂在体外具有抗副流感病毒和呼吸道合胞病毒的作用。

② 抗炎、抗菌作用。

③ 抗氧化、抗肿瘤和保肝作用。

[临床应用]

① 治疗各种感染性疾病，包括呼吸道和消化道的各种感染，以及皮肤感染性疾病、疮

疗、丹毒、脓肿等。

② 治疗眼睛各种感染性疾病。

③ 熏洗治疗过敏性皮炎、湿疹等。

千里光原植物

千里光干燥茎

茜草（131）

[异名] 地血、血见愁、满江红等。

[用药部位] 茜草科植物茜草的干燥根及根茎。

[形态] 本品根茎呈结节状，丛生粗细不等的根，根呈圆柱形，略弯曲，长 10～25 厘米，直径 0.2～1 厘米。皮部脱落处呈黄红色。质脆，易折断，无臭，味微苦，久嚼刺舌。以条粗长、外皮色红棕、断面色黄红者为佳。

[产地] 全国各地均产，以陕西渭南、河南嵩县产量大且品质优。

[性味与归经] 味苦，性寒。归肝经。

[主要成分] 含蒽醌苷类茜草酸、茜草素、异茜草素等。

[功效] 凉血止血，祛瘀通经。主治血热咯血、产后瘀阻腹痛、跌打损伤、风湿痹痛等。

[药理作用]

① 有止血作用。有明显的促进血液凝固、纠正肝素所引起的凝血障碍的作用。

茜草原植物

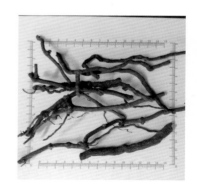

茜草干燥根

② 有抗血小板聚集作用。茜草的粗提取物还有升高白细胞作用。

③ 有镇咳祛痰、扩张血管、抑制皮肤结缔组织的通透性、抗癌等作用。

④ 对金黄色葡萄球菌有抑制作用。茜草根提取物对沙门菌属伤寒杆菌有致突变作用。

［临床应用］

① 治疗各种出血。

② 治疗产后恶露不止等症。

青皮（132）

［异名］青橘皮、青柑皮、个青皮、四花青皮、青皮子等。

［用药部位］芸香科植物橘及其栽培变种的幼果或未成熟果实的果皮。

［形态］5～6月收集自落的幼果，晒干，习称"个青皮"。个青皮呈类球形，直径0.5～2厘米，表面灰绿色或黑绿色，厚1.5～4毫米，以质硬、香气浓者为佳。7～8月采收未成熟的果实，在果皮上纵剖成四瓣至基部，除尽瓤瓣，晒干，习称"四花青皮"。四花青皮以外皮色黑绿、内面色黄白、香气浓者为佳。

［产地］产于长江以南各地，主产于福建、四川、广西、广东、江西等地。

［性味与归经］味苦、辛，性温。归肝、胆、胃经。

［主要成分］含陈皮苷、苦味质、挥发油、维生素C、左旋辛弗林乙酸盐及各种氨基酸，例如天冬氨酸、谷氨酸、脯氨酸、甘氨酸、丙氨酸、胱氨酸等。

［功效］疏肝破气，消积化滞，散结消痰。主治胸胁胀痛、疝气、乳核、乳痈、食积腹痛。

［药理作用］

① 具有向神经性及向肌性直接抑制平滑肌的双重作用。

② 可调整胃肠功能。

③ 有祛痰平喘作用。

④ 有利胆作用，对肝细胞功能有保护作用。

⑤ 有兴奋心脏的作用。

［临床应用］

① 治疗肠胀气和术后腹胀、食欲不振。

② 治疗慢性肝炎。

③ 治疗慢性支气管炎、咳嗽、痰多、气急、胸闷。

柑橘原植物

青皮

秦皮（133）

[异名] 梣皮、秦白皮、（木寻）木皮、蜡树皮等。

[用药部位] 木犀科植物白蜡树、苦枥白蜡树、尖叶白蜡树或宿柱白蜡树的干燥枝皮或干皮。

[形态] 枝皮呈卷筒状或槽状，长 10～1500 厘米，厚 1.5～3 毫米。外表面灰白色、灰棕色至黑棕色或相间呈斑状，并有灰白色圆点状皮孔及细斜皱纹，有的具分枝痕，质硬而脆，气微，味苦；干皮为长条状块片，厚 3～6 毫米。外表面灰棕色，具龟裂状沟纹及红棕色圆形或横长的皮孔，质坚硬。

[产地] 生于山坡、疏林、沟旁。分布于辽宁、吉林、河北、河南、内蒙古、陕西、山西、四川等地。

[性味与归经] 味苦、涩，性微寒。归肝、胆、大肠经。

[主要成分] 含七叶树苷及其苷元、七叶树内酯、秦皮苷、秦皮素等。此外，尚含甘露醇，树皮含有蓝色荧光性物质。

[功效] 清热燥湿，收涩止痢，明目。主治湿热泻痢、赤白带下、目赤肿痛、目生翳膜等。

[药理作用]

① 有祛痰、止咳、平喘作用。

② 有镇痛、镇静和抗惊厥的作用。

③ 有类似肾上腺皮质激素样的抗风湿作用。

④ 对福氏痢疾杆菌、伤寒沙门菌、奈氏球菌、肺炎链球菌、甲型溶血性链球菌均有较强的抑制作用，并有杀灭阿米巴原虫的作用。

⑤ 秦皮中的成分七叶树苷对于大白鼠实验性肉芽肿和浮肿均有抑制作用。

⑥ 秦皮末中分离出的总苷，可使家兔的尿量及尿酸的排泄量增加。

[临床应用]

① 用于湿热下痢，里急后重等症。本品既有清化湿热的作用，又有收涩止痢的功效，治湿热下痢、里急后重，常配伍白头翁、黄连、黄柏等同用。

② 用于目赤肿痛、目生翳膜等症。本品兼有清肝泻热的作用，故可用于目赤肿痛等症，可与黄连、竹叶等配伍同用，也可用以煎汁洗眼。

秦皮原植物

秦皮

秦艽（134）

[**异名**] 大艽、西大艽、西秦艽、左秦艽、秦胶等。

[**用药部位**] 龙胆科植物秦艽、麻花秦艽、粗茎秦艽或小秦艽的干燥根。

[**形态**] 多年生草本植物，圆柱形根，基生叶较大，茎生叶3～4对，披针形叶片，基部连合。夏秋开筒状深蓝紫色花，花丛生于上部叶腋呈轮状，裂片先端尖。长椭圆形蒴果。

[**产地**] 生于草地、湿坡。分布于东北、华北、新疆、山西等地。

[**性味与归经**] 味辛、苦，性平。归胃、肝、胆经。

[**主要成分**] 含龙胆碱、龙胆次碱、秦艽丙素、糖类及挥发油等。

[**功效**] 祛风除湿，退虚热，止痹痛。主治风湿痹痛、筋脉拘挛、骨节酸痛。

[**药理作用**]

① 有升高动物血糖的作用，并可使肝糖原明显下降。

② 能促进肾上腺皮质功能增强，产生抗炎作用，并能加速关节肿胀的消退，有抗风湿作用。

③ 有镇痛镇静作用。小剂量对小白鼠和大白鼠有镇静作用，较大剂量时则对小白鼠有中枢兴奋作用。

④ 有解热作用。小剂量时有生微热作用，较大剂量时有解热作用。

⑤ 有一定的抗过敏性休克及抗组胺作用，还能使毛细血管渗透性明显降低。

⑥ 能增强戊巴比妥钠对小白鼠及大白鼠的催眠作用，但其本身的催眠作用不明显。对麻醉狗及兔有明显而短时的降压作用，并使心跳频率减慢。

⑦ 对炭疽杆菌、金黄色葡萄球菌、副伤寒杆菌、志贺氏痢疾杆菌、堇色毛癣菌及同心性毛癣菌等均有不同程度的抑制作用。

[**临床应用**]

本品常与青蒿、地骨皮、知母同用，以滋阴养血，清热除蒸。配伍独活、桑寄生可起到祛风湿、止痹痛、益肝肾、补气血的作用，并且可用于治关节疼痛等痹证。

秦艽原植物

秦艽干燥根

肉豆蔻（135）

[**异名**] 迦拘勒、肉果、玉果、顶头肉等。

[**用药部位**] 肉豆蔻科植物肉豆蔻的干燥种仁。

[**形态**] 常绿大乔木，高达 15 米。全株无毛。叶片椭圆状披针形或长圆状披针形；花单性，雌雄异株；果实梨形或近于圆球形，悬挂，淡红色或淡黄色，成熟后纵裂成 2 瓣，显出绯红色不规则分裂的假种皮。种子卵圆形或长圆形。长 2～3 厘米，种仁红褐色至深棕色，质坚，有浅色纵行沟纹及不规则网状沟纹，断面显大理石样花纹，极芳香。

[**产地**] 热带广为栽培，主要产于马来西亚、印度、巴西等地。我国台湾、广东、云南等地已引种试种。

[**性味与归经**] 味辛，性温。归脾、胃、大肠经。

[**主要成分**] 含挥发油（豆蔻油）、脂肪油（蔻酸甘油酯、油酸甘油酯）。种仁含挥发油 8%～15%、脂肪油 25%～40%、淀粉 23%～32%、蛋白质及少量的蔗糖、多缩木糖、戊聚糖、色素、解脂酶、果胶及一种皂苷。

[**功效**] 收敛止泻，温中行气。主治脾胃虚寒，久泻不止，脘腹胀痛，食少呕吐。

[**药理作用**]

① 有滑肠作用。经煨去油后则有涩肠止泻作用；少量服用，可增加胃液分泌、增进食欲、促进消化，并有轻微制酵作用。

② 有镇静催眠、抗炎作用。

③ 有抗肿瘤作用。对 MCA 诱发的小鼠子宫癌有一定抑制作用；对二甲基苯并蒽诱发的小鼠皮肤乳头状瘤也有明显的抑制作用。

④ 对金黄色葡萄球菌、肺炎双球菌、枯草杆菌、坚韧链球菌有较强的抑制作用。

⑤ 毒性作用。猫一次灌服肉豆蔻粉 1.9 克/千克，可引起半昏迷状态，并因肝损伤可在 24 小时内死亡，毒性成分为肉豆蔻醚。

[**临床应用**]

① 治疗水泻无度，肠鸣腹痛。

② 治脾肾俱虚所致的虚泻、冷痢。

肉豆蔻原植物

肉豆蔻干燥果

忍冬藤（136）

[**异名**] 老翁须、鸳鸯草、忍冬草等。

［用药部位］忍冬科植物忍冬的干燥藤茎。秋、冬割取带叶的藤茎，扎成小捆，晒干。

［形态］茎枝长圆柱形，多分枝，直径 1.5～6 毫米，节间长 3～6 厘米，有残叶及叶痕。表面棕红色或暗棕色，有细纵纹，老枝光滑，细枝有淡黄色茸毛；外皮易剥落，露出灰白色内皮。质硬脆，易折断，断面黄白色，中心空洞。以表面色棕红、质嫩者为佳。

［产地］现各地多有栽培，以浙江栽培的数量最大。

［性味与归经］味甘、性寒。归心、肺经。

［主要成分］含忍冬苷即木犀草素-7-鼠李糖葡萄糖苷、木犀草素等黄酮类。茎含鞣质、生物碱。

［功效］清热解毒，通络。主治温热发病，热毒血痢，痈肿疮疡，风湿热痹，关节红肿热痛。

［药理作用］

① 抗病原微生物作用。体外试验表明，忍冬藤水浸液对白色葡萄球菌有抑制作用。其水煎液（1∶40）可延缓孤儿病毒所致的细胞病变。

② 对钩端螺旋体有抑制作用。

［临床应用］

① 治疗各种关节炎、关节肌肉酸痛。

② 治疗细菌性痢疾。

③ 治疗气管炎。

忍冬原植物

忍冬干燥茎

人参叶（137）

［异名］人参苗、参叶。

［用药部位］秋季采挖根及根茎，晒干或烘干。

［形态］多捆扎成小把呈扇形或束状，茎细圆柱形或扁缩，黄褐色或紫褐色，有明显的纵沟棱。质脆易折断，断面可见白色的髓。叶舒展或卷叠、皱缩，完整者呈椭圆形，绿色、黄绿色或暗绿色，先端渐尖，基部楔形而下延，边缘具细锯齿，叶上表面脉上疏生直立刚毛。

［产地］主产于吉林、辽宁、黑龙江；河北、山西及北京等地有引种。

［性味与归经］味苦、微甘，性寒。归肺、胃经。

[**主要成分**] 人参茎叶含三萜类及其皂苷成分——人参皂苷、胡萝卜苷，黄酮类成分——山柰酚、三叶豆苷、人参黄酮苷，还含棕榈酸、棕榈酸、十三烷酸、正十五烷等挥发油。叶还含天冬氨酸、苏氨酸、丝氨酸、谷氨酸等多种氨基酸，另含小分子多糖 PGⅠ、PGⅡ，PGⅢ，还含水溶性杂多糖 PN 等糖类。

[**功效**] 解暑清热，生津止渴。主治各种虚脱证，病后津气两亏，症见口干自汗、心气不足、惊悸不宁。

[**药理作用**]

（1）对免疫功能的影响　人参茎叶皂苷对多种动物网状内皮系统吞噬功能均有显著的激活作用。试验证明，能明显增强动物对大肠杆菌、金黄色葡萄球菌、伤寒杆菌和铜绿假单胞菌的抵抗力，降低感染率。

（2）延缓衰老作用　人参茎叶皂苷能使家蚕食量减少，体重增加缓慢，使家蚕幼虫的生长期明显延长。

（3）对机体抗应激能力的影响　人参茎叶皂苷可使游泳大鼠血中总脂升高，肝脏和腹直肌中蛋白质和核酸增高，其抗疲劳作用可能与其升高血脂和促进蛋白质、RNA 合成有关。

（4）其他作用　可以增强学习记忆力，提高小鼠在单向穿梭迷宫中条件回避反应出现率，缩短反应时间；同时能显著增加小鼠脑内 RNA 的含量和全脑去甲肾上腺素的含量。

[**临床应用**]

用于气阴两虚证。治阴虚肺热之干咳少痰、胸闷气短、口燥咽干者，可与五味子、川贝母、玄参等同用。治热伤气津之身热汗多、口渴心烦、体倦少气等，常与西瓜翠衣、麦冬、石斛等同用。若治消渴属气阴两伤有热者，可与黄芪、麦冬、天花粉等同用。

人参原植物

人参叶

肉桂（138）

[**异名**] 菌桂、辣桂、玉桂等。

[**用药部位**] 樟科植物肉桂的干燥树皮。

[**形态**] 肉桂外表面灰棕色，稍粗糙，有多数微突起的皮孔及少数横裂纹，并有灰色地衣斑块；内表面棕红色，平滑，有细纵纹，指甲刻划显油痕。质坚实而脆。

[**产地**] 主产于广西、广东、云南、贵州等地。

[**性味与归经**] 味辛、甘，性温。归肾、脾、心、肝经。

[主要成分] 含有肉桂油、肉桂酸甲酯等。

[功效] 补火助阳，引火归原，散寒止痛，温经通脉。主治阳痿宫冷、腰膝冷痛、肾虚作喘、虚阳上浮、眩晕目赤、心腹冷痛、虚寒吐泻、寒疝腹痛等症。

[药理作用]

（1）对胃肠运动的影响　对肠胃有缓和的刺激作用，可促进唾液及胃液分泌，增强消化功能；能解除胃肠平滑肌痉挛，缓解肠道痉挛性疼痛。

（2）抗溃疡作用　肉桂能抑制胰酶的活性。对小鼠应激性溃疡形成也有一定的抑制作用。

（3）抗血小板聚集作用　能抑制血小板聚集，具抗凝血酶作用。

（4）对心血管系统的作用　有抗补体、抗过敏作用。

（5）对中枢神经系统的作用　桂皮醛有中枢抑制和兴奋作用。

（6）对阳虚、阴虚模型的影响　对阳虚小鼠有预防和保护作用。

（7）抗炎作用　肉桂对急、慢性炎症反应均有一定的抑制作用。

（8）抗菌作用　桂皮醛具有很强的杀真菌作用，尤以对皮肤癣菌作用最强。

（9）抗肿瘤作用　肉桂甲醇提取物和桂皮醛对小鼠黑色素瘤中提取出的酪氨酸酶有很强的抑制作用。

[临床应用]

① 用于食欲不振，中医辨证为脾胃虚寒者。

② 用于慢性腹泻，大便稀薄、泡沫状，腹痛热敷后能痛缓，中医辨证脾肾阳虚者。

③ 用于慢性支气管炎、肺气肿、肺水肿、咳嗽、气喘，胸膜炎、心包炎之胸腔积液、心包积液，中医辨证痰饮病、脾肾阳虚、寒饮积滞者。

肉桂原植物

肉桂皮

肉苁蓉（139）

[异名] 大芸、寸芸、苁蓉、地精等。

[用药部位] 列当科植物肉苁蓉或管花肉苁蓉的干燥带鳞叶的肉质茎。

[形态] 肉苁蓉：呈扁圆柱形，稍弯曲，长 3～5 厘米，直径 2～8 厘米，表面棕褐色或灰棕色。密被覆瓦状排列的肉质鳞叶，通常鳞叶先端已断。体重，质硬，微有柔性，不易折断。

管花肉苁蓉：呈扁圆柱形、扁纺锤形、扁卵圆形、扁圆形等不规则形，长 6～8 厘米，直径 4～6.5 厘米，表面红棕色、灰黄棕色或棕褐色，多扭曲。体重，质坚硬，无韧性，难折断。黑褐色点状维管束众多，不规则散在，有的有小裂隙。

咸苁蓉：呈圆形或扁长条形，表面黑褐色，有多数鳞片，呈覆瓦状排列，有盐霜，断面黑色或黑绿色，有光泽。味咸。

[产地] 主产于内蒙古、甘肃、青海、新疆等地。

[性味与归经] 味甘、咸，性温。归肾、大肠经。

[主要成分] 含肉苁蓉苷、红景天苷、京尼平苷酸、邻苯二甲酸二丁酯、香草醛等。

[功效] 补肾阳，益精血，润肠道。主治血崩、腰膝冷痛、血枯便秘。

[药理作用]

① 对阳虚动物的肝脾核酸含量下降和升高有调整作用，有激活肾上腺释放皮质激素的作用。

② 水煎剂能显著升高红细胞膜 Na^+-K^+-ATP 酶活性，这可能是其补益作用的机制之一。

③ 对麻醉犬、猫、兔等有降血压作用。

④ 增强机体免疫力。

⑤ 抗氧化作用。

⑥ 保肝。

[临床应用]

① 用于肠燥便秘、白浊等症。如润肠丸（《世医》）。

② 常与牛膝等配伍，用于肾虚骨弱、腰膝冷痛等症。如滋阴大补丸（《丹溪》）。

③ 治疗牛慢性瘤胃积食和虚弱型前胃弛缓，洗胃后灌服当归苁蓉汤配合西药治疗奶牛前胃及真胃阻塞。

肉苁蓉原植物

肉苁蓉干燥茎

山药（140）

[异名] 薯蓣、土薯、淮山、白山药。

[用药部位] 薯蓣科植物薯蓣的干燥块茎。

[形态] 山药为薯蓣科草质藤本，根茎棒状，根少分枝，白色根着生许多须根，黏性。

叶对生，常为心脏形或剪形掌状，叶腋间生有株芽（称零余子，也叫山药豆、山药蛋）。白色小单生花，蒴果不反折，呈三棱形。

[产地] 主产于河南、河北、山西、江西、湖南、广东、广西等地。其中以河南焦作的博爱、沁阳、武陟、温县等地所产者质量最优，习称"怀山药"。

[性味与归经] 味甘、性平。归脾、肺、肾经。

[主要成分] 根茎含山药素、甘露多糖、多巴胺、盐酸山药碱、止杈素、烷醇、胆甾醇、菜油甾醇，以及山药多糖。此外，尚含淀粉、胆碱、黏液质、淀粉酶、糖蛋白、多酚氧化酶和多种微量元素。

[功效] 健脾益胃，益肺生津，补肾涩精。主治脾虚食少，大便溏泻；肺虚喘咳；肾虚遗精，带下，尿频；虚热消渴。

[药理作用]

① 降血糖作用。山药水煎剂可以降低正常小鼠的血糖，对四氧嘧啶引起的小鼠糖尿病有预防及治疗作用，并可对抗由肾上腺素或葡萄糖引起的小鼠血糖升高。

② 对消化系统的作用。生山药，清炒、土炒、麸炒等山药炮制品煎剂对家兔肠管节律性活动有明显作用。

③ 对免疫功能的影响。山药水煎剂可显著增加小鼠的脾脏重量，而对胸腺无明显作用。给小鼠腹腔注射山药多糖溶液能有效地对抗环磷酰胺降低白细胞的作用。

④ 抗氧化。

[临床应用]

① 配伍麦冬，治疗咳嗽属阴虚或气阴两虚，山药滋阴润肺，麦冬滋阴润肺退虚热，二者合用增强养阴退热、滋阴降火、润肺之力。

② 配伍茯苓，治疗肾衰竭属脾肾两虚，二者均健脾补肾，先后天相互滋生，治疗消渴，山药滋阴清热凉血，茯苓利水行津，合用补渗兼得，脾胃得健。

③ 配伍杏仁，治疗肺气虚弱喘咳、便秘等，山药补脾之气阴，杏仁止咳平喘、润肠通便，二者均入肺脾经，为润肺滋阴、润肠通便的常用药对。

山药原植物

山药

山楂（141）

[异名] 赤瓜子、茅楂、羊还球、山里果、红果子、棠棣子。

[用药部位] 蔷薇科植物山里红或山楂的干燥成熟果实。

[形态] 山里红（大山楂、北山楂、山果子）：落叶小乔木，高约6米，分枝多，无刺或有少数短刺，无毛。单叶互生，有长柄，长2～6厘米；托叶镰形，较大，边缘有齿；叶片广卵形或菱状卵形，长6～12厘米，宽5～8厘米，有5～9羽裂，仅下面1对裂片较深，先端短渐尖，基部宽楔形，常稍偏斜，边缘有不规则重锯齿，上面有光泽，下面脉上有短柔毛。初夏枝端或上部叶腋抽出伞房花序，有花10～12朵；花梗被短柔毛；花萼5齿裂；花冠白色或稍带红晕，花瓣5，宽倒卵形；雄蕊20个。梨果球形，直径可达2.5厘米，深亮红色，有黄白色小斑点。

山楂（酸梅子）：与上种极相似，只是叶片较小，长5～10厘米，宽4～7.5厘米，3～5羽状深裂，羽裂较上种为深，裂片卵状披针形。果实较上种为小，直径1～1.5厘米，深红色。

野山楂（南山楂、猴楂、药山楂）：落叶灌木，高达1.5米，具尖细的直刺，直刺长达8毫米。叶先端通常3浅裂，很少5～7裂。果实较小，直径1～1.2厘米，常具有宿存的反折萼片。

[产地] 分布于东北、华北地区及陕西、江苏、河南等地。

[性味与归经] 味甘、酸，性温。归脾、胃、肝经。

[主要成分] 山楂果实含山楂酸、酒石酸、枸橼酸、黄酮类、萜类及甾体类、有机酸及酯类等化学成分。其中黄酮类成分有左旋表儿茶、槲皮素、金丝桃苷、芦丁、牡荆素等。萜类及甾体类成分有谷甾醇、熊果酸、胡萝卜苷、桦皮醇、熊果醇、芳樟醇等。有机酸及酯类成分有绿原酸、苹果酸、乙酸、枸橼酸单甲酯、棕榈酸、硬脂酸、琥珀酸、枸橼酸、没食子酸、原儿茶酸等。

[功效] 消食化滞，散瘀止痛。用于肉食积滞，胃脘胀满，泻痢腹痛，瘀血，产后瘀阻，心腹刺痛，胸痹心痛，疝气疼痛等症。

[药理作用]

① 山楂能增加胃中酶类分泌、促进消化，所含解脂酶亦能促进脂肪类食物的消化。

② 山楂可使血管扩张，冠状动脉血流增加，血压下降，同时有降低胆固醇的作用。

③ 山楂在体外对痢疾杆菌有较强的抑制作用。

④ 其他作用：山楂水煎剂具有抗氧化作用，有强烈的清除氧自由基的作用，同时对体液免疫、细胞免疫均有一定的增强作用。

[临床应用]

① 治疗食欲不振、慢性腹泻和菌痢。

② 治疗绦虫病。

山楂原植物

山楂

桑叶（142）

[异名] 铁扇子、蚕叶。

[形态] 落叶灌木或小乔木，树皮灰白色，有条状浅裂；根皮黄棕色或红黄色。单叶互生，叶片卵形或宽卵形，先端锐尖或渐尖，基部圆形或近心形，边缘有粗锯齿或圆齿，上面无毛，有光泽，下面脉上有短毛。

[产地] 分布于全国各地。主产于安徽、浙江、江苏、四川、湖南。

[性味与归经] 味苦、甘，性寒。归肺、肝经。

[主要成分] 含甾体及三萜类化合物：牛膝甾酮，蜕皮甾酮，豆甾醇，菜油甾醇等。黄酮及其苷类：芸香苷，槲皮素，异槲皮苷，桑苷。香豆精及其苷类：香柑内酯，伞形花内酯等。挥发油：乙酸，丙酸，丁酸，异丁酸，缬草酸等。生物碱：腺嘌呤，胆碱，胡芦巴碱。有机酸及其他化合物：绿原酸，延胡索酸，棕榈酸，棕榈酸乙酯，叶酸等。

[功效] 疏散风热，清肺，明目。主治风热感冒、肺热燥咳、目赤肿痛。

[药理作用]

（1）降血糖作用　桑叶中蜕皮甾酮对四氧嘧啶引起的大鼠糖尿病，或肾上腺素、胰高血糖素、抗胰岛素血清引起的小鼠高血糖症均有降血糖作用。蜕皮甾酮可促进葡萄糖转变为糖原，但对正常动物的血糖水平无明显影响。

（2）抗菌作用　鲜桑叶煎剂对大肠杆菌、金黄色葡萄球菌、乙型溶血性链球菌、白喉杆菌和炭疽杆菌均有较强的抑制作用，桑叶水煎剂高浓度溶液在体外有抗钩端螺旋体作用。

（3）其他作用　蜕皮激素能促进细胞生长，刺激真皮细胞分裂，产生新生的表皮并促使昆虫蜕皮。

[临床应用]

① 治疗感冒、上呼吸道感染。

② 治疗角膜炎、角膜溃疡、角膜混浊引起的头晕目眩。

桑树原植物

桑叶

三颗针（143）

[异名] 铜针刺、刺黄连。

[用药部位] 小檗科植物刺黑珠、毛叶小檗、黑石珠等的根皮或茎皮。

[形态] 细叶小檗：落叶灌木、高1～2米。老枝灰褐色，有光泽，幼枝紫褐色，密生黑色疣状突起，刺短小，通常单一，生于老枝下端的刺有时3分叉，长5毫米左右。

刺黑珠：常绿灌木，高1～3米。茎圆柱形，节间长3～6厘米，幼枝带红色，老枝黄灰色或棕褐色，有时具有稀疏而明显的疣点。刺坚硬，3分叉，长1～3厘米。

[产地] 细叶小檗生于华北、东北、陕西、山东、河南等地；刺黑珠生于湖北、四川、贵州等地。

[性味与归经] 味苦，性寒。归胃、大肠、肝、胆经。

[主要成分] 含小檗碱、小檗胺、掌叶防己碱、药根碱等。

[功效] 清热燥湿，泻火解毒。主治赤痢、黄疸、咽痛、目赤、跌打损伤等。

[药理作用]

① 抗病原微生物作用：在体外对金黄色葡萄球菌、肺炎链球菌、溶血性链球菌、肠球菌、痢疾杆菌、大肠杆菌等有较强抗菌活性。

② 对血液及淋巴系统的作用：具有明显升高白细胞作用，能减轻白细胞下降程度，有抗血栓形成作用。

③ 对循环系统的作用：降血压、改善心肌缺血、辅助治疗心肌梗死、抗心律失常。

④ 抗肿瘤作用。

[临床应用]

① 抗菌，治疗痢疾。

② 具有清肝、利胆作用，治疗黄疸、肝炎、赤眼、高热等病症。

③ 用于治疗湿热痢疾、湿疹、疮疡肿毒、咽喉肿痛等病症。

三颗针原植物

三颗针干燥全株

使君子（144）

[异名] 留求子、史君子、五棱子等。

[用药部位] 使君子科植物使君子的干燥成熟果实。

[形态] 果卵形，短尖，长2.7～4厘米，径1.2～2.3厘米，无毛，具明显的锐棱角，成熟时外果皮脆薄，呈青黑色或栗色。花期5～9月。

[产地] 主产于四川、江西、福建、台湾、湖南等地。

[性味与归经] 味甘，性温，有小毒。归脾、胃经。

[主要成分] 含使君子酸钾、使君子酸、葫芦巴碱、脂肪油（其中主要成分为油酸及软

脂酸）。此外，还含有蔗糖、果糖等。

[功效] 杀虫，消积，健脾。主治虫积、泻痢。

[药理作用]

① 杀虫作用。

② 对皮肤真菌有抑制作用。

[临床应用] 常用于治疗肠道寄生虫病。

使君子原植物

使君子干燥果

桑椹（145）

[异名] 桑葚子、桑蔗、桑枣、桑果、桑泡儿、乌葚等。

[用药部位] 桑科植物桑树的果穗。

[形态] 为聚花果，由多数小瘦果集合而成，呈长圆形，长 1～2 厘米，直径 5～8 毫米，黄棕色、棕红色至暗紫色，有短果序梗。小瘦果卵圆形，稍扁，长约 2 毫米，宽约 1 毫米，外具肉质花被片 4 枚。气微，味微酸而甜。

[产地] 全国大部分地区均产，以南方育蚕区产量较大。

[性味与归经] 味甘，性寒。归心、肝、肾经。

[主要成分] 果穗含糖、鞣酸、苹果酸、维生素 B_1、维生素 B_2 和胡萝卜素；脂类的脂肪酸主要为亚油酸、油酸、软脂酸。

[功效] 滋阴补血，润肠，生津。用于阴亏血虚，阴虚消渴，津亏口渴，眩晕耳鸣，肠燥便秘。

[药理作用]

① 可激发淋巴细胞转化的作用，提高免疫功能。

② 有良好的降血糖作用。

[临床应用]

主要用于肝肾阴亏、消渴便秘等症。

桑椹原植物　　　　　　　　　　　　桑椹果

桑白皮（146）

［异名］桑根白皮、白桑皮、桑皮。

［用药部位］桑科植物桑的干燥根皮。

［形态］扭曲卷筒状、槽状或板片状，长短宽窄不一，厚1～4毫米。外表面白色或淡黄白色，较平坦，有的残留橙黄色或棕黄色鳞片状粗皮；内表面黄白色或灰黄色，有细纵纹。体轻，质韧，纤维性强，难折断。

［产地］河南、安徽、浙江、江苏、湖南、四川、河北、广东主产，其他地区亦产。

［性味与归经］味甘、辛，性寒。归肺、脾经。

［主要成分］含桑素、桑色烯、环桑素、环桑色烯、桑根皮素、环桑根皮素、桑黄酮、桑白皮素、桑根酮、桑色呋喃、伞形花内酯、东莨菪碱、桑糖朊A等。

［功效］泻肺平喘、利水消肿。主治肺热喘咳、吐血、水肿、小便不利。

［药理作用］

（1）利尿作用　水煎剂灌服，效果明显。

（2）对心血管系统的作用　桑白皮水煎剂的溶剂提取物注射或灌服给药对肾性高血压有降压作用。

桑树原植物　　　　　　　　　　　　桑白皮

（3）对神经系统的作用　桑白皮提取物有安定作用，还有轻度的降温及止咳作用。

[临床应用]

① 治疗各种疾病引起的水肿和积液。

② 治疗慢性支气管炎，肺气肿，肺心病，轻度肺水肿之咳嗽、痰多、气急。

熟地黄（147）

[异名] 熟地、伏地。

[用药部位] 玄参科植物地黄的块根，经加工蒸晒而成。

[形态] 不规则块状，内外均呈漆黑色，有光泽，外表皱缩不平。断面滋润，中心部往往可看到光亮的油脂状块，黏性大，质柔软。

[产地] 全国大部分地区均产，以河南产量大、质量佳。

[性味与归经] 味甘，性微温。归肝、肾经。

[主要成分] 提取物含有益母草苷、桃叶珊瑚苷、梓醇、地黄苷、美利妥双苷、地黄素、地黄氯化臭蚁醛苷等。

[功效] 补血滋阴，益精填髓。主治肝肾阴虚所致的腰膝酸软、遗精、盗汗、耳鸣、耳聋、消渴、骨蒸潮热等症。

[药理作用]

（1）对骨髓造血系统的影响　水煎剂灌服，可促进红细胞和血红蛋白的恢复。

（2）对血液凝固的影响　能显著抑制肝脏出血，抑制血栓形成。

（3）对免疫系统的影响　对免疫细胞有明显保护作用。

（4）对心血管系统的影响　有显著降压作用。

[临床应用]

① 治疗气血两虚型慢性荨麻疹，熟地黄 20 克、黄芪 40 克共奏益气补血固表之功。

② 治疗久咳不愈、咳嗽无痰之症，麻黄 10 克、熟地黄 30 克。

地黄原植物

熟地黄

神曲（148）

[异名] 六神曲、六曲。

[用药部位] 为辣蓼、青蒿、杏仁泥、赤小豆、鲜苍耳草加入面粉或麸皮后发酵而成的

曲剂。

[形态] 呈方形或长方形的块状，宽约3厘米，厚约1厘米，外表土黄色，粗糙。质硬脆易断，断面不平，类白色，可见未被粉碎的褐色残渣及发酵后的空洞。有陈腐气，味苦。以陈久、无虫蛀者为佳。

[产地] 全国各地均产。

[性味与归经] 味甘、辛，性温。归脾、胃经。

[主要成分] 神曲为酵母制剂，含酵母菌、淀粉酶、B族维生素复合体、麦角甾醇、蛋白质及脂肪、挥发油等。

[功效] 消食和胃。主治饮食积滞，脘腹胀满，食少纳呆。

[药理作用]

① 助消化。神曲含有消化酶，可加强对食物的消化吸收；含维生素 B_1，可增加胃肠蠕动，增强其推进功能，促进消化液分泌，起到助消化、除胀满的功效。

② 抑菌。神曲中鲜苍耳草、赤小豆、青蒿均有抑菌作用，神曲含乳酸杆菌，可抑制肠道内的腐败过程。

③ 解热。

[临床应用]

① 用于健脾，治脾虚泄泻（常伴消化不良），配白术、陈皮、砂仁等。

② 用于解表，治感冒而表现有伤食腹泻者（可见于胃肠型流行性感冒），配解表药。

③ 用于健胃，治消化不良，属于寒滞者更适宜，有食欲不振、饮食积滞、胸腹胀满者常用之，配山楂、麦芽、党参、白术，方如健脾丸。

神曲

蛇床子（149）

[异名] 野茴香、蛇床实、蛇床仁、蛇珠、野萝卜碗子、蛇米、野芫荽。

[用药部位] 伞形科植物蛇床的干燥成熟果实。

[形态] 一年生草本，高20～80厘米。根细长，圆锥形。茎直立或斜上，圆柱形，多分枝，中空，表面具深纵条纹，棱上常具短毛。根生叶具短柄，叶鞘短宽，边缘膜质，上部叶几乎全部简化鞘状；叶片轮廓卵形至三角状卵形，长3～8厘米，宽2～5厘米，二至三回三出式羽状全裂；末回裂片线形至线状披针形，长3～10毫米，宽1～1.5毫米，具小尖头，边缘及脉上粗糙。复伞形花序顶生或侧生，直径2～3厘米；总苞片6～10，线形至线状披

针形，长约 5 毫米，边缘膜质，有短柔毛；伞辐 8～25，长 0.5～2 厘米；小总苞片多数，线形，长 3～5 毫米，边缘膜质，具细睫毛；小伞形花序具花 15～20；萼齿不明显；花瓣白色，先端具内折小舌片；花柱基略隆起，花柱长 1～1.5 毫米，向下反曲。分生果长圆形，长 1.3～3 毫米，宽 1～2 毫米，横剖面五角形，主棱 5，均扩展成翅状，每棱槽中有油管 1，合生面 2，胚乳腹面平直。花期 4～6 月，果期 5～7 月。

[产地] 分布于中国华东、中南等地区，朝鲜、北美及其他欧洲国家亦有分布。

[性味与归经] 味苦，性温。归肾经。

[主要成分] 含挥发油，主要成分为蒎稀、异缬草酸龙脑酯、欧芹酚甲醚、二氢欧山芹醇、佛手柑内酯、蛇床子素、异茴芹素等。

[功效] 温肾壮阳，燥湿，祛风，杀虫。属杀虫止痒药，也属补虚药下属分类的补阳药。用于治疗阳痿、宫冷、寒湿带下、湿痹腰痛、湿疹等症。

[药理作用]

① 抗滴虫作用。

② 性激素样作用。蛇床子乙醇提取物，每天皮下注射于小白鼠，连续 32 天，能延长小白鼠动情期，缩短动情间期，并能使去势鼠出现动情期，卵巢及子宫重量增加，有类似性激素样作用。

③ 平喘祛痰，还具有较强的支气管扩张作用。

④ 抗真菌、抗心率失常、抗变态反应等。

[临床应用]

① 治疗肾阳不足之不育症，蛇床子配伍菟丝子，补肝肾，益精血。

② 曾有蛇床子香豆素治疗哮喘的报道。

③ 配伍磁石、生龙骨、生牡蛎、金银花、连翘、蒲公英等药物清利湿热。

蛇床子原植物

蛇床子干燥果实

升麻（150）

[异名] 绿升麻、鸡骨升麻，周升麻、西升麻。

[用药部位] 毛茛科植物大三叶升麻、兴安升麻或升麻的干燥根茎。

[产地] 我国大部分地区有分布。多生于山坡草丛、林边、山路旁、灌木丛中。

[形态] 多年生草本，根茎呈不规则的结节长块状，表面黑棕色，有数个深1～2厘米的圆形空洞（茎基痕）。体轻，质坚硬，不易折断。断面黄白色或黄绿色，中空，四周呈层片状。空洞周围及外皮脱落处可见网状纹理。

[性味与归经] 味辛、微甘，性微寒。归肺、脾、胃、大肠经。

[主要成分] 本品主要含升麻碱、水杨酸、树脂、咖啡酸、异阿魏酸、阿魏酸、马栗树皮素、咖啡酸、25-O-乙酰基-升麻醇、升麻精、北升麻宁、类叶升麻苷A、升麻苷C、芥子酸等成分。

[功效] 发表透疹，清热解毒，升举阳气。用于风热头痛，齿痛，口疮，咽喉肿痛，麻疹不透，阳毒发斑；脱肛，子宫脱垂。

[药理作用]

① 抗菌作用。

② 抗炎作用：对大鼠角叉菜胶或右旋糖酐所致脚肿胀均有消炎作用，对乳酸或醋酸引起的肛门溃疡，有使其缩小面积的趋势。

③ 调节循环系统的作用。

④ 解热作用。使大鼠正常体温下降，并对伤寒、副伤寒混合疫苗所致发热有解热作用。

⑤ 镇痛作用。能抑制醋酸所致扭体反应。

⑥ 对平滑肌的作用：能抑制离体肠段与妊娠子宫，对未孕子宫及膀胱则呈兴奋作用。

⑦ 其他作用：抑制樟脑或士的宁所致的小鼠惊厥，另具升高白细胞、抑制血小板的聚集及释放功能。

[临床应用]

① 治疗内伤脾胃引起的多种疾病，经方补中益气汤中，升麻助参芪升提清阳。

② 用于治疗炎症性疾病。

升麻原植物

升麻干燥根

生姜（151）

[异名] 姜、姜根、鲜姜、老姜。

[用药部位] 姜科植物姜的干燥根茎。

[形态] 多年生宿根草本，高50～100厘米。根茎肉质，扁圆横走，分枝，具芳香和辛辣气味。叶互生，2列，无柄，有长鞘，抱茎；叶片线状披针形，先端渐尖，基部狭窄，光滑无毛；叶膜质。花茎自根茎抽出，穗状花序椭圆形，稠密，苞片卵圆形，先端具硬尖，绿

白色，背面边缘黄色，花萼管状，长约1厘米，具3短齿；花冠绿黄色；管长约2厘米，裂片3，披针形，略等长，唇瓣长圆状倒卵形，较花冠裂片短，稍为紫色，有黄白色斑点；雄蕊微紫色，与唇瓣等长；子房无毛，3室，花柱单生，为花药所抱持。蒴果3瓣裂，种子黑色。

[**产地**] 我国中部、东南部至西南部广为栽培。山东莱芜、安丘亦有出产。

[**性味与归经**] 味辛，性微温。归肺、脾、胃经。

[**主要成分**] 主要为姜醇、α-姜烯、β-水芹烯、柠檬醛、芳香醇等，含辣味成分6-姜辣醇、4-姜辣醇、8-姜辣醇、8-姜辣烯酮等。还含6-姜辣醇-5-磺酸、姜糖基等。

[**功效**] 解表散寒，温中止呕，温肺止咳。用于风寒感冒，呕吐，痰饮，喘咳，胀满，泄泻。

[**药理作用**] 能促进消化液分泌，保护胃黏膜，具有抗溃疡、保肝、利胆、抗炎、解热、抗菌、镇痛、镇吐等作用。

[**临床应用**]

① 生姜配伍桂枝、大枣治疗脾胃气虚之久泻，三味药共用振奋脾胃阳气、温中补虚；生姜配伍桂枝、白芍、大枣治疗脾肾阳虚之久泻，四味药温中补虚、协调肝脾。

② 生姜配伍砂仁为佐药治疗气滞血瘀之症。

③ 生姜配伍桂附治疗各种阳虚杂病及外感疾病。外感风寒，以生姜解表散寒。

生姜原植物

生姜

沙棘（152）

[**异名**] 醋柳、酸刺、沙枣其察日嘎纳，达日布等。

[**用药部位**] 胡颓子科植物沙棘的干燥成熟果实。

[**形态**] 落叶灌木或乔木，高1.5米，生长在高山沟谷中可达18米，棘刺较多，粗壮，顶生或侧生；嫩枝褐绿色，密被银白色而带褐色鳞片或有时具白色星状柔毛，老枝灰黑色，粗糙；芽大，金黄色或锈色。

[**产地**] 分布于中国河北、内蒙古、山西、陕西、甘肃、青海、四川西部。常生长于海拔800～3600米温带地区向阳的山崎、谷地、干涸河床地或山坡，多砾石或沙质土壤或黄土上。在中国黄土高原极为普遍。

[**性味与归经**] 味酸、涩，性温。归脾、胃、肺、心经。

[主要成分] 沙棘果实营养丰富，维生素 C 含量极高，有"维生素 C 之王"的美称。

[功效] 止咳祛痰，消食化滞，活血散瘀。主治脾虚食少、食积腹痛、咳嗽痰多、胸痹心痛、瘀血经闭、跌仆瘀肿。

[药理作用]

① 对心血管系统疾病的作用：抗心律失常、抗心肌缺血、缩小心肌梗死面积、缓解心绞痛、改善心功能。

② 对脑血管系统疾病的作用：能降低高血压、降低高血脂、降低血液黏度、抑制血小板过度聚集、软化血管、改善血液循环、防止动脉硬化、改善大脑供血供氧。

③ 对新陈代谢及免疫系统的作用：对体液免疫和细胞免疫具有明显的调节作用。

④ 抗肿瘤、抗癌作用。

⑤ 对呼吸系统疾病的作用：具有止咳平喘、利肺化痰的作用。

⑥ 对消化系统疾病的作用：具有消食化滞、健脾养胃、疏肝利气的作用。

⑦ 对肝脏等的保护作用：缓解抗生素和其他药物的毒性作用。

⑧ 抗炎生肌、促进组织再生的作用。

[临床应用]

① 保护心血管系统。沙棘及沙棘提取物可以通过在缺血心肌组织中调节相关蛋白表达，对心脑血管系统起到滋养保护的作用。

② 治疗胃肠道疾病。沙棘中大量的氨基酸、有机酸、酚类化合物等可以抑制胃蛋白酶活性，减少游离酸，对胃溃疡、消化不良、肠炎等消化系统疾病有良好疗效。

③ 保护肝脏。沙棘籽油可明显抑制四氯化碳、乙醇、对乙酰氨基酚所致的肝损伤，对抗肝丙二醛含量的升高，保护肝细胞膜。

沙棘原植物

沙棘干燥果

山茱萸（153）

[异名] 蜀枣、魃实、鼠矢、鸡足、山萸肉、实枣儿、肉枣、枣皮、萸肉、药枣。

[用药部位] 山茱萸科植物山茱萸的果实。

[形态] 落叶乔木或灌木，高 4～10 米；树皮灰褐色；小枝细圆柱形，无毛或稀被贴生短柔毛，冬芽顶生及腋生，卵形至披针形，被黄褐色短柔毛。叶对生，纸质，卵状披针形或卵状椭圆形，先端渐尖，叶柄细圆柱形，长 0.6～1.2 厘米，上面有浅沟，下面圆形。花期

3～4 月，果期 9～10 月。

[**产地**] 产于浙江、河南、安徽、陕西、山西、四川。

[**性味与归经**] 味酸、涩，性微温。归肝、肾经。

[**主要成分**] 果实含山茱萸苷、皂苷、鞣质、熊果酸、没食子酸、苹果酸、酒石酸及维生素 A。种子的脂肪油中有棕榈酸、油酸及亚油酸等。果实含莫罗忍冬苷、7-O-甲基莫罗忍冬苷、当药苷及番木鳖苷。近又分离得到双环烯醚萜苷化合物山茱萸新苷。果核含 β-谷甾醇、白桦脂酸、熊果酸、没食子酸甲酯、没食子酸等。种子含齐墩果酸和熊果酸。

[**功效**] 补益肝肾，涩精缩尿，固经止血，敛汗固脱。用于治疗眩晕耳鸣、腰膝酸痛、阳痿遗精、遗尿尿频、崩漏带下、大汗虚脱、内热消渴之症。

[**药理作用**]

① 抗菌作用。对伤寒、痢疾杆菌有抑制作用，水浸剂对毛癣菌有不同程度的抑制作用。

② 降血糖作用。有明显的对抗肾上腺素性高血糖的作用。有一定的升高大鼠肝糖原的作用，但对甘油三酯和胆固醇无明显影响。

③ 抗休克作用。

④ 抑制炎症反应作用。

⑤ 抗肿瘤作用。

⑥ 其他作用：利尿作用，且能使血压降低，对正常家兔血糖无影响。

[**临床应用**]

① 治疗肾虚血瘀型癃闭或肾虚型便秘。

② 治疗肝脾血虚、冲任失固型崩漏。

③ 治疗肾虚痰瘀、脾肾亏虚、气阴不足等证。

山茱萸原植物

山茱萸干燥果皮

酸枣仁（154）

[**异名**] 山枣仁、山酸枣。

[**用药部位**] 鼠李科植物酸枣的成熟种子。

[**形态**] 落叶灌木或小乔木，高 1～3 米。单叶互生，椭圆形或卵状披针形，长 2～3.5厘米，宽 0.6～1.2 厘米，先端钝，基部圆形，稍偏斜，边缘具细锯齿。核果近球形或广卵形，长 10～15 毫米，熟时暗红褐色，果肉薄，有酸味，果核较大。

［产地］生长于向阳的山坡、山谷、丘陵、平原、路旁以及荒地。性耐干旱，常形成灌木丛。多分布于吉林、辽宁、河南、河北等地。

［性味与归经］性平，味甘、酸。归肝、胆、心经。

［主要成分］本品主要含黄酮类、萜类、甾体等化学成分，此外，尚含有机酸、蛋白质、谷甾醇、脂肪油（约32％）、酸枣仁皂苷等。

［功效］养心，安神，敛汗。主治惊悸、体虚多汗、津伤口渴。

［药理作用］

① 养心安神：镇静、促睡眠，具有安定、镇痛、抗惊厥作用，能增强学习记忆能力，抗抑郁，防暑降温。

② 对心脑血管系统的影响：抗心律失常，抗心肌缺血，改善脑缺血，降血压，降血脂，抗动脉粥样硬化，改善血液流变性。

③ 增强免疫力。

④ 其他作用：治疗烧伤，抗缺氧。

［临床应用］

① 用于阴血不足所致心神不宁之症。治阴血不足，心失所养之心悸，常与养阴、补血之品配伍。若心脾两虚所致体倦食少，宜与补益心脾之品配伍。

② 用于体虚多汗证。若表虚不固，自汗而出者，宜与益气固表之品，如黄芪、白术等配伍。阴虚潮热盗汗者，宜与养阴敛汗之品，如山茱萸、五味子等药配伍，以增疗效。

酸枣原植物

酸枣仁

锁阳（155）

［异名］地毛球、锈铁球、锁严子、不老药、黄骨狼、羊锁不拉。

［用药部位］锁阳科植物锁阳的干燥肉质茎。

［形态］多年生肉质寄生草本，高30～60厘米，全株棕红色。茎圆柱状，大部分埋于沙中，基部稍膨大，具互生鳞片。肉穗花序顶生，长圆柱状，暗紫红色，花杂性。果实坚果状。种子有胚乳。花期5～6月，果期8～9月。

［产地］生于沙漠地带，大多寄生于蒺藜科植物白刺等植物的根上。主产于甘肃、新疆、青海、内蒙古、宁夏等省区。

［性味与归经］味甘，性温。归脾、肾、大肠经。

［主要成分］含花色苷、三萜皂苷、鞣质、脯氨酸等多种氨基酸及糖类等。

［功效］补肾阳，益精血，润肠通便。主治阳痿、尿血、血枯便秘、腰膝痿弱。

［药理作用］

（1）增强免疫功能　锁阳可使应用氢化可的松免疫制剂受抑小鼠的腹腔巨噬细胞吞噬功能恢复、脾脏淋巴细胞转化功能恢复、直接溶血空斑形成数目增多。对脾脏损伤有显著保护作用。

（2）对内分泌系统的影响　锁阳可增加幼年鼠血浆皮质酮含量，提示该药有促肾上腺分泌功能及肾上腺皮质激素样作用。给雄性幼年小鼠灌胃，亦可提高血浆睾酮含量，说明本品有促进性成熟作用。

（3）对肠功能的影响　锁阳在一定浓度下能兴奋肠管、增强肠蠕动，高浓度时，家兔离体回肠试验表明，可使回肠收缩次数减少，运动曲线变得长短不齐，引起便秘。

［临床应用］

① 锁阳与菟丝子、淫羊藿、续断等配伍治疗肾阳虚所致的身体虚弱、精神疲乏、精冷、性欲减退、小便夜多等。

② 锁阳、木通、车前子等用于治疗子宫下垂。

锁阳原植物

锁阳干燥茎

石菖蒲（156）

［异名］水剑草、石蜈蚣、水蜈蚣、葛蒲。

［用药部位］天南星科植物石菖蒲的干燥根茎。

［形态］多年生草本。根茎横卧，外皮黄褐色。叶基生，剑状线形，先端渐尖，暗绿色，有光泽，叶脉平行，无中脉。花茎扁三棱形；佛焰苞叶状；肉穗花序自佛焰苞中部旁侧裸露而出，无梗，斜上或稍直立，呈狭圆柱形，柔弱；花两性，淡黄绿色，密生；花被6，两裂；雄蕊6枚，稍长于花被，花药黄色，花丝扁线形；子房长椭圆形。浆果肉质，倒卵形。花期6～7月，果期8月。

［产地］生于山谷、山涧及泉流的水石间。主产于四川、浙江、江西、江苏等省。

［性味与归经］味辛、苦，性微温。归心、胃经。

［主要成分］主要含挥发油。挥发油中主要成分为细辛醚及黄樟油素、α-细辛脑、β-细辛脑、欧细辛脑、菖蒲二烯、柏木烯、α-雪松醇、桂皮醛、α-雪松烯、土青木香酮、石菖

醚、菖蒲碱甲、菖蒲碱乙、丁香酚等 32 种微量成分。

[功效] 开窍醒神，化湿和胃，宁神益气。主治脘痞不饥、噤口下痢、神昏癫痫等病症。

[药理作用]

① 兴奋中枢神经系统的作用。

② 可促进消化液的分泌，制止胃肠的异常发酵。

③ 平喘作用。

④ 抗心律失常作用。

⑤ 抑菌作用。

⑥ 石菖蒲中挥发油，小剂量对动物有镇静作用，并能增强戊巴比妥钠的麻醉作用。

⑦ 外用对皮肤有轻微刺激，能改善局部血液循环。

[临床应用]

（1）治小鼠神昏癫狂　常配郁金、山栀、连翘、菊花、竹沥、姜汁等。

（2）治牛瘤胃积食　常配荆三棱、莪术、桃仁、枳实、马钱子等。

（3）治牛食积膨大　常配荆三棱、莪术、侧柏叶、大黄、厚朴、山楂等。

（4）治母畜产后腹痛　常配荆三棱、蒲黄、五灵脂等。

石菖蒲原植物

石菖蒲干燥根茎

松针（157）

[异名] 松针粉、松毛、青松、松树、油松节、枞树。

[用药部位] 松科松属植物中的西伯利亚红松、黑松、油松、红松、华山松、云南松、思茅松、马尾松等的针叶。

[形态] 松叶呈针状，长 6～18 厘米，直径约 0.1 厘米。华山松叶 5 针一束，黄山松、马尾松及油松均 2 针一束，基部有长约 0.5 厘米的鞘，叶片深绿色或枯绿色，表面光滑，中央有一细沟。质脆。气微香，味微苦涩。12 月至翌年 2 月，摘初生花穗，晒干，研成细末，即为松花芯粉。

[产地] 全国各地均有分布。

[性味与归经] 味苦，性温。归心、脾经。

[主要成分] 含挥发油、黄酮类化合物、木脂素、莽草酸、乙酸龙脑酯约 2%～4%、维生素 A 及维生素 C。另据文献报道，松柏类的叶多含 α 胡萝卜素和 β 胡萝卜素及维生素 B_1、

维生素 B₂、维生素 C、维生素 E 及维生素 K 等。

[功效] 祛风活血，明目，安神，解毒，止痒，杀虫，燥湿。主治流行性感冒、风湿关节痛、跌打肿痛、夜盲等。

[药理作用] 具有降血脂、安神、活血等作用。

[临床应用]

① 单味煎服，治心脾虚弱，心悸失眠，倦怠乏力，浮肿等症。

② 单味煎服或配鸡血藤、虎杖根等，治风湿阻络，骨节疼痛等症。

松树原植物

松针

石榴皮（158）

[异名] 石榴壳、安石榴、酸石榴皮。

[用药部位] 石榴科植物石榴的成熟果皮。

[形态] 落叶灌木或小乔木。树皮通常为青灰色或淡黄绿色，有纵皱纹及横皮孔；幼枝近圆形或微四棱形，顶端常呈刺状，无毛。叶对生或簇生，具短柄；叶片矩圆状披针形至矩圆状椭圆形，先端渐狭，全缘，上面有光泽，无毛，下面有隆起的主脉。花期 5～6 月，果期 7～8 月。

[产地] 全国各地均有栽培。

[性味与归经] 味酸、涩，性温。归大肠经。

[主要成分] 含石榴皮苦素、鞣质、蜡、甘露醇、黏液质、没食子酸、苹果酸、果胶、菊糖、石榴皮碱、异石榴皮碱等。

[功效] 涩肠止泻，止血，驱虫。主治久泻、久痢、虫积腹痛等病症。

[药理作用]

① 抗病毒作用。

② 抗菌作用。石榴皮水浸液对常见致病性皮肤真菌有抑制作用。石榴果皮对金黄色葡萄球菌、人型结核杆菌、白喉杆菌、痢疾杆菌、变形菌、伤寒杆菌、副伤寒杆菌、霍乱弧菌、大肠杆菌、铜绿假单胞菌及钩端螺旋体等均有抑制作用。

③ 抗氧化作用。

④ 驱虫作用：石榴皮碱和伪石榴皮碱均为平滑肌毒，对于绦虫有麻痹作用，可夺去其运动能力而致死。石榴皮碱的驱虫作用比伪石榴皮碱大 10 倍。

⑤ 降血脂作用。

[临床应用]

① 治疗急性肠炎和细菌性痢疾水泻不止，以及溃疡性结肠炎大便次数过多。

② 治疗肠道寄生虫病，绦虫病、蛔虫病、肝吸虫病。

石榴原植物

干石榴皮

菟丝子（159）

[异名] 豆寄生、无根草、黄丝、金黄丝子。

[用药部位] 旋花科植物菟丝子或大菟丝子的种子。

[形态] 一年生无色寄生藤本，长可达 1 米。茎蔓生，细弱，丝状，直径不足 1 毫米，叶退化成鳞片状叶。花多数簇生成球形，花冠白色，雄蕊 5 个，花丝极短，着生于花冠裂片之间。

[产地] 分布于东北、华北地区及陕西、甘肃、西藏等地。

[性味与归经] 味甘，性温。归肝、肾、脾经。

[主要成分] 含 β-谷甾醇、棕榈酸、槲皮素、金丝桃苷、氨基酸及微量元素等。

[功效] 补养肝肾，益精，明目。主治腰膝酸痛、遗精、阳痿、早泄、不育、消渴、淋浊、遗尿、胎动不安、流产、泄泻等。

[药理作用]

① 增强性腺功能。

② 对造血系统的作用：研究证实，菟丝子有促进粒系祖细胞（CFU-D）生长的作用。

③ 增强免疫功能：菟丝子黄酮能提高小鼠腹腔巨噬细胞吞噬功能、活性 E-玫瑰花环形成率和抗体的生成。

④ 对心血管系统的作用：对心肌缺血具有防治作用，可减轻心肌缺血的程度和范围；能减慢心率、降低血压、降低心肌耗氧量；在体外能抑制花生四烯酸诱导的血小板聚集。

⑤ 其他作用：抑制皮肤乳头状瘤的生长和皮肤癌的发生。在体外可清除超氧阴离子自由基、羟自由基和抑制鼠肝匀浆脂质过氧化作用。菟丝子水提物可防治大鼠肝损害。菟丝子可治疗大鼠半乳糖性白内障。

[临床应用]

① 补养肝肾，固冲任，护胎元安胎，治疗肝肾不足、冲任不固之胎动、胎漏、四肢痿软无力等。

② 治疗肝肾亏虚所引起的眼疾。

③ 治疗脾肾虚弱、胎失载养型习惯性流产。

菟丝子原植物

菟丝子干燥种子

天冬（160）

［异名］天门冬、明天冬、天冬草等。

［用药部位］百合科植物天冬的干燥块根。

［形态］多年生攀援草本，全体光滑无毛。块根肉质，丛生，长椭圆形或纺锤形，外皮灰黄色。茎细长，有很多分枝；叶状枝通常2～4丛生，扁平、具棱，条形或狭条形，宽1毫米左右，略伸直或稍弯曲，先端刺针状，叶退化成鳞片状，在主茎上变为下弯的短刺。

［产地］分布于华南、西南地区及山东等省。

［性味与归经］味甘、苦，性寒。归肺、肾经。

［主要成分］含天冬酰胺、5-甲氧基糠醛、葡萄糖、果糖、维生素A等。

［功效］养阴清热，润燥生津。主治肺燥干咳、虚劳咳嗽、津伤口渴、内热消渴、肠燥便秘、白喉等病症。

［药理作用］

① 镇咳和祛痰作用。

② 抑菌作用。本品水煎剂对溶血性金黄色葡萄球菌、铜绿假单胞菌、肺炎双球菌有抑制作用。天冬100％煎剂稀释后体外对炭疽杆菌、甲型及乙型溶血性链球菌、白喉杆菌、肺炎链球菌等多种致病菌有抑制作用。

③ 抗肿瘤作用。体外试验表明，天冬对急性淋巴细胞性白血病、慢性粒细胞白血病及急性单核细胞白血病患者白细胞的脱氢酶有一定的抑制作用，能抑制急性淋巴细胞白血病患者血细胞的呼吸。

［临床应用］

① 用于肺阴虚证治燥热咳嗽，单用熬膏服。治阴虚肺燥有热之干咳痰少、痰中带血等，可与麦冬、石斛、知母等同用，如玉露保肺丸（《部颁标准》）。

② 用于胃阴虚证。治热病津伤之口渴及内热消渴，常与人参、生地黄为伍，如三才汤（《温病条辨》）。治热病津伤，肠燥便秘，可与麦冬、火麻仁、玄参等同用。

③ 用于肾阴虚证治肾阴亏虚之头晕、耳鸣、腰膝酸软以及阴虚火旺之潮热、盗汗等，可与熟地黄、知母、女贞子等同用。

天冬原植物

天冬干燥根

桃仁（161）

[异名] 核桃仁。

[用药部位] 蔷薇科植物桃的干燥成熟种子。

[形态] 落叶小乔木，高4～8米。树冠半圆形，树皮暗红紫色，皮孔横裂。单叶互生，在短枝上密集而呈簇生状，叶柄长约1厘米，无毛，有腺点，基部有托叶1对，托叶条形，具篦状裂缘；叶片椭圆状披针形，长8～15厘米，先端尖，边缘有细密锯齿，两面无毛或下面脉腋间有髯毛。春季先叶开花，1朵侧生。花梗极短；花直径3～4厘米，花萼被短柔毛，萼筒钟状，花瓣5，粉红色，倒卵状椭圆形，长近2厘米，先端浑圆；雄蕊多数，离生，短于花瓣。核果肉质多汁，宽卵状球形，直径5～7厘米，有沟，密被短柔毛；核坚木质，具网状凹纹。种子卵状心形，长约1厘米，浅棕色。

[产地] 生境分布全国，各地普遍有栽培。

[性味与归经] 味苦、甘，性平。归心、肝、肺、大肠经。

[主要成分] 桃仁中的主要化学成分为脂溶性物质、蛋白质、甾醇及其糖苷类、黄酮类、酚酸类等，其中脂溶性成分占桃仁干质量的50%，蛋白质占25%，桃仁含有氰苷化合物，其中苦杏仁苷的量为1.596%～3.0%。

[功效] 活血化瘀，润肠通便。主治瘀血阻滞诸证，为治疗多种瘀血阻滞病证的常用药；肺痈，肠痈；肠燥便秘；咳嗽气喘。

[药理作用]

（1）祛瘀作用　本品水煎醇沉液可使离体兔耳静脉血管流量增加，有舒张血管作用。给麻醉犬动脉注射，能增加股动脉血流量及降低血管阻力，对血管壁有直接扩张作用。本品还有抑制血液凝固和溶血作用。桃仁提取物50毫克/毫升，脾动脉内给药可使麻醉大鼠肝微循环内血流加速，并与剂量相关，提示对肝表面微循环有一定的改善作用。

（2）抗炎作用　本品的蛋白质成分中的两个均一蛋白质成分，静脉注射给药，对二甲苯所致小鼠耳急性炎症反应，均有显著抑制作用。

（3）抗过敏作用　桃仁水提物能抑制小鼠血清中的皮肤过敏抗体及鬈鼠脾溶血性细胞的产生，其乙醇提取物口服给药能抑制小鼠含有皮肤过敏性抗体的血清引起的 PCA 反应（被动皮肤过敏反应）的色素渗出量。

（4）镇咳作用　桃仁的苦杏仁苷，对呼吸中枢有镇静作用，氢氰酸吸收后能抑制细胞色素氧化酶，低浓度能减少组织耗氧量，反射性地使呼吸加深，使痰易于咳出。

（5）对酪氨酸酶的作用　桃仁 50％乙醇提取物有抑制酪氨酸酶的作用且不影响酶促反应的平衡。

（6）其他作用　苦杏仁苷有镇咳作用。桃仁中的脂肪油（扁桃油）有驱虫作用，对蛲虫的驱虫效果为 80.8％，对蛔虫的驱虫效果为 70％。

[临床应用]

（1）治疗外伤性血肿　桃仁、大黄、没药、白芷、海螵蛸、龙骨、白及定量，为末，醋调外敷。内服当归 50 克、红花 25 克、连翘 50 克、地榆 50 克、赤芍 30 克、丹参 30 克、三七 20 克、茜草 50 克，为末，灌服。共治 8 例，全部治愈。

（2）治马卵泡囊肿　桂枝、茯苓、桃仁、丹皮、赤芍、红花、大黄、枳壳各 30 克，当归 45 克，昆布、海藻各 20 克，共为末，以开水冲，候温灌服。共治两例，一例在 8 天内服 4 剂，另一例在 11 天内服 9 剂，囊肿均逐渐变小，最后消散痊愈。

桃原植物

桃仁

通草（162）

[异名]　大通草、泡通等。

[用药部位]　五加科植物通脱木的干燥茎髓。

[形态]　灌木或小乔木，高 1～3.5 米，茎叶粗壮，不分枝，幼时表面密布茸毛或灰黄色柔毛，木质部松脆、中央有宽大白色纸质的髓。秋季开白色或绿白色花，大型复圆锥花序状伞形花序顶生或近顶生。

[产地]　主要分布于福建、台湾和云南等地。

[性味与归经]　味甘、淡，性微寒。归肺、胃经。

[主要成分]　含多糖、蛋白质、氨基酸等。

[功效]　清热利尿，通气下乳。主治淋病涩痛、小便不利、水肿尿少、黄疸、湿温病、小便短赤、产后乳少等症。

［药理作用］

① 利尿。

② 抗炎、解热。通草水煎剂（4～8克/千克）灌服大鼠对发热有明显的解热作用，对角叉菜胶致大鼠足肿胀有一定的抑制作用。

③ 通气下乳。主要表现为对消化系统的影响。通草能促进肝脏及其他组织中的脂肪代谢，可用作肝脏疾患的辅助药。

④ 调节免疫。通草多糖40～80毫克/千克小鼠腹腔注射，可提高小鼠血清溶菌酶活力和单核网状内皮细胞吞噬功能，提高小鼠血清溶血素抗体水平，抑制DNCB致小鼠DTH反应，并明显提高小鼠血清过氧化氢酶活性。

⑤ 其他作用。比如通草具有一定的降血脂作用。

［临床应用］

① 治热淋，常与萹蓄、木通、车前子等同用，如八正散（《和剂局方》）。治血淋，常与栀子、甘草同用。治石淋，常与石韦、滑石、冬葵子等同用。

② 治血热瘀阻，常与桃仁、红花、丹参等同用。

通草原植物

通草干燥茎髓

王不留行（163）

［异名］留行子、王牡牛、大麦牛。

［用药部位］石竹科植物麦蓝菜的干燥成熟种子。

［形态］一年或二年生草本，高30～70厘米，全体平滑无毛，唯梢有白粉。茎直立，节略膨大，表面呈乳白色。单叶对生，无柄；叶片卵状椭圆形至卵状披针形，先端渐尖，基部圆形或近心形，稍连合抱茎，两面均呈粉绿色，中脉在下面突起，近基部较宽。

［产地］除华南地区外，其余各省区几乎都有分布。

［性味与归经］味苦，性平。归肝、胃经。

［主要成分］含皂苷、生物碱、香豆精类化合物等。

［功效］行血调经，下乳消肿。主治血瘀，难产；产后乳汁不下，乳痈肿痛（产后乳汁不下常用药）；淋证（热淋、血淋、石淋）。

［药理作用］

① 抗肿瘤作用。王不留行对H60细胞有一定的抗肿瘤活性。

② 对平滑肌作用。王不留行醇提物可改善逼尿肌功能。水煎液可以增加子宫平滑肌的

收缩作用。

③促进泌乳作用。王不留行对哺乳期母兔有催乳作用。

④镇痛作用。

⑤抗凝作用。王不留行具有抗凝血、降低全血黏度作用。

[临床应用]

（1）治疗乳汁不通、乳痈肿痛等症 王不留行归肝、胃二经，苦泄通利，其性行而不住，为通下乳汁要药；凡产后乳汁壅滞不下，或乳汁缺乏者，皆可应用。对于因乳汁壅滞而发为乳痈者，具有行血脉、通乳汁、消痈肿的功效。若气血虚弱、乳汁稀少者，可配伍当归、黄芪等补气益血药同用；因其长于活血通经下乳，故又能用于乳痈肿痛，可配伍蒲公英、瓜蒌等药同用。

（2）治疗淋证 王不留行有利尿作用，与利水通淋药配伍，可治诸淋；如治血淋不止，常与当归身、川续断、白芍药、丹参同用；治诸淋及小便常不利、阴中痛，常与石韦（去毛）、滑石、瞿麦、葵子同用。

王不留行原植物

王不留行种子

五加皮（164）

[异名] 南五加皮、五谷皮。

[用药部位] 五加科植物细柱五加和无梗五加的干燥根皮。

[形态] 细柱五加：灌木，有时呈蔓生状，高 2～3 米。枝灰棕色，无刺或在叶柄基部单生扁平的刺。叶为掌状复叶，在长枝上互生，在短枝上簇生；叶柄长 3～8 厘米，常有细刺；小叶 5，稀为 3 或 4，中央一片最大，倒卵形至倒披针形，长 3～8 厘米，宽 1～3.5 厘米，先端尖或短渐尖，基部楔形，两面无毛，或沿脉上疏生刚毛，下面脉腋间有淡棕色簇毛，边缘有细锯齿。花期 4～7 月，果期 7～10 月。

无梗五加：灌木或小乔木，高 2～5 米。树皮暗灰色或黑色。有纵裂纹，枝无刺或疏生粗壮刺，平直或弯曲。掌状复叶；柄长 3～10 厘米，无刺或有散生的小刺。核果浆果状，卵状椭圆形，成熟时黑色，具宿存花柱。花期 6～8 月，果期 8～9 月。

[产地] 产于四川、湖北、河南、安徽等地。

[性味与归经] 味苦、辛，性温。归肝、肾经。

[主要成分] 含挥发油、鞣质、棕榈酸、亚麻仁油酸、维生素 A 及维生素 B_1 等。

[功效] 祛风湿，补益肝肾，强筋壮骨，利水消肿。主治风寒湿痹，筋骨挛急，腰痛，

阳痿，水肿，疮疡肿毒，跌打劳伤等病症。

[药理作用]

① 抗炎作用。

② 对免疫功能的抑制作用。

③ 镇静、镇痛作用。

④ 抗镉致突变作用及抗应激作用。

⑤ 促进核酸合成作用。

⑥ 调整血压和降低血糖含量作用。

⑦ 对放射性损伤有保护作用，并能增强机体的抵抗能力。

[临床应用]

① 南五加皮既善祛风寒湿邪，又能补肝肾、强筋骨。

② 为治疗风寒湿痹、筋骨软弱或四肢拘挛之要药。

③ 利水，可治水肿、脚气浮肿。

五加皮原植物

五加皮

五味子（165）

[异名] 玄及、会及、五梅子、山花椒、壮味、五味、吊榴。

[用药部位] 木兰科植物五味子的干燥成熟果实。

[形态] 五味子分北五味子和南五味子，北五味子质比南五味子优良。北五味子呈不规则的球形或扁球形，直径 5～8 毫米；表面红色、紫红色或暗红色，皱缩，显油润，果肉柔软，有的表面呈黑红色或出现"白霜"；种子 1～2，肾形，表面棕黄色，有光泽，种皮薄而脆。南五味子粒较小，表面棕红色至暗棕色，干瘪，皱缩，果肉常紧贴种子上。

[产地] 产于东北及内蒙古、河北、山西等地。

[性味与归经] 味酸、甘，性温。归肺、心、肾经。

[主要成分] 含挥发油（内含五味子素）、苹果酸、枸橼酸、酒石酸、维生素 C、鞣质及大量糖分、树脂等。

[功效] 收敛固涩，益气生津，补肾宁心。主治久嗽虚喘、梦遗滑精、遗尿尿频、久泻不止、自汗、盗汗、津伤口渴、短气脉虚、内热消渴。

[药理作用]

① 增加中枢神经系统的兴奋，调节心血管系统，改善血液循环。

② 兴奋子宫，使子宫节律性收缩加强，可用于催产。

③ 调节胃液及促进胆汁分泌。

④ 煎剂对结核分枝杆菌有完全抑制作用，对福氏志贺杆菌、伤寒沙门菌、金黄色葡萄球菌有较强的抑制作用。

[临床应用]

① 五味子 12 克，配干姜 6 克，细辛 3 克。主治寒痰咳嗽。

② 五味子 12 克，配木瓜 10 克，乌梅 12 克。主治淋证日久伤阴。

③ 五味子 12 克，配六味地黄丸。治疗淋证日久伤及肾阴证。

五味子原植物

五味子干燥果

乌药（166）

[异名] 矮樟、香桂樟、铜钱柴。

[用药部位] 樟科植物乌药的干燥块根。

[形态] 常绿灌木，高达 4～5 米。根木质，膨大粗壮，略呈连珠状。树皮灰绿色。幼枝密生锈色毛，老时无毛。叶互生，革质；叶柄长 5～10 毫米，有毛；叶片椭圆形或卵形，长 3～7.5 厘米，宽 1.5～4 厘米，先端长渐尖或短尾状，基部圆形或广楔形，全缘，上面有光泽，仅中脉有毛，下面生灰白色柔毛，三出脉，中脉直达叶尖。核果椭圆形或圆形，长 0.6～1 厘米，直径 4～7 毫米，熟时紫黑色。花期 3～4 月，果期 9～10 月。

[产地] 产于安徽、湖北、江苏、广东、广西等地。

[性味与归经] 味辛，性温。归脾、胃、肝、肾、膀胱经。

[主要成分] 含乌药烷、乌药烃、乌药酸和乌药醇酯、乌药薁、龙脑、柠檬烯、乌药内酯等。

[功效] 行气止痛，温肾散寒。主治寒郁气滞之胸闷胁痛、脘腹胀痛，疝痛及痛经；肾阳不足、膀胱虚寒之小便频数、遗尿。

［药理作用］

① 解除胃痉挛的作用。

② 煎剂能增进肠蠕动，促进气体排出。

③ 含挥发油，内服时，有兴奋大脑皮质的作用，并能兴奋心肌，加速血液循环，升高血压及发汗。

④ 对金黄色葡萄球菌、溶血性链球菌、伤寒沙门菌、梭形杆菌、铜绿假单胞菌、大肠杆菌均有抑制作用。

［临床应用］

① 用于胸腹胀痛、寒疝腹痛及经行腹痛等症。乌药辛开温通，善于疏通气机，功能行散气滞、止痛，能上入肺、脾，疏畅胸腹之气滞，故凡寒邪气滞引起的胸闷腹胀或胃腹疼痛等症，均可应用，常与木香相须为用。亦可配合香附、枳壳、郁金等同用。本品又善于散寒止痛，用于治寒疝腹痛，可配合小茴香、青皮等同用；用于经行腹痛，可配合当归、香附等同用。

② 用于小便频数、遗尿。乌药又能下行肾与膀胱，能温肾散寒，对肾与膀胱虚寒所引起的小便频数、遗尿，常配合益智仁、山药等同用。

乌药原植物

乌药干燥根

乌梅（167）

［异名］梅实、黑梅、熏梅、桔梅肉。

［用药部位］蔷薇科植物梅的干燥近成熟果实。

［形态］落叶乔木，高达 10 米。树皮灰棕色，小枝细长，先端刺状。单叶互生；叶柄长1.5 厘米，被短柔毛；托叶早落；叶片椭圆状宽卵形，春季先叶开花，有香气，1～3 朵簇生于二年生侧枝叶腋。花梗短；花萼通常红褐色，但有些品种花萼为绿色或绿紫色；花瓣 5，白色或淡红色，直径约 1.5 厘米，宽倒卵形；雄蕊多数。果实近球形，直径 2～3 厘米，黄色或绿白色，被柔毛；核椭圆形，先端有小突尖，腹面和背棱上有沟槽，表面具蜂窝状孔穴。花期冬春季，果期 5～6 月。

［产地］产于浙江、福建、广东、湖南、四川等地。

［性味与归经］味酸，性平。归肝、脾、肺、大肠经。

［主要成分］含苹果酸、枸橼酸、酒石酸、琥珀酸、蜡醇，β-谷甾醇、三萜成分等。

［功效］敛肺，涩肠，生津，安蛔。主治肺虚久咳、久泻久痢、虚热消渴、蛔厥呕吐

腹痛。

[药理作用]

① 对离体肠管有抑制作用。

② 对豚鼠的蛋白质过敏及组胺休克有对抗作用。

③ 对志贺菌、伤寒沙门菌、霍乱弧菌、铜绿假单胞菌、大肠杆菌、分枝杆菌及多种球菌、真菌均有抑制作用。

[临床应用]

① 治疗咳嗽。

② 治疗脏腑阴阳失调、寒热错杂的喘证、胁痛等病。

③ 治疗慢性胃炎、慢性肠炎等脾胃系统疾病，顽固性皮肤瘙痒症等。

乌梅原植物

乌梅

小茴香（168）

[异名] 谷茴香、谷茴、香丝菜等。

[用药部位] 伞形科植物茴香的干燥成熟果实。

[形态] 多年生草本，全株表面有粉霜，具强烈香气。茎直立，上部分枝。基生叶丛生，有长柄。茎生叶互生，叶柄基部扩大成鞘状抱茎，三至四回羽状复叶，最终小叶片线形。夏季开金黄色小花，为顶生和侧生的复伞形花序，无总苞和小总苞，2～7厘米不等；花茎5～30毫米，长4～10毫米；花两性，萼齿缺，花瓣5，上部向内卷曲，微凹；雄蕊5，子房下位，2室。双悬果卵状长圆形，长4～8毫米，分果常稍弯曲，具5棱，具特异芳香气。

[产地] 产于山西、陕西、江苏、安徽、四川等地。

[性味与归经] 味辛，性温。归肾、脾、肝、胃经。

[主要成分] 含小茴香油，其中主要含茴香脑、茴香酮、茴香醛等。

[功效] 温肾暖肝，行气止痛，和胃理气。主治寒疝腹痛、脘腹冷痛、食少吐泻、胁痛、肾虚腰痛、胃寒痛、小腹冷痛、疝痛、睾丸鞘膜积液、血吸虫病等。

[药理作用]

① 抗炎、镇痛、解痉。

② 促进胃肠蠕动。

③ 保肝利胆。

④ 抗菌。

⑤ 抗溃疡。

⑥ 降血糖。

⑦ 祛痰。

[临床应用]

① 小茴香：常与厚朴等配伍，用于脾胃虚冷、胸膈痞闷、脐腹疼痛等症，如厚朴煎丸（《易简方》）。

② 盐茴香：常与吴茱萸等配伍，用于寒凝气滞、疝气疼痛等症，如导气汤（《医方简义》）；或与附子等配伍，用于心腹绞痛、肾虚腰部冷痛等症，如附子茴香散（《和汉药考》）。

小茴香原植物

小茴香

仙鹤草（169）

[异名] 龙芽草、黄龙芽、脱力草等。

[用药部位] 蔷薇科植物龙芽草的干燥地上部分。

[形态] 多年生草本，高30～120厘米。根茎短，基部常有1或数个地下芽。茎被稀疏柔毛及短柔毛，下部被稀疏长硬毛。奇数羽状复叶互生；托叶镰形，稀卵形，先端急尖或渐尖，边缘有锐锯齿或裂片，稀全缘；小叶有大小两种，相向生于叶轴上，较大的小叶3～4对，稀2对，向上减少至3小叶，小叶无柄，倒卵形至倒卵状披针形，长1.5～5厘米，宽1～2.5厘米，先端急尖至圆钝，稀渐尖，基部楔形，边缘有急尖到圆钝锯齿，上面绿色，被疏柔毛，下面淡绿色，脉上伏生疏柔毛，稀脱落无毛，有显著腺点。花、果期5～12月。

[产地] 主产于湖北、浙江、江苏，此外安徽、辽宁、福建、广东、河北、山东、湖南也有分布。

[性味与归经] 味苦，性平。归肺、肝、脾经。

[**主要成分**] 全草含仙鹤草素、仙鹤草内酯，并含黄酮苷类、木犀草黄素-7-β-D-葡萄糖苷、芹素-7-β-D-葡萄糖苷和维生素 C、维生素 K$_1$、鞣质及挥发油。冬芽含酚性物质：鹤芽酚。

[**功效**] 收敛止血，止痢，杀虫，解毒。用于咯血、吐血、衄血、尿血、便血、崩漏下血、疟疾、痢疾、痈肿疮毒、阴痒带下等病症。

[**药理作用**]

① 收敛止血、下气活血。

② 杀虫作用。仙鹤草酚为仙鹤草中的主要杀虫活性成分，对猪肉绦虫、囊尾蚴幼虫、莫氏绦虫和短膜壳绦虫均有确切的抑杀作用。另外，动物实验和临床证明，仙鹤草酚对疟原虫和阴道滴虫也有抑制和杀灭作用。

③ 抗菌、消炎作用。体外试验证明，仙鹤草的热水或乙醇浸液对枯草杆菌、金黄色葡萄球菌、伤寒杆菌以及人型结核杆菌有抑制作用。仙鹤草水提物及酸水提取物对芥子油和因感染葡萄球菌所致的兔结肠炎均有一定的抗炎作用。

④ 抗肿瘤作用。

⑤ 其他作用。

a. 降血糖。

b. 对平滑肌的作用：仙鹤草水提取部分的乙醇提取物对兔和豚鼠离体肠管，低浓度兴奋，高浓度则抑制。

[**临床应用**]

① 用于咯血、呕血、衄血、外伤出血等症。仙鹤草收敛，功能止血，是一味止血药。主要用于肺、胃出血病症，可单独应用，也可配阿胶（蛤粉炒）、藕节、生地黄等治咯血；配乌贼骨等治呕血。

② 用于疮疡肿痛、溃疡久不收口等症。仙鹤草又有消肿生肌之功，用治疮疡，不论已溃未溃均可应用，如疮疡初起未溃，配金银花、贝母、天花粉、乳香等有消散作用；如疮疡已溃、久不收口可奏生肌敛疮之功，往往研粉外用。

仙鹤草原植物

仙鹤草

续断（170）

[**异名**] 和尚头、山萝卜。

［用药部位］川续断科植物川续断的干燥根。

［形态］多年生草本，高 60～90 厘米。根圆锥形，主根明显，或有数条并生，外皮黄褐色。茎直立，多分枝，具棱和浅沟，茎上生细柔毛，棱上有疏刺毛。叶对生，基生叶有长柄，叶片羽状深裂，先端裂片较大，边缘有粗锯齿；茎生叶有短柄至无柄，多为 3 裂，中央裂片最大，椭圆形至卵状披针形，长 11～13 厘米，宽 4～6 厘米，两侧裂片较小，边缘有粗锯齿，两面被白色贴伏柔毛。夏末秋初开花，头状花序近球形，总苞片数枚，窄披针形，长约 1.5 厘米，宽约 3 毫米，绿色；每花外有 1 苞片，宽倒卵形，质较硬，外侧密生白色柔毛，先端突出坚利呈粗刺状，被白色短柔毛；花小，白色或淡黄色。

［产地］主产于四川、贵州、湖北、云南等地。

［性味与归经］味苦、辛，性微温。归肝、肾经。

［主要成分］含生物碱、挥发油、维生素 E 及有色物质等。

［功效］补肝肾，强筋骨，续折伤，安胎。主治腰背酸痛、肢节痿痹、跌仆创伤、损筋折骨、胎动漏红、血崩、遗精、带下、痈疽疮肿。

［药理作用］

① 对痈疡有排脓、止血、镇痛、促进组织再生等作用。

② 抗维生素 E 缺乏的作用。经小白鼠和鸡试验，证明本品有抗维生素 E 缺乏症的作用。

③ 抑制肺炎双球菌等的作用。

④ 催乳的作用。

［临床应用］

① 用于腰膝酸软、风湿痹痛。

② 用于跌仆损伤。

③ 用于胎漏。

续断原植物

续断干燥根

香附（171）

［异名］莎草、香附子等。

［用药部位］莎草科植物莎草的干燥根茎。

［形态］多年生宿根草本，高 15～50 厘米。根状茎匍匐而长，其末端有灰黑色、椭圆形、具有香气的块茎（即香附），有时数个连生。茎直立，上部三棱形，叶基部丛生，3

行排列，叶片窄条形，长15～40厘米，宽约2～6毫米，基部抱茎，全缘，具平行脉。夏秋开花，花序形如小穗，在茎顶排成伞形，基部有叶状总苞2～4片；小穗条形，稍扁平，茶褐色；花两性，无花被；雄蕊5个；子房椭圆形，柱头3裂呈丝状。坚果三棱形，灰褐色。

[**产地**] 分布于全国各地。

[**性味与归经**] 味辛、微苦、甘，性平。归肝、脾、三焦经。

[**主要成分**] 含挥发油（香附子烯、香附子醇等）、酚性成分、脂肪酸等。

[**功效**] 理气疏肝，调经止痛。用于肝郁气滞，胸、胁、脘腹胀痛，消化不良，寒疝腹痛，乳房胀痛。

[**药理作用**]

（1）对子宫的作用 香附对子宫有抑制作用，使其收缩力减弱、肌张力降低。

（2）对中枢神经系统的作用 对阈下剂量戊巴比妥钠的协同作用；对正常家兔的麻醉作用；协同东莨菪碱麻醉作用；香附挥发油对戊四唑引起的小鼠惊厥有保护作用；解热镇痛作用；降温作用。

（3）对心血管系统的作用 香附有强心和减慢心率作用，并且有明显的降压作用。

（4）雌激素样作用 香附挥发油有轻度雌激素样活性。

（5）抗炎作用 香附醇提取物100毫克/千克腹腔注射，对角叉菜胶和甲醛引起的大鼠足肿胀有明显的抑制作用。

（6）对肠管的作用 对离体兔回肠平滑肌有直接抑制作用。

（7）抗菌作用 香附挥发油对金黄色葡萄球菌有抑制作用。

（8）其他作用 香附醇提取物对组胺喷雾所致豚鼠支气管痉挛有保护作用。

[**临床应用**]

① 香附：常与苍术等配伍，用于胸膈痞闷、胁肋疼痛等症，如越鞠丸（《丹溪》）。

② 醋香附：常与高良姜配伍，用于寒凝气滞、脘腹疼痛等症，如良附丸（《集腋》）。

③ 四制香附：常与柴胡等配伍，如治中虚气滞胃痛的香砂六君丸（《重订通俗伤寒》）。

④ 酒香附：常与白芍等配伍，用于肝郁化火等证，如宣郁通经汤（《傅青主》）。

香附原植物

香附

玄参（172）

[异名] 元参、乌元参、黑参。

[用药部位] 玄参科植物玄参的干燥根。

[形态] 多年生草本，高60～120厘米。根圆锥形或纺锤形，长达15厘米，下部常分杈，外皮灰黄褐色，干时内部变黑。茎直立，四棱形，常带暗紫色，有腺状柔毛。叶对生，近茎顶者互生，有柄，向上渐短；叶片卵形至卵状披针形，长7～20厘米，宽3.5～12厘米，先端略呈渐尖状，基部圆形或宽楔形，边缘具细密锯齿，无毛或下面脉上有毛。7～8月开暗紫色花，花序顶生，聚伞花序疏散开展，呈圆锥状；花梗细长，有腺毛；萼钟形，5裂；花冠管壶状，有5个圆形裂片，雄蕊4个，有一个退化雄蕊呈鳞片状，贴生在花冠管上；雌蕊1枚，子房上位，花柱细长，柱头短裂。蒴果卵圆形，端有喙，稍超出宿萼之外。

[产地] 主产于浙江、湖北、安徽、山东、四川、河北、江西等地。

[性味与归经] 味甘、苦、咸，性微寒。归肺、胃、肾经。

[主要成分] 含生物碱、挥发性生物碱、糖类、甾醇、氨基酸、脂肪酸等。

[功效] 滋阴降火，生津解毒。主治：①温病热入营血，温毒发斑；②热病伤阴心烦不眠，阴虚火旺骨蒸潮热；③咽喉肿痛，痈肿疮毒，瘰疬痰核，阳毒脱疽；④阴虚肠燥便秘。

[药理作用]

（1）降血压　玄参水浸剂和煎剂给狗口服或静脉注射，均有显著的降压作用，且对肾性高血压狗之降压作用较健康狗更为明显。

（2）降血糖　玄参流浸膏有使家兔血糖下降的作用。

（3）对心血管系统的影响　有扩张冠状动脉、抗血小板聚集、促进纤溶、改善血液流变性、抗脑缺血损伤的作用。

（4）镇痛作用　玄参口服液给药1小时后对醋酸所致小鼠扭体反应有明显的抑制作用，且作用与剂量有一定的依赖关系。

（5）抗炎作用　玄参有抗炎作用，临床可用于齿龈炎、扁桃体炎、咽喉炎等。玄参对巴豆油致炎引起小鼠耳壳肿胀，蛋清、角叉菜胶和眼镜蛇毒诱导引起大鼠足趾肿胀，小鼠肉芽肿的形成，均有明显的抑制作用。

（6）抗菌作用　玄参叶的抑菌效力较根强，尤其对金黄色葡萄球菌有效，对白喉、伤寒杆菌次之，对乙型链球菌等作用差，弱于黄连。

（7）免疫增强活性　哈帕酯苷皮下注射能使阴虚小鼠抑制的免疫功能恢复。

（8）保肝作用　研究发现，苯丙素苷XS-10对D-氨基半乳糖造成的肝细胞损伤有明显的保护作用且能抑制肝细胞凋亡。

（9）抗氧化作用　玄参中苯丙素苷类抗氧活性明显比环烯醚萜类强。

[临床应用]

① 治疗气阴两虚、脾肾亏虚型消渴，常用四参（党参或太子参、沙参、玄参、丹参）。

② 配伍马勃治疗咽喉痛或乳蛾红肿化脓，玄参清热解毒利咽，马勃清热利咽，两者相辅相成，清热利咽。

③ 配伍板蓝根，治疗阴虚火旺、虚火上炎所引起的咽喉肿痛，板蓝根味苦性寒，功专

清热解毒、凉血、利咽消肿。玄参甘苦而寒，功擅泻火滋阴，清热凉血，养阴润燥。

玄参原植物

玄参干燥根

香薷（173）

[异名] 香菜、香茹、香菜、香草、石香薷。

[用药部位] 唇形科植物石香薷或江香薷的干燥地上部分。

[形态] 多年生草本，茎棕红色，四棱形，具凹沟，沟内密被白色卷曲柔毛。叶对生；柄短，密被柔毛；叶片广披针形至披针形，先端锐尖，基部楔形，边缘具疏锯齿，偶有全缘，上面深绿色。秋季开花，轮伞花序密聚成穗状，顶生兼腋生，花冠唇形，淡紫红色。

[产地] 主产于陕西、甘肃、江苏、安徽、浙江、湖北、四川、云南等省。

[性味与归经] 味辛，微温。归肺、胃经。

[主要成分] 主要含有黄酮类、挥发油、萜类及甾体类等化学成分。黄酮类成分含刺槐素、甲氨基黄酮、二甲氧基黄酮、葡萄糖苷、木犀草素、槲皮素、木香薷素、芹菜素等。挥发油类成分含苯乙酮、樟烯香荆芥酚、柠檬烯、甲基香荆醚等。萜类及甾体类成分含有熊果酸和β-谷甾醇。脂肪酸类成分：亚油酸、棕榈酸、亚麻酸、油酸等。

[功效] 发散风寒，化湿和中，利水消肿。主治暑湿感冒，恶寒发热，头痛无汗，腹痛吐泻，小便不利。

[药理作用]

① 香薷挥发油有发汗解热作用，能刺激消化腺分泌及胃肠蠕动。

② 挥发油对金黄色葡萄球菌、伤寒杆菌、脑膜炎双球菌等有较强的抑制作用。

③ 香薷酊剂能刺激肾血管而使肾小球充血，滤过性增大而有利尿作用。

[临床应用]

① 治脾胃不和，胸膈痞滞，内感风冷，外受寒邪，身体疼痛，肢节倦怠等症。

② 治水肿。

③ 治疗急性胃肠炎、痢疾。

④ 治疗咽炎。

香薷原植物

香薷干燥全草

徐长卿（174）

[异名] 一枝春、竹叶细辛等。

[用药部位] 萝藦科植物徐长卿的干燥根及根茎。

[形态] 多年生草本，高60～70厘米，全株光清无毛，含白色有毒的乳汁。根状茎短，上生多数细长的须状根，形如马尾，土黄色，有香气。茎细而直，节间长，少分枝。单叶对生，披针形或条形，长4～15厘米，宽0.2～0.8厘米，先端渐尖，基部渐窄，全缘而稍反卷，上面深绿色，下面淡绿色，主脉突起。夏秋开淡黄绿色花，圆锥花序顶生或腋生。

[产地] 主产于江苏、河北、湖南、安徽、贵州、广西等地。

[性味与归经] 味辛，性温。归肝、胃经。

[主要成分] 主要含有挥发油类、甾体类、多糖类等化学成分。

[功效] 解毒消肿，通经活络，止痛。主治风湿痹痛、跌打瘀痛、风疹、湿疹、毒蛇咬伤。

徐长卿原植物

徐长卿干燥根及根茎

[药理作用]

① 镇痛作用。

② 镇静作用。

② 有减慢正常动物心率的作用。

③ 本品能使小白鼠心肌对铷（Rb）摄取量增加，从这点来看，似有增加冠脉血流量、改善心肌代谢、缓解心脏缺血的作用。

④ 降压作用。

[临床应用] 治疗各种痛证。

杏仁（175）

[异名] 杏核仁、杏子、木落子、苦杏仁、炒杏仁。

[用药部位] 蔷薇科植物杏或山杏的干燥成熟种子。

[形态] 杏，落叶小乔木，高 4～10 米。叶片圆卵形，长 5～9 厘米，宽 4～8 厘米，先端渐尖，基部圆形或微心形，边缘有细锯齿。春季先叶开花，单生枝上端，着生较密，稍似总状，花无梗，花萼基部呈筒状，花冠白色或浅粉红色，花瓣 5，宽倒卵形。核果卵圆形，直径约 3～4 厘米，黄色而带红晕，微被短柔毛或无毛，核扁心形，沿腹缝两侧各有一棱。棱突起锋利的杏仁，其味甜；棱平钝的杏仁，其味苦。种子 1 粒，心状卵形，浅红棕色，味苦或不苦。

[产地] 在东北、华北、西北地区以及江苏、河南及西藏等地均有生产。

[性味与归经] 味苦，性温，有小毒。归肺、大肠经。

[主要成分] 含苦味氰苷：苦杏仁苷约 4％和野樱苷；脂肪油约 50％，其中有 8 种脂肪酸，主要是亚油酸占 27％，油酸占 67％及棕榈酸占 5.2％。还含绿原酸、KR-A、KR-B、苯甲醛、芳樟醇、4-松油烯醇、α-松油醇等。

[功效] 降气止咳平喘，润肠通便。主治肠燥便秘。

[药理作用]

① 苦杏仁苷有抗突变作用，对呼吸中枢有镇静作用，使呼吸运动趋于安静而达镇咳、平喘的功效。

② 苦杏仁分解出的大量氢氰酸，对延髓各生命中枢先刺激后麻痹，并抑制酶的活动，阻碍新陈代谢，引起组织窒息。

③ 杏仁的脂肪油有润肠通便作用。蛋白质成分 KR-A 和 KR-B 都表现出明显的抗炎和镇痛作用。

[临床应用]

① 治疗外感风寒，肺失肃降。症见恶寒发热、头痛脉浮、咳喘气逆，如麻黄汤、麻杏石甘汤、大青龙汤即用杏仁与麻黄配伍。

② 杏仁与桔梗配伍，临床多用于肺部疾病，如肺气不利、郁闭之咳嗽、痰饮、喘憋，或见二便不利等症。

③ 杏仁与川贝母配伍，一温一凉，一润一降，一以治气，一以治痰，润降合法，气利痰消，喘咳自宁。

杏树原植物

杏仁

小蓟（176）

[异名] 刺儿菜、刺菜、曲曲菜、青青菜、荠荠菜、刺角菜、白鸡角刺、小鸡角刺、小牛扎口，野红花。

[用药部位] 菊科植物刺儿菜的干燥地上部分。夏、秋二季花开时采割，除去杂质，晒干。

[形态] 多年生草本，高 25～50 厘米。茎基部生长多数须根。根状茎细长，先直伸后匍匐，白色，肉质。茎直立，微紫色，有纵槽，被白色柔毛，上部稍有分枝。叶片长椭圆形或椭圆状披针形，长 7～10 厘米，宽 1.5～2.5 厘米，先端钝，有刺尖，基部圆钝；全缘或微齿裂，边缘有金黄色小刺，两面均被有绵毛。春、夏季开花，头状花序顶生，直立，管状花，紫红色。瘦果椭圆形或长卵形，冠毛呈羽状。

[产地] 全国各地均有分布。

[性味与归经] 味甘、苦，性凉。归心、肝经。

[主要成分] 本品主要含黄酮类、甾醇类、苯丙素类等化学成分。

[功效] 凉血止血，祛瘀消肿。主治衄血、吐血、尿血、便血、崩漏下血、外伤出血、痈肿疮毒。

[药理作用]

① 自小蓟煎剂中提得黄白色粉末状物质，配成 7％水溶液，用于创伤表面，有良好的止血效果。

② 对麻醉后破坏脊髓的大白鼠有去甲肾上腺素样的升压作用。

③ 对离体兔心和蟾蜍心脏均有兴奋作用。

④ 对甲醛性关节炎有一定程度的消炎作用。

⑤ 有镇静作用。

⑥ 对白喉杆菌、肺炎球菌、溶血性链球菌、金黄色葡萄球菌、铜绿假单胞菌、变形杆菌、福氏痢疾杆菌、大肠杆菌、伤寒杆菌、副伤寒杆菌等均有抑制作用。

[临床应用]

① 常用于治疗呕血、尿血、崩漏带下、外伤出血、痈肿疮毒、湿热黄疸肾炎；利尿退

黄、消肿，尤其对治疗血淋、尿血效果极佳。

②大蓟散瘀消肿力佳，小蓟则擅治血淋、尿血诸证，常把大蓟与小蓟合用治疗临床各种血热出血证。

③以小蓟草、黄芪、生地黄等药材配制成小蓟止血汤，用于肾病的治疗，能明显减少尿中红细胞和蛋白质的含量，还具有修复已断裂肾小球基底膜的作用，临床治愈率远高于单纯的西药治疗，且安全性高，无毒副作用，具有较高的临床应用价值。

小蓟原植物

小蓟

淫羊藿（177）

[异名]羊藿、仙灵脾、黄连祖、牛角花、羊藿叶、羊角风。

[用药部位]小檗碱科植物淫羊藿、箭叶淫羊藿、柔毛淫羊藿或朝鲜淫羊藿的干燥叶。夏、秋二季茎叶茂盛时采收，晒干或阴干。

[形态]箭叶淫羊藿：常绿多年生草本，高10～40厘米。基生叶1～3，三出复叶，叶柄细长，长约15厘米；小叶片卵状披针形，长4～9厘米，边缘有细刺毛。

心叶淫羊藿：叶为二回三出复叶，叶柄长4～8厘米；小叶片卵圆形或近圆形，长2.5～5厘米，宽2～4厘米，先端锐尖，基部深心形，两侧小叶片基部不对称。

大花淫羊藿：叶为二回三出复叶，小叶片卵形，长约3厘米，顶端急尖或渐尖，基部斜心形，边缘有刺毛状细锯齿。花较大，萼片红紫色；花瓣白色。蒴果卵形。

[产地]主产于陕西、甘肃、四川、台湾、安徽、江苏、浙江、广东、广西、云南等地。

[性味与归经]味辛、甘，性温。归肝、肾经。

[主要成分]含淫羊藿苷、淫羊藿素、维生素E、植物甾醇等。

[功效]补肾阳，强筋骨，祛风湿。主治阳痿不举、小便淋沥、筋骨挛急、半身不遂、腰膝无力、风湿痹痛、四肢不仁。

[药理作用]

（1）降血压作用　淫羊藿所含淫羊藿苷能使血压下降，尤其以舒张压下降明显，其机制主要是通过扩张外周血管、降低外周阻力、抑制心肌收缩力来实现的。

（2）强心作用　淫羊藿煎剂可使蟾蜍离体或在体心脏心肌收缩力明显增强；可使家兔心

肌张力明显增加。

（3）促性腺功能作用　本品促进性功能是由精液分泌亢进，精囊充满后，刺激感觉神经，间接兴奋性欲而引起的。

（4）镇咳、祛痰、平喘作用　小鼠酚红排泌法证明本品鲜品粗提物和干品乙酸乙酯提取物均有一定的祛痰作用。

（5）抗病原微生物作用　本品对白色葡萄球菌、金黄色葡萄球菌有较显著的抑制作用，对奈瑟卡他球菌、肺炎双球菌、流感嗜血杆菌有轻度抑制作用，其1%浓度在试管内可抑制结核杆菌的生长。

［临床应用］

① 用于肾阳虚衰。

② 用于肝肾不足或风湿久痹。

淫羊藿原植物

淫羊藿

益母草（178）

［异名］益母蒿、益母艾、红花艾。

［用药部位］唇形科植物益母草的新鲜或干燥地上部分。

［形态］一年生或二年生草本，茎直立，单一或有分枝，四棱形，微有毛。叶片近圆形，中部茎生叶全裂，裂片近披针形，上部叶不裂，条形，两面均被短柔毛。花多数，在叶腋中集成轮伞；花萼钟形，花冠唇形，淡红或紫红色，花冠外被长茸毛，尤以上唇为多。小坚果熟时黑褐色，三棱形。

［产地］分布于全国各地。生长于山野、河滩草丛中及溪边湿润处。

［性味与归经］味苦、辛，性微寒。归肝、心包、膀胱经。

［主要成分］全草含益母草碱并含水苏碱，同时含有香树精、豆甾醇及谷甾醇等。

［功效］活血祛瘀，利尿消肿。主治月经不调，痛经，经闭，恶露不尽，水肿尿少；急性肾炎水肿。

［药理作用］

（1）收缩子宫肌作用　给家兔灌胃或静脉注射益母草煎剂和酊剂，对子宫有兴奋作用，煎剂效力比酊剂强，能使子宫肌的收缩显著增强。

（2）利尿作用　给家兔静脉注射益母草碱，有显著的利尿作用。

（3）抑菌作用　益母草水浸剂对常见致病性皮肤真菌均有不同程度的抑制作用。

[临床应用]

① 用于血瘀证。

② 用于水肿、小便不利。

③ 用于疮痈肿毒。

益母草原植物

益母草

鱼腥草（179）

[异名] 狗腥草、臭菜、折儿根、折耳根。

[用药部位] 三白草科植物蕺菜的新鲜全草或干燥的地上部分。鲜品全年均可采割；干品夏季茎叶茂盛花穗多时采割，除去杂质，晒干。

[形态] 根状茎细长，横走，白色。茎上部直立，基部伏生，紫红色，无毛。叶互生，心形，叶面密生细腺点，先端急尖，全缘，老株上面微带紫色，下面带紫红色，两面除叶脉外无毛，托叶膜质，披针形，基部与叶柄连合成鞘状。穗状花序生于茎上端与叶对生，基部有 4 片白色花瓣状总苞；总苞倒卵形或长圆状倒卵形。花小而密，无花被，苞片线形，雄蕊 3 枚，花丝细长。6～9 月结蒴果，呈壶形，顶端开裂。种子卵圆形，有条纹。

[产地] 产于浙江、江苏、安徽等地。

[性味与归经] 味辛，性微寒。归肺经。

[主要成分] 本品主要含癸酰乙醛、芳香醇、阿福豆苷、金丝桃苷、有机酸、蛋白质、氨基酸等。

[功效] 清热解毒，散痈排脓，利尿通淋。主治肺痈吐脓、痰热喘咳、热痢、热淋、痈肿疮毒。

[药理作用]

① 其煎剂对金黄色葡萄球菌、肺炎双球菌、溶血性链球菌、卡他球菌、白喉杆菌、变形杆菌、痢疾杆菌及流感病毒、腮腺炎病毒等多种致病性细菌、病毒均有不同程度的控制作用。

② 解热作用。

③ 抗炎作用。

④ 抗内毒素作用。

⑤ 抗过敏等作用。

[临床应用]

① 对肺炎、慢性支气管炎、呼吸道感染及咽喉炎、肺炎等疾病均具有一定的临床疗效。

② 对眼炎、鼻炎等均具有良好的治疗效果。

③ 对尿路感染、肾炎、慢性泌尿系统感染等具有良好疗效。

鱼腥草原植物　　　　　　　　　　　　　　鱼腥草

郁金（180）

[异名] 马莛、马莲、黄郁、黄流、玉金。

[用药部位] 姜科植物温郁金、姜黄、广西莪术或蓬莪术的干燥块根。冬季茎叶枯萎后采挖，除去泥沙及细根，蒸或煮至透心，干燥。

[形态] 多年生宿根草本。根粗壮，末端膨大呈长卵形块根。块茎卵圆状，侧生，根茎圆柱状，断面黄色。叶基生，叶柄长约5厘米，基部的叶柄短，或近于无柄；具叶耳，叶片长圆形，先端尾尖，基部圆形或三角形。穗状花序，基部苞片阔卵圆形，小花数朵，生于苞片内，花萼白色。

[产地] 产于我国南部和西南部。主产浙江、四川、广东、广西、云南、福建、台湾、江西。

[性味与归经] 味辛、苦，性寒。归肝、心、肺经。

[主要成分] 含挥发油，主要为姜黄烯、倍半萜烯醇等。

[功效] 行气解郁，凉血破瘀，利胆退黄。主治脾胃湿浊，胸脘满闷，呕逆腹痛。

[药理作用] 对红色毛癣菌、同心性毛癣菌、石膏样毛癣菌、许兰黄癣菌、奥杜盎小孢子癣菌、铁锈色小孢子癣菌等皮肤真菌起到一定的抑制作用，另外，还具有一定的止血作用。

[临床应用] 治疗传染性肝炎，每次取郁金粉5克，日服3次。

郁金原植物

郁金干燥根

远志（181）

[异名] 葽绕，蕀蒬，棘菀，苦远志。

[用药部位] 远志科植物远志或卵叶远志的根。春、秋二季采挖，除去须根及泥沙，晒干。

[形态] 多年生草本，高15～40厘米，根圆柱形，肥厚，长约15厘米，外皮浅黄棕色或淡棕色，有较密的横纹及小疙瘩。茎多数，丛生，直立或斜生。叶互生，单叶，近无柄；叶片线形或线状披针形，长1～4厘米，宽1.5～3毫米，先端渐尖，基部狭，边缘全缘，中脉明显，侧脉不明显，无毛，6～9月开花，花小，淡蓝色或蓝紫色，排成总状花序生于枝顶，花疏生，常偏生于1侧；萼片5片，内面2片花瓣状；花瓣3片，其中1片较大；雄蕊8枚。6～9月结果，果实扁平，近圆形，顶端凹缺，无毛，边缘有窄翅。

[产地] 东北、华北、西北各省区及河南、山东、安徽、江苏、江西、湖南、广西等省区有出产；俄罗斯等地也有。

[性味与归经] 味苦、辛，性温。归心、肾、肺经。

[主要成分] 本品含皂苷，水解后可分得远志皂苷元A和远志皂苷元B。还含远志酮、生物碱、糖类及糖苷、远志醇、细叶远志定碱、脂肪油、树脂等。

[功效] 宁心安神，祛痰利窍，消散痈肿。主治惊悸、咳嗽痰多、疮疡肿毒等。

[药理作用]

① 远志有镇静、催眠及抗惊厥作用。

② 远志皂苷有祛痰、镇咳、降压作用。

③ 煎剂对大鼠和小鼠离体之未孕及已孕子宫均有兴奋作用。

④ 乙醇浸液在体外对革兰氏阳性菌及痢疾杆菌、伤寒杆菌、人型结核杆菌均有明显抑菌作用。

⑤ 其煎剂及水溶性提取物分别具有抗衰老、抗突变、抗癌等作用。

⑥ 远志皂苷有溶血作用。

[临床应用]

① 可用于治疗多种肿瘤。

② 用于治咳痰不爽、疮疡肿毒、乳房肿痛等病症。

远志原植物   远志干燥根

杨树花（182）

[异名] 梧树芒、杨树吊。

[用药部位] 杨柳科植物毛白杨、加拿大杨或同属植物的雄花序。

[形态] 毛白杨花：雄花序长条状圆柱形，长 6～10 厘米，直径 0.4～1 厘米，多破碎，表面红棕色或深棕色。芽鳞多紧抱而成杯状，单个鳞片宽卵形，长 0.3～1.3 厘米，边缘有细毛，表面略光滑。花序轴上具多数带雄蕊的花盘，花盘扁，半圆形或类圆形，深棕褐色；每雄花雄蕊 6～12，有的脱落，花丝短，花药 2 室，棕色。苞片卵圆形或宽卵圆形，边缘深尖裂，具长白柔毛。体轻，气微，味微苦、涩。

加拿大杨花：雄花序较短细。表面黄绿色或黄棕色。芽鳞片常分离成梭形，单个鳞片长卵形，长可达 2.5 厘米，光滑无毛。花盘黄棕色或深黄棕色；雄蕊 15～25，棕色或黑棕色，有的脱落。苞片宽卵圆形或扇形，边缘呈条片状或丝状分裂，无毛。体轻，气微，味微。以花序粗长、身干、完整者为佳。

[产地] 毛白杨花和加拿大杨花产于全国大部分地区。

[性味与归经] 味苦，性寒。归脾、大肠经。

[主要成分] 含槲皮素、槲皮素-3-β-D-葡萄糖苷、杨梅树皮素-3-β-D-半乳糖苷、木犀草素-7-β-D-葡萄糖苷。

[功效] 清热解毒，化湿止痢。主治细菌性痢疾、肠炎。

[药理作用]

① 杨树花可直接抑杀病原体。

② 可提高机体的抵抗力，对抗免疫抑制剂，调节机体的免疫功能，有效缓解畜禽发病期间的各种应激反应。

③ 使动物胃肠肌及括约肌张力增高，抑制分泌功能，表现出收敛止泄作用。促进消化，促进生长。

[临床应用]

① 用于痢疾。本品性苦寒，清热利湿，可以配伍黄连、黄芩、白头翁等清热利湿治疗痢疾，如《青岛中草药手册》："性凉，味辛。主治外感风寒，痢疾。"

② 用于泄泻。本品清热利湿，治疗大便稀溏如水、腹痛、大便次数多者，可配伍黄连、

葛根等；可配伍车前子、茯苓、猪苓等利湿通小便以止泻。

杨树花原植物

杨树花

茵陈（183）

[异名] 绵茵陈、茵陈蒿、白蒿、绒蒿、猴子毛等。

[用药部位] 菊科植物猪毛蒿或茵陈蒿的地上部分。春季幼苗高 6～10 厘米时采收，除去老茎及杂质，晒干。

[形态] 猪毛蒿：幼苗卷缩成团状，灰白色或灰绿色，全体密被白色茸毛，绵软如绒；气清香，味微苦。茵陈蒿：茎呈圆柱形，多分枝；瘦果长圆形，黄棕色；气芳香，味微苦。以质嫩、绵软、色灰白、香气浓者为佳。

[产地] 猪毛蒿主产于陕西、河北、山西等地。茵陈蒿主产于山东、江苏、浙江、福建等地。

[性味与归经] 味微苦、微辛，性微寒。归脾、胃、肝、胆经。

[主要成分]

① 猪毛蒿全草含挥发油，其成分有丁醛、糠醛、桉叶素、葛缕酮、侧柏酮、侧柏醇、丁香油酚、异丁香油酚、糠醇、欧芹脑、对聚伞花素、月桂烯、α-蒎烯、β-蒎烯、毕澄茄烯、乙酸牻牛儿醇酯、α-姜黄烯、茵陈二炔及茵陈二炔酮等，全草还含绿原酸、对羟基苯乙酮、大黄素。地上部分含蒿黄素、紫花牡荆素、匙叶桉油烯醇和茵陈素。

② 茵陈蒿地上部分含挥发油，还含苯氧基色原酮类成分。

[功效] 清热利湿，退黄。主治黄疸、小便不利、湿疮瘙痒。

[药理作用]

① 利胆作用。有促进胆汁分泌和排泄的作用。

② 保肝作用。

③ 对心血管系统的影响：茵陈水浸液、乙醇浸液及挥发油均有降压作用。

④ 解热镇痛消炎作用。

⑤ 抗病原微生物作用。

⑥ 抗肿瘤作用。

⑦ 利尿作用。

[临床应用]

① 用于治疗暑热、湿温、发热目黄、脘痞便溏等症。

② 本品功专利湿退黄，为治黄要药。阳黄，黄色鲜明者，常与大黄、栀子同用；若黄疸热重者，伴发热口渴、便结舌红，则配川黄连、龙胆草、滑石、甘草等；若黄疸湿重者，见脘腹痞满，常配苍术、厚朴、白豆蔻等；阴黄，系寒湿瘀滞，或脾胃虚寒，黄色晦暗、肢冷体倦、腹胀食少、畏寒者，常与附子、干姜、党参、白术同用；若因食积发黄，则可与山楂、枳实等配伍应用。

茵陈原植物

茵陈

知母（184）

[异名] 蚔母、连母、野蓼、地参、水参。

[用药部位] 单子叶植物百合科知母的干燥根茎。

[形态] 毛知母：根茎扁圆长条状，微弯曲，偶有分枝。气微，味微甜、略苦，嚼之带黏性。知母肉：外皮大部分已除去，表面黄白色，有的残留少数毛须状叶茎及凹点状根痕。以条粗、质硬、断面色白黄者为佳。

[产地] 主产于河北、山西、陕西、内蒙古，甘肃、河南、山东、辽宁、黑龙江等地亦产。

[性味与归经] 性寒，味苦。归肺、胃、肾经。

[主要成分] 根茎含知母皂苷。有学者认为知母皂苷 B-Ⅰ 可能是在抽提成分操作过程中产生的人工矫作物。根茎另含知母多糖 A、知母多糖 B、知母多糖 C、知母多糖 D，顺-扁柏树脂酚，单甲基-顺-扁柏树脂酚，烟酰胺及泛酸。

[功效] 清热泻火，滋阴润燥，止渴除烦。主治温热病，高热烦渴，咳嗽气喘，燥咳，便秘，骨蒸潮热，虚烦不眠，消渴淋浊。

[药理作用]

① 具有抗肿瘤活性。

② 对肾上腺皮质及肾上腺皮质激素的影响：知母能保护肾上腺皮质，减轻糖皮质激素的副作用。

③ 降血糖作用。知母水提物和多糖对正常家兔有降血糖作用，对四氧嘧啶致糖尿病的家兔、小鼠以及胰岛素抗血清致糖尿病鼠有更明显的降血糖作用。

④ 解热作用。知母对大肠埃希菌（大肠杆菌）所致的家兔高热有明显的预防和治疗作用。

⑤ 抗血小板聚集作用。

⑥ 抗病原微生物作用。

［临床应用］

① 用于肺热咳嗽。

② 用于阴虚消渴。

③ 用于骨蒸潮热。

④ 用于肠燥便秘。

知母原植物

知母干燥根

栀子（185）

［异名］木丹、鲜支、越桃、厄子。

［用药部位］属茜草科植物，根、叶、果实均可入药。

［形态］栀子常绿灌木。小枝绿色，幼时被毛，而后近无毛。种子多数，鲜黄色，扁椭圆形。

［产地］分布于中南、西南地区及江苏、安徽、浙江、江西、福建、台湾等地。

［性味与归经］味苦，性寒。归心、肝、肺、胃、三焦经。

［主要成分］果实含环烯醚萜类成分、酸类成分、黄酮类成分；果皮及种子中也含栀子苷、都桷子苷、都桷子苷酸、都桷子素-1-龙胆双糖苷；花含有栀子花酸 A、栀子花酸 B 和栀子酸等。

［功效］泻火除烦，清热利湿，凉血解毒。主治热病心烦，肝火目赤，头痛，湿热黄疸、淋证，吐血衄血，血痢尿血，口舌生疮，疮疡肿毒，扭伤肿痛。

［药理作用］

（1）对消化系统的作用

① 对肝脏功能的影响：栀子提取物对肝细胞无毒性作用，可降低动物血清胆红素水平。

② 对胆汁分泌的影响：都桷子素利胆作用是胆汁酸非依赖性的。

③ 促进胰腺分泌和对胰腺功能的影响：栀子可通过抗自由基产生与对其清除的增强而保护胰腺。

④ 对胃功能的作用：认为都桷子素对胃产生抗胆碱能作用具有抑制作用。

⑤ 泻下作用。

（2）对中枢神经系统的作用　栀子水提取物、都桷子苷及都桷子素虽无镇静、降温作用但能抑制小鼠醋酸扭体反应，具有镇痛作用。

（3）对心血管系统的作用　栀子的降血压作用部位在中枢，主要是加强了延髓副交感中枢紧张度所致。

（4）抗菌和抗炎作用　研究表明，对动物软组织损伤有较好的治疗作用。

[临床应用]

① 炒栀子多用于清热解郁。代表方剂如治消渴、心胸烦躁的黄连丸；治积热咽喉肿痛、痰涎壅盛，或胸膈不利的清咽利膈汤。

② 焦栀子凉血止血，多用于血热吐衄、尿血崩漏。

栀子原植物

栀子干燥果

紫苏（186）

[异名] 苏、苏叶、紫菜。

[用药部位] 属唇形科植物，茎、叶及子实均可入药。

[形态] 一年生草本，高 30～200 厘米。具有特殊芳香。茎直立，多分枝，紫色、绿紫色或绿色，钝四棱形，密被长柔毛。

[产地] 主产于湖北、河南、四川、江苏、广西、广东、浙江、河北、山西等地。

[性味与归经] 味辛，性温。归肺、脾、胃经。

[主要成分] 紫苏叶含挥发油，其成分主要有紫苏醛、柠檬烯、β-丁香烯、α-香柑油烯及芳樟醇等，还含紫苏醇、紫苏酮。

[功效] 散寒解表，宣肺化痰，行气和中，安胎，解鱼蟹毒。主治风寒表证，咳嗽痰多，胸脘胀满，恶心呕吐，腹痛吐泻；胎气不和，妊娠恶阻；食鱼蟹中毒。

[药理作用]

① 镇静作用。

② 解热作用。

③ 抗过敏作用。

④ 增强胃肠蠕动作用。

⑤ 止咳、祛痰、平喘作用。

⑥ 止血作用。

⑦ 抗凝血作用。

⑧ 增强免疫功能。

⑨ 抗微生物作用。

⑩ 其他作用：紫苏对腺苷酸环化酶有轻度抑制作用。紫苏叶对放射线造成的皮肤损害有保护作用。紫苏叶提取物有显著抗氧化作用。紫苏成分迷迭香酸有抗炎症作用。

［临床应用］

① 治疗慢性支气管炎。由黄芪15克、麻黄10克、杏仁10克、当归10克、桂枝10克、五味子6克、茯苓15克、半夏10克、党参15克、紫苏10克、陈皮6克、甘草6克组成方剂来治疗慢性支气管炎，总有效率为95.24%，疗效显著，起效迅速，能缩短病程、减少复发。

② 治疗咳嗽。

紫苏原植物

紫苏

紫花地丁（187）

［异名］董董菜、箭头草、地丁、羊角子、独行虎、地丁草、宝剑草、犁头草、紫地门、兔耳草、金剪刀、小角子花等。

［用药部位］董菜科植物紫花地丁的干燥全草。

［形态］根茎短，垂直，淡褐色，节密生，有细纵纹。叶灰绿色，展平后呈披针形或卵状披针形，先端钝，基部楔形或微心形，边缘具锯齿，两面被毛，叶柄有狭翼。花茎纤细，花淡紫色，花距细管状。蒴果椭圆形，种子多数。

［产地］主要产于江苏、安徽、浙江等地。

［性味与归经］味苦、辛，性寒。归心、肝经。

［主要成分］含苷类、黄酮类、有机酸等。

［功效］清热解毒，凉血消肿。主治疗疮痈疽、丹毒、乳痈、肠痈、瘰疬、湿热泻痢、黄疸、目赤肿痛、毒蛇咬伤。

［药理作用］

① 抗病原微生物作用：100%煎剂对金黄色葡萄球菌、肺炎链球菌、甲型链球菌、乙型

链球菌、大肠杆菌、流感杆菌、白喉杆菌、铜绿假单胞菌、白色葡萄球菌、白色念珠菌有不同程度的抑制作用。

② 1∶4 水浸剂对堇色毛癣菌亦有抑制作用。

③ 本品醇和水提取物对钩端螺旋体有抑制作用。

④ 紫花地丁提取物在低于毒性剂量的浓度下，可完全抑制艾滋病毒的生长。紫花地丁的二甲亚砜提取物有很强的体外抑制 HIV 的活性，相应的甲醇提取物也有此活性，但不及二甲亚砜提取物，这些提取物同时还有细胞毒性作用。

［临床应用］

① 用于热毒疮疡、痈肿、丹毒等证。可单味煎服，或鲜品捣汁服，并捣烂外敷患处；也可配金银花、野菊花、蒲公英等。用于肠痈，常与败酱草、桃仁等同用。

② 用于肝火或风热上攻之目赤肿痛。可配菊花、谷精草、蝉蜕等。

③ 用于毒蛇咬伤。可用鲜品捣汁服，渣再入雄黄调匀外敷。

紫花地丁原植物

紫花地丁

泽兰（188）

［异名］虎兰、龙枣、水香、虎蒲、地瓜儿苗、红梗草、风药、奶孩儿、蛇王草、蛇王菊、捕斗蛇草、接古草、甘露秧、方梗草、野麻花等。

［用药部位］唇形科植物毛叶地瓜儿苗的干燥地上部分。

［形态］多年生草木。具多节圆柱状地下横走根茎。茎直立，不分枝，四棱形。叶交互对生，具极短柄或无柄，叶椭圆形、狭长圆形或呈披针形，边缘具不整齐的粗锐锯齿，无毛。轮伞花序多花，腋生，小苞片卵状披针形，花柱伸出于花冠外，柱头 2 裂不均等，扁平。小坚果扁平，倒卵状三棱形。

［产地］分布于东北、华北、西南地区及陕西、甘肃等地。

［性味与归经］味苦、辛，性微温。归肝、脾经。

［主要成分］葡萄糖、半乳糖、泽兰糖、水苏糖、棉子糖、蔗糖、虫漆蜡酸、白桦脂酸、熊果酸、β-谷甾醇等。

［功效］活血，行水。主治经闭，癥瘕，产后瘀滞腹痛，身面浮肿，跌仆损伤，金疮，痈肿。

［药理作用］

（1）对微循环和血液流变学的影响 地瓜儿苗及毛叶泽兰全草的水浸膏，可使模拟航天飞行中失重引起血瘀的兔微循环障碍明显改善，对兔异常的血液流变也有较好的改善作用，使血液黏度、纤维蛋白原含量及红细胞聚集指数均低于对照组。

（2）血液凝固作用　对血栓干重有明显抑制作用，对血栓形成有轻度抑制作用。

（3）强心作用　地瓜苗儿全草制剂有强心作用。

［临床应用］

① 泽兰配伍黄芪、党参、茯苓治疗气滞血瘀、痹证。

② 泽兰配伍黄芪、苍术、牛膝，益气活血、利水，治疗瘀血阻滞。

泽兰原植物

泽兰

猪苓（189）

［异名］豕零、獭猪尿、求囊、猪茯苓、地乌桃、野猪食、猪屎苓、野猪粪。

［用药部位］多孔菌科真菌猪苓的干燥菌核。

［形态］菌核形状不规则，呈大小不一的团块状，坚实，表面紫黑色，有多数凹凸不平的皱纹，内部白色。子实体从埋生于地下的菌核上发出，有柄并多次分枝，形成一丛菌盖，菌盖圆形，中部脐状，有淡黄色的纤维状鳞片，边缘薄而锐，常内卷，肉质，干后硬而脆。菌肉薄，白色。

［产地］分布于黑龙江、吉林、辽宁、河北、山西、陕西、甘肃、河南、湖北、四川、贵州、云南。

［性味与归经］味甘、淡，性平。归脾、肾、膀胱经。

［主要成分］菌核含麦角固醇、α-羟基-二十四碳酸、生物素、猪苓聚糖和粗蛋白。

［功效］利水渗湿。主治小便不利、水肿胀满、泄泻、淋浊、带下。

［药理作用］

（1）利尿作用　猪苓水煎剂有很强的利尿作用。

（2）增强机体免疫功能　猪苓能明显增强机体免疫功能，既增强非特异性免疫功能，也增强特异性免疫功能。其主要有效成分是猪苓多糖。猪苓是一种非特异性免疫刺激剂，这是临床治疗病毒性肝炎的药理基础。

（3）抗肿瘤作用　猪苓提取物可以抑制肿瘤的生长。

（4）保肝作用 猪苓多糖可减轻四氯化碳和 D-半乳糖胺所致小鼠肝损坏。

[临床应用]

① 活血利水。与牛膝配伍，治疗急性筋伤，牛膝祛瘀通脉，引各利水药入血分，猪苓渗湿利水、开发腠理，使血水有去路。

② 猪苓利水渗湿，黄芪益气健脾，两者相配，利水消肿、益气扶正。

猪苓原植物

猪苓干燥根

枳壳（190）

[异名] 原植物又名狗桔，药材又名狗枳壳，江枳壳、只壳。

[用药部位] 芸香科植物酸橙及其栽培变种的干燥未成熟果实。

[形态] 果实呈半球形，直径 3～5.5 厘米。外皮绿褐色或棕褐色，略粗糙，散有众多小油点，中央有明显的花柱基痕或圆形果柄痕。切面中果皮厚 0.6～1.2 厘米，黄白色，较光滑。质坚硬，不易折断，囊内汁胞干缩，棕黄色或暗棕色，质软，内藏种子。气香，味苦、微酸。以外果皮色绿褐、果实厚、质坚硬、香气浓者为佳。

[产地] 主产于重庆江津、綦江，江西新干，湖南沅江，浙江衢江、常山、兰溪等地。

[性味与归经] 味苦、辛、酸，性微寒。归脾、肾经。

[主要成分] 酸橙果皮含挥发油及黄酮类成分。挥发油的主成分为右旋柠檬烯（约90%）、枸橼醛、右旋芳樟醇等。黄酮类成分有苦橙素、橙皮苷、新橙皮苷、柚苷（即异橙苷）、枳黄苷、苦橙丁。花含新橙皮苷、枳黄苷。叶含茵芋碱，并含黄酮苷。果皮含挥发油。种子含脂肪油约 18%。

[功效] 理气宽胸，行滞消积。主治胸膈痰滞、胸痞、胁胀、食积、呕逆、下痢后重、脱肛、子宫脱垂等。

[药理作用]

① 对家兔离体和在体子宫都有显著的兴奋作用，能使子宫收缩有力、紧张度增加，甚至出现强直性收缩。

② 胃瘘慢性试验和肠瘘慢性试验证明，对机体完整的胃肠运动具有一定的兴奋作用，能使胃肠运动收缩节律增强而有力。

③ 枳壳煎剂、枳壳酊剂及枳壳流浸膏对麻醉狗有升高血压、缩小肾容积的作用。在此同时，并有短暂的抑尿现象。

④ 煎剂低浓度（20%以下）使离体蛙心收缩增强，高浓度（50%以上）收缩减弱；蛙血管灌流表明可使血管轻微收缩。

［临床应用］

① 可用于治疗气滞气郁、痰湿内阻、痰气凝结等证，常与白芍、香附、郁金等配伍。

② 枳壳与枳实功效类似，但一般认为枳实的破气作用较强，而枳壳作用较枳实缓和，行气宽中、消除胀满为其所长。

③ 常用于治疗胃肠积滞、胸痹、产后腹痛、脱肛等病症。

枳壳原植物

枳壳果实

泽泻（191）

［异名］水泽、如意花等。

［用药部位］泽泻科植物泽泻的干燥块茎。

［形态］块茎直径 1～3.5 厘米，或更大。花药长约 1 毫米，椭圆形，黄色，或淡绿色。瘦果椭圆形，或近矩圆形。种子紫褐色，具凸起。

［产地］分布于黑龙江、吉林、辽宁、内蒙古、河北、山西、陕西、新疆、云南等地，主产于福建、四川。

［性味与归经］味甘、淡，性寒。归肾、膀胱经。

［主要成分］块茎含泽泻醇 A、泽泻醇 B、泽泻醇 C、泽泻醇 A 单乙酸酯、泽泻醇 B 单乙酸酯、泽泻醇 C 单乙酸酯、表泽泻醇 A、泽泻薁醇、泽泻薁醇氧化物、16β-甲氧基泽泻醇 B 单乙酸酯、16β-羟基泽泻醇 B 单乙酸酯、谷甾醇-3-O-硬脂酰基-β-D-吡喃葡萄糖苷。还含胆碱、糖和钾、钙、镁等元素。

［功效］利水渗湿，泄热，化浊。主治小便不利、水肿胀满、呕吐、泻痢、痰饮、脚气、淋病、尿血。

［药理作用］

（1）降血脂作用 泽泻的脂溶性部分对实验性高胆固醇血症家兔有明显的降胆固醇作用和抗动脉粥样硬化作用，由其中分离得到的泽泻醇 A，泽泻醇 B 及泽泻醇 A、泽泻醇 B、泽泻醇 C 的乙酸酯，除泽泻醇 B 外，都有显著的降胆固醇作用。以 0.1% 的含量加入实验性高脂血症大鼠的饲料中，可使血胆固醇下降 50% 以上，其中以泽泻醇 A-24-乙酸酯作用最强。泽泻的乙醇提取物、乙醇浸膏的乙酸乙酯提取物等，对实验性高胆固醇血症家兔和大鼠都有降血脂作用。乙酸乙酯提取物和其不溶于醋酸的残留部分作用最强。乙酸乙酯提取物每日口服 1 克/千克，对饲以普通饲料的正常大鼠亦有明显的降胆固醇作用。用同位素标记法证明，泽泻醇 A 有抑制小鼠小肠酯化胆固醇的能力，并可使胆固醇在大鼠小肠内的吸收率降低 34％，但不影响亚油酸的吸收。

(2) 对肝脏的保护作用　泽泻醇 A 乙酸酯、泽泻醇 B 乙酸酯和泽泻醇 C 乙酸酯可保护因四氯化碳中毒的小鼠肝脏，其中以泽泻醇 C 乙酸酯效果最好。

(3) 对心血管系统的作用　给犬和家兔静脉注射泽泻浸膏，有轻度降压作用，并持续 30 分钟左右。泽泻摩醇对各种试验动物有轻度降压作用，其降压作用并不明显影响血浆肾素和 ACE 活性或醛固酮水平。泽泻醇提物在体外对肾上腺素引起的兔离体主动脉条件收缩有缓慢的松弛作用。泽泻摩醇可抑制由血管紧张素引起的家兔主动脉条的收缩，其收缩作用具有剂量依赖性。泽泻摩醇用离体心脏灌流技术可见减少心输出量和心率以及左心室压力，但可增加冠脉流量。

(4) 利尿作用　用盐水负载的小鼠或大鼠做利尿试验，小鼠皮下注射泽泻醇 A 乙酸酯 100 毫克/千克能增加尿液中 K^+ 的分泌量，但口服同样剂量则无效。大鼠口服泽泻醇 A 乙酸酯或泽泻醇 B 30 毫克/千克剂量时，可明显增加 Na^+ 的分泌量，与对照组比较 $P < 0.05$ 和 $P < 0.01$。

[临床应用]

① 常与茯苓等配伍，用于湿热内阻，小便不利等症，如五苓散（《伤寒》）。

② 盐泽泻，常与陈皮配伍，用于湿热壅滞膀胱，小便不利，淋浊等症，如四苓散（《瘟疫论》）。

③ 麸炒泽泻常与神曲等配伍，用于脾虚泄泻夹有寒者，如泄泻方（《治裁》）；或与白术配伍，用于水饮中停，头目眩晕等症，如泽泻汤（《金匮》）。

泽泻原植物

泽泻干燥根

紫草（192）

[异名] 大紫草、茈草、紫丹、地血、鸦衔草、紫草根、山紫草、硬紫草。

[用药部位] 紫草科植物新疆紫草或内蒙古紫草的干燥根。春、秋二季采挖，除去泥沙，干燥。

[形态] 多年生草本，根富含紫色物质。茎通常 1～3 条，直立，高 40～90 厘米。叶无

柄，卵状披针形至宽披针形，长3～8厘米，宽7～17毫米。花序生茎和枝上部，长2～6厘米，果期延长。小坚果卵球形，乳白色或带淡黄褐色，长约3.5毫米，平滑，有光泽，腹面中线凹陷呈纵沟。

[产地] 分布于朝鲜、日本和中国；在中国分布于辽宁、河北、山东、山西、河南、江西、湖南、湖北、广西北部、贵州、四川、陕西至甘肃东南部。

[性味与归经] 味甘、咸，性寒。归心、肝经。

[主要成分] 紫草根中含有多种萘醌类色素，如紫草素、乙酰紫草素、脱氧紫草素、异丁酰紫草素、β'，β-二甲基丙烯酰紫草素、异戊酰紫草素、2-甲基正丁酰紫草素、β-羟基异戊酰紫草素和紫草嘧啶A、紫草嘧啶B、紫草嘧啶C等；另尚含酚酸类成分，如紫草酸、迷迭香酸、咖啡酸等；吡咯里西啶类生物碱，如石氨酸、乙酰石氨酸、羟基肌蝎碱等；苯酚及苯醌类成分，如紫草呋喃萜A、紫草呋喃萜B、紫草呋喃萜C、紫草呋喃萜D、紫草呋喃萜E、紫草呋喃萜F；及酸性多糖类成分等。

[功效] 凉血，活血，解毒透疹。用于血热毒盛，斑疹紫黑，麻疹不透，疮疡，湿疹，水火烫伤，温热斑疹，湿热黄疸，紫癜，吐、衄、尿血，淋浊，热结便秘，烧伤，湿疹，丹毒，痈疡。

[药理作用]
① 抗菌作用。
② 抗病毒作用。
③ 抗炎作用。
④ 抗过敏作用。
⑤ 抗肿瘤作用。
⑥ 保肝作用。

[临床应用]

① 凉血活血。用于热毒疮疖，红肿热痛，可与紫花地丁、蒲公英、红花等同用；用于疮疡肿毒，溃久不敛，可与当归、血竭、白芷等制膏外用。

② 解毒透疹。用于血热毒盛而致痘疹不透，欲出不畅，或斑疹紫黑，身热烦渴，可与蝉蜕、赤芍等同用，方如紫草快斑汤；如痘疹兼有咽喉肿痛，吞咽困难，又可与牛蒡子、山豆根、连翘等同用，方如紫草消毒饮。

紫草原植物

紫草干燥根

第二节 矿物类中药饲料添加剂

代赭石（1）

[异名] 须丸，赤土，血师，丁头代赭，紫朱、赭石，土朱，铁朱，钉头赭石、钉赭石，赤赭石。

[形态] 为鲕状、豆状、肾状集合体。多呈不规则厚板状或块状，有棱角。棕红色至暗棕红色或铁青色。条痕樱红色或棕红色。半金属光泽。一面分布较密的"钉头"，呈乳头状，另一面与突起相对应处有同样大小的凹窝。体重，质坚硬，断面呈层叠状或颗粒状。无臭，无味。

[产地] 主产于山西、河北、河南。此外，山东、湖南、四川、广东亦产。

[性味与归经] 味苦、甘，性微寒。归肝、胃、心经。

[主要成分] 主要含有三氧化二铁，其中铁70%、氧30%，并含有硅、铝、钛、镁、锰、钙、铅、砷等杂质。

[功效] 平肝潜阳，重镇降逆，凉血止血。主治头痛、眩晕、心悸、癫狂、惊痫、呕吐、噫气、呃逆、噎膈、咳嗽、气喘、吐血、鼻衄、崩漏、便血、尿血。

[药理作用]

① 升高白细胞数，促进红细胞或血红蛋白的新生。15%～30%生赭石及炙赭石混悬液给小鼠灌胃（1毫升/20克），每日1次，连续5天，均可升高白细胞数，同剂量组间，生品比炙品为高（$P < 0.01$）。红细胞数虽有生品比炙品高的趋势，但各组与空白组及各给药等剂量间无显著性差异。给药5天后解剖小鼠，各给药组均见小鼠肺叶有颗粒状白色泡，部分肝脏也有粒状白点，可见对肺及肝脏有损害作用。提示代赭石有毒性，不可久服。煎煮时应包煎或煎后过滤。

② 对肠管有兴奋作用，使肠管蠕动亢进。

③ 对中枢神经有镇静作用。

④ 对离体蛙心有抑制作用。

代赭石

[临床应用]

① 降逆下气。用于胃虚气弱，痰浊内阻所致的呕吐、呃逆、反胃，可与旋覆花、半夏、生姜等同用，方如旋覆代赭汤；用于肺肾两虚，气逆喘息，可与党参、山茱萸、山药等同用，方如参赭镇气汤。

② 平肝潜阳。用于肝阳上亢所致的头痛、头晕、耳鸣，可与龟板、牡蛎、白芍等同用，方如镇肝熄风汤。

③ 凉血止血。用于血热吐血，可与白芍、竹茹、牛蒡子等同用，方如寒降汤。

胆矾（2）

[异名] 石胆、毕石，君石，黑石、铜勒，立制石，石液、制石液，胆子矾，鸭嘴胆矾，翠胆矾，蓝矾。

[用药部位] 三斜晶胆矾的矿石，主要含含水硫酸铜（$CuSO_4 \cdot 7H_2O$）。开采铅、锌、铜等矿时选取或化学法制得。

[形态] 晶体结构属三斜晶系。单晶体呈厚板状或短柱状，但不常见。集合体呈不规则块状、肾状或粒状。多具棱角，表面不平坦，深蓝色或附有风化物——白色粉霜，半透明，硬度2.5，性极脆，易打碎，断口贝壳状。相对密度2.1~2.3。极易溶于水，使水呈均匀的天蓝色。

[产地] 主产于云南昆明、山西绛县，江西、广东、陕西、甘肃亦产。

[性味与归经] 味酸、辛，性寒，有毒。归肝、胆经。

[主要成分] 主要成分为硫酸铜，通常是带5分子结合水的蓝色结晶。

[功效] 涌吐，解毒，去腐。主治中风、癫痫、喉痹、喉风、痰涎壅塞、牙疳、口疮、烂弦风眼、痔疮、肿毒。

[药理作用]

（1）利胆作用　胆管引流的麻醉大鼠，十二指肠给予胆矾0.6克/千克，有明显促进胆汁分泌的作用。

（2）催吐作用　内服后能刺激胃壁神经，反射性引起呕吐。但因刺激性太强，损害黏膜，一般不采用。

（3）腐蚀作用　外用能与蛋白质结合，生成不溶性的蛋白质化合物而沉淀，故胆矾浓溶液对局部黏膜具有腐蚀作用。可退翳。

[临床应用]

（1）涌吐

① 用于风痰壅盛的急喉痹、缠喉风以及癫痫、中风流涎，可与僵蚕研末吹喉，或单用为末温醋汤调下，吐出痰涎。

② 治误食毒物，停留在胃，尚未吸收者，单用本品温开水化服，能催吐排出毒物。

（2）解毒疗疮

① 用于痈疽初起未溃，与血竭、朱砂、京墨等制成锭剂磨涂；疮痈溃后形成窦道或溃后腐肉不去，则与轻粉、白丁香、冰片、葶苈子等打糊为锭用。

② 用于风眼赤烂、口疮、牙疳，均可取本品泡汤洗或含漱；治牙疳、口疮，亦常配儿茶、胡黄连等研末敷。

胆矾

沸石（3）

[异名] 分子筛、沸石粉。

[用药部位] 人造沸石是磺酸化聚苯乙烯；天然沸石是铝硅酸钠。

[形态] 沸石骨架结构中的基本单元是由四个氧原子和一个硅（铝）原子堆砌而成的硅（铝）氧四面体。硅氧四面体和铝氧四面体再逐级组成单元环、双元环、笼（结晶多面体）构成三维空间的架状构造沸石晶体。

[产地] 主要产于我国浙江、山东、河北、黑龙江、河南、吉林、辽宁、内蒙古、广东、广西、福建、安徽、湖北、四川，新疆、西藏也有沸石产地。

[性味与归经] 味辛，性温，无毒。归脾、肺经。

[主要成分] 钙、钠。

[功效] 助消化，能吸附抑制痢疾杆菌等，有利于营养代谢，促进生长发育，提高日增重。增强免疫力，预防疾病。提高产蛋率、蛋重、蛋壳厚。止血。

[药理作用]

① 沸石在消化道发挥吸附氨的作用。

② 对消化吸收的影响：a. 稳定胃液酸度，改善前胃消化。沸石为含碱金属和碱土金属的硅铝酸盐，具有缓冲效应，可稳定胃液酸度，使消化道 pH 值处于最佳状态。b. 延缓饲料通过消化道的速度。沸石可在肉鸡腺胃内沉积，有利于营养物质与消化酶的接触，提高对纤维素饲料的消化和吸收。c. 提高饲料的可消化性。

③ 吸附作用与载体功能：80 目沸石的比表面积为 500～1000 平方米/克，相当或大于药用炭，具微孔，有很强的吸附作用。

④ 补充矿物质：天然沸石中含有畜禽必需的 20 余种常量元素和微量元素。它们存在于游石晶穴中，有较大的移动性，可被机体吸收利用，从而补充饲料中某些矿物质的不足。

[临床应用]

① 沸石是一种良好的胃黏膜防护剂，不仅可用于人的止泻，对动物止泻的效果也极佳。

② 沸石是一种效果显著的脱霉剂。

③ 沸石是一剂止血良药。

沸石

滑石（4）

[**异名**] 液石、脱石、冷石、番石、共石。

[**用药部位**] 滑石原料除去杂石矿体。

[**形态**] 单斜晶系。晶体呈六方形或菱形板状，完全晶体极少见。通常为粒状和鳞片状致密体。淡绿色、白色或灰色。条痕白色或淡棕色。光泽脂肪状，解理呈珍珠状。半透明至不透明。解理沿底面极完全。硬度 1。相对密度 2.7～2.8。性柔，有滑腻感。块滑石能被锯成任何形状，薄片能弯曲，但无弹性。

[**产地**] 产于变质岩、石灰岩、白云岩、菱镁矿及页岩中。分布于辽宁、河北、山西、陕西、山东潍坊、江苏、浙江、福建、江西宜春等地。

[**性味与归经**] 味甘、淡，性寒。归膀胱、肺、胃经。

[**主要成分**] 主要含水合硅酸镁 $[Mg_3(Si_4O_{10})(OH)_2]$ 或 $(3MgO \cdot 4SiO_2 \cdot H_2O)$，其组成成分为氧化镁（MgO）31.7%、二氧化硅（SiO_2）63.5%、水 4.8%，通常一部分 MgO 被 FeO 所替换。此外，还含有三氧化二铝（Al_2O_3）等杂质。

[**功效**] 利尿通淋，清热解暑，收湿敛疮。主治热淋、石淋、尿热涩痛。

[**药理作用**] 滑石有吸附和收敛作用，内服能保护肠壁。滑石粉撒布创面形成被膜，有保护创面、吸收分泌物、促进结痂的作用。在体外，10%滑石粉对伤寒沙门菌、甲型副伤寒沙门菌有抑制作用。

滑石

[临床应用]

① 临床用于小便不利、淋沥涩痛等症，可配车前子、木通等品；用于湿热引起的水泻，可配合茯苓、薏苡仁、车前子等同用。

② 滑石又能清暑、渗湿泄热，用于暑热病症可配合生甘草、鲜藿香、鲜佩兰等同用；治湿温胸闷、小便短赤，可配合生薏苡仁、通草、竹叶等同用。

麦饭石（5）

[异名] 炼山石、马牙砂、豆渣石。

[用药部位] 花岗岩类的硅酸盐洗去泥土，除去杂石。

[形态] 麦饭石是经过火山活动喷发溶解后又经长时间的风化，由黏土化的长白斑石和石英混合而成的自然石，是以碱性长石和石英为主要成分。麦饭石首先发现于我国，因为模样类似于麦饭颗粒称为麦饭石。

[产地] 我国麦饭石资源极为丰富，几乎各省、市、自治区均有分布，比较著名并已开发应用的有山东蒙阴、内蒙古奈曼旗、天津蓟县、辽宁阜新、浙江四明山、江西赣南、台湾台东等。此外，山东、广东、广西、四川、新疆、福建、江苏、湖北、陕西、甘肃、河南、河北、山西、吉林、黑龙江等地都有大量矿藏，因产地不同，其成分略有差异，且色泽也不完全相同。

[性味与归经] 味甘，性温。归肝、胃、肾经。

[主要成分] 麦饭石的主要化学成分是无机的硅铝酸盐。其中包括 SiO_2、Al_2O_3、Fe_2O_3、FeO、MgO、CaO、K_2O、Na_2O、TiO_2、P_2O_5、MnO 等，还含有动物所需的全部常量元素，如 K、Na、Ca、Mg 等，以及 Cu、Mo 等微量元素和稀土元素，约 58 种之多。

[功效] 解毒散结，去腐生肌，除寒祛湿，益肝健胃，活血化瘀，利尿化石，延年益寿。主治痈疽发背、痤疮、湿疹、脚气、痔子、手指皲裂、黄褐斑、牙痛、口腔溃疡、风湿痹痛、腰背痛、慢性肝炎、胃炎、痢疾、糖尿病、神经衰弱、外伤红肿。

[药理作用]

（1）对免疫功能的影响　增强细胞免疫功效，对体液免疫功效无作用。

（2）抗毒作用　可以不同程度地降低过量氟对大鼠的毒性作用。对酒精性肝损害有明显预防作用，可防止肝脂肪变性。

（3）促进骨折愈合　能缩短骨折愈合时间，还可提高骨痂中锌、铁、锰、铜的含量（或活性），增强骨的强度，提高愈合质量。

麦饭石

［临床应用］

① 治疮疡肿毒。

② 治气血虚弱。

③ 利尿化石。

④ 治疗湿疹、皮肤过敏等皮肤病。

明矾（6）

［异名］矾石、白矾、理石、生矾、白君。

［用药部位］天然矾石经加工提炼而成的结晶体。

［形态］无色或白色。透明或半透明，玻璃样光泽。表面略平滑或凹凸不平，具细密纵棱，并附有白色细粉。质硬而脆，易砸碎。气微，味微甘而极涩。

［产地］主产于浙江、安徽、山西、湖北等地。

［性味与归经］味酸、涩，性寒。归肺、脾、肝、大肠经。

［主要成分］主含含水硫酸铝钾 $[KAl(SO_4)_2 \cdot 12H_2O]$。

［功效］收敛止血，止泻，祛痰，除湿止痒。主治便血、血崩、久泻、痈疮、疥癣、风痰、黄疸等。

［药理作用］

① 内服能刺激胃黏膜，可引起反射性呕吐，致肠不吸收，能抑制肠黏膜分泌而有止泻作用。

② 低浓度的白矾液有消炎、收敛、防腐作用，高浓度会侵蚀肌肉引起溃烂。

③ 对人型、牛型结核杆菌及耻垢分枝杆菌、伤寒与甲型伤寒杆菌、福氏痢疾杆菌、金黄色葡萄球菌均有抑制作用。

④ 能和蛋白质化合形成难溶于水的蛋白质化合物而沉淀，可用于局部创伤出血。

⑤ 对白色念珠菌有抑菌作用。

［临床应用］

① 用于皮肤病的治疗。

② 治疗乳腺炎。

③ 用于促进畜禽生长发育。

明矾

芒硝（7）

[异名] 盆硝、马牙硝、英硝。

[用药部位] 硫酸盐类矿物芒硝族芒硝经加工精制而成的结晶体。

[形态] 本品为棱柱状、长方形或不规则块状及粒状。无色透明或类白色半透明。质脆，易碎，断面呈玻璃样光泽。无臭，味咸。

[产地] 多产于海边碱土地区、矿泉、盐场附近较潮湿的山洞中。主要分布于内蒙古、河北、天津、山西、陕西、青海、新疆、山东、江苏、安徽、河南、湖北、福建、四川、贵州、云南等地。

[性味与归经] 味咸、苦，性寒。归胃、大肠经。

[主要成分]

① 主要含硫酸钠（$Na_2SO_4 \cdot 10H_2O$），此外，常夹杂物质如食盐、硫酸钙、硫酸镁等。

② 芒硝在空气中容易失去水，故表面常呈白粉状，此种风化的芒硝，其硫酸钠含量可超过44.1%。

[功效] 泻热通便，润燥软坚，清火消肿。用于实热便秘、积滞腹痛、肠痈肿痛；外治乳痈、痔疮肿痛。

[药理作用]

（1）泻下作用 芒硝中的硫酸离子不易被肠黏膜吸收，存留肠内成为高渗溶液，使肠内水分增加，引起机械性刺激，可促进肠管蠕动，排出粪便。

（2）消肿止痛作用 感染性创伤用10%～25%硫酸钠溶液外敷，可以加快淋巴生成，有消肿和止痛的作用。

（3）利尿作用 静脉滴入4.3%硫酸钠无菌溶液可以治疗无尿症和尿毒症。

[临床应用]

① 泻热通便，润燥软坚。用于胃肠实热积滞，大便燥结，腹胀腹痛。可与大黄等同用，方如大承气汤、调胃承气汤。

② 清热解毒。用于咽喉肿痛、口舌生疮，可与硼砂、冰片、朱砂同用，方如冰硼散；用于目赤肿痛，可用玄明粉溶液点眼；用于疮痈、湿疹，可以本品溶于水，取汁涂搽患处；用于乳痈初起，可用本品化水或用纱布包。

裹外敷；用于肠痈，可配大黄、大蒜捣烂外敷；用于痔疮肿痛，可单用本品煎汤外洗。

芒硝

石膏（8）

[**异名**] 大石膏、玉大石、白虎、冰石、细理石。

[**用药部位**] 硫酸盐类矿物硬石膏族石膏，主要含含水硫酸钙（$CaSO_4 \cdot 2H_2O$）。采挖后，除去杂石及泥沙。

[**形态**] 长块状或不规则块状，大小不一。全体类白色，常有夹层，内藏有青灰色或灰黄色片状杂质。体重，质软，易纵向断裂；断面具纤维状纹理，并显绢丝样光泽。气无，味淡。

[**产地**] 分布于内蒙古、河南、山西、甘肃、安徽、湖北、四川、贵州、云南、西藏等地。主产于湖北应城、安徽凤阳、河南新安、西藏昌都。

[**性味与归经**] 味甘、辛，性大寒。归肺经、胃经。

[**主要成分**] 主要成分为含水硫酸钙（$CaSO_4 \cdot 2H_2O$），其中 Ca 32.57%、SO_3 46.50%、H_2O 20.93%，尚夹有砂粒、黏土、有机物、硫化物等杂质。

[**功效**] 解肌清热，除烦止渴。主治热病壮热不退、心烦神昏、谵语发狂、口渴咽干、肺热喘急，中暑自汗，胃火头痛、胃火牙痛，热毒壅盛、发斑发疹、口舌生疮，痈疽疮疡、溃不收口，汤火烫伤等。

[**药理作用**]

① 石膏具有解热、解渴的作用，有调节免疫系统的作用。可抑制内热所致垂体、肾上腺、颌下腺、胰腺等功能亢进；可使脾和胸腺功能亢进。

② 镇痛、镇静作用。

③ 收敛作用。煅石膏外用收敛黏膜，减少分泌。

④ 抗病毒作用。用斑点杂交法试验，石膏煎剂25%～100%浓度，有降低乙型肝炎病毒脱氧核糖核酸（HBV DNA）含量的作用。鸡胚试验初步证明，麻杏石甘汤可抑制流感病毒的繁殖。

[**临床应用**]

① 治疗各种疾病的发热，包括病毒感染、上呼吸道和肺支气管感染、免疫病、肿瘤、血液病、烧伤、中暑等疾病之发热，以及发热后内热口干。

② 治疗牙龈肿痛、咽痛、口臭。

石膏

雄黄（9）

[**异名**] 黄食石、熏黄、黄金石、石黄、天阳石、黄石、鸡冠石。

[**用药部位**] 硫化物类矿物雄黄族雄黄，主要含二硫化砷（As_2S_2）。采挖后，除去杂质。

[**形态**] 晶体结构属单斜晶系。晶体细小，呈柱状、短柱状或针状，但较少见。通常多呈粒状、致密块状，有时呈土状、粉末状、皮壳状集合体。橘红色，表面或有暗黑及灰色的锈色。条痕浅橘红色。晶体呈金刚石样光泽，断口树脂光泽。硬度 1.5～2，相对密度 3.56，阳光久照会发生破坏而转变为淡橘红色粉末。锤击之有刺鼻蒜臭。

[**产地**] 主产于甘肃、湖北、湖南、四川、贵州、云南等地。

[**性味与归经**] 味辛、苦，性温；归肝、大肠经。

[**主要成分**] 主要为硫化砷 AS_2S_2，并含少量其他重金属盐。

[**功效**] 燥湿，祛风，杀虫，解毒。主治疥癣、痈疽、走马牙疳、破伤风、蛇虫咬伤、臁疮、哮喘、喉痹、惊痫等。

[**药理作用**]

（1）抗菌作用　雄黄水浸剂（1:2）在试管内对多种皮肤真菌有不同程度的抑制作用。其 1/100 的浓度于黄豆固体培养基上试验，对人型、牛型结核杆菌及耻垢分枝杆菌有抑制生长的作用。用菖蒲、艾叶、雄黄合剂烟熏 2～4 小时以上，对金黄色葡萄球菌、变形杆菌、铜绿假单胞菌均有杀灭作用。

（2）抗血吸虫作用　感染日本血吸虫尾蚴的小鼠，于感染前 3 天开始给雄黄、槟榔、阿魏、肉桂合剂 0.2 毫升/20 克，感染后继续给药 12 天，成虫减少率达 75.27%，动物无虫率达 14.29%，无雌虫率达 42.86%。

[**临床应用**]

（1）解毒杀虫。

（2）祛痰定惊、截疟。

雄黄

阳起石（10）

[**异名**] 白石、羊起石、石生。

[**用药部位**] 硅酸盐类矿物阳起石或阳起石石棉的矿石。

［形态］单斜晶系。晶体呈长柱状、针状、毛发状。但通常成细放射状、棒状或纤维状的集合体。颜色由带浅绿色的灰色到暗绿色。具玻璃光泽。透明至不透明。单向完全解理。断口呈多片状。硬度5.5～6。相对密度3.1～3.3。性脆。常见于各种变质岩中。

［产地］主产于湖北、河南、山东、山西、河北、四川等地。

［性味与归经］味咸，性温。归肾经。

［主要成分］含硅酸镁、硅酸钙等。

［功效］温补命门。主治下焦虚寒，腰膝冷痹，种畜不育不孕。

［药理作用］壮阳温肾，兴奋生殖功能。

［临床应用］

① 阳起石与远志（去心）、巴戟天（去心）、附子（炮裂）、肉苁蓉（酒浸、切、焙）、牛膝（酒浸、切、焙）、杜仲（去皮炙）、石斛等同用，可治肾劳虚损，腰脚酸疼。

② 阳起石与鹿茸（去毛，醋炙）同用，可治冲任不固，虚寒之极，崩中不止。

③ 阳起石配伍钟乳粉、酒煮附子，可治肾气虚寒，精滑不禁，大便溏泻。

阳起石

第三节　动物类中药饲料添加剂

蝉蜕（1）

［异名］蝉退、蝉衣、虫蜕、蝉壳、蚱蟟皮、知了皮、金牛儿、蜩甲、伏蜟、枯蝉、蜩蟟退皮、蝉退壳、唧唧猴皮、唧唧皮、热皮、麻儿鸟皮、伏壳、蝉甲、仙人衣等。

［用药部位］蝉科昆虫羽化后的蜕壳。夏、秋二季收集，除去泥沙，晒干。

［形态］略呈椭圆形而弯曲，长约3.5厘米，宽约2厘米。表面黄棕色，半透明，有光泽。头部有丝状触角1对，多已断落，复眼突出。额部先端突出，口吻发达，上唇宽短，下唇伸长成管状。胸部背面呈十字形裂开，裂口向内卷曲，脊背两旁具小翅2对；腹面有足3对，被黄棕色细毛。腹部钝圆，共9节。体轻，中空，易碎。

［产地］主产于山东、河南、河北、湖北、江苏、四川等地。

［性味与归经］味甘、咸，性凉。归肺、肝经。

［主要成分］主要含甲壳质、多种氨基酸、有机酸类及酚类化合物等。

［功效］宣散风热，透疹利咽，退翳明目，祛风止惊。主治风热感冒、咽喉肿痛、咳嗽、麻疹不透、风疹痛痒、目赤翳障、惊痫抽搐、破伤风等。

［药理作用］

（1）抗惊厥作用　蝉蜕醇提取物小鼠腹腔注射 0.3 毫升/千克［相当于 0.16 克（生药）/毫升］能减少番木鳖碱引起的惊厥死亡数，并能延长惊厥动物的存活期和惊厥潜伏期。延长破伤风毒所致惊厥小鼠的存活期，如与苯巴比妥钠合用则较单用时更显著。蝉蜕还能对抗可卡因烟碱等中枢兴奋药引起的小鼠惊厥死亡，部分消除烟碱引起的肌肉震颤，但不能抵抗戊四氮引起的惊厥。

（2）镇静作用　蝉蜕具有显著的镇静作用，腹腔注射蝉蜕醇提取物 0.3 毫升/千克［相当于 0.16g（生药）/毫升）能减少正常小鼠自发活动，抵抗咖啡因的兴奋作用，与戊巴比妥类药物有协同作用。

（3）镇痛作用　蝉蜕各部分提取物分别按 3 克/千克皮下注射，除蝉蜕头足镇痛效力较轻外，蝉蜕整体和身体均有明显的镇痛作用。

（4）解热作用　对过期伤寒杆菌所致的发热兔，蝉蜕煎剂 1 克/千克灌胃有一定的解热作用。另对角叉菜胶致热大鼠也具有显著的解热作用。对静脉注射伤寒，副伤寒、甲乙三联菌苗致热家兔，静脉注射蝉蜕醇提取物 3 毫升/千克［相当于 2 克（生药/毫升）］，3 小时后出现弱的解热作用。

（5）免疫抑制作用　蝉蜕明显减轻免疫器官胸腺和脾脏的重量。用鸡红细胞法证明，蝉蜕液明显降低腹腔巨噬细胞的吞噬功能，经小鼠碳粒廓清法测定，蝉蜕液明显降低碳粒廓清速度。

（6）抗过敏作用　蝉蜕对小鼠耳异种被动皮肤过敏反应（PCA）有明显的抑制作用，对 2,4 二硝基氯苯（DNCB）所致小鼠耳迟发型超敏反应也具有明显的抑制作用，能非常显著地降低大鼠颅骨骨膜肥大细胞膜颗粒的百分率，具有稳定肥大细胞膜、阻滞过敏介质释放、抑制变态反应的作用。

（7）抗肿瘤作用　在体外细胞培养中蝉蜕能选择性地抑制癌细胞生长而不影响正常细胞。

（8）其他作用　静脉注射蝉蜕醇提取物对家兔血压、呼吸无显著影响，但可使心率明显减慢。蝉蜕醇提液具有阻滞心肌 β 受体的作用。此外，蝉蜕醇提取物对红细胞膜具有一定的保护作用，可降低小鼠腹腔毛细血管的通透性，能阻断兔颈上交感神经节的传导作用。

［临床应用］

① 治疗癫痫抽搐。

② 蝉蜕辛温疏风，配伍地龙通络搜风，以祛除邪气、活血通络，治疗肿瘤性疾病。

③ 配伍桑叶疏散表邪，透表宣肺，治疗风热犯肺证。

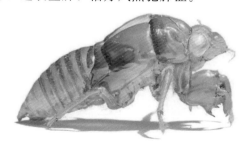

蝉蜕

蝉蛹（2）

[异名] 肉骨龙、解拉猴、爬扎猴、节溜龟、雷震子。

[用药部位] 蚱蝉的幼虫。

[形态] 外表呈黑色和暗黄色相间，锥形，长度4厘米左右。全形似蝉，中空，稍弯曲，长约3.5厘米，宽约2厘米，黄棕色，半透明，有光泽。头部复眼突出，额突出，口吻发达。下唇伸长成管状。胸部背面呈十字形裂开，裂口向内卷曲。左右具有小翅2对。腹部足3对，前1对足粗壮具齿，3对足均被黄棕色细毛。腹部钝圆，尾部钝尖，腹部至尾端共9节。体轻，易碎，无臭，味淡。

[产地] 产于东北、华北等北方地区。

[性味与归经] 味咸、甘，性寒。归脾、胃经。

[主要成分] 含有丰富的蛋白质、多种氨基酸及微量元素。

[功效] 益精壮阳，止咳生津，保肺益肾。主治食积、消瘦、消渴。

[药理作用]

① 镇静、抗惊厥作用。

② 解热镇痛作用。

③ 降低毛细血管通透性的作用。

④ 减缓心率的作用。

[临床应用]

蝉蛹具有搜风通络、宣肺泄热之功效，历代常用之治疗惊痫抽搐、咳嗽声哑、目赤翳障、疮疡肿毒等病证。现代临床也常用之治疗破伤风、高热等疾病。

蝉蛹

蚕沙（3）

[异名] 原蚕屎、晚蚕沙、蚕形、马鸣肝、晚蚕矢、二蚕沙、蚕屎。

[用药部位] 蚕蛾科昆虫家蚕幼虫的干燥粪便。

[形态] 蚕沙呈颗粒状六棱形，长2～5毫米，直径1.5～3毫米。表面灰黑色或黑绿色，粗糙，有6条明显的纵沟及横向浅沟纹。

[产地] 养蚕之处皆产，以江苏、浙江产量最多。

[性味与归经] 味甘、辛，性温。归肝、脾、胃经。

[主要成分] 从蚕沙中分离得到叶绿素衍生物有：脱镁叶绿素a及脱镁叶绿素b，13-羟基脱镁叶绿素a及13-羟基脱美叶绿素b，10-羟基脱镁叶绿素a等。

[功效] 祛风除湿，和胃化浊，活血通经。主治风湿痹痛、肢体不遂、风疹瘙痒、吐泻转筋等。

[药理作用]

（1）抗癌及光敏作用　从蚕沙中分离出的叶绿素衍生物（CPD），其中的 13-羟基（13-R，S）脱镁叶绿素 a 和脱镁叶绿素 b 对体外肝癌组织培养细胞有抑制作用。

（2）抗凝血酶作用　蚕沙水提取液具有抗凝血酶作用，可显著延长血纤维蛋白的凝聚时间。

[临床应用]

① 临床常用于治疗由创伤性滑膜炎、慢性滑膜炎、骨性关节炎引起的膝关节积液。

② 配伍土茯苓可以治疗口炎。

蚕沙

地龙（4）

[异名] 蚯蚓、土龙、地龙子、曲虫、赤虫等。

[用药部位] 钜蚓科动物参环毛蚓、通俗环毛蚓、威廉环毛蚓或栉盲环毛蚓的干燥体。前一种称"广地龙"，后三种称"沪地龙"。去内脏及泥沙，洗净，晒干或低温干燥。

[形态] 广地龙呈长条状薄片，边缘略卷，长 15～20 厘米，宽 1～2 厘米。全体具环节，背部棕褐色至紫灰色，腹部浅黄棕色；第 14～16 环节为生殖带，习称"白颈"。体前端稍尖，尾端钝圆，刚毛圈粗糙而硬，色稍浅。雄生殖孔在第 18 环节腹侧刚毛圈一小孔突上，外缘有数圈环绕的浅皮褶，内侧刚毛圈隆起，前面两边有小乳突，受精囊孔 2 对，位于 6～9 节间。体轻，略呈革质。

沪地龙长 8～15 厘米，宽 0.5～1.5 厘米。全体具环节，背部棕褐色至黄褐色，腹部浅黄棕色；受精囊孔 3 对。第 14～16 环节为生殖带，较光亮。第 18 节有 1 对雄生殖孔。

[产地] 广地龙主产于广东、海南、广西等地。沪地龙主产于上海、浙江、江苏、安徽、山东、河南等地。

[性味与归经] 味咸，性寒。归肝、脾、膀胱经。

[主要成分] 含蚯蚓素、蚯蚓毒素、蚯蚓解热碱、海波黄嘌呤、脂肪酸类、琥珀酸、胆醇、胆碱及氨基酸等。还含有一种含氮物质 6-羟基嘌呤。

[功效] 清热止痉，平肝息风，通经活络，平喘利尿。主治高热惊痫、癫狂，肺热哮喘，热结膀胱，小便不利或尿闭不通。

［药理作用］

① 有解热、镇静、抗惊厥作用，并有抗组胺的作用。

② 对豚鼠实验性哮喘有平喘作用。

③ 有降血压作用。

④ 溶血栓和抗凝作用。

⑤ 抗心律失常作用。

［临床应用］

① 治疗支气管炎。

② 治疗痰湿证。

地龙

蜂蜜（5）

［**异名**］石蜜、石饴、食蜜、白沙蜜。

［**用药部位**］蜜蜂科动物所酿的蜜糖。

［**形态**］本品为半透明、带光泽、浓稠的液体，白色至淡黄色或橘黄色至黄褐色。气芳香，味极甜。

［**产地**］全国大部分地区均产。

［**性味与归经**］味甘，性平。归肺、脾、大肠经。

［**主要成分**］主要含葡萄糖及果糖，约70％。另外含少量蔗糖、有机酸、挥发油、维生素 B_1、维生素 B_2、维生素 B_6、维生素 A、维生素 D、维生素 E、维生素 K、维生素 H、酶类、乙酰胆碱、无机盐、花粉及蜡质等。

［**功效**］补益脾胃，润肺止咳，滑肠通便，缓中止痛，解毒。主治肺燥干咳、肺虚久咳。

［**药理作用**］

① 有祛痰和缓泻作用。

② 对创面有收敛、营养和促进愈合的作用。

③ 有杀菌作用，如痢疾杆菌、化脓球菌。

［**临床应用**］

① 治疗口炎。

② 治疗溃疡性胃炎。

③ 缩短创面愈合时间。

蜂蜜

鸡内金（6）

[异名] 鸡黄皮、鸡中金、化石胆、鸡合子、化骨胆、鸡食皮、鸡肶胵。

[用药部位] 鸡的砂囊内壁。

[形态] 本品呈不规则囊片状，略卷曲。大小不一，完整者长约3.5厘米，宽约3厘米，厚约0.5厘米。表面黄色、黄绿色或黄褐色薄而半透明，有多数明显的条棱状波纹。质脆，易碎，断面角质样，有光泽。气微腥，味微苦。

[产地] 全国各地均产。

[性味与归经] 味甘，性平。归脾、胃、小肠、膀胱经。

[主要成分] 鸡内金含胃液素、角蛋白、微量胃蛋白酶、淀粉酶、多种维生素。

[功效] 健脾胃，消食滞，化结石，涩精止遗。主治食积不消、遗精、石淋涩痛。

[药理作用] 鸡内金的消食作用并不是药物在胃内的局部作用或直接刺激胃肠运动引起的。鸡内金对小鼠胃肠运动呈抑制作用，对胃液胆汁分泌无明显影响，对腹液分泌有促进作用，体外试验证明其能增强胃蛋白酶、胰脂肪酶活性。

鸡内金

[临床应用]

① 用鸡内金胶囊治疗胆结石临床有效率达90.5％。

② 鸡内金善化瘀血，其可用于治疗血枯血热积久不愈，肝肾亏损，新血难生所致的干血痨。

③ 可以治疗疮疡疾病。

牡蛎（7）

[异名] 牡蛎壳。

[用药部位] 牡蛎科动物牡蛎、大连湾牡蛎或近江牡蛎的贝壳。全年均可捕捞，去肉，洗净，晒干。

［形态］壳呈不规则的片状、扁长圆形或扁卵圆形，大小不一，薄厚不等。外表面灰色，稍凸起，显粗糙，层纹为明显波状。内面乳白色或杂灰色斑块，软平滑稍凹陷，微有光泽。壳顶层纹紧密，有凸起的脊和凹沟槽。质较坚重，不易破碎。断面白色，呈层片状。

［产地］全国沿海各地均产。

［性味与归经］味咸、涩，性微寒。归肝、胆、肾经。

［主要成分］含碳酸钙80％～95％，并含磷酸钙、硫酸钙等，又含有机成分介壳精。

［功效］益阴潜阳，敛汗，涩精止带，化痰软坚。主治虚劳烦热、盗汗及瘰疬痰核等症。

［药理作用］

① 益阴潜阳。作用原理为镇静、收敛、镇痛、解热。

② 有软坚（使肿块消散或缩小）的作用。

［临床应用］

① 治疗肝肾之阴耗，阳气失所御制，亢而生风所致之肢体麻木、震颤，龙骨、牡蛎可潜镇上盛之病邪，又重镇安神，牛膝即引上盛之病邪趋下，使壅滞之气血疏通下行，又补下元之不足。

② 与龙胆草配伍治疗肝胆郁热之吐酸，二药配合具有泻肝、开郁、止酸之功效。

牡蛎

桑螵蛸（8）

［异名］蜱蛸（《尔雅》），桑蛸（《吴普本草》），冒焦、螵蛸（《广雅》），致神、螳螂子（《名医别录》），桑上螳螂窠（《伤寒总病论》），赖尿郎（《本草便读》），刀螂子（《河北药材》），螳螂蛋、尿唧唧（《山东中药》），流尿狗（《中药志》），猴儿包（《四川中药志》），螳螂壳（《江苏药材志》）。

［用药部位］螳螂科昆虫大刀螂、小刀螂或巨斧螳螂的干燥卵鞘。

［形态］

团螵蛸：略呈圆柱形或半圆形，由多层膜状薄片叠成，长2.5～4厘米，宽2～3厘米。表面浅黄褐色，上面带状隆起不明显，底面平坦或有凹沟。体轻，质松而韧，横断面可见外层为海绵状，内层为许多放射状排列的小室，室内各有一细小椭圆形卵，深棕色，有光泽。气微腥，味淡或微咸。

长螵蛸：略呈长条形，一端较细，长2.5～5厘米，宽1～1.5厘米。表面灰黄色，上面带状隆起明显，带的两侧各有一条暗棕色浅沟和斜向纹理、质硬而脆。

黑螵蛸：略呈平行四边形，长 2～4 厘米，宽 1.5～2 厘米。表面灰褐色，上面带状隆起明显，两侧有斜向纹理，近尾端微向上翘、质硬而韧。

［产地］

① 大刀螂产于广西、云南、湖北、湖南、河北、辽宁、河南、山东、江苏、内蒙古、四川。

② 小刀螂产于浙江、江苏、安徽、山东、湖北。

③ 巨斧螳螂产于河北、山东、河南、山西。

［性味与归经］味甘、咸，性平归肝、肾经。

［主要成分］含蛋白质、脂肪、柠檬酸钙的结晶等。

［功效］益肾固精，缩尿止浊，助阳。主治遗精滑精、遗尿尿频、小便白浊。

［药理作用］

① 抗利尿及敛汗作用。

② 促进消化液分泌作用。

③ 降血糖、血脂作用。

④ 抑制癌症作用。

［临床应用］

① 用于肾阳不足所致的遗精、滑精、小便频数、小便失禁等症。

② 桑螵蛸补肾助阳而偏于收涩，故有固精、收缩小便的功效。配菟丝子、枸杞子、补骨脂、龙骨、牡蛎等，可用于遗精、滑精；配覆盆子、益智仁、金樱子等，可用于尿频失禁及遗尿等症。

桑螵蛸

复习思考题

1. 简述常用植物类中药饲料添加剂的用药部位、形态及产地。

2. 简述常用植物类中药饲料添加剂的性味、归经、功效。

3. 常用植物类中药饲料添加剂的药理作用有哪些？

4. 叙述常用植物类中药饲料添加剂的临床应用情况。

5. 简述常用动物类中药饲料添加剂的用药部位、产地。

6. 简述常用动物类中药饲料添加剂的性味、归经、功效。

7. 常用动物类中药饲料添加剂的药理作用有哪些？

8. 叙述常用动物类中药饲料添加剂的临床应用现状。

9. 简述常用矿物类中药饲料添加剂的性味、归经、功效。

10. 常用矿物类中药饲料添加剂的药理作用有哪些？

11. 叙述常用矿物类中药饲料添加剂的临床应用情况。

第六章

中药饲料添加剂常用中药复方

学习目的：

① 了解常用防病保健方与提高生产性能方的来源、制法。

② 掌握常用防病保健方与提高生产性能方的组成、功效。

③ 学习常用防病保健方与提高生产性能方的用法用量。

④ 了解常用防病保健方与提高生产性能方的临床应用及注意事项。

⑤ 了解反刍动物中药饲料添加剂常用复方的来源、制法。

⑥ 掌握反刍动物中药饲料添加剂常用复方的组成、功效。

⑦ 学习反刍动物中药饲料添加剂常用复方的用法用量。

⑧ 了解反刍动物中药饲料添加剂常用复方的临床应用及注意事项。

⑨ 了解单胃动物中药饲料添加剂常用复方的来源、制法。

⑩ 掌握单胃动物中药饲料添加剂常用复方的组成、功效。

⑪ 学习单胃动物中药饲料添加剂常用复方的用法用量。

⑫ 了解单胃动物中药饲料添加剂常用复方的临床应用及注意事项。

⑬ 了解禽类动物中药饲料添加剂常用复方的来源、制法。

⑭ 掌握禽类动物中药饲料添加剂常用复方的组成、功效。

⑮ 学习禽类动物中药饲料添加剂常用复方的用法用量。

⑯ 了解禽类动物中药饲料添加剂常用复方的临床应用及注意事项。

⑰ 了解水产类动物中药饲料添加剂常用复方的来源、制法。

⑱ 掌握水产类动物中药饲料添加剂常用复方的组成、功效。

⑲ 学习水产类动物中药饲料添加剂常用复方的用法用量。

⑳ 了解水产类动物中药饲料添加剂常用复方的临床应用及注意事项。

第一节　通用方

一、防病保健方

黄连解毒散（1）

[方源]《银海精微》卷下，即黄连解毒汤之第一方。

[组成] 黄连 30 克，黄芩 60 克，黄柏 60 克，栀子 45 克。

[功效] 泻火解毒。主治三焦热盛，大热烦狂，口燥咽干，吐衄发斑，痈肿疔毒，舌红苔黄，脉数有力。

[制法] 共为末或水煎。

[用法用量] 煎汤或研末，以开水冲调，候温灌服。马、牛 150～250 克，猪、羊 30～50 克，兔、禽 1～2 克。

[临床应用]

① 配伍金银花、连翘，治疗鸡传染性法氏囊病。配伍麻黄汤，治疗鸡的呼吸道病。

② 配伍石膏、知母、沙参、麦冬，治疗马顽固性流感，治疗禽伤寒，用于马急性肠梗阻手术。配伍龙胆草、柴胡、连翘、川芎、生地黄、薄荷、天冬、五味子、郁金、防风、泽泻，治疗羊泰勒虫病。

③ 配伍金银花、板蓝根、山豆根、蒲公英，治疗黄牛钩端螺旋体病。配伍芒硝、枳实、厚朴、玄参、麦冬、生地黄，治疗猪高热便秘。

④ 配伍牡丹皮、金银花、紫花地丁、板蓝根、玄参、马鞭草、赤芍、大黄、蚯蚓，治疗猪丹毒。

⑤ 本方加减治疗用抗生素治疗无效的顽固性马流感 26 例，治愈 24 例。本方加味治疗银狐急性胃肠炎。若伴腹痛，加延胡索、金铃子；若腹部胀满，加木香、槟榔、莱菔子；若精神沉郁、不愿活动，加黄芪、人参、知母、麦冬；若下痢严重，加金银花、白头翁、蒲公英；若严重便血，加三七、仙鹤草、蒲黄。治疗耕牛黄症，若咽喉红肿，配伍普济消毒饮。治疗羊肠毒血症，3～5 天痊愈。

[注意事项]

本方为清热解毒的常用方和基础方。对多种致病菌有抑制作用，并有一定的消炎功效。很多清热解毒方都是由本方扩充演化而来的。本方药物大苦大寒，易于化燥伤阴，故热伤阴液者不宜使用。

银翘散（2）

[方源] 清代吴鞠通《温病条辨》。

[组成] 金银花 30 克、连翘 30 克、淡豆豉 25 克、荆芥穗 25 克、桔梗 25 克、淡竹叶 30

克、薄荷 15 克、牛蒡子 25 克、芦根 60 克、甘草 10 克。

[功效] 辛凉透表，清热解毒。主治温病初起，发热微恶风寒，无汗或有汗不多，头痛口渴，咳嗽咽痛，舌尖红，苔薄白或薄黄，脉浮数。

[制法] 加鲜芦根，水煎，香气大出即取服。兽药中可以开水冲调，候温灌服，或煎汤服。

[用法用量] 病重者，日 3 服，夜 1 服；病轻者，日 2 服，夜 1 服；病不解者，作再服。马、牛 250～350 克，猪、羊 50～100 克，拌料。

[临床应用]

① 感冒、流感、支气管炎等具有风热证者，均可以本方酌情加减应用。

② 本方由清热解毒药与解表药组成，是辛凉解表的主要方剂，常用于治疗各种家畜的风热感冒或温病初起，也用于治疗流感、急性咽喉炎、支气管炎、肺炎及某些感染性疾病初期而见有表热证者。

③ 本方防治禽霍乱有效。

④ 发热甚者，加栀子、黄芩、石膏以清热；津伤口渴甚者，加天花粉生津止渴；咽喉肿痛甚者，加马勃、射干、板蓝根以利咽消肿；痈疮初起，有风热表证者，应酌加紫花地丁、蒲公英等以增强清热解毒之力。

[注意事项] 本方为辛凉平剂，可广泛地用于温病初起、邪在肺卫的证候。特别是伤寒太阳表虚证，经服桂枝汤后，恶风寒全无，但仍有发热、口渴、咽痛、咳嗽等症者，尤宜服用本方。无明显热象症状者不宜用，诸寒证者忌用。

白头翁散（3）

[方源]《中华人民共和国兽药典》（2020 年版二部）。

[组成] 白头翁 60 克、黄连 30 克、黄柏 45 克、秦皮 60 克。

[功效] 清热解毒，凉血止痢。主治畜禽热毒下痢、血痢。

[制法] 粉碎，过筛，混匀。

[用法用量] 在饲料中添加，每次马、牛 150～250 克，羊、猪 30～45 克，兔、禽 2～3 克。

[临床应用] 治疗牛热泻、虚泻，治疗仔猪黄白（湿热）痢、成年猪各种腹泻、反刍畜菌痢腹泻、猪的大肠杆菌性痢疾，用于仔猪断乳后腹泻的防治，治疗犬细小病毒肠炎、蛋鸭流行性腹泻、仔猪腹泻、鸡白痢、猪传染性腹泻病、肉鸡坏死性肠炎和球虫病混合感染、仔猪白痢、驴胃肠炎、犊牛痢疾，配合痢特灵治疗牛血痢。

[注意事项]

① 方中白头翁清热解毒、凉血止痢，对痢疾杆菌、伤寒杆菌、沙门菌及阿米巴原虫均有明显的抑制作用。黄连清热燥湿、泻火解毒，对痢疾杆菌、霍乱弧菌、大肠杆菌及阿米巴原虫均有较强的抑制作用；黄柏清湿热、泻火毒、退虚热而固大肠，对痢疾杆菌、霍乱弧菌、大肠杆菌、伤寒杆菌、副伤寒杆菌等均有不同程度的抑制作用；秦皮清热燥湿、涩肠止痢，对痢疾杆菌、大肠杆菌有较强的抑制作用。各药配合，具有抗炎、抗毒、止泻、镇静、镇痛和缓解肠痉挛的作用。

② 白头翁为治阿米巴痢疾的要药，单用较大剂量，即有效果。常用成方白头翁汤，即以本品为主药，配合黄连、黄柏、秦皮而成，既可用治阿米巴痢疾，也可用治菌痢。毛茛科白头翁的茎叶与根作用不同，茎叶具有强心作用，有一定毒性，使用时必须注意。

五味止泻散（4）

[方源]《中兽医医药杂志》。

[组成]白矾10克，五倍子5克，青黛10克，石膏10克，滑石粉5克。

[功效]清热解毒，收敛止泻。主治畜禽血痢、球虫感染等。

[制法]粉碎，过36目筛，混匀。

[用法用量]在饲料中添加，按1千克体重，马、牛0.2～0.6克，猪、羊0.3～0.8克。食欲废绝者灌服，每天1～2次。

[临床应用]治疗各种家畜的腹泻。

[注意事项]方中石膏、滑石粉清热除湿；青黛清热解毒，凉血；白矾、五倍子涩肠止泻。诸药合用，清热解毒，收敛止泻。现代药理研究证明，五倍子具有很强的广谱抗菌作用。

曲麦散（5）

[方源]《元亨疗马集》。

[组成]六神曲60克、麦芽30克、山楂30克、厚朴25克、枳壳25克、陈皮25克、青皮25克、苍术25克。

[功效]消食导滞，化谷宽肠。主治消化不良、厌食、少食。

[制法]粉碎，过筛，混匀即得。

[用法用量]按采食量的1%～2%混饲；或煎汤混饮，以生药计，按每羽1～2克给药。

[临床应用]

①《元亨疗马集》云："伤料者生料过多也。皆因蓄养太盛，多喂少骑，谷气凝于脾胃，料毒积在肠中，不能运化，邪热妄行五脏也。令兽神昏似醉，眼闭头低，拘行束步，四足如攒，此调谷料所伤之证也。曲蘖散治之。"

②用治伤料时，常加槟榔、牵牛子，或芒硝、大黄等攻下药，以增强消导通泻之功。

③畜兼见拘行束步、四足如攒症状者，宜按伤料五攒痛施治，即消食导滞与活血清热并用。

④胃素虚或老弱而伤料者宜标本兼顾、攻补并行之。

[注意事项]曲麦散适用于食积伤料。《元亨疗马集》云："伤料者，生料过多也，凡治者，消积破气，化谷宽肠。"方中六神曲、麦芽、山楂消食导滞，为主药；积滞内停，易使脾胃气机运行不畅，故用枳壳、厚朴、青皮、陈皮疏理气机、宽中除满，为辅药；苍术燥湿健脾，以助运化，为佐药；甘草健脾胃而调和诸药（或加生油、萝卜下气润肺），为使药。诸药合用，共奏消食导滞、化谷宽肠之功效。

消食平胃散（6）

[方源]《中华人民共和国兽药典》（2020年版二部）。

[组成]槟榔25克、山楂60克、苍术30克、陈皮30克、厚朴20克、甘草15克。

[功效]消食开胃。主治消化不良、食积。

［制法］粉碎，过筛，混匀。

［用法用量］马、牛 150～250 克，羊、猪 30～60 克。

［临床应用］用于寒湿困脾、胃肠积滞、宿食不化等病症。

［注意事项］山楂含维生素 C、B 族维生素、胡萝卜素及多种有机酸，所含的脂肪酶能直接帮助消化脂肪类食物。山楂能促进消化酶的分泌，加强胃脂肪酶、蛋白酶的活性，帮助消化。厚朴辛散苦燥，性温能祛寒，有燥湿、消积、行气之功，适用于湿阻、食积、气滞所致脾胃不和、脘腹胀满之症；厚朴更兼有厚"肠胃"的作用，对消化性溃疡亦有较好的保护作用。陈皮辛散苦燥，为肺、脾二经气分之药，有较好的行气燥湿、化痰作用。本品用于寒湿困脾、宿食停滞胃肠，属克伐之品，脾胃素虚，或积滞日久、耗伤正气者慎用。

健胃散（7）

［方源］《中华人民共和国兽药典》（2020 年版二部）。

［组成］山楂 15 克、麦芽 15 克、六神曲 15 克、槟榔 3 克。

［功效］消食下气，开胃宽肠。主治消化不良、采食量低。

［制法］粉碎，过筛，混匀。

［用法用量］马、牛 150～250 克，羊、猪 30～60 克。

［临床应用］

① 对于牛、羊瘤胃积食、反刍无力、反刍停止、消化不良、食欲不振、胃肠胀气等症有高效治疗作用，临床应用中采用健胃散＋藿香正气散，羊以每 3 千克体重各 1 克的量，牛以每 5 千克体重各 1 克的量灌服，同时灌服适当剂量的食用菜籽油，每天 1 次，连用 2～3 天，可获得良好的治疗效果。

② 对于畜禽因运输、转群、换料等造成的消化不良、反复腹泻、生长缓慢等症，可采用健胃散配合适当剂量的亮健产品拌料饲喂，连用 7～10 天，可在防治疾病的同时快速恢复生产能力。

［注意事项］方中三仙（山楂、麦芽、六神曲）健胃消食，富含消化酶及酵母菌而助消化，增加胃肠动力，促进肠道营养吸收，增加体重；槟榔理气消积，杀虫截疟。

平胃散（8）

［方源］原出于《元亨疗马集》，见《太平惠民和剂局方》。

［组成］陈皮 10～25 克、厚朴 10～45 克、苍术 10～45 克、甘草 10～20 克、生姜 10～30 克、大枣 5～15 个。

［功效］燥湿运脾，行气消积。主治消化不良，下痢，虫积。

［制法］共为细末，以开水冲调，候温灌服。

［用法用量］在饲料中添加，每次马、牛 200～250 克，羊、猪 30～60 克。

［临床应用］防治脾胃不和，食少，粪稀。凡湿困中焦，郁阻气机而出现的宿食不消、脾虚慢草、肚腹胀满、大便溏泻等，均可应用。如本方以白术易苍术，加山楂、香附、砂仁等药，即为"消积平胃散"，主治马伤料不食。如畜体虚弱，加党参、白术、黄芪、茯苓等。

［注意事项］方中苍术为芳香苦味健胃药，燥湿健脾，解郁辟秽，补充维生素 A、维生素 D 和 B 族维生素而促生长；陈皮理气健脾，燥湿开胃，具有健胃、祛风、利胆、溶石、抗溃疡、抗菌等作用；厚朴化湿导滞，下气消胀，具有健胃、助消化、抗溃疡、抗菌及明显的中枢抑制作用；甘草补脾益气，和中缓急，解毒，调和诸药，具有肾上腺皮质样作用，有抗菌、解毒、抗炎、保肝、解痉、镇痛、祛痰等作用。郑动才[34] 以本方治疗猪胃寒少食（与消化不良、慢性胃肠卡他相似）331 例，均获痊愈。

理中散（9）

［方源］《外台秘要》卷六引《必效方》。

［组成］党参 60 克、干姜 30 克、甘草 30 克、白术 60 克。

［功效］温中除寒，益气健脾。主治脾胃虚寒。

［制法］粉碎，过筛，混匀。

［用法用量］在精饲料中添加，马、牛 200～300 克，猪、羊 30～60 克。

［临床应用］

① 用于溏泻肠鸣，胸下痞硬，小便不利者。

② 治疗尿淋。

③ 治癫痫之脾虚失旺、痰湿偏盛者。

［注意事项］方中干姜辛热，温中焦脾胃而祛里寒；党参甘温，益气健脾，助干姜振胃气之升降，佐以白术燥湿健脾；甘草益气和中、调和诸药。四药合用，温中焦之阳，补脾胃之虚，复升降之常，升清降浊，共奏"理中"之效。

健脾散（10）

［方源］《中华人民共和国兽药典》（2020 年版二部）。

［组成］当归 20 克、白术 30 克、青皮 20 克、陈皮 25 克、厚朴 30 克、肉桂 30 克、干姜 30 克、茯苓 30 克、五味子 25 克、石菖蒲 25 克、砂仁 20 克、泽泻 30 克、甘草 20 克。

［功效］温中健脾，消食化积，利水止泻。主治消化不良，下痢。

［制法］粉碎、过筛、混匀。

［用法用量］拌料，每次马、牛 250～350 克，猪、羊 45～60 克。

［临床应用］

① 益气健脾。临床中常用于脾胃虚弱引起的腹部隐痛、腹部胀气、长期腹泻溏便、纳差、不思饮食等消化系统疾患。

② 和胃祛湿。如临床中可用于腹胀恶心呕吐、腹痛腹泻稀水样便。

［注意事项］脾常不足，饥饱无常，易形成积滞。方中白术、茯苓健脾以强后天之本；肉桂、干姜、砂仁温中健脾；青皮、陈皮、厚朴理气宽中；当归活血补血；五味子涩肠止泻；石菖蒲燥湿健脾；泽泻利水；甘草缓中、调和诸药。诸药合用，共奏温中健脾、利水止泻之功。

保胎无忧散（11）

[方源]《中华人民共和国兽药典》（2020 年版二部）。

[组成] 当归 50 克、川芎 20 克、熟地黄 50 克、白芍 30 克、黄芪 30 克、党参 40 克、白术（炒焦）60 克、枳壳 30 克、陈皮 30 克、黄芩 30 克、紫苏梗 30 克、艾叶 20 克、甘草 20 克。

[功效] 养血，补气，安胎。主治胎动不安、胎位不正、难产、滞产。

[制法] 以上 13 味粉碎成粗粉、过筛、混匀，即得。

[用法用量] 在饲料中添加，马、牛 200～300 克，羊、猪 30～60 克。

[临床应用] 保胎无忧散对母猪有缩短产程的作用，对母猪的各项指标（如背毛粗糙、泪斑、粪便和乳腺等）都有一定程度的改善，尤其在粪便和乳腺方面改善比较明显，最重要的是仔猪的初生重和断奶重的提高，并对母猪产后恢复和再发情有一定的效果[35]。

[注意事项] 方中当归补血活血、调经，有增强免疫力、保肝、抗肿瘤等作用；川芎活血行气、祛风止痛，有镇痛、镇静、抗心肌缺氧等作用；熟地黄补血、滋阴，有强心、利尿、降血糖等作用；白芍养血敛阴、泻肝安脾，有解痉、镇痛、镇静、抗菌等作用；黄芪补气升阳，有强壮、抗肾炎、抗菌等作用；党参补中益气、补血生津，有增强机体抵抗力、助消化等作用；白术补脾益气、燥湿利水、固表止汗，有利尿、镇静、护肝等作用；枳壳破气、行瘀、消积，有兴奋子宫、强心、升压、抗休克等作用；陈皮健脾、理气消食，有增加胃液消化酶的分泌、促进消化等作用；黄芩清热燥湿、泻火解毒、止血安胎，有广谱抗菌、解热、镇静、降压、利尿等作用；紫苏梗行气宽中、安胎，有发汗解热、促进消化腺分泌、健胃等作用；艾叶散寒止痛、温经止血，有强心、止血、镇静、健胃、抑菌等作用；甘草补中益气、清热解毒、润肺止咳、调和诸药，有解毒、解痉、祛痰、镇痛等作用，以及类肾上腺皮质激素样作用。

泰山盘石散（12）

[方源]《中华人民共和国兽药典》（2020 年版二部）。

[组成] 党参 30 克、黄芪 30 克、当归 330 克、续断 30 克、黄芩 30 克、川芎 15 克、白芍 30 克、熟地黄 45 克、白术 30 克、砂仁 15 克、甘草（炙）12 克。

[功效] 益气健脾，养血安胎。主治胎动不安、习惯性流产。

[制法] 以上 11 味粉碎、过筛、混匀，即得。

[用法用量] 马、牛 250～350 克，羊、猪 60～90 克，犬、猫 5～15 克。

[临床应用]

① 用于气血两虚。治宜益气健脾。

② 用于补脾养心、固经摄血，方用泰山盘石散加减。

[注意事项] 方中党参补中益气、生津，有增强机体抵抗力、助消化等作用；黄芪补气升阳、固表止汗、利水消肿，有强壮、利尿、抗菌等作用；当归补血调经、活血止痛、润肠通便，有降压、保肝、抗菌等作用；续断补肝肾、强筋骨，有使组织再生、镇痛等作用；黄芩清热燥湿、泻火解毒、止血、安胎，有抑菌、抗炎和免疫抑制、抗乙酰胆碱和儿茶酚胺等作用；川芎活血行气、祛风止痛，有镇痛、镇静、抗心肌缺氧等作用；白

芍养血敛阴、泻肝安脾，有解痉、镇痛、镇静、抗菌等作用；熟地黄补血滋阴，有强心、利尿、降血糖、保肝等作用；白术补脾益气、安胎利水，有利尿、镇静、保肝等作用；砂仁化湿行气、温脾止泻、安胎，有增进胃的功能、促进消化液的分泌等作用；炙甘草补中益气、润肺止咳、缓急止痛、调和诸药，有解毒、解痉、祛痰等作用，以及类肾上腺皮质激素样作用。

防治犬、猫、兔湿疹散（13）

[方源]《上海畜牧兽医通讯》。

[组成] 山栀、木通、薏苡仁、萆薢、黄芩、黄柏、猪苓、茯苓、苍术、陈皮、厚朴、当归、川芎、白芍、泽泻、滑石、防风、甘草等。

[功效] 利湿祛风，消肿止痒。主治毛皮动物湿疹。

[制法] 分别研末，单独存放。

[用法用量] 拌料用。根据病情，临床用前组方，急性型以山栀、木通、薏苡仁、萆薢、黄芩、黄柏等9味药；亚急性型以山栀、木通、猪苓、茯苓、苍术、陈皮、厚朴等11味；慢性型以当归、川芎、白芍、萆薢、茯苓、薏苡仁、泽泻等9味药组方。

[临床应用] 防治犬、猫、兔湿疹。

[注意事项] 湿疹是动物常见的一种皮肤病，病因十分复杂，治疗宜根据病情采用不同的治疗原则和组方。急性型以清热利湿为原则，选山栀清心除躁，山栀消肿止痛，木通、黄芩、黄柏等清热利湿、止痛止痒，萆薢祛风湿，薏苡仁消肿、宁心安神。亚急性型以健脾化湿为原则，选苍术燥湿健脾，厚朴燥湿利气，陈皮健脾，茯苓利水渗湿、宁心安神，与山栀和木通共奏健脾化湿的功效。慢性型以养血祛风为原则，辅以清热利湿，选当归补血活血，白芍补血，茯苓利湿，川芎活血祛风、止痛止痒，薏苡仁消肿、宁心安神，泽泻利湿，共同达到补血、清心、利湿的目的。

二、提高生产性能方

中药生长素复方（1）

[方源]《饲料添加剂应用技术》。

[组成] 贯众600克、神曲750克、苍术500克、秦皮500克、苏子500克、枳实500克、桑白皮500克、人工盐1000克、畜用生长素1000克。

[功效] 健脾理气，燥湿杀虫，促生长。用于猪、牛、马的增膘、育肥。

[制法] 将中药晒干或烘干，粉碎，混入人工盐、畜用生长素即得。

[用法用量] 每头猪每日50～100克，牛、马隔日150克，添加于日粮中，连续饲喂30天，间隔5天再喂。

[临床应用] 据毛国盛介绍（《饲料添加剂应用技术》，科学技术文献出版社，1988，182），此方饲喂猪、牛，能够提早24个月出栏。又据山西省和顺县畜牧局范成仁报道（《全国第三次华北第八次中兽医学术讨论会论文摘要集》，1989，85），贯众600克，神曲750克、黄芪500克、山楂500克、炒扁豆100克，苍术、桑白皮、枳实、苏子各500克，加入人工盐1000克、生长素1000克，组成"快速育肥散"，适于牛、马、猪的育肥，能够明显

缩短家畜的饲养周期，牛、猪可提早 24 个月出栏。其方剂组成与本方极为相近，少用了 1 味秦皮，增加了黄芪、山楂、炒扁豆。

[注意事项] 贯众，出自《吴普本草》，味苦、涩，性微寒，有小毒，归肝、胃经，具有杀虫、清热、解毒、凉血止血的功效。主治风热感冒、温热斑疹、吐血、咯血、衄血、便血、血痢及钩虫、蛔虫、绦虫等肠寄生虫病。神曲，始载于《药性论》，味甘、辛，性温，归脾、胃经，具有消食和胃的功效。主治饮食积滞、脘腹胀满、食少纳呆。苍术，味辛、苦，性温，具有燥湿健脾、祛风湿、明目的功效。主治湿困脾胃、倦怠嗜卧、脘痞腹胀、食欲不振、呕吐泄泻、痰饮、湿肿；表证夹湿，头身重痛；痹证，肢节酸痛重浊。秦皮，出自《神农本草经》，味苦，性寒，归肝、胆、大肠经，具有清热燥湿、清肝明目、收涩止痢的功效。主治热毒泻痢，肝热目赤肿痛、目生翳障等病症。苏子，见于《本草纲目》，有降气消痰、平喘、润肠的功效，用于痰壅气逆、咳嗽气喘、肠燥便秘；解表散寒，行气和胃，用于风寒感冒、咳嗽气喘、胎动不安；又可解鱼蟹中毒。枳实，见于《本经》，味苦、辛、酸，性微寒，归脾、胃经，有破气消积、化痰散痞之功。主要用于积滞内停、痞满胀痛、泻痢后重、大便不通、痰滞气阻、胸痹、脏器下垂等病症的防治。桑白皮，始载于《神农本草经》，其性味甘寒，归肺、脾经，具有泻肺平喘、行水消肿的功效，主治肺热喘咳、尿少水肿、面目肌肤肿胀等症。研究证实，桑白皮具有降压、抗炎、抗癌等多种现代药理活性。人工盐为多种盐类的混合物，含干燥硫酸钠 44%、碳酸氢钠 36%、氯化钠 18%、硫酸钾 2%。人工盐白色粉末，易溶于水，水溶液呈弱碱性，可增强食欲、促进胃肠蠕动和分泌。

多效畜禽宝（2）

[方源]《草食畜禽饲料添加剂》。

[组成] 淫羊藿、何首乌、土黄芪（又名圆叶锦葵）、麦芽或神曲等。

[功效] 补肾健脾，养血安神，燥湿止痢。促进生长和产蛋，预防畜禽痢疾、便血、白痢等。

[制法] 经干燥、炮制后，共粉碎为细末，包装备用。

[用法用量] 牛 150～200 克，猪、羊 50～60 克，鸡、兔 6～10 克，或在饲料中添加 2%～5%。

[临床应用] 1987 年在商州区某猪场对育肥猪进行试验，试验组比对照组平均每天每头多增重 35%。1979 年在商州区另一猪场用本品对 40 日龄的 100 头仔猪进行试验，试验组仔猪平均日增重 0.16 千克，对照组 0.125 千克。试验组 50 头仔猪均未发生泄痢病，成活率为 96%；对照组 50 头仔猪有 29 头发生白痢，成活率为 71.3%。1988 年经商州区畜牧局在鸡场试验，用本方饲喂雏鸡，至 160 日龄时，试验组平均体重 1.7 千克，对照组平均体重 1.3 千克。试验组提早 5 天开产（蛋），未见肠道疾病，成活率为 98.2%；对照组曾发生痢疾，成活率为 87.1%。1988 年在商州区刘湾街道某兔场用本品饲喂幼兔，结果到 60 日龄试验组均重 0.88 千克，成活率 89%；对照组均重 0.58 千克，成活率 62%。该场用本方治疗兔泄泻病，治愈率为 95%（35/37）。对照组用磺胺类药及其他药物治疗，治愈率 63.4%（26/41）。

[注意事项] 淫羊藿，味辛、甘，性温，归肝、肾二经，为补命门、益精气、强筋骨、补肾壮阳之要药，兽医临床常用于治疗种公畜繁殖性能低、精液品质差、母畜不孕等症。现

代研究表明，淫羊藿含淫羊藿苷、挥发油、蜡醇、植物甾醇、鞣质、维生素 E 等成分，能兴奋性功能，对动物有促进精液分泌的作用，还有降压（引起周围血管舒张）、降血糖、利尿、镇咳祛痰作用以及维生素 E 样作用。药理试验研究表明，淫羊藿能增加心脑血管血流量，促进造血功能、免疫功能及骨代谢，具有抗衰老、抗肿瘤等功效。新加坡医学专家研究发现，淫羊藿能有效杀死乳腺癌细胞，但用于临床还有待进一步研究。何首乌，味苦、甘、涩，性温，归肝、肾经，主要有养血滋阴、润肠通便、截疟、祛风、解毒的功效。主治血虚头昏目眩、心悸、失眠，肝肾阴虚之腰膝酸软、耳鸣、遗精、肠燥便秘，久疟体虚，风疹瘙痒，疮痈，瘰疬等。土黄芪，出自《广西中草药》，味甘，性平，有益气健脾、祛痰止咳、舒筋活络、通乳的功效。主治病后体弱、自汗、肺结核咳嗽、慢性支气管炎、脾虚浮肿、风湿性关节炎、产后无乳等。麦芽，多生长在北方区域，为禾本科植物大麦的成熟果实经发芽干燥的炮制加工品，具有行气消食、健脾开胃、回乳消胀的功效。主要用于食积不消、脘腹胀痛、脾虚食少，乳汁淤积、乳房胀痛，肝郁胁痛、肝胃气痛的防治。神曲，始载于《药性论》，味甘、辛，性温，归脾、胃经，具有消食和胃的功效。主治饮食积滞，脘腹胀满，食少纳呆。

强壮散（3）

[方源]《中华人民共和国兽药典》（2020 年版二部）。

[组成] 党参 200 克、六神曲 70 克、麦芽 70 克、山楂（炒）70 克、黄芪 200 克、茯苓 150 克、白术 100 克、草豆蔻 140 克。

[功效] 消食开胃，促长催肥，导滞驱虫。主治消化不良、下痢、食积。

[制法] 粉碎，过筛，混匀。

[用法用量] 在饲料中添加：马、牛 250～400 克；羊、猪 30～50 克；肉鸡、肉鸭、蛋鸡，蛋鸭，每吨配合饲料添加本品 500 克；仔猪，每吨配合饲料添加本品 500～600 克；生长育肥猪、母猪，每吨配合饲料添加本品 1000 克；鱼，每吨配合饲料添加本品 500 克；鳗鱼、对虾，每吨配合饲料添加本品 1000 克；肉用反刍（牛、羊），每吨配合饲料添加本品 1000 克。

[临床应用] 临床中常用于益气健脾、消积化食，主治食欲不振、体瘦毛焦、生长迟缓等病症。

① 试验研究证实，使用 3～5 天后，畜禽饥饿感增强，采食量增加，贪吃贪睡；7～10 天皮泛红，毛发亮；15 天左右皮肤呈粉红色，体型开始改观，原来腹泻猪只不再腹泻。

② 用于畜禽促长、增重。本品刺激动物机体分泌胰岛素、促生长激素等，显著提高动物的生长速度，增重率可提高 18%～28%。奶牛产乳量提高 10%，母畜生产性能以及肉、蛋、奶等畜产品品质也明显提高。

③ 提高饲料的消化利用率。保护肠胃黏膜，提高饲料消化吸收率；同时，也可促进饲料中糖类的分解，非蛋白氮合成转化为高品质蛋白质。

[注意事项] 党参，出自《本草从新》药材基源，为桔梗科植物党参、素花党参、川党参、管花党参、球花党参、灰毛党参的根。党参、黄芪补中益气，白术、茯苓、草豆蔻渗湿健脾，六神曲、麦芽、山楂健胃消食，共同促进采食，增强消化吸收功能。

速肥壮（4）

[方源]《中药饲料添加剂》[35]。

[组成] 青矾、胆矾、微量元素及维生素等。

[功效] 助长催肥，帮助消化。主治营养不良、生长受阻、骨软症等。

[制法] 将各药干燥、粉碎、过筛、混匀，分装备用。

[用法用量] 小猪 5～10 克，大猪 20～30 克，牛、马 30～50 克，禽、兔 0.1～0.3 克，混合饲喂。

[临床应用] 用于开胃消食、催肥助长，主治营养不良、生长受阻、骨软症等瘦弱畜禽的育肥壮膘。

[注意事项] 青矾，出自《日华子本草》，药材基源为硫酸盐类水绿矾族矿物水绿矾或其人工制品（绛矾）。如果在饲喂之前先驱虫，健胃效果更佳。生食拌喂，忌蒸煮。

牛羊补肾壮膘散（5）

[方源]《天然植物饲料添加剂》。

[组成] 苦参、松针、红藤、骨碎补、金樱子、虎杖、黄荆子、陈皮、柏香子、马钱子等。

[功效] 健脾开胃，滋补肝肾，祛风除湿。主治牛羊采食少、消化不良。

[制法] 按一定比例混合，粉碎，混匀。

[用法用量] 在精料中添加，牛、羊均按 1 克/千克饲料。预防，每 1～2 天喂 1 次。治疗根据病情轻重每天 1～2 次或每 1～2 天 1 次，共 2～6 次。

[临床应用] 用于牛、羊壮膘增重，防病保健。

[注意事项] 本方为纯中草药制剂，毒性小，临床治疗用量非常安全。本方通过健脾开胃、改善胃肠功能、增强消化液分泌、增强反刍、调节血液循环、促进新陈代谢、补充生长所需物质等而达到催肥壮膘目的。在使用本品前，如先驱虫可提高效果。通过中药的滋补肝肾、养血活血、祛风除湿、理气止痛等作用而呈现治疗效果。

健长快（6）

[方源]《天然物中草药饲料添加剂大全》。

[组成] 苦参、麦芽、首乌、黄芪、白芍等。

[功效] 燥湿健脾，消食开胃。主治消化不良、下痢。

[制法] 粉碎，混匀。

[用法用量] 在饲料中添加，20～50 千克猪 40 克/天，50 千克以上猪 60～80 克/天，给药 710 天，停药 20 天。鸡、鸭按 1％拌料喂给，每月用 10～15 天。

[临床应用] 促进生长。

[注意事项] 方中苦参清热燥湿；麦芽消食和中；首乌补肝肾、益精血；黄芪补气利水；白芍敛阴补血。诸药合用，燥湿健脾，消食开胃，可促进生长。

松针活性物添加剂（7）

[方源]《草食畜禽饲料添加剂》。

[组成] 五尾松松针叶。

[功效] 促进增重，提高肉质及皮毛色泽，提高产蛋量，增强抗病力。主治产蛋量低、蛋质量差。

[制法] 以马尾松嫩枝叶制备松针叶绿素-胡萝卜素膏剂，再用马尾松或赤松、黑松混合叶粉吸附。

[用法用量] 在饲料中添加，牛、羊 0.05％～0.1％，兔 0.2％～0.3％，鹅 0.3％～0.4％。

[临床应用] 奶牛、奶羊增乳。本品为从松科松属植物中的针叶提取的活性物质，作为肉羊饲料绿色添加剂，可节省饲料、降低生产成本、促进肉羊生长发育、增强抗病力和提高繁殖功能。在羊的日粮中添加 0.05％～1％，可使羔羊增重速度提高 9％～11％。

[注意事项] 本品含维生素 E、维生素 C、B 族维生素和 β-胡萝卜素、植物激素、植物杀菌素等生物活性物质，多种氨基酸和铁、铜、锌、锰、钴等。使用后能使奶牛的产乳量提高 7.4％，犊牛及羔羊的增重速度提高 9％～11％，兔的皮毛质量提高，雏鹅的日增重提高 8％～17％，蛋鹅的产蛋量提高 9％～19％，节省饲料 8％。

四君子散（8）

[方源]《中华人民共和国兽药典》（2020 年版二部）。

[组成] 党参 60 克，白术（炒）60 克，茯苓 60 克，甘草（炙）30 克。

[功效] 提高脾胃功能，增强食欲，增膘复壮。主治厌食、采食少、消化不良。

[制法] 粉碎，过筛，混匀。

[用法用量] 在饲料中添加，马、牛 200～300 克/次，羊、猪 30～45 克/次。

[临床应用] 提高脾胃功能，增强食欲，增膘复壮，益气健脾。

[注意事项] 方中党参补中益气为主药；白术苦温，健脾燥湿为辅药；茯苓甘淡，健脾渗湿为佐药，与白术合用，健脾除湿之功更强；炙甘草甘温，益气和中，调和诸药为使药。诸药相合，共奏补中气、健脾胃之功。

补中益气散（9）

[方源]《中华人民共和国兽药典》（2020 年版二部）。

[组成] 黄芪（炙）75 克，党参 60 克，白术（炒）60 克，甘草（炙）30 克，当归 30 克，陈皮 20 克，升麻 20 克，柴胡 20 克。

[功效] 补中益气，升阳举陷。主治里急后重、下痢。

[制法] 以上 8 味，粉碎成粗粉，过筛，混匀即得。

[用法用量] 在饲料中添加，马、牛 250～400 克，羊、猪 45～60 克。

[临床应用] 主治脾胃气虚，久泻，脱肛，子宫脱垂。

[注意事项] 方中的黄芪、党参都是补气之要药，当归补血，白术扶正补虚，甘草调和诸药，协同促进机体提高免疫力、抵抗力。生产过程中可将补中益气散作为保健之上品，间

隔一段时间使用一个疗程，以强健免疫系统，提高机体的抗病能力。钱秀兰[37] 以本方 3%～5%混饲蛋鸡，连喂 1 周，对脱肛有一定的预防作用。试验组发病率为 1.49%（7/471）；对照组为 5.67%（49/864），且有 9 只死亡。用本方加穿心莲，治疗脱肛病鸡 45 只，治愈 42 只，治愈率为 93.3%，对照组自愈率为 81.6%（40/49）。

六味地黄散（10）

[方源]《中华人民共和国兽药典》（2020 年版二部）。

[组成] 熟地黄 70 克，山茱萸（制）35 克，山药 35 克，泽泻 30 克，牡丹皮 30 克，茯苓（去皮）30 克。

[功效] 滋补肝肾，清肝利胆，涩精养血。

[制法] 以上 6 味，粉碎，过筛，混匀，即得。

[用法用量] 在饲料中添加，马、牛 100～300 克，羊、猪 15～30 克。

[临床应用] 治疗肝肾阴虚，腰胯无力，盗汗，滑精，阴虚发热。

[注意事项] 本品为阴虚证而设，体实及阳虚者忌用；感冒者慎用，以免表邪不解；本品药性较滋腻，脾虚、气滞、食少纳呆者慎用。

通乳散（11）

[方源]《中华人民共和国兽药典》（2020 年版二部）。

[组成] 当归 30 克，王不留行 30 克，黄芪 60 克，路路通 30 克，红花 25 克，通草 20 克，漏芦 20 克，瓜蒌 25 克，泽兰 20 克，丹参 20 克。

[功效] 通经下乳。主治产后乳汁不足、乳腺炎。

[制法] 以上 10 味，粉碎成粗粉，过筛，混匀，即得。

[用法用量] 在饲料中添加，每次马、牛 250～350 克，羊、猪 60～90 克。

[临床应用] 用于产后增乳、通乳。

[注意事项] 方中当归、黄芪补气生血，具有增强机体代谢、强心、扩张血管、降低血管阻力、增强血流、促进血红蛋白及红细胞生成、增强免疫功能等作用，还有抗炎、抗菌和利尿的作用；王不留行、路路通、通草、漏芦、瓜蒌清热解毒，通经下乳，具有扩张血管、增强血流、收缩子宫的作用，对子宫复旧及通乳均有明显作用；红花、丹参活血化瘀，宁心止痛，具有强心、改善血液循环、提高耐缺氧能力和兴奋子宫、镇静、抗菌及增强免疫等作用；泽兰活血祛瘀，行气消肿，具有下乳和强心作用。

催奶灵散（12）

[方源]《中华人民共和国兽药典》（2020 年版二部）。

[组成] 王不留行 20 克，黄芪 10 克，皂角刺 10 克，当归 20 克，党参 10 克，川芎 20 克，漏芦 5 克，路路通 5 克。

[功效] 补气养血，通经下乳。主治产后乳汁稀薄、产乳量少。

[制法] 粉碎，过筛，混匀。

[用法用量] 在饲料中添加，马、牛 300～500 克/次，羊、猪 40～60 克/次。

［临床应用］产后增乳、通乳，用于产后乳少、乳汁不下。

（1）用于产后乳少　产前饮喂失调，脾胃虚弱，营养不良，或者分娩时间过长，过度疲劳，气血两亏；小猪吸吮有声，不见下咽；乳房缩小而柔软，触之不热不痛。

（2）用于乳汁不下　产前运动不足，天气炎热，产床应激反应强烈，以至于气机不畅，乳络运行受阻而乳汁分泌受阻，可见乳汁不行、乳房肿满、触之肿胀或有肿块、用手挤之有少量乳汁流出。

［注意事项］方中黄芪、党参补中益气、健脾开胃，具有增强代谢功能和强心、利尿及抗炎等作用；当归、川芎养血调血、行血中之气，具有强心、改善微循环和显著促进血红蛋白及红细胞的生成等作用，并有抗炎、抗菌、镇静和镇痛等作用；皂角刺、王不留行、漏芦、路路通清热下乳，行血通经，具有扩张血管、增强血流、收缩子宫等作用，对子宫复旧和通乳均具有明显的效果。

催乳散（13）

［方源］《天然物中草药饲料添加剂大全》。

［组成］党参、当归、黄芪、白术、王不留行、路路通、萹蓄、瞿麦、山楂、麦芽、神曲、甘草。

［功效］补气活血，通经下乳。主治产后无乳、少乳。

［制法］粉碎、过筛、混匀。

［用法用量］在饲料中添加，奶牛每日每头添加 180 克，连用 30 天。奶山羊每日每只添加 20～30 克，连用 30 天。

［临床应用］奶牛、奶羊增乳。

［注意事项］方中党参、当归、黄芪、白术养血补气，具有强壮、增强免疫功能、保肝和抗炎抗菌等作用；王不留行、路路通具有通经下乳和促进子宫恢复的作用；萹蓄、瞿麦利水通淋，有利尿、抑菌和杀虫等作用；山楂、麦芽、神曲消食健脾，有助消化作用；甘草调和诸药，有解毒作用和类肾上腺皮质样作用。奶牛添加催奶散后 8 个月，平均每头多产乳270.7 千克，泌乳高峰期添加效果更加明显。

生乳散（14）

［方源］《中华人民共和国兽药典》（2020 年版二部）。

［组成］黄芪 30 克、党参 30 克、当归 45 克、通草 15 克、川芎 15 克、白术 30 克、续断 25 克、木通 15 克、甘草 15 克、王不留行 30 克、路路通 25 克。

［功效］补气养血，通经下乳。主治体质虚弱、气血不足导致的产后缺乳。

［制法］粉碎成粗粉，过筛，混匀。

［用法用量］在精饲料中添加，马、牛 250～300 克/次，羊、猪 60～90 克/次。以开水冲药，候温灌服。

［临床应用］增乳、通乳。用于母畜的产后缺乳以及老龄或营养不良型母畜的无乳、少乳症。

［注意事项］密闭，防潮，置干燥处保存。方中黄芪、党参、白术、甘草为补气健脾基础方四君子汤，具有补中益气、健脾开胃以及增强代谢、强心、利尿和抗炎等作用；当归、

川芎养血调血、行血中之气，具有强心、降低血管阻力、改善微循环和显著促进 Hb 及红细胞的生成等作用；通草、木通、王不留行、路路通行血通经、清热下乳，具有扩张血管、增强血流、收缩子宫等作用，对子宫复旧和通乳均具有明显的效果；续断补肝肾、强筋骨、益虚损，可使组织再生，具有镇痛、止血和催乳等作用，并能够补充维生素 E。

黄芪增乳散（15）

[方源]《天然物中草药饲料添加剂大全》。

[组成] 黄芪，蒲公英，王不留行，萹蓄，神曲，大茴香，小苏打。

[功效] 健脾消食，活血催乳。主治产后乳汁稀薄，产乳量少。

[制法] 共研细末，混匀。

[用法用量] 在精饲料中添加，马、牛 50～80 克/次，猪、羊 5～10 克/次。

[临床应用] 泌乳期马、牛、猪、羊增乳。

[注意事项] 乳乃血液化生，血由水谷精微气化而成，方中黄芪补气，神曲消食，萹蓄、大茴香化湿开胃，小苏打防止酸中毒，王不留行通经下乳，蒲公英解毒散结，从而增加摄食量、提高泌乳量。

壮阳散（16）

[方源]《中华人民共和国兽药典》（2020 年版二部）。

[组成] 熟地黄 45 克，补骨脂 40 克，阳起石 20 克，淫羊藿 45 克，锁阳 45 克，菟丝子 40 克，五味子 30 克，肉苁蓉 40 克，山药 40 克，肉桂 25 克，车前子 25 克，续断 40 克，覆盆子 40 克。

[功效] 温补肾阳。主治肾阴虚，精液质量差，滑精少精。

[制法] 以上 13 味粉碎、过筛、混匀，即得。

[性状] 本品为淡灰色的粉末；气香，味辛、甘、咸、微苦。

[用法用量] 在精饲料中添加，马、牛 250～300 克/次，羊、猪 50～80 克/次。

[临床应用] 提高公畜生产性能，防治性欲减退、阳痿、滑精。

[注意事项] 方中熟地黄补血滋阴，具有强心、利尿、降血糖和护肝等作用；补骨脂补肾壮阳、强筋健骨，有兴奋性功能的作用；阳起石补肾壮阳；淫羊藿补肾壮阴、强筋健骨，有催情作用；锁阳补肾壮阳、养筋、润肠通便，有促进体液免疫和提高血液中糖皮质激素浓度的作用；菟丝子补肝肾、益精髓，有壮阳、抗肿瘤和抑菌等作用；五味子敛肺滋肾、涩精止泻、生津敛汗，有改善血液循环、增强肾上腺皮质功能等作用；肉苁蓉补肾益精、润肠通便，有降血压和增重作用；山药补脾胃、益肺肾，有滋养和助消化、止泻等作用；肉桂温中散寒、温经止痛，有促进血液循环、助消化、镇痛及杀菌等作用；续断补肝肾、强筋骨，有使组织再生和镇痛作用；覆盆子益肾阳、涩精关、缩小便。

金锁固精散（17）

[方源]《中华人民共和国兽药典》（2020 年版二部）。

[组成] 沙苑子（炒）60 克，芡实（盐炒）60 克，莲须 60 克，龙骨（煅）30 克，牡蛎

（煅）30 克，莲子 30 克。

[功效] 固肾涩精。主治家畜精液稀薄，精子活力低，肾虚滑精。

[制法] 以上 6 味，粉碎为粗粉，过筛，混匀，封存。

[用法用量] 混饲料，或煎水内服。马、牛 240～360 克，羊、猪 45～60 克。

[临床应用]

① 加补骨脂、五味子，治疗腹泻。

② 加肉苁蓉、当归，治疗大便干燥。

③ 加淫羊藿、锁阳，治阳虚、性欲减退、阳痿。

[注意事项] 沙苑子温补肝肾、固精、缩尿，有降脂、抗炎、增加免疫功能等作用；芡实健脾止泻、固肾涩精、祛湿止带，为收敛性强壮药；莲须清心、益肾、涩精，用于肾虚滑泄、崩漏、带下等；莲子养心、益肾、补脾、涩精，用于遗精、淋浊、久痢等；煅龙骨平肝潜阳、镇静安神、收敛固涩，有镇静、催眠、抗惊厥等作用；煅牡蛎平肝潜阳、软坚散结、收敛固涩，有制酸作用，钙盐吸收后有似龙骨样作用。

第二节　反刍动物的中药饲料添加剂常用复方

一、在奶牛上的应用

参芪催乳灵（1）

[方源]《河南畜牧兽医》。

[组成] 党参、当归、川芎、黄芪、王不留行、通草、神曲、苍术、益母草等。

[功效] 补气养血，散结通乳，活络下乳。主要用于气血不足、乳汁涩滞者，促进泌乳。

[制法] 按一定比例配制，经干燥、粉碎、混匀，过 40 目筛后装袋备用。

[用法用量] 按 1％的量加入精料，混匀，自由采食。

[临床应用] 张淑云等[38] 在 10 头泌乳奶牛体上进行添加饲喂，在整个饲喂期内添加剂组日平均产奶量 23.21 千克，空白对照组为 21.51 千克，添加剂组较空白组每日多产奶 1.7 千克，增长 7.9％；添加剂组乳脂率比空白对照组提高 8.23％，而乳糖、乳蛋白、干物质含量无明显变化；添加期内，添加剂组的乳腺炎发生率较空白对照组降低 20％。

[注意事项] 党参、黄芪、当归、川芎以补气养血、补充生化之源泉；同时用益母草、通草以行气活血，开通下乳之渠道。川芎、王不留行、通草均能通行气血、攻壅滞、疏通乳道，使乳路畅通。本方药性平和，剂量可根据生产实践具体斟酌配制，药源丰富，易于生产。如充分利用制药下脚料配制，可以节约成本，提高产品附加值。

复方海藻散（2）

[方源]《福建畜牧兽医》。

[组成] 海藻粉、党参、黄芪、甘草、漏芦、通草、青皮、王不留行、当归等。

［功效］补气养血，理气通经，活血通乳。用于奶牛气血瘀滞所致的乳汁减少。

［制法］各药经干燥后粉碎，再经 40 目筛，混匀，于阴凉干燥处放置备用。

［用法用量］将复方海藻散拌于精料中饲喂。

［临床应用］林忠华等[39] 在 10 头泌乳期奶牛上采用本品进行饲喂观察。添加组除添加了海藻粉等中草药外，其余条件与空白对照组相同。每日早晨喂牛时将添加剂均匀拌在精料中，保证全部采食。预试期 5 天，正式试验期 30 天。结果表明，添加组的奶牛日均产奶量较添加前提高 2.74 千克，较空白对照组提高 3.9 千克。添加组奶牛添加后的乳脂率略有提高，乳比重稳定，干物质含量无明显变化，说明海藻和中草药饲料添加剂一般不影响牛乳这些特性。

［注意事项］本方是一催乳方，方中各药较为平和，剂量可根据经验酌情配制。方中的海藻粉原料可能受制于地域影响，除此以外各药均可获得。

归芍增乳散（3）

［方源］《中兽医医药杂志》。

［组成］党参、黄芪、当归、白芍等。

［功效］补气养血，活络通乳。主要用于奶牛血虚所致的乳汁减少。

［制法］将各药烘干、粉碎，按一定比例充分混合均匀，装袋备用。

［用法用量］每日中午，将添加剂均匀拌在精料中，保证被全部食入。每日 1 次，每次 180 克，连续饲喂 21 天。

［临床应用］谢慧胜等[40] 在 39 头无可见病症的中国荷斯坦奶牛上，采用本品进行催乳饲喂试验。结果显示，用药前 1 个月对照组每头日均产乳量比给药组高 0.45 千克，而从给药开始后的各个阶段中，给药组每头日均产乳量均比对照组有所提高，且以用药后 2 个月最为明显。其间，给药组比对照组每头平均多产奶 115.91 千克。饲喂期间胎衣排出迟缓或不下者有 14 头，其中对照组 10 头，给药组仅 4 头。可见归芍增乳散能提高奶牛体质，对某些疾病具有一定的预防和保健效果。

［注意事项］本方主要用于奶牛的催乳，如在方中酌加王不留行、路路通、通草、柴胡、白术、薤白等药，效果更佳。

催乳保健散（4）

［方源］《中国奶牛》。

［组成］黄芪、川芎、蒲公英、当归等。

［功效］补益肝肾，通经活络，疏肝理气，健脾和胃。用于奶牛气血循行不畅所致的乳汁减少症。

［制法］将各药干燥、粉碎成粗粉，过 40 目筛，按比例配伍，混匀装袋备用。

［用法用量］按每日每头 180 克的添加量，将催乳保健散粉拌于精料中饲喂。

［临床应用］补益气血，通经下乳。张秀英等[41] 在 25 头中国荷斯坦奶牛上，采用本品进行增乳试验观察。结果添加前添加组与对照组奶牛的日均产乳量差异不显著，添加期间，添加组较对照组的奶牛每日每头多产 0.6 千克。添加药物后连续 5 个月添加组的产乳量均极显著或显著地高于对照组，第 6 个月添加组的产乳量比对照组多 0.49 千克；添加药物前 5

天和添加药物结束后 10 天采混合乳样检验，添加组的乳脂率比添加药物前提高了 5.92%，添加组的乳糖、乳蛋白及干物质的含量与对照组基本接近；添加药物后，添加组的隐性乳腺炎的检出率较用药前减少了 13%，而对照组在此阶段却上升了 5%。比较添加药物前，添加组与对照组隐性乳腺炎的检出率差异不显著，而添加药物后对照组隐性乳腺炎的检出率则极显著地高于添加组。

[注意事项] 本方是一催乳方剂，所用之药较为平和，各药剂量可酌情配制。如方中酌加党参、白术、苍术、神曲、王不留行、路路通等药，其催乳效果更佳。

紫芪增乳灵（5）

[方源]《中国兽医秘方大全》。

[组成] 当归 30 克，川芎 30 克，白芍 30 克，熟地黄 30 克，路路通 30 克，藕节 30 克，王不留行 30 克，天花粉 40 克，紫石英 20 克，红芪 20 克。

[功效] 通经下乳。主治产后少乳，无乳。

[制法] 粉碎，过筛，混匀。

[用法用量] 共为细末，煎汤冲调，候温灌服。

[临床应用] 产后增乳、通乳。

[注意事项] 方中红芪补气固表，利尿消肿，主治表虚自汗、脾虚泄泻、中气下陷；紫石英镇心安神，温肺，暖宫，主治脾虚咳喘、宫寒不孕；当归、川芎活血行气，以调顺气血；王不留行、路路通等宣通经络，以通经下乳。本方治疗奶牛缺乳效果显著。

杜芪增乳康（6）

[方源]《畜牧与兽医》。

[组成] 黄芪、首乌、贯众、苦参、白术、甘草、黄连、杜仲、枸杞、神曲等。

[功效] 滋阴补气，健脾下乳，益气生血。主要用于气虚阴亏所致的乳汁减少症。

[制法] 各药干燥、粉碎、过筛、混合为末，备用。

[用法用量] 按基础日粮的 0.8% 添加，拌于精料中饲喂。

[临床应用] 闫素梅等[42] 对 3 头泌乳后期的中国荷斯坦奶牛，采用本品进行 120 天的添加增乳饲喂。结果显示，在整个饲喂期内，各组的日产乳量较初始产乳量均有不同程度的下降，其中以对照组下降最多。添加 0.8% 组下降最少，较对照组产乳量提高 20.7%。

[注意事项] 本品为一催乳方。黄芪有补中益气、固表止汗、利水消肿、托疮排脓的作用；贯众性寒，有杀虫、清热解毒的作用；苦参性寒，有清热燥湿、祛风杀虫、清热利尿的作用；白术性温，有补脾益气、燥湿利水、固表止汗的作用；杜仲性温，有抗炎利尿、镇痛抗菌的作用；枸杞性平，有养阴补血的作用；神曲性温，有消食化积、健胃和中的作用。对泌乳后期的催乳效果可观。

归芎增乳散（7）

[方源]《陕西农业科学》。

[组成] 党参、当归、白术、黄芪、川芎、王不留行、丝瓜络、路路通、木通、甘草、

蒲公英、黄柏、益母草等。

[**功效**] 补气养血，理气消食，通经下乳。用于气血亏虚之乳汁不下症。

[**制法**] 将上述药物按一定比例粉碎、混匀、过筛，然后用 20% 的本品与 7.5% 的寡糖、15% 的益生菌、7.5% 的复合酶、15% 的氨基酸微量元素螯合物和 35% 的沸石粉混合备用。

[**用法用量**] 按每日每头 180 克的添加剂量，将本品拌于精料中分 3 次定时饲喂。

[**临床应用**] 曹高贵等[43] 采用本品在 15 头年龄、胎次、泌乳量接近的中国荷斯坦奶牛上，进行 30 天的增乳饲喂观察。结果显示，添加组 30 天后每日每头产乳量为（25.27±1.75）千克，较之同组添加前的（21.60±1.59）千克，多产奶 3.67 千克，提高产乳量 17%，而较之同期的对照组提高产乳量 10.2%。

[**注意事项**] 本方为一催乳方剂。党参性平，有补中、益气、生津的作用；当归性温，有补血养血、活血止痛、润肠通便的作用；白术性温，有补脾益气、燥湿利水、固表止汗的作用；黄芪有补中益气、固表止汗、利水消肿、托疮排脓的作用；川芎性温，有活血行气、祛风止痛的作用；王不留行性平，有下乳、活血、消肿的作用；甘草性平，有补脾益气、清热解毒、调和药性的作用；蒲公英性寒，具有清热解毒、消肿散结的作用；黄柏性寒，有清热燥湿、清热解毒的作用；益母草性微寒，有活血化瘀、利尿消肿的作用。方中药物配制比较全面，药源丰富，材料易得，加之添加了其他药效成分，在生产实践中应用效果可观，值得大力推广。

消导增乳散（8）

[**方源**]《中兽医学杂志》。

[**组成**] 神曲、麦芽、莱菔子、使君子、贯众、当归、碳酸氢钠、糖化酶、微量元素、沸石粉等。

[**功效**] 消食开胃，补血下乳。主要用于食滞中焦所致的乳汁减少症。

[**制法**] 将各药烘干、粉碎、按配方逐一称重，加入微量元素和人工盐，以沸石粉为载体混合均匀后，按每 500 克为一袋封口备用。

[**用法用量**] 每日每头添加 50 克，拌精料饲喂。

[**临床应用**] 消食导滞，产后增乳。孙凤俊等[44] 对 4 头泌乳中后期的中国荷斯坦奶牛，采用本品饲喂催乳。添加组每头日均产乳量达 26 千克，比对照组增加 4.5 千克，提高产乳量 20.93%。同时添加期间所有奶牛没有发生不良反应，且毛色、精神状态皆较对照组为佳。说明该添加剂有显著促进产乳的作用，而且无毒副作用。

[**注意事项**] 本品在传统的中草药基础上，加入了铜、铁、锌、硒、碘等微量元素和人工盐，组成了中西复方，增加了催乳性能，提高了添加效应。如方中酌加党参、黄芪、王不留行、路路通等药，催乳效果将会更好。

芦夏热应散（9）

[**方源**]《中国兽医秘方大全》。

[**组成**] 芦根 30 克，漏芦 15 克，芦荟 20 克，半夏 15 克，薄荷 100 克，荷叶 100 克，车前草 100 克，甘草 40 克，食盐少许。

[功效] 燥湿化痰，降逆止呕，消食散结，清热凉肝，生津解毒。主治中暑发热。

[制法] 除去杂质，洗净晒干，捣碎，煎汤去渣；或粉碎。

[用法用量] 在饲料中添加，牛每日每头 250～350 克。

[临床应用] 消热祛暑。

[注意事项] 方中芦根、漏芦具有消热解毒、消肿下乳、舒筋通脉、解热生津、止呕、利尿等作用，芦荟具有清热凉肝、健脾通肠等作用。半夏具有燥湿化痰、降逆止呕、消食散结等作用。姜半夏多用于降逆止呕，法半夏多用于燥湿化痰。

反刍消气灵（10）

[方源]《中兽医医药杂志》。

[组成] 野扁豆、鸡栖子等。

[功效] 消食化积，健脾润肠，理气镇瘤。主要用于牛、羊的瘤胃臌气。

[制法] 按一定配比，粉碎、混合、加工成灰黑色粉末型冲剂。

[用法用量] 牛每千克体重 0.15 克，山羊每千克体重 0.3 克，将反刍消气灵用开水 2500～3000 毫升冲化待温灌服。第一次投药后 4 小时内如畜体仍不出现反刍、嗳气时，可再用相同剂量投药 1 次。

[临床应用] 陈励生等[45] 在 115 例前胃弛缓、瘤胃积食和瘤胃臌气病牛体上，添加本品，治愈 107 例，治愈率为 93.01%。尤其对瘤胃臌气，其显效率达 89.74%，总有效率达 97.43%。使用本品时，加食盐 30～50 克混合一起灌服，同时给予患畜充足的饮水，效果更为理想。

[注意事项] 本品所用原料系地域性药材，往往受到原料的制约而难以发挥它应有的效果。如若本方中野扁豆、鸡栖子各等量，再酌加木香、槟榔、枳壳、薤白、青皮各等份，其消气反刍效果将会更佳。

常蒿球虫汤（11）

[方源]《中兽医医药杂志》。

[组成] 白头翁 15～50 克、黄柏 15～50 克、黄芩 10～30 克、青蒿 30～100 克、常山 10～30 克、生地黄 15～40 克、防风 10～30 克、甘草 10～80 克、地榆 15～50 克。

[功效] 清热消炎，解毒杀虫。主要用于犊牛疑似球虫性肠炎。

[制法] 将各药按照常规的煎煮方法，水煎 2 次，滤液备用。

[用法用量] 分早、晚 2 次灌服，或添加于饮水中让其自由饮用。直至粪中无血、排粪正常为止。

[临床应用] 杨全孝[46] 采用本品先后治疗犊牛疑似球虫性肠炎 32 例，其中 1 月龄犊牛 6 头，2～3 月龄 21 头，3～4 月龄 4 头，4～5 月龄 1 头，治愈 31 头，治愈率达到 97%。

[注意事项] 本方是一临床经验用方，若遇犊牛病证急迫，可以煎煮取汁灌服。

木壳腹泻灵（12）

[方源]《中兽医医药杂志》。

［组成］黄连、木香、米壳等。

［功效］温平兼施，解毒止痢。主要用于治疗羔羊痢疾。

［制法］将含纤维多的药品煎煮过滤，减压浓缩成膏状，量小贵重药品粉碎后过80～100目筛。膏粉合并制成软材，过10～18目筛制成粒状，60℃干燥。加适量硬脂酸镁，压片，每片含生药0.6克。

［用法用量］根据羔羊日龄与体重，酌情给以相应剂量片剂投喂，也可采用粉剂调糊灌服。

［临床应用］陈慎言等[47]采用本品和抗生素对175只自然腹泻羔羊进行疗效对比观察，其中采用腹泻灵添加饲喂132只，治愈125只，治愈率达94.7%，平均用药3.89次、1.95天。而采用抗生素治疗腹泻羔羊43只，治愈26只，治愈率为60.46%，平均用约5.73次、2.86天。中草药复方腹泻灵较之西药，添加疗效非常显著。

［注意事项］本方用以治疗羔羊痢疾，报道未见各药配比和治疗用药剂量。根据所给药物组成与解毒止痢的功能来看，方中各药配比若各2份，则再酌加黄芩、当归各3份，芍药、大黄、槟榔、甘草各2份，肉桂1份，效果会更好。

苍术半夏散（13）

［方源］《中兽医医药杂志》。

［组成］半夏25克、南星25克、雄黄15克、朱砂20克、苍术45克、滑石30克、茯苓30克、桂皮15克、香附25克。

［功效］渗湿治瘴，除疫化痰。主要用于前胃弛缓症。

［制法］将各药按照既定配比干燥、粉碎、混匀，共为细末备用。

［用法用量］无食欲牛采用开水冲糊，候温灌服。有食欲牛拌料让其自由采食。

［临床应用］李再平等[48]在87例精神不振、卧地懒动、瘤胃蠕动减弱或停止、饮食欲减退或废绝、反刍缓慢或停止、排粪迟滞、瘤胃时有虚胀、空口磨牙等前胃弛缓的病牛中，采用本方添加饲喂，结果87例全都治愈，灌服1剂的3例，2剂的38例。一般药后8～12小时患牛精神好转，瘤胃蠕动增强，渐有食欲，继而出现反刍，临床添加效果显著。

［注意事项］加减：湿重者，重用苍术、茯苓，加焦三仙、炒二丑；寒重者，去滑石、朱砂，加砂仁、附子、草豆蔻；热盛兼粪干燥者，去桂皮、香附，加龙胆草、黄连、黄芩、苦参、大黄、芒硝；脾虚者，去雄黄、滑石，加党参、炙黄芪、山药、当归、白芍；兼有外感者，去桂皮、香附，加荆芥、柴胡、防风；有热者，加金银花、连翘、青黛；有寒者，加白芷、细辛。方中所给出的用药剂量是临床治疗用量，如果生产实践中为了防治本病，则可减少用药剂量，将其加入饲料中长期饲喂，有很好的预防效果。

苦参育肥散（14）

［方源］《中兽医医药杂志》。

［组成］苦参250克、陈皮200克、大黄150克等。

［功效］健脾开胃，驱虫长膘。主要用于促进畜体增重。

［制法］将各药按量干燥、粉碎、混匀，过40目筛备用。

[用法用量] 开水冲调，加食盐 100 克，灌服，每日 1 剂，连投 3 剂。或将药粉与食盐按比例拌于精料中饲喂。

[临床应用] 王俊夫等[49] 在 298 例瘦牛体上，采用本品进行育肥试验。经饲喂本品 1～2 个月后，膘情明显上升者 295 例，有效率达 98.3%。

[注意事项] 本方给出的剂量是短期用药剂量，显然较大。如若按该方比例配制本品，每日中等牛体按 50～80 克的量添加于精料中长期饲喂，其增膘效果将会更好。

止泻如神散（15）

[方源]《中兽医学杂志》。

[组成] 炒白术 50 克、白芍 25 克、白茯苓 25 克、厚朴 25 克、姜黄连 20 克、木香 18 克、木通 18 克、干姜 20 克、乌梅 50 克、苍术 20 克、生姜 50 克、大枣肉 120 克。

[功效] 温中散寒，止泻升清，燥湿健脾。主要用于牛、羊冷肠泄泻。

[制法] 将各药干燥、粉碎、混匀，共为细末备用。

[用法用量] 开水冲药，候温灌服，每日 1 次。或将药粉拌于精料中饲喂。

[临床应用] 安茂生等[50] 采用本方治疗动物冷肠泄泻证 220 例，治愈 210 例，治愈率达到 95% 以上。

[注意事项] 牛羊冷肠泄泻具有季节性。本方系一治疗方剂。如若在方中酌加附子、猪苓、泽泻、木通、车前子、生二丑等药，各药剂量酌减，制成粉剂，在多发季节拌料添加，可以很好地预防本病的发生。

乌梅犊泻散（16）

[方源]《中兽医学杂志》。

[组成] 乌梅 10～30 克、诃子 10～30 克、黄连 10～15 克、姜黄 20 克、干柿蒂 20 克、郁金 10～20 克、焦山楂 30 克、神曲 20 克、麦芽 30 克。

[功效] 收敛止泻，驱虫。治疗犊牛腹泻。

[制法] 将各药干燥、粉碎、混匀备用；或将各药按量配比，按照药物煎煮原则煎煮取液。

[用法用量] 开水冲调，候温灌服，每日 1 次，连用 2～3 次即可。

[临床应用] 李春生等[51] 采用本品治疗犊牛腹泻 108 例，治愈 104 例，治愈率达 96.3%。

[注意事项] 犊牛腹泻临床多见。本品是一治疗用药。如见犊牛努责拱腰、里急后重、粪中带血时，酌加棕榈炭 30 克、侧柏炭 20 克。如若病重可用本品煎煮取液灌服；若病情不重，可以用添加粉剂拌料饲喂；如果想预防本病，则可减量添加拌料饲喂。

连苦肠痢清（17）

[方源]《中兽医学杂志》。

[组成] 黄连 50 克、黄柏 50 克、苦参 40 克、陈皮 50 克、苍术 40 克、木通 30 克、郁金 30 克、三颗针 30 克。

[功效] 清热燥湿，利尿止泻。可用于治疗奶牛腹泻。

[制法] 将各药干燥、粉碎、混匀，过 100 目筛备用。

[用法用量] 大、中牛为 1 次量，小牛可服 150～200 克，1 日 1 剂，开水冲拌，候温灌服。

[临床应用] 主要用于牛羊的腹泻。高纯一等[52] 对 240 头奶牛，采用连苦肠痢清治疗奶牛腹泻，结果治愈 223 头，治愈率达 92.9%。而采用抗生素治疗 170 头，治愈 147 头，治愈率为 86.5%。说明中草药制剂连苦肠痢清具有很好的临床疗效。

[注意事项] 本方是一治疗方剂，对于发病牛体采用本品治疗，效果显著。方中如若酌情添加秦皮 40 克、吴茱萸 30 克、蒲公英 50 克、白头翁 50 克、山药 60 克，效果更为理想。

五香消胀散（18）

[方源] 五香消胀散对牛、羊急性胃臌气临床疗效报告。

[组成] 丁香 15 克，藿香 25 克，小茴香 15 克，木香 30 克，香附 20 克，厚朴 20 克，陈皮 20 克，青皮 15 克，枳壳 20 克，乌药 15 克，草果（去皮）15 克，麻油 250 毫升。

[功效] 本方以木香、丁香、厚朴温中化湿、降逆除胀为君；藿香、草果辅助主药治本为臣；青皮破气，枳壳宽中，陈皮、香附行气，乌药、小茴香温中行气，共为佐药理气除胀止痛治标，更加麻油润肠通便，以利滞气下行。

[制法] 煎煮。

[用法用量] 均以汤剂灌入，每日一剂，服药 1～4 剂症状消失，精神、食欲、运动恢复正常者为痊愈；症状减轻但未完全消失和康复者为有效；病情不见好转或加重，或死亡者为无效。

[临床应用] 对牛、羊急性胃臌气的治疗有效。

[注意事项] 临床效果良好，治愈率能达 100%。

二、在肉牛上的应用

复方增重灵（1）

[方源] 《黄牛杂志》。

[组成] 贯众、神曲、黄芩、苍术、酒糟、微量元素等。

[功效] 益气健脾，消食壮膘。可用于肉牛的增重。

[制法] 将各药烘干，用粉碎机将中药粉碎、过 40 目筛，按配方逐一称重，加入微量元素混匀，装袋备用。

[用法用量] 酒糟按每日每头 15～30 千克饲喂，中草药添加剂适量拌于精料中饲喂。

[临床应用] 兰亚莉等[53] 采用本品对 10 头 18 月龄皮杂牛进行 90 天的饲喂试验，结果显示，本品能显著提高育肥效果。对照组、添加组的日增重分别为 0.98 千克、1.25 千克。添加组日增重较对照组提高 27.6%。说明以酒糟、玉米为主的日粮育肥肉牛配合中草药及微量元素添加剂能显著提高育肥效果。

[注意事项] 本方采用中药和微量元素组成添加剂，再辅以饲喂酒糟，共同起到育肥效果。方中药物可用中药饮片厂的下脚料代用，以减少饲喂成本，提高产品附加值。如酌加党参、当归、路路通等药，效果更好。

消食增肥灵（2）

[方源]《饲料研究》。

[组成] 神曲、麦芽、莱菔子、苍术、使君子、贯众、山楂、当归、甘草、人工盐、小苏打、沸石粉、糖化酶、铁、铜、硒、锰、碘等。

[功效] 益气健脾，消食壮膘。可用于肉牛的育肥。

[制法] 将各药烘干，用粉碎机将中药粉碎、过50目筛，按配方逐一称重，加入微量元素及人工盐，以沸石粉为载体混合均匀，装袋备用。

[用法用量] 按每日每头100克拌于精料中，分早、晚两次饲喂。

[临床应用] 刘春龙等[54] 对10头3～4岁的健康杂交肉牛，采用本品进行40天的饲喂增重试验。结果显示，添加组每头日均增重1.5千克，没有添加的空白对照组每头日均增重0.87千克，添加组较之对照组日均多增重0.63千克，提高增重72.41％，每头牛每日净增效益1.61元。

[注意事项] 本方是中药、西药和微量元素共同组成的复方，成分广泛，添加效果完全，在临床上具有很好的应用价值。制剂过程中一定要混合均匀，以免造成药物混合不匀所致的药物中毒。

消食壮膘灵（3）

[方源]《中兽医医药杂志》。

[组成] 苦参、松针、红藤、骨碎补、金樱子、虎杖、黄荆子、陈皮、柏香子、马钱子等。

[功效] 健脾开胃，滋补肝肾，祛风除湿。主治肉牛瘤胃积食，消化不良。

[制法] 按一定比例混合，粉碎，混匀。

[用法用量] 在精料中添加，牛、羊均按1克/千克。预防，每1～2天喂1次；治疗，根据病情轻重每天1～2次或每1～2天一次，共2～6次。

[临床应用] 用本方给黄牛催肥壮膘促长，试验前后日增重平均差为0.49千克。

[注意事项] 本方通过健脾开胃、改善胃肠功能、增强消化液分泌、增强反刍、调节血液循环、促进新陈代谢、补充生长所需营养物质等而达到催肥壮膘目的，在使用本品前，如先驱虫可提高效果。通过中药的滋补肝肾、养血活血、祛风除湿、理气止痛等作用而呈现治疗效果。

淫苍催肥散（4）

[方源]《当代畜牧》。

[组成] 黄芪100克，淫羊藿80克，炒神曲80克，炒麦芽80克，苍术60克，何首乌60克，甘草20克。

[功效] 肉牛育肥。

[制法] 将各药烘干、粉碎、混匀。

[用法用量] 在精饲料中添加0.8％～1.2％，连用60天。

［临床应用］添加本方后肉牛日增重、增重率均明显提高，添加 1.2％时日增重达 1272.54 克。

［注意事项］方中黄芪补气升阳、固表止汗、利水消肿，有强壮、止汗、利尿、抗肾炎、抗菌等作用；淫羊藿补肾阳、强筋骨、祛风湿，有促进性功能、抗衰老、抗菌、抗病毒、增强免疫等作用；炒神曲、炒麦芽健脾和胃，消食调中；苍术燥湿健脾；何首乌补肝肾，益精血，有抗衰老、增强机体免疫功能、促进肾上腺皮质等作用；甘草补中益气，调和诸药；诸药合用，健脾消食，促肥增重。

补肾壮膘散（5）

［方源］《中兽医医药杂志》。

［组成］苦参、松针、黄荆子、红藤、骨碎补、金樱子、虎杖、陈皮、柏香子、马钱子等。

［功效］催肥壮膘。主要用于牛、羊的增重。

［制法］将方中各药干燥、粉碎、混合后，共为末，密封备用。

［用法用量］牛、羊均按每千克体重 1 克，每日 1 次饲喂，或按此量拌料饲喂。

［临床应用］郁建生等[55] 采用本品，对 122 头黄牛和 45 只山羊进行催肥增重试验，结果显示，没添加时每头黄牛日均增重 0.34 千克，添加中草药后每头日均增重 0.82 千克；饲喂添加剂的牛较之没有饲喂添加剂的对照牛每头日均增重提高 0.48 千克；而在 45 只试验山羊中，未添加时每只日均增重 0.084 千克，添加后每只日均增重 0.14 千克，添加前后每只山羊日均增重提高 0.056 千克。

［注意事项］方中马钱子有大毒，应行炮制，而且用量要小，其余各药配比可根据实际情况酌情增减。本方按每千克体重 1 克的用量有些显大，只能短期添加。如若长期添加其添加剂量还要酌情减少。

牛蒡增重灵（6）

［方源］《江西饲料》。

［组成］牛蒡根下脚料。

［功效］补充青绿饲料和粗纤维。主要用于提高肉牛的饲料利用率。

［制法］可铡成节直接饲喂。

［用法用量］试验组每日每头饲喂牛蒡根下脚料 6 千克，饲喂混合精料 2.5 千克，以青干草为补充饲草，自由采食，以吃净不剩草为原则。

［临床应用］石传林[56] 对 6 头利木赞杂交牛，采用本品饲喂 60 天，结果饲喂牛蒡根下脚料的添加组肉牛平均日增重为 1.61 千克，饲喂青贮玉米秸秆的对照组肉牛平均日增重为 1.48 千克，添加组比对照组平均日增重提高 8.9％，差异显著。添加期内，添加组精料与增重比为 1.56∶1，对照组精料与增重比为 1.84∶1，添加组比对照组提高饲料利用率 7.7％，效果显著。

［注意事项］本品用于饲喂肉牛，适口性好，对肉牛生长发育无不良影响，对提高肉牛日增重、增加经济效益具有明显效果，值得在养牛生产中推广应用。建议在有牛蒡种植和加工的地区，可适时回收其下脚料用来饲喂肉牛。这是提高肉牛生长速度、增加养牛经济效益的重要措施，也是开辟肉牛饲料来源的一条新途径。牛蒡 1 年 2 次收获，季节一般在深秋和初春，此时正是反刍家畜青绿多汁饲料缺乏的季节，开发利用牛蒡根下脚料，可以弥补反刍

家畜青绿多汁饲料的不足，是解决反刍家畜青绿多汁饲料来源的一种新方法。

三、在羊、鹿上的应用

山羊增乳宝（1）

[方源]《西北农业学报》。

[组成] 党参、黄芪、王不留行、川芎等。

[功效] 补气壮阳，活血通乳。主治山羊产后乳汁不足，乳少。

[制法] 将各药干燥、粉碎、过筛后按比例配伍，混合均匀备用。

[用法用量] 将本品按每日每头 20 克的量分别于产后 1～10 天、40～60 天混于精料中饲喂。

[临床应用] 羊产后缺乳，或用来提高山羊的产奶量。主要促进奶山羊的下乳。

[注意事项] 本方主要用于羊的催乳，如果在方中酌加当归、苍术、白术、路路通等药，效果更佳。欧阳五庆等[57] 对 10 只健康、产期相近的头胎萨能奶山羊，采用本品进行饲喂观察。结果显示，产后 1～4 天的初乳期添加组与对照组产乳量无明显差异，产后 5～100 天的常乳期时添加组产乳 2958.3 千克，对照组产乳 2588.75 千克，添加组日均产奶 31.14 千克，对照组日均产奶 27.25 千克，添加组较对照组日均多产乳 3.89 千克，提高产乳 14.28％，差异极显著。

蛇芪羊增散（2）

[方源]《饲料工业》。

[组成] 紫菀、桑白皮、蛇床子、补骨脂、黄芪、熟地黄、何首乌等。

[功用] 补肾益气，滋阴养血。可用于提高羊体的生长性能。

[制法] 将各药干燥、粉碎，过 60 目筛后混匀装袋备用。

[用法用量] 按每日每只 5 克的剂量，拌于精料中饲喂，连喂 30 天。

[临床应用] 谷新利等[58] 在 60 只年龄、胎次、体重基本接近的健康成年中国美利奴羊上，采用本品饲喂进行增重、增毛试验。结果显示，添加组较对照组每只羊平均体重多增 2.21 千克，添加组较对照组每只羊的毛长平均多增长 1.14 厘米，提高产毛量 1.09 千克。添加组每只羊扣除中药成本，纯增收益 25.21 元。

[注意事项] 本品既增重又增毛，是一个全面提高生产性能的方剂。所用药物成本不高，药源丰富，生产实践中很容易获得，很值得大力推广应用。

消食肥羊散（3）

[方源]《中国养羊》。

[组成] 黄芪、神曲、麦芽、山楂、陈皮等。

[功效] 益气开胃，消食增重。主治肉羊瘤胃积食，消化不良。

[制法] 将各药粉碎、过筛，充分混匀后装袋备用。

[用法用量] 每日每只按 20 克的量拌入精料中于傍晚饲喂。

［用法用量］煎汤或研末，开水冲调，候温灌服。马、牛150～250克，猪、羊20～50克，兔、禽1～2克。

［临床应用］主要用于羊体的增重。刘月琴等[59]对25只健康无病、体重相近的小尾寒羊公羔体，采用本品进行饲喂试验。结果显示，饲喂中草药添加剂60天后可显著提高小尾寒羊日增重，试验结束后，添加组羊平均体重较对照组增加2.81千克，提高增重22.94%，差异显著。表明该添加剂对羊的消化、吸收及饲草利用转化方面有促进作用。

［注意事项］本方是一个羊体的增重方剂，其药物性味平和，剂量可根据生产实践的原料情况灵活化裁配制。如若在方中酌加当归、党参、苍术、贯众等药，其增重效果将会更好。

复方肥羊散（4）

［方源］《江苏农业科学》。

［组成］黄芪、苍术、神曲、麦芽、艾叶、茯苓、甘草、微量元素（铜、铁、硒、钴、锰、锌）、沸石粉等。

［功效］健脾开胃，消食壮膘。可用于羊体的育肥。

［制法］将各药干燥后粉碎、混合、加微量元素及沸石粉于搅拌机内混匀后包装备用。

［用法用量］按每日每只20克的添加剂量，将本品拌于150克混合精料中饲喂。

［临床应用］史红专等[60]对20只6～8月龄健康无病、发育良好的江苏睢宁白山羊进行了80天的添加饲喂。结果显示，添加组80天内平均每只山羊增重13.92千克，对照组每只增重9.85千克，添加组较对照组多增重4.07千克，提高增重41.32%。以每千克活重9元计，扣除每只山羊80天的添加剂成本16.8元后，每只羊较对照组多增收19.83元，20只羊共增加收入396.6元，经济效益十分可观。

［注意事项］本品是中草药物与微量元素的复合添加制剂，药效广泛，成分多样，添加效应全面。方中各药若用中草药饮片的下游产品替代，则可降低成本，提升产品附加值。如在方中酌加当归、贯众、陈皮、松针、杜仲叶、党参叶等，效果将会更好。

苍王催乳散（5）

［方源］《中兽医医药杂志》。

［组成］王不留行3份、冬葵子3份、苍术2.5份、通草1.5份。

［功效］通经、活络、下乳。用于奶山羊的催乳。

［制法］将各药进行前处理，分别粉碎，过60目筛，按配方比例混合均匀，再用塑料袋分装成每袋100克备用。

［用法用量］按1%的比例加入配合饲料内，充分搅拌均匀，据日产乳量按比例喂给试验期羊。

［临床应用］在20只泌乳奶山羊上，采用本品进行了增乳饲喂。结果组内比较，添加期产乳量比没有添加时提高11.1%。组间比较，添加组的产乳量比空白对照组高11.09%。说明应用中草药催乳散，可显著提高奶山羊的产乳量。鲜乳中的干物质含量与是否添加中草药饲料添加剂无关，添加期的乳料比为1∶3.33，未添加时的乳料比为1∶3.06，添加期比不添加时提高饲料报酬8.8%，每只羊1年可为羊农增收43.92元。

［注意事项］本方药源广泛、价格低廉，可以采用中药饮片加工厂的下脚料进行加工配

制。如在方中酌加党参、黄芪、当归等药，效果将会更好。

沙棘增乳散（6）

[方源]《中兽医医药杂志》。

[组成] 选用9月份的沙棘鲜绿叶。

[功效] 理气，消食导滞，通经下乳。可用于提高奶山羊的产乳量。

[制法] 粉碎，过筛，混匀。

[用法用量] 在饲料中添加。将本品按每日每羊50克的添加量，均匀混入精料，盛于食槽中，每日按早、中、晚3次饲喂，其余时间喂粗饲料，自由采食和饮水。

[临床应用] 消食导滞，产后增乳。

[注意事项] 沙棘，是广布于欧亚大陆的野生灌木或乔木。在我国主要分布于西北、华北、西南和东北地区，共约67.27万公顷，资源极为丰富。沙棘可止咳化痰、消食化滞、活血化瘀、健脾开胃。沙棘叶和沙棘果实经加工取汁后的果肉渣尚未被利用，这都是很好的饲料添加剂原料，在生产实践中可以对其加大应用力度，变废为宝。

催情促孕散（7）

[方源]《中兽医医药杂志》。

[组成] 淫羊藿10克、当归5克、枳壳7克、香附7克、菟丝子10克、丹参7克、益母草10克等。

[功效] 通经活络，催情促孕。主要用于持久黄体和卵巢静止所致的不孕症。

[制法] 粉碎，过筛，混匀。

[用法用量] 每日每羊50克，加水灌服或拌料饲喂。

[临床应用] 本品能够诱发母畜发情，治疗持久黄体和卵巢静止所致的不孕症，可以恢复奶牛的正常发情功能、缩短间情期、提高受胎率。贾斌等[61]在3只30～40千克的发情期雌性成年新疆细毛羊上观察了本品对子宫肌电的影响。结果显示，子宫肌电活动的峰电峰值在用药后33小时明显增加，较用药前差异极显著。峰电频率、电活动时程，用药后和用药前相比均差异显著。其中电活动时程从用药后8～48小时逐渐增加，峰电频率从8小时增加并保持至48小时。谷新利等[62]利用淫羊藿、菟丝子、当归、枳壳、补骨脂、益母草等制成"催情促孕散"添加于绵羊补饲料中，每只羊每天10克，连用20天。结果表明，"催情促孕散"对提高母羊发情率和双羔率均具有显著作用。

[注意事项] 母畜的输卵管在生殖过程中的生理功能是输送卵子和精子到达受精部位以便受孕。这一功能与输卵管平滑肌的收缩活动有关。本品能使子宫收缩，对精子进入和通过子宫到达子宫与输卵管连接部，最后到达受精部位起着主要作用。催情促孕散在临床上能够促进发情、提高受胎率，主要与增强了输卵管以及宫体、宫角有节奏的收缩和蠕动，从而促进神经兴奋和加强血液循环有关。

芪枸增茸灵（8）

[方源]《中国兽医学报》。

[组成] 黄芪 30 克、大枣 15 克、神曲 20 克、麦芽 20 克、当归 20 克、何首乌 20 克、枸杞子 20 克、陈皮 20 克、桔梗 15 克、松针 30 克、淫羊藿 20 克、麦饭石 30 克、甘草 15 克。

[功效] 滋阴壮阳，益气补血。主要用于增茸。

[配制] 将各药干燥、粉碎、过筛、混匀后分袋备用。

[用法用量] 每只鹿每日在精料中添加 15 克，添加期 30～35 天。

[临床应用] 王建寿等[63] 对 40 只梅花鹿进行饲喂、脱盘、增茸试验。结果显示，添加组比对照组平均提前 16 天脱盘，生茸期延长 9 天，每只鹿平均多产鲜茸 0.12 千克，头茬茸产量增加 19.67％，再生茸增加 114％，差异显著，经济效益明显。

[注意事项] 本品具有健脾运胃、化生气血、促进消化吸收的作用，为鹿茸生长提供营养来源，促进了角盘提早脱落和鹿茸的生长。中药饲料添加剂仅为鹿茸的生长和角盘的脱落创造了一个良好的内部环境，提前脱盘、增加鹿茸产量，还需要营养丰富的饲料、科学的饲养管理。只有我们科学合理地做好这些工作，才能达到预期的理想目标。

淫乌增茸康（9）

[方源]《当代畜牧》。

[组成] 党参、淫羊藿、何首乌、枸杞子、黄芪、当归等。

[功效] 补气健脾，补肾壮阳，滋阴生血。主要用于增加鹿茸产量。

[制法] 将各药置于 65℃烘箱中烘干或自然干燥、粉碎，然后按一定比例混合备用。

[用法用量] 按 1％添加于日粮中。

[临床应用] 马雪云等[64] 对 10 头 2 岁公鹿应用本品，添加组鹿茸平均产量为（0.28±0.03）千克，而空白对照组为（0.23±0.02）千克，添加组较空白对照组平均多产鹿茸 0.05 千克，提高产量 21.7％，经济效益非常显著。

[注意事项] 本方所用剂量可以各药等量配制，也可根据生产实践酌情配伍。如果在方中酌加陈皮、枳壳、川芎等份，添加效果会更加显著。

第三节　单胃动物的中药饲料添加剂常用复方

一、在猪上的应用

苍乌增肥散（1）

[方源]《天然物中草药饲料添加剂大全》。

[组成] 麦芽，谷芽，苍术，何首乌，贯众，硫酸亚铁，硫酸铜，硫酸钙。

[功效] 健胃消食，益精补精，驱虫。

[制法] 粉碎、混匀。主治仔猪厌食、肠道寄生虫病。

[用法用量] 每头每天在饲料中添加本品 45 克。

[临床应用] 增重催肥。

［注意事项］方中麦芽、谷芽消食健胃，苍术燥湿健脾，何首乌补肾益精，贯众驱虫，配合硫酸盐类化合物，具有健脾消食、益精补肾、驱虫的功效。

桐叶育肥散（2）

［方源］《中兽医医药杂志》。

［组成］泡桐叶。

［功效］健胃消食、开胃助长。用于猪的育肥。

［制法］粉碎，混匀。弃去叶柄、风干、粉碎、过筛、混匀后备用。

［用法用量］按照 10% 的添加剂量，拌料饲喂。

［临床应用］补充营养，清热解毒。袁福汉等[65] 对 44 只关中黑仔猪，采用本品进行了增重试验。结果显示，添加组比对照组多增重 38.48%，差异极为显著。通过临床观察、解剖和组织学检查，证明桐叶对猪无毒副作用。添加组饲料报酬明显提高，肉料比添加组平均为 1∶6.395、对照组为 1∶8.55，添加组比对照组提高饲料报酬 25.2%。每增重 1 千克，饲料成本添加组平均需 1.1 元，对照组需 1.462 元。添加组比对照组平均节支 0.362 元，节支率为 24.76%，1 千克干泡桐叶可获 0.5 元的经济效益。

［注意事项］本品作为猪饲料添加剂，在《博物志》中就载有"桐花及叶喂猪，极能肥大且易养"，说明桐叶早已被用作猪的饲料。桐叶有较丰富的营养成分，有明显的增重作用，盛夏季节桐叶的粗蛋白质含量高，而矿物质及其他成分在秋末含量高。采收秋末的落叶，风干贮藏，保持绿色，防止霉变。添加剂量不宜过大，一般以 5%～10% 为宜。

有报道称，泡桐叶与山楂酸之合剂能扩张冠状血管，治疗冠脉循环及心功能不足。也有报道称对冠状血管并无特异作用，而是由于其不溶于水，静脉注射后在体内形成小颗粒，损伤了肺脏，引起机体的各种反应。

肥猪散（3）

［方源］《中华人民共和国兽药典》（2020 年版二部）。

［组成］绵马贯众 30 克，何首乌（制）30 克，麦芽 500 克，黄豆（炒）500 克。

［功效］开胃，驱虫，补养，催肥。主治食少、瘦弱、生长缓慢。

［制法］以上 4 味，粉碎，过筛，混匀，即得。

［用法用量］在饲料中添加，50～100 克/次，2 次/天。

［临床应用］防治虫积、食少、瘦弱、生长缓慢。

［注意事项］原方出自《卫济余编》，曰："贯众二两，大麦二升，共煮喂之。"

驱虫助长散（4）

［方源］《中兽医医药杂志》。

［组成］党参、麦芽、陈皮、白术、苍术等。

［功效］扶正祛邪，消食开胃，补气养血。主治仔猪生长不良，僵猪。

［制法］将上述各药干燥、粉碎、过筛、混匀后，分装于纸袋内，置干燥处保存备用。

［用法用量］按日粮的 5%，每 7 天给药 1 次。

[临床应用] 用于猪体的增重。

[注意事项] 本品通过消食开胃、补气养血来达到促进生长的目的，这很有生产实践意义。若在方中酌加贯众、槟榔、苦参之品，效果极佳。郭显椿等[66] 对 56 头 60 日龄左右、体重相近的杂种猪采用本品进行饲喂观察。结果显示，添加组平均每头猪比对照组多增重11.97 千克，较之对照组提高增重 64.81%，平均每头猪耗药费 2.92 元，而以活重每千克 4元计算，投入与产出之比为 1∶16.41。经济效益非常显著。

陈硝肥猪散（5）

[方源]《中兽医医药杂志》。

[组成] 芒硝、滑石、石膏、陈皮等。

[功效] 增强食欲，旺盛新陈代谢，补充微量元素。主要用于提高饲料利用率和生产性能。

[制法] 按配方分别称取各药，干燥处理，分类粉碎，植物药过 40 目筛、矿物药过80～100 目筛后，按比例混合拌匀、分装、密封保存备用。

[用法用量] 按基础日粮的 1% 添加本品，混合拌匀饲喂，添加 10 天，停 20 天。

[临床应用] 用于提高饲料利用率和生产性能。

[注意事项] 本品采用矿物药料为主，辅以陈皮配方。芒硝有泻下通便、润燥软坚、清火消肿的作用；滑石甘淡性寒，能清利湿热，且性滑泄；石膏性大寒，有清热泻火、收敛生肌的作用；陈皮所含挥发油，对胃肠道有温和的刺激作用，可促进消化液的分泌，排出肠管内积气，显示了芳香健胃和祛风下气的效用。这个配方旨在行气开瘀、补充微量元素。同时本品成本低廉，增重效果显著，适合广大用户应用。

驱虫散（6）

[方源]《中华人民共和国兽药典》（2020 年版二部）。

[组成] 鹤虱 30 克、使君子 30 克、槟榔 30 克、芜荑 30 克、雷丸 30 克、绵马贯众 60克、干姜（炒）15 克、附子（制）15 克、乌梅 30 克、诃子 30 克、大黄 30 克、百部 30 克、木香 15 克、榧子 30 克。

[功效] 驱虫。主治胃肠道寄生虫病。

[制法] 共为末，开水冲服，候温灌服；或水煎服；或粉碎，拌料。

[用法用量] 内服，马、牛 250～350 克，羊、猪 30～60 克。

[临床应用] 用于虫积肠道（蛔虫、蛲虫）。

[注意事项] 鹤虱、使君子、芜荑、雷丸、榧子、绵马贯众有杀虫功能；槟榔有驱虫、消积、降气行水作用；干姜、附子温中散寒，回阳通脉；乌梅、诃子、百部有敛肺、涩肠、驱虫作用；大黄泻热通肠，凉血解毒，破积行瘀；木香行气止痛，健脾消食。本方除选用驱虫、杀虫药物外，佐用通下、下气诸法，通下导下、破气通腑，借其行气通泻之功而排出虫体。

母服仔白散（7）

[方源]《中兽医药杂志》。

[组成] 益母草、老虎爪草、苦参、艾叶、王不留行、苍术等。

[功效] 清热止痢，活血通经，益气健脾。主治母猪产后，仔猪下痢。

[制法] 按一定比例称取上药，干燥后粉碎，过60目筛，分装备用。

[用法用量] 母猪产后连续7天给药，每天每头50克，混在饲料中拌匀饲喂。停药10天，再给药7天。仔猪开食后每头每天10克拌料，连用7～10天。

[临床应用] 陕西省杨宝琦等报道[67]，用母服仔白散对177头哺乳母猪进行了饲喂试验，其中试验组母猪106头，对照组71头。结果表明，试验组与对照组比较，仔猪黄痢发病率下降11.78%，白痢发病率下降35.54%，成活率提高19.28%，双月窝重提高了23.79%。

[注意事项] 本添加剂原料来源方便，制作工艺简单，在生产实践中，可进一步扩大示范、推广应用。

仔猪白痢康（8）

[方源]《中兽医医药杂志》。

[组成] 炒白扁豆、炒赤小豆、炒绿豆、炒白术、炒薏苡仁、藿香、焦山楂、茯苓、车前子、红糖各100克。

[功效] 健脾利湿、解毒止痢。主要用于治疗仔猪白痢。

[制法] 将白扁豆、赤小豆、薏苡仁、绿豆、白术、山楂分别用文火炒黄，研细混合，过筛成细末，装瓶备用。

[用法用量] 治疗时，每头仔猪1次3克，用适量开水调匀，装入奶瓶，将奶嘴沿仔猪口角徐徐喂服，早、晚各1次，连服2日可愈。预防时，每头仔猪1次2克与饲料拌匀喂服，每日上午喂1次，连喂3次即可。

[临床应用] 董曼霭[68] 采用本品，先后治疗40窝418只患白痢病的仔猪，治愈404只，治愈率达96.7%。另外14只仔猪因体弱形瘦，加之管理不善而死亡。对20窝214只尚未染病的仔猪以补饲的方式投药预防，结果无1头发病，临床治疗效果非常显著。

[注意事项] 本品使用方便，简便易行，临床效果良好。

参苓白翁散（9）

[方源]《当代畜禽养殖业》。

[组成] 党参25克，茯苓15克，白术15克，淮山药15克，炒白扁豆15克，薏苡仁15克，白头翁25克，黄连12克，黄柏15克，秦皮15克，木香15克。

[功效] 除湿健脾，消食导滞，清热止痢。主要用于治疗断乳仔猪腹泻。

[制法] 将各药干燥、粉碎、过筛、混合共为粉末，备用。

[用法用量] 将本品按每千克体重2克拌料喂服。

[临床应用] 黄晓虎[69] 采用本品添加饲料治疗断乳仔猪腹泻，其治愈率高达95%以上，效果非常显著。

[注意事项] 断乳仔猪腹泻反复发作，轻则影响猪只生长发育，造成僵猪，重则造成猪只死亡，给养猪户带来经济损失。采用本品治疗断乳仔猪腹泻效果很好，具有很强的生产实践意义。若在方中酌加焦三仙15克，大腹皮、莱菔子各12克，对消化不良和腹胀者效果更好。

苍术血粉散（10）

[方源]《中兽医医药杂志》。

[组成] 自制血粉 100 克、苍术 90 克、牡蛎粉 60 克、骨粉 60 克、槟榔 50 克、苏打粉 40 克、炒食盐 40 克。

[功效] 敛汗固精，健胃润燥。主要用于治疗猪的各种异食癖。

[制法] 在屠宰牲畜时，先将血液接入容器内，再加入适量麸皮，搅拌至能形成颗粒状，晒干即可。后将各药干燥、粉碎、过筛、混合共为细末备用。

[用法用量] 将以上药量分 10 日喂完，每次 40～50 克，分 2～3 次混入食内喂服。

[临床应用] 张承效[70] 采用本品治疗各种类型异食癖患猪 100 例，其中有混合型异食癖 42 例、僵猪 33 例、骨软症 17 例、其他 8 例，治愈 81 例，好转 16 例，总有效率高达 97%。

[注意事项] 本品疗效高、显效快、成本低、药源广，并且可以自行配制，值得推广应用。

母猪催乳神（11）

[方源]《中兽医医药杂志》。

[组成] 当归 20 克、生地黄 25 克、白芍 25 克、川芎 20 克、柴胡 15 克、青皮 15 克、天花粉 20 克、漏芦 12 克、桔梗 20 克、通草 20 克、白芷 12 克、水蛭 20 克、王不留行 20 克、甘草 5 克。

[功效] 理气活血，通经下乳。主要用于母猪缺乳症。

[制法] 将以上各药煎水取汁，或将各药干燥、粉碎、过筛、混匀后备用。

[用法用量] 以上用量为中等母猪（体重 160 千克左右）用量。研末拌料饲喂或用猪蹄、海带煎汁灌服，亦可水煎后用温水灌服。

[临床应用] 张仕颖[71] 采用本品治疗母猪缺乳症 48 例，其中气血虚弱型 25 例、气血瘀滞型 23 例，疗效满意。

[注意事项] 本方用于气血瘀滞所致乳房胀大而不泌乳的症状，多用于初产母猪。

温肾止痢散（12）

[方源]《中兽医医药杂志》。

[组成] 补骨脂、吴茱萸、五味子等。

[功效] 温肾暖脾，健胃止泻。主治猪脾肾阳虚所致之泄泻。

[制法] 将各药干燥、粉碎、过筛，混合后分装备用。

[用法用量] 按基础日粮的 1.5% 添加，拌料饲喂。

[临床应用] 用于治疗猪的腹泻。

[注意事项] 本品对断乳仔猪腹泻有显著的预防作用，也能在一定程度上促进仔猪的生长。由于本品药源丰富、价格低廉，添加饲喂断乳仔猪针对性强，并且有良好的防病增重效果，值得进一步推广应用。

仔猪泄泻康（13）

[方源]《中兽医学杂志》。

[组成] 陈皮、厚朴、苍术、甘草、木香、大黄等。

[功效] 消积导滞，燥湿健脾，化谷宽肠。主要用于仔猪的腹泻。

[制法] 将各药干燥后，按一定比例粉碎混匀，包装备用。

[用法用量] 按每千克体重给药 0.5 克，每日 2 次，连用 3 天，拌饲或灌服。

[临床应用] 史修礼等[72] 在 28 窝 200 头临床发病猪体上，采用本品进行治疗。结果显示，痊愈 170 头，好转 21 头，无效 9 头，治愈率 85%，总有效率 95.5%。

[注意事项] 仔猪泄泻，尤其是断乳前后的泄泻一直困扰着养猪业发展，以往多采用抗生素治疗，虽有一定的疗效，但药物残留及环境污染问题越来越突出。本品临床疗效很好，治愈率高，可以大力推广。若在方中酌加诃子、乌梅和秦皮，效果更好。

贯众苦参散（14）

[方源]《中兽医学杂志》。

[组成] 贯众 4 份、金银花 3 份、苦参 4 份。

[功效] 杀虫保健，抗菌防病。主要用于预防猪只的热性病。

[制法] 将各药分别粉碎，按比例混合均匀，每袋装药粉 50 克。

[用法用量] 每 100 千克体重用药 1 袋，每日用药 1 次，将药粉拌入猪食或饲料中，任猪自由采食。

[临床应用] 陈文发[73] 对 259 头猪采用本品进行 2 个月的热感预防观察。结果显示，预防组吃好睡足、皮光毛亮、生长快、增重多，平均每头日增重 550 克，发病仅 4 头次，发病率 1.5%。同一期 259 头对照组，大多数猪皮焦毛糙、不喜欢睡、异嗜、食欲不好、生长慢，平均每头日增重 450 克，发病 78 头次，发病率 30%，与对照组相比，差异极为显著。

[注意事项] 猪是一种不耐热的家畜，在炎热的夏季易发生热感。其病程长、难治疗，且易继发其他疾病，影响猪的生长。采用本品较好地解决了这一难题，若在方中酌加柴胡、荆芥、薄荷，效果将会更好。

参苓僵猪散（15）

[方源]《中兽医医药杂志》。

[组成] 党参 25 克、茯苓 20 克、白术 20 克、淮山药 20 克、白扁豆 15 克、陈皮 15 克、肉桂 12 克、麦芽 15 克、算盘子根 30 克、甘草 12 克。

[功效] 调理脾胃，补气养血，消除积滞。主要用于僵猪的治疗。

[制法] 将各药干燥、粉碎、过筛，混匀后备用；或水煎去渣，取滤液备用。

[用法用量] 方中药量为 25～40 千克体重猪用量，水剂灌服，粉剂拌料饲喂。

[临床应用] 赵君等[74] 在 222 例僵猪上，采用本品进行添加性治疗。结果显示：虚弱型 147 例，治愈 138 例，治愈率 93.9%；虫积型 41 例，治愈 39 例，治愈率 95.1%；营养

不良型34例，治愈32例，治愈率94.1%，治疗效果可观。

[注意事项] 生产实践中的僵猪，由于原因复杂，其治疗十分困难，采用中草药复方进行治疗，临床效果极佳，建议推广应用。

黄白痢疾散（16）

[方源]《中兽医医药杂志》。

[组成] 白头翁、穿心莲、黄柏、苦参、黄连等。

[功效] 调理脾胃，燥湿解毒，涩肠止痢。用于治疗仔猪黄、白痢疾。

[制法] 将药物干燥，按一定比例配合组方，混合、粉碎，分装备用。

[用法用量] 从产前5～7天至产后2天，每头母猪每日添加本品100克，之后每隔7日再喂1次，直至断乳。

[临床应用] 马玉芳等[75] 对6窝70头仔猪采用本品进行预防添加饲喂观察。结果显示，添加组每窝平均增重较对照组多11.06千克，效果明显。添加组对仔猪发病保护率为94.29%，仔猪黄、白痢的发病率下降了58.06%。在整个预防添加期间，添加组扣除添加成本，每头母猪毛收入比对照组多117.72元，每头仔猪多获毛利10.66元。

[注意事项] 母猪服用此方后，仔猪黄、白痢发病率减少，平均断乳窝重增加，经济效益显著。本品药源广、价格低廉，通过母猪代服，有较好的防病增重效果，而且把对一窝仔猪黄、白痢的处理转化为对一头母猪的处理，克服了打针、灌药的困难，既大大节省了劳动力，又提高了经济效益，因此，值得进一步推广应用。

木槟硝黄散（17）

[方源]《中兽医医药杂志》。

[组成] 木香8克、玉竹6克、大黄15克、芒硝30克。

[功效] 行气导滞，润燥破结。主要用于治疗猪的便秘。

[制法] 将各药干燥、粉碎、过筛、混匀后备用。

[用法用量] 以上用量为40千克以下猪的用量，将本品拌于饲料饲喂。

[临床应用] 冯汉洲[76] 采用本品对45例便秘猪进行临床添加应用。结果显示45例全部治愈。此后屡试屡效，效果非常显著。

[注意事项] 猪的便秘是猪病中的常见病症。通常采用大剂量的抗生素治疗，效果并不理想。在饲料中添加本品临床治疗效果很好，可以大力推广。对机体虚弱、津液亏乏猪只，若于方中酌加党参30克、白术20克、沙参20克、麦冬20克、当归20克、山药40克等补气健脾、增水行舟之品，疗效将会更好。

复方僵猪散（18）

[方源]《中兽医学杂志》。

[组成] 何首乌、贯众、苍术、黄芪、艾叶、五加皮、穿心莲、大黄、神曲、麦芽、茴香、甘草、铁、铜、锌、锰、硒、碘、维生素 A、维生素 D_3、维生素 E、维生素 B_1、维生

素 B_2、维生素 C、维生素 K、氨基酸、沸石粉等。

[**功效**] 健脾开胃，消食助长。主要用于僵猪的治疗。

[**制法**] 先将中草药烘干，粉碎成 60 目细粉，再将微量元素、维生素等用载体预混均匀。一并搅拌混合，分装成每袋 500 克，备用。

[**用法用量**] 将本品按每日每头 15～20 克拌料饲喂。

[**临床应用**] 李长胜等[77] 对 10 头 2 月龄僵猪采用本品进行 30 天的添加饲喂。结果显示，添加组头均增重 6.13 千克，对照组头均增重 3.27 千克，添加组较对照组头均多增 2.86 千克，净增 10.74 元，经济效果明显。

[**注意事项**] 本添加剂原料来源方便、制作工艺简单，在生产实践中，可进一步扩大示范、推广应用。

通乳止痢散（19）

[**方源**]《中兽医医药杂志》。

[**组成**] 川芎、木通、王不留行、当归、苦参、连翘、白头翁、板蓝根、生石膏各 1 份，水蛭、花粉各 0.5 份，蒲公英 2 份。

[**功效**] 催乳，消炎，止痢。可预防和治疗母猪的产褥热、乳腺炎、少乳或缺乳症。

[**制法**] 将各药干燥、粉碎过筛混合制成散剂备用。

[**用法用量**] 粉剂，按母猪每千克体重 1～1.5 克拌料饲喂，水煎连同药渣投服，每日 2 次，连用 2～3 天。

[**临床应用**] 宗志才等[78] 采用本品防治上述病猪 1410 头，治愈 1350 头，治愈率 95.7%。其中防治黄痢 5 窝 67 头、白痢 31 窝 424 头、僵猪 11 窝 130 头、一般腹泻 42 窝 481 头、预防性用药 185 头，效果都非常好。

[**注意事项**] 本品用以防治母猪疾病和增加乳汁，临床效果可观。所用添加原料丰富，配制工艺简单，生产实践应用方便，适合推广应用。

复方艾叶散（20）

[**方源**]《中兽医医药杂志》。

[**组成**] 艾叶、枳壳、贯众等。

[**功效**] 开胃健脾，理气消食，增进新陈代谢，增强畜体抗病能力。主治仔猪消化不良，胃寒下痢。

[**制法**] 按配方分别称取各药，干燥处理，分类粉碎，植物药过 40 目筛、矿物药过 80～100 目筛后，按比例混合拌匀、分装，密封保存备用。

[**用法用量**] 按猪体重 20～50 千克，每头每天添加本品 50 克；体重 50 千克以上，每头每天添加 80 克，拌料饲喂，连续添加 7～10 天，停 20 天。

[**临床应用**] 用于仔猪消化不良，提高饲料利用率。

[**注意事项**] 本方中药源丰富，添加效果很好，若酌加苦参、陈皮、松针粉之品，增重效果更佳。

二、在兔上的应用

芪柴健兔灵（1）

[方源]《中国养兔杂志》。

[组成] 黄芪、鱼腥草、山楂、半枝莲、柴胡、陈皮、地锦草等。

[功效] 退热镇静，免疫杀菌，促进家兔生长。主治家兔采食少，体瘦毛焦，消化不良。

[制法] 将各药干燥、粉碎、过100目筛、混合均匀备用。

[用法用量] 按0.5%比例添加，与精料混合，制成颗粒剂饲喂。

[临床应用] 吴德峰等[79] 对36只90日龄体重相近的福建黄兔，采用本品进行60天的饲喂观察。结果显示，添加组的增重率比对照组提高18.4%，料肉比较对照组低14.1%，经济效益比对照组高20.1%。添加期间，添加组36只添加兔全部存活，每只可比对照组多增收1.43元，据此测算，一个年出栏10万只生态兔的养兔场仅出售商品兔一项，就可增收10多万元，经济效益非常显著。

[注意事项] 生态兔是近年市场前景看好的品种之一。本品添加效果极佳、成本低廉、制作方便、养殖效益凸显，适宜在广大养殖企业或养殖场推广应用。

苍麦壮兔散（2）

[方源]《山东畜牧兽医》。

[组成] 山楂20克、麦芽20克、鸡内金10克、陈皮10克、苍术10克、石膏10克、板蓝根10克、大蒜5克、生姜5克。

[功效] 消食健胃、理气健脾。主要用于提高兔体生产性能。

[制法] 将各药干燥、粉碎、过筛混匀备用。

[用法用量] 按基础日粮质量的1%添加拌料饲喂。

[临床应用] 宋丙旺等[80] 对10只60日龄断乳新西兰白兔，采用本品进行饲喂观察。结果显示，添加组增重率比对照组提高17.4%，添加组饲料消耗比对照组低13.9%，添加组经济效益比对照组提高22.5%。说明本品具有显著提高肉兔的日增重及饲料利用率的作用。

[应用前景] 本品含有丰富的钙、磷、铁、硫、锌等矿物质和维生素A、B族维生素、维生素C、维生素D等，能有效地提高肉兔的肥育性能。添加原料丰富，生产制作方便，可在肉兔生产上广泛应用。

五味增重散（3）

[方源]《现代商检科技》。

[组成] 黄芪3份、远志1份、陈皮2份、山药2份、甘草1份。

[功效] 补气固本，卫外安神，健脾开胃。主要用于兔体的增重。

[制法] 将上述药物干燥、粉碎、过50目筛、混合均匀后，分装，置通风干燥处保存备用。

［用法用量］按每日每只添加 0.5 克，拌料饲喂 60 天。

［临床应用］刘靖[81] 对 12 只 2～3 月龄纯种新西兰肉兔，采用本品进行 60 天的增重饲喂观察。添加组平均每只总增重 555 克，比对照组平均每只多增重 155 克，提高增重 38.75%，日增重（9.25±3.64）克。添加组比对照组提高饲料转化率 20%，比对照组净增收入 0.43 元。这说明饲喂五味增重散对肉兔有明显的经济效益。

［注意事项］本品添加效果明显、养殖效益显著、制作简单、添加方便，值得进一步推广。

蒲芪壮兔灵（4）

［方源］《中国畜牧杂志》。

［组成］黄芪 30 克、蒲公英 30 克、白头翁 10 克、五味子 10 克、马齿苋 30 克、车前草 30 克、甘草 10 克。

［功效］清热解毒，补气助长。主要用于提高家兔的生产性能。

［制法］将各药干燥、粉碎、过筛后混合使用。

［用法用量］在断乳幼兔和成年兔日粮的精饲料中每日每只分别添加 4 克和 6 克本品，拌料饲喂。

［临床应用］周国泉[82] 对 20 只德系安哥拉幼兔，采用本品进行为期 30 天的增重饲喂观察。结果显示，在断乳幼兔和成年兔日粮的精饲料中每日每只分别添加 4 克和 6 克本品，幼兔的增重较对照组提高 19%，节省饲料 11%；成年兔产毛量较对照组提高 15.6%，节省饲料 13.5%；繁殖母兔的产仔数和初生窝重分别提高 16.4% 和 10.83%。对照组先后有 3 只兔发病，添加组兔健康状况良好，也未有死亡现象发生。

［注意事项］食欲不振、腹痛下痢、育成率不高、繁殖性能和产毛性能低下，一直是困扰长毛兔生产的难题。采用西药添加剂又存在残留和耐药性问题，而采用健脾补气、清利湿热的本品进行添加，能显著提高抗病力、育成率和生产性能，安全可靠，无毒副作用，在长毛兔饲养中有着广阔的应用前景。

壮阳催情散（5）

［方源］《中兽医医药杂志》。

［组成］党参 30 克、黄芪 30 克、当归 20 克、肉苁蓉 40 克、淫羊藿 20 克、阳起石 40 克、白术 30 克、巴戟天 40 克、狗脊 40 克、炙甘草 20 克。

［功效］补肾壮阳，促进性欲。主要用于提高兔体繁殖力。

［制法］将各药干燥粉碎、过筛、混匀后备用。

［用法用量］每兔日添加量 4 克，拌料饲喂。

［临床应用］周自动等[83] 对 28 只德系安哥拉长毛兔，采用本品进行提高繁殖饲喂效果观察。结果母兔催情率可达 58%，交配后受胎率可达 100%，公兔的催情率可达 75%；对在严冬季节卵泡处于相对静止期的长毛兔具有明显的催情作用。

［注意事项］本品添加效果显著、制作工艺简单、实践使用方便，适宜农村养殖户使用。

苍白促繁散（6）

[方源]《毛皮动物饲养》。

[组成] 苍术 30 克、陈皮 30 克、白头翁 30 克、马齿苋 30 克、黄芪 20 克、大青叶 2 0 克、车前草 20 克、五味子 10 克、甘草 10 克。

[功效] 健脾开胃，促进繁殖。主要用于提高家兔繁殖力。

[制法] 将各药干燥、粉碎、过筛、混匀后备用。

[用法用量] 在基础日粮中，根据添加目的每日分别添加本品 3 克、5 克、7 克，拌料饲喂。

[临床应用] 孟昭聚[84] 对 40 只健康无病的德系安哥拉幼兔，采用本品进行 30 天的繁殖饲喂效果观察。结果每只兔日添加 3 克拌料饲喂，较对照组可提高增重 19%；可使繁殖母兔窝产活仔数提高 16.4%，初生窝重提高 10.83%。每只兔日添加 5 克本品拌料饲喂，添加组较对照组提高产毛量 15.6%；添加组幼兔较对照组节省饲料 11%，成年兔较对照组节省饲料 13.5%。繁殖母兔日添加 7 克，窝产活仔数提高 16.4%，初生活仔窝重提高 10.83%。

[注意事项] 本品组方简洁，添加效果明显，尤其提高兔体繁殖力效果极佳，很适宜农村养殖户推广应用。

复方公英散（7）

[方源]《中兽医学杂志》。

[组成] 每日每只鲜蒲公英 300 克，大黄碳酸氢钠片 3 片，每千克体重磺胺嘧啶 0.25 克。

[功效] 清热解毒，散结利尿，通乳散肿。主要用于预防兔的乳腺炎。

[制法] 先将蒲公英粉碎，然后将大黄碳酸氢钠片、磺胺嘧啶粉碎后与蒲公英一起混匀备用。

[用法用量] 在母兔产子前两天至产子后四天内拌料投喂。

[临床应用] 肖文渊等[85] 对 36 只体重在 3.25～4 千克的健康齐卡白兔，采用本品进行控制预防饲喂效果观察，结果显示，添加组的乳腺炎发病率为 4.88%，较西药组下降 60.20%；断乳仔兔成活率为 92.34%，比西药组提高 5.91%，较对照组提高 6.32%，繁殖母兔淘汰率为 7.69%。对 5 个兔场 356 窝肉兔采用本品进行区域预防性添加饲喂。结果显示，肉兔乳腺炎的发病率为 5.34%，断乳仔兔成活率达 91.98%，繁殖母兔淘汰率为 8.33%。

[注意事项] 本品价廉物美，添加效果极佳，可就地取材，制作方便，易于推广。鲜品蒲公英，一年四季均可种植和采集，还可当作青绿饲料使用，有很好的适口性。

健兔驱虫灵（8）

[方源]《中兽医医药杂志》。

[组成] 白头翁、苦参、百部、贯众、苦楝皮、党参、麦芽、神曲等。

[功效] 驱虫消积，补气健胃。主要用于治疗家兔球虫病。

[制法] 将以上中药干燥、粉碎、过 60 目筛、混合后装于塑料袋内备用。

[用法用量] 将本品按每日每只家兔 5 克，拌入饲料中饲喂 30 天。

[临床应用] 史福胜等[86] 将 60～80 日龄齐卡肉兔等分成四组，分别饲"健兔驱虫灵"中药添加剂、头伏百球清、复方新诺明，并设空白对照组，进行 30 天的驱虫、增重比较观

察。结果显示，健兔驱虫灵添加组、头伏百球清组、复方新诺明组的球虫转阴率分别为20%、60%和0%，球虫卵减少率分别为97.5%、98.5%和53.6%，对照组转阴率和减少率分别为0和-8.5%。说明中草药健兔驱虫灵的驱虫效果与头伏百球清相当，且优于复方新诺明；增重效果也表明，健兔驱虫灵添加组、头伏百球清组、复方新诺明组的每只日均增重分别为12克、11克和10克，较空白对照组的9克，分别提高增重33%、22%和11%，健兔驱虫灵的料重比较空白对照组低0.79，说明健兔驱虫灵中药添加剂确有促进生长的作用，并能提高饲料利用率、降低肉料比、提高养兔的经济效益。

[注意事项] 兔球虫病是制约养兔业发展的一种寄生虫病，尤其是对90日龄以内的仔兔，危害更为严重。兔球虫对各种化学性抗虫药很容易产生耐药性，甚至对交叉使用的数种药物亦能产生耐受性，防治颇为棘手。健兔驱虫灵添加剂，以天然中草药为原料，驱虫效果与头伏百球清相当，优于磺胺类药物，且能健胃消食、益气补虚，具有促进生长的作用。此外，该添加剂药源丰富、制作简单、使用方便，在生产实践中可以大力推广应用。

翁穿腹泻康（9）

[方源]《中兽医医药杂志》。

[组成] 黄芪3克、白头翁6克、黄连3克、黄柏3克、大青叶2克、穿心莲2克、山楂1克、建曲3克、麦芽2克。

[功效] 清热解毒，扶正固本，燥湿止泻。主要用于仔兔的腹泻。

[制法] 按配方比例称量后粉碎，过60目筛，放入搅拌机中混合均匀后装入铝铂袋中，每袋100克，密封备用。

[用法用量] 预防时，按0.5%的比例在饲料中拌料饲喂，连喂4天，隔10日重复用药1次。治疗时按1%的比例在饲料中拌料饲喂，连喂4天。

[临床应用] 董发明等[87] 对48只30～40日龄断乳肉用哈白仔兔，采用本品进行30天的防治添加饲喂。结果显示，预防添加组发现有2只兔精神不振，采食量减少，肛门及尾根沾有稀粪，4天后走路摇摆，站立不稳，粪便中有少量的黏液；对照组有8只兔粪便呈水样，内混有少量未消化的饲料，脱落的黏膜气味腥臭，腹泻症状加重；添加组与对照组比较，发病只数明显减少，差异极显著。用本品预防断乳仔兔腹泻，发病率为8.33%，较对照组33.33%的发病率降低25%，说明本品有很好的预防作用。用本品治疗兔腹泻病，治愈率为86.67%，与对照组痢菌净治愈率66.67%相比提高20%，说明本品也有很好的治疗作用。

[注意事项] 兔的腹泻，病因复杂，症状多样，剖检病变相似，治疗困难。用本品防治兔腹泻比使用抗生素和化学药物有更好的经济效益和环保效益。本品中各药来源丰富、价格低廉，易于推广应用。

巴氏肺炎宁（10）

[方源]《兽药与饲料添加剂》。

[组成] 鱼腥草10克、金银花10克、桔梗3克、栀子3克、大青叶5克；或板蓝根6克，金银花藤6克、鱼腥草10克、红薯叶3克、刺苋菜3克。

[功效] 清热解毒。用于巴氏杆菌性肺炎的治疗。

[制法] 将各药煎水3次，取3次滤液合并备用；或将各药干燥粉碎、过筛、混合备用。

[用法用量] 每日 2 次，1％～2％拌料或内服。

[临床应用] 临床应用显示，患有肺炎的兔子 30 只，使用巴氏肺炎宁 2％饮水给药，5 天后 28 只兔子痊愈，两只死亡，治愈率达到 93％。

[注意事项] 该用量为成年兔的用量，小兔用量减半。

沙门菌病康（11）

[方源]《吉林畜牧兽医》。

[组成] 黄连 5 克、黄芩 10 克、黄柏 10 克、马齿苋 15 克。

[功效] 清热解毒，抗菌消炎。主要用于兔沙门氏菌病的治疗。

[制法] 将各药干燥、粉碎、过筛、混匀备用，或水煎取滤液。

[用法用量] 1％～2％内服或拌料饲喂。

[临床应用] 沙门氏菌发病肉兔，按 1％拌料添加沙门菌病康，连续使用 7 天，家兔痊愈率达到 95％。

[注意事项] 该病由沙门菌感染引起，以败血症和迅速死亡为主要特征。沙门菌为肠道寄生菌，故家兔死亡前多有严重的腹泻；妊娠母兔表现为流产，并排出污秽的黏液或脓性分泌物，流产后多表现为不孕。

三、在宠物与经济动物上的应用

芪楂犬美散（1）

[方源]《中兽医医药杂志》。

[组成] 鸡胚、黄芪、山楂等。

[功效] 补气消食，强身健体。主要用于犬、猫保健。

[制法] 将各药干燥、粉碎、过筛、混匀后备用。

[用法用量] 将本品按每日每只添加量 5～10 克拌料饲喂。

[临床应用] 在 18 只犬上，采用本品进行添加饲喂观察。结果添加组能提高犬只神态，促进消化吸收，增强被毛光泽度，保持机体健康。而同期对照组则有 2 只犬腹泻并带有黏膜和血液。添加组停药 2 周后仍然长势良好，未见任何疾病发生，而对照组 7 只犬则全部出现血便，说明本品具有提高自身免疫力、增强机体抗病能力的作用。

[注意事项]

① 采用中草药给猫、犬强身健体，具有广阔的开发应用前景。本品对犬只强身健体效果显著，添加作用明显，值得进一步推广应用。

② 如方中酌加麦饭石、甘松、党参、川芎等中药，可促进机体细胞生成、提高血红蛋白含量、增强细胞免疫功能、促进末梢和皮肤微循环，强身健体效果将会更好。

血痢速效康（2）

[方源]《中兽医医药杂志》。

[组成] 柴胡、当归、枳壳、甘草等。

[功效] 行气活血、凉血止痢。主要用于治疗犬的血痢病。

[制法] 各药去净杂质，依法炮制后，混匀水煎 2 次后合并滤液，加少许防腐剂，低温保存备用。

[用法用量] 按 1～2 千克体重 5～10 毫升，3～5 千克体重 10～30 毫升，5 千克以上体重 50～100 毫升，经口投服。余药直肠灌注，灌注后抬高臀部，尽量延长药液保留时间。

[临床应用] 采用本品治疗以吐、泻、痢为主症的病犬 87 例，治愈 78 例，其中 65 例为一次性治愈，死亡 6 例，效果非常显著。以呕吐、泄泻、痢疾、血痢等证为主的疾病约占发病的 80% 以上，其致死率高达 50% 以上，是犬细小病毒性肠炎、冠状病毒病、急性胃肠炎、坏死性肠炎、犬瘟热等许多疾病所共有的症状。

[注意事项] 采用本品进行治疗，高效低毒，绿色环保，可应用于生产实践。若在方中酌加苦参、秦皮、白头翁等药，止痢效果将会更好。

肉狗泻痢散（3）

[方源]《中兽医医药杂志》。

[组成] 黄连 60 克、大黄 30 克、麦草炭 50 克。

[功效] 清热解毒，涩肠止泻。主要用于肉狗泻痢。

[制法] 将黄连和大黄水煎 1 小时，取 2 次药液 500 毫升，加麦草炭摇匀备用；或将各药干燥、粉碎、过筛后混匀，备用。

[用法用量] 每只狗灌服 10 毫升，隔 2 小时服药 1 次，大狗可服至 50 毫升。病证不急可将本品拌料饲喂。

[临床应用] 祝存录[88] 采用本品治疗肉狗泻痢 83 例，治愈 81 例，治愈率达 97.6%，效果良好。

[注意事项] 本品组方简单、效果很好，在生产实践中，制作容易，应用方便，可以推广应用。

复方病毒散（4）

[方源]《林业科技》。

[组成] 黄芩苷粗粉 2 000 克、香菇多糖 1 000 克、黄芪多糖 1 000 克、白细胞核糖 600 单位、白细胞多肽 6 000 单位。

[功效] 解毒清热，免疫防病。主要用于防治犬瘟热和犬细小病毒病。

[制法] 将黄芪多糖、香菇多糖、黄芩苷分别加入 10 升蒸馏水中溶解，再加入白细胞核糖和白细胞多肽，混匀，用 0.2 微米的滤膜过滤后，分装于灭菌中性瓶中。

[用法用量] 将本品按每犬每日 10 毫升，拌料饲喂，连用 3 天。

[临床应用] 李雁冰等[89] 采用本品对犬、貂、貉和狐狸的临床型细小病毒（CPV）进行防治添加饲喂。结果显示，其治愈率高达 95%～100%，对强毒人工感染的临床型细小病毒和瘟热病毒（CDV）的治愈率达 70%～100%。

[注意事项] 本品是一多糖复方，不仅具有很好的免疫效果，而且有很强的细胞免疫作用。同时还有诱生机体干扰素的功能。本品具有广谱实用、用药量小、饲喂方便等优点，易于生产推广应用。

厚朴消食散（5）

[**方源**]《治验百病良方》。

[**组成**] 厚朴、茯苓、陈皮、广木香、槟榔、神曲、谷芽、麦芽、石斛、灯心草各适量。

[**制法**] 共为细末，过筛装袋备用。

[**用法用量**] 水煎服。每日1剂，日服2～3次。

[**功效**] 消食导滞，行气消积。主治幼畜食滞。

[**临床应用**] 用于气滞、食积、胃脘疼痛，临床疗效显著。

[**注意事项**] 食滞病位在脾胃，且以实证居多，故方中以厚朴、广木香行气宽中，陈皮、茯苓健脾和胃，槟榔消宿积，神曲、谷芽、麦芽消食化滞，石斛、灯心草养脾胃之阴以清心火。全方具有消食导滞、行气消积之功。投之可使积滞去、腑气通，则脾胃功能自复，食滞可愈。因幼畜脾气不足，应中病即止，不可过剂，以免犯脾虚之戒。同时，对于积滞虽去而脾胃虚弱者，应以健脾为法；对于虚中夹实者，则宜补而兼消，补而不过，消而勿伐，使脾胃运化功能逐渐恢复正常。故用药应随证进退。

二仙止痒汤（6）

[**方源**]《活兽慈舟》。

[**组成**] 仙人掌、仙茅。

[**功效**] 清热除湿。主要用于猫、犬皮肤瘙痒的治疗。

[**制法**] 煎汤取汁备用。

[**用法用量**] 拌料饲喂。

[**临床应用**] 常用于治疗慢性荨麻疹。

[**注意事项**] 与蛇床子等药共同服用，止痒效果将会更好。

砂仁止呕散（7）

[**方源**]《活兽慈舟》。

[**组成**] 砂仁3克、鲫鱼1条。

[**功效**] 温中止呕。主要用于治疗猫的胃寒呕吐。

[**制法**] 将砂仁研为细末，放入鱼肚蒸熟。

[**用法用量**] 分2次拌料饲喂。

[**临床应用**] 可用于脾胃气滞引起的脘腹胀痛、食欲减退、消化不良等。

[**注意事项**] 本品中的砂仁温脾止泻、行气和中，能促进胃液分泌，排除消化道内的积气。配陈皮、半夏，止吐效果更好。

甘松除臭煎（8）

[**方源**]《活兽慈舟》。

[**组成**] 苍术5克、甘松5克、白芷5克、皂角3克、细辛3克、密陀僧1克。

[功效] 除湿通窍、避秽除臭。主要用于防治犬臭不可闻。

[制法] 将各药干燥、粉碎、过筛、混匀后，分装备用。

[用法用量] 将本品拌料饲喂。

[临床应用] 用于除湿治臭。

[注意事项] 本品经长期临床经验总结，方中苍术可祛风胜湿，白芷长于除湿止带，细辛散寒除湿止痛，通窍作用增强，诸药合用除臭效果极佳。

乌药砂仁散（9）

[方源]《中国兽医秘方大全》。

[组成] 乌药 10 克、砂仁 10 克、甘草 10 克。

[功效] 温中行气。主要用于胃寒呕吐的防治。

[制法] 将各药干燥、粉碎、过筛、混匀后，分装备用。

[用法用量] 将本品按每只猫每次 1～2 克的剂量，拌入剁细的鲜猪肝或鲜猪肉内饲喂，早、晚各 1 次，重症可适当加量，仔猫减量。

[临床应用] 范寿顺对 34 例胃寒呕吐的猫采用本品进行治疗。结果治愈 25 例，临床效果非常显著。

[注意事项] 本方系古籍验方，由温胃理气药组成，对胃寒呕吐效佳，但对寄生虫引起的呕吐无效。

四、在马属动物上的应用

四时喂马方（1）

[方源]《蓄牧纂验方》。

[组成] 贯众 50 克、皂角 30 克、炒香黑豆 500 克。

[功效] 杀虫通便。主要用于马的瘦弱虫积，或用于四季预防疾病。

[制法] 将各药干燥、粉碎、过筛、混匀后，分装备用。

[用法用量] 将本品按 0.1%～0.2% 的比例添加于精料中饲喂（原方为：以上二味入料内，同煮熟饲喂；每煮豆一石，用皂角五挺，贯众五两）。

[临床应用] 本品有杀虫通便效果，其中贯众和皂角对痢疾、流感等病的某些病原菌有抑制作用，也可用于治疗马、骡动物肠道寄生虫病。

[注意事项] 采用贯众等驱虫药物作为饲料添加剂，用于马，在古代《元亨疗马集》中已有记载。如"凡新马能食而瘦者，为有蛊虫，每煮豆二升，用不蛀皂角三挺，贯众一两，火麻子一合，同煮料，候熟，去了贯众、皂角，如常法饲之，虫出添膘即止"。可见，本品是古人长期临床经验的积累。

温中保健散（2）

[方源]《中兽医秘方大全》。

[组成] 肉桂 20 克、草豆蔻 10 克、石榴皮 10 克、白胡椒 5 克、黑胡椒 5 克。

［功效］散寒温中，止泻行气。主要用于马虚寒病，吃草慢，腹痛。

［制法］将各药干燥、粉碎、过筛、混匀后，分装备用。

［用法用量］将本品按每日每马 50 克的剂量，拌料饲喂。

［临床应用］此方为蒙古族民间流传保健饲喂方。

［注意事项］肉桂辛散温通，能通行气血经脉、散寒止痛；草豆蔻能温中祛寒，行气燥湿，温胃止呕；石榴皮有涩肠止泻、收敛止血、驱虫的功效；黑胡椒的功效是温中、下气、消痰、解毒。

五味止泻散（3）

［方源］《中兽医医药杂志》。

［组成］白矾 10 克，五倍子 5 克，青黛 10 克，石膏 10 克，滑石粉 5 克。

［功效］清热解毒，收敛止泻。主要用于马属动物细菌性或消化不良性腹泻等。

［制法］将各药干燥、粉碎、过 36 目筛，混匀后，用塑料袋分装，每袋 20 克，置干燥处保存。

［用法用量］拌料喂服。对食欲废绝者，灌服，日服 1～2 次。羊每千克体重 0.3～0.8 克，马每千克体重 0.2～0.6 克。

［临床应用］广西贵港市畜牧水产局何媛华[91]。自 1986 年 4 月以来，依据《兽药规范》和《中华人民共和国兽药典》试制五味止泻散，用于治疗猪腹泻 260 例，治愈 250 例；治疗牛腹泻 6 例，治愈 5 例；均用药 1～2 次。

［注意事项］五倍子有敛肺、涩肠、止泻、解毒之功，可治肺虚咳喘、久泻脱肛等症；白矾有燥湿、消痰、止泻、止血、防腐之效，可治口舌生疮、久泻、便血、湿疹等症；青黛清热凉血、解毒，可治热痢、疮毒、血热、口舌生疮、丹毒等症；石膏生用能清热泻火，煅用能生肌敛疮，可治肺热、喘促、胃热、口渴、壮热、神昏、狂躁不安等症；滑石粉能清热解暑，利水渗湿，可内治暑热、口渴、尿短赤、湿热泄泻，外治湿疮。诸药合用具有清热解毒、止泻收敛等作用，多用于细菌性和消化不良性等腹泻及仔猪白痢等症。脱水严重时，须适当补液，以防虚脱，该药无副作用，用量小，适口性好，用法简便。

贯麻催化散（4）

［方源］《新编集成马医方》。

［组成］麻籽 120 克、贯众 60 克、皂荚 30 克。

［功效］杀虫，通窍。主要用于治疗脾脏有虫，马体瘦弱，或喂不肥者。

［制法］将各药干燥、制成粗粉，以水浓煮；或将各药干燥、粉碎、过筛、混匀，分装备用。

［用法用量］将本品散剂拌料饲喂，或水剂灌服。

［临床应用］临床应用显示，对于马属动物肠道寄生虫，每天使用本品 1 剂，连用 3 天，可见到肠道虫体排出，连用 5 天，基本达到驱虫效果。

［注意事项］本药物有小毒，不能加量使用。

防止心劳散（5）

[方源]《活兽慈舟》。

[组成] 当归、川芎、酸枣仁、柏树籽、香附、苦参、辰砂草、菖蒲、骨碎补、臭藤根、穿心草、胡桃、檀香。

[功效] 宁心安神，补血行气。主要用于治疗马属动物心血劳伤病证。

[制法] 将各药干燥、粉碎、过筛、混匀，分装备用；或将各药蜜炒、捣碎、浓煎取汁备用。

[用法用量] 视马体重大小，将本品按临床常用剂量拌料饲喂。

[临床应用] 临床应用显示，对马属动物长期奔跑或劳役后引起的心气虚，使用本品可以起到很好的缓解作用。

[注意事项] 本药物不能长期使用，病愈即止。

令马强壮散（6）

[方源]《奇方类编》。

[组成] 黄豆 2250 克、糖糟 1500 克、麦芽 1500 克、牛骨灰 200 克。

[功效] 消食开胃，育肥壮膘。主要用于瘦马的育肥。

[制法] 将各药干燥、粉碎、过筛、混匀，分装备用。

[用法用量] 按每日每次 30 克的剂量，将本品添加于料中饲喂。

[临床应用] 临床应用显示，对于体弱、病后的马匹，添加本品，能促进马的消化能力，提高其疾病的抵抗能力，增强马匹的免疫力。

[注意事项] 本方中的糖糟和麦芽含有大量的糖分和维生素，黄豆富含蛋白质和脂肪，牛骨灰能补充钙、磷等矿物质，因此本品是一种比较全面的营养补充剂，能促进消化、增进食欲。

消食麦芽散（7）

[方源]《中药饲料添加剂》。

[组成] 本品为禾本科植物大麦的成熟果实经发芽干燥而成。

[功效] 行气消食，健脾开胃。主要用于马属动物的消化不良、肚腹胀满和腹痛泻痢的防治。

[制法] 干燥、粉碎，拌料饲喂。

[用法用量] 按 3%～5% 的添加剂量，拌料饲喂。

[临床应用] 临床应用显示，在马的饲料中添加麦芽，可以促进马对饲草的消化，治疗马消化不良、臌气。

[注意事项] 麦芽含有淀粉酶、转化糖酶、脂肪、麦芽糖和蛋白质等，可以促进糖类、蛋白质的分解；麦芽制剂毒性小，在发芽过程中部分淀粉转化为麦芽糖，其维生素含量大大增加，胡萝卜素和核黄素尤为丰富，因而可以成为马属动物冬、春一种良好的辅助饲料。

第四节　禽类动物的中药饲料添加剂常用复方

苍蒿增重散（1）

[方源]《中兽医医药杂志》。

[组成] 黄连、黄芩、苍术、陈皮、茯苓、桉叶、青蒿、柏枝、大黄等。

[功效] 清热解毒，消食健脾。对肉鸡具有保健助长、提高存活率的作用。

[制法] 将各药干燥、粉碎、过 60 目筛、混匀后，分装备用。

[用法用量] 按基础日粮的 1% 长期添加，提高产蛋量时添加 2%，防止球虫病等疾病时添加 3%。

[临床应用] 欧阳华等[92] 对肉鸡采用本品进行 50 天的增重添加饲喂。结果显示，添加组存活率 93.33%，肉料比 1：2.07；采用交替添加土霉素和喹乙醇的对照组存活率为 80.0%，肉料比 1：2.46；空白对照组存活率为 73.33%，肉料比 1：2.79。同时，本品还可净化鸡粪的臭味。

[注意事项] 本品能杀灭肉鸡消化道中某些细菌，降低鸡粪中的臭味，改善鸡舍内空气环境，确有开发应用的广阔前景和生产实际价值。

松针促长散（2）

[方源]《中兽医医药杂志》。

[组成] 松针粉。

[功效] 祛风、杀虫、止痒、抗病毒，并可用于肉鸡的增重。

[制法] 将鲜松针自然阴干、粉碎、装袋、密封，贮存于通风、干燥处。

[用法用量] 按日粮的 3% 添加，连续使用。

[临床应用] 闫景萍[93] 对 15600 只同批次大小均匀健壮的雏鸡，采用本品进行 52 天的增重添加饲喂。结果添加组较对照组成活率提高 0.6%，只均增重提高 4.2%，提高经济效益 12.5%。

[注意事项] 本品营养丰富，是一种极好的天然饲料添加剂，能够促进肉鸡生长，其提高肉鸡生产效益的原因与松针粉内含有丰富的蛋白质、微量元素、多种维生素及某些免疫抗病物质有关。在肉鸡饲料中添加本品，具有重要的推广意义。

白苍增重散（3）

[方源]《中国饲料》。

[组成] 淮山药、黄柏、苍术、白术、红辣椒、大蒜素等。

[功效] 增加营养，改善机体代谢，促进生长发育，提高免疫功能。主要用于肉鸡或肉用土鸡的增重。

［制法］先将前 5 味干燥、粉碎、过 40 目筛，然后与大蒜素按一定比例混合，分装备用。

［用法用量］按肉鸡日粮的 1% 拌料饲喂，直至出栏。

［临床应用］方热军等[94]对 320 只 3 周龄的江汉土鸡，采用本品进行 7 周的增重添加饲喂试验。结果显示：添加组每只平均增重达 574.05 克，比抗生素组提高 22.46%，平均提高采食量 15.38%；干物质消化代谢率为 71.98%，比抗生素组高 2.28%；有机物消化率达 74.98%，与抗生素组相比提高 3.58%。

［注意事项］动物性食品中抗生素的残留，对人类健康构成极大威胁。因此，本品由于它的天然性、毒副作用少、不易出现耐药性，越来越受到人们的关注，在养殖业中具有很强的实用意义。

豆蔻促肉灵（4）

［方源］《中国家禽》。

［组成］肉豆蔻。

［功效］增进食欲，促进消化，提高饲料转化，促进肉鸡生长。主治肉鸡消化不良，过料和下痢。

［制法］将药物干燥、粉碎、过筛、分装后置阴凉处存放备用。

［用法用量］按肉鸡饲料的 0.1% 添加饲喂，连续使用。

［临床应用］赵春法[95]对 600 只同一天出壳的艾维茵健康肉雏鸡，采用本品进行了 8 周的添加饲喂。结果显示：添加组平均日增重为 39.38 克，与对照组的 37.86 克相比，提高 4%；肉料比为 1:2.28，与对照组的 1:2.37 比较，饲料利用率提高 3.8%。日粮中添加本品后，白痢病鸡明显减少，发病率比对照组降低 3.2%～6.8%。

［注意事项］肉豆蔻为平常家庭必备调味品，用于饲料添加剂无毒无害，不仅有健脾理气、强胃增食的功效，而且还能改善肉质风味。本品添加剂量极小，但作用突出，因此，是一种极有开发和应用前景的天然药物饲料添加剂。

土鸡促长散（5）

［方源］《畜禽业》。

［组成］芒硝 1 份、苍术 2 份、陈皮 2 份。

［功效］增强机体免疫功能。适用于土杂鸡的增重。

［制法］将各药干燥、称重、粉碎、过 60 目筛、混匀后，装入塑料袋备用。

［用法用量］按基础日粮的 2.75% 拌料添加，连续使用。

［临床应用］刘长忠等[96]在 10 日龄健康土杂鸡上，采用本品进行为期 40 天的添加饲喂。结果添加组比对照组成活率提高 5%～15%，平均日增重提高 20.14%～43.06%，采食量提高 4.68%～18.84%，有机物代谢率提高 1%～3.9%。

［注意事项］本品配伍科学合理、价廉易得、制作简单、添加方便，加之添加效果很好，可在生产实践中应用。

抗热应激散（6）

[方源]《江西畜牧兽医杂志》。

[组成] 延胡索 10％、大青叶 22％、薄荷 10％、黄芪 12％、生石膏 24％、茯苓 22％。

[功效] 清热生津，益气养胃，抗惊镇静。

[制法] 将各药干燥、粉碎、过筛、混匀后，分装备用。

[临床应用] 熊立根[97] 对 60 只雏鸡采用本品进行 40 天的添加饲喂。结果显示，添加组平均日增重提高 4.3％，平均日采食量提高 2.7％。

[注意事项] 高温应激时肉仔鸡采食减少，能量和蛋白质等营养物质摄取不足，从而导致生长速度显著下降、增重缓慢。添加饲喂本品，可减轻热应激对肉仔鸡机体造成的不利影响。通过提高采食量以增加营养吸收和利用，从而达到促进生长的目的。

参芪故纸散（7）

[方源]《中兽医医药杂志》。

[组成] 党参、黄芪、破故纸（补骨脂）、麦芽、甘草等。

[功效] 益气补肾，健脾开胃。主要用于改善蛋鸡生殖功能。

[制法] 各药经干燥、粉碎、过筛、混匀后分装备用。

[用法用量] 将本品按每千克饲料 10 克的剂量，于产蛋前 2～3 周开始拌料饲喂，连续给药至开产后 2 周。

[临床应用] 杜健等[98] 对开产蛋鸡采用本品进行添加饲喂观察。结果显示，添加鸡群较对照鸡群产蛋率提高 8.92％，蛋料比降低 10.63％，经济效益提高 51.78％，对初产期蛋重及盛产期蛋重无不良影响。

[注意事项] 对中草药用作饲料添加剂提高蛋鸡产蛋率和饲料利用率、增加蛋重等方面的报道较多，但对蛋鸡初产性能的影响研究较少。通过添加证实，本品用于产前蛋鸡，效果明显。若配合使用淫羊藿、当归、刺五加、地肤子等，对促进蛋鸡生殖器官发育、缩短开产后进入产蛋高峰的时间，都有非常好的效果。

杜仲复方散（8）

[方源]《当代畜牧》。

[组成] 杜仲、淫羊藿、何首乌等。

[功效] 补肝肾，强筋骨，提高产蛋性能，改善蛋品质量。主治蛋鸡产蛋下降，蛋壳质量不良。

[制法] 将各中药按比例配合、干燥、粉碎、过 60 目筛，混匀后，分装备用。

[用法用量] 按产蛋鸡日粮的 0.5％拌料饲喂，可连续使用。

[临床应用] 吕锦芳等[99] 对 198 日龄新罗曼蛋鸡采用本品添加饲喂 60 天。结果显示，添加组较对照组提高产蛋率 5.18％。

[注意事项] 方中杜仲具有补肝肾、强筋骨、固冲安胎功效，能促进新陈代谢、抗御应激。何首乌、淫羊藿可抑制体内某些有害细菌、提高机体免疫功能。若在方中酌加黄芪、丹

参和山楂，其效果可能更佳。

益芪增蛋散（9）

[方源]《农村养殖技术》。

[组成] 黄芪、益母草、当归、罗勒。

[功效] 益气补血，滋补肝肾。主要用于增加产蛋量。

[制法] 将各药混合干燥、粉碎、搅拌后，分装备用。

[用法用量] 于开产前25天，或产蛋高峰过后产蛋率下降时，按每日每只1克拌入饲料中饲喂。

[临床应用] 徐立[100] 对蛋鸡采用本品进行增蛋添加观察。结果显示：添加组较对照组提高产蛋率9.2%，若于鸡开产前应用本品，添加组平均每只较对照组多产蛋15枚，而且不影响高峰期的时间；对产蛋率60%的鸡群连续添加本品15天，产蛋率可提高至78%；而对70%产蛋率的鸡群连续添加15天，产蛋率可提高至81%；若对产蛋率80%的鸡群连续添加15天，产蛋率可提高至85%。

[注意事项] 本品所用中草药是常用品种，种类少，用量合理，饲料添加效果显著，对产蛋率低或病后产蛋鸡产蛋量的恢复具有较好效果。高峰产蛋鸡群勿用。

归味增蛋散（10）

[方源]《黑龙江畜牧兽医》。

[组成] 当归、五味子、黄芪、刺五加、淫羊藿、何首乌、菟丝子等。

[功效] 补血活血，滋补肝肾。主要用于产蛋后期提高产蛋量。

[制法] 将各药干燥、粉碎、过70目筛、混合均匀后，分装备用。

[用法用量] 每千克饲料添加4克，连续应用。

[临床应用] 郑继方等[101] 对84只产蛋鸡采用本品进行增蛋添加饲喂。结果显示，添加组产蛋量提高28.1%，产蛋率提高26.2%，饲料利用率提高20.9%，延长了产蛋周期，降低了淘汰率。

[注意事项] 产蛋后期蛋鸡不仅表现为气血两虚，而且长期产蛋造成肝血瘀滞。因此，应用具有补血活血作用的中草药作为饲料添加，对改善肝脏和卵巢血液循环，防止卵细胞因缺乏滋养而衰退甚至死亡，促进卵泡再生、成熟和排出，恢复低产蛋鸡、产蛋后期蛋鸡的产蛋功能，效果很好。

强力速补散（11）

[方源]《中兽医医药杂志》。

[组成] 枸杞子、菟丝子、五味子、覆盆子、黄芪、益母草、车前子、当归、川芎、氯化钾、多种复合维生素。

[功效] 滋肾养脾，益气生精。主要用于促进产蛋鸡的产蛋。

[制法] 将各药按比例配合，干燥后粉碎、过60目筛，并与多种复合维生素等混合均匀，分装成每袋250克，置阴凉干燥处保存备用。

［用法用量］按日粮的 0.75％拌料饲喂，可连续应用 7 天。

［临床应用］汪德刚等[102] 对蛋鸡采用本品进行增蛋添加饲喂观察。结果显示：添加组产蛋率恢复速度明显高于对照组，至第四周时添加组鸡群平均产蛋率显著高于对照组；应用于传染性支气管炎患病鸡群，产蛋恢复明显加快，至第四周时，添加组产蛋率比对照组高 12.1％；热应激鸡群使用本品后，对热应激引起的产蛋减少有较好的恢复作用，至第四周时，产蛋率比对照组高 7.4％；产蛋后期鸡群使用本品后，有较好的促进产蛋作用，至第四周，添加组较对照组产蛋率提高 9.9％。

［注意事项］本品中枸杞子、菟丝子补肾益精，五味子、覆盆子益肾固精，黄芪补气健脾、扶正祛邪，当归养血活血，川芎、益母草活血调经，车前子利水通淋，外泄湿热。诸药合用，具有雌激素样兴奋子宫作用，可促进卵泡发育和排卵，增强机体免疫力和增进食欲。对因饲养管理或疾病因素引起的产蛋下降确有显著的促进恢复作用，且成本低廉，值得推广应用。

参芪增蛋宝（12）

［方源］《中兽医学杂志》。

［组成］党参、黄芪、淫羊藿、补骨脂、刺五加、益母草、山楂、何首乌等。

［功效］温肾壮阳，滋阴养肾，益气健脾，消食开胃。主要用于提高蛋鸡的产量。

［制法］将各药粉碎、过筛、混匀，包装备用。

［用法用量］将本品按日粮的 1％～3％添加拌料，连续饲喂。

［临床应用］彭代国等[103] 对 705 只 28 周龄罗曼蛋鸡采用本品进行增蛋添加饲喂观察。结果显示：添加组产蛋量显著高于对照组，最高提高 6.88％；料蛋比显著低于对照组，最低降低 7.52％；经济效益大幅度提高，最多提高 18.51％。

［注意事项］淫羊藿、补骨脂具有雌激素样作用，可提高产蛋量；刺五加提取物也有提高产蛋的作用；党参、黄芪、何首乌、刺五加有提高机体免疫功能、预防应激作用及改善营养代谢等多种功能；淫羊藿通过作用于下丘脑调节内分泌，能治疗排卵期出血，有利于减少血蛋。益母草、山楂可调节子宫收缩、帮助消化，有利于产蛋、增加营养吸收、降低料蛋比。

艾叶增蛋散（13）

［方源］《当代畜牧》。

［组成］艾叶。

［功效］解热利尿，通经，止血。对伤寒杆菌、痢疾杆菌有显著的抑制作用。

［制法］干燥、粉碎、分装备用。

［用法用量］将本品按日粮的 2％添加，拌料连续饲喂。

［临床应用］李荣等[104] 对 43 周伊莎褐蛋鸡采用本品进行 40 天的增蛋添加饲喂。结果显示，添加组产蛋率较对照组提高 7.15％，料蛋比降低 7.7％，破、软蛋率降低 43.6％，添加效果非常显著。

［注意事项］艾叶资源广泛、采集方便、价格低廉、药效突出，作为饲料添加剂确有开发应用价值。该方若配合益母草、黄芪、松针粉等，其效更佳。

黄芪增蛋散（14）

[方源]《当代畜牧》。

[组成] 黄芪粉。

[功效] 益气健脾，强身健体。主要用于增加产蛋量。

[制法] 干燥、粉碎备用。

[用法用量] 将本品按日粮的1%拌料，连续饲喂。

[临床应用] 李荣等[104] 对43周伊莎褐蛋鸡采用本品进行40天的添加饲喂观察。结果显示，添加组产蛋率较对照组提高7.66%，料蛋比降低8.1%，破、软蛋降低89.2%，添加效果极佳。

[注意事项] 本品为传统补益药物，具有良好的非特异性免疫功能，在疾病防治中显示了明显的抗病毒作用，作为饲料添加剂，也具有较好的增蛋效果。若在方中酌加当归、益母草和升麻，效果将会更好。

保健促产散（15）

[方源]《四川畜牧兽医学院学报》。

[组成] 淫羊藿、补骨脂、当归、黄芪、白术、神曲、何首乌、益母草。

[功效] 补肾益精，健脾增蛋。能提高蛋鸡的免疫力，增加蛋鸡的产蛋量。

[制法] 干燥、粉碎、过筛、混匀后，装袋备用。

[用法用量] 按日粮1.5%加入备用添加剂，可连续使用4周。

[临床应用] 刘娟等[105] 对50~60周龄罗曼蛋鸡采用本品进行增蛋添加饲喂。结果显示，添加组与对照组相比产蛋率提高2.44%，蛋重增加1.4克，添加期内添加组平均每只产蛋鸡比对照组多产蛋0.162千克，增产12.162%，破蛋率降低0.52%，蛋壳厚度增加0.0392毫米。

[注意事项] 产蛋后期蛋鸡肾精衰微、肝肾两虚，导致其产蛋量急剧下降，本品可补益肝肾、健脾开胃，增产效果明显，对于延缓蛋鸡淘汰、降低养殖成本、增加养殖收益，具有生产实践意义。

消暑增蛋散（16）

[方源]《黑龙江畜牧兽医》。

[组成] 薄荷、藿香、知母、石膏、连翘、苍术、陈皮、茯苓、甘草。

[功效] 疏风散热，祛暑解表。可以降暑解表，预防蛋鸡高热中暑。

[制法] 将各药干燥、粉碎过筛、混合后，分装备用。

[用法用量] 在蛋鸡饲料中按0.5%比例添加，连续饲喂数日。

[临床应用] 杜健等[106] 于高温期间对产蛋鸡采用本品进行添加饲喂。结果显示，添加组较对照组蛋壳厚度显著增加，产蛋率提高4.53%，后期产蛋率提高4.62%。

[注意事项] 蛋鸡属于非耐热动物，高温季节鸡舍温度超过32℃，会造成采食量和产蛋率的大幅度下降，甚至造成停产。本品对鸡体产热和散热具有双向调节功能，既抑制产热，

又促进散热，可缓解高温对蛋鸡生产性能的影响，在生产实践中值得推广使用。

补泻增蛋散（17）

[方源]《中兽医学杂志》。

[组成] 淫羊藿、蛇床子、茯苓、泽泻。

[功效] 温肾利水。可增强蛋鸡免疫功能和抗病力，提高蛋鸡产蛋率。

[制法] 将各药干燥、粉碎、过60目筛、混匀后，分装备用。

[用法用量] 按基础日粮的1%拌料，可连续饲喂。

[临床应用] 提高蛋鸡的饲料转化率和产蛋率。褚耀诚[107] 对产蛋鸡采用本品进行了添加饲喂。结果显示，添加组较对照组产蛋率提高6.35%，饲料利用率也有显著提高。

[注意事项] 传统的补肾壮阳、益气补血类中药，其性黏腻，有碍脾胃。使用泻肾浊的药物，增加肾脏活力，可以起到补中有泻、补泻结合的作用，能显著增强蛋鸡免疫功能和抗病力，从而达到提高蛋鸡产蛋率的目的。

健脾补肾散（18）

[方源]《中国畜牧杂志》。

[组成] 神曲40克、陈皮40克、山楂50克、仙茅50克、延胡索40克、黄芪60克、何首乌50克、当归50克、柴胡40克、艾叶60克、白术60克、刺五加40克、麦饭石60克、松针粉160克。

[功效] 温肾壮阳，健脾开胃，消食化积。用于促进生长发育、提高产蛋功能。

[制法] 诸药经干燥、粉碎、过60目筛、混匀后，定量分装备用。

[用法用量] 按种鸡日粮的0.4%拌料，连续饲喂。

[临床应用] 提高鸡的产蛋率、孵化率、蛋壳厚度和种蛋合格率。祝国强[108] 对40周龄海兰白蛋种鸡采用本品进行增蛋添加饲喂。结果显示，添加组较对照组平均产蛋率提高7.5%，种蛋合格率提高3.7%，蛋壳厚度提高7.4%，蛋壳强度提高7.5%，受精率提高5.5%，孵化率提高5.4%。

[注意事项] 本品利用山楂、神曲等健脾开胃、消食化积，可促进生长发育和产蛋；利用黄芪、白术、当归、何首乌、松针、仙茅等补气益血、温补肾阳，能有效改善蛋鸡的生产性能及种蛋的受精率和孵化率。因此，在生产实践中很具推广价值。

肉鸡增香散（19）

[方源]《云南畜牧兽医》。

[组成] 侧柏籽、何首乌、黄精、夜交藤等。

[功效] 增加肉中蛋白质含量、改善脂肪酸成分、提高氨基酸和矿物质含量，改善肌肉风味，减少肉鸡生产中抗生素的使用，提高鸡群免疫力，降低发病率和死亡率，提高效益。

[制法] 将各药干燥后制成粉末，过筛，混合均匀后，定量分装，干燥处保存备用。

[用法用量] 每日每只鸡饲料中添加2.5克，连续饲喂，直至出栏。

[临床应用] 王权等[109] 对300只26日龄的艾维茵肉鸡采用本品进行34天的增重添加

饲喂。结果显示，添加组较对照组平均日增重提高 10.23%，胸肌和腿肌缩水率降低 3.97%，豆蔻酸含量下降为 0.92%，亚油酸、亚麻酸含量升高 18.32%，肌肉中 17 种氨基酸含量显著增加，发病率和死亡率也比其他同日龄的鸡要低。其肉质饱满，色泽红润，有光泽，食之鲜嫩而且口味好，汤和血味香、嫩、鲜、甜。

[注意事项] 通常肉的风味是通过调味剂腌制或烹饪来实现的，但由于养殖业的发展，规模化饲养肉鸡出栏时间大为提前，肉质风味远不如从前，即使经过烹饪调制，仍难达到曾经的风味。本品添加饲喂肉鸡，其肉品的产量增加，又不失传统的风味，改善了肉的品质，可提高饲料报酬，降低饲养成本，提高经济效益，增强机体抗病能力，具有很强的生产实践意义。

红白增色散（20）

[方源]《中兽医医药杂志》。

[组成] 辣椒、石膏等。

[功效] 调整机体代谢功能，并能补充多种营养成分，提高机体免疫功能，降低发病率和死亡率，从而改善鸡蛋品质。

[制法] 将各药干燥后制成粉末，过 60 目筛，充分搅匀，装袋密封闭，置干燥处保存，备用。

[用法用量] 将本品按 1.5% 的比例添加于日粮中，拌料饲喂。

[临床应用] 袁福汉等[110] 对 415 只开产京白鸡和罗斯商品代鸡，采用本品进行了增色添加饲喂观察。结果显示，添加组鸡蛋蛋黄色泽平均为 9.58 级，对照组为 6.11 级，添加组较对照组提高了 3.47 级，添加组较对照组鸡蛋的破损率减少了 34.35%，饲料利用率提高了 4.93%～9.15%，产蛋率提高了 4.78%～8.01%，效果非常显著。

[注意事项] 本品中的辣椒辛、热，能温中散寒，浓烈的辣椒味能有效地掩盖饲料中的不良气味，提高饲料适口性，开胃消食，具有明显促生长和提高饲料利用率的作用，不仅含有辣椒碱、维生素、隐黄素、辣椒红素、胡萝卜素，而且还含有铜、铁、锌、硒、钴等多种微量元素；石膏甘、寒，能清热降火，主要含硫酸钙等成分。两药并用，改善蛋的品质，效果明显。同时方中原料广泛，大多就地取材，物美价廉，安全性好，效果显著，值得推广。如在方中酌加刺五加、松针粉、陈皮和艾叶，效果将会更好。

沙棘蛋黄散（21）

[方源]《中兽医学杂志》。

[组成] 沙棘果渣、辣椒、鸡血藤、香豆草等。

[功效] 醒脾开胃，活血化瘀。主要用于改善蛋的色泽，增加维生素 A 等多种营养成分，可提高饲料利用率和产蛋率，丰富蛋的营养成分。

[制法] 将各药干燥后制成粉末，过筛，按一定的比例混合均匀后，装袋封闭，置干燥处保存备用。

[用法用量] 将本品按 2.5% 的比例，拌在饲料中饲喂蛋鸡。

[临床应用] 郭福存等[111] 对 36 羽产蛋中后期伊莎褐肉蛋兼用型鸡，采用本品进行增色添加饲喂。结果显示，添加组在添加本品 2～3 天后蛋黄颜色开始变化，随着添加剂量的加

大，蛋黄颜色逐渐加深，到第二周后达到高峰，此时添加组蛋黄颜色呈橘黄色至金黄色，而对照组蛋黄仍呈淡橘黄色。同时添加组的平均产蛋率可达 65.33％，较对照组提高 10.66％。

[注意事项] 沙棘果实中含有的天然黄色素不仅可用于蛋黄着色，而且可以作为营养型添加剂用于饲料。经过本品饲养的鸡所产的鸡蛋中含有丰富的 DHA 和卵磷脂等，对神经系统和身体发育有很好的作用，能健脑益智。蛋黄颜色取决于蛋黄中类胡萝卜素的含量，鸡体本身不能合成这些物质，必须由饲料供给，本品所用的 4 味中草药原料均含有类胡萝卜素，它被鸡体吸收后沉着于鸡的卵黄中使之着色，从而使蛋颜色加深。本品来源广泛、价格低廉、易于生产、便于添加、安全无毒、不产生耐药性。

降脂增蛋灵（22）

[方源]《中国兽医学报》。

[组成] 山楂 40 克、陈皮 50 克、刺五加 50 克、神曲 40 克、仙茅 50 克、何首乌 50 克、郁金 50 克、党参 80 克、白术 80 克、艾叶 50 克、当归 50 克、松针粉 200 克。

[功效] 活血降脂，利胆退黄，清热解毒，补益脾胃，行气消食，补肾填精，活血。可降低鸡血总胆固醇的含量，提高鸡蛋白质和钙含量。主要用于调节鸡体脂类代谢，提高产蛋率，增加蛋壳硬度，减少鸡蛋破损率，加深蛋黄色泽。可预防和治疗疾病，降低死亡率。

[制法] 将上述各药干燥后制成粉末，过 60 目筛、混合均匀后，装袋封闭，置干燥处保存，备用。

[用法用量] 将本品按 0.5％比例拌入饲料中，进行饲喂。

[注意事项] 本品通过改善鸡体血液流变学特性、提高红细胞超氧化物歧化酶活性及降低心肌组织中脂质过氧化物含量来展现其改良品质功能。生产出的肉蛋产品有益于人体健康，同时可增加养鸡业的经济效益，并且临床添加效果可观，鸡蛋品质大为提高，又有保健、预防和治疗疾病的作用，可提高机体免疫力。方中各药原料种类丰富，来源广泛，易于生产，价格低廉，便于添加，安全无毒，不产生耐药性，肉蛋产品无药物残留，效果明显，服用方便，在生产实践中具有很强的实用性。

秦翁白痢散（23）

[方源]《中国家禽》。

[组成] 黄连、白头翁、秦皮等。

[功效] 清热解毒，燥湿止痢。主要用于预防白痢初期等细菌性疾病。

[制法] 将上述各药干燥后制成粉末，过筛、混合均匀后，定量分装，放在干燥处待用。本品为浅灰黄色的粉末，气香，味苦。

[用法用量] 按饲料量的 0.2％添加，拌匀饲喂，连续使用 1～2 周。

[临床应用] 陈金文等[112] 对 1600 只 1 日龄雏鸡采用本品进行 21 天的添加饲喂。结果显示，21 日龄添加组较对照组发病率降低 5.0％，死亡率降低 0.6％，采食量提高 0.3％，增重率提高 3.6％，添加组的料肉比略低于对照组。

[注意事项] 雏鸡白痢是由沙门菌引起的鸡和火鸡急性、败血性传染病。本病主要侵害雏鸡，一般 5～6 日龄开始发病，10～14 日龄死亡达到高峰，既可垂直感染也可水平传播。证见精神沉郁，体温升高，食欲不振或废绝，口渴多饮，排粪次数明显增多，泻粪稀薄或呈

水样、混有脓血黏液、腥臭甚至恶臭，尿短赤，口色红，舌苔黄厚，口臭，脉象沉数。目前没有理想菌苗预防，药物治疗以抗生素类、磺胺类等药有效果，但易产生耐药性，中草药对鸡白痢有很好的疗效，且又不易产生耐药性，采用饲料添加剂进行预防有很好的效果。本方中各药原料种类丰富，来源广泛，易于生产，价格低廉，便于添加，安全无毒，不产生耐药性，肉蛋产品无药物残留。本品效果明显，服用方便，在生产实践中具有很强的实用性。本品在使用时若酌加马齿苋、黄芪、丹参、甘草等药，效果将会更好。

白痢添加灵（24）

[方源]《中国家禽》。

[组成] 马尾连、黄柏、滑石粉等。

[功效] 清热利湿，开胃健脾，泻火解毒。主要用于雏鸡腹泻，对雏鸡白痢有很好的预防和治疗作用。

[制法] 散剂是按比例称取药物后，粉碎过筛，混匀后装袋备用。将前2味干燥、粉碎、过筛后，与滑石粉混合均匀，定量分装备用。

[用法用量] 按饲料量的0.5%添加，连续使用1～2周。

[临床应用] 鸡白痢是由沙门菌引起的禽类传染病，如果母鸡感染，母鸡卵所孵出的雏鸡也患本病。雏鸡染该病死亡率最高可达100%，即使幸存下来，其生长发育也受阻，是目前影响雏鸡成活率的主要传染病之一，不仅污染环境，而且也严重影响着集约化养禽业的发展。陈金文等[112] 对1600只1日龄雏鸡采用本品进行21天的防治添加饲喂试验。结果显示，添加组较对照组发病率下降4.7%，死亡率下降1.4%，采食量提高0.7%，增重提高6.0%。添加期间鸡只活泼，采食正常，粪便干湿适度，无异味，健康状况良好。

[注意事项] 添加本品除能通过保护发炎的胃肠黏膜而发挥止泻作用外，还能阻止毒物在胃肠道中的吸收。该方虽然药味不多，但配伍严谨，效果确实。若在方中酌加诃子、山楂、党参、白芍、甘草等药，预防效果会更好。

莲芩苦翁散（25）

[方源]《莱阳农学院学报》。

[组成] 穿心莲、白头翁、苦参、黄芩、栀子、松针等。

[功效] 清热燥湿，凉血止痢。主要用于雏鸡细菌性感染。

[制法] 将各药干燥、粉碎、过筛后混合均匀，分装备用。

[用法用量] 采用1～7日龄、16～22日龄分段按雏鸡日粮3%添加饲喂。

[临床应用] 刘治西等[113] 在雏鸡日粮中添加3%的本品，饲喂5日后应用沙门氏白痢杆菌、禽副伤寒杆菌、大肠杆菌标准菌株培养物人工感染。攻菌后添加组鸡的存活率90.4%，对照组为47.6%，提高成活率42.8%；攻菌后添加组肉料比为1：2.6；平均体重比对照组增加了130克。对5000余只鸡采用本品预防鸡白痢、大肠杆菌等细菌性疾病，结果显示：添加组存活率分别为95.1%和94.8%，对照组存活率分别为75%和72%，提高存活率分别为20.1%和22.8%，试验组肉料比分别为1：2.5、1：2.5，对照组肉料比分别为1：2.8、1：2.75。

[注意事项] 近年来，养鸡业有了很大的发展，但由于饲养管理及卫生防疫工作跟不上

生产发展的要求，各种疫病对养鸡业造成了极大的威胁。其中，雏鸡死亡率给养鸡业造成了巨大的经济损失。众所周知，引起雏鸡死亡的因素很多，而大肠杆菌、沙门菌、支原体、葡萄球菌和链球菌等与雏鸡死亡率有极大关系。鸡白痢病、大肠杆菌病是鸡的常见疾病，但对许多抗生素和化学药品已产生耐药性，治疗效果不十分理想，尤其在发病后常常是多种细菌混合感染，药物治疗相当被动。根据中兽医有病早治、未病先防的思想，应用本品进行预防，无疑是控制本类疾病的积极和主动的方法。

止痢速冲剂（26）

[方源]《中兽医学杂志》。

[组成] 黄连、黄芩、苦参、金银花、白头翁、秦皮各等份。

[功效] 清热，燥湿，止痢。主治鸡下痢、血痢等消化道疾病。

[制法] 诸药共研成细末，拌匀。

[用法用量] 按每只雏鸡每日 0.3 克拌料。

[临床应用] 山东省莱西市职业中等专业学校刘深廷［中兽医医药杂志，1992，（3）：2～3］报道，取上药各 5 克加水 100 毫升煎煮 0.5 小时，滤取药液 50 毫升，药渣再加水 70 毫升，煎煮 1 小时，滤取药液，合并 2 次煎液浓缩至 30 毫升，做体外抑菌实验，结果表明，鸡白痢沙门菌对中药高度敏感，24 小时抑菌圈直径为 33.5 毫米。

[注意事项] 用上述中药方按每只雏鸡每日 0.3 克拌料，治疗人工诱病的雏鸡（每只雏鸡接种约 1 亿个菌），治愈率为 95.18％（79/83），敌菌净组为 81.82％（72/88），痢特灵组为 66.11％（55/90）。用同样剂量的中药做预防试验，中药组保护率为 100％，敌菌净组为 85％，痢特灵组为 50％。表明中药对该病的防治效果优于抗生素。

第五节　水产类动物的中药饲料添加剂

参芪肥鳗散（1）

[方源]《福建农业大学学报》。

[组成] 黄芪、党参、白术、茯苓、甘草、神曲、山楂、当归、大黄、玄参、板蓝根、黄芩等。

[功效] 强化免疫，消食导滞。主要用于预防鳖和欧鳗的红脖子病与腮腺炎等。

[制法] 将以上诸药干燥、粉碎、过 50 目筛、混合备用。其制备方法简单，适合规模化工业生产。

[用法用量] 将本品按 2％ 的剂量添加到饵料中，于每日上下午 2 次饲喂。

[临床应用] 吴德峰等[114] 对 3000 尾 180 日龄、平均尾重 100 克的欧鳗采用本品进行了 90 天的饲喂观察。结果显示，用过中草药饲料添加剂的欧鳗较对照组皮肤光亮，平均增重 44.7 克，证明了本品卓越的增重效果；同时对 1200 只平均只重 0.9 千克的中华鳖也进行了为期 90 天的饲喂观察，结果显示，在饲养条件相同的情况下，中草药饲料添加组比对照组

平均每只多增重 30 克，未见任何疾病发生，而同期的对照组曾发生过红脖子病和腮腺炎等病，说明本品对鳖也有很好的增重效果。本品具有见效快、疗效确实、无药残、无任何毒副作用的特点。

[注意事项] 本品对欧鳗和鳖都有很好的增重效果，在相同的饲养条件下，中草药饲料添加组比对照组增重显著，如果能大面积推广和应用，经济效益非常可观，值得推广应用。

肥鱼菖苋散（2）

[方源]《国内外鱼病防治新技术》。

[组成] 铁苋菜、地锦草各 30％，石菖蒲、辣蓼各 20％。

[功效] 对防治草食性鱼类的烂鳃、肠炎有较好的疗效，止血止痢、抗菌解毒，并能促进草食性鱼类的生长，显著提高成活率，强化免疫。抑菌效果明显。有凉血止血、利湿退黄、清热解毒、利湿消积、收敛止血的功效。

[制法] 干燥，粉碎成末拌匀，每千克药粉加水 2.5 升煎煮 20 分钟后取汁，加入适量面粉拌成糊浆备用。

[用法用量] 每 50 千克鱼用药 2 千克，第 1 天 1 千克，第 2、3 天各 0.5 千克，每千克药粉加水 2.5 千克煎煮 20 分钟，再加入适量面粉或米粉煮成糊浆，冷却后拌嫩草 2.5～4 千克或细糖 0.5～1 千克。

[临床应用] 铁苋菜以全草或地上部分入药，具有清热解毒、利湿消积、收敛止血的功效。可以食用嫩叶，为南方各地民间野菜品种之一。地锦草性味辛平，有清热解毒、凉血止血、利湿退黄之功效。《本草汇言》记载："地锦，凉血散血，解毒止痢之药也。善通流血脉，专消解毒疮。凡血病而因热所使者，用之合宜。设非血热为病，而胃气薄弱者，又当斟酌行之。"防治肥鱼各种疾病，促进生长，强化免疫。可用于防治细菌性肠炎、赤皮病、细菌性烂鳃和水霉病等细菌性疾病。具有药源广、价格便宜、取材方便、药效奇特等特点，可降低养殖成本，甚至对某些抗生素、磺胺类药物治疗无效的病毒性疾病也具有良好的防治效果。

[注意事项] 鱼病防治原则是："预防为主，防重于治；无病先防，有病早治；一旦发现，积极治疗"。池水 pH 值低于 5 或超过 9.5 等，都能对鱼类生理机能产生直接影响，引发鱼病。水中溶氧含量的高低对鱼的生存和生长至关重要。同时鱼重量估计应准确，施药时间一般以上午 8～9 时、下午 5～6 时较好，切忌在雨天、闷热或中午烈日下进行。用药前先停止投喂草料一天，用药期间投草量应比平时少 2～3 成，用药后投草量逐渐增加。

多糖鱼康散（3）

[方源]《水利渔业》。

[组成] 海藻多糖、大黄、黄芪、连翘等。

[功效] 扶正祛邪，免疫防病。主要用于提高河蟹的免疫功能。

[制法] 将各药干燥、粉碎、过筛、混匀后，分装备用。

[用法用量] 将本品均匀混合于饲料中，每日投饲 2 次，投饲率为 4％左右。

［临床应用］崔青曼等[115] 对 28 只体重 92～135 克的河蟹采用本品进行为期 20 天的饲喂观察。结果表明，0.5％添加组的河蟹血细胞吞噬百分率、血清杀菌活力、血清凝集效价均显著高于对照组，经 20 天的河蟹饲养后，添加组的成活率达到 100％，而对照组仅为 83.3％，说明本品具有显著的添加效应。

［注意事项］资料表明，海藻多糖具有多种免疫功能及抗病毒作用，大黄具有广谱抗菌效果，并有较好的抗病毒效果，黄芪具有免疫调节的功能，连翘有清热解毒之功效。采用海藻多糖、大黄、黄芪、连翘等为主要成分的复方饲料添加剂饲喂河蟹，可显著地提高河蟹机体的免疫功能，说明本添加剂切实可行，具有广泛的推广和应用价值。

柴蒿鱼服康（4）

［方源］《中国兽医秘方大全》。

［组成］青蒿 50 克，柴胡 45 克，大青叶 90 克，白头翁 50 克，大黄 30 克，黄连 30 克。

［功效］青蒿有清热、凉血、退蒸、解暑、祛风、止痒之效，作为阴虚潮热的退热剂，也可止盗汗、中暑等。该方剂清热解暑，退虚热，杀灭原虫，发表和理，升阳疏肝，有清热、凉血、退蒸、解暑、祛风、止痒之效。

［制法］研成细末，混匀。

［用法用量］拌饵投喂，每 1 千克体重的鱼投 0.4 克，一日两次，连用 3～5 天。

［临床应用］大青叶在临床上广泛应用，除可用治上述诸症外，又可用于痰热郁肺、咳痰黄稠，尤常用于流行性乙型脑炎（乙脑），既可单味应用于预防，又可配合柴胡、金银花、连翘、板蓝根、玄参、生地黄等，清解气分、营分的热毒。用治各种乙脑，且以偏热型较为合适。有清热燥湿、泻火解毒之功效。其味入口极苦，有俗语云"哑巴吃黄连，有苦说不出"，即道出了其中滋味。该方主治细菌性败血病、肠炎、赤皮病、打印病和烂尾病。

［注意事项］大青叶、白头翁、黄连具有清热解毒、凉血止痢、燥湿泻火等作用；大黄具有泻热通肠、凉血解毒、破积行瘀等作用；青蒿具有清热凉血、退热除蒸、解暑截疟等作用；柴胡具有解表退热、疏肝解郁、升举阳气等作用。近年来鱼规模化养殖发展迅速，但鱼苗种在放养过程中大规模地发生疾病和高死亡率已成为鱼养殖中的主要问题。在饲料中添加非特异性的中草药免疫促进剂，是增强鱼免疫功能的一种有效和实用的方法，在鱼的疾病防治中起着十分重要的作用，值得推广。

鳝鱼增肥散（5）

［方源］《饲料工业》。

［组成］黄芪 12 克、五加皮 9 克、茯苓 6 克。

［功效］补气健脾，壮膘增重。可增强鳝鱼（黄鳝）的免疫功能，促进鳝鱼的生长。

［制法］将各药分别用酒精和氢氧化钠溶液提取药物有效成分，将两次提取物合并、浓缩、调 pH 值到 7。称黄鳝配合饲料 270 克，用冷却浓缩液与黄鳝配合饲料充分混合并压成薄饼状，放到干燥箱中，在 70℃下干燥 6～7 小时，直到饲料烘干为止，将烘干好的添加剂饲料用微型粉碎机粉碎，装袋备用。

［用法用量］每天傍晚投喂 12～18 克饵料，饵料是 1/3 的粉状配合饲料加 2/3 白鲢肉。

［临床应用］对 300 尾 13～17 克的健康黄鳝采用本品进行 30 天的饲喂观察。结果显示：

复方添加剂组可使黄鳝血液白细胞的吞噬活性、血清的溶菌酶活性和超氧化物歧化酶活性显著提高；平均每尾黄鳝由添加前的（15.4±0.29）克，增加到（22.95±0.33）克；采用五加皮单味添加，其增重率可达 49.32％；而空白对照组的增重率仅有 23.76％，说明其增重效果非常明显。

[注意事项] 近年来黄鳝规模化养殖发展迅速，但黄鳝苗种在放养过程中大规模地发生疾病和高死亡率已成为黄鳝养殖中的主要问题。在饲料中添加非特异性的中草药免疫促进剂，是增强黄鳝免疫功能的一种有效和实用的方法，在黄鳝的疾病防治中起着十分重要的作用，值得大力推广。

鱼用快杀灵（6）

[方源]《中兽医医药杂志》。

[组成] 硫黄、苦参、百部、苦楝根皮等。

[功效] 清热解毒、杀虫。主要用于驱杀鱼体外寄生虫。

[制法] 按一定比例共取多味中药生品 1 200 克，干燥粉碎、过 20 目筛后，置容器内加自来水 3 000 毫升，浸泡 30 分钟，煮开煎 30 分钟，滤出药液；再加自来水 2 000 毫升，煮开煎 30 分钟，滤出药液；再加自来水 1 500 毫升，煮开煎 30 分钟，滤出药液。将 3 次滤液合并，浓缩至 2 000 毫升，使其每毫升含原药 0.6 克，精滤、分装，100℃灭菌 30 分钟即成快杀灵溶液，备用。

[用法用量] 将本品按每升 0.15 毫克的用药量，加于水中饲喂。

[临床应用] 米红英[116] 在 5 尾 250 克的草鱼上，采用本品进行体外寄生虫的杀灭观察，结果疗效颇佳。

[注意事项] 鱼体寄生虫是鱼病中的常见病，目前常用的鱼用杀虫剂绝大多数为化学药品，致使鱼类寄生虫耐药性不断增强，其作用及效果不甚理想，并且严重影响鱼的正常生长发育及成活率，使养殖效益下降。有的甚至使用高效剧毒农药来杀灭鱼体寄生虫，增加了环境污染及鱼体内残毒，严重影响了人体健康。利用中草药来杀治鱼体寄生虫成本低、不影响鱼类生长速度和产量，比用化学药品杀灭鱼体寄生虫可提高养殖效益（每 667 平方米）30％左右，而且无副作用，防治效果好。

水霉臭灵丹（7）

[方源]《中兽医医药杂志》。

[组成] 采自野生状态下的臭灵丹鲜草。

[功效] 清热解毒，消炎杀菌。用于治疗鱼体水霉病，成本低。

[制法] 将臭灵丹鲜草阴干、粉碎为细粉，或煎水后备用。

[用法用量] 将本品粉剂或水剂，倒入池水中，使池水药物的终浓度为 0.05％。

[临床应用] 将浓度为 0.05％药袋组的药袋放入鱼缸后，鱼群在水中反应平静，未出现明显不适的现象。随着时间的推移，水色由开始的透明无色变为淡绿色。煎剂组的水色也发生混浊。第 4 天煎剂组、药袋组各死鱼 2 条；对照组则分别于第 3 天和第 5 天各死鱼 2 条。说明本品对病鱼的治愈作用显著。

[注意事项] 鱼的水霉病，又叫肤霉病或白毛病，在淡水域中广泛存在，一年四季都可

发生，以早春、晚冬最为流行。在我国从南到北都有发生，各种饲养鱼类都可感染，特别在密养的越冬池最容易发生本病。之前对该病的防治主要以预防和化学药剂为主，这样不仅提高了成本，而且还给环境造成污染，危害人类的安全。为此，采用臭灵丹来防治本病，不仅对环境污染小、经济易得、安全有效，而且还可绿化鱼塘、改善环境，值得推广应用。

凉血解毒散（8）

[方源]《福建农业大学学报》。

[组成] 黄芩、大黄、金银花、连翘、龙胆草、板蓝根、地骨皮、山豆根、五倍子、辣蓼、筋骨草、甘草等。

[功效] 清热解毒，凉血止血。用于治疗鳖的红脖子病。

[制法] 将诸药按一定配比干燥、粉碎后，过30目筛、分装备用，或按每升水加1千克药直接煎成煎剂备用。

[用法用量] 将本品按饲料的2%添加，拌于饲料中饲喂。

[临床应用] 对1250只平均只重0.8千克的中华鳖采用本品进行饲喂观察。结果显示，中药添加组治疗鳖的红脖子病，一般在用药3天后就能控制住病情，死鳖减少，病鳖明显好转，5天后已没有死鳖出现，多数在7天左右痊愈。添加3%的效果比2%好，康复率也高。添加1个月后追访，饲喂中药的鳖生长发育正常，没再出现任何疾病，而对照组死鳖不断增多。3个月后，鳖出栏上市时随访，中药添加组鳖平均只重比对照组增加30克以上。作为预防时，中草药添加组从添加该药到出栏为止，都没有出现红脖子病；而没有加药的对照组则在红脖子病流行季节，曾发生过多起红脖子病和其他疾病。

[注意事项] 采用本品治疗过的鳖的出栏重都高于对照组，说明中草药也可作为增重促进剂，故具有较高的经济效益。添加1%的量可达到防治效果，添加3%的量其治疗效果最佳。

清瘟败毒饮（9）

[方源]《中兽医学杂志》。

[组成] 生石膏2000克，知母750克，黄连750克，黄芩750克，赤芍750克，板蓝根2000克，大青叶1500克，生地黄500克，丹皮750克，玄参750克，蚤休750克。

[功效] 清热解毒，凉血泻火。防治草鱼出血证。

[制法] 共为细末。

[用法用量] 按鱼体重的0.3%在饲料中添加，做成药饵饲喂，连用3～5天。

[临床应用] 姜德山等[117] 对4000尾平均尾重0.4千克的出血病症草鱼采用本品进行治疗。给药前草鱼离群独游或靠岸独处，摄食量明显减少，每天死亡40～50尾，给予水体消毒剂和口服消炎药数日无效。病鱼鱼体黑暗，鱼鳃、头顶、鳍条基部明显充血，肠道广泛性出血，肠黏膜脱落，肝脏肿大、质脆，呈土黄色或褐色，并有针尖大小的出血点。立即采用本品治疗，结果用药3天后，仅死亡3～4尾，用药5天后未见死亡，至出塘时也未见复发，临床疗效显著。

[注意事项] 本方由白虎汤、黄连解毒汤、犀角地黄汤等加减组合而成，具有气血两清、

清热解毒的作用。方中石膏、知母清气泄热；黄连、黄芩清火解毒；生地黄、玄参清心凉营，并能养阴；赤芍、丹皮凉血活血；加之蚤休、板蓝根、大青叶以助清热解毒之效，故药证相符，达到满意的治疗效果。

复方肥蟹灵（10）

[方源]《淡水渔业》。

[组成] 复合氨基酸 0.6%、甜菜碱 0.15%、风味素 0.5%。

[功效] 诱食增味，强化食欲，促长。主要用于提高蟹的生长性能。

[制法] 将各成分与饲料混匀后，用绞肉机压制成直径为 2 毫米、长度为 1 厘米的圆柱状颗粒饲料，晒干备用。

[用法用量] 每日投饲本品 2 次，投饲量为饵料的 5%～7%，连续饲喂 45 天。

[临床应用] 徐增洪等[118] 对 7～10 克的 36 只长江天然河蟹采用本品进行了饲喂观察。结果显示，添加组河蟹的增重率最大为 120.5%，其脱壳率也高达 70.8%，饲料系数为5.1，与对照组比较有着显著性差异。说明用本品添加饲喂鱼类，可以显著提高其增重率。

[注意事项] 诱食剂作为一种非营养性添加剂，能改善饲料的品质，提高饲料利用率，降低饲料成本，增加养殖收益。本品材料丰富、制作方便，各养殖企业或用户可以根据自身原材料情况酌情选用配制。

杜蒜壮鱼散（11）

[方源]《湖南农业大学学报》。

[组成] 杜仲叶，大蒜素。

[功效] 补肝强肾，诱食壮膘，抗病毒，提高免疫力。

[制法] 将秋末采集的杜仲叶烘干、粉碎、过孔径为 0.125 毫米的筛，分装备用，再与大蒜素混合制成复方制剂。

[用法用量] 将本品按 4% 的比例添加于饲料中，拌匀饲喂。

[临床应用] 有协同抑菌作用。添加药物能显著提高草鱼的相对生长率与肌肉中蛋白质含量，显著降低脂肪含量，不影响草鱼的体形与肾脏指数，但可显著降低内脏、肠与肝脏指数。0.04%～0.08% 的复方制剂对促进生长、改善肌肉品质及提高草鱼的含肉率具有协同作用。本品是提高草鱼免疫力、促生长及改善肌肉品质的高效添加剂。

[注意事项] 杜仲性味平和，补益肝肾，诸无所忌，是我国特有的木本植物，其入药已有两千多年的历史。日本学者在饲料中添加一定量的杜仲叶粉饲喂鳗鱼，可促进其新陈代谢、改善肉质、提高成活率。说明杜仲叶粉作为鱼类饲料添加剂，可加快鱼的生长速度，是一种值得开发推广的鱼用中草药饲料添加剂。

芩香鲫鱼散（12）

[方源]《饲料工业》。

[组成] 党参、黄芩、小茴香等。

[功效] 健脾益气，诱食增重。用于诱食促长，促进鲫鱼的生长。

[制法] 将各药称好后加水浸泡 1 小时，按每 20 克中药加水 1 升，大火煮 0.5 小时得滤液，重复 2 次。合并滤液，浓缩至 200 毫升备用。

[用法用量] 按 1% 的比例将本品与各饲料组分均匀混合，制成粒径 1.2～1.5 毫米的饲料，每日按 3% 的投饵率，分 3 次定时定量投喂。

[临床应用] 用于鲫鱼增重。段铭等[119] 对每尾均重 15.69 克的 60 尾鲫鱼采用本品进行 30 天的饲喂观察。结果发现：添加组每尾平均增重 6.48 克，增重率 42%，生长率 1.17%；同期的黄霉素对照组每尾平均增重 5 克，增重率 27.9%，生长率 0.82%；同期的空白对照组每尾平均仅增重 3 克，增重率为 20.5%，生长率也只有 0.62%。中草药添加组较空白对照组增重率高 21.5%，比黄霉素组高 14.1%，表现出明显的增重作用。

[注意事项] 本品作为鱼的纯中草药饲料添加剂，其增重效果佳，添加效应好于黄霉素。若在方中酌加抗菌促长、消导增重、增强免疫、弱化应激等药物，效果将会更好。

复方鱼康灵（13）

[方源]《内陆水产》。

[组成] 枳实、当归、丹参、党参各 30～40 克，辣蓼、艾叶、茵陈、石菖蒲各 40～50 克，麦芽 200 克，蒲公英、神曲、贯众各 120 克，附子、石斛各 30～40 克，地龙、蛇干各 50～100 克/蜈蚣或全蝎 7～10 克，炉甘石、蜂房各 50 克，代赭石 40～50 克。

[功效] 促进生长、预防疾病。主要用于促进草鱼和鲤鱼的生长。

[制法] 将以上各药，按植物、动物、矿物不同类型分别粉碎过筛，单独存放，然后将各类药物混匀备用。

[用法用量] 临用前加水少量浸泡 1～2 小时后按饲料用量的 4%，连水均匀地混入粉状的配合饲料中，加工成软颗粒料喂鱼，每日投喂 2～3 次。

[临床应用] 程祥东[120] 对草鱼和鲤鱼采用本品来加速网箱中草鱼和鲤鱼的生长，提高饵料的利用率，节约饵料 25%，并可提高产量 20%～30%，还可提高鱼类抵抗力。

[注意事项] 发现有鱼病征兆时，加大上述用量的 2 倍以上，连用 1 周基本可以防治。如果配合饲料中动物性饲料太少，应加入部分氨基酸（占饲料的 0.2%）；饲养鲤鱼和不投青料的草鱼时，每千克饵料补充添加剂 20～30 克，或补充部分鱼用多维；矿物质类中药不足或不全时，可用部分鱼用矿物添加剂代替，用量为 0.3%～0.4%。

复习思考题

1. 简述常用防病保健方与提高生产性能方的来源、制法。
2. 常用防病保健方与提高生产性能方的组成与功效有哪些？
3. 叙述常用防病保健方与提高生产性能的临床应用及注意事项。
4. 简述反刍动物中药饲料添加剂常用复方的来源、制法。
5. 反刍动物中药饲料添加剂常用复方的组成与功效有哪些？
6. 简述反刍动物中药饲料添加剂常用复方的用法、用量。
7. 叙述反刍动物中药饲料添加剂常用复方的临床应用及注意事项。
8. 简述单胃动物中药饲料添加剂常用复方的来源、制法。
9. 单胃动物中药饲料添加剂常用复方的组成及功效有哪些？

10. 简述单胃动物中药饲料添加剂常用复方的用法、用量。

11. 叙述单胃动物中药饲料添加剂常用复方的临床应用及注意事项。

12. 简述禽类动物中药饲料添加剂常用复方的来源、制法。

13. 禽类动物中药饲料添加剂常用复方的组成、功效有哪些？

14. 简述禽类动物中药饲料添加剂常用复方的用法、用量。

15. 叙述禽类动物中药饲料添加剂的常用复方的临床应用及注意事项。

16. 简述水产类动物中药饲料添加剂常用复方的来源、制法。

17. 水产类动物中药饲料添加剂常用复方的组成、功效有哪些？

18. 简述水产类动物中药饲料添加剂常用复方的用法用量。

19. 叙述水产类动物中药饲料添加剂常用复方的临床应用及注意事项。

附　　录

附录 1　饲料和饲料添加剂管理条例

（国务院令第 609 号）（2017 年修正本）

第一章　总　　则

第一条　为了加强对饲料、饲料添加剂的管理，提高饲料、饲料添加剂的质量，保障动物产品质量安全，维护公众健康，制定本条例。

第二条　本条例所称饲料，是指经工业化加工、制作的供动物食用的产品，包括单一饲料、添加剂预混合饲料、浓缩饲料、配合饲料和精料补充料。

本条例所称饲料添加剂，是指在饲料加工、制作、使用过程中添加的少量或者微量物质，包括营养性饲料添加剂和一般饲料添加剂。

饲料原料目录和饲料添加剂品种目录由国务院农业行政主管部门制定并公布。

第三条　国务院农业行政主管部门负责全国饲料、饲料添加剂的监督管理工作。县级以上地方人民政府负责饲料、饲料添加剂管理的部门（以下简称饲料管理部门），负责本行政区域饲料、饲料添加剂的监督管理工作。

第四条　县级以上地方人民政府统一领导本行政区域饲料、饲料添加剂的监督管理工作，建立健全监督管理机制，保障监督管理工作的开展。

第五条　饲料、饲料添加剂生产企业、经营者应当建立健全质量安全制度，对其生产、经营的饲料、饲料添加剂的质量安全负责。

第六条　任何组织或者个人有权举报在饲料、饲料添加剂生产、经营、使用过程中违反本条例的行为，有权对饲料、饲料添加剂监督管理工作提出意见和建议。

第二章　审定和登记

第七条　国家鼓励研制新饲料、新饲料添加剂。

研制新饲料、新饲料添加剂，应当遵循科学、安全、有效、环保的原则，保证新饲料、新饲料添加剂的质量安全。

第八条　研制的新饲料、新饲料添加剂投入生产前，研制者或者生产企业应当向国务院农业行政主管部门提出审定申请，并提供该新饲料、新饲料添加剂的样品和下列资料：

（一）名称、主要成分、理化性质、研制方法、生产工艺、质量标准、检测方法、检验报告、稳定性试验报告、环境影响报告和污染防治措施；

（二）国务院农业行政主管部门指定的试验机构出具的该新饲料、新饲料添加剂的饲喂效果、残留消解动态以及毒理学安全性评价报告。

申请新饲料添加剂审定的，还应当说明该新饲料添加剂的添加目的、使用方法，并提供该饲料添加剂残留可能对人体健康造成影响的分析评价报告。

第九条　国务院农业行政主管部门应当自受理申请之日起 5 个工作日内，将新饲料、新饲料添加剂的样品和申请资料交给全国饲料评审委员会，对该新饲料、新饲料添加剂的安全性、有效性及其对环境的影响进行评审。

全国饲料评审委员会由养殖、饲料加工、动物营养、毒理、药理、代谢、卫生、化工合成、生物技术、质量标准、环境保护、食品安全风险评估等方面的专家组成。全国饲料评审委员会对新饲料、新饲料添加剂的评审采取评审会议的形式，评审会议应当有9名以上全国饲料评审委员会专家参加，根据需要也可以邀请1至2名全国饲料评审委员会专家以外的专家参加，参加评审的专家对评审事项具有表决权。评审会议应当形成评审意见和会议纪要，并由参加评审的专家审核签字；有不同意见的，应当注明。参加评审的专家应当依法公平、公正履行职责，对评审资料保密，存在回避事由的，应当主动回避。

全国饲料评审委员会应当自收到新饲料、新饲料添加剂的样品和申请资料之日起9个月内出具评审结果并提交国务院农业行政主管部门；但是，全国饲料评审委员会决定由申请人进行相关试验的，经国务院农业行政主管部门同意，评审时间可以延长3个月。

国务院农业行政主管部门应当自收到评审结果之日起10个工作日内作出是否核发新饲料、新饲料添加剂证书的决定；决定不予核发的，应当书面通知申请人并说明理由。

第十条 国务院农业行政主管部门核发新饲料、新饲料添加剂证书，应当同时按照职责权限公布该新饲料、新饲料添加剂的产品质量标准。

第十一条 新饲料、新饲料添加剂的监测期为5年。新饲料、新饲料添加剂处于监测期的，不受理其他就该新饲料、新饲料添加剂的生产申请和进口登记申请，但超过3年不投入生产的除外。

生产企业应当收集处于监测期的新饲料、新饲料添加剂的质量稳定性及其对动物产品质量安全的影响等信息，并向国务院农业行政主管部门报告；国务院农业行政主管部门应当对新饲料、新饲料添加剂的质量安全状况组织跟踪监测，证实其存在安全问题的，应当撤销新饲料、新饲料添加剂证书并予以公告。

第十二条 向中国出口中国境内尚未使用但出口国已经批准生产和使用的饲料、饲料添加剂的，由出口方的驻中国境内的办事机构或者其委托的中国境内代理机构向国务院农业行政主管部门申请登记，并提供该饲料、饲料添加剂的样品和下列资料：

（一）商标、标签和推广应用情况；

（二）生产地批准生产、使用的证明和生产地以外其他国家、地区的登记资料；

（三）主要成分、理化性质、研制方法、生产工艺、质量标准、检测方法、检验报告、稳定性试验报告、环境影响报告和污染防治措施；

（四）国务院农业行政主管部门指定的试验机构出具的该饲料、饲料添加剂的饲喂效果、残留消解动态以及毒理学安全性评价报告。

申请饲料添加剂进口登记的，还应当说明该饲料添加剂的添加目的、使用方法，并提供该饲料添加剂残留可能对人体健康造成影响的分析评价报告。

国务院农业行政主管部门应当依照本条例第九条规定的新饲料、新饲料添加剂的评审程序组织评审，并决定是否核发饲料、饲料添加剂进口登记证。

首次向中国出口中国境内已经使用且出口国已经批准生产和使用的饲料、饲料添加剂的，应当依照本条第一款、第二款的规定申请登记。国务院农业行政主管部门应当自受理申请之日起10个工作日内对申请资料进行审查；审查合格的，将样品交由指定的机构进行复核检测；复核检测合格的，国务院农业行政主管部门应当在10个工作日内核发饲料、饲料添加剂进口登记证。

饲料、饲料添加剂进口登记证有效期为5年。进口登记证有效期满需要继续向中国出口饲料、饲料添加剂的，应当在有效期届满6个月前申请续展。

禁止进口未取得饲料、饲料添加剂进口登记证的饲料、饲料添加剂。

第十三条 国家对已经取得新饲料、新饲料添加剂证书或者饲料、饲料添加剂进口登记证的、含有新化合物的饲料、饲料添加剂的申请人提交的其自己所取得且未披露的试验数据和其他数据实施保护。

自核发证书之日起6年内，对其他申请人未经已经取得新饲料、新饲料添加剂证书或者饲料、饲料添加剂进口登记证的申请人同意，使用前款规定的数据申请新饲料、新饲料添加剂审定或者饲料、饲料添加剂进口登记的，国务院农业行政主管部门不予审定或者登记；但是，其他申请人提交其自己所取得的数据的除外。

除下列情形外，国务院农业行政主管部门不得披露本条第一款规定的数据：

（一）公共利益需要；

（二）已采取措施确保该类信息不会被不正当地进行商业使用。

第三章　生产、经营和使用

第十四条　设立饲料、饲料添加剂生产企业，应当符合饲料工业发展规划和产业政策，并具备下列条件：

（一）有与生产饲料、饲料添加剂相适应的厂房、设备和仓储设施；

（二）有与生产饲料、饲料添加剂相适应的专职技术人员；

（三）有必要的产品质量检验机构、人员、设施和质量管理制度；

（四）有符合国家规定的安全、卫生要求的生产环境；

（五）有符合国家环境保护要求的污染防治措施；

（六）国务院农业行政主管部门制定的饲料、饲料添加剂质量安全管理规范规定的其他条件。

第十五条　申请从事饲料、饲料添加剂生产的企业，申请人应当向省、自治区、直辖市人民政府饲料管理部门提出申请。省、自治区、直辖市人民政府饲料管理部门应当自受理申请之日起 10 个工作日内进行书面审查；审查合格的，组织进行现场审核，并根据审核结果在 10 个工作日内作出是否核发生产许可证的决定。

生产许可证有效期为 5 年。生产许可证有效期满需要继续生产饲料、饲料添加剂的，应当在有效期届满 6 个月前申请续展。

第十六条　饲料添加剂、添加剂预混合饲料生产企业取得生产许可证后，由省、自治区、直辖市人民政府饲料管理部门按照国务院农业行政主管部门的规定，核发相应的产品批准文号。

第十七条　饲料、饲料添加剂生产企业应当按照国务院农业行政主管部门的规定和有关标准，对采购的饲料原料、单一饲料、饲料添加剂、药物饲料添加剂、添加剂预混合饲料和用于饲料添加剂生产的原料进行查验或者检验。

饲料生产企业使用限制使用的饲料原料、单一饲料、饲料添加剂、药物饲料添加剂、添加剂预混合饲料生产饲料的，应当遵守国务院农业行政主管部门的限制性规定。禁止使用国务院农业行政主管部门公布的饲料原料目录、饲料添加剂品种目录和药物饲料添加剂品种目录以外的任何物质生产饲料。

饲料、饲料添加剂生产企业应当如实记录采购的饲料原料、单一饲料、饲料添加剂、药物饲料添加剂、添加剂预混合饲料和用于饲料添加剂生产的原料的名称、产地、数量、保质期、许可证明文件编号、质量检验信息、生产企业名称或者供货者名称及其联系方式、进货日期等。记录保存期限不得少于 2 年。

第十八条　饲料、饲料添加剂生产企业，应当按照产品质量标准以及国务院农业行政主管部门制定的饲料、饲料添加剂质量安全管理规范和饲料添加剂安全使用规范组织生产，对生产过程实施有效控制并实行生产记录和产品留样观察制度。

第十九条　饲料、饲料添加剂生产企业应当对生产的饲料、饲料添加剂进行产品质量检验；检验合格的，应当附具产品质量检验合格证。未经产品质量检验、检验不合格或者未附具产品质量检验合格证的，不得出厂销售。

饲料、饲料添加剂生产企业应当如实记录出厂销售的饲料、饲料添加剂的名称、数量、生产日期、生产批次、质量检验信息、购货者名称及其联系方式、销售日期等。记录保存期限不得少于 2 年。

第二十条　出厂销售的饲料、饲料添加剂应当包装，包装应当符合国家有关安全、卫生的规定。

饲料生产企业直接销售给养殖者的饲料可以使用罐装车运输。罐装车应当符合国家有关安全、卫生的规定，并随罐装车附具符合本条例第二十一条规定的标签。

易燃或者其他特殊的饲料、饲料添加剂的包装应当有警示标志或者说明，并注明储运注意事项。

第二十一条　饲料、饲料添加剂的包装上应当附具标签。标签应当以中文或者适用符号标明产品名称、原料组成、产品成分分析保证值、净重或者净含量、贮存条件、使用说明、注意事项、生产日期、保质期、生产企业名称以及地址、许可证明文件编号和产品质量标准等。加入药物饲料添加剂的，还应当标明"加入药物饲料添加剂"字样，并标明其通用名称、含量和休药期。乳和乳制品以外的动物源性饲料，还应当标明"本产品不得饲喂反刍动物"字样。

第二十二条 饲料、饲料添加剂经营者应当符合下列条件：

（一）有与经营饲料、饲料添加剂相适应的经营场所和仓储设施；

（二）有具备饲料、饲料添加剂使用、贮存等知识的技术人员；

（三）有必要的产品质量管理和安全管理制度。

第二十三条 饲料、饲料添加剂经营者进货时应当查验产品标签、产品质量检验合格证和相应的许可证明文件。

饲料、饲料添加剂经营者不得对饲料、饲料添加剂进行拆包、分装，不得对饲料、饲料添加剂进行再加工或者添加任何物质。

禁止经营用国务院农业行政主管部门公布的饲料原料目录、饲料添加剂品种目录和药物饲料添加剂品种目录以外的任何物质生产的饲料。

饲料、饲料添加剂经营者应当建立产品购销台账，如实记录购销产品的名称、许可证明文件编号、规格、数量、保质期、生产企业名称或者供货者名称及其联系方式、购销时间等。购销台账保存期限不得少于2年。

第二十四条 向中国出口的饲料、饲料添加剂应当包装，包装应当符合中国有关安全、卫生的规定，并附具符合本条例第二十一条规定的标签。

向中国出口的饲料、饲料添加剂应当符合中国有关检验检疫的要求，由出入境检验检疫机构依法实施检验检疫，并对其包装和标签进行核查。包装和标签不符合要求的，不得入境。

境外企业不得直接在中国销售饲料、饲料添加剂。境外企业在中国销售饲料、饲料添加剂的，应当依法在中国境内设立销售机构或者委托符合条件的中国境内代理机构销售。

第二十五条 养殖者应当按照产品使用说明和注意事项使用饲料。在饲料或者动物饮用水中添加饲料添加剂的，应当符合饲料添加剂使用说明和注意事项的要求，遵守国务院农业行政主管部门制定的饲料添加剂安全使用规范。

养殖者使用自行配制的饲料的，应当遵守国务院农业行政主管部门制定的自行配制饲料使用规范，并不得对外提供自行配制的饲料。

使用限制使用的物质养殖动物的，应当遵守国务院农业行政主管部门的限制性规定。禁止在饲料、动物饮用水中添加国务院农业行政主管部门公布禁用的物质以及对人体具有直接或者潜在危害的其他物质，或者直接使用上述物质养殖动物。禁止在反刍动物饲料中添加乳和乳制品以外的动物源性成分。

第二十六条 国务院农业行政主管部门和县级以上地方人民政府饲料管理部门应当加强饲料、饲料添加剂质量安全知识的宣传，提高养殖者的质量安全意识，指导养殖者安全、合理使用饲料、饲料添加剂。

第二十七条 饲料、饲料添加剂在使用过程中被证实对养殖动物、人体健康或者环境有害的，由国务院农业行政主管部门决定禁用并予以公布。

第二十八条 饲料、饲料添加剂生产企业发现其生产的饲料、饲料添加剂对养殖动物、人体健康有害或者存在其他安全隐患的，应当立即停止生产，通知经营者、使用者，向饲料管理部门报告，主动召回产品，并记录召回和通知情况。召回的产品应当在饲料管理部门监督下予以无害化处理或者销毁。

饲料、饲料添加剂经营者发现其销售的饲料、饲料添加剂具有前款规定情形的，应当立即停止销售，通知生产企业、供货者和使用者，向饲料管理部门报告，并记录通知情况。

养殖者发现其使用的饲料、饲料添加剂具有本条第一款规定情形的，应当立即停止使用，通知供货者，并向饲料管理部门报告。

第二十九条 禁止生产、经营、使用未取得新饲料、新饲料添加剂证书的新饲料、新饲料添加剂以及禁用的饲料、饲料添加剂。

禁止经营、使用无产品标签、无生产许可证、无产品质量标准、无产品质量检验合格证的饲料、饲料添加剂。禁止经营、使用无产品批准文号的饲料添加剂、添加剂预混合饲料。禁止经营、使用未取得饲料、饲料添加剂进口登记证的进口饲料、进口饲料添加剂。

第三十条 禁止对饲料、饲料添加剂作具有预防或者治疗动物疾病作用的说明或者宣传。但是，饲料中添加药物饲料添加剂的，可以对所添加的药物饲料添加剂的作用加以说明。

第三十一条 国务院农业行政主管部门和省、自治区、直辖市人民政府饲料管理部门应当按照职责权限对全国或者本行政区域饲料、饲料添加剂的质量安全状况进行监测，并根据监测情况发布饲料、饲料添加剂质量安全预警信息。

第三十二条 国务院农业行政主管部门和县级以上地方人民政府饲料管理部门，应当根据需要定期或者不定期组织实施饲料、饲料添加剂监督抽查；饲料、饲料添加剂监督抽查检测工作由国务院农业行政主管部门或者省、自治区、直辖市人民政府饲料管理部门指定的具有相应技术条件的机构承担。饲料、饲料添加剂监督抽查不得收费。

国务院农业行政主管部门和省、自治区、直辖市人民政府饲料管理部门应当按照职责权限公布监督抽查结果，并可以公布具有不良记录的饲料、饲料添加剂生产企业、经营者名单。

第三十三条 县级以上地方人民政府饲料管理部门应当建立饲料、饲料添加剂监督管理档案，记录日常监督检查、违法行为查处等情况。

第三十四条 国务院农业行政主管部门和县级以上地方人民政府饲料管理部门在监督检查中可以采取下列措施：

（一）对饲料、饲料添加剂生产、经营、使用场所实施现场检查；

（二）查阅、复制有关合同、票据、账簿和其他相关资料；

（三）查封、扣押有证据证明用于违法生产饲料的饲料原料、单一饲料、饲料添加剂、药物饲料添加剂、添加剂预混合饲料，用于违法生产饲料添加剂的原料，用于违法生产饲料、饲料添加剂的工具、设施、违法生产、经营、使用的饲料、饲料添加剂；

（四）查封违法生产、经营饲料、饲料添加剂的场所。

第四章 法律责任

第三十五条 国务院农业行政主管部门、县级以上地方人民政府饲料管理部门或者其他依照本条例规定行使监督管理权的部门及其工作人员，不履行本条例规定的职责或者滥用职权、玩忽职守、徇私舞弊的，对直接负责的主管人员和其他直接责任人员，依法给予处分；直接负责的主管人员和其他直接责任人员构成犯罪的，依法追究刑事责任。

第三十六条 提供虚假的资料、样品或者采取其他欺骗方式取得许可证明文件的，由发证机关撤销相关许可证明文件，处 5 万元以上 10 万元以下罚款，申请人 3 年内不得就同一事项申请行政许可。以欺骗方式取得许可证明文件给他人造成损失的，依法承担赔偿责任。

第三十七条 假冒、伪造或者买卖许可证明文件的，由国务院农业行政主管部门或者县级以上地方人民政府饲料管理部门按照职责权限收缴或者吊销、撤销相关许可证明文件；构成犯罪的，依法追究刑事责任。

第三十八条 未取得生产许可证生产饲料、饲料添加剂的，由县级以上地方人民政府饲料管理部门责令停止生产，没收违法所得、违法生产的产品和用于违法生产饲料的饲料原料、单一饲料、饲料添加剂、药物饲料添加剂、添加剂预混合饲料以及用于违法生产饲料添加剂的原料，违法生产的产品货值金额不足1 万元的，并处 1 万元以上 5 万元以下罚款，货值金额 1 万元以上的，并处货值金额 5 倍以上 10 倍以下罚款；情节严重的，没收其生产设备，生产企业的主要负责人和直接负责的主管人员 10 年内不得从事饲料、饲料添加剂生产、经营活动。

已经取得生产许可证，但不再具备本条例第十四条规定的条件而继续生产饲料、饲料添加剂的，由县级以上地方人民政府饲料管理部门责令停止生产、限期改正，并处 1 万元以上 5 万元以下罚款；逾期不改正的，由发证机关吊销生产许可证。

已经取得生产许可证，但未取得产品批准文号而生产饲料添加剂、添加剂预混合饲料的，由县级以上地方人民政府饲料管理部门责令停止生产，没收违法所得、违法生产的产品和用于违法生产饲料的饲料原料、单一饲料、饲料添加剂、药物饲料添加剂以及用于违法生产饲料添加剂的原料，限期补办产品批准文号，并处违法生产的产品货值金额 1 倍以上 3 倍以下罚款；情节严重的，由发证机关吊销生产许可证。

第三十九条　饲料、饲料添加剂生产企业有下列行为之一的，由县级以上地方人民政府饲料管理部门责令改正，没收违法所得、违法生产的产品和用于违法生产饲料的饲料原料、单一饲料、饲料添加剂、药物饲料添加剂、添加剂预混合饲料以及用于违法生产饲料添加剂的原料，违法生产的产品货值金额不足1万元的，并处1万元以上5万元以下罚款，货值金额1万元以上的，并处货值金额5倍以上10倍以下罚款；情节严重的，由发证机关吊销、撤销相关许可证明文件，生产企业的主要负责人和直接负责的主管人员10年内不得从事饲料、饲料添加剂生产、经营活动；构成犯罪的，依法追究刑事责任：

（一）使用限制使用的饲料原料、单一饲料、饲料添加剂、药物饲料添加剂、添加剂预混合饲料生产饲料，不遵守国务院农业行政主管部门的限制性规定的；

（二）使用国务院农业行政主管部门公布的饲料原料目录、饲料添加剂品种目录和药物饲料添加剂品种目录以外的物质生产饲料的；

（三）生产未取得新饲料、新饲料添加剂证书的新饲料、新饲料添加剂或者禁用的饲料、饲料添加剂的。

第四十条　饲料、饲料添加剂生产企业有下列行为之一的，由县级以上地方人民政府饲料管理部门责令改正，处1万元以上2万元以下罚款；拒不改正的，没收违法所得、违法生产的产品和用于违法生产饲料的饲料原料、单一饲料、饲料添加剂、药物饲料添加剂、添加剂预混合饲料以及用于违法生产饲料添加剂的原料，并处5万元以上10万元以下罚款；情节严重的，责令停止生产，可以由发证机关吊销、撤销相关许可证明文件：

（一）不按照国务院农业行政主管部门的规定和有关标准对采购的饲料原料、单一饲料、饲料添加剂、药物饲料添加剂、添加剂预混合饲料和用于饲料添加剂生产的原料进行查验或者检验的；

（二）饲料、饲料添加剂生产过程中不遵守国务院农业行政主管部门制定的饲料、饲料添加剂质量安全管理规范和饲料添加剂安全使用规范的；

（三）生产的饲料、饲料添加剂未经产品质量检验的。

第四十一条　饲料、饲料添加剂生产企业不依照本条例规定实行采购、生产、销售记录制度或者产品留样观察制度的，由县级以上地方人民政府饲料管理部门责令改正，处1万元以上2万元以下罚款；拒不改正的，没收违法所得、违法生产的产品和用于违法生产饲料的饲料原料、单一饲料、饲料添加剂、药物饲料添加剂、添加剂预混合饲料以及用于违法生产饲料添加剂的原料，处2万元以上5万元以下罚款，并可以由发证机关吊销、撤销相关许可证明文件。

饲料、饲料添加剂生产企业销售的饲料、饲料添加剂未附具产品质量检验合格证或者包装、标签不符合规定的，由县级以上地方人民政府饲料管理部门责令改正；情节严重的，没收违法所得和违法销售的产品，可以处违法销售的产品货值金额30％以下罚款。

第四十二条　不符合本条例第二十二条规定的条件经营饲料、饲料添加剂的，由县级人民政府饲料管理部门责令限期改正；逾期不改正的，没收违法所得和违法经营的产品，违法经营的产品货值金额不足1万元的，并处2000元以上2万元以下罚款，货值金额1万元以上的，并处货值金额2倍以上5倍以下罚款；情节严重的，责令停止经营，并通知工商行政管理部门，由工商行政管理部门吊销营业执照。

第四十三条　饲料、饲料添加剂经营者有下列行为之一的，由县级人民政府饲料管理部门责令改正，没收违法所得和违法经营的产品，违法经营的产品货值金额不足1万元的，并处2000元以上2万元以下罚款，货值金额1万元以上的，并处货值金额2倍以上5倍以下罚款；情节严重的，责令停止经营，并通知工商行政管理部门，由工商行政管理部门吊销营业执照；构成犯罪的，依法追究刑事责任：

（一）对饲料、饲料添加剂进行再加工或者添加物质的；

（二）经营无产品标签、无生产许可证、无产品质量检验合格证的饲料、饲料添加剂的；

（三）经营无产品批准文号的饲料添加剂、添加剂预混合饲料的；

（四）经营用国务院农业行政主管部门公布的饲料原料目录、饲料添加剂品种目录和药物饲料添加剂品种目录以外的物质生产的饲料的；

（五）经营未取得新饲料、新饲料添加剂证书的新饲料、新饲料添加剂或者未取得饲料、饲料添加剂进口登记证的进口饲料、进口饲料添加剂以及禁用的饲料、饲料添加剂的。

第四十四条　饲料、饲料添加剂经营者有下列行为之一的，由县级人民政府饲料管理部门责令改正，没收违法所得和违法经营的产品，并处 2000 元以上 1 万元以下罚款：

（一）对饲料、饲料添加剂进行拆包、分装的；

（二）不依照本条例规定实行产品购销台账制度的；

（三）经营的饲料、饲料添加剂失效、霉变或者超过保质期的。

第四十五条　对本条例第二十八条规定的饲料、饲料添加剂，生产企业不主动召回的，由县级以上地方人民政府饲料管理部门责令召回，并监督生产企业对召回的产品予以无害化处理或者销毁；情节严重的，没收违法所得，并处应召回的产品货值金额 1 倍以上 3 倍以下罚款，可以由发证机关吊销、撤销相关许可证明文件；生产企业对召回的产品不予以无害化处理或者销毁的，由县级人民政府饲料管理部门代为销毁，所需费用由生产企业承担。

对本条例第二十八条规定的饲料、饲料添加剂，经营者不停止销售的，由县级以上地方人民政府饲料管理部门责令停止销售；拒不停止销售的，没收违法所得，处 1000 元以上 5 万元以下罚款；情节严重的，责令停止经营，并通知工商行政管理部门，由工商行政管理部门吊销营业执照。

第四十六条　饲料、饲料添加剂生产企业、经营者有下列行为之一的，由县级以上地方人民政府饲料管理部门责令停止生产、经营，没收违法所得和违法生产、经营的产品，违法生产、经营的产品货值金额不足 1 万元的，并处 2000 元以上 2 万元以下罚款，货值金额 1 万元以上的，并处货值金额 2 倍以上 5 倍以下罚款；构成犯罪的，依法追究刑事责任：

（一）在生产、经营过程中，以非饲料、非饲料添加剂冒充饲料、饲料添加剂或者以此种饲料、饲料添加剂冒充他种饲料、饲料添加剂的；

（二）生产、经营无产品质量标准或者不符合产品质量标准的饲料、饲料添加剂的；

（三）生产、经营的饲料、饲料添加剂与标签标示的内容不一致的。

饲料、饲料添加剂生产企业有前款规定的行为，情节严重的，由发证机关吊销、撤销相关许可证明文件；饲料、饲料添加剂经营者有前款规定的行为，情节严重的，通知工商行政管理部门，由工商行政管理部门吊销营业执照。

第四十七条　养殖者有下列行为之一的，由县级人民政府饲料管理部门没收违法使用的产品和非法添加物质，对单位处 1 万元以上 5 万元以下罚款，对个人处 5000 元以下罚款；构成犯罪的，依法追究刑事责任：

（一）使用未取得新饲料、新饲料添加剂证书的新饲料、新饲料添加剂或者未取得饲料、饲料添加剂进口登记证的进口饲料、进口饲料添加剂的；

（二）使用无产品标签、无生产许可证、无产品质量标准、无产品质量检验合格证的饲料、饲料添加剂的；

（三）使用无产品批准文号的饲料添加剂、添加剂预混合饲料的；

（四）在饲料或者动物饮用水中添加饲料添加剂，不遵守国务院农业行政主管部门制定的饲料添加剂安全使用规范的；

（五）使用自行配制的饲料，不遵守国务院农业行政主管部门制定的自行配制饲料使用规范的；

（六）使用限制使用的物质养殖动物，不遵守国务院农业行政主管部门的限制性规定的；

（七）在反刍动物饲料中添加乳和乳制品以外的动物源性成分的。

在饲料或者动物饮用水中添加国务院农业行政主管部门公布禁用的物质以及对人体具有直接或者潜在危害的其他物质，或者直接使用上述物质养殖动物的，由县级以上地方人民政府饲料管理部门责令其对饲喂了违禁物质的动物进行无害化处理，处 3 万元以上 10 万元以下罚款；构成犯罪的，依法追究刑事责任。

第四十八条　养殖者对外提供自行配制的饲料的，由县级人民政府饲料管理部门责令改正，处 2000 元以上 2 万元以下罚款。

第五章　附　　则

第四十九条　本条例下列用语的含义：

（一）饲料原料，是指来源于动物、植物、微生物或者矿物质，用于加工制作饲料但不属于饲料添加剂的饲用物质。

（二）单一饲料，是指来源于一种动物、植物、微生物或者矿物质，用于饲料产品生产的饲料。

（三）添加剂预混合饲料，是指由两种（类）或者两种（类）以上营养性饲料添加剂为主，与载体或者稀释剂按照一定比例配制的饲料，包括复合预混合饲料、微量元素预混合饲料、维生素预混合饲料。

（四）浓缩饲料，是指主要由蛋白质、矿物质和饲料添加剂按照一定比例配制的饲料。

（五）配合饲料，是指根据养殖动物营养需要，将多种饲料原料和饲料添加剂按照一定比例配制的饲料。

（六）精料补充料，是指为补充草食动物的营养，将多种饲料原料和饲料添加剂按照一定比例配制的饲料。

（七）营养性饲料添加剂，是指为补充饲料营养成分而掺入饲料中的少量或者微量物质，包括饲料级氨基酸、维生素、矿物质微量元素、酶制剂、非蛋白氮等。

（八）一般饲料添加剂，是指为保证或者改善饲料品质、提高饲料利用率而掺入饲料中的少量或者微量物质。

（九）药物饲料添加剂，是指为预防、治疗动物疾病而掺入载体或者稀释剂的兽药的预混合物质。

（十）许可证明文件，是指新饲料、新饲料添加剂证书，饲料、饲料添加剂进口登记证，饲料、饲料添加剂生产许可证，饲料添加剂、添加剂预混合饲料产品批准文号。

第五十条　药物饲料添加剂的管理，依照《兽药管理条例》的规定执行。

第五十一条　本条例自 2012 年 5 月 1 日起施行。

附录 2　饲料和饲料添加剂生产许可管理办法

（2012 年 5 月 2 日农业部令 2012 年第 3 号公布，2013 年 12 月 31 日农业部令 2013 年第 5 号、2016 年 5 月 30 日农业部令 2016 年第 3 号、2017 年 11 月 30 日农业部令 2017 年第 8 号、2022 年 1 月 7 日农业农村部令 2022 年第 1 号修订）

第一章　总　　则

第一条　为加强饲料、饲料添加剂生产许可管理，维护饲料、饲料添加剂生产秩序，保障饲料、饲料添加剂质量安全，根据《饲料和饲料添加剂管理条例》，制定本办法。

第二条　在中华人民共和国境内生产饲料、饲料添加剂，应当遵守本办法。

第三条　饲料和饲料添加剂生产许可证由省级人民政府饲料管理部门（以下简称省级饲料管理部门）核发。

省级饲料管理部门可以委托下级饲料管理部门承担单一饲料、浓缩饲料、配合饲料和精料补充料生产许可申请的受理工作。

第四条　农业农村部设立饲料和饲料添加剂生产许可专家委员会，负责饲料和饲料添加剂生产许可的技术支持工作。

省级饲料管理部门设立饲料和饲料添加剂生产许可证专家审核委员会，负责本行政区域内饲料和饲料添加剂生产许可的技术评审工作。

第五条　任何单位和个人有权举报生产许可过程中的违法行为，农业部和省级饲料管理部门应当依照权限核实、处理。

第二章　生产许可证核发

第六条　设立饲料、饲料添加剂生产企业，应当符合饲料工业发展规划和产业政策，并具备下列条件：

（一）有与生产饲料、饲料添加剂相适应的厂房、设备和仓储设施；

（二）有与生产饲料、饲料添加剂相适应的专职技术人员；

（三）有必要的产品质量检验机构、人员、设施和质量管理制度；

（四）有符合国家规定的安全、卫生要求的生产环境；

（五）有符合国家环境保护要求的污染防治措施；

（六）农业农村部制定的饲料、饲料添加剂质量安全管理规范规定的其他条件。

第七条　申请从事饲料、饲料添加剂生产的企业，申请人应当向生产地省级饲料管理部门提出申请。省级饲料管理部门应当自受理申请之日起 10 个工作日内进行书面审查；审查合格的，组织进行现场审核，并根据审核结果在 10 个工作日内作出是否核发生产许可证的决定。

生产许可证式样由农业农村部统一规定。

第八条　取得饲料添加剂、添加剂预混合饲料生产许可证的企业，应当向省级饲料管理部门申请核发产品批准文号。

第九条　饲料、饲料添加剂生产企业委托其他饲料、饲料添加剂企业生产的，应当具备下列条件，并向各自所在地省级饲料管理部门备案：

（一）委托产品在双方生产许可范围内；委托生产饲料添加剂、添加剂预混合饲料的，双方还应当取得委托产品的产品批准文号；

（二）签订委托合同，依法明确双方在委托产品生产技术、质量控制等方面的权利和义务。

受托方应当按照饲料、饲料添加剂质量安全管理规范和饲料添加剂安全使用规范及产品标准组织生产，委托方应当对生产全过程进行指导和监督。委托方和受托方对委托生产的饲料、饲料添加剂质量安全承担连带责任。

委托生产的产品标签应当同时标明委托企业和受托企业的名称、注册地址、许可证编号；委托生产饲料添加剂、添加剂预混合饲料的，还应当标明受托方取得的生产该产品的批准文号。

第十条　生产许可证有效期为 5 年。

生产许可证有效期满需继续生产的，应当在有效期届满 6 个月前向省级饲料管理部门提出续展申请，并提交相关材料。

第三章　生产许可证变更和补发

第十一条　饲料、饲料添加剂生产企业有下列情形之一的，应当按照企业设立程序重新办理生产许可证：

（一）增加、更换生产线的；

（二）增加单一饲料、饲料添加剂产品品种的；

（三）生产场所迁址的；

（四）农业农村部规定的其他情形。

第十二条　饲料、饲料添加剂生产企业有下列情形之一的，应当在 15 日内向企业所在地省级饲料管理部门提出变更申请并提交相关证明，由发证机关依法办理变更手续，变更后的生产许可证证号、有效期不变：

（一）企业名称变更；

（二）企业法定代表人变更；

（三）企业注册地址或注册地址名称变更；

（四）生产地址名称变更。

第十三条　生产许可证遗失或损毁的，应当在 15 日内向发证机关申请补发，由发证机关补发生产许可证。

第四章　监督管理

第十四条　饲料、饲料添加剂生产企业应当按照许可条件组织生产。生产条件发生变化，可能影响产品质量安全的，企业应当经所在地县级人民政府饲料管理部门报告发证机关。

第十五条　县级以上人民政府饲料管理部门应当加强对饲料、饲料添加剂生产企业的监督检查，依法查处违法行为，并建立饲料、饲料添加剂监督管理档案，记录日常监督检查、违法行为查处等情况。

第十六条　饲料、饲料添加剂生产企业有下列情形之一的，由发证机关注销生产许可证：

（一）生产许可证依法被撤销、撤回或依法被吊销的；

（二）生产许可证有效期届满未按规定续展的；

（三）企业停产一年以上或依法终止的；

（四）企业申请注销的；

（五）依法应当注销的其他情形。

第五章　罚　　则

第十七条　县级以上人民政府饲料管理部门工作人员，不履行本办法规定的职责或者滥用职权、玩忽职守、徇私舞弊的，依法给予处分；构成犯罪的，依法追究刑事责任。

第十八条　申请人隐瞒有关情况或者提供虚假材料申请生产许可的，饲料管理部门不予受理或者不予许可，并给予警告；申请人在 1 年内不得再次申请生产许可。

第十九条　以欺骗、贿赂等不正当手段取得生产许可证的，由发证机关撤销生产许可证，申请人在 3 年内不得再次申请生产许可；以欺骗方式取得生产许可证的，并处 5 万元以上 10 万元以下罚款；构成犯罪的，依法移送司法机关追究刑事责任。

第二十条　饲料、饲料添加剂生产企业有下列情形之一的，依照《饲料和饲料添加剂管理条例》第三十八条处罚：

（一）超出许可范围生产饲料、饲料添加剂的；

（二）生产许可证有效期届满后，未依法续展继续生产饲料、饲料添加剂的。

第二十一条　饲料、饲料添加剂生产企业采购单一饲料、饲料添加剂、药物饲料添加剂、添加剂预混合饲料，未查验相关许可证明文件的，依照《饲料和饲料添加剂管理条例》第四十条处罚。

第二十二条　其他违反本办法的行为，依照《饲料和饲料添加剂管理条例》的有关规定处罚。

第六章　附　　则

第二十三条　本办法所称添加剂预混合饲料，包括复合预混合饲料、微量元素预混合饲料、维生素预混合饲料。

复合预混合饲料，是指以矿物质微量元素、维生素、氨基酸中任何两类或两类以上的营养性饲料添加剂为主，与其他饲料添加剂、载体和（或）稀释剂按一定比例配制的均匀混合物，其中营养性饲料添加剂的含量能够满足其适用动物特定生理阶段的基本营养需求，在配合饲料、精料补充料或动物饮用水中的添加量不低于 0.1％且不高于 10％。

微量元素预混合饲料，是指两种或两种以上矿物质微量元素与载体和（或）稀释剂按一定比例配制的均匀混合物，其中矿物质微量元素含量能够满足其适用动物特定生理阶段的微量元素需求，在配合饲料、精料补充料或动物饮用水中的添加量不低于 0.1％且不高于 10％。

维生素预混合饲料，是指两种或两种以上维生素与载体和（或）稀释剂按一定比例配制的均匀混合物，其中维生素含量应当满足其适用动物特定生理阶段的维生素需求，在配合饲料、精料补充料或动物饮用水中的添加量不低于 0.01％且不高于 10％。

第二十四条　本办法自 2012 年 7 月 1 日起施行。农业部 1999 年 12 月 9 日发布的《饲料添加剂和添加剂预混合饲料生产许可证管理办法》、2004 年 7 月 14 日发布的《动物源性饲料产品安全卫生管理办法》、2006 年 11 月 24 日发布的《饲料生产企业审查办法》同时废止。

本办法施行前已取得饲料生产企业审查合格证、动物源性饲料产品生产企业安全卫生合格证的饲料生产企业，应当在 2014 年 7 月 1 日前依照本办法规定取得生产许可证。

附录 3　饲料添加剂安全使用规范

（农业部公告　第 2625 号）

为切实加强饲料添加剂管理，保障饲料和饲料添加剂产品质量安全，促进饲料工业和养殖业持续健康发展，根据《饲料和饲料添加剂管理条例》有关规定，我部对《饲料添加剂安全使用规范》（以下简称《规范》）进行了修订。现将有关事项公告如下。

一、各省、自治区、直辖市人民政府饲料管理部门实施饲料添加剂（混合型饲料添加剂除外）生产许可应遵守本《规范》规定，不得核发含量规格低于本《规范》或者生产工艺与本《规范》不一致的饲料添加剂生产许可证明文件。

二、饲料企业和养殖者使用饲料添加剂产品时，应严格遵守"在配合饲料或全混合日粮中的最高限量"规定，不得超量使用饲料添加剂；在实现满足动物营养需要、改善饲料品质等预期目标的前提下，应采取积极措施减少饲料添加剂的用量。

三、饲料企业和养殖者使用《饲料添加剂品种目录》中铁、铜、锌、锰、碘、钴、硒、铬等微量元素饲料添加剂时，含同种元素的饲料添加剂使用总量应遵守本《规范》中相应元素"在配合饲料或全混合日粮中的最高限量"规定。

四、仔猪（≤25 千克）配合饲料中锌元素的最高限量为 110 毫克/千克，但在仔猪断奶后前两周特定阶段，允许在此基础上使用氧化锌或碱式氯化锌至 1600 毫克/千克（以锌元素计）。饲料企业生产仔猪断奶后前两周特定阶段配合饲料产品时，如在含锌 110 毫克/千克基础上使用氧化锌或碱式氯化锌，应在标签显著位置标明"本品仅限仔猪断奶后前两周使用"，未标明但实际含量超过 110 毫克/千克或者已标明但实际含量超过 1600 毫克/千克的，按照超量使用饲料添加剂处理。

五、饲料企业和养殖者使用非蛋白氮类饲料添加剂，除应遵守本《规范》对单一品种的最高限量规定外，全混合日粮中所有非蛋白氮总量折算成粗蛋白当量不得超过日粮粗蛋白总量的 30%。

六、如无特殊说明，本《规范》"在配合饲料或全混合日粮中的推荐添加量""在配合饲料或全混合日粮中的最高限量"均以干物质含量 88% 为基础计算，最高限量均包含饲料原料本底值。

七、如无特殊说明，添加剂预混合饲料、浓缩饲料、精料补充料产品中的"推荐添加量""最高限量"按其在配合饲料或全混合日粮中的使用比例折算。

八、本公告自 2018 年 7 月 1 日起施行。2009 年 6 月 18 日发布的《饲料添加剂安全使用规范》（农业部公告第 1224 号）同时废止。

特此公告。

农业部
2017 年 12 月 15 日

附录 4　新饲料和新饲料添加剂管理办法

（农业部令 2012 年第 4 号）

第一条　为加强新饲料、新饲料添加剂管理，保障养殖动物产品质量安全，根据《饲料和饲料添加剂管理条例》，制定本办法。

第二条　本办法所称新饲料，是指我国境内新研制开发的尚未批准使用的单一饲料。

本办法所称新饲料添加剂，是指我国境内新研制开发的尚未批准使用的饲料添加剂。

第三条　有下列情形之一的，应当向农业部提出申请，参照本办法规定的新饲料、新饲料添加剂审定程序进行评审，评审通过的，由农业部公告作为饲料、饲料添加剂生产和使用，但不发给新饲料、新饲料添加剂证书：

（一）饲料添加剂扩大适用范围的；

（二）饲料添加剂含量规格低于饲料添加剂安全使用规范要求的，但由饲料添加剂与载体或者稀释剂按照一定比例配制的除外；

（三）饲料添加剂生产工艺发生重大变化的；

（四）新饲料、新饲料添加剂自获证之日起超过3年未投入生产，其他企业申请生产的；

（五）农业部规定的其他情形。

第四条 研制新饲料、新饲料添加剂，应当遵循科学、安全、有效、环保的原则，保证新饲料、新饲料添加剂的质量安全。

第五条 农业部负责新饲料、新饲料添加剂审定。

全国饲料评审委员会（以下简称评审委）组织对新饲料、新饲料添加剂的安全性、有效性及其对环境的影响进行评审。

第六条 新饲料、新饲料添加剂投入生产前，研制者或者生产企业（以下简称申请人）应当向农业部提出审定申请，并提交新饲料、新饲料添加剂的申请资料和样品。

第七条 申请资料包括：

（一）新饲料、新饲料添加剂审定申请表；

（二）产品名称及命名依据、产品研制目的；

（三）有效组分、理化性质及有效组分化学结构的鉴定报告，或者动物、植物、微生物的分类（菌种）鉴定报告，微生物发酵制品还应当提供生产所用菌株的菌种鉴定报告。

（四）适用范围、使用方法、在配合饲料或全混合日粮中的推荐用量，必要时提供最高限量值；

（五）生产工艺、制造方法及产品稳定性试验报告；

（六）质量标准草案及其编制说明和产品检测报告；有最高限量要求的，还应提供有效组分在配合饲料、浓缩饲料、精料补充料、添加剂预混合饲料中的检测方法；

（七）农业部指定的试验机构出具的产品有效性评价试验报告、安全性评价试验报告（包括靶动物耐受性评价报告、毒理学安全评价报告、代谢和残留评价报告等）；申请新饲料添加剂审定的，还应当提供该新饲料添加剂在养殖产品中的残留可能对人体健康造成影响的分析评价报告；

（八）标签式样、包装要求、贮存条件、保质期和注意事项；

（九）中试生产总结和"三废"处理报告；

（十）对他人的专利不构成侵权的声明。

第八条 产品样品应当符合以下要求：

（一）来自中试或工业化生产线；

（二）每个产品提供连续3个批次的样品，每个批次4份样品，每份样品不少于检测需要量的5倍；

（三）必要时提供相关的标准品或化学对照品。

第九条 有效性评价试验机构和安全性评价试验机构应当按照农业部制定的技术指导文件或行业公认的技术标准，科学、客观、公正开展试验，不得与研制者、生产企业存在利害关系。

承担试验的专家不得参与该新饲料、新饲料添加剂的评审工作。

第十条 农业部自受理申请之日起5个工作日内，将申请资料和样品交评审委进行评审。

第十一条 新饲料、新饲料添加剂的评审采取评审会议的形式。评审会议应当有9名以上评审委专家参加，根据需要也可以邀请1至2名评审委专家以外的专家参加。参加评审的专家对评审事项具有表决权。

评审会议应当形成评审意见和会议纪要，并由参加评审的专家审核签字；有不同意见的，应当注明。

第十二条 参加评审的专家应当依法履行职责，科学、客观、公正提出评审意见。

评审专家与研制者、生产企业有利害关系的，应当回避。

第十三条 评审会议原则通过的，由评审委将样品交农业部指定的饲料质量检验机构进行质量复核。质量复核机构应当自收到样品之日起3个月内完成质量复核，并将质量复核报告和复核意见报评审委，同时送达申请人。需用特殊方法检测的，质量复核时间可以延长1个月。

质量复核包括标准复核和样品检测，有最高限量要求的，还应当对申报产品有效组分在饲料产品中的检测方法进行验证。

申请人对质量复核结果有异议的，可以在收到质量复核报告后 15 个工作日内申请复检。

第十四条 评审过程中，农业部可以组织对申请人的试验或生产条件进行现场核查，或者对试验数据进行核查或验证。

第十五条 评审委应当自收到新饲料、新饲料添加剂申请资料和样品之日起 9 个月内向农业部提交评审结果；但是，评审委决定由申请人进行相关试验的，经农业部同意，评审时间可以延长 3 个月。

第十六条 农业部自收到评审结果之日起 10 个工作日内作出是否核发新饲料、新饲料添加剂证书的决定。

决定核发新饲料、新饲料添加剂证书的，由农业部予以公告，同时发布该产品的质量标准。新饲料、新饲料添加剂投入生产后，按照公告中的质量标准进行监测和监督抽查。

决定不予核发的，书面通知申请人并说明理由。

第十七条 新饲料、新饲料添加剂在生产前，生产者应当按照农业部有关规定取得生产许可证。生产新饲料添加剂的，还应当取得相应的产品批准文号。

第十八条 新饲料、新饲料添加剂的监测期为 5 年，自新饲料、新饲料添加剂证书核发之日起计算。

监测期内不受理其他就该新饲料、新饲料添加剂提出的生产申请和进口登记申请，但该新饲料、新饲料添加剂超过 3 年未投入生产的除外。

第十九条 新饲料、新饲料添加剂生产企业应当收集处于监测期内的产品质量、靶动物安全和养殖动物产品质量安全等相关信息，并向农业部报告。

农业部对新饲料、新饲料添加剂的质量安全状况组织跟踪监测，必要时进行再评价，证实其存在安全问题的，撤销新饲料、新饲料添加剂证书并予以公告。

第二十条 从事新饲料、新饲料添加剂审定工作的相关单位和人员，应当对申请人提交的需要保密的技术资料保密。

第二十一条 从事新饲料、新饲料添加剂审定工作的相关人员，不履行本办法规定的职责或者滥用职权、玩忽职守、徇私舞弊的，依法给予处分；构成犯罪的，依法追究刑事责任。

第二十二条 申请人隐瞒有关情况或者提供虚假材料申请新饲料、新饲料添加剂审定的，农业部不予受理或者不予许可，并给予警告；申请人在 1 年内不得再次申请新饲料、新饲料添加剂审定。

以欺骗、贿赂等不正当手段取得新饲料、新饲料添加剂证书的，由农业部撤销新饲料、新饲料添加剂证书，申请人在 3 年内不得再次申请新饲料、新饲料添加剂审定；以欺骗方式取得新饲料、新饲料添加剂证书的，并处 5 万元以上 10 万元以下罚款；构成犯罪的，依法移送司法机关追究刑事责任。

第二十三条 其他违反本办法规定的，依照《饲料和饲料添加剂管理条例》的有关规定进行处罚。

第二十四条 本办法自 2012 年 7 月 1 日起施行。农业部 2000 年 8 月 17 日发布的《新饲料和新饲料添加剂管理办法》同时废止。

附录 5　饲料原料目录中 117 种其它可饲用天然植物
（农业部公告 1773 号）

7.6	其它可饲用天然植物(仅指所称植物或植物的特定部位经干燥或粗提或干燥、粉碎获得的产品)	
7.6.1	八角茴香	木兰科八角属植物八角(*Illicium verum* Hook.)的干燥成熟果实。
7.6.2	白扁豆	豆科扁豆属(*Lablab* Adans.)植物的干燥成熟种子。
7.6.3	百合	百合科百合属植物卷丹(*Lilium lancifolium* Thunb.)、百合(*Lilium brownii* F. E. Brown var. *viridulum* Baker)或细叶百合(*Lilium pumilum* DC.)的干燥肉质鳞叶。

7.6.4	白芍	毛茛科芍药亚科芍药属植物芍药（*Paeonia lactiflora* Pall.）的干燥根。
7.6.5	白术	菊科苍术属植物白术（*Atrctylodes macrocephala* Koidz.）的干燥根茎。
7.6.6	柏子仁	柏科侧柏属植物侧柏（*Platycladus orientalis*（L.）Franco）的干燥成熟种仁。
7.6.7	薄荷	唇形科薄荷属植物薄荷（*Mentha haplocalyx* Briq.）的干燥地上部分。
7.6.8	补骨脂	豆科补骨脂属植物补骨脂（*Psoralea corylifolia* L.）的干燥成熟果实。
7.6.9	苍术	菊科苍术属植物苍术（*Atractylodes lancea*（Thunb.）DC.）或北苍术（*Atractylodes chinensis*（DC.）Koidz）的干燥根茎。
7.6.10	侧柏叶	柏科侧柏属植物侧柏（*Platycladus orientalis*（L.）Franco）的干燥枝梢和叶。
7.6.11	车前草	车前科车前属植物车前（*Plantago asiatica* L.）或平车前（*Plantago depressa* Willd.）的干燥全草。
7.6.12	车前子	车前科车前属植物车前（*Plantago asiatica* L.）或平车前（*Plantago depressa* Willd.）的干燥成熟种子。
7.6.13	赤芍	毛茛科芍药亚科芍药属植物芍药（*Paeonia lactiflora* Pall.）或川赤芍（*Paeonia veitchii* Lynch）的干燥根。
7.6.14	川芎	伞形科藁本属植物川芎（*Ligusticum chuanxiong* Hort.）的干燥根茎。
7.6.15	刺五加	五加科五加属植物刺五加（*Acanthopanax senticosus*（Rupr. et Maxim.）Harms）的干燥根和根茎或茎。
7.6.16	大蓟	菊科蓟属植物蓟（*Cirsium japonicum* Fisch. ex DC.）的干燥地上部分。
7.6.17	淡豆豉	豆科大豆属植物大豆（*Glycine max*（L.）Merr.）的成熟种子的发酵加工品。
7.6.18	淡竹叶	禾本科淡竹叶属植物淡竹叶（*Lophatherum gracile* Brongn.）的干燥茎叶。
7.6.19	当归	伞形科当归属植物当归（*Angelica sinensis*（Oliv.）Diels）的干燥根。
7.6.20	党参	桔梗科党参属植物党参（*Codonopsis pilosula*（Franch.）Nannf.）、素花党参（*Codonopsis pilosula* Nannf. var. *modesta*（Nannf.）L. T. Shen）或川党参（*Codonopsis tangshen* Oliv.）的干燥根。
7.6.21	地骨皮	茄科枸杞属植物枸杞（*Lycium chinense* Mill.）或宁夏枸杞（*Lycium barbarum* L.）的干燥根皮。
7.6.22	丁香	桃金娘科蒲桃属植物丁香（*Syzygium aromaticum*（L.）Merr. et Perry）的干燥花蕾。
7.6.23	杜仲	杜仲科杜仲属植物杜仲（*Euco 毫米ia ulmoides* Oliv.）的干燥树皮。
7.6.24	杜仲叶	杜仲科杜仲属植物杜仲（*Euco 毫米ia ulmoides* Oliv.）的干燥叶。
7.6.25	榧子	红豆杉科榧树属植物榧树（*Torreya grandis* Fort.）的干燥成熟种子。
7.6.26	佛手	芸香科柑橘属植物佛手（*Citrus medica* L. var. *sarcodactylis*（Noot.）Swingle）的干燥果实。
7.6.27	茯苓	多孔菌科茯苓属真菌茯苓（*Poria cocos*（Schw.）Wolf）的干燥菌核。

7.6.28	甘草	豆科甘草属植物甘草(*Glycyrrhiza uralensis* Fisch.)、胀果甘草(*Glycyrrhiza inflata* Batal.)或洋甘草(*Glycyrrhiza glabra* L.)的干燥根和根茎。
7.6.29	干姜	姜科姜属植物姜(*Zingiber officinale* Rosc.)的干燥根茎。
7.6.30	高良姜	姜科山姜属植物高良姜(*Alpinia officinarum* Hance)的干燥根茎。
7.6.31	葛根	豆科葛属植物葛(*Pueraria lobata*(Willd.)Ohwi)的干燥根。
7.6.32	枸杞子	茄科枸杞属植物枸杞(*Lycium chinense* Mill.)或宁夏枸杞(*Lycium barbarum* L.)的干燥成熟果实。
7.6.33	骨碎补	骨碎补科骨碎补属植物骨碎补(*Davallia mariesii* Moore ex Bak.)的干燥根茎。
7.6.34	荷叶	睡莲科莲亚科莲属植物莲(*Nelumbo nucifera* Gaertn.)的干燥叶。
7.6.35	诃子	使君子科诃子属植物诃子(*Ter 分钟alia chebula* Retz.)或微毛诃子(*Ter 分钟alia chebula* Retz. var. *tomentella*(Kurz)C. B. Clarke)的干燥成熟果实。
7.6.36	黑芝麻	胡麻科胡麻属植物芝麻(*Sesamum indicum* L.)的干燥成熟种子。
7.6.37	红景天	景天科红景天属植物大花红景天(*Rhodiola crenulata*(Hook. F. et Thoms.)H. Ohba)的干燥根和根茎。
7.6.38	厚朴	木兰科木兰属植物厚朴(*Magnolia officinalis* Rehd. et Wils.)或凹叶厚朴(*Magnolia officinalis* subsp. *biloba*(Rehd. et Wils.)Cheng.)的干燥干皮、根皮和枝皮。
7.6.39	厚朴花	木兰科木兰属植物厚朴(*Magnolia officinalis* Rehd. et Wils.)或凹叶厚朴(*Magnolia officinalis* subsp. *biloba*(Rehd. et Wils.)Cheng.)的干燥花蕾。
7.6.40	胡芦巴	豆科植物胡芦巴(*Trigonella foenum-graecum* L.)的干燥成熟种子。
7.6.41	花椒	芸香科花椒属植物青花椒(*Zanthoxylum schinifolium* Sieb. et Zucc.)或花椒(*Zanthoxylum bungeanum* Maxim)的干燥成熟果皮。
7.6.42	槐角[槐实]	豆科槐属植物槐(*Sophora japonica* L.)的干燥成熟果实。
7.6.43	黄精	百合科黄精属植物滇黄精(*Polygonatum kingianum* Coll. et Hemsl.)、黄精(*Polygonatum sibiricum* Delar.)或多花黄精(*Polygonatum cyrtonema* Hua)的干燥根茎。
7.6.44	黄芪	豆科植物蒙古黄芪(*Astragalus membranaceus*(Fisch.)Bge. var. *Mongholicus*(Bge.)Hsiao)或膜荚黄芪(*Astragalus membranaceus*(Fisch.)Bge.)的干燥根。
7.6.45	藿香	唇形科藿香属植物藿香(*Agastache rugosa*(Fisch. et Mey.)O. Ktze)的干燥地上部分。
7.6.46	积雪草	伞形科积雪草属植物积雪草(*Centella asiatica*(L.)Urb.)的干燥全草。
7.6.47	姜黄	姜科姜黄属植物姜黄(*Curcuma longa* L.)的干燥根茎。
7.6.48	绞股蓝	葫芦科绞股蓝属(*Gynostemma* Bl.)植物。
7.6.49	桔梗	桔梗科桔梗属植物桔梗(*Platycodon grandiflorus*(Jacq.)A. DC.)的干燥根。
7.6.50	金荞麦	蓼科荞麦属植物金荞麦(*Fagopyrum dibotrys*(D. Don)Hara)的干燥根茎。
7.6.51	金银花	忍冬科忍冬属植物忍冬(*Lonicera japonica* Thunb.)的干燥花蕾或带初开的花。

7.6.52	金樱子	蔷薇科蔷薇属植物金樱子（*Rosa laevigata* Michx.）的干燥成熟果实。
7.6.53	韭菜子	百合科葱属植物韭菜（*Allium tuberosum* Rottl. ex Spreng.）的干燥成熟种子。
7.6.54	菊花	菊科菊属植物菊花（*Dendranthema morifolium*（Ramat.）Tzvel.）的干燥头状花序。
7.6.55	橘皮	芸香科柑橘属植物橘（*Citrus Reticulata* Blanco）及其栽培变种的成熟果皮。
7.6.56	决明子	豆科决明属植物决明（*Cassia tora* L.）的干燥成熟种子。
7.6.57	莱菔子	十字花科萝卜属植物萝卜（*Raphanus sativus* L.）的干燥成熟种子。
7.6.58	莲子	睡莲科莲亚科莲属植物莲（*Nelumbo nucifera* Gaertn.）的干燥成熟种子。
7.6.59	芦荟	百合科芦荟属植物库拉索芦荟（*Aloe barbadensis* Miller）叶。也称"老芦荟"。
7.6.60	罗汉果	葫芦科罗汉果属植物罗汉果（*Siraitia grosvenorii*（Swingle）C. Jeffrey ex Lu et Z. Y. Zhang）的干燥果实。
7.6.61	马齿苋	马齿苋科马齿苋属植物马齿苋（*Portulaca oleracea* L.）的干燥地上部分。
7.6.62	麦冬［麦门冬］	百合科沿阶草属植物麦冬（*Ophiopogon japonicus*（L. f）Ker-Gawl.）的干燥块根。
7.6.63	玫瑰花	蔷薇科蔷薇属植物玫瑰（*Rosa rugosa* Thunb.）的干燥花蕾。
7.6.64	木瓜	蔷薇科木瓜属植物皱皮木瓜（*Chaenomeles speciosa*（Sweet）Nakai.）的干燥近成熟果实。
7.6.65	木香	菊科川木香属植物川木香（*Dolomiaea souliei*（Franch.）Shih）的干燥根。
7.6.66	牛蒡子	菊科牛蒡属植物牛蒡（*Arctium lappa* L.）的干燥成熟果实。
7.6.67	女贞子	木犀科女贞属植物女贞（*Ligustrum lucidum* Ait.）的干燥成熟果实。
7.6.68	蒲公英	菊科植物蒲公英（*Taraxacum mongolicum* Hand. Mazz.）、碱地蒲公英（*Taraxacum borealisinense* Kitam.）或同属数种植物的干燥全草。
7.6.69	蒲黄	香蒲科植物水烛香蒲（*Typha angustifolia* L.）、东方香蒲（*Typha orientalis* Presl）或同属植物的干燥花粉。
7.6.70	茜草	茜草科茜草属植物茜草（*Rubia cordifolia* L.）的干燥根及根茎。
7.6.71	青皮	芸香科柑橘属植物橘（*Citrus reticulata* Blanco）及其栽培变种的干燥幼果或未成熟果实的果皮。
7.6.72	人参	五加科人参属植物人参（*Panax ginseng* C. A. Mey.）的干燥根及根茎。
7.6.73	人参叶	五加科人参属植物人参（*Panax ginseng* C. A. Mey.）的干燥叶。
7.6.74	肉豆蔻	肉豆蔻科肉豆蔻属植物肉豆蔻（*Myristica fragrans* Houtt.）的干燥种仁。
7.6.75	桑白皮	桑科桑属植物桑（*Morus alba* L.）的干燥根皮。
7.6.76	桑椹	桑科桑属植物桑（*Morus alba* L.）的干燥果穗。
7.6.77	桑叶	桑科桑属植物桑（*Morus alba* L.）的干燥叶。
7.6.78	桑枝	桑科桑属植物桑（*Morus alba* L.）的干燥嫩枝。

7.6.79	沙棘	胡颓子科沙棘属植物沙棘（*Hippophae rhamnoides* L.）的干燥成熟果实。
7.6.80	山药	薯蓣科薯蓣属植物薯蓣（*Dioscorea opposita* Thunb.）的干燥根茎。
7.6.81	山楂	蔷薇科山楂属植物山里红（*Crataegus pinnatifida* Bge. var. *major* N. E. Br.）或山楂（*Crataegus pinnatifida* Bge.）的干燥成熟果实。
7.6.82	山茱萸	山茱萸科山茱萸属植物山茱萸（*Cornus officinalis* Sieb. et Zucc.）的干燥成熟果肉。
7.6.83	生姜	姜科姜属植物姜（*Zingiber officinale* Rosc.）的新鲜根茎。
7.6.84	升麻	毛茛科升麻属植物大三叶升麻（*Cimicifuga heracleifolia* Kom.）、兴安升麻（*Cimicifuga dahurica*（Turcz.）Maxim.）或升麻（*Cimicifuga foetida* L.）的干燥根茎。
7.6.85	首乌藤	蓼科何首乌属植物何首乌（*Fallopia multiflora*（Thunb.）Harald.）的干燥藤茎。
7.6.86	酸角	豆科酸豆属植物酸豆（*Tamarindus indica* L.）的果实。
7.6.87	酸枣仁	鼠李科枣属植物酸枣（*Ziziphus jujuba* Mill. var. *spinosa*（Bunge）Hu ex H. F. Chow）的干燥成熟种子。
7.6.88	天冬[天门冬]	百合科天冬属植物天门冬（*Asparagus cochinchinensis*（Lour.）Merr.）的干燥块根。
7.6.89	土茯苓	百合科菝葜属植物土茯苓（*Smilax glabra* Roxb.）的干燥根茎。
7.6.90	菟丝子	旋花科菟丝子属植物南方菟丝子（*Cuscuta australis* R. Br.）或菟丝子（*Cuscuta chinensis* Lam.）的干燥成熟种子。
7.6.91	五加皮	五加科五加属植物五加（*Acanthopanax gracilistylus* W. W. Smith）的干燥根皮。
7.6.92	乌梅	蔷薇科杏属植物梅（*Armeniaca mume* Sieb.）的干燥近成熟果实。
7.6.93	五味子	木兰科五味子属植物五味子（*Schisandra chinensis*（Turcz.）Baill.）的干燥成熟果实。
7.6.94	鲜白茅根	禾本科白茅属植物白茅（*Imperata cylindrica*（L.）Beauv.）的新鲜根茎。
7.6.95	香附	莎草科莎草属植物香附子（*Cyperus rotundus* L.）的干燥根茎。
7.6.96	香薷	唇形科石荠苎属植物石香薷（*Mosla chinensis* Maxim.）或江香薷（*Mosla chinensis 'Jiangxiangru'*）的干燥地上部分。
7.6.97	小蓟	菊科蓟属植物刺儿菜（*Cirsium setosum*（willd.）MB.）的干燥地上部分。
7.6.98	薤白	百合葱属植物薤白（*Allium macrostemon* Bunge.）或藠头（*Allium chinense* G. Don）的干燥鳞茎。
7.6.99	洋槐花	豆科刺槐属植物刺槐（*Robinia pseudoacacia* L.）的花,可经干燥、粉碎。
7.6.100	杨树花	杨柳科杨属（*Populus* L.）植物的花,可经干燥、粉碎。
7.6.101	野菊花	菊科菊属植物野菊（*Dendranthema indicum* L.）的干燥头状花序。
7.6.102	益母草	唇形科益母草属植物益母草（*Leonurus artemisia*（Lour.）S. Y. Hu）的新鲜或干燥地上部分。
7.6.103	薏苡仁	禾本科薏苡属植物薏苡（*Coix lacryma-jobi* L.）的干燥成熟种仁。

7.6.104	益智［益智仁］	姜科山姜属植物益智（*Alpinia oxyphylla* Miq.）的干燥成熟果实。
7.6.105	银杏叶	银杏科银杏属植物银杏（*Ginkgo biloba* L.）的干燥叶。
7.6.106	鱼腥草	三白草科蕺菜属植物蕺菜（*Houttuynia cordata* Thunb.）的新鲜全草或干燥地上部分。
7.6.107	玉竹	百合科黄精属植物玉竹（*Polygonatum odoratum*（Mill.）Druce）的干燥根茎。
7.6.108	远志	远志科远志属植物远志（*Polygala tenuifolia* Willd.）或西伯利亚远志（*Polygala sibirica* L.）的干燥根。
7.6.109	越橘	杜鹃花科越橘属（*Vaccinium* L.）植物的果实或叶。
7.6.110	泽兰	唇形科地笋属植物硬毛地笋（*Lycopus lucidus* Turcz. var. *hirtus* Regel）的干燥地上部分。
7.6.111	泽泻	泽泻科泽泻属植物东方泽泻（*Alisma orinentale*（Samuel.）Juz.）的干燥块茎。
7.6.112	制何首乌	何首乌（*Fallopia multiflora*（Thunb.）Harald.）的炮制加工品。
7.6.113	枳壳	芸香科柑橘属植物酸橙（*Citrus aurantium* L.）及其栽培变种的干燥未成熟果实。
7.6.114	知母	百合科知母属植物知母（*Anemarrhena asphodeloides* Bge.）的干燥根茎。
7.6.115	紫苏叶	唇形科紫苏属植物紫苏（*Perilla frutescens*（L.）Britt.）的干燥叶（或带嫩枝）。
7.6.116	绿茶	山茶科山茶属的茶叶（*Camellia sinensis*）干燥嫩叶。
7.6.117	迷迭香	唇形科迷迭香属植物迷迭香（*Rosmarinus officinalis*）的叶子。

附录6 天然植物饲料原料通用要求
（国家标准 GB/T 19424—2018）

前　言

本标准按照 GB/T 1.1—2009 给出的规则起草。

本标准代替 GB/T 19424—2003《天然植物饲料添加剂通则》。与 GB/T 19424—2003 相比，本标准主要技术变化如下：

——修改了标准名称，明确为天然植物饲料原料通用要求；

——对天然植物饲料原料进行了分类定义（见 3.2、3.3、3.4 和 3.5）；

——规定了天然植物、辅料的品种和质量卫生要求（见 4.1）；

——按产品类型分类规定了产品外观与形状、理化指标和卫生指标（见 4.2、4.3 和 4.4）；

——完善了标签要求（见 8.1）；

——增加了允许使用的辅料名单（见附录 A）。

本标准由全国饲料工业标准化技术委员会（SAC/TC76）提出并归口。

本标准起草单位：中国饲料工业协会、北京康华远景科技股份有限公司、北京市饲料工业协会。

本标准主要起草人：王黎文、肖传明、丁健、杜伟、汪秀艳。

本标准所代替标准的历次版本发布情况为：

——GB/T 19424—2003。

引　言

天然植物，尤其是具有药食同源特性的天然植物在我国具有悠久的应用历史。天然植物作为饲料原料使用，产品类型通常包括天然植物原粉或其提取物。2013 年前，天然植物提取物在饲料行业管理中归类为饲料添加剂。2013 年 1 月，农业部发布《饲料原料目录》，明确 115 种具有药食同源特性的天然植物可以作为饲料原料使用，同年又明确天然植物粗提物也归为饲料原料。法规的出台，有力推动了我国天然植物饲料原料产品的开发与利用。而 2003 年制定的 GB/T 19424—2003《天然植物饲料添加剂通则》中天然植物饲料添加剂既包括植物粉碎物，又包括提取物，产品分类与行业管理不符，为此 2014 年启动了上述标准的修订工作。根据行业管理实际，将标准名称修改为《天然植物饲料原料通用要求》，标准内容也进行了全面调整，以保障我国天然植物饲料原料质量安全，指导企业科学生产，促进此类产品在行业中的规范使用。

天然植物饲料原料通用要求

1 范围

本标准规定了天然植物饲料原料的术语和定义、技术要求、取样、试验方法、检验规则、标签、包装、运输、贮存和保质期。

本标准适用于天然植物饲料原料，并为生产企业制定天然植物饲料原料产品标准提供指导。

2 规范性引用文件

下列文件对于本文件的应用是必不可少的。凡是注日期的引用文件，仅注日期的版本适用于本文件。凡是不注日期的引用文件，其最新版本（包括所有的修改单）适用于本文件。

GB/T 5917.1 饲料粉碎粒度测定　　两层筛筛分法 GB/T 6435 饲料中水分的测定

GB/T 6438 饲料中粗灰分的测定

GB/T 8170 数值修约规则与极限数值的表示和判定

GB/T 10647 饲料工业术语

GB 10648 饲料标签

GB 13078 饲料卫生标准

GB/T 14699.1 饲料采样

饲料添加剂品种目录（中华人民共和国农业农村部）

饲料原料目录（中华人民共和国农业农村部）

3 术语和定义

GB/T 10647 界定的以及下列术语和定义适用于本文件。

3.1 天然植物 natural plant

自然生长或人工栽培植物的全株或某一特定部位。

3.2 天然植物干燥物 dried natural plant

天然植物经自然干燥或人工干燥获得的产品。

3.3 天然植物粉碎物 natural plant powder

天然植物经干燥、粉碎获得的粉末产品。

3.4 天然植物粗提物 crude extract of natural plant

天然植物采用适当的溶剂或其他方法对其中的有效成分进行提取，再经浓缩和（或）干燥，但未经进一步分离纯化获得的产品。

3.5 天然植物饲料原料 natural plant as feed material

以植物学纯度不低于 95％的单一天然植物干燥物、粉碎物或粗提物为原料，添加或不添加辅料制得的单一型产品；或以 2 种或 2 种以上天然植物干燥物、粉碎物或粗提物为原料，添加或不添加辅料，经复配加工而成的复配型产品；或由天然植物粉碎物和粗提物复配而成的混合型产品。

注：包括天然植物干燥物饲料原料（单一型和复配型）、天然植物粉碎物饲料原料（单一型和复配型）、

天然植物粗提物饲料原料（单一型和复配型）、混合型天然植物饲料原料。

3.6 辅料 adjuvant material

在天然植物饲料原料生产过程中所添加的用于分散、稀释天然植物的物质。

注：在最终产品中无功效。

4 技术要求

4.1 天然植物、辅料品种和质量卫生要求

4.1.1 天然植物品种

生产天然植物饲料原料所用的天然植物应为《饲料原料目录》中7.6部分列出的可饲用天然植物。

4.1.2 辅料品种

允许使用的辅料名单见附录A。

4.1.3 质量要求

生产天然植物饲料原料所用天然植物和辅料的质量要求应符合国家标准或相关标准的规定。

4.1.4 卫生要求

生产天然植物饲料原料所用天然植物和辅料的卫生要求应符合国家标准或相关标准的规定。

4.2 外观与性状

应符合表1的规定。

表 1　外观与性状

产品类别		要求
天然植物干燥物饲料原料（单一型和复配型）		天然植物干燥原始状态，无虫蚀、发霉和变质，无异物
天然植物粉碎物饲料原料（单一型和复配型）		粉末状，形态、色泽均一，无发霉、变质和结块
天然植物粗提物饲料原料（单一型和复配型）	固态剂型	粉末状，形态、色泽均一，无发霉、变质和结块
	膏状剂型	膏体均匀，无发霉和变质
	液态剂型	液体均匀，无沉淀或有轻摇即散的沉淀，无发霉和变质
混合型天然植物饲料原料		粉末状，形态、色泽均一，无发霉、变质和结块

4.3 理化指标

应符合表2的规定。

表 2　理化指标

产品类别		要求
天然植物干燥物饲料原料（单一型和复配型）		应规定水分、主要活性成分、粗灰分的分析保证值
天然植物粉碎物饲料原料（单一型和复配型）		应规定粒度、水分、主要活性成分、粗灰分的分析保证值
天然植物粗提物饲料原料（单一型和复配型）	固态剂型	
	膏状剂型	应规定主要活性成分的分析保证值
	液态剂型	
混合型天然植物饲料原料		应规定粒度、水分、主要活性成分、粗灰分的分析保证值

4.4 卫生指标

应符合GB 13078的规定。

4.5 溶剂残留

对于使用有机溶剂提取的天然植物粗提物，产品中有机溶剂残留应规定限量并符合国家标准或相关标准要求。

5 取样

按GB/T 14699.1规定执行。

6 试验方法

6.1 感官检验

将样品放置于适宜的器皿中，在光线充足但非直射日光的环境中，目测观察。

6.2 粒度

按 GB/T 5917.1 规定执行。

6.3 水分

按 GB/T 6435 规定执行。

6.4 主要活性成分

应根据产品特性选择适宜的标准或方法执行，并在产品标准中规定。

6.5 粗灰分

按 GB/T 6438 规定执行。

6.6 卫生指标

按 GB 13078 中规定的试验方法执行。

6.7 溶剂残留

应按国家标准或相关标准执行，并在产品标准中规定。

7 检验规则

7.1 组批

以相同材料、相同生产工艺、连续生产或同一班次生产的同一规格的产品为一批，每批不得超过 10t。

7.2 出厂检验

7.2.1 单一型和复配型天然植物干燥物饲料原料检验项目为外观与性状、水分、主要活性成分。

7.2.2 单一型和复配型天然植物粉碎物和天然植物粗提物饲料原料（固态剂型）检验项目为外观与性状、粒度、水分、主要活性成分。

7.2.3 单一型和复配型天然植物粗提物饲料原料（膏状剂型和液态剂型）检验项目为外观与性状、主要活性成分。

7.2.4 混合型天然植物饲料原料检验项目为外观与性状、水分、主要活性成分。

7.3 型式检验

型式检验项目为 4.2、4.3、4.4、4.5 规定的所有项目，在正常生产情况下，每半年至少进行 1 次型式检验。在有下列情况之一时，亦应进行型式检验：

a）产品定型投产时；

b）生产工艺、配方或主要原料来源有较大改变，可能影响产品质量时；

c）停产 3 个月以上，重新恢复生产时；

d）出厂检验结果与上次型式检验结果有较大差异时；

e）饲料行政管理部门提出检验要求时。

7.4 判定规则

7.4.1 所验项目全部合格，判定为该批次产品合格。

7.4.2 检验结果中有任何指标不符合本标准规定时，可自同批产品中重新加 1 倍取样进行复检。若复检结果仍不符合本标准规定，则判定该批产品不合格。微生物指标不得复检。

7.4.3 各项目指标的极限数值判定按 GB/T 8170 中修约值比较法执行。

8 标签、包装、运输、贮存和保质期

8.1 标签

8.1.1 按 GB 10648 规定执行，还应符合 8.1.2～8.1.5 的要求。

8.1.2 产品名称应符合：

单一型天然植物饲料原料，通用名称以"天然植物饲料原料＋《饲料原料目录》中规定的天然植物名称"标示，其中天然植物粉碎物饲料原料类产品应在天然植物名称后加"粉"字样，天然植物粗提物饲料原料类产品应在天然植物名称后加"粗提物"字样，如"天然植物饲料原料 甘草"、"天然植物饲料原

料　甘草粉"、"天然植物饲料原料　甘草粗提物"。

复配型天然植物饲料原料，通用名称以"天然植物饲料原料＋复配的天然植物饲料原料中占比最多的两种＋（复配型）"标示，如"天然植物饲料原料 甘草百合（复配型）"、"天然植物饲料原料　甘草百合粉（复配型）"、"天然植物饲料原料 甘草百合粗提物（复配型）"。

混合型天然植物饲料原料，通用名称以"混合型天然植物饲料原料＋天然植物粉碎物饲料原料中占比最多的一种＋天然植物粗提物饲料原料中占比最多的一种"标示，如"混合型天然植物饲料原料 甘草粉百合粗提物"。

8.1.3 天然植物饲料原料产品成分分析保证值至少应包括的项目及标示要求，见表3。

表 3　产品成分分析保证值项目及标示要求

产品类别		产品成分分析保证值项目和要求
天然植物干燥物饲料原料（单一型和复配型）		水分最大值、主要活性成分最小值、粗灰分最大值
天然植物粉碎物饲料原料（单一型和复配型）		粒度、水分最大值、主要活性成分最小值、粗灰分最大值
天然植物粗提物饲料原料（单一型和复配型）	固态剂型	
	膏状剂型	主要活性成分最小值
	液态剂型	
混合型天然植物饲料原料		粒度、水分最大值、主要活性成分最小值、粗灰分最大值

8.1.4 原料组成应按天然植物、辅料分类标示所有原料名称，各天然植物按其在产品中所占质量比例的降序排列；对于有最高限量要求的辅料，应在名称后标示其添加量；天然植物和辅料名称应与《饲料添加剂品种目录》或《饲料原料目录》一致，其中天然植物粉碎物应在品种名称后加"粉"字样，天然植物粗提物应在品种名称后加"粗提物"字样。

8.1.5 使用说明中不得标示或暗示具有预防或者治疗动物疾病作用的内容，不得标示中医、中药功能和效果声称的内容。

8.2 包装

包装材料应无毒、无害、防潮。

8.3 运输

运输中应防止包装破损、日晒、雨淋，禁止与有毒有害物质混运。

8.4 贮存

贮存时应防止日晒、雨淋，禁止与有毒有害物质混贮，勿靠近火源。

8.5 保质期

未开启包装的产品，在规定的运输、贮存条件下，产品保质期应与标签中标明的保质期一致。

附录 A

（规范性附录）

允许使用的辅料名单

允许使用的辅料名单见表 A.1。

表 A.1　允许使用的辅料名单

序号	名称
一、固态剂型辅料[a,b]	
1	轻质碳酸钙
2	硅酸钙

序号	名称
一、固态剂型辅料[a,b]	
3	硅铝酸钠
4	硬脂酸钙
5	二氧化硅
6	稻壳粉［砻糠粉］
7	玉米芯粉
8	沸石粉
9	滑石粉
10	麦饭石
11	膨润土［斑脱岩、膨土岩］
12	石粉
13	淀粉
14	糊精
15	蔗糖
16	葡萄糖
二、液态剂型辅料[a,b]	
1	海藻酸钠
2	海藻酸钾
3	海藻酸铵
4	阿拉伯树胶
5	羧甲基纤维素钠
6	黄原胶
7	山梨醇酐脂肪酸酯
8	蔗糖脂肪酸酯
9	单硬脂酸甘油酯
a 天然植物饲料原料生产中允许添加适量甜味物质以改善原料的不良味道。	
b 天然植物饲料原料（粉碎物或粗提物）允许添加适量防腐剂、防霉剂和抗氧化剂。	

附录 7　新饲料添加剂申报材料要求

（农业农村部公告　第 226 号）

为进一步规范新饲料添加剂审定工作，根据《饲料和饲料添加剂管理条例》及其配套规章规定，我部修订了《新饲料添加剂申报材料要求》《新饲料添加剂申报材料格式》《新饲料添加剂申请表》，现予公布，自 2019 年 12 月 4 日起施行。原农业部 2014 年 6 月 5 日发布的第 2109 号公告中有关《新饲料添加剂申报材料要求》的内容同时废止。

附件：1. 新饲料添加剂申报材料要求

2. 新饲料添加剂申报材料格式

3. 新饲料添加剂申请表

农业农村部

2019 年 11 月 4 日

新饲料添加剂申报材料要求

申请新饲料添加剂证书、申请扩大饲料添加剂适用范围、申请生产含量规格低于《饲料添加剂安全使用规范》等规范性文件要求的饲料添加剂品种（由饲料添加剂与载体或者稀释剂按照一定比例配制的产品除外）、申请生产工艺发生重大变化的饲料添加剂、申请进口含有我国尚未批准使用的饲料添加剂的产品，应当按照本要求规定准备相关材料。

一、申报材料摘要

围绕安全性、有效性、质量可控性以及对环境的影响等方面对申报品种进行简要概述。摘要内容应可公开。

二、产品名称及命名依据、类别

（一）产品通用名称及命名依据

通用名称应反映饲料添加剂产品真实属性，并在申报材料中统一使用该名称。

通用名称应符合国内相关标准（例如：药典、国家标准和行业标准）或国际组织（例如：国际纯粹化学和应用化学联合会（IU-PAC））相关标准的命名原则。有美国化学文摘（CAS）登录号的应予提供。

微生物饲料添加剂（包括直接饲喂微生物、生产发酵饲料所使用的微生物），应提供包括微生物来源、种名（包括中文名、拉丁名、俗名或别名等）、菌株编号及其他必要信息。细菌和真菌的命名应分别符合原核生物国际命名法规和国际藻类、真菌和植物命名法规要求。

饲用酶制剂，应参照国际生物化学和分子生物学联合会（IUB-MB）酶学委员会（EC）的命名原则命名，并用括号注明生产菌种名称及菌株编号。

其他采用发酵工艺生产的饲料添加剂，应用括号注明生产菌种名称及菌株编号。

饲料添加剂为提取物的，依据其来源（包括动、植物的中文名、拉丁名、俗名或别名、部位）命名，并注明主要成分；也可以依据提取物的主要成分命名，并注明来源。

（二）产品的商品名称

商品名称为产品在市场销售时拟采用的名称，没有的可不提供。

（三）产品类别

根据产品的功能，参照《饲料添加剂品种目录》设立的类别名称填写。超出目录现有类别范围的，根据产品实际功能提出分类建议。

三、产品研制目的

重点阐述产品研制背景、研究进展、研制目标、产品功能、国内外在饲料及相关行业批准使用情况、产品的先进性和应用前景等。

四、产品组分及其鉴定报告、理化性质及安全防护信息

（一）产品组分

提供产品全部或主要组成成分，包括有效组分及其他组分。

1. 有效组分及其含量

有效组分为化学上可定义的物质，应给出通用名称、化学名称、CAS登录号、分子式、化学结构式和分子量；含量以％、g/千克、毫克/千克、IU/g等国际通用单位表示。

有效组分不能以单一化学式描述或组分不能被完全鉴定的混合物，应给出特征主成分或类组分，含量以％、g/千克、毫克/千克、IU/g等国际通用单位表示。

微生物饲料添加剂应以每克或每毫升产品中活菌数表示，即CFU/g、CFU/毫升。

饲用酶制剂应以每克或每毫升中的酶活力表示。

2. 其他组分及其含量

应说明除有效组分外的其他组分及其含量。添加载体的，应提供名称及其配方量。

提取物等其他组分不能以单一化学式描述或组分不能被完全鉴定的混合物，应说明除有效组分外的其他组分类别，可不提供具体组分含量。

（二）鉴定报告

化学上可定义物质：应准确鉴定申报产品的有效组分，并说明确认实验所用主要仪器和测试方法，例如，红外光谱、紫外光谱、质谱、核磁共振、化学官能团的特征反应等。

饲用酶制剂：应提供能够证明酶制剂的来源与结构的鉴定报告。

微生物饲料添加剂：应通过菌株的形态学、生理生化特性、分子生物学特性等方法，提供鉴定至少到种或亚种的报告。基因工程菌株需要提供农业转基因生物安全证书。生产饲料添加剂所用微生物菌种也应提供上述报告。

植物提取物：应提供包含前述有效组分和其他组分的特征图谱。

（三）外观与物理性状

固体产品应提供颜色、气味、粒径分布、密度或容重等数据；液体产品应提供颜色、气味、黏度、密度、表面张力等数据。

（四）有效组分理化性质

根据产品的性质，提供有效组分的沸点、熔点、密度、蒸汽压、折光率、比旋光度、常见溶媒中的溶解性、对光或热的稳定性、电离常数、电解性能、pK_a等数据。相关信息可来自国际机构（如 CAS、IU-PAC 等）公开发布的数据或由申请人实测数据。

（五）产品安全防护信息

根据产品的性质，提供危害描述、泄露应急处理、操作处置与储存、接触控制与个体防护、急救措施、废弃处置等信息。

五、产品功能、适用范围和使用方法

产品功能应说明其作用，阐述作用机制，并以试验数据或公开发表的文献资料作为支撑。

适用范围和使用方法应说明产品适用的动物种类、生产阶段、推荐用量及注意事项，必要时应提供产品在配合饲料或全混合日粮中添加的最高限量建议值，相关内容应有安全性和有效性评价试验数据的支撑。

六、生产工艺、制造方法及产品稳定性试验报告

（一）生产工艺和制造方法

提供产品生产工艺流程图和工艺描述。流程图应以设备简图的方式表示，详细体现产品生产全过程；工艺描述应与流程图一一对应，重点描述原料、设备、生产过程各步骤所使用的方法和技术参数（化学合成应有温度、压力、反应时间、pH 等，提取物应有提取溶剂、提取时间、提取次数、分离材料或设备等），有中间产品控制指标的也应一并提供。

微生物及其发酵制品还应当提供生产用菌株的传代培养情况及遗传稳定性、培养基成分、保存和必要的复壮方法等材料。对于采取诱变方式实施改良的菌株，应提供诱变条件和步骤。

（二）产品稳定性试验报告

稳定性试验包括影响因素试验、加速试验和长期稳定性试验。应提供按照农业农村部相关技术指南开展的稳定性试验的报告。

七、产品质量标准草案、编制说明及检验报告

（一）产品质量标准草案：应按照《标准化工作导则第 1 部分：标准的结构和编写》（GB/T 1.1）和《标准编写规则第 10 部分：产品标准》（GB/T 20001.10）的要求进行编写。

（二）编制说明：应说明质量标准中的指标设置依据。指标的设置应符合相关法规标准要求，并与实际检测情况一致。对引用的国际标准应提供其原文和中文译文，国内其他行业标准提供原文。

（三）对新建检测方法，应提供至少三家具备检验资质的第三方机构出具的验证报告。

（四）检验报告：由申请人自行检测或委托具备检验资质的机构出具的三个批次产品检验报告。检测项目应与质量标准一致，并采用其规定的检测方法。

（五）有最高限量要求的产品，应根据其适用对象，提供有效组分在配合饲料、浓缩饲料、精料补充料或添加剂预混合饲料中的检测方法。

八、安全性评价材料要求

包括靶动物耐受性评价报告、毒理学安全评价报告、代谢和残留评价报告、菌株安全性评价报告。评价试验应按照农业农村部发布的技术指南或国家、行业标准进行。农业农村部暂未发布指南或暂无国家、行业标准的，可以参照世界卫生组织（WHO）、经济合作与发展组织（OECD）等国际组织发布的技术规范或指南进行。

靶动物耐受性评价报告、毒理学安全评价报告、代谢和残留评价报告应由农业农村部指定的评价试验机构出具。评价报告出具单位不得是申报产品的研制单位、生产企业，或与研制单位、生产企业存在利害关系。

（一）靶动物耐受性评价报告。

（二）毒理学安全评价报告。包括急性毒性试验、遗传毒性试验（致突变试验）、28天经口毒性试验、亚慢性毒性试验、致畸试验、繁殖毒性试验、慢性毒性试验（包括致癌试验）等毒性评价。

评价方法参照农业农村部技术指南或国家、行业标准的规定。

（三）代谢和残留评价报告。化合物应进行代谢和残留评价，但以下情形除外：

——在饲用物质中天然存在并具有较高含量；

——化合物或代谢残留物是动物体液或组织的正常成分；

——可被证明是原形排泄或不被吸收；

——是以体内化合物的生理模式和生理水平被吸收；

——农业农村部技术指南、国家或行业标准规定的数据外推情形。

（四）菌株安全性评价报告。对于饲用微生物添加剂和生产饲料添加剂所用微生物菌种，应进行菌株安全性评价。通过微生物表型试验、分子生物学试验和全基因组序列（WGS）分析，结合相关文献资料，对拟评价菌株的致病性、有毒代谢产物产生能力（用微生物发酵生产的饲料添加剂应对终产品中由生产菌株产生的有毒代谢产物进行测定）及抗菌药物耐药性等进行综合评价。

（五）提供国内外权威机构就该产品的安全性评价报告，国内外权威刊物公开发布的就该产品安全性的文献资料，其他可证明该产品安全性的报告或文献资料。

九、有效性评价材料要求

（一）提供由农业农村部指定的有效性评价试验机构出具的试验报告；靶动物有效性试验应按照农业农村部发布的技术指南或国家、行业标准进行。农业农村部技术指南、国家或行业标准规定的可以进行数据外推的情形除外。

（二）根据产品用途，提供依据技术规范或公认的方法测定的特性效力的试验报告，如抗氧化剂效力和防霉剂效力测试等。试验应选取申报产品适用饲料类别中的代表性产品进行。试验报告应由省部级以上高等院校、科研单位或检测机构等出具。

（三）提供国内外权威机构就该产品靶动物有效性或特性效力的试验报告或评价报告，国内外权威刊物公开发布的就该产品靶动物有效性或特性效力的文献资料，其他可证明该产品靶动物有效性或特性效力试验的报告或文献资料。

评价报告的出具单位不得是申报产品的研制单位和发表文献的署名单位、生产企业，或与研制单位、生产企业存在利害关系。

十、对人体健康可能造成影响的分析报告

应根据安全性、有效性和代谢、残留等数据和文献资料以及相关产品信息，参照风险评估的方法就饲料添加剂对人体健康可能造成的影响进行评估分析，形成报告。

十一、标签式样、包装要求、贮存条件、保质期和注意事项

标签式样应符合《饲料和饲料添加剂管理条例》和《饲料标签》标准（GB 10648）的规定。

包装要求、贮存条件、保质期的确定应以稳定性试验的数据为依据。

十二、中试生产总结和"三废"处理报告

（一）中试生产总结

包括中试的时间和地点，生产产品的批数（至少连续5批）、批号、批量，每批中试产品的详细生产和检验报告，中试中发现的问题和处置措施等。

（二）"三废"处理报告

应说明生产过程中产生的"三废"及处理措施。

十三、联合申报协议书

由两个或两个以上单位联合申报的（申报单位应是共同参与产品研发的研制单位或生产企业），应提供由所有联合申报单位共同签署的联合申报协议书，明确知识产权归属、申请人排序、责任划分等，并承诺不就同一产品进行重复申报。协议由各单位法定代表人签字并加盖单位公章。

十四、其他材料

其他应提供的证明性文件和必要材料。例如，需进一步证明申报产品安全性的试验报告。

十五、参考资料

提供产品研究、开发和生产中参考的主要参考文献，并在引用处进行标注，重要文献应附全文。注明参考材料中提到的有效组分与所申请的饲料添加剂品种是否一致，并说明相关信息的详细来源，如数据库、标准、研究报告、期刊和书籍等。

附件 2

新饲料添加剂申报材料格式

一、申报材料的格式

（一）申报材料包括《新饲料添加剂申请表》及《新饲料添加剂申报材料要求》中的相关内容。

（二）《新饲料添加剂申请表》应当从农业农村部网站下载，不得随意改变字体大小和表格结构。

（三）申报材料正文应当使用小四号宋体（英文和数字为 Times New Roman 字体），A4 规格纸张打印。除签名外，所有材料不得手写。

（四）检测、试验、鉴定报告应加盖报告出具单位公章，由负责人和检测试验人员签名，并提供原件。外文材料应同时提交中文翻译件。

（五）申报材料一式两份（原件一份，复印件一份，复印件采用双面复印）。材料按照预审意见规定的内容顺序编排目录，例如，"1-1，1-2，…2-1…"，每章独立编排页码，按目录顺序活页装订，各章应用口取纸或其他明显标记予以划分。材料装订完成后，应在整本材料侧面加盖申报单位骑缝章。

（六）在提交书面申报材料的同时，还应提交内容与书面材料一致的 CD 光盘两份。每章节应制成独立的 PDF 格式文件，文档名称以章号和章标题命名。

二、相关表格填写

（一）通用名称：填写与正文内容一致的通用名称。

（二）产品类别：填写与正文内容一致的产品类别，若为"其他类型"，还应在后附横线上予以说明。

（三）申请类型：将相应类型的方框涂黑（■）。

（四）申请人名称：填写具有法人地位的单位名称，可以是研制者或者生产企业，并加盖公章。由多个申请人联合申报的，填写第一申请人相关信息。

（五）法定代表人：填写申请人的法定代表人姓名。由多个申请人联合申报的，填写第一申请人相关信息。

（六）申请人注册地址及邮政编码：填写法人注册地址及邮政编码。由多个申请人联合申报的，填写第一申请人相关信息。

（七）申请人通讯地址及邮政编码：填写申请人的通讯地址及邮政编码。由多个申请人联合申报的，填写第一申请人相关信息。

（八）联系人、传真、固定电话、手机、电子邮箱：填写申请单位负责办理审定申请的人员姓名及相应联系方式。联合申报的，由申请人确定一名联系人及其联系方式。

（九）申报日期：填写申请人报出材料的时间。

（十）通用名称：填写与正文一致的通用名称。

（十一）外观与物理性状：说明产品的颜色、气味、性状（粉末、颗粒、结晶、块状、半固态、液态等）。

（十二）商品名称：填写与正文一致的商品名称，没有的应填写"无"。

（十三）产品类别：填写与正文一致的产品类别。

（十四）是否转基因产品：将相应的方框涂黑（■）。

（十五）保质期：填写与正文一致的保质期。

（十六）成分、化学式或描述、含量、检测方法："成分"栏，逐一填写各有效组分及其他组分的名称；"化学式或描述"栏，化学上可定义物质应填写化学式，其他应填写描述；"含量"栏，有效组分填写典型分析值；其他组分应填写除有效组分外的其他组分含量；添加载体的，应提供载体名称及其配方量；对于提取物等其他组分不能以单一化学式描述或不能被完全鉴定的混合物，应填写有效组分外的组分类别，可不提供具体组分含量；"检测方法"栏，采用现行国家标准或行业标准进行检测的，可填写标准名称和编号，否则应填写检测方法简称（如"高效液相色谱法"），在配合饲料或全混合日粮中有最高限量要求的，还应提供在饲料产品中相应成分的检测方法。

（十七）适用范围、在配合饲料或全混合日粮中的推荐添加量和最高限量、使用注意事项：填写产品适用的动物种类、生产阶段及其在配合饲料或全混合日粮中的推荐添加量；有最高限量要求的，应填写在配合饲料或全混合日粮中的最高限量；使用过程中有特殊要求的，应填写使用注意事项。

（十八）生产工艺简述：填写主要生产工艺，不超过150个字。

（十九）申请人名称及地址：按申请人排序逐一填写单位名称、通信地址和邮编，在性质栏内将相应的方框涂黑（■），并由各单位法定代表人签字并加盖公章。

附件 3

新饲料添加剂申请表

通用名称：_____

产品类别：_____

申请类型：□ 申请新饲料添加剂证书　　　　　　□ 申请扩大饲料添加剂适用范围

□ 申请生产含量规格低于《饲料添加剂安全使用规范》等规范性文件要求的饲料添加剂品种

□ 申请生产工艺发生重大变化的饲料添加剂

□ 申请进口含有我国尚未批准使用的饲料添加剂的产品

□ 农业农村部规定的其他情形_____

申请人名称：_____（公章）

法定代表人：_____

申请人注册地址：_____

邮政编码：_____

申请人通讯地址：_____

邮政编码：_____

联系人：_____　传真：_____

固定电话：_____　手机：_____

电子邮件：_____

申报日期：_____年_____月_____日

中华人民共和国农业农村部　　制

二〇_____年

附录8 饲料和饲料添加剂畜禽靶动物耐受性
评价试验指南（试行）

为规范饲料和饲料添加剂安全性评价和有效性试验工作，保证试验结果的科学性、客观性，根据《饲料和饲料添加剂管理条例》、《新饲料和新饲料添加剂管理办法》和《进口饲料和饲料添加剂登记管理办法》有关规定，我部委托全国饲料评审委员会制定了《饲料和饲料添加剂畜禽靶动物有效性评价试验指南（试行）》和《饲料和饲料添加剂畜禽靶动物耐受性评价试验指南（试行）》。现印发你们，请参照执行。

附件：

1. 《饲料和饲料添加剂畜禽靶动物有效性评价试验指南（试行）.doc》
2. 《饲料和饲料添加剂畜禽靶动物耐受性评价试验指南（试行）.doc》

二〇一一年六月十七日

附件1：

饲料和饲料添加剂畜禽靶动物有效性评价试验指南（试行）

1 适用范围

1.1 本指南规定了饲料原料和饲料添加剂畜禽靶动物有效性评价试验的基本原则、试验方案、试验方法和试验报告等要求。

1.2 本指南适用于为新饲料和饲料添加剂、进口饲料和饲料添加剂申报以及已经批准使用的饲料和饲料添加剂再评价而进行的畜禽靶动物体内有效性评价试验。

1.3 畜禽饲料产品的靶动物体内有效性评价试验可参照本指南的要求进行。

2 基本原则

2.1 应根据我国的养殖业生产实际开展靶动物有效性评价试验，以保证评价结果的科学性、客观性。

2.2 靶动物有效性评价试验应对受试物所适用的每一种靶动物分别进行评价，本指南4.2.2以及其他另有规定的特殊情况除外。

2.3 靶动物有效性评价试验应由具备一定专业知识和试验技能的专业人员在适宜的试验场所、使用适宜的设备设施、按照规范的操作程序进行，并且由试验机构指定的负责人负责。用于产品申报的，评价机构和人员的要求另行规定。

2.4 试验动物应健康并且具有相似的遗传背景；饲养环境不应对试验结果造成影响；受试物和试验日粮不得受到污染。

2.5 在符合靶动物有效性评价试验相关要求的前提下，靶动物有效性评价试验可与靶动物耐受性试验合并进行。

2.6 试验应证明受试物最低推荐用量的有效性，一般通过设定负对照和选择敏感靶指标进行。必要时设正对照。

2.7 当有效性评价试验的目的是证明受试物能为靶动物提供营养素时，应设置一个该营养素水平低于动物需求、但又不至严重缺乏的对照日粮。

2.8 应采用梯度剂量设计，为推荐用量或用量范围的确定提供依据。

有效性评价试验的梯度水平不得少于3个；但作为产品申报的，奶牛试验的梯度水平不得少于4个，其他动物不得少于5个。

2.9 由于试验条件和受试物特性的限制，可以进行多个有效性评价试验以证明受试物的有效性。当试验次数超过3次时，建议采用整合分析法（meta-analysis）进行数据统计，但每次试验应采用相似的设计，以保证试验数据的可比性。

3 试验方案

试验开始前，应根据受试物和靶动物的特点，对试验进行系统设计，形成试验方案。试验方案应包括试验目的、试验方法、仪器设备、详细的动物品种和类别、动物数量、饲养和饲喂条件等，并由试验负责人签字确认。具体要求如下：

3.1 试验动物：品种、年龄、性别、生理阶段和一般健康状况；

3.2 试验条件：动物来源和种群规模、饲养条件、饲喂方式；预饲期的条件要求；

3.3 试验分组：试验组和对照组数量、每组重复数和每个重复的动物数（必须满足统计学要求）、统计方法；

3.4 试验日粮：描述日粮的加工方法、日粮组成及相关的营养成分含量（实测值）和能量水平；注意根据受试物特点和使用方法配制日粮，使用的原料应符合我国法规和相关标准要求，各试验处理组试验因子以外的其他因素（如：料型、粒度、加工工艺等）应一致；

3.5 受试物的测定：受试物及其有效成分的通用名称、生产厂家、规格、生产批号、有效成分含量的测试方法及测试结果、测试机构，受试物有效成分在试验日粮中的含量；

3.6 观测项目和时间：检测和观察项目名称、实施和持续的确切时间；

3.7 疾病治疗和预防措施：不应干扰受试物的作用模式并逐一记录；

3.8 突发状况处理：动物个体和各试验组发生的所有非预期的突发状况，都应记录其发生的时间和范围。

4 试验方法

4.1 受试物

4.1.1 对于申请产品审定或登记的受试物，应与拟上市（或拟进口）的产品完全一致。产品应由申报单位自行研制并在中试车间或生产线生产，同时提供产品质量标准和使用说明。

4.1.2 试验机构应将受试物样品送国家或农业部认可的质检机构对其有效成分的含量进行实际测定。

4.2 有效性评价试验的基本类型

受试物的靶动物有效性评价试验一般分为长期有效性评价试验和短期有效性评价试验。消化率或氮、磷减排等指征明确的指标可通过短期有效性评价试验进行测定，生长性能、饲料转化效率、产奶量、产蛋性能、胴体组成和繁殖性能等一般性指标必须通过长期有效性评价试验进行测定。

4.2.1 短期有效性评价试验

4.2.1.1 生物有效性、生物等效性、消化和平衡试验均属于短期有效性评价试验。必要时，也可进行其他短期有效性评价试验。短期有效性评价试验应遵循公认的方法进行。

4.2.1.2 生物有效性是指活性物质或代谢产物被吸收、转运到靶细胞或靶组织并表现出的典型功能或效应。生物有效性应通过可观察或可测量的生物、化学或功能性特异指标进行评价。

4.2.1.3 生物等效性试验用于评价可能在靶动物体内具有相同生物学作用的两种受试物。如果两种受试物所有相关效果均相同，则可认为具有生物等效性。

4.2.1.4 消化试验可用于评价受试物对靶动物体内某种营养素消化率（如表观消化率、真消化率、回肠消化率）的影响。

4.2.1.5 平衡试验还可获得营养素在靶动物体内沉积和排出数量等额外数据。

4.2.2 长期有效性评价试验

4.2.2.1 应针对受试物适用的靶动物，按照规定的试验期、试验重复数和动物数量的要求开展长期有效性评价试验。具体要求见附录A。试验分组应遵循随机和局部控制的原则。

4.2.2.2 附录A中没有列出的其他动物品种，长期有效性评价试验应参照生理和生产阶段相似物种的要求进行。

4.2.2.3 如果受试物仅适用于动物的特定生长阶段并且短于附录A中规定的试验期，试验时间应根据具体情况进行调整，但不得少于28天，而且应考察相关的特异性指标。

4.2.2.4 长期有效性评价试验的必测指标包括：试验开始和结束体重、饲料采食量、死亡率和发病率。

其他指标根据动物品种和受试物的特殊功效确定。如果需要测定产奶或产蛋性能，则应分别提供有关奶成分和蛋品质的数据。

4.2.2.5 在评价受试物对养殖产品质量的影响时，长期有效性评价试验也可用来采集相关样品。

4.3 观察与检测

4.3.1 应根据受试物的作用特点和用途，增加相应的特异性观测指标和敏感性功能指标。

4.3.2 应按照国家标准、国际认可方法或经确证的文献报道方法确定检测方法。如果采用文献报道方法或新建方法，应提供方法确证的数据资料，说明其合理性。

4.4 数据记录

4.4.1 在试验实施过程中，试验方案所涉及的内容均应逐一记录。数据记录应真实、准确、完整、规范、清晰，并妥善保管。

4.4.2 数据的有效位数以所用仪器的精度为准，采用国家法定计量单位和国家推荐使用的单位。

4.5 统计分析

4.5.1 以重复为单位，根据不同的试验设计采用相应的统计分析方法进行数据分析。

4.5.2 统计显著性差异水平至少应达到 $P < 0.05$。

5 试验报告

5.1 试验报告应提供试验获取的所有数据，包括所有试验动物和试验重复。统计分析中未采用的数据或由于数据缺乏、数据丢失而无法评价的情况也应报告，并说明在各组别中的分布情况。

5.2 每个靶动物有效性评价试验必须单独形成最终报告。每个试验最终报告中应包含试验概述（见附录 B）和报告正文。

5.3 试验报告正文至少应包括：

A、试验名称；

B、摘要；

C、试验目的；

D、受试物；

E、试验时间和地点；

F、试验材料和方法；

G、结果与讨论；

H、结论；

I、原始数据及相关的图表和照片；统计分析中未采用的数据或由于数据缺乏、数据丢失而无法评价的情况应具体说明；

J、参考文献；

K、试验机构和操作人员，包括试验机构的名称，试验操作人员、试验负责人和报告签发人的签名，报告签发时间，加盖签发机构的单位公章或专门的分析测试章；委托检测的数据应提供检测机构出具的检测报告。

5.4 应对试验报告每页进行编码，格式为"第 页，共 页"，并加盖试验机构骑缝章，确保报告的完整性。

6 资料存档

最终报告、原始记录、图表和照片、试验方案、受试物样品及其检测报告等原始资料应存档备查，保存时间一般不得少于 5 年，作为产品申报的，保存时间至少为 10 年。

表 1. 猪

类　别	试验阶段*（体重或日龄）			最短试验期	最少试验重复和动物数量
	起始	结束日龄	结束体重（千克）		
哺乳仔猪	出生	21～42	6～11	14 天	每个处理 6 个有效重复，每个重复 6 头，性别比例相同
断奶仔猪	21～42 日龄	120	35	28 天	
哺乳和断奶仔猪	出生	120	35	42 天	
生长育肥猪	≤35 千克	120～250（或根据当地习惯）	80～150（或根据当地习惯直到屠宰体重）	70 天	
繁殖母猪	初次受精			受精至断奶，至少两个繁殖周期	每个处理 20 个有效重复，每个重复 1 头
泌乳母猪				分娩前两周至断奶	

注：＊试验阶段：指试验用动物所处的生长阶段，最短试验期应处于所对应的试验阶段。

表 2. 家禽

类　别	试验阶段（体重或日龄）			最短试验期	最少试验重复和动物数量
	起始	结束日龄	结束体重（千克）		
肉仔鸡	出壳	35 天	1.6～2.4	35 天	每个处理 6 个有效重复，每个重复 15 只，性别比例相同
蛋用雏鸡	出壳	16(20)周龄		112 天*	
产蛋鸡	16～21 周龄	13(18)月龄		168 天	
肉鸭	出壳	35 天		35 天	
产蛋鸭	25 周龄	50 周龄		168 天	
育肥用火鸡	出壳	母：4(20)周龄 公：16(24)周龄	母：7～10 公：12～20	84 天	
种用火鸡	开始产蛋（30 周龄）	60 周龄		6 个月	
后备种用火鸡	出壳	30 周龄	母：15 公：30	全程**	

注：＊仅当肉仔鸡的有效性评价试验数据无法提供时进行。

＊＊仅当育肥用火鸡的有效性评价试验数据无法提供时进行。

表 3. 牛（包括水牛）

类　别	试验阶段（体重或日龄）			最短试验期	最少试验重复和动物数量
	起始	结束日龄	结束体重（千克）		
犊牛	出生或者 60～80 千克	4 月龄	145	56 天	每个处理 15 个有效重复，每个重复 1 头，性别比例相同
生产小牛肉的肉用犊牛	出生	6 月龄	180（250）或直到屠宰体重	84 天	
育肥牛	瘤胃发育完全（至少完全断奶）	10～36 月龄	350～700	126 天	
泌乳奶牛				84 天*	
繁殖母牛	初次受精			受精至断奶，至少两个繁殖周期**	

注：* 需报告整个泌乳期情况。

　　** 仅当需要测定繁殖指标时进行。

表 4. 绵羊

类　别	试验阶段（体重或日龄）			最短试验期	最少试验重复和动物数量
	起始	结束日龄	结束体重（千克）		
育成羔羊	出生	3 月龄	15～20	56 天	每个处理 15 个有效重复，每个重复 1 只，性别比例相同
育肥羔羊	出生	6 月龄或以上	40 或直到屠宰体重	56 天	
泌乳奶绵羊				49 天*	
繁殖绵羊	初次受精			受精至断奶，至少两个繁殖周期**	
育肥绵羊	6 月龄			42 天	

注：* 需报告整个泌乳期情况。

　　** 仅当需要测定繁殖指标时进行。

表 5. 山羊

类　别	试验阶段（体重或日龄）			最短试验期	最少试验重复和动物数量
	起始	结束日龄	结束体重（千克）		
育成羔羊	出生	3 月龄	15～20	56 天	每个处理 15 个有效重复，每个重复 1 只，性别比例相同
育肥羔羊	出生	6 月龄或以上	40 或直到屠宰体重	56 天	
泌乳奶山羊				84 天*	
繁殖山羊	初次受精			受精至断奶，至少两个繁殖周期**	
育肥山羊	6 月龄			42 天	

注：* 需报告整个泌乳期情况。

　　** 仅当需要测定繁殖指标时进行。

表 6. 家兔

类　别	试验阶段(体重或日龄)		最短试验期	最少试验重复和动物数量
	起始	结束日龄		
哺乳和断奶兔	出生后一周		56 天	每个处理 6 个有效重复,每个重复 4 只,性别比例相同
育肥兔	断奶后	8～11 周	42 天	
繁殖母兔	从受精开始		受精至断奶,至少为两个繁殖周期*	
泌乳母兔	第一次受精		分娩前 2 周至断奶	

注：* 仅当需要测定繁殖指标时进行。

附录 B：试验概述表

试验编号：			第1页,共____页	
受试物	受试物通用名称：		有效成分：	
	有效成分标示值：		有效成分实测值：	
	产品类别：		外观性状：	
	生产单位：		生产日期及批号：	
	样品数量及包装规格：		保质期：	
	收(抽)样日期：		送(抽)样人：	
	抽样地点：(适用时)		抽样基数：(适用时)	
试验动物	试验动物品种：			
	性别：		生理阶段：	
	起始日龄：		起始体重：	
	健康状况：			
	动物来源和种群规模：		饲喂方式：	
	饲养条件：			
时间与场所	试验起始时间：		试验持续时间：	
	试验场所：			
设计与分组	分组设计方法：			
	试验组数量(含对照组)：		每组重复数：	
	每个重复动物数：		试验动物总数：	
		日粮中有效成分添加量		日粮中有效成分含量
	试验组 1			
	试验组 2			
	试验组 3			
	……			
	对照物质名称：(适用时)	对照物质在日粮中添加量		对照物质在日粮中含量

试验编号：			第 1 页，共＿＿页	
试验 日粮	日粮组成（营养素和能值）			
		计算值		实测值
	成分 1			
	成分 2			
	成分 3			
	⋯⋯			
	日粮形态	粉料☐　颗粒☐　膨化☐　其他＿＿＿＿＿		
检测项目和 实施时间				
治疗和预防措施 （原因、时间、种类、 持续时间等）				
数据统计 分析方法				
突发状况的处理、 不良后果发生的 时间及发生范围				
结论				
原始 记录 保管				
备注				
试验人员：		项目负责人：		报告签发人及签发时间：

饲料和饲料添加剂畜禽靶动物耐受性评价试验指南（试行）

1 适用范围

1.1 本指南规定了饲料原料和饲料添加剂畜禽靶动物耐受性评价试验的基本原则、试验方案、试验方法和试验报告等要求。

1.2 本指南适用于为新饲料和饲料添加剂、进口饲料和饲料添加剂申报以及已经批准使用的饲料和饲料添加剂再评价而进行的畜禽靶动物耐受性评价试验。

1.3 畜禽饲料产品的靶动物体内耐受性评价试验可参照本指南的要求进行。

2 基本原则

2.1 靶动物耐受性评价试验的目的是为饲料和饲料添加剂（以下简称为"受试物"）对靶动物的短期毒性提供有限评价；当受试物使用剂量超出推荐用量时，也可用来确立受试物的安全范围。

2.2 应根据中国的养殖业生产实际开展靶动物耐受性评价试验，以保证评价结果的科学性、客观性。

2.3 靶动物耐受性评价试验应对受试物所适用的每一种靶动物分别进行评价，本指南4.3以及其他另有规定的特殊情况除外。

2.4 靶动物耐受性评价试验应由具备一定专业知识和试验技能的专业人员在适宜的试验场所、使用适宜的设备设施、按照规范的操作程序进行，并且由试验机构指定的负责人负责。用于产品申报的，评价机构和人员的要求另行规定。

2.5 试验动物应健康并且具有相似的遗传背景；饲养环境不应对试验结果造成影响；受试物和试验日粮不得受到污染。

2.6 在符合靶动物耐受性评价试验相关要求的前提下，靶动物耐受性评价试验可与靶动物有效性评价试验合并进行。

2.7 靶动物耐受性评价试验应充分考虑实验动物毒理学研究的结果。

3 试验方案

试验开始前，应根据受试物和靶动物的特点，对试验进行系统设计，形成试验方案。试验方案应包括试验目的、试验方法、仪器设备、详细的动物品种和类别、动物数量、饲养和饲喂条件等，并由试验负责人签字确认。具体要求如下：

3.1 试验动物：品种、年龄、性别、生理阶段和一般健康状况；

3.2 试验条件：动物来源和种群规模、饲养条件、饲喂方式；预饲期的条件要求；

3.3 试验分组：试验组和对照组数量、每组重复数和每个重复的动物数（必须满足统计学要求）、统计方法；

3.4 试验日粮：描述日粮的加工方法、日粮组成及相关的营养成分含量（实测值）和能量水平；注意根据受试物特点和使用方法配制日粮，使用的原料应符合我国法规和相关标准要求，各试验处理组试验因子以外的其他因素（如：料型、粒度、加工工艺等）应一致；

3.5 受试物的测定：受试物及其有效成分的通用名称、生产厂家、规格、生产批号、有效成分含量的测试方法及测试结果、测试机构，受试物有效成分在试验日粮中的含量；

3.6 观测项目和时间：检测和观察项目名称、实施和持续的确切时间；

3.7 疾病治疗和预防措施：不应干扰受试物的作用模式并逐一记录；

3.8 突发状况处理：动物个体和各试验组发生的所有非预期的突发状况，都应记录其发生的时间和范围。

4. 试验方法

4.1 受试物

4.1.1 对于申请产品审定或登记的受试物，应与拟生产（或拟进口）的产品完全一致。产品应由申报单位自行研制并在中试车间或生产线生产，同时提供产品质量标准和使用说明。

4.1.2 试验机构应将受试物样品送国家或农业部认可的质检机构对其有效成分的含量进行实际测定。

4.2 剂量与分组

4.2.1 试验分组：靶动物耐受性评价试验至少要包括三个组，即对照组、有效剂量组、多倍剂量组。

4.2.2 试验剂量

对照组通常不应含有受试物，但是，对于某些动物机体的必需营养素（如氨基酸、维生素、微量元素等），可以添加，但添加量应维持在最低必需水平。

一般情况下，有效剂量组应该选用最高限量。如果没有最高限量，应选用最高推荐剂量。如果没有最高推荐量，应根据受试物的自身特性，选择最低推荐剂量的 2～5 倍作为有效剂量。

多倍剂量组一般选用上述有效剂量的 10 倍。

如果受试物的耐受剂量低于有效剂量的 10 倍，耐受性评价试验应能通过尸检、组织病理学以及其他适宜的试验方法提出反映受试物毒性的特异性指标，并计算出受试物的安全系数。

4.2.3 试验重复数：各试验组和对照组的试验重复数（或动物数）必须满足数据统计分析的要求。一般情况下，每组重复数不能少于 6 个，其中猪、羊、牛等家畜 1 个动物即可为 1 个重复，而小动物（如家禽、兔等）则要求每个重复的动物数不能少于 10 只。性别比例应相同。

4.3 试验期

4.3.1 猪：哺乳仔猪的试验应在出生 14 天之后至断奶前进行，生长育肥猪试验开始体重应不大于 35 千克。如果哺乳仔猪和断奶仔猪均需要进行耐受性评价试验，采用一个组合试验即可，试验期为断奶前 14 天到断奶后 28 天。如果已进行了断奶仔猪的耐受性评价试验，则不必再进行生长育肥猪的耐受性评价试验。

4.3.2 家禽：肉仔鸡、蛋用雏鸡和育肥用火鸡的试验一般选用 1 日龄雏禽。肉仔鸡获得的靶动物耐受性评价试验数据可以外推至蛋用和种用雏鸡，肉用火鸡的数据也可外推至蛋用和种用火鸡。产蛋家禽的试验一般选择在前 1/3 产蛋期进行。

4.3.3 牛：生产小牛肉的肉用犊牛的试验应选用体重不超过 70 千克的犊牛。如果犊牛和育肥牛均需要进行靶动物耐受性评价试验，开展一个组合试验即可，每个阶段各 28 天。

4.3.4 家兔：如果哺乳期和断奶期的家兔都需进行耐受性评价试验，试验应自仔兔出生后 1 周开始，试验时间不少于 49 天，并且母兔应与仔兔一同饲养直至断奶。

4.3.5 其他

4.3.5.1 靶动物耐受性评价试验需要的最短试验期取决于适用动物的种类和生长阶段，具体要求见附录 A。对于附录 A 中未列出的动物，生长期动物的试验期至少为 28 天，成年动物至少为 42 天。

4.3.5.2 如果受试物仅适用于动物的特定生长阶段并且短于附录 A 中规定的试验期，试验时间应根据具体情况进行调整，但不得少于 28 天，而且应考察相关的特异性指标（如：若在妊娠母猪上使用，应考察产活仔数；若在泌乳母猪上使用，则应考察断奶仔猪的体重和断奶成活率等）。

4.4 观察与检测

4.4.1 临床观察

试验期内应每天观察试验动物临床表现、采食和饮水情况、生长情况以及相关动物产品的产量和特性。也应详细观察和记录不良反应。对试验中出现的不明原因的死亡应进行尸检，如果可能，最好进行组织学分析。

4.4.2 血液学检测

试验开始和试验结束（必要时增加试验中期）时每组随机抽检一定数量的动物，性别比例适当，分别采集血样进行血液常规、生化指标及其他与受试物相关的各种生理参数的检测。

血液常规指标主要包括白细胞计数（WBC）、红细胞计数（RBC）、血红蛋白（HGB）、红细胞压积（HCT）、血小板计数（PLT）等指标；生化指标主要指谷氨酸氨基转移酶（ALT）、天门冬氨酸基转移酶（AST）、碱性磷酸酶（ALP）、总蛋白（TPRO）、白蛋白（ALB）、尿素氮（UN）、肌酐（CRE）、血糖

（GLU）、总胆红素（TBILI）等指标。

4.4.3 组织病理学检查

4.4.3.1 尸体解剖学检查：试验结束时，各组屠宰一定数量的试验动物（性别比例适当），进行系统尸体解剖学检查，为进一步的组织学检查提供依据。

4.4.3.2 脏器系数测定：试验结束时，各组随机屠宰一定数量动物（性别比例适当），剖检取心、肝、脾、肺、肾等脏器称重，并计算各器官与体重的比值。

4.4.3.3 组织病理学检查：试验结束时，对多倍剂量组及尸检异常动物的主要器官进行系统的组织病理学检查，详细检查的器官和组织包括：心、肝、脾、肺、肾、胸腺、胰腺、胃、十二指肠、回肠、直肠、淋巴结、骨髓等组织。

4.4.4 其他特异性观测指标

根据受试物的作用特点和用途，增加相应的特异性观测指标和敏感性功能指标。

4.5 数据记录

4.5.1 在试验实施过程中，试验方案所涉及的内容均应逐一记录。数据记录应真实、准确、完整、规范、清晰，并妥善保管。

4.5.2 数据的有效位数以所用仪器的精度为准，采用国家法定计量单位和国家推荐使用的单位。

4.6 统计分析

4.6.1 以重复为单位，根据不同的试验设计采用相应的统计分析方法进行数据分析。

4.6.2 统计显著性差异水平至少应达到 $P < 0.05$。

5 试验报告

5.1 试验报告应提供试验获取的所有数据，包括所有试验动物和试验重复。未纳入统计分析的数据或由于数据缺乏、数据丢失而无法评价的情况也应报告，并说明在各组别中的分布情况。

5.2 每个靶动物耐受性评价试验必须单独形成最终报告。每个试验最终报告中应包含试验概述（见附录 B）和报告正文。

5.3 试验报告正文至少应包括：

A、试验名称；

B、摘要；

C、试验目的；

D、受试物；

E、试验时间和地点；

F、试验材料和方法；

G、结果与讨论；

H、结论；

I、原始数据及相关的图表和照片；未纳入统计分析的数据或由于数据缺乏、数据丢失而无法评价的情况应具体说明；

J、参考文献；

K、试验机构和操作人员，包括试验机构的名称，试验操作人员、试验负责人和报告签发人的签名，报告签发时间，加盖签发机构的单位公章或专门的分析测试章；委托检测的数据应提供检测机构出具的检测报告。

5.4 应对试验报告每页进行编码，格式为"第 页，共 页"，并加盖骑缝章，确保报告的完整性。

6 资料存档

最终报告、原始记录、图表和照片、试验方案、受试物样品及其检测报告等原始资料应存档备查，保存时间一般不得少于 5 年，作为产品申报的，保存时间至少为 10 年。

附录 A：试验期

表 1. 猪

类　别	试验阶段[*]（体重或日龄）			最短试验期
	起始	结束日龄	结束体重（千克）	
哺乳仔猪	14 日龄	21～42	6～11	14 天
断奶仔猪	21～42 日龄	120	35	28 天
哺乳和断奶仔猪	14 日龄	120	35	42 天
生长育肥猪	≤35 千克	120～250（或根据当地习惯）	80～150（或根据当地习惯）	42 天[**]
繁殖母猪	初次受精			受精至断奶，至少一个繁殖周期
泌乳母猪				分娩前两周至断奶

注：[*] 试验阶段：指试验用动物所处的生长阶段，最短试验期应处于所对应的试验阶段。

[**] 如果已有断奶仔猪的耐受性评价试验数据，则不必再进行生长育肥猪的耐受性评价试验。

表 2. 家禽

类　别	试验阶段（体重或日龄）			最短试验期
	起始	结束日龄	结束体重（千克）	
肉仔鸡	出壳	35 天	1.6～2.4	35 天
蛋用雏鸡	出壳	16(20)周龄		35 天[*]
产蛋鸡	16～21 周龄	13(18)月龄		56 天[**]
育肥用火鸡	出壳	母：14(20)周龄公：16(24)周龄	母：7～10公：12～20	42 天
种用火鸡	开始产蛋(30 周龄)	60 周龄		56 天
后备种用火鸡	出壳	30 周龄	母：15公：30	42 天[***]

注：[*] 仅当肉仔鸡的耐受性评价试验数据无法提供时进行。

[**] 最好在开产后的前 1/3 产蛋期进行。

[***] 仅当育肥用火鸡的耐受性评价试验数据无法提供时进行。

表 3. 牛（包括水牛）

类　别	试验阶段（体重或日龄）			最短试验期
	起始	结束日龄	结束体重（千克）	
犊牛	出生或60-80 千克	4 月龄	145	42 天
生产小牛肉的肉用犊牛	<70 千克	6 月龄	180(250)	28 天
育肥牛	瘤胃发育完全（至少完全断奶）	10～36 月龄	350～700	42 天
泌乳奶牛				56 天
繁殖母牛	初次受精			受精至断奶，至少一个繁殖周期

表 4. 绵羊

类　别	试验阶段（体重或日龄）			最短试验期
	起始	结束日龄	结束体重（千克）	
育成羔羊	出生	3 月龄	15～20	28 天
育肥羔羊	出生	6 月龄或以上	40	28 天
泌乳奶绵羊				42 天
繁殖绵羊	初次受精			受精至断奶，至少一个繁殖周期

表 5. 山羊

类　别	试验阶段（体重或日龄）			最短试验期
	起始	结束日龄	结束体重（千克）	
育成羔羊	出生	3 月龄	15～20	28 天
育肥羔羊	出生	6 月龄或以上	40	28 天
泌乳奶山羊				42 天
繁殖山羊	初次受精			受精至断奶，至少一个繁殖周期

表 6. 家兔

类　别	试验阶段（体重或日龄）		最短试验期
	开始	结束日龄	
哺乳和断奶兔	出生后一周		49 天
育肥兔	断奶后	8～11 周	28 天
繁殖母兔	从受精开始		受精至断奶，至少一个繁殖周期
泌乳母兔	第一次受精		分娩前两周至断奶

<h2 style="text-align:center">附录 B：试验概述表</h2>

试验编号：			第 1 页，共____页
受试物	受试物通用名称：		有效成分：
	有效成分标示值：		有效成分实测值：
	产品类别：		外观性状：
	生产单位：		生产日期及批号：
	样品数量及包装规格：		保质期：
	收（抽）样日期：		送（抽）样人：
	抽样地点：（适用时）		抽样基数：（适用时）

试验编号：		第 1 页,共____页	
试验动物	试验动物品种：		
	性别：	生理阶段：	
	起始日龄：	起始体重：	
	健康状况：		
	动物来源和种群规模：	饲喂方式：	
	饲养条件：		
时间与场所	试验起始时间：	试验持续时间：	
	试验场所：		
设计与分组	分组设计方法：		
	试验组数量(含对照组)：	每组重复数：	
	每个重复动物数：	试验动物总数：	

		日粮中有效成分添加量	日粮中有效成分含量
设计与分组	试验组 1		
	试验组 2		
	试验组 3		
	……		
	对照物质名称：(适用时)	对照物质在日粮中添加量	对照物质在日粮中含量

试验日粮	日粮组成(营养素和能值)		
		计算值	实测值
	成分 1		
	成分 2		
	成分 3		
	……		
	日粮形态	粉料□　颗粒□　膨化□　其他_____	

检测项目和实施时间	
治疗和预防措施(原因、时间、种类、持续时间等)	
数据统计分析方法	
突发状况的处理、不良后果发生的时间及发生范围	

试验编号：		第 1 页，共____页
结论		
原始记录保管		
备注		

	试验人员：	项目负责人：	报告签发人及签发时间：

参考文献

[1] 袁福汉，赵献军，陈仁文，等．桐叶对猪的增重试验 [J]．中兽医医药杂志，1990（6）：3．

[2] 田贵泉．复方肥猪散的增重效果 [J]．中兽医医药杂志，1989，（4）：16-17．

[3] 王建寿，巩志文，刘守勤，高涌泉．中药添加剂对马鹿增茸效果的研究（二报）[J]．中兽医医药杂志，1994（02）：10．

[4] 庞劲松，郭文场，李彦舫，冯怀亮．中药饲料添加剂对法国肉用鹌鹑增重及肉质的影响 [J]．兽医大学学报，1993（02）：51-55．

[5] 薛会明，孙淑霞，赵桂英，邢力．中药饲料添加剂对幼兔的增重效果及经济效益分析 [J]．经济动物学报，1997（04）：29-31．

[6] 彭程，刘建和．刘建和运用桂枝加芍药汤加减治疗腹痛经验 [J]．湖南中医杂志，2016，32（207）：05，33-34，40．

[7] 韦维，林寿宁，汪波，万文雅，庞旺风，朱永苹，韦德锋．安胃汤对慢性萎缩性胃炎大鼠 PI3K/Akt 信号传导通路的影响 [J]．辽宁中医杂志，2018，45（492）：05，198-201，232．

[8] 许菊香，陈小桂，徐胜．柴胡桂枝干姜汤合当归芍药散联合西药治疗慢性乙型肝炎临床研究 [J]．新中医，2020，52（555）：08，38-41．

[9] 李得庆，张玉莲，刘锦芳．柴胡在兽医临床上的应用 [J]．中国兽医杂志，2001（10）：54-55．

[10] 杨殿萋．穿心莲在畜牧兽医临床中的应用 [J]．当代畜牧，2016（26）：27．

[11] 赵艺如，王青，安春耀，金德，包琦，赵生慧，邸莎．苍术临床应用及其用量 [J]．吉林中医药，2019，39（07）：873-876．

[12] 李卫霞．陈皮的药理分析及临床应用研究 [J]．医学理论与实践，2018，31（10）：1521-1522，1555．

[13] 白雅黎，朱向东，兰雨泽，徐坤元，宋宁，樊俐慧．侧柏叶的临床应用及其用量 [J]．长春中医药大学学报，2020，36（06）：1123-1126．

[14] 董再荣．车前子在兽医临床上的应用 [J]．中兽医学杂志，1991（03）：46．

[15] 李江长，禹琪芳，贺建华．刺五加营养作用及其在畜禽生产中的应用 [J]．饲料博览，2013（02）：43-45．

[16] 罗运兴，杨胜玉．川贝母的临床应用概况 [J]．亚太传统医药，2010，6（04）：158-159．

[17] 杜兆远，刘永武，张娜，赵良友，翟旭楠，范卓文．大黄的作用机制及临床的研究现状 [J]．黑龙江医学，2021，45（09）：1001-1004．

[18] 刘士林，王小英．大青叶药理分析与临床应用 [J]．中国药物经济学，2012（06）：181-182．

[19] 郭爽．大蒜在兽医临床上的应用 [J]．畜禽业，2015（11）：72．

[20] 江华超，段纲，唐晓萍，李晓惠，高辉，郑小惠，项勋，常华．紫地榆的药理作用及其在兽医临床上的应用前景 [J]．家畜生态学报，2019，40（08）：87-89，92．

[21] 董建江，李雨来．丹参配伍及在兽医临床上的应用 [J]．养殖技术顾问，2014（07）：247．

[22] 张秀云，周凤琴．地骨皮药理及临床应用研究进展 [J]．广州化工，2012，40（07）：48-49，59．

[23] 王静．中兽医中草药党参的临床应用与育苗栽培技术 [J]．中兽医学杂志，2019（05）：105．

[24] 席南．中药牡丹皮的药性、配伍、鉴别及在兽医临床上的应用 [J]．养殖技术顾问，2014（10）：261．

[25] 潘丽，仲富萍．中兽药当归在畜禽养殖中的应用 [J]．中兽医学杂志，2017（05）：77．

[26] 邸莎，杨映映，王翼天，赵林华，韩林．杜仲临床应用及其用量 [J]．吉林中医药，2019，39（01）：24-27．

[27] 王翼天，赵林华，邸莎，赵海燕．枸杞子临床应用及其用量 [J]．吉林中医药，2019，39（11）：1452-1455．

[28] 谈望晶，邸莎，赵林华，朱向东．葛根的量效配伍及临床应用探讨 [J]．吉林中医药，2019，39（02）：173-176．

[29] 潘文波，乐春生．中药干姜临床配伍应用及药理研究 [J]．亚太传统医药，2014，10（21）：35-36．

[30] 唐玉清．黄连在动物医学上的应用 [J]．畜禽业，2018，29（06）：145．

[31] 于海波．红花黄色素生物活性及在动物生产中的应用研究进展 [J]．饲料研究，2021，44（10）：119-122．

[32] 安学冬，韦宇，连凤梅．何首乌的临床应用及其用量 [J]．长春中医药大学学报，2020，36（02）：219-221．

[33] 代丹，邸莎，吴浩然，罗逸祺，宋坪．火麻仁的临床应用及其用量探究 [J]．吉林中医药，2020，40（02）：242-244．

[34] 郑动才．平胃散及其临症应用 [J]．兽医杂志，1980（05）：44-46，70．

[35] 周丽，张莉．先兆流产患者服用保胎无忧散后行黄体酮治疗的影响 [J]．智慧健康，2021，7（10）：122-124．

[36] 李呈敏．中药饲料添加剂 [M]．北京：中国农业大学出版社，1993．

[37] 钱秀兰．中草药治疗家兔消化道疾病四则 [J]．中国养兔杂志，1998（01）：40-41．

[38] 张淑云，王忠红，李德竹，王俊杰．中草药饲料添加剂对奶牛泌乳性能的影响［J］．河南畜牧兽医，2004（06）：7．

[39] 林忠华，邱宏伟．海藻粉和中草药饲料添加剂对乳牛产奶性能的影响［J］．福建畜牧兽医，2002（05）：1-2．

[40] 谢慧胜，史万贵，陆钢，张克家，何静荣，刘桂英．中药"增乳散"增乳保健效果观察［J］．中兽医医药杂志，1994（02）：6-7．

[41] 张秀英，王新，付士新，靳锐．催乳保健散对奶牛泌乳性能的影响［J］．中国奶牛，2001（01）：29-30．

[42] 闫素梅，乔良，宋丽华，于凤勤．中草药添加剂对奶牛产奶性能及牛奶体细胞数的影响［J］．畜牧与兽医，2005（06）：17-19．

[43] 曹高贵，张游，张靖飞，胡建红，张涛，牛俊，张水鸥，冯治国．奶牛绿色复合饲料添加剂应用试验研究［J］．陕西农业科学，2006（03）：54-56．

[44] 孙凤俊，刘春龙，崔云旺．牛中草药复合添加剂对奶牛产奶效果的影响［J］．中兽医学杂志，2001（03）：12-13．

[45] 陈励生，卢增琪，石佩勤．"反刍消气灵"对牛原发性前胃病的临床治疗试验［J］．中兽医医药杂志，1991（01）：4-6．

[46] 杨全孝．"球虫汤"合痢特灵治疗犊牛疑似球虫性肠炎［J］．中兽医医药杂志，1997（02）：31-32．

[47] 陈慎言，夏米西卡玛，俞新荣，薛贡来，杨宗智．腹泻灵治疗羔羊腹泻的疗效观察［J］．中兽医医药杂志，1998（01）：14-15．

[48] 李再平，王德．古方苍术半夏散治耕牛前胃弛缓［J］．中兽医医药杂志，1993（01）：28-29．

[49] 王俊夫，陈友俊．苦参的肥牛效果［J］．中兽医医药杂志，1997（06）：28-29．

[50] 安茂生，杨八荣．痢泻如神散治疗家畜冷肠泄泻［J］．中兽医医药杂志，2003（03）：31．

[51] 李春生，舒杭．中西医结合治疗牛前胃弛缓［J］．中兽医学杂志，2016（01）：17-18．

[52] 高纯一，丁营兵，李龙飞．自拟纯中药"动物肠痢清"对奶牛腹泻治疗试验［J］．中兽医学杂志，2003（05）：7-8．

[53] 兰亚莉，李峰，王海棠，徐照学．中草药对肉牛育肥效果的研究［J］．黄牛杂志，2000（04）：24-26．

[54] 刘春龙，孙凤俊．中草药添加剂对肉牛增重效果的试验研究［J］．饲料研究，2000（09）：28-29．

[55] 郁建生，饶茂阳，田景余，杨冰．牛羊补肾壮膘散的临床效果观察［J］．中兽医医药杂志，2000（05）：10-11．

[56] 石传林．牛蒡根下脚料饲喂肉牛的试验［J］．江西饲料，2000（05）：2-3．

[57] 欧阳五庆，王秋芳，阎守昌，侯宏伟，曹景峰．中草药增乳添加剂对奶山羊泌乳性能的影响［J］．西北农业学报，1994（02）：41-44．

[58] 谷新利，商云霞，田忠俊，张西岑．中药"增长散"对绵羊体重及其羊毛生长影响的研究［J］．饲料工业，1998（02）：41．

[59] 刘月琴，张英杰．中草药添加剂饲喂小尾寒羊试验［J］．中国养羊，1997（02）：17．

[60] 史红专，程瑞禾，刘帅，徐厚新．山羊中药复合添加剂试验初报［J］．江苏农业科学，2001（03）：58-59．

[61] 贾斌，谷新利，殷超，张素华，马玉萍，赛务加甫，王牛．"促生长散"对绵羊胃肠肌电活动的影响［J］．中兽医学杂志，1999（04）：2-6．

[62] 贾斌，谷新利，张林辉，赛务加甫，王牛，刘贤侠．催情促孕散对乏情期绵羊子宫和输卵管肌电活动的影响［J］．中国兽医杂志，2000（04）：38-39．

[63] 王建寿，任家琰，王俊东．中药饲料添加剂对梅花鹿脱盘增茸效果观察［J］．中国兽医学报，1997（02）：97-98．

[64] 马雪云．复方中草药饲料添加剂对鹿茸产量的影响［J］．当代畜牧，2003（03）：38．

[65] 袁福汉，赵献军，陈仁文，杨随义．桐叶对猪的增重试验［J］．中兽医医药杂志，1990（06）：8-10．

[66] 郭显椿，陈刚，罗建中，毛绍振，张浩吉．驱虫助长药剂的试验研究——猪的增重试验［J］．中兽医医药杂志，1993（06）：5-7．

[67] 杨宝琦，冯延科．母仔壮中草药添加剂饲喂哺乳母猪的试验［J］．中兽医医药杂志，1992（01）：6-7．

[68] 董曼霭．自拟三豆饮治疗仔猪白痢［J］．中兽医医药杂志，1994（05）：22-23．

[69] 黄晓虎．参苓白术散合白头翁汤加味治疗断奶仔猪腹泻［J］．当代畜禽养殖业，2004（12）：15．

[70] 张承效．苍术血粉散治疗猪异食癖［J］．中兽医医药杂志，1990（04）：23-24．

[71] 张仕颖．中药治疗母猪缺乳症［J］．中兽医医药杂志，2003（06）：46．

[72] 史修礼，史立山，史修远，史修珍．中药"泄泻康"对仔猪泄泻的预防试验再报［J］．中兽医学杂志，2008（03）：7-8．

[73] 陈文发．贯众散预防猪热感［J］．四川畜牧兽医，2002（05）：48．

[74] 赵君，于天元，刘志昌，刘启光 . 僵猪的中药治法 [J]. 中兽医医药杂志，1996（03）：21-22.

[75] 马玉芳，姚金水，俞道进，黄小红，黄一帆 . 母猪喂服中药黄白痢散对吮乳仔猪抗氧化功能的影响 [J]. 中兽医医药杂志，2007（04）：12-15.

[76] 冯汉洲 . 木槟硝黄散治猪便秘 [J]. 中兽医医药杂志，2001（05）：15.

[77] 李长胜，徐桂琴，王书杰，钟耀广，刘春龙，孙风俊，于元印，姜光民，丁世敏，杨和江，朱新权，张林 . 中草药添加剂"僵猪散"饲喂发育迟缓的仔猪效果的试验研究 [J]. 中兽医学杂志，2000（02）：5-6.

[78] 宗志才，李宏春，吴仕华，陈邦国，邹继俊，黄甫明，丁留伯，殷高华，杨国民 . 通乳止痢散在母猪围产期的应用 [J]. 中兽医医药杂志，1996（06）：22-23.

[79] 王丽辉，吴德峰，郑真珠 . 中草药调节剂对生态兔的抗菌和免疫作用研究 [J]. 中国养兔杂志，2007（02）：24-28.

[80] 宋丙旺，王敬海 . 中草药添加剂促进育肥兔生长的研究 [J]. 山东畜牧兽医，2002（01）：6.

[81] 刘靖 . 中草药添加剂五味增重散对肉兔的增重作用 [J]. 现代商检科技，1994（03）：10-11.

[82] 周国泉 . 中草药添加剂在长毛兔生产中的应用 [J]. 中国畜牧杂志，1994（01）：50-51.

[83] 周自动，江书鑫，李自汉 . 自拟催情散提高长毛兔繁殖力的试验观察 [J]. 中兽医医药杂志，1987（01）：8-10.

[84] 孟昭聚 . 长毛兔饲粮中添加松针粉对繁殖性能的影响 [J]. 毛皮动物饲养，1995（01）：6-8.

[85] 肖文渊，陶正纲，韦汉群 . 蒲公英复方预防肉兔乳房炎的试验研究 [J]. 中兽医学杂志，2005（05）：5-7.

[86] 史福胜，康明 ."健兔灵"对仔兔驱虫增重效果的试验观察 [J]. 中兽医医药杂志，1999（01）：7-9.

[87] 董发明，王天奇，夏海林 . 杨树花及其复方制剂对兔大肠杆菌的体外抑菌试验 [J]. 中兽医医药杂志，2007（04）：35-36.

[88] 祝存录 . 黄连大黄汤合麦草炭治疗肉狗痢疾 [J]. 中兽医医药杂志，2002（01）：31.

[89] 李雁冰，关国生，毕艳丽 . 圈养麝鼠的蛔虫病 [J]. 林业科技，1997（05）：41-42.

[90] 于船，张力群 . 中国兽医秘方大全 [M]. 太原：山西科学技术出版社，1992.

[91] 何媛华 ."五味止泻散"治疗家畜腹泻 [J]. 中兽医医药杂志，1991（01）：24-25.

[92] 欧阳华，李胜绪，刘朝忠 ."科宝"中草药饲料添加剂饲喂肉蛋鸡试验研究 [J]. 中兽医医药杂志，1994（05）：7-9.

[93] 闫景萍 . 网养肉鸡饲料中添加松针粉临床效果观察 [J]. 中兽医医药杂志，2006（06）：61-62.

[94] 方热军，汤少勋，李铁军 . 复方中草药添加剂对地方肉鸡生长和物质代谢的影响 [J]. 中国饲料，2000（07）：9-11.

[95] 赵春法 . 日粮添加肉豆蔻饲喂肉鸡试验 [J]. 中国家禽，2000（11）：15.

[96] 刘长忠，林义明 . 复方中草药添加剂对土杂鸡生长及物质代谢的影响 [J]. 畜禽业，2001（11）：20-21.

[97] 熊立根 . 中药添加剂对热应激肉用仔鸡生产性能的影响 [J]. 江西畜牧兽医杂志，2004（04）：19-20.

[98] 杜健，王翠枝，倪耀娣，黄军 . 参芪故子散对蛋鸡初产性能的影响 [J]. 中兽医医药杂志，1999（02）：8-9.

[99] 吕锦芳，宁康建，李国成 . 复方杜仲散对蛋鸡生产性能的影响 [J]. 当代畜牧，2004（11）：13-14.

[100] 徐立 . 中草药添加剂"增蛋散"[J]. 农村养殖技术，2000（04）：19.

[101] 郑继方，王云鲜，罗超应 . 归味散改善蛋鸡生产性能的观察 [J]. 黑龙江畜牧兽医，1994（08）：15-16.

[102] 汪德刚，张志远，张晓根 . 中草药添加剂强力速补的补益药理试验研究 [J]. 中兽医医药杂志，2001（04）：9-12.

[103] 彭代国，何桂芳，赖勤农 . 中药增蛋宝对产蛋鸡生产性能的影响 [J]. 中兽医学杂志，2005（06）：3-5.

[104] 李荣，左艳君，殷举亮 . 艾叶桐叶黄芪粉分别作蛋鸡饲料添加剂的试验 [J]. 当代畜牧，1997（03）：33-34.

[105] 刘娟，蒋仕伟，余鹏南，王明元，石达友 . 禽保健促产中药添加剂对蛋鸡产蛋力的影响 [J]. 四川畜牧兽医学院学报，1999（04）：8-12.

[106] 杜健，董修建，史书军，郭红斌，倪耀娣 ."消暑散"对暑期蛋鸡生产性能和鸡蛋品质的影响 [J]. 黑龙江畜牧兽医，2006（11）：48-49.

[107] 褚耀诚 . 复方中草药添加剂提高蛋鸡生产性能的试验 [J]. 中兽医学杂志，2004（03）：4-5.

[108] 祝国强 . 复方中药添加剂对种鸡产蛋性能及孵化的影响 [J]. 中国畜牧杂志，2002（03）：32-33.

[109] 王权，周申益，张家玲，张永仙，陈植 . 中草药添加剂改善肉鸡风味研究 [J]. 云南畜牧兽医，1996（01）：8-10.

[110] 袁福汉，付明哲，卢兴民，郝应昌 . 增色散对蛋鸡生产性能和鸡蛋品质改良的初步研究 [J]. 中兽医医药杂志，1995（03）：3-4.

[111] 郭福存，张礼华，王建国，谢家声，刘端庄，蔡应奎．中草药复方对鸡产蛋率和蛋黄颜色的影响试验 [J]．中兽医学杂志，1999（02）：6-7．

[112] 陈金文，高宏伟，尹清强，陈维岩，宋春阳．复合中草药添加剂预防肉鸡白痢病 [J]．中国家禽，1997（07）：22-23．

[113] 刘治西，伍富尧，黄炳亮，邱作文，王作忠．中药添加剂预防雏鸡肠道感染性疾病的效果观察 [J]．莱阳农学院学报，1993（04）：308-310．

[114] 吴德峰，林树根，王寿昆，李建生，黄志坚，梅景良．中草药饲料添加剂对欧鳗养殖效果的影响 [J]．福建农业大学学报，2001（01）：95-98．

[115] 崔青曼，张耀红，袁春营．中草药、多糖复方添加剂提高河蟹机体免疫力的研究 [J]．水利渔业，2001（04）：40-41．

[116] 米红英．纯中草药制剂鱼用快杀灵的研制 [J]．中兽医医药杂志，2001（01）：44-45．

[117] 姜德山，李丙文．中草药治疗草鱼出血病 [J]．中兽医学杂志，2003（01）：23．

[118] 徐增洪，石文雷，陆莺．河蟹配合饲料添加诱食剂的研究 [J]．淡水渔业，1997（02）：16-17．

[119] 段铭，冯现伟，高宏伟，朱世成．复方中草药添加剂饲喂鲫鱼试验 [J]．饲料工业，1999（10）：32．

[120] 程祥东．鱼用中草药及添加剂配方与应用 [J]．内陆水产，2000（01）：40-41．